中国国家标准汇编

2017 年修订-15

中国标准出版社　编

中国标准出版社

北　京

图书在版编目(CIP)数据

中国国家标准汇编:2017年修订.15/中国标准出版
社编.—北京:中国标准出版社,2019.5
ISBN 978-7-5066-9276-2

Ⅰ.①中… Ⅱ.①中… Ⅲ.①国家标准-汇编-中国
-2017 Ⅳ.①T-652.1

中国版本图书馆 CIP 数据核字(2019)第 076772 号

中 国 标 准 出 版 社 出 版 发 行
北京市朝阳区和平里西街甲 2 号(100029)
北京市西城区三里河北街 16 号(100045)

网址 www.spc.net.cn
总编室:(010)68533533 发行中心:(010)51780238
读者服务部:(010)68523946
中国标准出版社秦皇岛印刷厂印刷
各地新华书店经销
*
开本 880×1230 1/16 印张 37.25 字数 1 127 千字
2019 年 5 月第一版 2019 年 5 月第一次印刷
*
定价 220.00 元

出 版 说 明

  《中国国家标准汇编》是一部大型综合性国家标准全集。自 1983 年起,每年按国家标准顺序号分册汇编出版,分为"制定"卷和"修订"卷两种形式。

  "制定"卷收入上一年度我国发布的、新制定的国家标准,视篇幅分成若干分册,封面和书脊上注明"20××年制定"字样及分册号,分册号一直连续。各分册中的标准是按照标准编号顺序连续排列的,如有标准顺序号缺号的,除特殊情况注明外,暂为空号。

  "修订"卷收入上一年度我国发布的、被修订的国家标准,视篇幅分成若干分册,但与"制定"卷分册号无关联,仅在封面和书脊上注明"20××年修订-1,-2,-3,……"字样。"修订"卷各分册中的标准,仍按标准编号顺序排列(但不连续);如有遗漏的,均在当年最后一分册中补齐。需提请读者注意的是,个别非顺延前年度标准编号的新制定国家标准没有收入在"制定"卷中,而是收入在"修订"卷中。

  读者购买每年出版的《中国国家标准汇编》"制定"卷和"修订"卷则可收齐由我社出版的上一年度制定和修订的全部国家标准。

  2017 年我国制修订国家标准共 3 811 项。本分册为《中国国家标准汇编》"2017 年修订-15",收入新制修订的国家标准 20 项。

中国标准出版社

2019 年 3 月

目　　录

GB/T 7343—2017　无源 EMC 滤波器件抑制特性的测量方法 ……………………………………… 1

GB/T 7348—2017　汉语耳语标准频谱 …………………………………………………… 55

GB/T 7377—2017　力车轮胎系列 ………………………………………………………… 61

GB/T 7512—2017　液化石油气瓶阀 ……………………………………………………… 85

GB/T 7595—2017　运行中变压器油质量 ………………………………………………… 99

GB/T 7596—2017　电厂运行中矿物涡轮机油质量 …………………………………… 105

GB/T 7602.4—2017　变压器油、涡轮机油中 T501 抗氧化剂含量测定法　第 4 部分：

气质联用法 ……………………………………………………………………… 111

GB/T 7631.18—2017　润滑剂、工业用油和有关产品(L 类)的分类　第 18 部分：

Y 组(其他应用) ………………………………………………………………… 117

GB/T 7676.1—2017　直接作用模拟指示电测量仪表及其附件　第 1 部分：定义和通用要求 …… 121

GB/T 7676.2—2017　直接作用模拟指示电测量仪表及其附件　第 2 部分：

电流表和电压表的特殊要求 ………………………………………………… 171

GB/T 7676.3—2017　直接作用模拟指示电测量仪表及其附件　第 3 部分：

功率表和无功功率表的特殊要求 …………………………………………… 185

GB/T 7676.4—2017　直接作用模拟指示电测量仪表及其附件　第 4 部分：

频率表的特殊要求 …………………………………………………………… 199

GB/T 7676.5—2017　直接作用模拟指示电测量仪表及其附件　第 5 部分：

相位表、功率因数表和同步指示器的特殊要求 ………………………… 211

GB/T 7676.6—2017　直接作用模拟指示电测量仪表及其附件　第 6 部分：

电阻表(阻抗表)和电导表的特殊要求 …………………………………… 223

GB/T 7676.7—2017　直接作用模拟指示电测量仪表及其附件　第 7 部分：

多功能仪表的特殊要求 ……………………………………………………… 233

GB/T 7676.8—2017　直接作用模拟指示电测量仪表及其附件　第 8 部分：

附件的特殊要求 ……………………………………………………………… 241

GB/T 7676.9—2017　直接作用模拟指示电测量仪表及其附件　第 9 部分：

推荐的试验方法 ……………………………………………………………… 263

GB/T 7704—2017　无损检测　X 射线应力测定方法 ………………………………… 359

GB/T 7721—2017　连续累计自动衡器(皮带秤) …………………………………… 403

GB/T 7723—2017　固定式电子衡器 …………………………………………………… 547

ICS 33.100
L 06

中华人民共和国国家标准

GB/T 7343—2017/IEC/CISPR 17:2011
代替 GB/T 7343—1987

无源 EMC 滤波器件抑制特性的测量方法

Methods of measurement of the suppression characteristics of
passive EMC filtering devices

(IEC/CISPR 17:2011,IDT)

2017-07-31 发布   2018-02-01 实施

中华人民共和国国家质量监督检验检疫总局
中国国家标准化管理委员会   发布

1

前　　言

本标准按照 GB/T 1.1—2009 给出的规则起草。

本标准代替 GB/T 7343—1987《10 kHz～30 MHz 无源无线电干扰滤波器和抑制元件抑制特性的测量方法》。与 GB/T 7343—1987 相比,主要技术内容变化如下:

——标准名称由"10 kHz～30 MHz 无源无线电干扰滤波器和抑制元件抑制特性的测量方法"改为"无源 EMC 滤波器件抑制特性的测量方法";

——第 3 章增加了 8 个名词术语和 15 个缩略语;

——第 4 章增加了 EMC 滤波器件的分类、插入损耗的计算、非对称(共模)模式、对称(差模)模式和不对称模式的详细说明;

——第 5 章对插入损耗的测量进行一些修改,包括测量的布置、测量的方法(细化了有偏置和无偏置测量的内容),并增加了校准和验证及不确定度的内容;

——第 6 章增加了阻抗测量的内容,包括直接法和间接法。增加测量的布置和程序、测试布置的校准及测量的不确定度;

——第 6 章增加了 S 参数的相关内容,包括二端口 S 参数和四端口 S 参数。具体为 S 参数的说明,S 参数的测量(包括测量的布置和程序、测试夹具)、测试布置的校准、测量的不确定度等;

——增加了规范性附录 A EMC 滤波器件抑制特性的测量不确定度的评估;

——增加了资料性附录 B 插入损耗测量的测试箱实例;

——增加了资料性附录 C 非 50 Ω 系统插入损耗的测量方法;

——增加了资料性附录 D 适用于插入损耗测量的缓冲网络的实现;

——增加了资料性附录 E 插入损耗测量的一般讨论;

——增加了资料性附录 F 阻抗测量的测试布置;

——增加了资料性附录 G 共模扼流圈的 S 参数的测量;

——增加了资料性附录 H 无引线 DUT S 参数的测量布置;

——CISPR 17:2011 中部分电感和电阻的符号有错误,本标准已加以修正;

——CISPR 17:2011 第 4 章有"EMC 滤波器件的分类(包括表 1)"的悬置段,不符合国标,本标准将该悬置段列为 4.1,其他条顺延;

——CISPR 17:2011 附录 A 中的不确定度的表格布局有问题,合成标准不确定度和扩展不确定度两列均改为通行;

——CISPR 17:2011 附录 A 的表 A.2 中,不确定度计算有错误,本标准已加以修正;

——在 CISPR 17:2011 附录 E 的式(E.1)的说明中,原文"$V_2＝V_0/2$"有错误,应该为"$V_{20}＝V_0/2$",本标准中已加以修正;

——表 A.2 阻抗测量的不确定度示例中,阻抗测试设备的值有错误,在与 CISPR 沟通确认之后,已修订为 0.38,相应的标准不确定、合成标准不确定度以及扩展不确定度也作了修改;

——在附录 H 图 H.1 中增加了"注:变压器的使用是为了实现阻抗变换",以避免引起歧义。

本标准使用翻译法等同采用 CISPR 17:2011《无源 EMC 滤波器件抑制特性的测量方法》。与本标准中规范性引用的国际文件有一致性对应关系的我国文件如下:

——GB/T 4365—2003　电工术语　电磁兼容[IEC 60050(161):1990 及 Amd.1—1997 和 Amd.2—1998,IDT]

——GB 14023—2011　车辆、船和内燃机　无线电骚扰特性　用于保护车外接收机的限值和测量

方法(IEC/CISPR 12:2009,IDT)

本标准由全国无线电干扰标准化技术委员会(SAC/TC 79)提出并归口。

本标准起草单位:上海电器科学研究院、中国电子技术标准化研究所、北京中石伟业科技股份有限公司、夏弗纳电磁兼容(上海)有限公司、常州坚力电子有限公司、上海向日亚电子有限公司、北京光华世通科技有限公司、上海上恒电子有限公司、恩宁安全技术(上海)有限公司、华为技术有限公司。

本标准主要起草人:郑军奇、刘媛、陈俐、吴晓宁、李燕侠、杨志辉、瞿大昕、翁延文、黄勇、刘建新、邱海樑、王刚、李满山、徐强华、万长勇、叶琼瑜、宋江伟、黄雪峰。

本标准所代替标准的历次版本发布情况为:
——GB/T 7343—1987。

无源 EMC 滤波器件抑制特性的测量方法

1 范围

本标准规定了用于电源线、信号线以及其他线路中的无源 EMC 滤波器件抑制特性的测量方法。

本标准规定的方法也适用于将过压保护器件和 EMC 滤波器件组合的器件。

根据器件和测量电路的不同,该测量方法适用于 9 kHz 至数 GHz 的频率范围。

注:本标准中的测量方法适用范围最高可达 40 GHz。

本标准规定了实验室试验(型式试验)及厂方试验的程序。本标准还对有偏置和无偏置两种测试条件下的测试方法做了规定。

有偏置条件下的测量方法是用于确定 EMC 滤波器件的潜在非线性,例如带有磁芯的电感的饱和效应。该测试用于表明滤波器件在特定应用时的可用性(例如变频器能发出高幅度的共模脉冲电流,致使电感发生饱和)。如果能用其他方法确定滤波器件的非线性,则偏置条件下的测量可以忽略(例如已进行了独立的电感饱和测量)。

2 规范性引用文件

下列文件对于本文件的应用是必不可少的。凡是注日期的引用文件,仅注日期的版本适用于本文件。凡是不注日期的引用文件,其最新版本(包括所有的修改单)适用于本文件。

IEC 60050(161) 国际电工词汇(IEV) 第 161 章:电磁兼容[International electrotechnical vocabulary (IEV)—Chapter 161: Electromagnetic compatibility]

IEC/CISPR 12:2009 车辆、船和内燃机 无线电骚扰特性 用于保护车外接收机的限值和测量方法(Vehicles, boats and internal combustion engines Radio disturbance characteristics—Limits and methods of measurement for the protection of off-board receivers)

IEC/CISPR 16-1-1 无线电骚扰和抗扰度测量设备和测量方法规范 第 1-1 部分:无线电骚扰和抗扰度测量设备 测量设备(Specification for radio disturbance and immunity measuring apparatus and methods—Part 1-1:Radio disturbance and immunity measuring apparatus—Measuring apparatus)

3 术语和定义、缩略语

3.1 术语和定义

IEC 60050(161)界定的以及下列术语和定义适用于本文件。

3.1.1

偏置电流 bias current

流过受试器件(DUT)导体的直流或交流电源工作频率的电流。

3.1.2

偏置电压 bias voltage

存在于受试器件(DUT)规定部分之间的直流或交流电源工作频率的电压。

3.1.3

受试器件   device under test；DUT

依据本标准拟进行测量、校准和测试的 EMC 滤波器件。

3.1.4

EMC 滤波装置   EMC filtering device

本标准中的一个通用术语，是指任何种类抑制电路，包括单一元件元件或一个复合电路。

3.1.5

滤波器   filter

用于抑制电磁骚扰的由单一元件(例如电感、电容)组成的组合器件。

3.1.6

阻抗   impedance

Z

交流电压 V 与交流电流 I 之比(在频率 f 时)，以复数表示为：$Z=V/I$，用以表明针对交流电流的总阻碍作用；作为如二端口器件，如电感、电容、电阻，或者四端口器件，或者如共模扼流圈(CMCC)的一个特性参数。

注：阻抗由电阻 R 和电抗 X 组成，通常用复数形式表示为：$Z=R+jX$；或者可用极坐标表示为：$|Z|\exp(j\theta)$(绝对值 $|Z|$ 和相位角 θ)；用作 EMC 滤波器件的性能参数；Z 的单位用 Ω 表示。

3.1.7

插入损耗   insertion loss

DUT 插入给定传输系统之前和之后插入点后端电压的比值。

注：插入损耗通常用 dB 表示。

3.1.8

测试电路的阻抗   impedances of the test circuit

未连接滤波器时测试电路的终端阻抗。

注：图 4 中所示的插入损耗测量中，规定阻抗 Z_0、Z_{11}、Z_{12} 及 Z_2 的参考值为 50 Ω。在特殊情况下，为反映特定应用的环境条件，阻抗可为其他值。

3.1.9

接收机   receiver

符合 IEC/CISPR 16-1-1 的规定，带或者不带预选器的诸如可调谐电压表、EMI 接收机、频谱分析仪或基于 FFT 的测量仪这类仪器。

注：详见 5.2.2。

3.1.10

参考阻抗   reference impedance

当测量或评估某点的插入损耗或 S 参数时，线路或端口的阻抗。应将其记录在测试报告中。

注：参考阻抗通常为 50 Ω。

3.1.11

参考电位   reference potential

测量电压时的参考点，测试设备的地和滤波器的地与该点连接在一起。通常由尺寸足够大的金属平板构成。

3.1.12

单一元件   single component

用于 EMC 目的的基础元件，如电容、电感。

3.1.13

S 参数 S-parameter

散射参数。

S_{ij}

散射矩阵中的一个元素,用以表示某一器件的传输和反射系数。

注 1:作为最常用的情况,每一个 S 参数将入射波与反射波或传输波的复电场强度(或电压)联系在一起。一个典型
的 S 参数 S_{ij} 的下标表示该 S 参数相关的输出和输入端口。在给定输入输出参考平面的情况下,S 参数会随
着频率的变化而变化。该参数可反映 EMC 滤波器件的性能。

举例:一个二端口电路的 S 参数定义如下:

$$S = \begin{bmatrix} S_{11} & S_{12} \\ S_{21} & S_{22} \end{bmatrix}$$

式中:

S_{11} 和 S_{22}——分别是对应端口端接参考阻抗(如 50 Ω)时电路元件端口 1 或 2 的反射系数;

S_{21} 和 S_{12}——传输系数,分别表示端口 1 到端口 2 和端口 2 到端口 1 的传输率。S_{21} 较好反映了对通过该器件
信号中噪声抑制情况。

注 2:评估因 S 参数随频率变化而导致信号波形的变差是很重要的。

3.1.14

测试电路   test circuits

3.1.14.1

不对称(共模)测试电路   asymmetrical(common mode)test circuit

DUT 的所有输入线都接到信号发生器、所有输出线都接到接收机的测试电路。

注:用于测量滤波器不对称(共模)插入损耗的测试电路见图 5。

3.1.14.2

对称(差模)测试电路   symmetrical(differential mode)test circuit

DUT 的一对输入线接信号发生器,对应的一对输出线接接收机而其他线不做端接的测试电路。

注:测量滤波器的对称(差模)插入损耗的测试电路示例见图 6;对所有的每两根线的组合都进行测量;地或 PE(保
护地)端均不考虑。

3.1.14.3

非对称测试电路   unsymmetrical test circuit

DUT 的一个输入端接信号、对应的输出线接接收机而其他输入输出线接规定阻抗的测试电路。

注:用于测量滤波器的非对称插入损耗的测试电路示例见图 7;滤波器的每根线都要测量,并且测量该根线时其他
线通过 Z_{11} 或 Z_{12} 端接到参考电位。

3.2 缩略语

下列缩略语适用于本文件。

CMCC:共模扼流圈(Common-mode choke coils)

DUT:待测器件(Device undertest)

EM:电磁(Electromagnetic)

EMC:电磁兼容(Electromagnetic compatibility)

e.m.f.:电动势(Electromotive force)

GND:地(Ground)

HPF:高通滤波器(High-pass filter)

L:相线(Line)

N:中线(Neutral)

PE:保护地(Protective earth)

RF:射频(Radio frequency)

SMD:表面贴装器件(Surface mount device)

TRL:直通/反射/接线(Thru/Reflect/Line)

VNA:矢量网络分析仪(Vector network analyzer)

VSWR:电压驻波比(Voltage-standing wave ratio)

4 EMC 滤波器件

4.1 EMC 滤波器件的分类

EMC 滤波器件类型、示例及其被测参数和适用的测量方法如表 1 所示。

表 1 EMC 滤波器件示例

滤波器件的分类	示例 外观	符号或电路图	被测参数及测量方法		
			插入损耗	阻抗	S 参数
铁氧体磁环及吸收钳			第 5 章	第 6 章	第 7 章
扼流圈,电感及磁珠			第 5 章	第 6 章	第 7 章
非穿心电容			第 5 章	第 6 章	第 7 章
穿心电容			第 5 章	—	第 7 章
三端电容			第 5 章	—	第 7 章

表 1（续）

滤波器件的分类	示例		符号或电路图	被测参数及测量方法		
	外观			插入损耗	阻抗	S 参数
共模扼流圈				第 7 章	第 6 章	第 7 章
电阻				GB 14023 附录 E	—	—
滤波器（多相线[a]带接地）				第 5 章	—	—

[a] 单线不带中线，多相线带或不带中线。

4.2 插入损耗

4.2.1 插入损耗计算

标准的测试方法是使用一个校准过的 50 Ω 信号源及一个 50 Ω 接收机。插入损耗由式（1）计算：

$$a_e = 20\lg(V_0/2V_2) \quad\cdots\cdots\cdots\cdots\cdots\cdots\cdots(1)$$

式中：

a_e——插入损耗，单位为分贝（dB）；

V_0——50 Ω 信号发生器的开路电压，单位为伏（V）；

V_2——滤波电路的输出端电压，单位为伏（V）。

插入损耗测量原理及背景资料参见附录 E。

4.2.2 不对称（共模）模式

因为所有输入和输出线路分别并联连接，所以仅需测量一组不对称插入损耗（见 5.2.3）。

4.2.3 对称（差模）模式

应对每一对输入线和对应的输出线进行测量；对每对线测量一组插入损耗数据或曲线。地线或保护地（PE）不需要考虑（见 5.2.4）。

举例：对于三相带中线滤波器（相线端 L1、L2、L3，中线端 N 和 PE），应执行下列测量：L1 对 L2，L1 对 L3，L2 对 L3，L1 对 N，L2 对 N，L3 对 N（共 6 组测量）。

对称模式测量不能应用于单线滤波器或元器件。

4.2.4 非对称模式

应对每一根输入线和对应的输出线进行测量,其他未测线路都要用参考阻抗(通常为 50 Ω)端接至参考电位(见 5.2.5)。

　　　举例:对于三相带中线滤波器(相线端 L1、L2、L3,中线端 N 和 PE),应分别测量:L1(L2、L3 和 N 端接至参考电位)、L2(L1、L3 和 N 端接至参考电位)、L3(L1、L2 和 N 端接至参考电位)和 N(L1、L2 和 L3 端接至参考电位)。

非对称模式测量不能应用于单线滤波器或滤波元器件。

4.3 阻抗

通常会在电路中插入一个有一定阻抗的 EMC 滤波器件来减少无用的电流。其抑制特性可由插入器件和原始电路的阻抗特性来共同决定。

EMC 滤波器件的阻抗及其由此产生的抑制特性会随着频率,偏置条件等的变化而变化。因此,阻抗的测量应该在各种不同的频率下进行。这种频率相关性被用于 EMC 滤波器件的设计。阻抗测量可在 9 kHz～3 GHz 的频率范围内进行。

4.4 S 参数

4.4.1 概述

EMC 滤波器件的 EMC 特性由插入的滤波器件和原电路的 S(散射)参数来决定。

EMC 滤波器件的 S 参数及由此产生的抑制特性随着频率、偏置条件等的变化而变化。因此,S 参数的测量应在不同的频率下进行测量。这种频率相关性被用于 EMC 滤波器件的设计。S 参数的测量可在大约 100 MHz～6 GHz 频率范围内进行。

4.4.2 二端口 S 参数

二端口器件(电感、电容等)的特性可用图 1 所示的测试夹具的二端口 S 参数来评估。三端滤波器(穿心电容及其他三端滤波器)也可用图 2 所示的测试夹具来评估。

二端口器件和夹具的连接有两种可能的配置:串联连接和并联连接。应根据器件的应用来选取相应的配置。对于电感通常选取串联连接,对于电容通常选取并联连接。然而,当电容用于高通滤波(HPF)时,应选用串联连接。

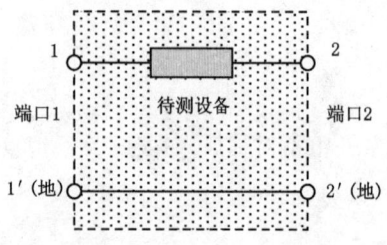
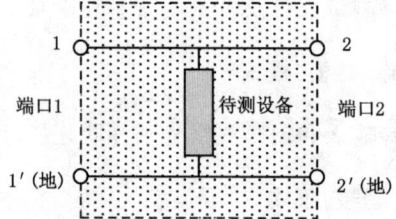

　　　a)　串联(DUT 相对 50 Ω 为高阻抗)　　　　　b)　并联(DUT 相对 50 Ω 为低阻抗)

图 1　二端口器件 S 参数的测量布置

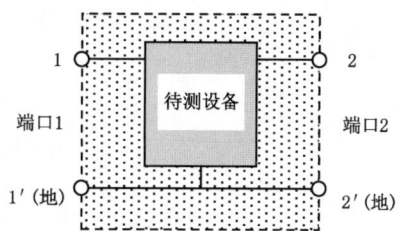

图 2　三端口器件 S 参数的测量布置

S 参数测试夹具的阻抗特性应与网络分析仪的端口阻抗(50 Ω)相匹配。

当测试夹具匹配 50 Ω 时,插入损耗 a_e 可由式(2)计算(单位用 dB 表示):

$$a_e = -20\lg |S_{ij}| \qquad\qquad\qquad\qquad (2)$$

反射波损耗 a_r 定义如式(3)所示(单位用 dB 表示):

$$a_r = -20\lg |S_{ii}| \qquad\qquad\qquad\qquad (3)$$

式(2)和式(3)中:

a_e ——插入损耗,单位为分贝(dB);

a_r ——反射波损耗,单位为分贝(dB);

S_{ij} ——散射矩阵中的一个元素,用以表示某一器件的传输系数;

S_{ii} ——散射矩阵中的一个元素,用以表示某一器件的反射系数。

4.4.3　四端口 S 参数

四端口器件(如图 3 所示)的特性可用四端口 S 参数来评估,如 CMCC(见附录 G)。

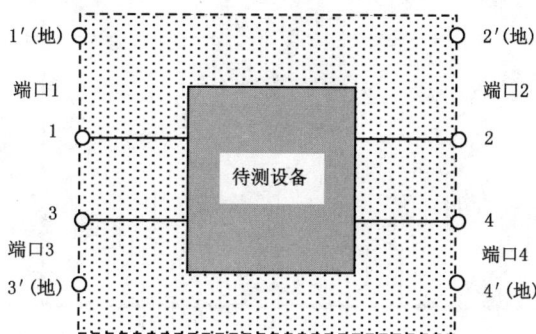

图 3　四端口 S 参数的测量布置

利用矢量网络分析仪(VNA)测量可以获得四端口滤波器件的 S 参数 S_{ij}。然而,源自 S 参数测量的共模/差模的 S 参数对于表征器件的特性会更有用(在下文中称为混合模式 S 参数)[5]。定义如式(4)所示:

$$S' = \begin{bmatrix} S_{cc} & S_{cd} \\ S_{dc} & S_{dd} \end{bmatrix} = \begin{bmatrix} S_{cc11} & S_{cc12} & S_{cd11} & S_{cd12} \\ S_{cc21} & S_{cc22} & S_{cd21} & S_{cd22} \\ S_{dc11} & S_{dc12} & S_{dd11} & S_{dd12} \\ S_{dc21} & S_{dc22} & S_{dd21} & S_{dd22} \end{bmatrix}$$

$$= \frac{1}{2} \begin{bmatrix} S_{11}+S_{31}+S_{13}+S_{33} & S_{12}+S_{32}+S_{14}+S_{34} & S_{11}+S_{31}-S_{13}-S_{33} & S_{12}+S_{32}-S_{14}-S_{34} \\ S_{21}+S_{41}+S_{23}-S_{43} & S_{22}+S_{42}+S_{24}+S_{44} & S_{21}+S_{41}-S_{23}-S_{43} & S_{22}+S_{42}-S_{24}-S_{44} \\ S_{11}-S_{31}+S_{13}-S_{33} & S_{12}-S_{32}+S_{14}-S_{34} & S_{11}-S_{31}-S_{13}+S_{33} & S_{12}-S_{32}-S_{14}+S_{34} \\ S_{21}-S_{41}+S_{23}-S_{43} & S_{22}-S_{42}+S_{24}-S_{44} & S_{21}-S_{41}-S_{23}+S_{43} & S_{22}-S_{42}-S_{24}+S_{44} \end{bmatrix}$$

$$\qquad\qquad\qquad\qquad\qquad\qquad\qquad (4)$$

上式中的子矩阵表明模式间的转换特性。

式中：

S_{cc} ——共模转换共模的矩阵；

S_{cd} ——差模转换共模的矩阵；

S_{dc} ——共模转换差模的矩阵；

S_{dd} ——差模转换差模的矩阵。

每个子矩阵有 4 个元素。例如，对于子矩阵 S_{cc}：

S_{cc11} ——输入端的反射系数；

S_{cc12} ——从输出端到输入端的传输系数；

S_{cc21} ——从输入端到输出端的传输系数；

S_{cc22} ——输出端的反射系数。

共模与差模的参考阻抗分别是实际端口参考阻抗的一半和两倍。例如，当原本的 S 参数采用 $50\ \Omega$ 仪器测量时，共模和差模端口的参考阻抗分别为 $25\ \Omega$ 及 $100\ \Omega$。

5 插入损耗的测量

5.1 概述

本章介绍了 DUT 插入损耗的测量方法。此外，也可使用 4.4.2 所述的二端口 S 参数的测量方法。图 4 给出了测量布置的一个示例。

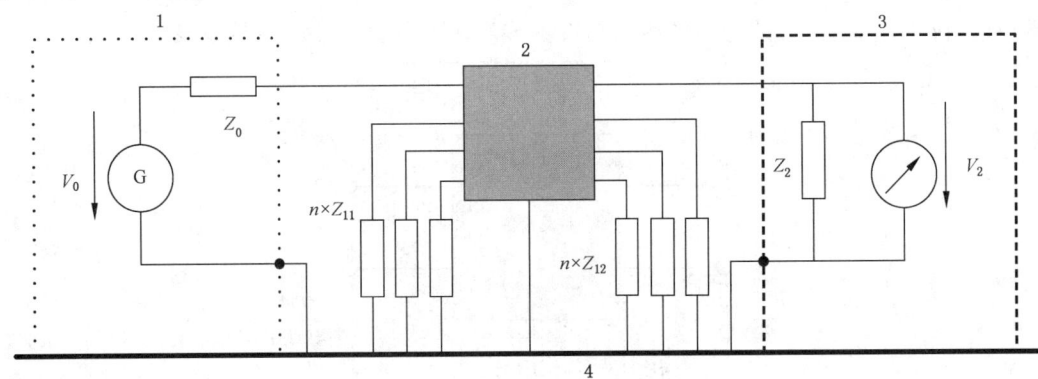

说明：

1 ——信号发生器；

2 ——EMC 滤波器件(DUT)；

3 ——测量接收机；

4 ——参考电位(接地平板)；

V_0 ——信号发生器的开路电压；

V_2 ——测量接收机的读数(输出电压)；

Z_0 ——信号发生器的输出阻抗；

Z_{11} ——滤波器输入端一侧(相邻线路)的端接阻抗；

Z_{12} ——滤波器输出端一侧(相邻线路)的端接阻抗；

Z_2 ——测量接收机的输入阻抗。

图 4 插入损耗测量测试电路示例(以 4 线滤波器为例)

5.2 测量布置

5.2.1 概述

EMC滤波器件插入损耗的测量应在有偏置电流和无偏置电流的两种情况下进行。

5.2.2 测试设备

注：使用合适的扫描信号发生器以及同步调谐的接收机或者网络分析仪可以大大地简化测量程序。插入损耗的特性可以在显示器上观测得到或自动记录。

5.2.2.1 信号发生器

推荐采用正弦波信号发生器。如果其他类型的信号发生器在其所使用的频段内能够输出均匀恒定的频谱，也可以使用之（如噪声信号发生器或者脉冲信号发生器），但此时，所使用的接收机应具有良好的选择性和杂散抑制能力。信号发生器的阻抗应为50 Ω。

5.2.2.2 接收机

推荐使用有"选择性"的接收机（应至少在第一级放大前有一个谐振电路）。如果测试用信号发生器输出的谐波和非期望的频率成分足够小，且在评估测量不确定度中加以考虑的情况下，也可以使用"无选择性"的接收机。接收机的阻抗应为50 Ω。

5.2.2.3 偏置电流源

提供偏置电流的源应是浮地的，且有两个与地隔离的端子（见图9中的E和F），但这两个端子中的任何一个在适当的时候都能够接地。

应考虑如何让偏置电流源产生的射频骚扰（例如当用开关模式电源作为偏置源时）不对测量结果产生影响。

5.2.2.4 测试箱

滤波器应放置在屏蔽金属箱内，滤波器的地应正确地连接到金属箱的底部以确保低感接地。测试箱尺寸的大小应能确保DUT与箱壁和箱盖之间有合适的距离且留出同轴插口至滤波器端之间的短连接线位置。对于通用滤波器，建议平均距离为5 cm。附录B给出了通用滤波器和馈通滤波器测试用的典型测试箱的设计示例。

5.2.3 不对称（共模）测试电路

应将滤波器连接在信号发生器和接收机之间，同时所有的输入线和输出线如图5所示分别并联连接。

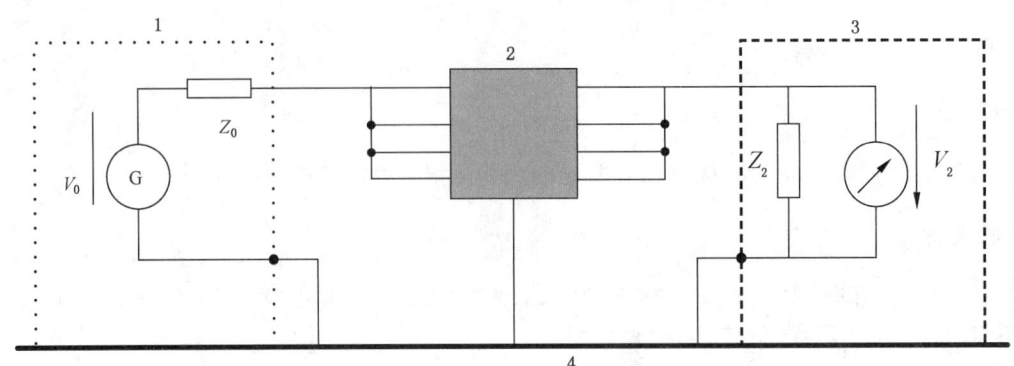

说明：

1 ——信号发生器；

2 ——EMC 滤波器件(DUT)；

3 ——测量接收机；

4 ——参考电位(金属接地平板)；

V_0 ——信号发生器的开路电压；

V_2 ——输出电压；

Z_0 ——信号发生器的输出阻抗；

Z_2 ——测量接收机的输入阻抗。

图 5 不对称插入损耗测试电路(以 4 线滤波器为例)

5.2.4 对称(差模)测试电路

应通过隔离变压器对每两根输入线及对应的输出线进行测量(见图 6)。所有未使用的线都不端接。变压器的匝数比应为 1∶1。如果选择其他的匝数比,应将其记录在测试报告中。

注：使用一个 4 端口 VNA 来代替变压器也许可以避免变压器特性本身所产生的不良影响。

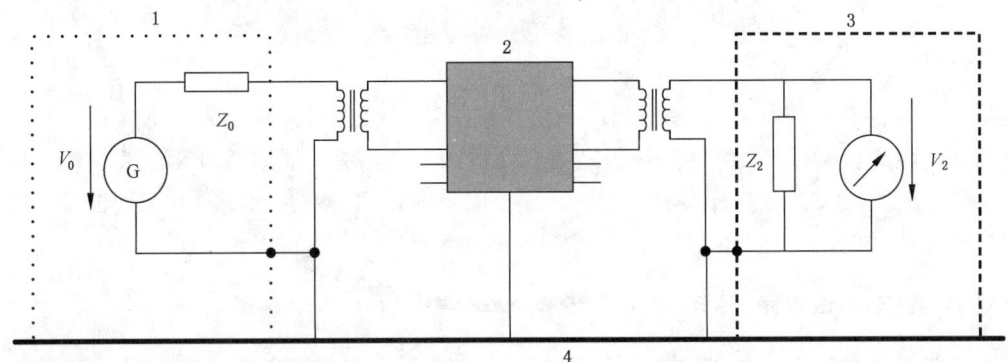

说明：

1 ——信号发生器；

2 ——EMC 滤波器件(DUT)；

3 ——测量接收机；

4 ——参考电位(金属接地平板)；

V_0 ——信号发生器的开路电压；

V_2 ——输出电压；

Z_0 ——信号发生器输出阻抗；

Z_2 ——测量接收机的输入阻抗。

图 6 对称插入损耗测量的测试电路(以 4 线滤波器为例)

5.2.5 非对称测试电路

滤波器每个输入线和对应的输出线都应进行测量,测量时所有未使用的线用规定的阻抗(一般为 50 Ω,见 3.1.8)端接到参考电位,如图 7 所示。

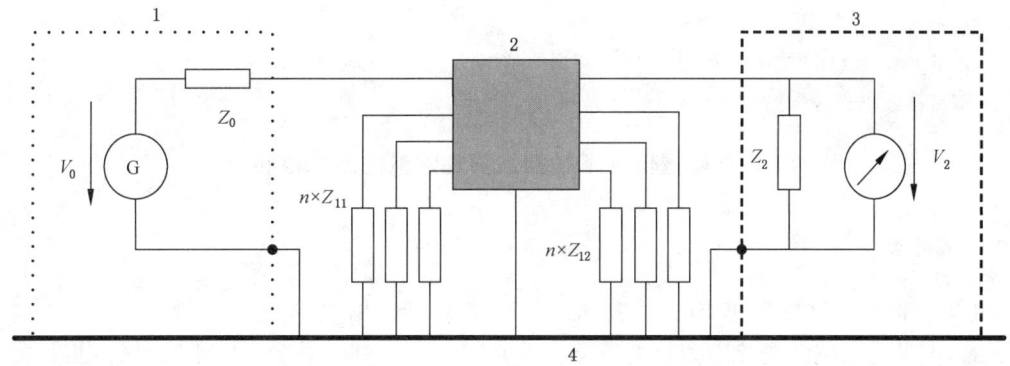

说明:

1 ——信号发生器;

2 ——EMC 滤波器件(DUT);

3 ——测量接收机;

4 ——参考电位(金属接地平板);

V_0 ——信号发生器的开路电压;

V_2 ——输出电压;

Z_0 ——信号发生器的输出阻抗;

Z_{11}——滤波器输入端一侧(相邻线路)的端接阻抗;

Z_{12}——滤波器输出端一侧(相邻线路)的端接阻抗;

Z_2 ——测量接收机的输入阻抗。

图 7 非对称插入损耗测量的测试电路(以 4 线滤波器为例)

5.3 插入损耗测量方法(程序)

5.3.1 概述

使用下述两种方法:

a) 无偏置状况下滤波器的测试方法;

b) 满负荷的直流或交流偏置电流状况下滤波器的测试方法。

这两种方法应用于如下范围的滤波器测量:

——无偏置,可应用频率范围 10 kHz～10 GHz;

——有偏置,偏置电流可达 100 A,可应用频率范围 10 kHz～100 MHz。

本标准仅规定了 50 Ω/50 Ω 系统的测试方法。这意味着所有测试电路的阻抗 Z_0、Z_{11}、Z_{12} 和 Z_2 均应为 50 Ω(见 3.1.10)。

如有必要,可使用不同的测试方法和非对称的阻抗进行测试。附录 C 给出了一个示例。一般情况下,非 50 Ω 阻抗的测试方法用于特殊(专用)场合,且应在特殊设备的标准中加以说明。

5.3.2 无偏置测量法

无偏置测量得到的特性可能会与实际的特性不同,因为在测量过程中的终端阻抗与实际的设备或系统中的终端阻抗有所不同。见图 8。

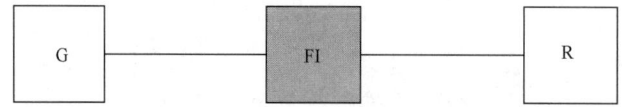

说明：

G ——信号发生器；

FI ——EMC 滤波器（DUT）；

R ——测量接收机。

图 8　无偏置情况下的插入损耗测量的测试电路框图

5.3.3　有偏置测量法

为偏置电流源额外增加了缓冲网络，其测试方法同 5.3.2。见图 9。

施加在 DUT 上的偏置电流应为该滤波器件的额定电流。对于通常应用于高脉冲电流（如变频器）中的滤波器件可能有必要根据需要选择偏置电流。

偏置电源通过两个缓冲网络连接到测量电路，在测量频率范围内，缓冲电路应在偏置电源和测量电路之间具有足够的去耦。缓冲网络的要求见附录 D。

偏置电源应与测量电路隔离。

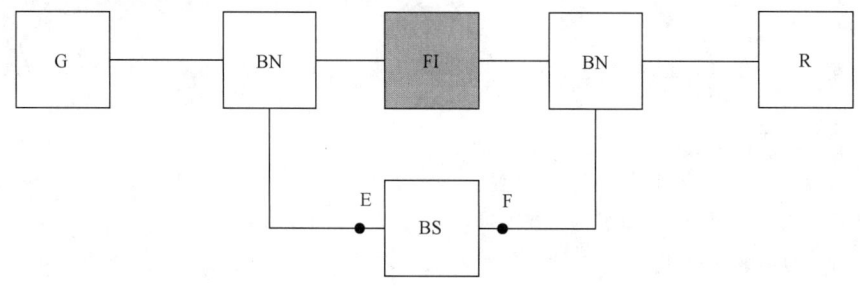

说明：

G ——信号发生器；

FI ——EMC 滤波器（DUT）；

R ——测量接收机；

BN ——缓冲网络；

BS ——偏置源（电流源）——与参考电位隔离（浮地）。

图 9　有偏置时插入损耗测量的测试电路框图

5.4　校准和验证

5.4.1　概述

所有的测试设备（信号发生器、接收机、线缆、衰减器等）均应进行校准且能溯源到国家校准基准。

应对测插入损耗试布置进行整体评估，以证明其满足相关要求。该测试布置包括用来放置滤波器的屏蔽测试箱、偏置测试用的缓冲网络、手动开关或者自动测量使用的继电器箱等。

由于滤波器不具有 50 Ω 的阻抗，所以对阻抗不匹配的 DUT，需要通过必要的验证来确认该测试布置的有效性。

5.4.2　对无偏置时测试布置有效性的确认

无偏置测试布置的有效性应通过对规定阻值（Ω）的测试电路进行一系列的测量来加以确认，如图

10 所示。

测试 A 的测量结果可以表明：当端接 50 Ω 阻抗（测量接收机提供的阻抗）时，射频信号发生器输出电压是否等于开路电压的一半。

测试 B 的测量结果可以表明：射频信号发生器具有向低阻抗 DUT（如高容值滤波器）是否能够提供足够输出电流的能力。

测试 C 的测量结果可以表明：测量接收机是否具有足够的动态范围。

对于上述的每一项测试，测量结果均应在表 2 规定的允差范围内。

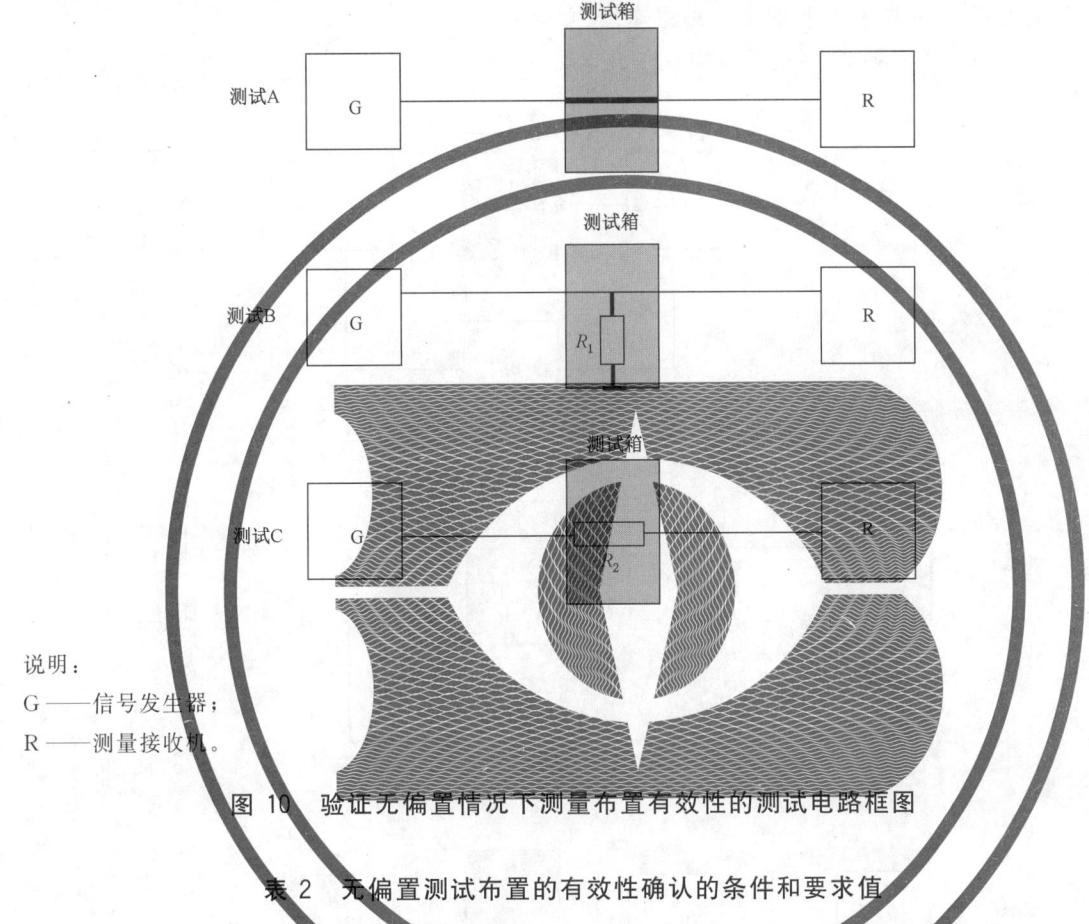

说明：

G——信号发生器；

R——测量接收机。

图 10 验证无偏置情况下测量布置有效性的测试电路框图

表 2 无偏置测试布置的有效性确认的条件和要求值

测试	R Ω	V_2 V	V_2/V_0 dB
A	直通	$0.5 \times V_0$	-6 ± 0.5
B	$R_1 = 0.1$	$0.002 \times V_0$	-54 ± 1
C	$R_2 = 1 \times 10^5$	$0.000\,5 \times V_0$	-66 ± 1

注：R_1 和 R_2 的允差：$\pm 1\%$。

测试布置应在确认结果满足表 2 要求的频率范围内使用，此时，V_0 是信号发生器 G 的电动势（单位为 V）；V_2 是测量接收机的终端电压。R_1 和 R_2 的值可能会随着频率和 DUT 的不同而变化。

5.4.3 对有偏置测试布置有效性的确认

有偏置时的测试布置应通过对规定阻值（Ω）测试电路进行一系列的测量来加以确认，如图 11 所示。

测试 A 的结果可以表明：当端接 50 Ω 阻抗（测量接收机的阻抗）时，射频信号发生器输出电压是否等于开路电压的一半。

测试 B 的结果可以表明：射频信号发生器可以向低阻抗 DUT（如高容值滤波器）是否能够提供足够的输出电流。

测试 C 的结果可以表明：测量接收机是否具有足够的动态范围。

上述每一项测试应在如下两种条件下进行：

——图 11 所示的端子 E 和端子 F 不连接（开路）；

——图 11 所示的端子 E 和端子 F 短路连接。

对于上述的每一项测试，测量结果均应在表 3 规定的允差范围内。

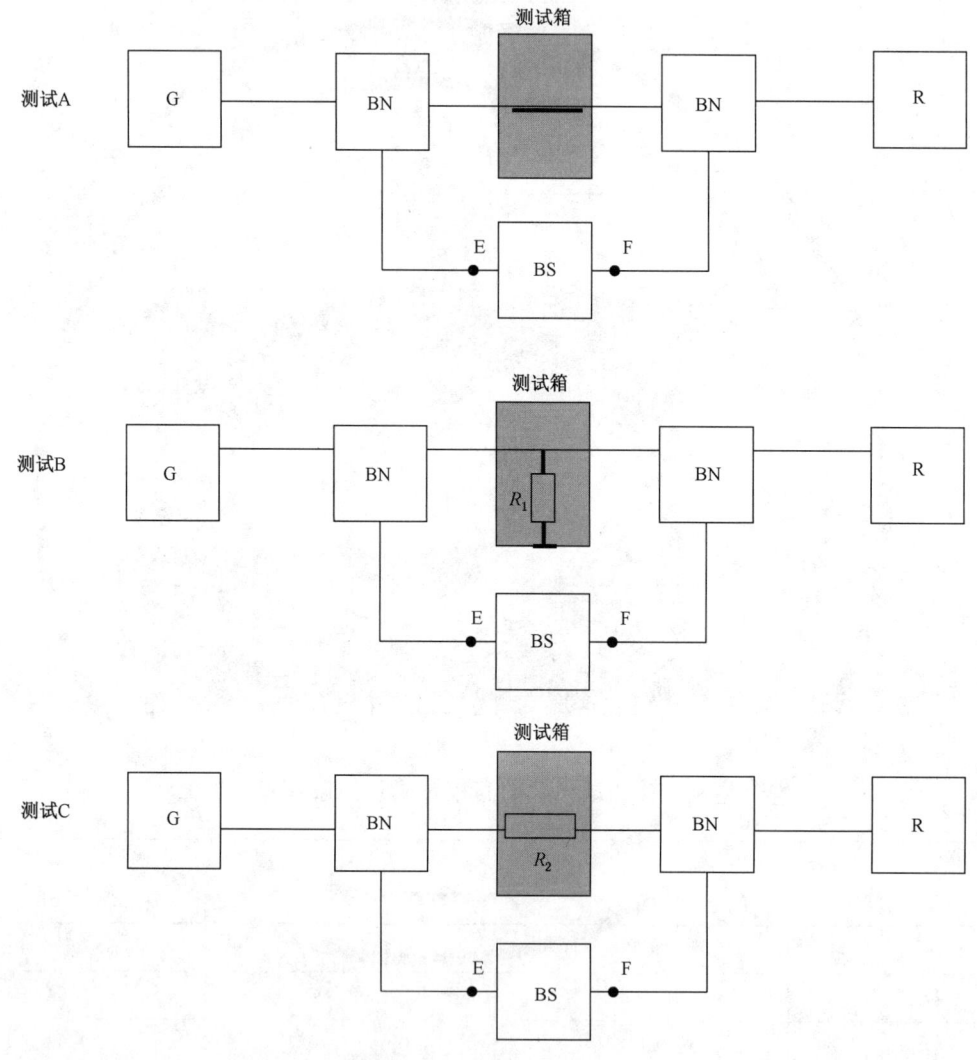

说明：

G ——信号发生器；

R ——测量接收机；

BN——缓冲网络；

BS ——偏置源（电流源）——与参考电位隔离；

E ——端子；

F ——端子。

图 11　验证有偏置时测量布置有效性的测试电路框图

表 3 有偏置测试布置的有效性确认的条件和目标值

测试布置		R Ω	V_2 V	V_2/V_0 dB
A	开路	直通	$0.5 \times V_0$	-6 ± 0.5
	短路		$0.5 \times V_0$	-6 ± 0.5
B	开路	$R_1 = 0.1$	$0.002 \times V_0$	-54 ± 1
	短路		$0.002 \times V_0$	-54 ± 1
C	开路	$R_2 = 1 \times 10^5$	$0.000\,5 \times V_0$	-66 ± 1
	短路		$0.000\,5 \times V_0$	-66 ± 1
注：R_1 和 R_2 的允差：$\pm 1\%$。				

测试布置应在确认结果满足表 3 的频率范围内使用，表中 V_0 是信号发生器 G 的电动势(单位为 V)；V_2 是测量接收机的终端电压(单位为 V)。R_1 和 R_2 的值可能会随着频率和 DUT 的不同而变化。

5.5 插入损耗测量的不确定度评估

插入损耗测量的不确定度评估应考虑以下因素：
——测量设备引入的不确定度(如果适用,参见制造商的规格书)；
——包括缓冲网络在内的由测试夹具引起的不确定度(如果适用,可参见制造商的规格书)；
——测量条件变化引入的不确定度(通过重复测量进行评估)；
——有关插入损耗测量不确定度评估的更详细的内容附录 A。

6 阻抗的测量

6.1 概述

DUT 阻抗的测量采用下面两种方法中的一种来进行：
——直接法：用阻抗测量设备直接进行阻抗测量；
——间接法：利用矢量网络分析仪获得的 S 参数测量结果来计算该阻抗。
目前的矢量网络分析仪通常具有计算阻抗的功能。
注：间接法通常用于 1 GHz 频率以上的阻抗测量。

6.2 直接法

6.2.1 测量布置和程序

使用阻抗测量设备和测试夹具来测量 DUT 的阻抗。
将 DUT 插入测试夹具中,通过阻抗测量设备扫描测量频率来测量阻抗。在所需的频率范围内记录下阻抗和频率的关系。
应根据 DUT 的结构和测试频率,选择适合的测量设备与测试夹具的组合来进行测量。阻抗测量的示例见附录 F(如带引线的器件,SMD 器件,4 个端子的 CMCC 等)。
应通过缓冲电路将偏置电压或偏置电流施加到 DUT,以避免影响测量电路。如果阻抗测量设备没有内置的缓冲电路,则在测试布置中使用一个缓冲电路。对于后者,应在插入缓冲电路的情况下对测试布置进行确认。

阻抗测量设备和测试夹具应布置在一个不受温度明显变化和外部电磁场影响的环境中,整个测量系统应进行校准(包括测试夹具)。应记录测量时的环境条件和分析仪的设置,如温度、频率范围、输入射频功率、偏置电流或电压等。以下几点应予以考虑:

——测试系统应有足够的信噪比(≥30 dB);

——除非另有规定,测试应在 DUT 的额定条件下进行;

——施加偏置电压或偏置电流时,应注意 DUT 不要过载(尤其对铁氧体器件);

——对使用的测试夹具应选择合适的校准方法(开路/短路校准,开路/短路/负载校准等)。

6.2.2 测试布置的校准

测量系统应可溯源到国家标准基准。

下列因素可能会影响 DUT 的测量结果,如测量仪器、测试夹具和电缆,所以应对测量系统进行校准来降低与这些器件有关的未知阻抗对测量不确定度的影响。

OSL 校准就是校准操作的一个示例,它使用的是一个开路(OPEN)、短路(SHORT)和负载(LOAD)标准终端校准套件。在某些情况下,如果不要求高精度的测量,校准套件可不必使用所有这3个标准终端。测量仪器的使用手册中可能有详细的操作说明。

如可行,则可使用标准的 DUT 来提高测量精度。

6.2.3 测量不确定度的评估

评估阻抗测量设备的测量不确定度时,应考虑以下方面:

——阻抗测量设备引入的不确定度(参见制造商的规格书);

——测试夹具引起的不确定度(如果适用,参见制造商的规格书);

——测量条件的变化(通过重复测量进行评估)引入的不确定度。

具体内容详见附录 A。

6.3 间接法

6.3.1 测量布置和程序

6.3.1.1 概述

DUT 的阻抗可以用 S 参数来计算。而 S 参数是通过网络分析仪测量得到的。关于 S 参数测量布置的描述见7.1。

DUT 的阻抗可以用单端口、二端口或四端口中任一端口的 S 参数来计算。注意测得的 S 参数应只与 DUT 有关,而不应受测试夹具的任何影响。

6.3.1.2 用单端口 S 参数来计算

式(5)用于计算在 S_{11} 端的阻抗 Z_x(Ω),式中 Z_0(Ω)为端口的参考阻抗。见图12。

$$Z_x = Z_0(1 + S_{11})/(1 - S_{11}) \quad\quad\quad\quad\quad (5)$$

式中:

Z_x ——S_{11}端的阻抗,单位为欧姆(Ω);

Z_0 ——端口的参考阻抗,单位为欧姆(Ω);

S_{11} ——电路元件端口1的输入反射系数。

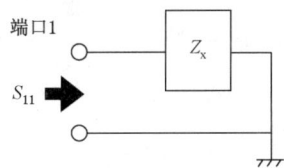

图 12 二端器件的单端口测量

6.3.1.3 用二端口的 S 参数来计算

如图 13 和图 14 所示,通过合适的测试夹具,用矢量网络分析仪测量 S 参数来计算 DUT 的阻抗。

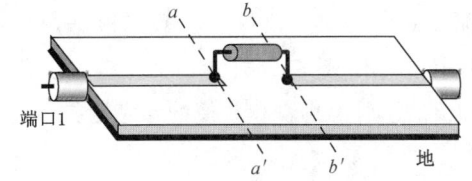 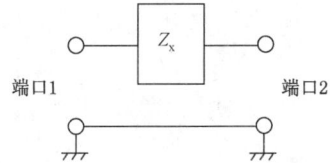

a） 测量布置的示例   b） 等效电路

图 13 评估串联连接器件的阻抗时 S 参数的测量方法

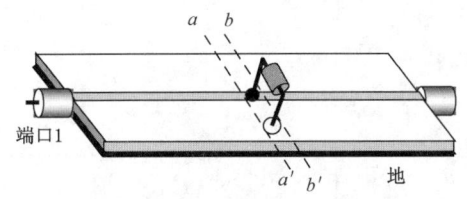 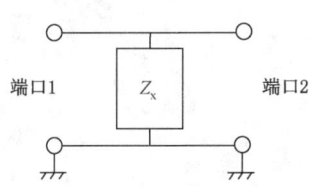

a） 测量布置的示例   b） 等效电路

图 14 评估并联连接器件的阻抗时 S 参数的测量方法

不管是用 TRL 校准还是用线路的电气长度来修正端口 1 和端口 2 之间测得的 S 参数,S 参数都应在 $(a-a')$ 和 $(b-b')$ 两个参考平面之间进行计算。

假设 DUT 是对称性的,平均反射系数和传输系数由式(6)给出:

$$R = (S_{11} + S_{22})/2, T = (S_{12} + S_{21})/2 \qquad \cdots\cdots\cdots\cdots\cdots\cdots (6)$$

式中:

R ——平均反射系数;

T ——平均传输系数;

S_{11} ——为电路元件端口 1 的输入反射系数;

S_{22} ——为电路元件端口 2 的输入反射系数。

如果满足条件 $|2T| \gg |(1-T)^2 - R^2|$,则该器件的阻抗 Z_x 按式(7)和式(8)来计算:

对于串联连接,

$$Z_x = Z_0 \frac{(1+R)^2 - T^2}{2T} \qquad \cdots\cdots\cdots\cdots\cdots\cdots (7)$$

对于并联连接,

$$Z_x = Z_0 \frac{2T}{(1-R)^2 - T^2} \qquad \cdots\cdots\cdots\cdots\cdots\cdots (8)$$

式(7)和式(8)中：

Z_x ——阻抗，单位为欧姆（Ω）；

Z_0 ——测试夹具的特性阻抗，单位为欧姆（Ω）；

R ——平均反射系数；

T ——平均传输系数。

如不满足上述条件，测试夹具对测量结果可能会有影响，式(7)和式(8)可能会产生错误的结果。

本节所述由二端口 S 参数得出的阻抗与 6.3.1.2 规定方法计算的阻抗在高频段可能有一定程度的不同，因为单端口 S 参数可能会受所使用的测试夹具结构的影响。

6.3.1.4 用四端口的 S 参数来计算

如果 DUT 具有良好的对称性，DUT 的共模和差模阻抗（Z_c 和 Z_d），单位为 Ω，可根据混合模式的 S 参数（S_{cc} 和 S_{dd}）使用以下公式来计算。在 4.4.3 中给出了混合模式 S 参数的定义。根据实际测量的 S 参数，按式(9)和式(10)得出阻抗 Z_c 和 Z_d。注意 Z_{c0} 和 Z_{d0} 分别为共模和差模的参考阻抗。

$$
\left.
\begin{aligned}
Z_c &= Z_{c0} \frac{(1+R_c)^2 - T_c{}^2}{2T_c} \\[2mm]
R_c &= \frac{S_{cc11} + S_{cc22}}{2} \\[2mm]
T_c &= \frac{S_{cc12} + S_{cc21}}{2}
\end{aligned}
\right\} \qquad \cdots\cdots\cdots\cdots\cdots\cdots (9)
$$

$$
\left.
\begin{aligned}
Z_d &= Z_{d0} \frac{(1+R_d)^2 - T_d{}^2}{2T_d} \\[2mm]
R_d &= \frac{S_{dd11} + S_{dd22}}{2} \\[2mm]
T_d &= \frac{S_{dd12} + S_{dd21}}{2}
\end{aligned}
\right\} \qquad \cdots\cdots\cdots\cdots\cdots\cdots (10)
$$

式(9)和式(10)中：

Z_c、Z_d ——共模、差模阻抗，单位为欧姆（Ω）；

Z_{c0}、Z_{d0} ——共模、差模的参考阻抗，单位为欧姆（Ω）；

S_{cc} ——共模转换共模的矩阵；

S_{dd} ——差模转换差模的矩阵。

每个子矩阵有 4 个元素。例如，对于子矩阵 S_{cc} 中：

S_{cc11} ——输入端的反射系数；

S_{cc12} ——从输出端到输入端的传输系数；

S_{cc21} ——从输入端到输出端的传输系数；

S_{cc22} ——输出端的反射系数；

R_c、R_d ——共模、差模平均反射系数；

T_c、T_d ——共模、差模平均传输系数。

6.3.2 测试布置的校准

见 7.2。

6.3.3 测量的不确定度的评估

由 S 参数计算得出的 DUT 阻抗的不确定度可根据与 S 参数测量相关的不确定度来评估。见 7.3。

7 S 参数的测量

7.1 测量布置和程序

7.1.1 概述

通常使用网络分析仪(50 Ω 系统)来测量 DUT 的 S 参数。网络分析仪是一种能直接通过测量入射波、反射波和传输波的幅度和相位差来确定 S 参数的仪器。图 15 示出了二端口 S 参数的测量布置。

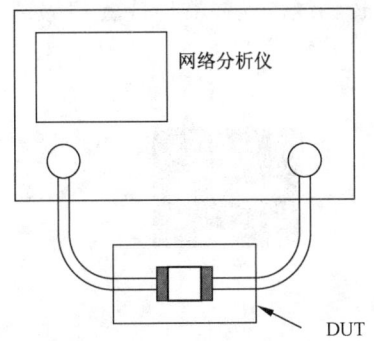

图 15 二端口 S 参数的测量布置

应将 DUT 插入测试夹具并通过网络分析仪扫描测量频率来测量 S 参数。在要求的频率范围内,记录 S 参数与频率之间的关系。

为避免对测量电路的影响,应通过缓冲电路来对 DUT 施加偏置电压或电流。如果网络分析仪没有内置缓冲电路,测试布置可使用商用的偏置电源。对于后者,应在插入缓冲电路的情况下进行校准。

当仅需测量插入损耗 $|S_{21}|$ 时,可用跟踪信号发生器和测量接收机相结合的方式来替代上述网络分析仪进行测量(见图 16)。

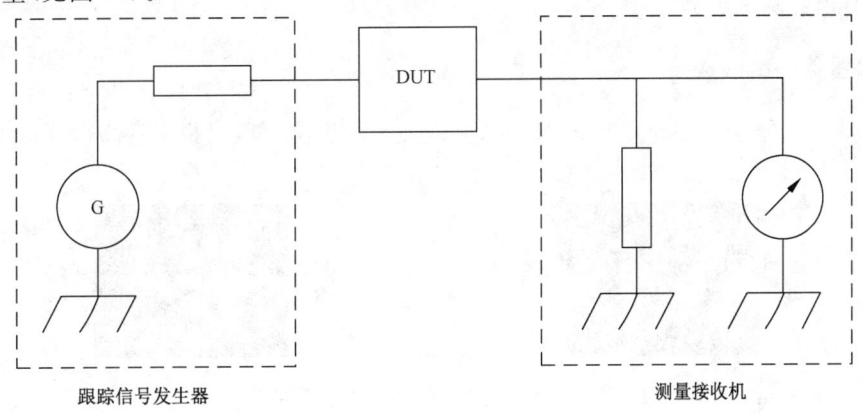

跟踪信号发生器　　　　　　　　　　测量接收机

图 16 DUT 插入损耗的可替换测量系统(跟踪信号发生器与测量接收机组成的测量系统)

网络分析仪与测试夹具应布置在一个免于遭受明显温度变化和外部电磁场影响的环境中,应对包括测试夹具的整个测试系统进行校准。应记录测量时的环境条件和网络分析仪的设置,如温度、频率范围、输入射频功率、偏置电流或偏置电压等。

以下举例说明 S 参数测量系统应具备如下特性:
——应有足够的动态范围来测量 DUT 衰减;
——应能选择适于测量频率范围内使用的线缆、连接器、适配器等,应按规定扭矩固定连接器;

——除特别规定外,应在 DUT 的额定条件下进行测试;

——施加偏置电压或偏置电流时,应保证 DUT 不出现过载(尤其对铁氧体器件)。

7.1.2　S 参数测试夹具

7.1.2.1　概述

通常,DUT 通过线缆连接到网络分析仪。某些种类器件如 SMD 及带引线的器件可能不适合直接连接,此时应使用测试夹具来测量。下图是用于印刷电路板(PCB)的夹具示例,它使用的是平面传输线,如特性阻抗为 50 Ω 的微带和共面传输线。连接器连接至 PCB 终端。图 17 为印刷电路板(PCB)的 S 参数测试夹具组件示意图。

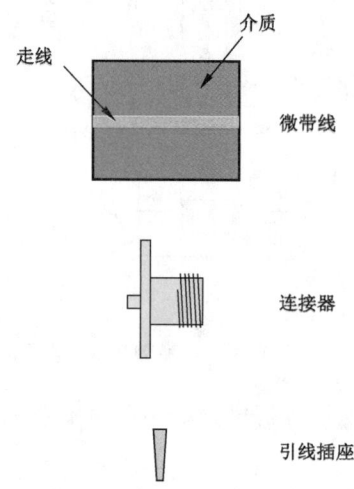

图 17　印刷电路板(PCB)的 S 参数测试夹具组件示意图

7.1.2.2　SMD 适用的测试夹具

7.1.2.2.1　二端器件—串联连接

图 18 为测量二端器件串联连接时 S 参数的测试夹具示意图。适用频率最高达 6 GHz。

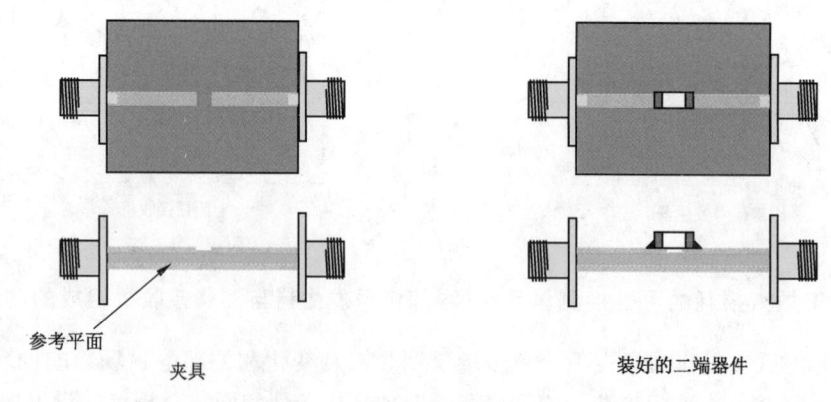

图 18　二端器件的 S 参数测试夹具示意图(串联连接)

7.1.2.2.2 二端器件—并联连接

图 19 为二测量端器件并联连接时 S 参数的测试夹具示意图。适用频率最高达 6 GHz。

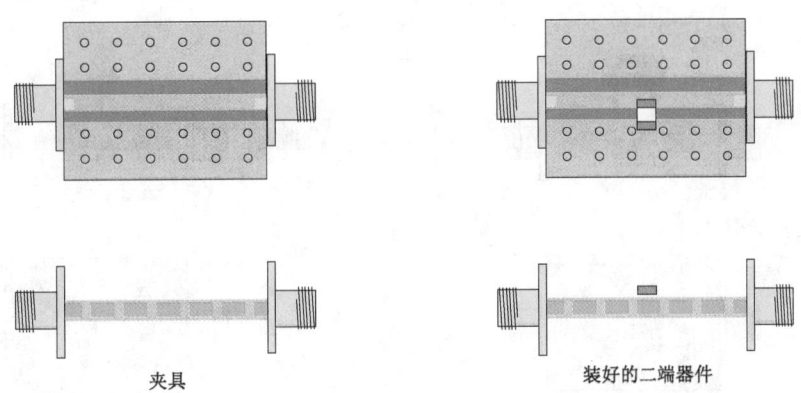

图 19 二端器件 S 参数的测试夹具示意图（并联连接）

7.1.2.2.3 三端滤波器

图 20 为测量三端滤波器 S 参数的测试夹具示意图。最高适用频率达 6 GHz。

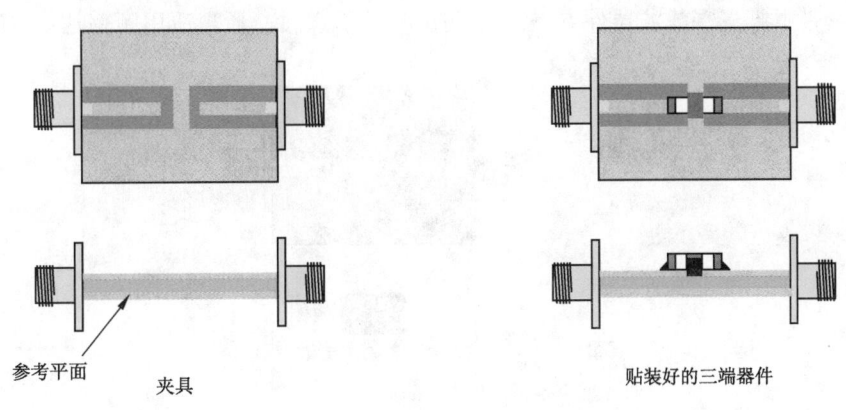

图 20 三端滤波器的 S 参数测试夹具示意图

7.1.2.3 带引脚器件的 S 参数测试夹具

7.1.2.3.1 带引脚的二端器件

图 21 为测量串联连接或并联连接时带引脚二端滤波器件 S 参数的测试夹具示意图。最高适用频率达 1 GHz。

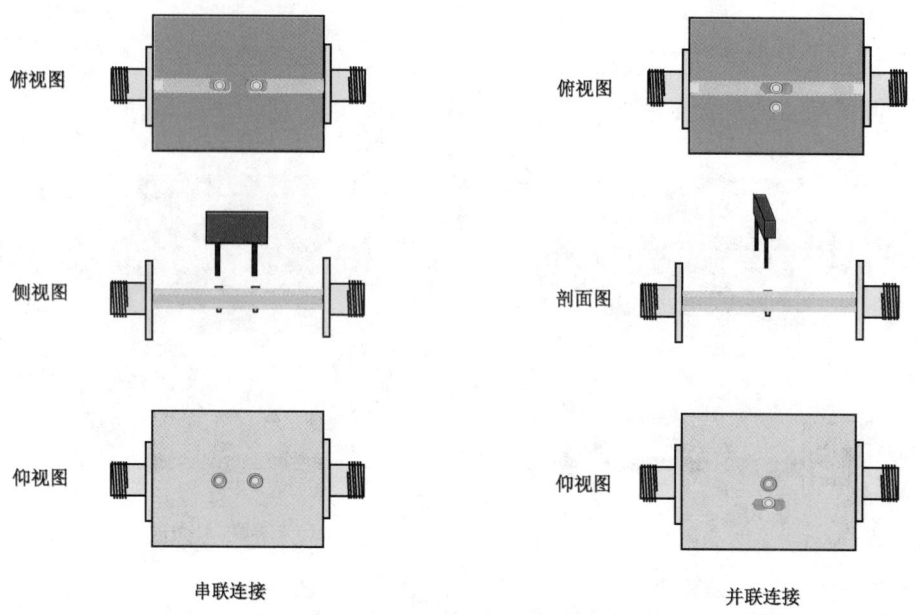

图 21 带引脚二端器件的 *S* 参数测试夹具示意图

7.1.2.3.2 三端滤波器

图 22 为测量带引脚三端滤波器件 *S* 参数的测试夹具示意图。最高适用频率达 1 GHz。

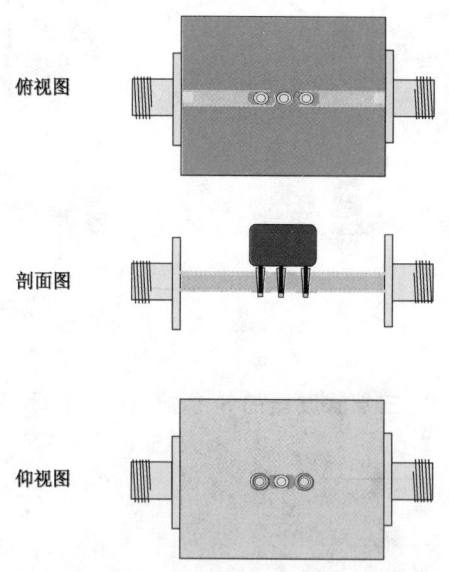

图 22 带引脚三端滤波器的 *S* 参数测试夹具示意图

7.1.2.4 磁环器件的测试夹具

如图 23 所示,在类似于铁氧体磁芯或铁氧体磁珠的 DUT 测量时,要用导线可以插入 DUT 孔中的测试夹具。见附录 H。

应小心地使用绝缘支撑件,将导线保持在孔的中心。孔中的导线应与地平面平行。

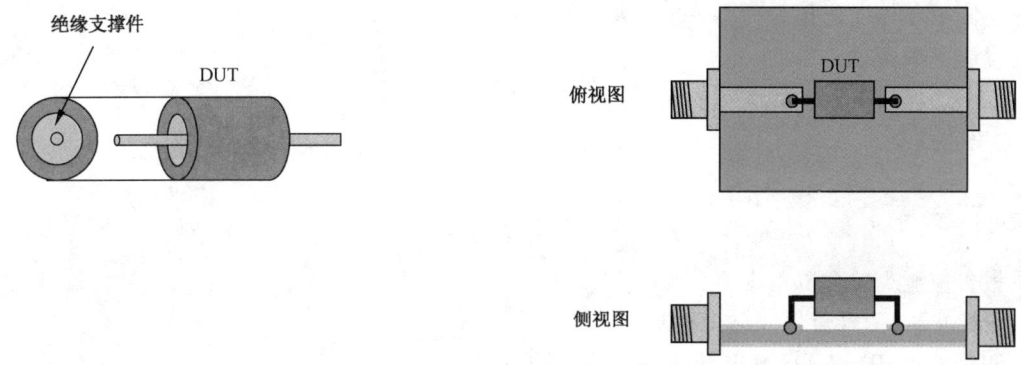

图 23　磁环器件的测试夹具示意图

7.2　测试布置的校准

连接至网络分析仪的线缆和测试夹具会影响测量 S 参数结果,应通过校准以消除这些影响。

可采用以下两种方法之一对所有端口进行校准:

a)　SOLT 校准:使用四类校准标准件(短路/开路/负载/直通)。

b)　TRL 校准:使用三类校准标准件(直通/反射/接线[6])。

上述两种校准程序细则可参考网络分析仪操作手册。

注:如果仅要求插入损耗 $1/|S_{21}|$ 时,使用直通标准件(即直通校准)就可以进行校准。但是,二端口校准是一种可替换的更高精度的校准。

TRL 校准标准件(微带线)示例见图 24。

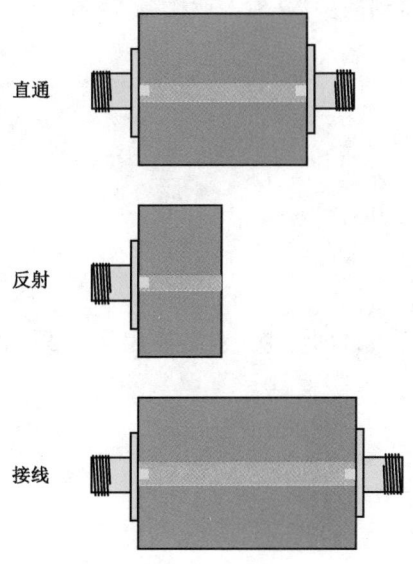

图 24　TRL 校准标准件示例

7.3　测量的不确定度

使用 VNA 进行测量时,评估测量的不确定度应考虑以下因素:

——与网络分析仪相关的不确定度贡献(参照仪器列示值);

——与测试夹具相关的不确定度贡献(如可用,参照生产商规格书);

——与测量条件变化相关的不确定度贡献(通过重复测量评估)。

详细说明见附录 A。

8 测试结果的提交

8.1 概述

测试报告应至少包含以下内容:

a) 测试布置(测量仪器和测试夹具);

b) 测量条件:RF 输出(电流,电压),偏置电压或偏置电流等;

c) 环境条件:温度,湿度等;

d) 所选择的校准/确认方法;

e) 测量点;

f) 测量结果(例如,以列表或图表形式在正交、半对数坐标里来表示插入损耗与频率之间的函数关系,用 dB 表示);

g) 测量的不确定度;

h) 有关测试电路中 DUT 的连接和安装的描述(使用照片或框图),给出测试箱/夹具和连接导线的形状和尺寸(如有需要);

i) DUT 的详尽描述(如订单号、序列号、技术数据、电路图);

j) 测试日期和时间;

k) 测试人员的姓名和职位;

l) 测试所依据的技术标准和/或规范;

m) 按照 8.2~8.4 规定测量得到的参数:插入损耗,阻抗和 S 参数。

8.2 插入损耗

测试报告应包含以下数据:

——测试电路的阻抗;

——测试电路最大可测量的插入损耗。

8.3 阻抗

当用间接法时,测试报告应包含端口的参考阻抗。在用直接法时此阻抗无需写入报告。

8.4 S 参数

测试报告应包括端口分配及其参考阻抗等 S 参数。

<h2>附　录　A</h2>

（规范性附录）
EMC 滤波器件抑制特性测量不确定度的评估

A.1　评估程序

A.1.1　概述

首先考虑被测量 Y（插入损耗、阻抗或 S 参数）与相关输入量 x_i 之间的关系。这种关系应该包含每一个对测量结果引入不确定度影响较大的量，包括修正和修正因子。

然后，确定 x_i，即基于一系列观察的统计分析或其他方式得到的输入量 x_i 的估计值。

A.1.2　标准不确定度：$u(x_i)$

A.1.2.1　概述

为列出每一个会影响整体测量不确定度的影响量，需确定影响量 x_i 及其类型，如通过统计评估（A类）或其他方法（B类）。在制造商的数据或校准数据可用的情况下，应使用 B 类；A 类方法仅限于制造商的数据或校准数据得不到的情况（如特殊的测试适配器或测试夹具）。

A.1.2.2　A 类（统计方法）

A 类评估方法可以是基于任何有效的数据处理的统计方法。

仪表读数的统计描述是由统计方法得出的。标准不确定度 $u(x_i)$ 是 n 次测量的平均值的标准偏差，如式（A.1）所示：

$$u(x_i)=\frac{\sigma}{\sqrt{n}} \quad\quad\quad\quad\quad\quad (\text{A.1})$$

式中：
$u(x_i)$——读数的平均值；
σ　　——标准偏差；
n　　——读数的次数。

A.1.2.3　B 类（其他方法）

B 类评估方法要求识别所有相关的不确定因素并评估其量值大小。进而选择合适的概率分布函数，以便"归一化"每个影响因素至标准偏差。

B 类方法基于所有能得到的相关信息，包括：
a)　历史测量数据；
b)　制造商的规格书；
c)　校准证书/报告或其他报告中的数据；
d)　基于经验的评估值；
e)　其他数据。

A.1.3　合成标准不确定度：$u_c(y)$

所有归一化的不确定度分量的标准偏差即标准不确定度 $u(x_i)$，组合起来成为合成标准不确定度，

如式(A.2)所示:

$$u_c(y) = \sqrt{\sum_i [c_i u(x_i)]^2} \qquad\qquad\cdots\cdots\cdots\cdots\cdots\cdots (\text{A.2})$$

式中:

$u_c(y)$——合成标准不确定度;

c_i　　——灵敏度系数,表征评估值 y 如何随输入评估值 x_i 值的变化而变化;

$u(x_i)$——标准不确定度。

A.1.4　扩展不确定度:U

包含因子 k 用于扩展合成标准不确定度以表示置信水平区间(例如,$k=2$ 表示约 95% 的置信水平)。

扩展不确定度由式(A.3)获得:

$$U = k u_c(y) \qquad\qquad\cdots\cdots\cdots\cdots\cdots\cdots (\text{A.3})$$

式中:

U　　——扩展合成标准不确定度;

k　　——包含因子;

$u_c(y)$——合成标准不确定因素。

A.2　不确定度报告

测试报告中测量不确定度是用扩展不确定度的陈述和一个带有置信水平的 k 因子来正确表述表示,例如:测量结果为 $(y\pm U)$dB 或 Ω,$k=2$(95% 置信水平)。

注意,任何的测量不确定度分析都是基于一组假设上的。应对这些假设进行规定并记录在案。如果实际的测量方案偏离了这些假设,原有不确定度的评估是无效的,应针对这些偏差来重新计算。

A.3　插入损耗——测量不确定度计算的示例

按 5.3 中规定的测量方法进行插入损耗测量的不确定度分析见表 A.1;这是应用参考文献[4]的一个示例。其假定执行的是 B 类方法分析,识别所有相关的影响因素并对其量值进行估算。在测量大量的滤波器(例如在批量生产)情况下,测量不确定度分析也可用 A 类方法。无论怎样,测量的可重复性的均值是基于 A 类分析确定,此时,被测量(即滤波器的插入损耗)是通过一系列重复测量来获得的。

表 A.1　插入损耗测量的不确定度示例

不确定度的来源	输入评估值 dB	概率密度分布	包含因子	灵敏度系数	标准不确定度 dB
信号发生器(G)[a]	0.2	矩形	1.732	1	0.12
测量接收机[a]	0.2	矩形	1.732	1	0.12
测试布置的确认[b]	0.5	矩形	1.732	1	0.29
可重复性	0.1	正态	1	1	0.1
注1:合成标准不确定度(u_c):0.35。					
注2:扩展不确定度(U):0.70(当 $k=2$ 时)。					
[a]　如果使用网络分析仪,对测量设备(信号发生器+接收器)可能只有一个值,该测量不确定度的值主要由测量设备的稳定性来确定。					
[b]　测试布置(电缆,测试箱等)的测量不确定度是由 5.4.2 或 5.4.3 的确认程序得到的。					

在以下假设条件成立时,共模模式、无偏置条件测量时的滤波器插入损耗的扩展不确定度为0.70 dB。

a) 测量时关注的频率范围为 10 kHz~1 GHz。

b) 按照图 8 进行测量布置。

c) 测量程序严格执行 5.3。

d) 在测量插入损耗之前,按照 5.4.2 对测试布置进行确认。试验配置通过以下验证测量证实:使用标准衰减器在所要求频率范围内的测量,插入损耗在一个恒定值的±0.5 dB 误差范围内。

此外,插入损耗测量的不确定度分析应考虑以下注意事项:

1) 测试系统(即信号发生器和测量接收器)可以包含在一台仪器内。

2) 由于环境中的辐射骚扰会显著影响测试结果,所以应采取措施,尽量减小由外部骚扰引起的误差,使其在可接受的范围内。必要时可使用屏蔽测试箱或完全屏蔽测试布置。骚扰引起的背景噪声应至少比被测信号低 6 dB。

3) 推荐使用隔离衰减器(在布置中插入信号发生器的输出和测量接收机的输入之间)来减少电压驻波比和谐振对测试结果的影响。如果用矢量网络分析仪进行二端口校准,就不必使用隔离衰减器。

4) 应分别使用图 8 和图 9(取决于是无偏置测试还是有偏置测试)所示的测量电路来评估不确定度。

5) 连接器、电缆和测试箱的失配影响包含在 5.4.2 和 5.4.3 确认测量中。

A.4 阻抗——测量不确定度的计算示例

表 A.2 中的不确定度分析是按 6.2 中规定的阻抗测量方法的不确定度评估示例。

表 A.2 阻抗测量的不确定度示例

不确定度的来源	输入评估值 %	概率密度分布	包含因子	灵敏度系数	标准不确定度 %
阻抗测量设备	0.38	矩形	1.732	1	0.21
测试夹具	0.5	矩形	1.732	1	0.29
可重复性	0.29	正态	1	1	0.29
注 1:合成标准不确定度(u_c):0.46。					
注 2:扩展不确定度(U):0.92(当 $k=2$ 时)。					

在以下假设条件时,在 100 MHz 无偏置时的阻抗测量的扩展不确定度 0.92%:

a) 按照 6.2 和附录 F 进行测量;

b) DUT 是 SMD 型的电感,100 MHz 时其典型参数是,$|Z| = 1$ kΩ;

c) 用于阻抗测量的设备已完成开路/短路/负载校准;

d) 测试布置(测试夹具)分别经开路(测试端口不接地)和短路(用与 DUT 尺寸相同的短路片)两种连接得到确认。

A.5 S 参数——测量不确定度计算的示例

表 A.3 中的不确定度分析是在 100 MHz 时,无偏置测量的情况下,S_{21} 和 S_{12} 的测定方法的不确定度评估示例,表 A.4 是 S_{11} 和 S_{22} 测量不确定度的一个示例。

表 A.3 $|S_{21}|$ 和 $|S_{12}|$ 的测量不确定度(示例)

不确定度的来源	输入评估值 dB	概率密度分布	包含因子	灵敏度系数	标准不确定度 dB
网络分析仪	0.026	矩形	1.732	1	0.015
测试布置(校准)	0.498	矩形	1.732	1	0.288
可重复性	0.078	正态	1	1	0.078

注 1:合成标准不确定度(u_c):0.30。

注 2:扩展不确定度(U):0.60(当 $k=2$ 时)。

表 A.4 $|S_{11}|$ 和 $|S_{22}|$ 的测量不确定度(示例)

不确定度的来源	输入评估值 dB	概率密度分布	包含因子	灵敏度系数	标准不确定度 dB
网络分析仪	0.014	矩形	1.732	1	0.008
测试布置(校准)	0.027	矩形	1.732	1	0.016
可重复性	0.010	正态	1	1	0.010

注 1:合成标准不确定度(u_c):0.021。

注 2:扩展不确定度(U):0.04(当 $k=2$ 时)。

在以下假设条件成立时,S_{21} 和 S_{12},S_{11} 和 S_{22} 测量的扩展不确定度分别为 0.60 dB 和 0.04 dB。

a) 按照 7.1 进行测量;

b) DUT 是 SMD 型电感,在 100 MHz 时其典型参数为 $20\lg|S_{21}|=-20$ dB 和 $20\lg|S_{11}|=-0.94$ dB;

c) 网络分析仪已进行 TRL 校准。其源电平为 0 dBm,中频带宽为 100 Hz;

d) 测试夹具组成如图 18 所示。

注:对于高插入损耗的器件,传输系数 S_{21} 和 S_{12} 的不确定度可能会由于网络分析仪的串扰误差而显著增加。

附　录　B

（资料性附录）

插入损耗测量测试箱示例

B.1　设施和设备滤波器

B.1.1　概述

DUT 应安装在合适的测试箱中。除非用户、制造商和测试机构的特定应用对测试布置另有规定，否则测试箱应符合下述要求。

B.1.2　测试箱的结构

参阅图 B.1 和图 B.2，对输入端和输出端没有屏蔽层和同轴端口的干扰抑制元件和滤波器，应将其放置在测试箱中进行测量，测试箱的尺寸（例如长度 l、高度 h 和宽度 w）取决于 DUT。用非磁性金属做成的测试箱要有一个金属盖。用于测量法兰（式）安装的穿心电容和滤波器的测试箱应有带安装电容器和滤波器孔口的间隔分区。测试箱各部件的电接触应可靠，各个部件应用焊接或连续缝焊的方式连接；盖子和壳体通过弹簧触点或螺栓连接，应特别注意，当测量穿心电容和同轴滤波器件时，确保盖子和法兰沿边长完全接触良好。同轴端口安装在两个箱壁上。

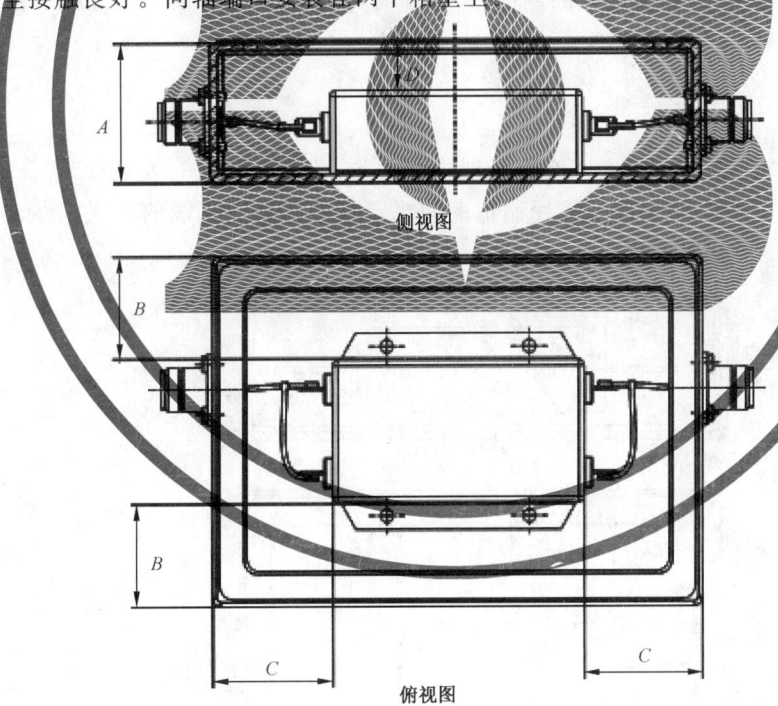

侧视图

俯视图

注：A 是测试箱的整体高度。尺寸 B、C 和 D 的推荐值见 B.1.3。

图 B.1　通用滤波器测试箱的典型设计

图 B.2　通用滤波器典型测试箱的 3D 视图

B.1.3　EMC 滤波器件在测试箱里的安装

DUT 安装时模拟正常使用的情况,例如用螺栓将其安装在箱子底部或如果是馈通滤波器要紧紧地安装在测试箱的内屏蔽壁上。连接线应尽可能短,以避免因耦合、寄生电感和寄生电容产生的误差。

选择尺寸比 DUT 的尺寸略大一点的测试箱,推荐值为 $B=5$ cm,$C=5$ cm,$D=5$ cm(见图 B.1)。

B.2　穿心元件

法兰(式)安装的穿心电容和馈通滤波器分别按照图 B.3 和图 B.4 进行安装。

如果接地线是一个引脚,该引脚应按照制造商的规定长度并且以直线的方式安装。其他类型的端子按实际使用状态用尽可能短的线连接到金属壁上。

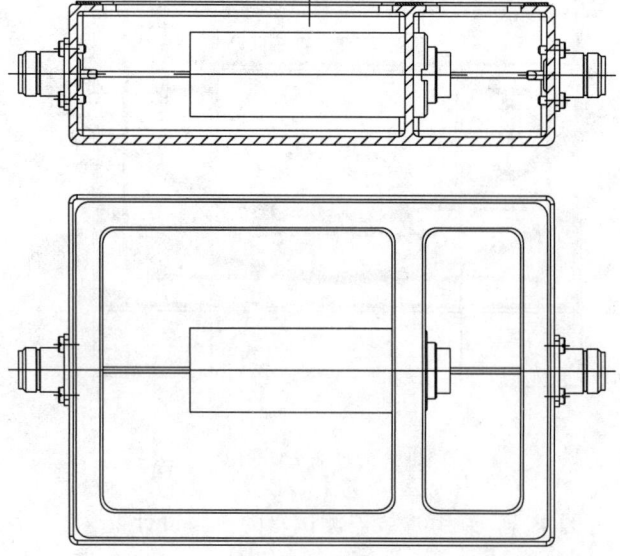

图 B.3　穿心元件测试箱的典型设计

图 B.4　穿心元件典型测试箱的 3D 视图

B.3　单一元件

B.3.1　电容器

电容器的两个引线应按照制造商的要求进行安装(如安装在 PCB 上)。如果元件有连接线,应注意连接线的长度:除非另有规定,裸导线长度是 6 mm;有绝缘层的导线是 50 mm。

B.3.2　电感器

电感器的安装和连接与 B.1 中规定的滤波器的安装相似。应注意测试箱中各金属部件与电感器之间的距离要足够大,以避免磁耦合。应按照制造商的要求(例如安装在 PCB 上)来连接电感器与测试箱的各端子。连接线应直,并尽可能短。

B.3.3　用于抑制车辆点火系统干扰的干扰抑制电阻器、电缆和其他器件

安装、连接和测量操作应符合 IEC/CISPR 12:2009 中的要求。

附　录　C

（资料性附录）

非 50 Ω 系统插入损耗测试方法

C.1　0.1 Ω/100 Ω 系统

C.1.1　概述

0.1 Ω/100 Ω 系统适用于电源滤波器的插入损耗测量。

该方法替代 50 Ω/50 Ω(75 Ω/75 Ω)系统，规定滤波器在 0.1 Ω/100 Ω(或 100 Ω/0.1 Ω)系统下进行插入损耗的测量。在 1 kHz～300 kHz 的频率范围内，需要两个宽带变压器(对应信号源、接收机 50 Ω系统为 22∶1 和 1.4∶1)。见图 C.1。

注：对于某些滤波器，例如高磁导率铁氧体，0.1 Ω/1 MΩ 系统提供最严酷情况下的插入损耗测量方法。

图 C.1　测试电路

C.1.2　测试原理

该测量方法目的是评定实际使用中接口阻抗未知情况下，滤波器的性能：

a)　在规定阻带内具备良好和可合理预计的插入损耗特性；

b)　在通带内，不产生不可接受的振铃。

该方法考虑了边界条件，用统计数据(源和负载)的实证分析获得的阻抗来表示实际电路。

由不匹配滤波器的理论分析，可能会出现以下 3 种特殊的问题：

1)　两种不同的机理引起的通带和过渡带振铃：

i)　端口谐振(滤波器与信号发生器和/或与镜像参数终端一致的负载阻抗产生的谐振)。幸运的是，在实际电路中，因为等效电路的 Q 值较低，这种谐振是高阻尼的，(共模模式引起的除外，但该谐振很容易消除)。

ii)　明显的振铃由滤波器固有谐振引起。仅当与滤波器特性阻抗相比一个接口阻抗很高，另一个接口阻抗很低时，会产生临界本征谐振。这时，滤波器本身的高 Q 值占主导地位，该机理可使插入增益(负的插入损耗)高达 30 dB。这种现象出现在 0.1 Ω/100 Ω(和反向)测量系统中，可通过适当的滤波器设计来消除。

注：任何有效的 0 Ω 或 ∞Ω 终端组合都会产生固有谐振。

2)　阻带低端部分性能不佳。一般情况下，低通滤波器，如电源滤波器，阻抗失配的影响在阻带低端是最严重的。0.1 Ω/100 Ω(或 100 Ω/0.1 Ω)系统方法能够鉴别结果严重偏离于 50 Ω 系统测量得到的预期性能的滤波器。因此，不得不提到多部分组成的滤波器，它们不仅在严重失配情况下比简单滤波器好，而且更小更经济(详见参考文献[7])。

3)　测量方法本身引起的问题。测试均采用图 C.1 所示电路。

　　此外,用可互换或可逆的变压器进行测试。变压器是宽频(铁氧体)的覆盖1 kHz～300 kHz的频率范围。在75 Ω系统中,变压器变比是27∶1和1.15∶1。

　　应注意:当使用具备足够灵敏度的设备时,无需使用变压器,仅使用提供所需电阻端接的测试电路即可。

　　高品质滤波器在1 kHz～100 kHz的频率范围内,任何频率点上的最大插入增益应小于10 dB。在整个阻带频率范围内,插入损耗偏离规定值不应超过10 dB。

附　录　D

（资料性附录）

用于插入损耗测量的缓冲网络

D.1　概述

缓冲网络用于偏置情况下的测量，形成偏置电流源与测量布置(信号源、接收机和被测器件)之间的去耦网络。

D.2　典型的缓冲网络电路

图 D.1 是典型的缓冲网络的电路图。

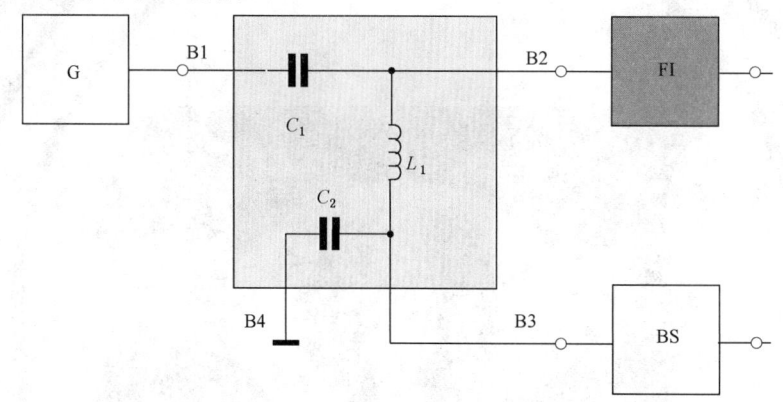

说明：
G　——信号发生器；
FI　——EMC 滤波器(DUT)；
BS　——偏置电流源；
L_1　——去耦电感；
C_1　——射频信号耦合电容；
C_2　——偏置电流去耦电容；
B1　——信号发生器或接收机连接端口；
B2　——DUT 连接端口；
B3　——偏置电流源连接端口；
B4　——参考电位连接端口。

图 D.1　偏置测试缓冲网络连接示例

电容 C_1 应将射频信号耦合至测量电路,并应在射频信号源和偏置电路之间形成去耦。C_1 在相关频率范围内相对于射频信号源阻抗和被测器件阻抗应具有低阻抗,必须考虑,从端口 B2 看,这个阻抗要足够低。电感 L_1 应在偏置电流源和射频测量电路之间形成去耦。L_1 在相关测量频率范围内相对于射频信号源阻抗和被测器件阻抗应具有高阻抗,必须考虑,从端口 B2 看,这个阻抗要足够高。在最大偏置电流施加于被测器件时,电感不应饱和。

C_2 与 L_1 用于防止射频信号对偏置电流源产生影响。相对于偏置电流源射频阻抗,C_2 在测量频率范围内为低射频阻抗特性。如可能,应选用穿心电容。

C_1、C_2 和 L_1 元器件的自谐振频率应在测量频率范围外,并应按照射频布局原则进行连接。

在测量有偏置 DUT 的衰减前,先通过一个不加电流(无偏置 DUT)的预测试来确定在所测频段内,测量结果不会因缓冲网络和偏置电流源的存在而受到影响。

D.3 缓冲网络示例(0.1 MHz ～ 30 MHz)

表 D.1 为 0.1 MHz～30 MHz 频段内推荐使用的缓冲网络。

表 D.1 缓冲网络电路器件规格

元件	类型	数值
C_1	低电感电容器	100 nF
C_2	穿心电容或低电感电容器	1 μF
L	扼流圈	10 mH
注:0.1 MHz～30 MHz 频段内的缓冲网络。		

L 和 C 的值仅作为参考值。对于一些特定的 DUT 或抑制元件的测量有可能会涉及电路相关参数的变化和调整(例如在测量极高插入损耗滤波器时),以防止对测量结果产生任何影响。

附 录 E
（资料性附录）
关于插入损耗测量的一般性讨论

E.1 插入损耗测量原理

E.1.1 概述

插入损耗测量是一种确定滤波器或抑制电路对射频骚扰抑制能力的标准化测量方法。

首先进行参考测量：将信号发生器与测量接收机直通连接，从跨接在测量接收机两端的终端阻抗 Z_2 上测得电压值 V_{20}（见图 E.1）。

然后将 DUT 接入到测试电路（见图 E.2）中，再次对测量接收机终端阻抗 Z_2 上的电压进行测量，得到电压值 V_2。

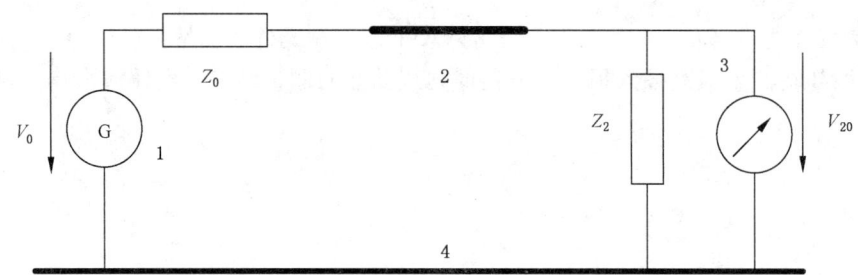

说明：

1 ——信号发生器；

2 ——短路连接；

3 ——测量接收机；

4 ——参考地（金属接地平板）；

V_0 ——信号发生器开路电压；

V_{20} ——输出电压；

Z_0 ——信号发生器输出阻抗；

Z_2 ——接收机输入阻抗。

图 E.1 插入损耗测量电路图—参考测量（用短路连接代替 DUT）

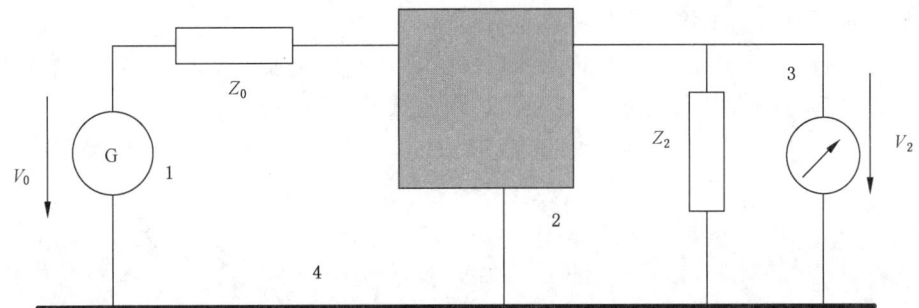

说明:

1 ——信号发生器;

2 ——待测器件(DUT);

3 ——测量接收机;

4 ——参考地(金属接地平板);

V_0 ——信号发生器开路电压;

V_2 ——输出电压;

Z_0 ——信号发生器输出阻抗;

Z_2 ——接收机输入阻抗。

图 E.2　插入损耗测量电路图—测量 DUT

E.1.2　定义

插入损耗可由式(E.1)计算得到:

$$a_e = 20 \lg(V_{20}/V_2) = 20 \lg(V_0/2V_2) \quad\quad\quad\quad\quad (\text{E.1})$$

当输入阻抗与输出阻抗相等且 $Z_0 = Z_2 = 50\ \Omega$ 时,即 $V_{20} = V_0/2$。

式中:

a_e ——插入损耗,单位为分贝(dB);

V_0 ——信号发生器开路电压,单位为伏(V);

V_{20} ——参考测量时输出电压,单位为伏(V);

V_2 ——接入 DUT 时输出电压,单位为伏(V);

Z_0 ——信号发生器输出阻抗,单位为欧姆(Ω);

Z_2 ——接收机输入阻抗,单位为欧姆(Ω)。

E.2　插入损耗测量

E.2.1　原先的测试方法

按上一版标准,插入损耗测量是这样来实现的:首先按图 E.1 所示的测试电路测得参考电压,然后按图 E.2 所示将被测滤波器接入测试电路进行测量,可以采用全频段扫描方式也可以采用有选择的点频方式。两种测量方式都需要按式(E.1)将测量结果转换成插入损耗(值)。

E.2.2　简化的测量方法

通常采用现代的高精度信号发生器和接收机,只需在测量电路接入被测滤波器的情况下进行一次性测量,即可获得终端阻抗 Z_2 上的电压值 V_2。如果通过评估能确定:信号发生器输出信号的电压值 V_0 恒定,且在低阻抗特性的被测滤波器(例如,滤波器中有高容量的电容存在等)接入后其电压值仍能保持不变,则插入损耗测量中的第一步参考测量可省略。

如果信号发生器输出电平足够稳定,即参考电压值总是 $V_0/2$,则可将其作为常量代入式(E.1)。这样即可实现全自动测量,既省时又经济,这也是工厂预测试采用的方法。

附　录　F
（资料性附录）
阻抗测量布置

F.1　概述

本附录给出了使用阻抗测量设备对滤波器进行阻抗测量的一个示例。

F.2　测量布置示例

F.2.1　带引线的二端器件

测量采用四端阻抗测量设备。图 F.1 和图 F.2 分别示出了适用于带引线器件的阻抗测量布置和四端测试夹具示意图。该装置适用的最高测量频率可达 100 MHz 左右。

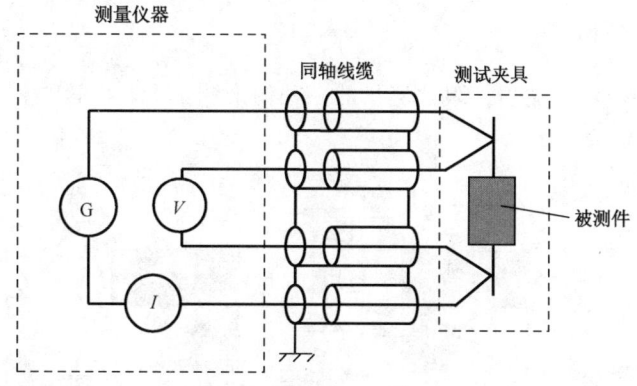

图 F.1　带引线器件（DUT）的阻抗测量布置示意图

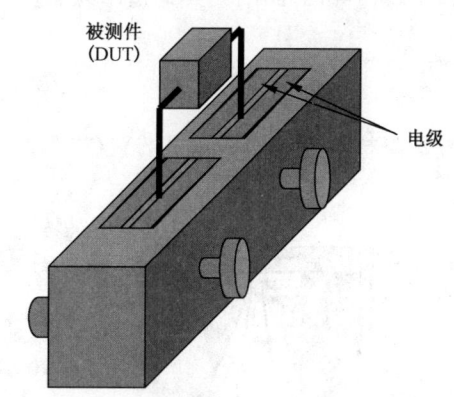

注：适用于体积较大的带引线 DUT，最高的测量频率可达至 100 MHz 左右。DUT 被固定于电极板上，其间距可通过螺母调节。电极与后面板上的连接器通过导线连接。

图 F.2　用于带引线滤波器件（DUT）阻抗测量的四端测试夹具

F.2.2 表面贴装器件(SMD)

F.2.2.1 测量布置

图 F.3 示出了适用于 SMD 阻抗测量的一种测量仪器。

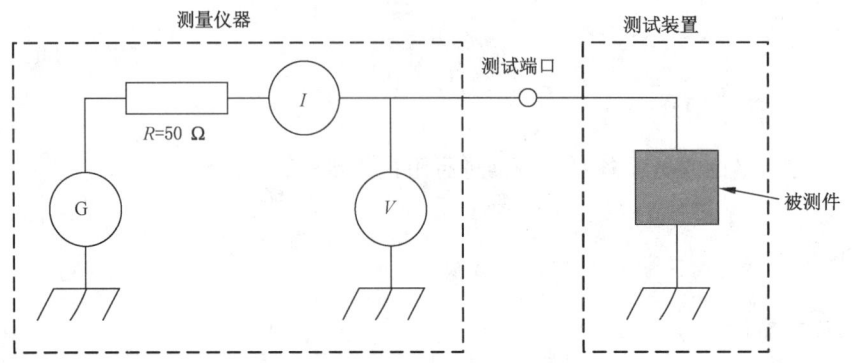

图 F.3 SMD 阻抗测量布置示意图

F.2.2.2 钳形测试夹具的结构

图 F.4 示出了适用于二端滤波器件阻抗测量的一种钳形测试夹具。该结构适用的最高测量频率可达 2 GHz 左右。

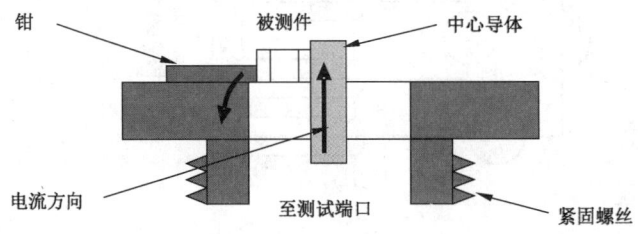

图 F.4 钳形测试夹具构造示意图

F.2.2.3 同轴测试夹具

图 F.5 给出了适用于二端滤波器阻抗测量的同轴测试装置(夹具)。该结构适用的最高测量频率可达 3 GHz 左右。

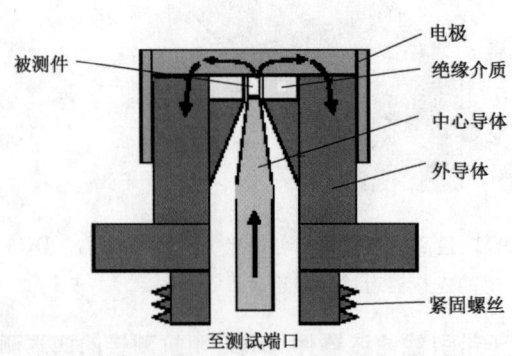

图 F.5 适用于 SMD 的同轴测试夹具

F.2.2.4　按压型测试夹具

图 F.6 示出适用于二端滤波器阻抗测量的按压型测试夹具。该结构适用的最高测量频率可达
3 GHz左右。

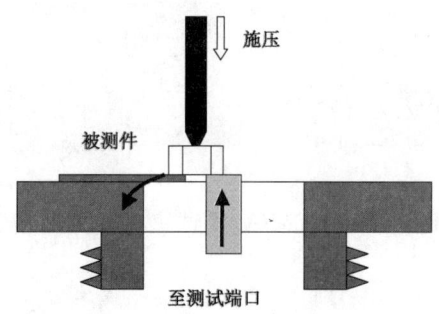

图 F.6　适用于 SMD 的按压型测试夹具

F.2.3　共模扼流圈（CMCC）

F.2.3.1　定义

对于四端 CMCC 来说，按图 F.7 a)和 b)所示连接后测得的阻抗分别称之为共模阻抗(Z_c)和差模
阻抗(Z_d)。

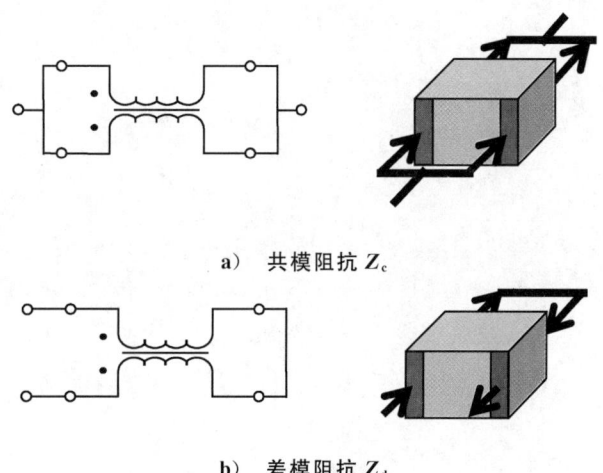

a)　共模阻抗 Z_c

b)　差模阻抗 Z_d

图 F.7　CMCC 阻抗测量连接示意图

F.2.3.2　测量仪器和测试夹具

阻抗测量设备用于 CMCC 每一模式下二个连接端子之间的阻抗测量。图 F.8 示出了适用于 SMD
测试的一种测量布置。该结构适用的最高测量频率可达 3 GHz 左右。

如果需要测量带引线的 DUT，可参考图 F.2 选择类似的测试夹具。

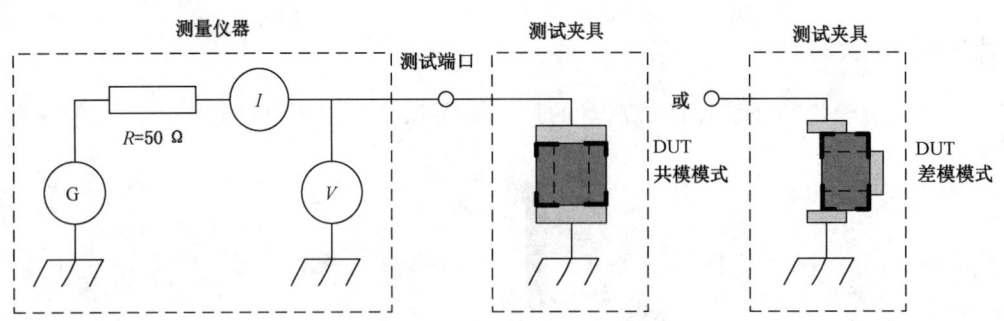

图 F.8　SMD CMCC 测试夹具和测量布置

附　录　G

（资料性附录）

CMCC 的 *S* 参数测量方法

G.1　概述

图 G.1 为共模扼流圈（CMCC）电路原理图。共模和差模特性可以直接测量（见 G.2 和 G.3），也可用四端口 *S* 参数（见 G.4）来实现间接测量。

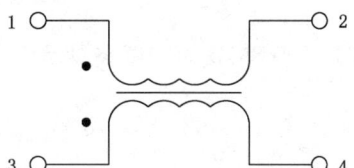

说明：

1、3——输入端口；

2、4——输出端口。

图 G.1　共模扼流圈电路原理图

G.2　共模特性参数的测量布置

G.2.1　概述

将 CMCC 输入与输出端分别连接，连接以形成二端口器件，如图 G.2 所示。

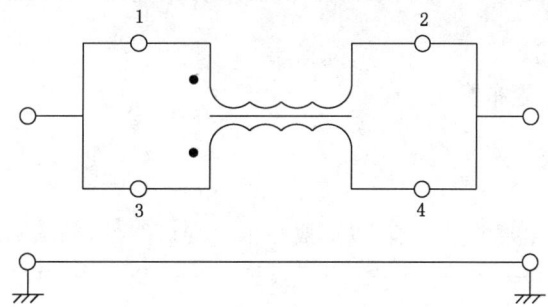

说明：

1、3——输入端口；

2、4——输出端口。

图 G.2　CMCC 共模特性参数测量布置

G.2.2　SMD 测试夹具

图 G.3 为 SMD 测试夹具的一个示例。

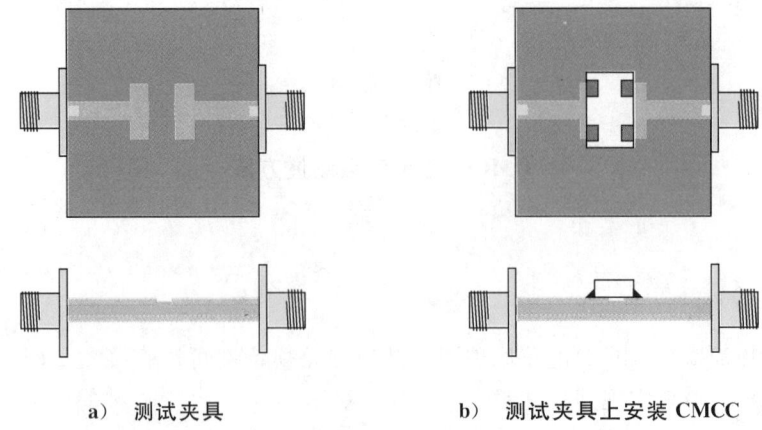

a) 测试夹具　　　　　　　b) 测试夹具上安装 CMCC

图 G.3　用于 SMD 的测试夹具示例示意图

G.2.3　带引线器件用的测试夹具

图 G.4 为带引线测试夹具的一个示例。

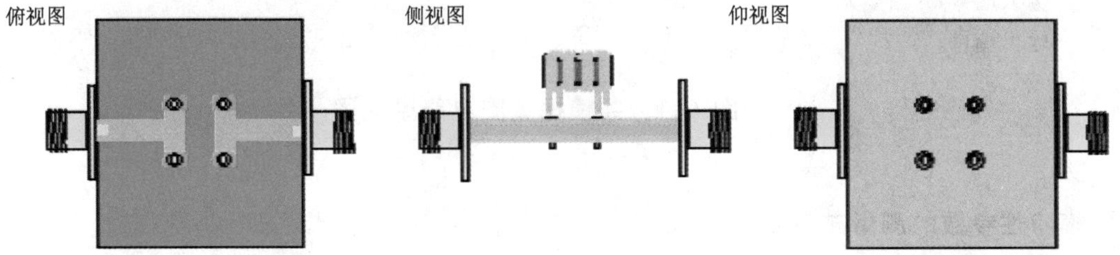

俯视图　　　　　　　　侧视图　　　　　　　　仰视图

图 G.4　带引线器件用的测试夹具示例示意图

G.3　差模模式特性参数的测量布置

G.3.1　概述

CMCC 的一个输入与输出端分别接地,以形成一个二端口器件,如图 G.5 所示。

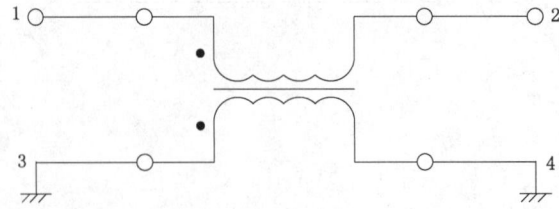

说明:
1、3——输入端口;
2、4——输出端口。

图 G.5　差模特性参数测量布置

G.3.2 SMD 测试夹具

图 G.6 是一测试夹具示例。

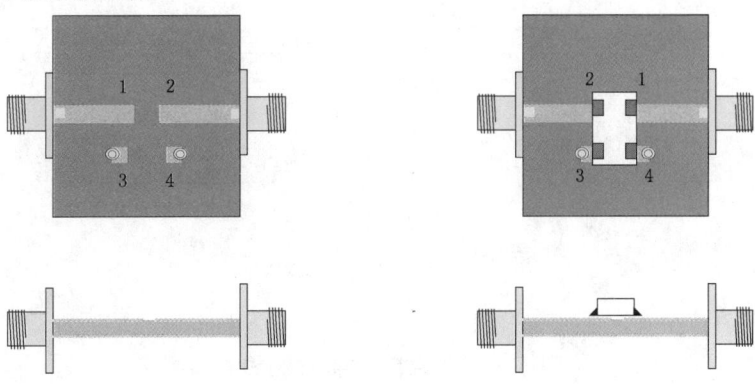

说明:

1、2——与测量端口中心走线相连的表贴焊盘;

3、4——与地相连的表贴焊盘。

a) 测试夹具   b) 测试夹具上安装 CMCC

图 G.6　SMD 测试夹具

G.3.3 带引线器件的测试夹具

图 G.7 是一测试夹具示例。

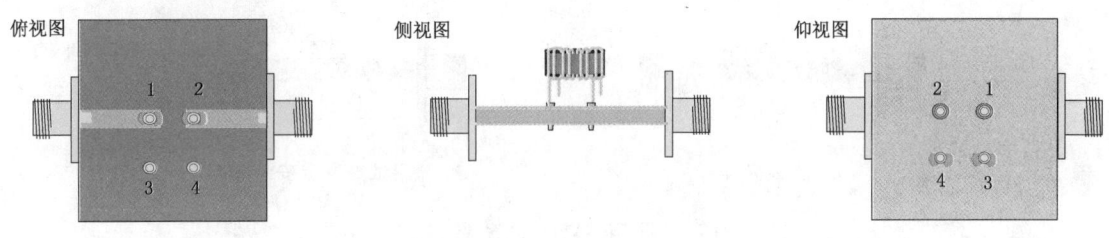

说明:

1、2——与测量端口中心走线相连的引线插孔;

3、4——与地相连的引线插孔。

图 G.7　带引线器件的测试夹具

G.4 四端口 S 参数的测量

G.4.1 概述

由于 CMCC 有 4 个端子,其特性可以采用四端口 S 参数来进行评估,见图 G.8。

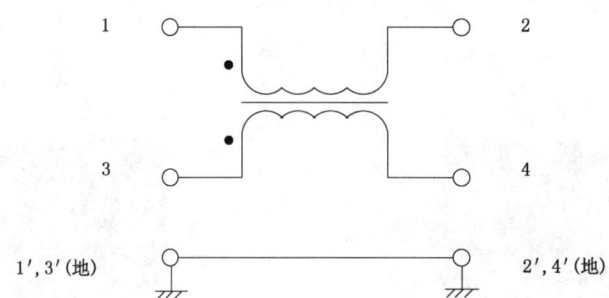

说明：

1、3——输入端口；

2、4——输出端口。

图 G.8　四端口 S 参数测量布置

G.4.2　SMD 的测试夹具

图 G.9 为一测试夹具示例。

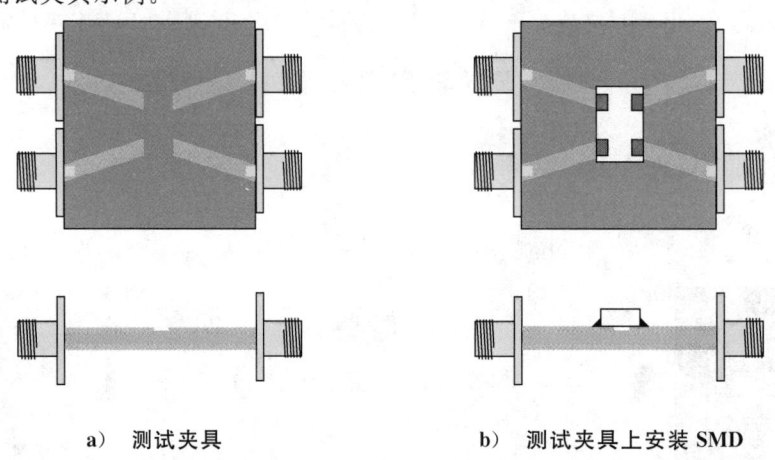

a)　测试夹具　　　　　　　　b)　测试夹具上安装 SMD

图 G.9　四端口 SMD 的 S 参数测试夹具

G.4.3　带引线器件的测试夹具

图 G.10 是一测试夹具示例。

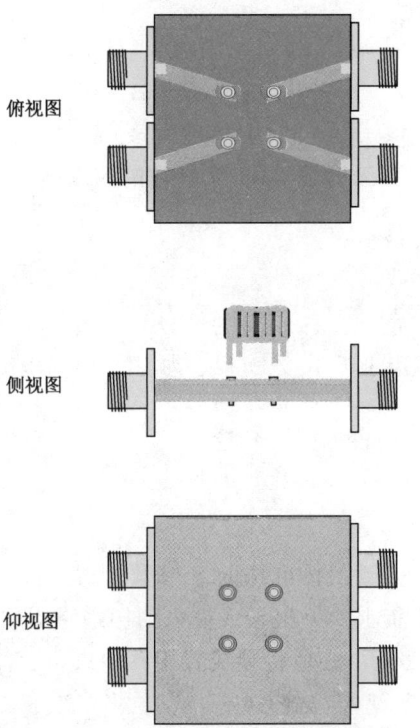

俯视图

侧视图

仰视图

图 G.10　四端口带引线器件 S 参数的测试夹具

附　录　H
（资料性附录）
无引线 DUT *S* 参数的测量布置

H.1　概述

本附录中介绍的测量方法适用于无引线 DUT。如用于抑制电缆中共模电流的铁氧体磁芯、铁氧体磁珠。

H.2　测量方法

无引线 DUT 诸如铁氧体磁芯、铁氧体磁珠的 *S* 参数，通常借助带有测试夹具的矢量网络分析仪来测量（如图 H.1 所示）。将接地平板上的一根导线插入使用绝缘支撑件的 DUT 的孔中。垫片应采用低介电常数材料，如泡沫聚苯乙烯。应小心地将导线置于孔中央，且与地平面平行放置。

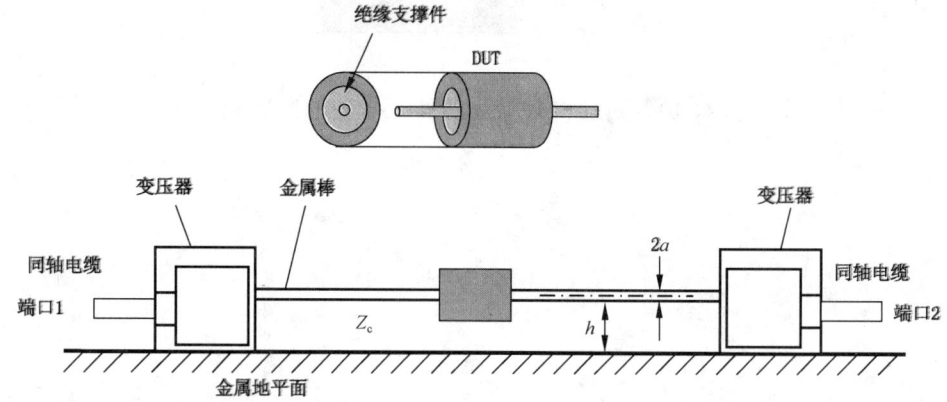

注：变压器的使用是为了实现阻抗变换。

图 H.1　无引线 DUT *S* 参数的测量示意图

传输线的特性抗阻 Z_c 定义如式（H.1）所示：

$$Z_c = 60 \cosh^{-1}\left(\frac{h}{a}\right) \qquad\qquad\qquad (\text{H.1})$$

式中：

Z_c ——特性抗阻，单位为欧姆（Ω）；

h ——金属棒的高度，单位为毫米（mm）；

a ——金属棒的半径，单位为毫米（mm）。

推荐 $Z_c = 270\ \Omega$。见参考文献[8]及 CISPR 16-3:2010 中 4.9.2.1。

H.3　校准

为消除变压器对参数的影响，应进行校准。在此夹具中，应使用 TRL 校准[6]。如图 H.2 所示，在 TRL 校准中，需要两支不同长度的金属棒以进行直通测量和接线测量。

注：为核对测试夹具测量插入损耗的极限值，变压器之间的参数 S_{21} 应在图 H.2 中的反射位置处测量。

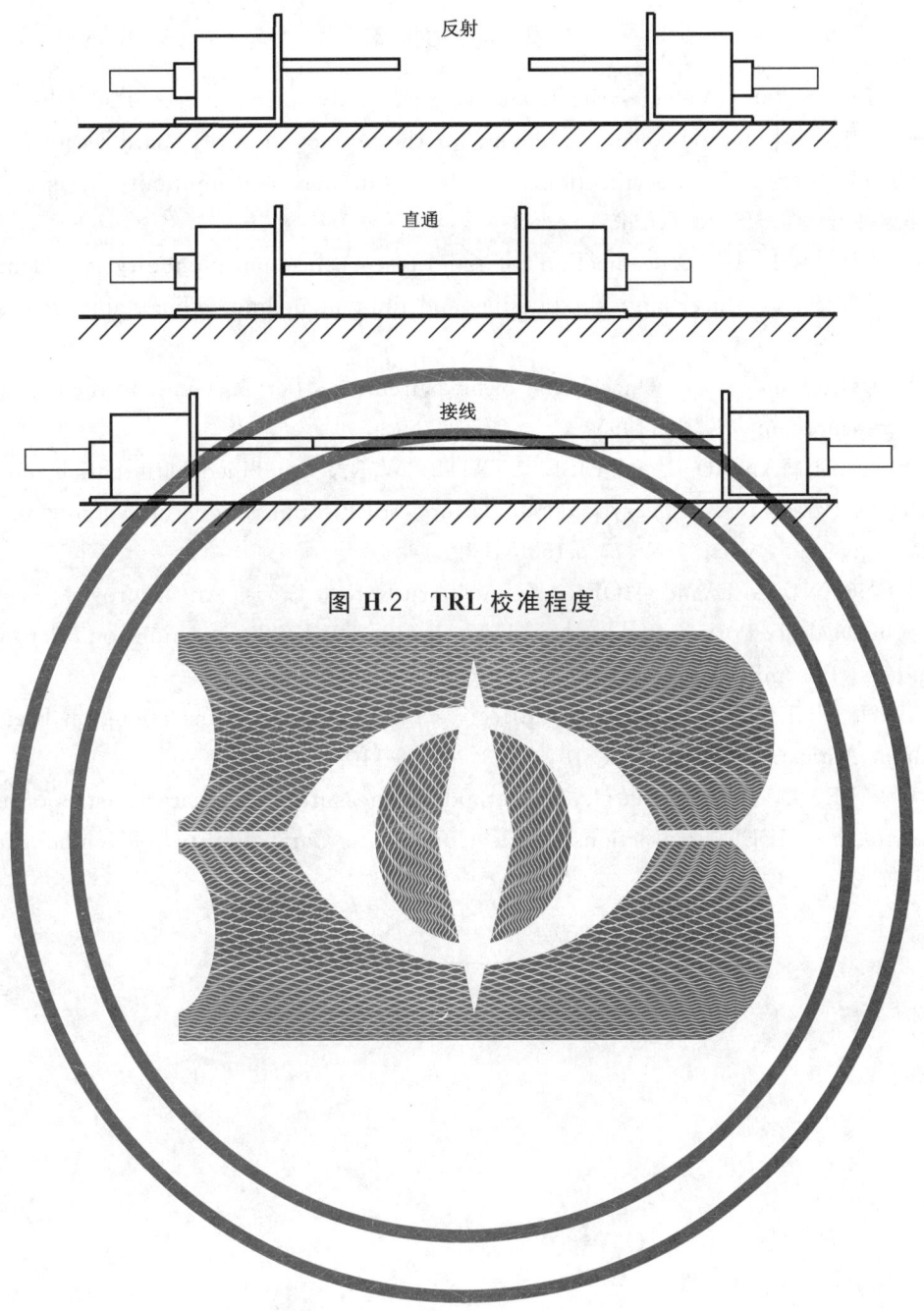

图 H.2　TRL 校准程度

参 考 文 献

[1] CISPR 12:2007 Vehicles, boats and internal combustion engines—Radio disturbance characteristics—Limits and methods of measurement for the protection of off-board receivers

[2] CISPR 16-3:2010 Specification for radio disturbance and immunity measuring apparatus and methods—Part 3: CISPR technical reports

[3] CISPR/TR 16-4-1 Specification for radio disturbance and immunity measuring apparatus and methods—Part 4-1: Uncertainties, statistics and limit modelling—Uncertainties in standardized EMC tests

[4] ISO/IEC Guide 98-3 Uncertainty of measurement—Part 3: Guide to the expression of uncertainty in measurement (GUM:1995)

[5] BOCKELMAN, D.E. and EISENSTADT, W.R., Combined Differential and Common—Mode Scattering Parameters: Theory and Simulation, IEEE Transactions on Microwave Theory and Techniques, July 1995, vol.43, No.7, p.1530-1539.

[6] ENGEN, G.F. and HOER, C.A. Thru-Reflect-Line: An Improved Techniques for Calibrating the Dual Six-Port Automatic Network Analyzer, IEEE Transactions on Microwave Theory and Techniques, December 1979, vol.MTT-27, No.12, p.987-993.

[7] SCHLICKE, H.M., Assuredly Effective Filters, IEEE Transactions on Electromagnetic Compatibility, August 1976, vol.EMC-18, No.3, p.106-110.

[8] URABE, J., FUJII, K.et al., A method for measuring the characteristics of an EMI suppression ferrite core, IEEE Transactions on Electromagnetic Compatibility, November 2006, vol.48, No.4, p.774-780.

ICS 35.020
L 04

中华人民共和国国家标准

GB/T 7348—2017
代替 GB/T 7348—1987

汉语耳语标准频谱

Standard spectrum of whispered Chinese speech

2017-12-29 发布

2017-12-29 实施

中华人民共和国国家质量监督检验检疫总局
中国国家标准化管理委员会　发 布

前　言

本标准按照 GB/T 1.1—2009 给出的规则起草。

本标准代替 GB/T 7348—1987《耳语标准频谱》,与 GB/T 7348—1987 相比主要技术变化如下:

——增加了"规范性引用文件"(见第 2 章);

——增加了"汉语耳语"并给出了其定义(见 3.2);

——修改了汉语耳语标准功率谱密度级曲线的函数形式(见 4.1,1987 年版的 2.1);

——将 1987 年版 2.2 中注的内容作了修改,并作为正文表述(见 4.2);

——修改了表 1"汉语耳语标准功率谱密度级"中的数据;

——根据修改后的表 1 的数据相应修改了图 1"汉语耳语标准功率谱密度级曲线"。

本标准由中华人民共和国工业和信息化部提出。

本标准由全国音频、视频及多媒体系统与设备标准化技术委员会(SAC/TC 242)归口。

本标准起草单位:南京大学声学研究所、中国电子技术标准化研究院、江苏广播电视总台。

本标准主要起草人:沈勇、李炬、周克胜、薛兵、董桂官。

本标准所代替标准的历次版本发布情况为:

——GB/T 7348—1987。

汉语耳语标准频谱

1 范围

本标准规定了汉语普通话耳语的标准频谱。

本标准适用于产生、传输、接收和处理汉语耳语信号的系统及电声器件,也可作为其设计依据和模拟信号源的频谱成型依据。

2 规范性引用文件

下列文件对于本文件的应用是必不可少的。凡是注日期的引用文件,仅注日期的版本适用于本文件。凡是不注日期的引用文件,其最新版本(包括所有的修改单)适用于本文件。

GB/T 3241—2010 电声学 倍频程和分数倍频程滤波器

GB/T 3769—2010 电声学 绘制频率特性图和极坐标图的标度和尺寸

3 术语和定义

下列术语和定义适用于本文件。

3.1

耳语 whispered speech

声带维持半开位置,但不振动,由声门发出的无规噪声经声道共振腔调制的结果。

3.2

汉语耳语 whispered Chinese speech

普通话发音人以耳语状态发出的声音。

3.3

功率谱密度 power spectral density

单位带宽内功率按频率的分布。

3.4

汉语耳语标准频谱 the standard spectrum of whispered Chinese speech

汉语耳语长期平均功率谱密度的统计拟合。

4 汉语耳语标准频谱

4.1 汉语耳语标准功率谱密度级曲线的函数形式

按照 GB/T 3241—2010 的规定,汉语耳语标准功率谱密度级曲线的函数形式如下:

$$y = -36.9 - 0.22x \quad 当 0 \leqslant x \leqslant 4.891 \quad \cdots\cdots\cdots\cdots\cdots\cdots (1)$$

$$y = 1.4 - 8.05x \quad 当 4.891 < x \leqslant 6.644 \quad \cdots\cdots\cdots\cdots\cdots\cdots (2)$$

$$x = \log_2(f/100)$$

式中:

y ——以长期平均总功率归一的功率谱密度级,单位为分贝(dB);

x ——相对于 100 Hz 的倍频程数；

f ——频率，单位为赫兹(Hz)。

4.2 汉语耳语标准功率谱密度级

汉语耳语标准功率谱密度级以长期平均总功率归一的数值列于表1，按照 GB/T 3769—2010 的规定，相应曲线见图1。

本标准耳语声在口前 8 cm 处取样。

表 1 汉语耳语标准功率谱密度级

频率 Hz	功率谱密度级（以长期平均总功率归一） dB
100	−36.9
125	−37.0
160	−37.0
200	−37.1
250	−37.2
315	−37.3
400	−37.3
500	−37.4
630	−37.5
800	−37.6
1 000	−37.6
1 250	−37.7
1 600	−37.8
2 000	−37.9
2 500	−37.9
3 150	−38.7
4 000	−41.4
5 000	−44.0
6 300	−46.7
8 000	−49.5
10 000	−52.1

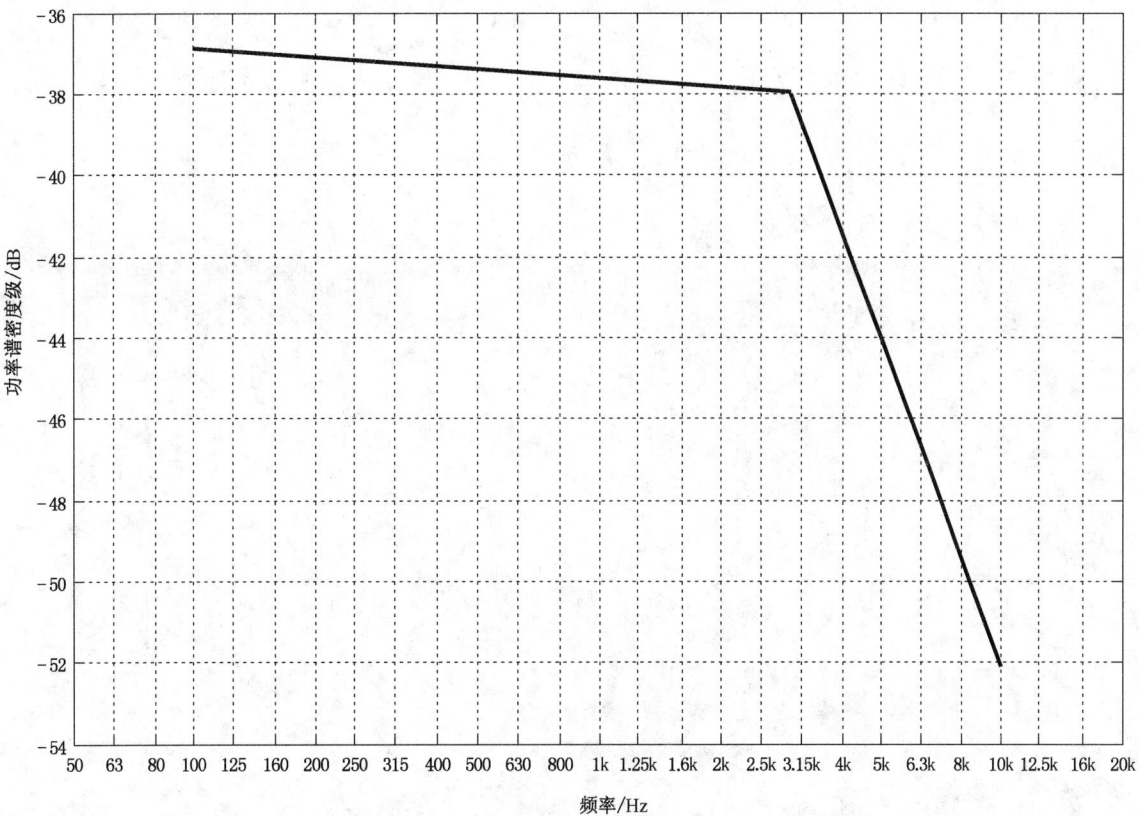

图 1　汉语耳语标准功率谱密度级曲线

ICS 83.160.10

G 41

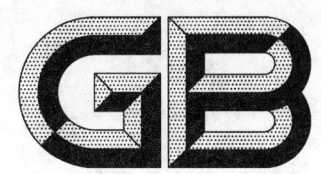

中华人民共和国国家标准

GB/T 7377—2017

代替 GB/T 7377—2008

力车轮胎系列

Series of cycle tyres

(ISO 5775-1:2014,Bicycle tyres and rims—Part 1:
Tyre designations and dimensions,MOD)

2017-09-07 发布

2018-08-01 实施

中华人民共和国国家质量监督检验检疫总局
中国国家标准化管理委员会
发 布

前　言

本标准按照 GB/T 1.1—2009 给出的规则起草。

本标准代替 GB/T 7377—2008《力车轮胎系列》，与 GB/T 7377—2008 相比，主要技术变化如下：

——修改了各类型图示为轮胎部件更完整的截面图，并把区分胎面轮廓从原来的附录 C 移至分类
章条里(见第 4 章,2008 年版的 C.1.3)；

——增加了越野型钩直边(CT)轮胎(见 5.2)；

——增加了直边轮胎和钩直边轮胎 5 个新规格，并把 3 个原有规格改到新增的越野型钩直边轮胎
参数表中(见表 1 和表 2,2008 年版的表 1)；

——增加了越野型钩直边轮胎尺寸的计算(见 C.2)；

——增加了轮胎负荷的计算(见附录 D)；

——删除了直边和钩直边轮胎规格标志与旧标志对照表中与各轮胎参数表无对应的规格(见 2008
年版的附录 D)。

——修改了原第 9 章的内容：把"钩边(HB)轮辋与直边(SS)轮辋通用的轮胎"改为 5.5，删除了宜
放在 GB/T 1702《力车轮胎》里规定的"具最佳行驶方向的轮胎"和"无内胎轮胎"的标志，并把
本章改为"本标准所列规格以外的轮胎"(见第 9 章和 5.5,2008 年版的第 9 章)。

本标准使用重新起草法修改采用 ISO 5775-1:2014《自行车轮胎和轮辋　第 1 部分:轮胎规格和尺
寸》。

本标准与 ISO 5775-1:2014 相比在结构上有较多调整,附录 A 列出了本标准与 ISO 5775-1:2014
的章条编号对照一览表。

本标准与 ISO 5775-1:2014 相比存在技术性差异,这些差异涉及的条款已通过在其外侧页边空白
位置的垂直单线(|)进行了标示,附录 B 给出了相应技术性差异及其原因的一览表。

本标准还做了下列编辑性修改：

——改变了 ISO 5775-1:2014 的标准名称。

本标准由中国石油和化学工业联合会提出。

本标准由全国轮胎轮辋标准化技术委员会(SAC/TC 19)归口。

本标准起草单位:中策橡胶集团有限公司、厦门正新橡胶工业有限公司、广州橡胶工业制品研究所
有限公司、四川远星橡胶有限公司、天津市万达轮胎集团有限公司、广州飞旋橡胶有限公司、蚌埠伊诺华
轮胎有限公司、新东岳集团有限公司。

本标准主要起草人:罗乃良、梁伟、叶之、蔡英裕、严永知、陈秋发、张光富、于振江、黄耀鹏、倪前香、
轩召民。

本标准所代替标准的历次版本发布情况为：

——GB 7377—1987、GB/T 7377—1997、GB/T 7377—2008。

力车轮胎系列

1 范围

本标准规定了力车轮胎的术语和定义、分类、规格标志、基本参数、主要尺寸和测量方法。

本标准适用于自行车、人力三轮车和手推车充气轮胎。

本标准不适用于管式赛车轮胎和非充气轮胎。

2 规范性引用文件

下列文件对于本文件的应用是必不可少的。凡是注日期的引用文件,仅注日期的版本适用于本文件。凡是不注日期的引用文件,其最新版本(包括所有的修改单)适用于本文件。

GB/T 6326 轮胎术语及其定义（GB/T 6326—2014,ISO 4223-1:2002,NEQ)

GB/T 8170 数值修约规则与极限数值的表示和判定

GB/T 23657 力车轮辋系列(GB/T 23657—2009,ISO 5775-2:1996,MOD)

HG/T 2906 力车轮胎静负荷性能试验方法

3 术语和定义

GB/T 6326 界定的术语和定义适用于本文件。

4 分类

4.1 胎圈结构形式

力车轮胎根据胎圈与轮辋配合的结构形式分为四类:直边(SS)轮胎见图 1a);钩边(HB)轮胎见图 1b);软边(BE)轮胎见图 1c);钩直边(CT)轮胎见图 1d)。

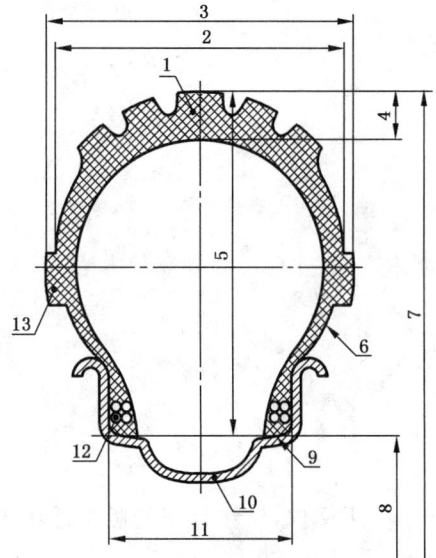

a) 直边(SS)轮胎断面

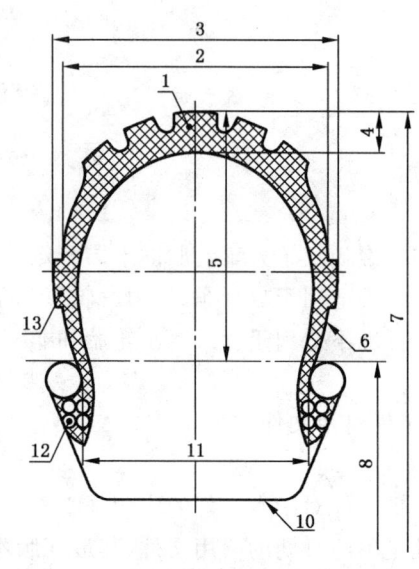

b) 钩边(HB)轮胎断面

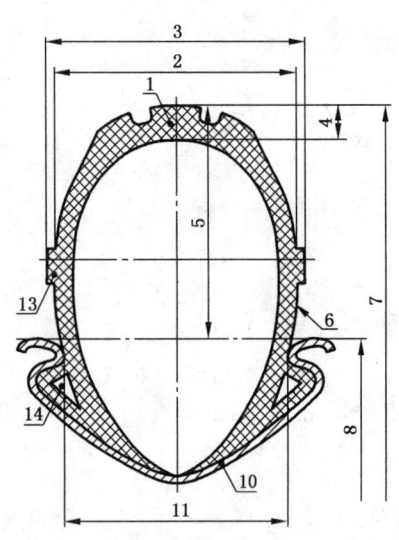

c) 软边(BE)轮胎断面

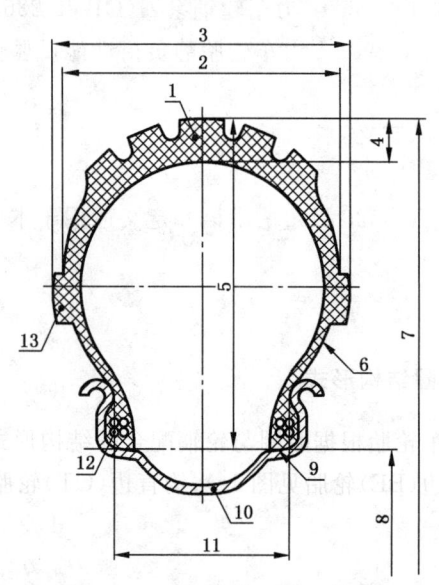

d) 钩直边(CT)轮胎断面

说明：

1——胎面；
2——断面宽(S)；
3——最大总宽(W)；
4——冠部厚；
5——断面高(H)；
6——胎侧；
7——最大外直径(D_0)；

8 ——轮辋标定直径(D)；
9 ——胎圈座；
10——轮辋；
11——测量轮辋宽(R_m)；
12——胎圈；
13——胎侧刻字或装饰图案；
14——胎耳胶；

图 1 轮胎类型图示

4.2 胎面轮廓

图 2 是两种适用于自行车轮胎的胎面轮廓。

A 型胎面适用于公路使用的轮胎。

D 型胎面适用于越野路面使用的轮胎(如山地车胎)。

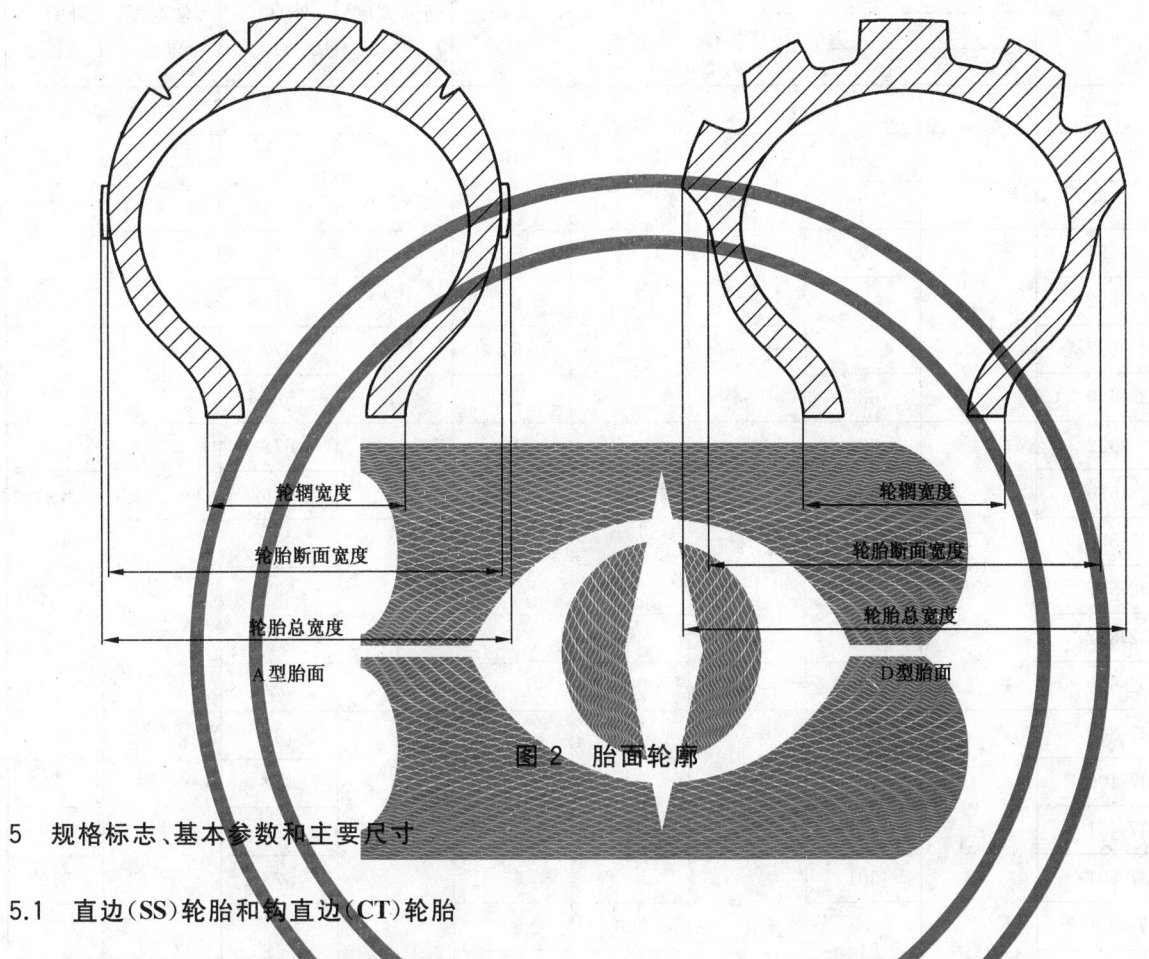

图 2　胎面轮廓

5　规格标志、基本参数和主要尺寸

5.1　直边(SS)轮胎和钩直边(CT)轮胎

5.1.1　直边轮胎和钩直边轮胎规格的标志

直边轮胎和钩直边轮胎规格的标志应包括下列内容:

a)　轮胎名义断面宽度(S_N),单位为毫米(mm);

b)　轮胎结构代号用"—"符号表示;

c)　轮辋名义直径(D_r),单位为毫米(mm)。

示例:名义断面宽度 37、配合于轮辋名义直径 590 的直边轮胎应标志为:37—590

为兼顾使用习惯,可将与轮胎规格标志相对应的旧标志用"()"括上,加在该轮胎规格标志之前或之后。

示例:37—590(26×1⅜)

直边轮胎和钩直边轮胎的规格标志与旧标志的对应关系见附录 E,不包括在附录 E 的规格不采用旧标志。

5.1.2　直边轮胎和钩直边轮胎基本参数和主要尺寸

直边轮胎和钩直边轮胎规格、基本参数和主要尺寸应符合表 1 的规定。尺寸的计算见 C.1,推荐负荷的计算参见附录 D。

表 1 直边轮胎和钩直边轮胎

规 格	基本参数					主要尺寸 mm			
	轮辋尺寸 mm			推荐气压[d] kPa	推荐负荷 kg	新轮胎尺寸		轮胎最大使用尺寸[g]	
	测量轮辋[e]		允许轮辋名义内宽			断面宽度[f] S	外直径 D_0	总宽度 W_{max}	外直径 D_{max}
	名义内宽	名义直径							
20-622	13C	622	—		50	20	667	21	673
23-451	15C	451	13C、16	700	40	23	502	24	508
23-520		520			50		571		577
23-571	15C	571	13C、16	700	55	23	622	24	628
23-622		622			60		673		679
25-622		622	13C、17C、16、18		65	25	677	26	683
25-630		630			70		685		691
28-622		622		600	70	25	678	28	684
28-630		630		500			686		692
32-590	18	590	15C、17C、19C、16、20	400	65	29	654	32	660
32-597		597					661		667
32-622		622		600	70		686		692
32-630		630		500			694		700
37-349	20	349	18、22、17C、19C、21C、23C	300	40	34	421	37	427
37-400		400			45		472		478
37-451		451			50		523		529
37-501		501			55		573		579
37-540[a]		540		350	65		612		618
37-540[b]				500	100				
37-584		584		350	70		658		664
37-590[a]		590			70		662		668
37-590[b]				500	100				
37-622		622			70		694		700
37-635		635			75		707		713
37-642		642		350			714		720
40-330	22	330	20、24、17C、19C、21C、23C		45	37	410	40	416
40-406		406			50		486		492
40-432		432		420	60		512		518
40-534		534			65		614		620
40-584		584			70		664		670
40-622		622		350	80		702		708

66

表 1（续）

规　格	基本参数						主要尺寸 mm			
	轮辋尺寸 mm			推荐气压[d] kPa	推荐 负荷 kg		新轮胎尺寸		轮胎最大使用尺寸[g]	
	测量轮辋[e]		允许轮辋 名义内宽				断面宽度[f] S	外直径 D_0	总宽度 W_{max}	外直径 D_{max}
	名义内宽	名义直径								
40-635 [a]	22	635	20、24、17C、 19C、21C、 23C	350	80		37	715	40	721
40-635 [b]				420	100					
40-635 [c]				600	150					
44-584	24	584	20、22、27、 17C、19C、 21C、23C、25C	350	70		41	670	44	676
44-635		635			110			723		729
47-203	27	203	20、22、24、 17C、19C、 21C、23C、 25C	250	40		44	297	47	303
47-305		305			50			399		405
47-355		355		300	60			449		455
47-406		406			65			500		506
47-507		507		350	80			601		607
47-622		622			100			716		722
54-400	30.5	400	27、17C、 19C、21C、 25C、27C、 29C	500	100		51	506	54	512
54-571		571			150			677		683
57-305		305		250	60		54	417	59	423
57-406		406		280	75			518		524
57-507		507		300	90			620		626
62-203		203		250	40		57	321	62	327

注1：表中未标层级的皆为2PR。

注2：注1亦适用于表2～表4。

[a] 轻型。

[b] 标准型。

[c] 载重型。

[d] 最小充气压力：轮胎使用下的下沉率不应超过轮胎高度的30%，充气压力不应少于：

——窄轮胎300 kPa（如断面宽度25及其以下）；

——正常路面使用的其他规格轮胎200 kPa；

——越野路面使用的轮胎150 kPa。

当充气压力超过500 kPa时，推荐使用钩直边（CT）轮辋并安装轮辋垫带。

[e] 测量轮辋的尺寸，见GB/T 23657。

折叠轮胎应使用钩直边轮辋。

当无内胎轮胎的使用场合，必须使用有特殊气封垫带的轮辋，或应使用无内胎轮胎的专用轮辋。

[f] 胎侧部位的文字或花纹的高度不得超过1.0 mm。

[g] D型胎面：最大使用总宽度为$S+8$（mm），最大使用外直径为D_0+10（mm）。

5.2 越野型钩直边（CT）轮胎

5.2.1 越野型钩直边轮胎规格的标志

越野型钩直边轮胎规格的标志应包括下列内容：

a) 轮胎名义断面宽度（S_N），单位为毫米（mm）；

b) 轮胎结构代号用"—"符号表示；

c) 轮辋名义直径（D_r），单位为毫米（mm）。

示例：名义断面宽度 57、配合于轮辋名义直径 559 的直边轮胎应标志为：57－559

为兼顾使用习惯，可同时标出相对应的英制规格标志，并用"（）"隔开。

示例：57－559（26×2.125）

5.2.2 越野型钩直边轮胎基本参数和主要尺寸

越野型钩直边轮胎规格、基本参数和主要尺寸应符合表 2 的规定。尺寸的计算见 C.2，推荐负荷的计算参见附录 D。

表 2　越野型钩直边轮胎

规　格	基本参数					主要尺寸 mm			
	轮辋尺寸 mm			推荐气压[a] kPa	推荐 负荷 kg	新轮胎尺寸		轮胎最大使用尺寸[d]	
	测量轮辋[b]		允许轮辋 名义内宽			断面宽度[c] S	外直径 D_0	总宽度 W_{max}	外直径 D_{max}
	名义内宽	名义直径							
25-559	15C	559	13C、17C	600	60	25	617	26	623
35-559			17C、21C	400	65	35	642	37	648
37-559			17C、21C、	400	70	37	646	40	652
40-559			23C	350	75	40	652	43	658
44-559				350	80	44	660	47	668
47-559	19C		17C、21C、 23C、25C	300	85	47	666	50	672
50-559		559		300	90	50	672	53	678
52-559			17C、21C、	300	95	52	676	55	682
54-559			23C、25C、	300	100	54	680	57	686
57-559			27C、29C	300	105	57	686	60	692
60-559	21C		17C、19C、 23C、25C、 27C、29C	280	110	60	692	63	698
62-559				280	115	62	696	65	702
47-584			17C、21C、 23C、25C	300	90	47	691	50	697
50-584				300	95	50	697	53	703
52-584				300	100	52	701	55	707
54-584	19C	584	17C、21C、 23C、25C、 27C、29C	300	105	54	705	57	711
57-584				300	110	57	711	60	717
60-584				280	115	60	717	63	723

表 2（续）

规　格	基本参数					主要尺寸 mm			
	轮辋尺寸 mm			推荐气压[a] kPa	推荐负荷 kg	新轮胎尺寸		轮胎最大使用尺寸[d]	
	测量轮辋[b]		允许轮辋 名义内宽			断面宽度[c] S	外直径 D_0	总宽度 W_{max}	外直径 D_{max}
	名义内宽	名义直径							
50-622	19C	622	17C、21C、23C、25C	300	100	50	735	53	741
52-622			17C、21C、23C、25C、27C、29C	300	105	52	739	55	745
54-622				300	110	54	743	57	749
57-622				300	115	57	749	60	755

[a] 最小充气压力，轮胎使用下的下沉率不应超过轮胎高度的30%，充气压力不应少于：
——窄轮胎300 kPa（如断面宽度25及其以下）；
——正常路面使用的其他规格轮胎200 kPa；
——越野路面使用的轮胎150 kPa。
[b] 测量轮辋的尺寸，见GB/T 23657。
折叠轮胎应使用钩直边轮辋。
当无内胎轮胎的使用场合，必须使用有特殊气封垫带的轮辋，或应使用无内胎轮胎的专用轮辋。
[c] 胎侧部位的文字或花纹的高度不得超过1.0 mm。
[d] D型胎面：最大使用总宽度为 $S+8$(mm)，最大使用外直径为 D_0+10(mm)。

5.3　钩边（HB）轮胎

5.3.1　钩边轮胎规格的标志

钩边轮胎规格的标志应包括下列内容：
a)　轮胎外直径代号——用整偶数表示；
b)　×——包含在外直径代号和名义断面宽度代号之间的符号；
c)　轮胎名义断面宽度代号——用带一位或二位小数的数字表示，并且该数字必须是5的倍数。
示例：外直径代号20、名义断面宽度代号1.75的钩边轮胎应标志为：20×1.75

5.3.2　钩边轮胎基本参数和主要尺寸

规格、基本参数和主要尺寸应符合表3的规定。尺寸的计算见C.3，推荐负荷的计算参见附录D。

表 3　钩边轮胎

规格	基本参数					主要尺寸 mm			
	轮辋尺寸 mm			推荐气压 kPa	推荐负荷 kg	新轮胎尺寸		轮胎最大使用尺寸	
	测量轮辋		允许轮辋 名义内宽			断面宽度b S	外直径 D_0	总宽度 W_{max}	外直径 D_{max}
	名义内宽	名义直径a							
20×1.25	20	459	—	400	45	32	515	35	521
24×1.25		560			50		616		622
26×1.25		611			65		667		673
20×1.375		459		300	50	35	521	38	527
24×1.375		560			60		622		628
26×1.375		611			70		673		679
14×1.50	20	270	25	250	40	38	336	41	342
16×1.50		321			45		387		393
18×1.50		371		300	55		437		443
20×1.50		422			60		488		494
24×1.50		524		350	75		590		596
26×1.50		575			80		641		647
14×1.75	25	270	20	250	45	44	348	47	354
16×1.75		321			50		399		405
18×1.75	25	371	20	300	60	44	449	47	455
20×1.75		422			65		500		506
22×1.75		473			70		551		557
24×1.75		524	20	350	80	44	602	47	608
26×1.75		575			85		653		659
16×1.95	25	321	27	280	60	49	407	52	413
18×1.95		371			70		458		464
20×1.95		422			75		508		514
22×1.95		473			80		559		565
24×1.95		524		350	85		610		616
26×1.95		575			90		661		667

表 3（续）

规 格	基本参数					主要尺寸 mm			
	轮辋尺寸 mm			推荐气压 kPa	推荐 负荷 kg	新轮胎尺寸		轮胎最大使用尺寸	
	测量轮辋		允许轮辋 名义内宽			断面宽度[b] S	外直径 D_0	总宽度 W_{max}	外直径 D_{max}
	名义内宽	名义直径[a]							
14×2.125	27	270	25	250	55	54	366	57	372
16×2.125		321			60		417		423
18×2.125		371		280	70		467		473
20×2.125		422			75		518		524
22×2.125		473			80		569		575
24×2.125		524		300	90		620		626
26×2.125		575			100		671		677

[a] 轮辋名义直径用作轮胎设计,具体规格的标定直径见 GB/T 23657。
[b] 胎侧部位的文字或花纹的高度不得超过 1.0 mm。

5.4 软边（BE）轮胎

5.4.1 软边轮胎规格的标志

软边轮胎规格的标志应包括以下内容:

a) 轮胎外直径代号——用整数表示;

b) ×——包含在外直径代号和名义断面宽度代号之间的符号;

c) 轮胎名义断面宽度代号——用带分数表示。

示例:外直径代号 28、名义断面宽度代号 1½ 的软边轮胎规格名称应为:28×1½

5.4.2 软边轮胎基本参数和主要尺寸

软边轮胎规格、基本参数和主要尺寸应符合表 4 的规定,推荐负荷的计算参见附录 D。

表 4　软边轮胎

规格	基本参数					主要尺寸 mm			
	轮辋尺寸 mm			推荐气压 kPa	推荐负荷 kg	新轮胎尺寸		轮胎最大使用尺寸	
	测量轮辋		允许轮辋 名义内宽			断面宽度 S	外直径 D_0	总宽度 W_{max}	外直径 D_{max}
	名义内宽	名义直径							
26×1½	22.5	600	20	450	100	37	666	40	672
28×1½ᵃ		650		420			715		721
28×1½ᵇ				600	150				
20×1¾ᵃ	25	420	—	420	80	40	496	43	502
20×1¾ᵇ				600	100				
24×1¾		525		420	100		600		606
26×1¾		600			120		671		677
26×2 4PR	28				200	46	683	49	689
13×2½ 4PR	36	270		600	160	62	365	67	371
18×2½ 4PR		360	34		285		475		481
26×2½ 4PR		584	—		325		696		702

ᵃ　标准型。
ᵇ　载重型。

5.5　钩边(HB)轮辋与直边(SS)轮辋通用的轮胎

此轮胎的设计,使之既能安装在钩边轮辋上,又能安装在相应名义直径的直边轮辋上,轮胎应同时标出两类轮胎规格标志,并用斜线"/"将其隔开。

示例:20×1.75/47－406

当安装于适合的轮辋时,此轮胎最大使用尺寸应符合标识的每一种轮胎标志。

6　新轮胎最大、最小尺寸

6.1　新轮胎最大断面宽度(S_{max})、最小断面宽度(S_{min})

新轮胎最大断面宽度和最小断面宽度,分别按式(1)和式(2)计算:

$$S_{max} = S(1+a) \quad\cdots\cdots\cdots\cdots\cdots\cdots\cdots\cdots\cdots(1)$$
$$S_{min} = S(1-a) \quad\cdots\cdots\cdots\cdots\cdots\cdots\cdots\cdots\cdots(2)$$

式中:

S_{max}——新轮胎最大断面宽度,单位为毫米(mm);

S　——新轮胎断面宽度,单位为毫米(mm);

a　——轮胎断面宽度公差系数。$S \leqslant 34$ mm 时 $a = 0.06$,$S > 34$ mm 时 $a = 0.05$;

S_{min}——新轮胎最小断面宽度,单位为毫米(mm)。

6.2　新轮胎最大外直径（D_{max}）、最小外直径（D_{min}）

新轮胎最大外直径和最小外直径，分别按式（3）和式（4）计算：

$$D_{max} = 2H(1+b) + D_N \quad\cdots\cdots\cdots\cdots\cdots\cdots\cdots\cdots（3）$$
$$D_{min} = 2H(1-b) + D_N \quad\cdots\cdots\cdots\cdots\cdots\cdots\cdots\cdots（4）$$

式中：

D_{max}——新轮胎最大外直径，单位为毫米（mm）；

H　——新轮胎断面高度，单位为毫米（mm）；

D_N——轮辋名义直径，单位为毫米（mm）；

b　——轮胎外直径公差系数。$S \leqslant 34$ mm 时 $b = 0.06$，$S > 34$ mm 时 $b = 0.05$；

D_{min}——新轮胎最小外直径，单位为毫米（mm）。

7　安装在允许轮辋上的新轮胎断面宽度的修正值

安装在允许轮辋上的新轮胎断面宽度的修正值为测量轮辋与允许轮辋名义内宽之差的 0.4 倍。

8　轮胎尺寸的测量方法

轮胎尺寸的测量按 HG/T 2906 的规定进行。

9　本标准所列规格以外的轮胎

本标准所列规格以外的轮胎，可按照本标准的主要原则，由供需双方商定。

附　录　A

（资料性附录）

本标准与ISO 5775-1:2014相比的结构变化情况

本标准与5775-1:2014相比在结构上有较多调整,具体章条编号对照情况见表A.1。

表 A.1　本标准与 ISO 5775-1:2014 的章条编号对照情况

本标准章条编号	对应的 ISO 标准章条编号
1 和 4.1	1
2	2
3	3
4.2	4.3
5.1.1、5.2.1	4.1.1、4.1.2、4.1.4
5.1.2、5.2.2	4.2.3、4.5、4.6
5.3.1	5.1.1、5.1.3、5.2.3
5.3.2	5.2.4
—	4.1.3、5.1.2
5.4	—
5.5	5.4
6	4.2.2.3
7	4.2.1.3
8	4.4、5.3
9	—
附录 A	—
附录 B	—
—	4.2.1.1、4.2.1.2
C.1.1.1、C.2.1.1	4.2.1.3
C.1.1.2、C.2.1.2	4.2.1.4
C.1.1.3、C.2.1.3	4.2.1.5
C.1.2.1、C.2.2.1	4.2.2.1
C.1.2.2、C.2.2.2	4.2.2.2
C.1.2.3、C.2.2.3	4.2.2 的悬置段
C.3.1、C.3.2	5.2.1.1
C.3.3	5.2.1.2
C.3.4.1	5.2.2.1
C.3.4.2	5.2.2.2
C.3.4.3	5.2.2 的悬置段
附录 D	—
附录 E	附录 A

附 录 B

（资料性附录）

本标准与 ISO 5775-1:2014 的技术性差异及其原因

表 B.1 给出了本标准与 ISO 5775-1:2014 的技术性差异及其原因。

表 B.1　本标准与 ISO 5775-1:2014 的技术性差异及其原因

本标准章条编号	技术性差异	原　因
1 和 4.1	ISO 5775-1 范围为"硬边"轮胎（"wired edge" tyres）和"软边"轮胎（"beaded edge" tyres）；其"硬边"轮胎包括适于直边（straight side）和钩直边（crotchet type）两种轮辋的轮胎，其"软边"轮胎则为适于钩边（hooked bead）轮辋的轮胎。本标准修改为按轮胎胎圈结构及轮辋轮廓配合形式分为直边、钩直边、钩边和软边轮胎，其中直边轮胎和钩直边轮胎相应于 ISO 标准的"硬边"轮胎，钩边轮胎相应于 ISO 标准的"软边"轮胎，软边轮胎则包含 ISO 标准范围之外的人力三轮车和手推车充气轮胎	标准覆盖的范围及分类不同。本标准直接分为 4 类力车轮胎，且不同于 ISO 标准的 2 种分类
2 和 3	删除了 ISO 5775-1 引用的 ISO 4223-1《轮胎工业使用的某些术语的定义　第 1 部分：充气轮胎》及 ISO 5775-2《自行车轮胎轮辋　第 2 部分：轮辋》，本标准直接引用了 GB/T 6326《轮胎术语及其定义》、GB/T 23657《力车轮辋系列》、GB/T 8170《数值修约规则》和 HG/T 2906《力车轮胎静负荷性能试验方法》	GB/T 6326 与 ISO 4223-1 的一致性程度为非等效，但本标准所引用的词条均与 ISO 4223-1 等同；GB/T 23657 与 ISO 5775-2 的一致性程度为修改采用。同时根据国情需要，引用了与国际标准无对应关系的国家标准 GB/T 8170 和 HG/T 2906
5.1.2 和 5.2.2	ISO 5775-1 按断面宽<28、断面宽≥28 及越野（D）型三种设计类别的"硬边"轮胎分别列出主要规格和设计尺寸，对推荐气压、负荷等基本使用参数无具体规定。本标准修改为按具体规格列出直边轮胎和钩直边轮胎及越野型钩直边轮胎的基本参数和主要尺寸，在表1～表3采用了 ISO 标准的"4.2.3 数值"、"4.5 推荐轮辋的轮廓"和"4.6 最小充气压力"等规定，并适当增加了 ISO 标准中没有的一些具体规格	便于系列标准化设计和生产、使用，以适应我国产品的发展需要。并向 ISO 标准统一尺寸逐步过渡
5.3.2	ISO 5775-1 按不同名义断面宽列出"软边"轮胎的设计尺寸，对推荐气压、负荷等基本使用参数无具体规定。本标准修改为按具体规格列出钩边轮胎基本参数和主要尺寸，并适当增加了 ISO 标准中没有的一些断面宽度代号产品	便于系列标准化设计和生产、使用，以适应我国产品的发展需要

表 B.1（续）

本标准章条编号	技术性差异	原因
—	删除了 ISO 5775-1 中"具最佳行驶方向的轮胎"和"无内胎轮胎"的标志说明	已另在产品标准 GB/T 1702《力车轮胎》的"标志"章条里规定,避免与该配套标准重复
5.4	增加了 ISO 5775-1 没有的软边力车轮胎系列,且与 ISO 标准的"软边"轮胎(实为钩边轮胎)严格区分	软边力车轮胎在我国和日本等国家仍生产和使用。为适应国情,保留该产品系列,且列出具体规格的基本参数和主要尺寸,以便于系列标准化设计
6	ISO 5775-1 仅对"硬边"轮胎规定最小总宽度,本标准对所有新胎均规定最大、最小断面宽度和最大、最小外直径	考虑到设计、制造、使用等差异,而规定新胎设计尺寸公差。这也是国内外其它类型轮胎系列标准的普遍做法
9	本标准增加了所列规格以外的轮胎,可由供需双方按照本标准的主要原则商定	在本标准修改采用 ISO 标准的设计规范下,适应我国力车轮胎规格品种趋于新功能、多样化等发展需求
附录 C	本标准用附录形式代替 ISO 5775-1 中涉及"硬边"轮胎和"软边"轮胎的尺寸计算规范	把设计规范的表述列入附录,作为标准正文的设计参考依据,以满足使用者和设计者对本标准的不同需求
—	删除了 ISO 5775-1 中"硬边"胎的理论轮辋宽度 R_{th} 和测量轮辋宽度 R_m	已在本标准的表 1、表 2 和表 3 中列出各具体规格轮胎产品的测量轮辋宽度
C.1.1.1、C.1.1.2、C.1.2.1	ISO 5775-1 中"硬边"胎的轮胎设计尺寸是基于 $S = S_N$ 来计算的,本标准中除窄断面轮胎和越野 D 型轮胎按此采标外,其它直边轮胎和钩直边轮胎修改为基于 $S \leqslant S_N$,并与 ISO 标准形成了对 S、H 和 W_{max} 的取值范围有所不同	根据国情,向 ISO 标准逐步过渡
附录 D	本标准增加了 ISO 5775-1 没有的轮胎负荷的计算	使标准更具参考实用性及统一设定基准
附录 E	删除了 ISO 5775-1"硬边"轮胎中的部分规格及其对照旧标志	作为轮胎规格的新旧标志对照表,宜与标准正文纳入的规格相对应

附　录　C

（规范性附录）

轮胎尺寸的计算

C.1　直边和钩直边轮胎尺寸的计算

C.1.1　新轮胎尺寸计算

C.1.1.1　新轮胎断面宽度（S）

名义断面宽度 S_N 为 28 以下的轮胎，新轮胎断面宽度按式（C.1）计算：

$$S = S_N \qquad\qquad\qquad\qquad (\text{C.1})$$

式中：

S ——新轮胎断面宽度，单位为毫米（mm）；

S_N ——轮胎名义断面宽度，单位为毫米（mm）。

S_N 为 28（含 28）至 57（含 57）的轮胎，新轮胎断面宽度按式（C.2）计算：

$$S = S_N - 3 \qquad\qquad\qquad\qquad (\text{C.2})$$

S_N 为 62（含 62）以上的轮胎，新轮胎断面宽度按式（C.3）计算：

$$S = S_N - 5 \qquad\qquad\qquad\qquad (\text{C.3})$$

C.1.1.2　新轮胎断面高度（H）

新轮胎断面高度按式（C.4）计算：

$$H = S + I \qquad\qquad\qquad\qquad (\text{C.4})$$

式中：

H ——新轮胎断面高度，单位为毫米（mm）；

I ——增加高度，单位为毫米（mm）。$S_N < 28$ 时，$I = 2.5$ mm；$S_N \geqslant 28$ 时，$I = 2$ mm～3 mm。

C.1.1.3　新轮胎外直径（D_0）

新轮胎外直径 D_0 是轮辋名义直径 D_r 加上 2 倍的轮胎断面高度 H，按式（C.5）计算：

$$D_0 = D_r + 2H \qquad\qquad\qquad\qquad (\text{C.5})$$

现用的轮辋名义直径数值 D_r 在 GB/T 23657 给出。

C.1.2　轮胎最大使用尺寸的计算

C.1.2.1　轮胎最大使用总宽度（W_{max}）

轮胎最大使用总宽度 W_{max} 等于新轮胎断面宽度 S 加上一个数值，如表 C.1 所示。

这包括防擦线、标志、装饰图案、制造公差和使用胀大。

GB/T 7377—2017

表 C.1　最大使用总宽度 单位为毫米

轮 胎 类 型	名义断面宽度 S_N	最大使用总宽度 W_{max}
A	$\leqslant 25$	$S+1$
	$25 < S_N \leqslant 54$	$S+3$
	>54	$S+5$
D	对所有 S_N	$S+8$

C.1.2.2　轮胎最大使用外直径（$D_{0,max}$）

轮胎最大使用外直径包括制造公差和使用胀大，按式（C.6）或式（C.7）计算：

$$D_{0,max} = D_r + 2H + 6 \text{（A 型轮胎）} \quad\cdots\cdots（C.6）$$
$$D_{0,max} = D_r + 2H + 10 \text{（D 型轮胎）} \quad\cdots\cdots（C.7）$$

式中：

$D_{0,max}$——轮胎最大使用外直径，单位为毫米（mm）；

D_r——轮辋名义直径，单位为毫米（mm）；

H——新轮胎断面高度，单位为毫米（mm）。

C.1.2.3　计算通则

轮胎最大使用尺寸的计算用于车辆生产厂家设计轮胎间隙。

C.2　越野型钩直边轮胎尺寸的计算

C.2.1　新轮胎尺寸计算

C.2.1.1　新轮胎断面宽度（S）

新轮胎断面宽度按式（C.8）计算：

$$S = S_N \quad\cdots\cdots（C.8）$$

式中：

S——新轮胎断面宽度，单位为毫米（mm）；

S_N——轮胎名义断面宽度，单位为毫米（mm）。

注：见图 C.1 示意。

C.2.1.2　新轮胎断面高度（H）

新轮胎断面高度按式（C.9）计算：

$$H = S + I \quad\cdots\cdots（C.9）$$

式中：

H——新轮胎断面高度，单位为毫米（mm）；

I——增加高度，单位为毫米（mm）。$S_N < 28$ 时，$I = 4$ mm；$S_N \geqslant 28$ 时，$I = 5.5$ mm；越野（D 型）轮胎（$S_N \geqslant 35$ 时），$I = 6.5$ mm。

注：见图 C.1 示意。

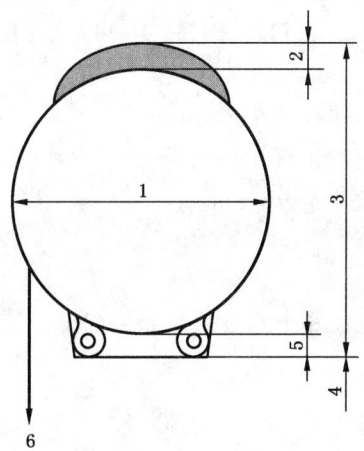

说明：

1——断面宽；

2——附加胎面厚度；

3——断面高=断面宽+转换+附加胎面厚度；

4——着合直径；

5——转换；

6——圆形胎体。

图 C.1　越野型钩直边轮胎尺寸示意图

C.2.1.3　新轮胎外直径（D_0）

新轮胎外直径 D_0 是轮辋名义直径 D_r 加上 2 倍的轮胎断面高 H，按式（C.10）计算：

$$D_0 = D_r + 2H \qquad\qquad\qquad (\text{C.10})$$

现用的轮辋名义直径数值 D_r 在 GB/T 23657 给出。

注：见图 C.1 示意。

C.2.2　轮胎最大使用尺寸的计算

C.2.2.1　轮胎最大使用总宽度（W_{max}）

轮胎最大使用总宽度 W_{max} 等于新轮胎断面宽度 S 加上一个数值，如表 C.2 所示。

这包括防擦线、标志、装饰图案、制造公差和使用胀大。

表 C.2　最大使用总宽度　　　　　　　　　　　　　　　　　单位为毫米

轮　胎　类　型	名义断面宽度 S_N	最大使用总宽度 W_{max}
A	$\leqslant 25$	$S+1$
	$25 < S_N \leqslant 35$	$S+2$
	>35	$S+3$
D	对所有 S_N	$S+8$

C.2.2.2　轮胎最大使用外直径（$D_{0,max}$）

轮胎最大使用外直径包括制造公差和使用胀大，按式（C.11）式（C.12）计算：

$$D_{0,\max} = D_r + 2H + 6（A 型轮胎）\qquad\cdots\cdots\cdots\cdots\cdots\cdots\cdots\cdots（C.11）$$

$$D_{0,\max} = D_r + 2H + 10（D 型轮胎）\qquad\cdots\cdots\cdots\cdots\cdots\cdots\cdots（C.12）$$

式中：

$D_{0,\max}$——轮胎最大使用外直径，单位为毫米（mm）；

D_r ——名义轮辋直径，单位为毫米（mm）；

H ——新轮胎断面高度，单位为毫米（mm）。

C.2.2.3 计算通则

轮胎最大使用尺寸的计算用于车辆生产厂家设计轮胎间隙。

C.3 钩边轮胎尺寸的计算

C.3.1 新轮胎断面宽度（S）

新轮胎断面宽度按式（C.13）计算：

$$S = S_N/0.039\ 5\qquad\cdots\cdots\cdots\cdots\cdots\cdots\cdots\cdots（C.13）$$

式中：

S ——新轮胎断面宽度，单位为毫米（mm）；

S_N ——轮胎断面宽度代号。

计算结果按 GB/T 8170 取整数值。

C.3.2 新轮胎断面高度（H）

新轮胎断面宽度按式（C.14）计算：

$$H = 0.88S\qquad\cdots\cdots\cdots\cdots\cdots\cdots\cdots\cdots（C.14）$$

式中：

H——新轮胎断面高度，单位为毫米（mm）。

计算结果按 GB/T 8170 取整数值。

C.3.3 新轮胎外直径（D_0）

新轮胎外直径按式（C.15）计算：

$$D_0 = D_2 + 2H\qquad\cdots\cdots\cdots\cdots\cdots\cdots\cdots\cdots（C.15）$$

式中：

D_0——新轮胎外直径，单位为毫米（mm）；

D_2——轮辋名义外直径，单位为毫米（mm），见 GB/T 23657。

C.3.4 轮胎最大使用尺寸

C.3.4.1 轮胎最大使用总宽度（$W_{\max}$）

轮胎最大使用总宽度按式（C.16）计算：

$$W_{\max} = S + 3\qquad\cdots\cdots\cdots\cdots\cdots\cdots\cdots\cdots（C.16）$$

式中：

$W_{\max}$——包括了防擦线、标志、装饰图案、制造偏差和使用胀大。

C.3.4.2 轮胎最大使用外直径（$D_{0,\max}$）

轮胎最大使用外直径按式（C.17）计算：

$$D_{0,\max} = D_0 + 6 \qquad \cdots\cdots\cdots\cdots\cdots\cdots\cdots(\,C.17\,)$$

式中：

$D_{0,\max}$——包括制造偏差和使用胀大。

C.3.4.3 计算通则

轮胎最大使用尺寸的计算用于车辆生产厂家设计轮胎间隙。

附　录　D

（资料性附录）
轮胎负荷的计算

轮胎负荷的计算如式(D.1)所示：

$$W = 0.015\,8AKP^{0.585}S_0^{1.39}(D_r + S_0) \quad\cdots\cdots\cdots\cdots\cdots\cdots(\text{D.1})$$

式中：

W ——轮胎的理论负荷能力，单位为千克(kg)。

A ——速度系数。在好路面情况下：

手推车速度10 km/h时，软边手推车轮胎取1.45；

自行车速度20 km/h下时，自行车轮胎取1.20；载重型自行车轮胎取1.30；

两用车速度30 km/h以下时，两用车轮胎取1.10；

赛车速度40 km/h以下时，赛车轮胎取1.10。

0.015 8 ——气压(P)采用千帕(kPa)时的换算系数。

K ——轮胎类型系数，乘用轮胎取0.425；载重轮胎取0.465。

P ——轮胎的充气内压，单位为千帕(kPa)。

D_r ——轮辋的着合直径，单位为厘米(cm)。

S_0 ——轮胎在理想轮辋上的充气断面宽，单位为厘米(cm)：

$$S_0 = \frac{S - 0.46C_0}{0.713} \quad\cdots\cdots\cdots\cdots\cdots\cdots(\text{D.2})$$

式中：

S ——轮胎在使用轮辋上的充气断面宽度，单位为厘米(cm)；

C_0 ——使用轮辋宽度，单位为厘米(cm)。

附　录　E
（规范性附录）
直边和钩直边轮胎规格标志与旧标志对照表

直边和钩直边轮胎规格标志与旧标志对照见表 E.1。

表 E.1　直边和钩直边轮胎规格标志与旧标志对照表

轮胎规格标志	旧标志	轮胎规格标志	旧标志	轮胎规格标志	旧标志
28-622	28×1⅝×1⅛ 700×28C 28×1⅝×1¼×⅛ 700CCarrear	37-590	26×1⅜ 650A 650×35A	47-355	18×1.75×2
28-630	27×1¼ fifty	37-622	28×1⅝×1⅜ 700×35C 28×1⅜×1⅝	47-406	20×1.75×2 20×1.75
32-540	24×1⅜×1¼	37-635	28×1½×1⅜	47-507	24×1.75×2 24×1.75
32-590	26×1⅜×1¼	37-642	28×1⅜ 700×35A	47-559	26×1.75×2 26×1.75
32-597	26×1¼	40-330	16×1½ 400×38B	47-622	28×1¾ 28×1.75 28×1⅝×1¾ 700×45C
32-622	700×32C	40-432	20×1½	54-400	20×2×1¾ 20×2F4J
32-630	27×1¼	40-534	24×1½	54-571	26×2×1¾ 26×1¾×2 26×2 650×50C
37-349	16×1⅜NL	40-584	26×1½ 650×35B 650×38B	54-584	26×2×2½ 26×1½×2
37-400	18×1⅜	40-622	28×1⅝×1½NL 700×38C	57-305	16×2.125 16×2.125×2
37-451	20×1⅜	40-635	28×1½×1⅜ 700B Standard 28×1½ 700×35B 700×38B	57-406	20×2.125 20×2.125×2
37-501	22×1⅜	44-584	26×1½×1⅝ 650×42B 650B Semi-comfort 26×1⅝×1½ 650B½Balloon 26×1¾×1½	57-507	24×2.125 24×2.125×2
37-501	22×1⅜	44-635	28×1⅝×1½ 28×1½×1⅝	57-507	24×2.125 24×2.125×2
37-540	24×1⅜	47-203	12½×1.75×2¼	57-559	26×2.125 26×2.125×2
37-584	26×1½×1⅜ 26×1⅜×1½	47-305	16×1.75×2	62-203	12½×2¼ 320×57

ICS 23.020.30
J 16

中华人民共和国国家标准

GB/T 7512—2017
代替 GB/T 7512—2006

液化石油气瓶阀

Valves for liquefied petroleum gas cylinders

2017-11-01 发布　　　　　　　　　　　　2018-05-01 实施

中华人民共和国国家质量监督检验检疫总局
中国国家标准化管理委员会　　发布

GB/T 7512—2017

前　言

本标准按照 GB/T 1.1—2009 给出的规则起草。

本标准代替 GB/T 7512—2006《液化石油气瓶阀》。

本标准与 GB/T 7512—2006 相比,主要技术变化如下:

——对术语"不可拆卸"重新做了定义;

——修改了阀的型号编制;

——删除了阀不带自闭装置的结构型式;

——修改了阀的总高,手轮外径、颈部直径等基本尺寸;

——增加了阀的主要零件材料牌号 HPb59-2,明确了材料力学性能和化学成分的要求(见 6.1.1 及表 3);

——由原来对阀体原材料提出的耐应力腐蚀性要求改为对阀体提出的要求;

——阀体耐压性由原来 4 倍公称工作压力提高到 5 倍公称工作压力;

——增加了液相阀进出气口螺纹规格和尺寸;

——增加了阀在全开启状态下的启闭性要求;

——增加了阀的气密性泄漏量规定,并对气密性试验方法也作了修改;

——增加了阀进气口螺纹规格 PZ39.0 允许承受的安装力矩;

——增加了阀的耐温性和手轮耐火性要求及试验方法;

——增加了阀的最小设计使用年限;

——增加了非金属密封件进厂复验的要求;

——阀的每批数量由 20 000 个改为 10 000 个;

——增加了阀的标志和产品合格证的内容。

本标准由全国气瓶标准化技术委员会(SAC/TC 31)提出并归口。

本标准起草单位:宁波富华阀门有限公司、广东奇才阀门科技有限公司、上海市特种设备监督检验技术研究院、上海星地环保设备有限公司、中国城市燃气协会液化石油气钢瓶专业委员会、国家燃气用具质量监督检验中心、宁波金佳佳阀门有限公司。

本标准主要起草人:钱发祥、张保华、孙黎、毛冲霓、郭晓春、翟军、顾秋华、黄强华、徐迪青。

本标准所代替标准的历次版本发布情况为:

——GB 7512—1987、GB 7512—1998、GB/T 7512—2006。

液化石油气瓶阀

1 范围

本标准规定了液化石油气瓶阀(以下简称阀)的术语和定义、型号编制、结构型式及基本尺寸、技术要求、检查与试验方法、检验规则、标志、包装和贮运等。

本标准适用于使用环境温度为−40 ℃～+60 ℃,公称工作压力为不大于 2.5 MPa,介质符合 GB 11174 液化石油气钢瓶上的阀。

本标准不适用于车用液化石油气瓶阀。

注:本标准的压力均指表压。

2 规范性引用文件

下列文件对于本文件的应用是必不可少的。凡是注日期的引用文件,仅注日期的版本适用于本文件。凡是不注日期的引用文件,其最新版本(包括所有的修改单)适用于本文件。

GB/T 197 普通螺纹 公差(GB/T 197—2003,ISO 965-1:1998,MOD)

GB/T 228.1 金属材料 拉伸试验 第1部分:室温试验方法(GB/T 228.1—2010,ISO 6892-1:2009,MOD)

GB/T 1184 形状和位置公差 未注公差值(GB/T 1184—1996,eqv ISO 2768-2:1989)

GB/T 1804 一般公差 未注公差的线性和角度尺寸的公差(GB/T 1804—2000,eqv ISO 2768-1:1989)

GB/T 3934 普通螺纹量规 技术条件(GB/T 3934—2003,ISO 1502:1996,MOD)

GB/T 5121.1 铜及铜合金化学分析方法 第1部分:铜含量的测定(GB/T 5121.1—2008,ISO 1554:1976,ISO 1553:1976,MOD)

GB/T 5121.3 铜及铜合金化学分析方法 第3部分:铅含量的测定(GB/T 5121.3—2008,ISO 4749:1984,MOD)

GB/T 5121.9 铜及铜合金化学分析方法 第9部分:铁含量的测定(GB/T 5121.9—2008,ISO 4748:1984,ISO 1812:1976,MOD)

GB/T 8335 气瓶专用螺纹

GB/T 8336 气瓶专用螺纹量规

GB/T 10567.2 铜及铜合金加工材残余应力检验方法 氨薰试验法

GB 11174 液化石油气

GB/T 13005 气瓶术语

GB/T 15382 气瓶阀通用技术要求

3 术语和定义

GB/T 13005 界定的以及下列术语和定义适用于本文件。

3.1

不可拆卸的阀 non-removable valve

通过破坏阀上的承压零件才能将其拆卸的阀,且被拆卸的阀不能正常使用。

3.2

自闭装置 the self-closing device

设在阀的出气口内,与充气装置(或调压器)连接后能自动打开阀,卸去充气装置(或调压器)后能自动关闭阀的一种保护装置。

4 型号编制

4.1 阀的代号:用介质汉语拼音首个大写字母"YSQ"表示。

4.2 自闭装置的代号:自闭装置用"Z"表示。

4.3 阀的改型序号:用阿拉伯数字表示,并按改型次数的顺序依次排序。

4.4 阀的进气口螺纹代号:用大写英文字母表示,用"A"表示 PZ19.2 螺纹,用"B"表示 PZ27.8 螺纹,用"C"表示 PZ39.0 螺纹。

注:为适应用户长期使用惯例,表示 PZ27.8 螺纹代号"B"在型号编制中可省略。

示例:

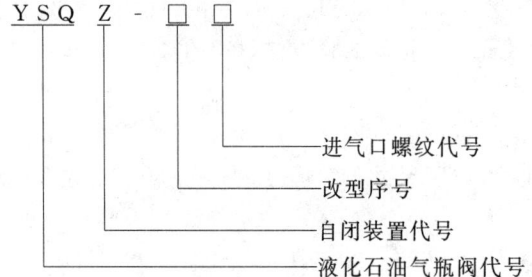

5 结构型式及基本尺寸

5.1 阀的结构型式为不可拆卸式,基本尺寸按图1和表1的规定。

5.2 阀的开启高度应不小于公称通径的1/4。

5.3 阀的进气口螺纹分为3种规格。用于气相阀上的螺纹为 PZ19.2 和 PZ27.8,用于液相阀上的螺纹为 PZ39.0,其螺纹尺寸和制造精度应符合 GB/T 8335 的规定。

5.4 阀的出气口螺纹分为两种规格。其出气口型式和连接尺寸按表2的规定,螺纹尺寸和制造精度应符合 GB/T 197 的规定。

5.5 进气口螺纹为 PZ19.2 的阀尾部进气口直径应不大于 9 mm,进气口螺纹为 PZ27.8 的阀尾部进气口直径应不大于 14 mm,液相阀尾部应带有液相管,液相管内径应大于阀进气口通径,其连接螺纹为 M16×1.5。

5.6 根据使用单位需要,在符合国家有关法规、规范的情况下,阀门进气口可增设充装限位装置或残液燃烧装置。

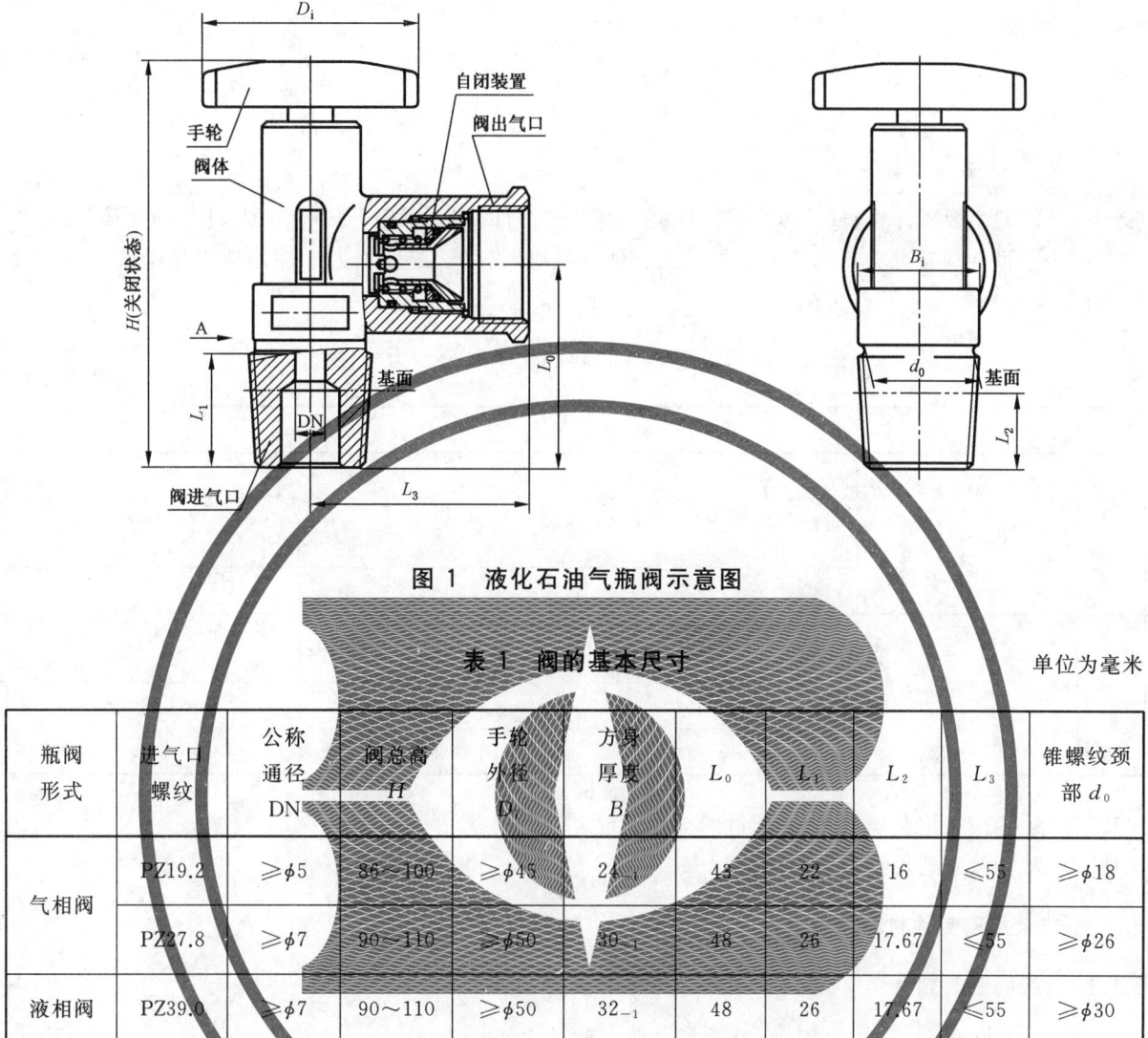

图 1 液化石油气瓶阀示意图

表 1 阀的基本尺寸

单位为毫米

瓶阀形式	进气口螺纹	公称通径 DN	阀总高 H	手轮外径 D	方身厚度 B	L_0	L_1	L_2	L_3	锥螺纹颈部 d_0
气相阀	PZ19.2	⩾φ5	86~100	⩾φ45	24_{-1}	43	22	16	⩽55	⩾φ18
	PZ27.8	⩾φ7	90~110	⩾φ50	30_{-1}	48	26	17.67	⩽55	⩾φ26
液相阀	PZ39.0	⩾φ7	90~110	⩾φ50	32_{-1}	48	26	17.67	⩽55	⩾φ30

表 2 阀的出气口型式和连接尺寸

单位为毫米

瓶阀形式	出气口螺纹规格 d	d_1	D	L	α	旋向	图示
气相阀	M22×1.5	φ17	φ27	16	70°	左	
液相阀	M27×1.5	φ17	φ32	16	70°	左	

6 技术要求

6.1 材料要求

6.1.1 金属材料

6.1.1.1 阀的主要零件材料（阀体、阀杆、压帽、活门、连接件等）宜采用 HPb59-1 或 HPb59-2 棒材,化学成分和力学性能应符合表 3 的规定。如采用其他材料时,其化学成分和力学性能应不低于表 3 中的规定,且与介质相容。

表 3　阀的主要零件材料的化学成分和力学性能

序号	项　目	内　容		
1	化学成分	化学元素（质量分数）		
		Cu %	Pb %	Fe %
		57.0～60.0	0.8～2.5	≤0.5
2	力学性能	棒材直径或对边距离 mm	抗拉强度　R_m N/mm²	断后伸长率　A %
		5～20	不小于 420	不小于 12
		>20～40	不小于 390	不小于 14

6.1.1.2 手轮应采用金属材料,并通过耐火性试验。

6.1.1.3 液相管宜选用钢管或铜管。

6.1.2 非金属密封件材料

6.1.2.1 橡胶密封圈材料

6.1.2.1.1 力学性能

橡胶密封圈材料的力学性能应符合以下要求：
a) 硬度为(65±5)度(邵尔 A)；
b) 拉断强度不小于 9.8 MPa；
c) 拉断伸长率不小于 250%；
d) 永久变形不大于 10%。

6.1.2.1.2 耐老化性

橡胶密封圈放置在温度为 100 ℃±2 ℃的空气中 70 h,应无裂纹或明显的老化。

6.1.2.1.3 耐低温性

橡胶密封圈放置在温度为 -40 ℃±1 ℃的空气中 24 h,应无裂纹或其他损坏。

6.1.2.1.4 介质相容性

橡胶密封圈在温度为 23 ℃±2 ℃的正戊烷溶液中浸泡 70 h 后,体积膨胀率不大于 25%或收缩率不大于 1%,质量损失率不大于 10%。

6.1.2.2 非橡胶密封垫材料

非橡胶密封垫材料应选用与液化石油气相容并在工作温度下不易脆化的材料,并满足阀在使用过程中保持气密性的要求,其低温性应符合 6.1.2.1.3 的要求。

6.2 工艺要求

6.2.1 阀体应锻压成型,阀体表面应无裂纹、折皱、夹杂物、未充满等有损阀性能的缺陷。阀体表面采用喷丸处理,表层的凹痕大小、深浅应均匀一致。

6.2.2 未注尺寸公差按 GB/T 1804 中 M 级精度加工。

6.2.3 未注形位公差按 GB/T 1184 中 K 级精度加工。

6.2.4 同一种型号、规格、商标的阀组装后的实际质量与阀的设计质量偏差不超过 5%。

6.3 性能要求

6.3.1 启闭性

在公称工作压力下,阀的启闭力矩应不大于 5 N·m,全行程开启或关闭阀门时均不得出现卡阻和泄露现象。

6.3.2 气密性

在下列条件及状态下,阀的泄漏量应不大于 15 cm³/h,或采用浸水法检验时浸入水中静止 1 min 无气泡产生。

　　a) 在公称工作压力下,关闭和任意开启状态;

　　b) 在 0.05 MPa 压力下,任意开启状态。

6.3.3 耐振性

在公称工作压力下,阀应能承受振幅为 2 mm,频率为 33.3 Hz,沿任一方向振动 30 min,阀上各螺纹连接处应不松动,并符合 6.3.2 的规定。

6.3.4 耐温性

在公称工作压力下,阀在 −40 ℃~+60 ℃ 的温度范围内应符合 6.3.2 的规定。

6.3.5 耐用性

6.3.5.1 阀的耐用性

在公称工作压力下,阀全行程启闭 30 000 次,应无其他异常现象并符合 6.3.2 的规定。

6.3.5.2 自闭装置耐用性

在公称工作压力下,自闭装置启闭 1 000 次,应无其他异常现象并符合 6.3.2 的规定。

6.3.6 阀体耐压性

在 5 倍公称工作压力下,阀体应无渗漏和可见变形。

6.3.7 阀体耐应力腐蚀性

阀体在温度为 25 ℃±1 ℃,时间为 4 h 的氨水容器箱内进行氨薰应无可见裂纹。

6.3.8 安装性

阀安装在钢瓶上允许承受的力矩按表4的规定,安装后阀应无可见的变形和损坏,并符合6.3.2的规定。

表 4 阀安装在钢瓶上允许承受的力矩

进气口螺纹规格	安装力矩/(N·m)
PZ19.2	150
PZ27.8	300
PZ39.0	350

6.3.9 手轮耐火性

阀的手轮在温度为 800 ℃~1 000℃的火焰中燃烧 1 min,应仍然能手动关闭阀门。

6.4 最小设计使用年限

阀应保证至少安全使用一个气瓶检验周期。

7 检查与试验方法

7.1 试验总则

7.1.1 试验环境

除了特别要求,本标准的试验在室温 15 ℃~30 ℃下进行,试验室内保持防震、防湿、防腐蚀、通风。

7.1.2 试验介质

除了耐压试验介质为清洁的自来水,其他试验用介质均为纯净的干燥空气或氮气。

7.1.3 试验用压力表

试验用压力表的精度应不低于 1.6 级,压力表的量程应为测试压力的 1.5 倍~2 倍。

7.2 阀体金属材料力学性能试验、化学成分分析方法

阀体金属材料拉伸试验试样和试验方法按 GB/T 228.1,化学成分分析方法按 GB/T 5121.1、GB/T 5121.3、GB/T 5121.9。

注:非仲裁时,金属的化学成分分析方法还可选择电解法、原子吸收法、容量法和光谱法。

7.3 非金属密封件材料性能试验

7.3.1 橡胶密封圈性能试验

7.3.1.1 耐老化试验

将 3 个橡胶密封圈放置在温度为 100 ℃±2 ℃的试验装置中 70 h。然后取出,目测其变化,其结果应符合 6.1.2.1.2 的规定。

7.3.1.2 耐低温试验

将 3 个橡胶密封圈放置在温度为－40 ℃±1 ℃的试验装置中 24 h。然后取出,将其套在直径为"O"形橡胶密封圈内径 1.2 倍的钢制芯棒上,目测其变化,其结果应符合 6.1.2.1.3 的规定。

7.3.1.3 介质相容性试验

7.3.1.3.1 体积变化

本试验用正戊烷溶液,并且在 23 ℃±2 ℃的温度下进行。每次试验用 3 只样品。每只样品应放在小直径的线环上,其容积的确定是通过先在空气中称(M_1),然后在水中称(M_2)。然后样品擦干放在测试液中。70 h 以后,样品一个个从液体中取出,立即擦干,放在同一线环上在空气中称(M_3),此质量应以离开液体 30 s 之内称量。之后立即确定最后在水中的质量(M_4),在获取水中质量(M_2 和 M_4)之前,每只样品应浸在乙醇中,然后浸在水中。体积变化按式(1)计算,所得结果应为 3 只样品的平均值,并符合 6.1.2.1.4 的规定:

$$体积变化=\frac{(M_3-M_4)-(M_1-M_2)}{(M_1-M_2)}\times100\% \quad\cdots\cdots\cdots\cdots(1)$$

7.3.1.3.2 质量变化

此试验与体积变化试验用同一组试样,并同时进行。样品在浸入测试液前,每只在空气中放在秤盘上称,精确度达到毫克(M_1)。浸 70 h 以后,体积变化计算所要求的质量确定以后,样品应在温度为 23 ℃±2 ℃的空气中调整至少 70 h 达到恒定的质量。然后样品在空气中称(M'_2),质量损失按式(2)计算,所得结果应为所测 3 只样品的平均值,并符合 6.1.2.1.4 的规定:

$$质量损失=\frac{M_1-M'_2}{M_1}\times100\% \quad\cdots\cdots\cdots\cdots(2)$$

7.3.2 非橡胶密封垫耐低温试验

将 3 个非橡胶密封垫放置在温度为－40 ℃±1 ℃的试验装置中 24 h。然后取出,目测其变化,其结果应符合 6.1.2.2 的规定。

7.4 外观检查

阀的外观采用目视的方法检查。阀体除了应符合 6.2.1 的规定外,螺纹外表面及其他金属零件均应无毛刺、磕碰伤、划痕等现象。

7.5 阀的基本尺寸和进出气口螺纹检查

阀的基本尺寸采用相应的量具检查,应符合 5.1 的规定。
阀进气口螺纹采用符合 GB/T 8336 的量规检查,应符合 5.3 的规定。
阀出气口螺纹采用符合 GB/T 3934 的量规检查,应符合 5.4 的规定。

7.6 质量检查

将组装后的阀放在感量不超过 1 g、误差不超过千分之一的天平上秤量,应符合 6.2.4 的规定。

7.7 启闭性试验

将阀装在试验装置上,使阀处于开启状态,从阀的进气口充入氮气或空气至公称工作压力,用不大于 5 N·m 的力矩关闭阀,在此压力下,阀不得有泄漏,然后用不大于 5 N·m 的力矩开启阀,在全行程启闭阀门过程中不得出现卡阻现象,且无泄漏。

7.8 气密性试验

7.8.1 将阀装在试验装置上,使阀处于关闭状态,使自闭装置处于开启状态,从阀的进气口充入氮气或空气至公称工作压力,浸入水中持续 1 min 或置于检漏装置中,其结果应符合 6.3.2a)的规定。

7.8.2 将阀装在试验装置上,使阀处于任意开启状态,从阀的进气口充入氮气或空气至公称工作压力,浸入水中持续 1 min 或置于检漏装置中,其结果应符合 6.3.2a)的规定。

7.8.3 将阀装在试验装置上,使阀处于任意开启状态,从阀的进气口充入氮气或空气至 0.05 MPa 的压力,浸入水中持续 1 min 或置于检漏装置中,其结果应符合 6.3.2b)的规定。

7.9 耐振性试验

将阀装在试验装置上,按 6.3.1 规定的力矩关闭阀,从阀的进气口充入氮气或空气至公称工作压力,然后将试验装置安装在振动试验台上,按振幅 2 mm,频率 33.3 Hz,沿任一方向振动 30 min,再按 7.8 的规定进行气密性试验,其结果应符合 6.3.3 的规定。

7.10 耐温性试验

7.10.1 将阀装在试验装置上,使阀处于任意开启状态,从阀的进气口充入氮气或空气至公称工作压力,然后置于 60 ℃±2 ℃的试验箱内保持 2 h,取出后在 30 s 内开始全行程手动启闭阀,25 次后再置于 60 ℃±2 ℃的试验箱内保持 1 h,取出后 10 min 内按 7.8 的规定进行气密性试验,其结果应符合 6.3.4 的规定。

7.10.2 将阀装在试验装置上,使阀处于任意开启状态,从阀的进气口充入氮气或空气至公称工作压力,然后置于 −40 ℃±2 ℃的试验箱内保持 2 h,取出后在 30 s 内开始全行程手动启闭阀,25 次后再置于 −40 ℃±2 ℃的试验箱内保持 1 h,取出后 5 min 内按 7.8 的规定进行气密性试验,其结果应符合 6.3.4 的规定。

7.11 耐用性试验

7.11.1 阀的耐用性试验

将阀装在试验装置上,使阀处于开启状态,从阀的进气口充入氮气或空气至公称工作压力,然后将试验装置安装在耐用试验机上,以 8 次/min～15 次/min 的速率做全行程启闭,其启闭力矩不大于 5 N·m,在进行 30 000 次全行程启闭后,再按 7.8 的规定进行气密性试验,其结果应符合 6.3.5.1 的规定。

7.11.2 自闭装置耐用性试验

将阀装在试验装置上,使阀处于开启状态,从阀的进气口充入氮气或空气至公称工作压力。然后,将试验装置安装在试验机上,并使阀的出气口对准试验机上的气缸活塞顶杆(见图 2)。试验时,开启电磁阀,通过气缸内的气源推动活塞顶杆,由活塞顶杆顶开自闭装置,使自闭装置开启,此时阀的出气口应有气体输出。当活塞顶杆复位时自闭装置自动关闭,此时出气口应无气体输出。自闭装置如此往复进行 1 000 次的启闭后,再按 7.8.2 和 7.8.3 的规定进行气密性试验,其结果应符合 6.3.5.2 的规定。

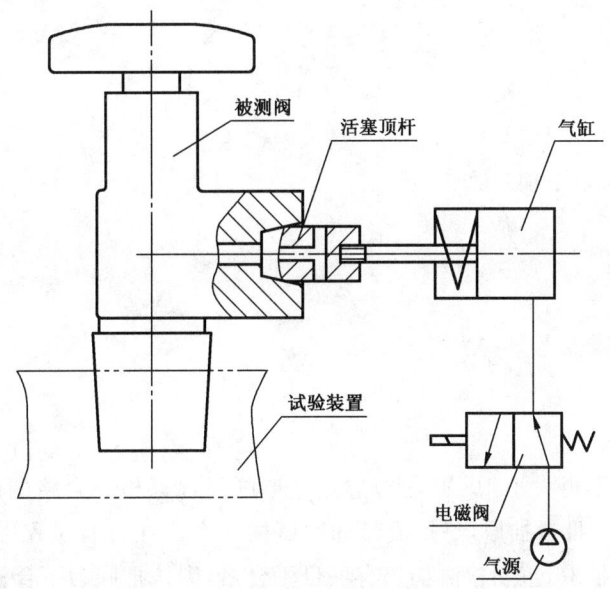

图 2　自闭装置耐用性试验方法示意图

7.12　阀体耐压性试验

封堵阀体与外界各通气口(除阀体进气口外),将阀体的进气口与水压泵相连接,通过水压泵往阀体内充水至 5 倍公称工作压力,持续保压 5 min,其结果应符合 6.3.6 的规定。

7.13　阀体耐应力腐蚀性试验

试验方法按 GB/T 10567.2,其结果应符合 6.3.7 的规定。

7.14　安装性试验

将阀固定在试验装置上,并用扭力扳手按表4规定的安装力矩扳紧,其结果应符合 6.3.8 的规定。

7.15　手轮耐火性试验

试验方法按 GB/T 15382,其结果应符合 6.3.9 的规定。

8　检验规则

8.1　材料检验

8.1.1　材料与零件进厂应具有质量证明书。

8.1.2　铜材料力学性能(R_m、A)和化学成分(Cu、Pb、Fe)以及非金属密封件尺寸应按进厂的批号进行复验。

8.2　出厂检验

8.2.1　逐只检验

逐只检验应包含以下项目:

a)　外观检查;

b) 进出气口螺纹检查；

c) 气密性试验。

8.2.2 批量抽样检验

批量抽样检验应包含以下项目：

a) 基本尺寸检查；

b) 质量检查；

c) 启闭性试验；

d) 安装性试验。

8.2.3 抽检方法及判定

阀的抽检应在每批(不得大于 10 000 个)连续生产的经逐只检验合格的产品中抽取。当连续生产不足 10 000 个时也按一个批量抽取,每批成品抽取试样 5 个。在检验过程中,如有一个阀不符合本标准某一项之要求,则加倍抽取,重新检测如仍有项目不合格,则该批阀为不合格品或再进行逐只检验。

8.3 型式试验

8.3.1 阀具有下列条件之一时应进行型式试验：

a) 新产品投产前；

b) 该产品停止生产一年以上又重新生产的；

c) 产品材料、结构、工艺等方面有重大变更影响安全性能的；

d) 首次申请或换发制造许可证的。

8.3.2 抽检方法及判定：

型式试验样阀应从出厂检验合格的产品中抽取,抽检数及判定按 8.2.3 的规定。

8.4 检验项目

阀的材料检验、出厂检验、批量检验、型式试验项目见表 5。

表 5 检验项目表

试件名称		检验顺序	检验项目	检验方法	判定依据	出厂检验		型式试验	试样编号
						逐只检验	批量检验		
材料	金属	1	阀体材料力学性能(R_m、A)检测；化学成分(Cu、Pb、Fe)检测	7.2	6.1.1.1			√	A1～A3
	非金属	1	橡胶密封圈耐老化试验	7.3.1.1	6.1.2.1.2			√	B1～B3
		2	橡胶密封圈耐低温试验	7.3.1.2	6.1.2.1.3			√	B4～B6
		3	橡胶密封圈介质相容性试验	7.3.1.3	6.1.2.1.4			√	B7～B9
		4	非橡胶密封垫耐低温试验	7.3.2	6.1.2.2			√	C1～C3
试样阀		1	外观检查	7.4	6.2.1	√		√	D1～D5
		2	阀的基本尺寸检查	7.5	5.1		√	√	D1～D5
		3	进出气口螺纹检查	7.5	5.3、5.4	√		√	D1～D5

表 5（续）

试件名称	检验顺序	检 验 项 目	检验方法	判定依据	出厂检验 逐只检验	出厂检验 批量检验	型式试验	试样编号
试样阀	4	质量检查	7.6	6.2.4		√	√	D1～D5
	5	启闭性试验	7.7	6.3.1		√	√	D1～D5
	6	气密性试验	7.8	6.3.2	√		√	D1～D5
	7	耐振性试验	7.9	6.3.3			√	D1
	8	耐温性试验	7.10	6.3.4			√	D2
	9	耐用性试验	7.11	6.3.5			√	D3
	10	阀体耐压性试验	7.12	6.3.6			√	D4
	11	阀体耐应力腐蚀性试验	7.13	6.3.7			√	D5
	12	安装性试验	7.14	6.3.8		√	√	D1
	13	手轮耐火性试验	7.15	6.3.9			√	D2

9 标志、包装和贮运

9.1 标志

9.1.1 阀上应有下列永久性标志：

  a) 阀的型号；

  b) 阀的公称工作压力；

  c) 制造厂商或商标；

  d) 批、序号；

  e) 制造许可证编号和 TS 标志；

  f) 检验合格标记；

  g) 最小设计使用年限。

9.1.2 阀的手轮上应有开启或关闭方向的永久性标志。

9.1.3 每个阀应配有便于查询的产品合格证。

9.2 包装

9.2.1 包装前应清除残留在阀内的水分,包装时应保持阀的清洁,进出气口螺纹不受损伤,包装箱内应附有产品合格证、装箱单和使用说明书。

9.2.2 包装箱上应有下列标志：

  a) 制造单位名称、地址；

  b) 阀的名称、型号；

  c) 必要的作业要求符号；

  d) 数量和毛重；

  e) 体积（长×宽×高）；

  f) 生产日期或批号；

g) 产品执行的标准代号；

h) 制造许可证编号和⑪标志。

9.2.3 产品合格证应注明下列内容：

a) 制造单位名称、地址；

b) 阀的名称、型号；

c) 适用温度和介质；

d) 公称工作压力、公称通径；

e) 生产批号；

f) 产品执行的标准代号；

g) 检验日期；

h) 阀的设计质量；

i) 制造许可证编号；

j) 质量部门盖章。

9.2.4 装箱单应注明下列内容：

a) 制造厂名称、地址；

b) 阀的名称、型号；

c) 数量、毛重、净重；

d) 装箱员标志；

e) 装箱日期。

9.2.5 使用说明书应注明下列内容：

a) 结构功能；

b) 使用方法和要求；

c) 使用注意事项。

9.3 贮运

阀应放在通风、干燥、清洁的室内。运输装卸时，应轻装轻放，防止重压、碰撞及跌落。

————————

ICS 27.100
F 24

中华人民共和国国家标准

GB/T 7595—2017
代替 GB/T 7595—2008

运行中变压器油质量

Quality of transformer oils in service

2017-05-12 发布

2017-12-01 实施

中华人民共和国国家质量监督检验检疫总局
中国国家标准化管理委员会 发 布

前　言

本标准按照 GB/T 1.1—2009 给出的规则起草。

本标准代替 GB/T 7595—2008《运行中变压器油质量》。与 GB/T 7595—2008 相比,主要技术变化如下:

——修改了标准的适用范围;

——修改了规范性引用标准;

——修改了运行中矿物变压器油质量标准;

——修改了运行中断路器用油质量标准;

——增加了色度等检验项目及相关质量指标和检测方法;

——修改了部分检测方法;

——删除了术语和定义;

——删除了部分检测项目;

——删除了检测周期和检验项目;

——删除了资料性附录 A"最低冷态投运温度(LCSET)下变压器油的最大黏度";

——删除了资料性附录 B"不同电极形状及操作方法对击穿电压测定值的影响";

——删除了资料性附录 C"运行中变压器油的防劣化措施"。

本标准由中国电力企业联合会提出。

本标准由全国电气化学标准化技术委员会(SAC/TC 322)归口。

本标准主要起草单位:西安热工研究院有限公司。

本标准参加起草单位:中国石油克拉玛依润滑油研究所、江苏省电力公司电力科学研究院、国网天津电力科学研究院、广东电网有限责任公司电力科学研究院。

本标准主要起草人:肖秀媛、马书杰、王娟、孟玉婵、张绮、朱洪斌、郭军科、钱艺华。

本标准所代替标准的历次版本发布情况为:

——GB/T 7595—1987、GB/T 7595—2000、GB/T 7595—2008。

运行中变压器油质量

1 范围

本标准规定了运行中矿物变压器油和断路器用油应达到的质量标准。

本标准适用于充入电气设备的矿物变压器油和断路器用油在运行中的质量监督。

本标准不适用于在电缆或电容器中用作浸渍剂的矿物绝缘油。

2 规范性引用文件

下列文件对于本文件的应用是必不可少的。凡是注日期的引用文件,仅注日期的版本适用于本文件。凡是不注日期的引用文件,其最新版本(包括所有的修改单)适用于本文件。

GB/T 261 闪点的测定 宾斯基-马丁闭口杯法

GB/T 264 石油产品酸值测定法

GB/T 507 绝缘油 击穿电压测定法

GB 2536 电工流体 变压器和开关用的未使用过的矿物绝缘油

GB/T 5654 液体绝缘材料 相对电容率、介质损耗因数和直流电阻率的测量

GB/T 6540 石油产品颜色测定法

GB/T 6541 石油产品油对水界面张力测定法(圆环法)

GB/T 7598 运行中变压器油、汽轮机油水溶性酸测定法(比色法)

GB/T 7600 运行中变压器油和汽轮机油水分含量测定法(库仑法)

GB/T 7601 运行中变压器油、汽轮机油水分测定法(气相色谱法)

GB/T 8926—2012 在用的润滑油不溶物测定法

GB/T 14542 运行变压器油维护管理导则

GB/T 25961 电气绝缘油中腐蚀性硫的试验法

GB/T 28552 变压器油、汽轮机油酸值测定法(BTB法)

DL/T 285 矿物绝缘油腐蚀性硫检测法 裹绝缘纸铜扁线法

DL/T 385 变压器油带电倾向性检测方法

DL/T 421 绝缘油体积电阻率测定法

DL/T 423 绝缘油中含气量的测定 真空压差法

DL/T 432 油中颗粒污染度测量方法

DL/T 703 绝缘油中含气量的气相色谱测定法

DL/T 929 矿物绝缘油、润滑油结构族组成的红外光谱测定法

DL/T 1094 电力变压器用绝缘油的选用指南

DL/T 1095 变压器油带电度现场测试导则

DL/T 1096 变压器油中颗粒度限值

DL/T 1354 电力用油微量闭口闪点测定法

DL/T 1355 变压器油中糠醛含量的液相色谱测定法

NB/SH/T 0810 绝缘液在电场和电离作用下析气性测定法

NB/SH/T 0812 矿物绝缘油中 2-糠醛及相关组分测定法

SH/T 0802　绝缘油中 2,6-二叔丁基对甲酚测定法

SH/T 0804　电气绝缘油腐蚀性硫试验银片试验法

IEC 62697-1　未使用和已使用的绝缘液体腐蚀性硫化合物定量测定的测试方法　第 1 部分：
DBDS 定量测定的试验方法［Test methods for quantitative determination of corrosive sulfur
compounds in unused and used insulating liquids—Part 1：Test method for quantitative determination
of dibenzyldisulfide（DBDS）］

3　技术要求

3.1　变压器油的选用应按照 DL/T 1094 进行。

3.2　新变压器油、低温开关油的验收按 GB 2536 的规定进行。新油组成不明的按照 DL/T 929 确定
组成。

3.3　运行中矿物变压器油质量标准,见表 1。

3.4　运行中断路器用油质量标准,见表 2。

3.5　运行中矿物变压器油、断路器用油的维护管理按照 GB/T 14542 的规定执行。

3.6　500 kV 及以上电压等级变压器油中颗粒度应达到的技术要求、检验周期按照 DL/T 1096 的规定
执行。

表 1　运行中矿物变压器油质量标准

序号	检测项目	设备电压等级/kV	质量指标		检验方法
			投入运行前的油	运行油	
1	外观		透明、无沉淀物和悬浮物		外观目视
2	色度/号		≤2.0		GB/T 6540
3	水溶性酸(pH 值)		>5.4	≥4.2	GB/T 7598
4	酸值[a](以 KOH 计)/(mg/g)		≤0.03	≤0.10	GB/T 264
5	闪点(闭口)[b]/℃		≥135		GB/T 261
6	水分[c]/(mg/L)	330～1 000	≤10	≤15	GB/T 7600
		220	≤15	≤25	
		≤110 及以下	≤20	≤35	
7	界面张力(25 ℃)/(mN/m)		≥35	≥25	GB/T 6541
8	介质损耗因数(90 ℃)	500～1 000	≤0.005	≤0.020	GB/T 5654
		≤330	≤0.010	≤0.040	
9	击穿电压/kV	750～1 000	≥70	≥65	GB/T 507
		500	≥65	≥55	
		330	≥55	≥50	
		66～220	≥45	≥40	
		35 及以下	≥40	≥35	

表 1（续）

序号	检测项目	设备电压等级/ kV	质量指标		检验方法
			投入运行前的油	运行油	
10	体积电阻率[d]（90 ℃）/（Ω·m）	500～1 000	$\geqslant 6\times10^{10}$	$\geqslant 1\times10^{10}$	DL/T 421
		≤330		$\geqslant 5\times10^{9}$	
11	油中含气量[e]（体积分数）/％	750～1 000	≤1	≤2	DL/T 703
		330～500		≤3	
		电抗器		≤5	
12	油泥与沉淀物[f]（质量分数）/％		—	≤0.02（以下可忽略不计）	GB/T 8926—2012
13	析气性	≥500	报告		NB/SH/T 0810
14	带电倾向[g]/（pC/mL）		—	报告	DL/T 385
15	腐蚀性硫[h]		非腐蚀性		DL/T 285
16	颗粒污染度/粒[i]	1 000	≤1 000	≤3 000	DL/T 432
		750	≤2 000	≤3 000	
		500	≤3 000	—	
17	抗氧化添加剂含量（质量分数）/％ 含抗氧化添加剂油		—	大于新油原始值的60％	SH/T 0802
18	糠醛含量（质量分数）/（mg/kg）		报告	—	NB/SH/T 0812 DL/T 1355
19	二苄基二硫醚（DBDS）含量（质量分数）/（mg/kg）		检测不出[j]	—	IEC 62697-1

a 测试方法也包括 GB/T 28552，结果有争议时，以 GB/T 264 为仲裁方法。

b 测试方法也包括 DL/T 1354，结果有争议时，以 GB/T 261 为仲裁方法。

c 测试方法也包括 GB/T 7601，结果有争议时，以 GB/T 7600 为仲裁方法。

d 测试方法也包括 GB/T 5654，结果有争议时，以 DL/T 421 为仲裁方法。

e 测试方法也包括 DL/T 423，结果有争议时，以 DL/T 703 为仲裁方法。

f "油泥与沉淀物"按照 GB/T 8926—2012（方法 A）对"正戊烷不溶物"进行检测。

g 测试方法也包括 DL/T 1095，结果有争议时，以 DL/T 385 为仲裁方法。

h DL/T 285 为必做试验，是否还需要采用 GB/T 25961 或 SH/T 0804 方法进行检测可根据具体情况确定。

i 指 100 mL 油中大于 5 μm 的颗粒数。

j 检测不出指 DBDS 含量小于 5 mg/kg。

表 2 运行中断路器用油质量标准

序号	项目	质量指标	检验方法
1	外状	透明、无游离水分、无杂质或悬浮物	外观目视
2	水溶性酸(pH 值)	≥4.2	GB/T 7598
3	击穿电压/kV	110 kV 以上,投运前或大修后≥45 运行中≥40 110 kV 及以下,投运前或大修后≥40 运行中≥35	GB/T 507

ICS 27.100
F 24

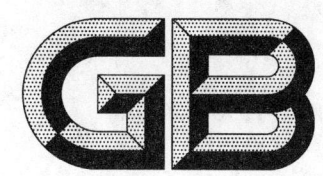

中华人民共和国国家标准

GB/T 7596—2017
代替 GB/T 7596—2008

电厂运行中矿物涡轮机油质量

In-service quality criteria of mineral turbine oils used in power plants

2017-05-12 发布

2017-12-01 实施

中华人民共和国国家质量监督检验检疫总局
中国国家标准化管理委员会 发布

前　言

本标准按照 GB/T 1.1—2009 给出的规则起草。

本标准代替 GB/T 7596—2008《电厂运行中汽轮机油质量》,与 GB/T 7596—2008 相比,主要技术变化如下:

——对名称作了修订;

——对范围作了修订;

——对引用标准版本作了更新修订;

——对运行中汽轮机用油质量指标和运行中燃气轮机用油质量指标进行了合并;

——运行中燃气轮机用油的质量标准增加了"闪点""泡沫性"和"空气释放值"指标;

——运行中涡轮机油的质量指标删除了"机械杂质"指标;

——对运行涡轮机油增加了"色度"指标;

——对固体颗粒污染等级、泡沫性、旋转氧弹值、抗氧剂含量等指标作了修订;

——附录 A 修订为"SAE AS4059F 颗粒污染度分级标准"。

本标准由中国电力企业联合会提出。

本标准由全国电气化学标准化技术委员会(SAC/TC 322)归口。

本标准主要起草单位:西安热工研究院有限公司。

本标准参与起草单位:中国石化润滑油有限公司、国网山东省电力公司电力科学研究院、国网湖南省电力公司电力科学研究院、四川省电力工业调整试验所。

本标准主要起草人:刘永洛、益梅蓉、唐金伟、于乃海、周舟、徐魏、钟诚。

本标准所代替标准的历次版本发布情况为:

——GB/T 7596—1987、GB/T 7596—2000、GB/T 7596—2008。

电厂运行中矿物涡轮机油质量

1 范围

本标准规定了电厂汽轮机、水轮机和燃气轮机系统用于润滑和调速的矿物涡轮机油的质量标准。

本标准适用于电厂汽轮机、水轮机和燃气轮机系统用于润滑和调速的矿物涡轮机油的质量监督。调相机及给水泵等电厂设备所用的矿物涡轮机油的质量标准，也可参照执行。

本标准不适用于各种用于汽轮机润滑和调速的非矿物质的合成液体。

2 规范性引用文件

下列文件对于本文件的应用是必不可少的。凡是注日期的引用文件，仅注日期的版本适用于本文件。凡是不注日期的引用文件，其最新版本（包括所有的修改单）适用于本文件。

GB/T 264 石油产品酸值测定法

GB/T 265 石油产品运动黏度测定法和动力黏度计算法

GB/T 3141 工业液体润滑剂 ISO 黏度分类

GB/T 3536 石油产品闪点与燃点测定法（克利夫兰开口杯法）

GB/T 6540 石油产品颜色测定法

GB/T 7600 运行中变压器油水分含量测定法（库仑法）

GB/T 7602 运行中汽轮机油、变压器油 T501 抗氧剂含量测定法（分光光度法）

GB/T 7605 运行中汽轮机油破乳化度测定法

GB 11120 涡轮机油

GB/T 11143 加抑制剂矿物油在水存在下防锈性能试验法

GB/T 12579 润滑油泡沫特性测定法

GB/T 14541 电厂用运行矿物汽轮机油维护管理导则

DL/T 429.1 电力系统油质试验方法 透明度测定法

DL/T 432 电力用油中颗粒污染度测量方法

SH/T 0308 润滑油空气释放值测定法

SH/T 0193 润滑油氧化安定性测定法（旋转氧弹法）

SAE AS4059F 航空航天流体动力 污染分类液压油（Aerospace fluid power—Contamination classification for hydraulic fluid）

ASTM D6971 用线性扫描伏安法测量无锌涡轮机油中受阻酚和芳香胺抗氧化剂含量的标准试验方法（Standard test method for measurement of hindered phenolic and aromatic amine antioxidant content in non-zinc turbine oils by linear sweep voltammetry）

3 技术要求

3.1 新涡轮机油的验收应按照 GB 11120 进行。

3.2 运行中涡轮机油的质量应符合表 1 的规定。

3.3 运行中涡轮机油的常规检验周期和检验项目按照 GB/T 14541 的规定执行。

GB/T 7596—2017

表 1 运行中矿物涡轮机油质量

序号	项目		质量指标	检验方法
1	外观		透明,无杂质或悬浮物	DL/T 429.1
2	色度		≤5.5	GB/T 6540
3	运动黏度a(40 ℃)/(mm²/s)	32	不超过新油测定值±5%	GB/T 265
		46		
		68		
4	闪点(开口杯)/℃		≥180,且比前次测定值不低 10 ℃	GB/T 3536
5	颗粒污染等级b SAE AS4059F,级		≤8	DL/T 432
6	酸值(以 KOH 计)/(mg/g)		≤0.3	GB/T 264
7	液相锈蚀c		无锈	GB/T 11143(A 法)
8	抗乳化性c(54 ℃)/min		≤30	GB/T 7605
9	水分c/(mg/L)		≤100	GB/T 7600
10	泡沫性(泡沫倾向/泡沫稳定性)/(mL/mL) 不大于	24 ℃	500/10	GB/T 12579
		93.5 ℃	100/10	
		后 24 ℃	500/10	
11	空气释放值(50 ℃)/min		≤10	SH/T 0308
12	旋转氧弹值(150 ℃)/min		不低于新油原始测定值的 25%, 且汽轮机用油、水轮机用油≥100, 燃气轮机用油≥200	SH/T 0193
13	抗氧剂含量/%	T501 抗氧剂	不低于新油原始测定值的 25%	GB/T 7602
		受阻酚类或芳香胺类抗氧剂		ASTM D6971

a 32、46、68 为 GB/T 3141 中规定的 ISO 黏度等级。

b 对于 100 MW 及以上机组检测颗粒度,对于 100 MW 以下机组目视检查机械杂质。
　对于调速系统或润滑系统和调速系统共用油箱使用矿物涡轮机油的设备,油中颗粒污染等级指标应参考设备制造厂提出的指标执行,SAE AS4059F 颗粒污染分级标准参见附录 A。

c 对于单一燃气轮机用矿物涡轮机油,该项指标可不用检测。

108

附 录 A

（资料性附录）

SAE AS4059F 颗粒污染度分级标准

SAE AS4059F 颗粒污染度分级标准（差分计数）见表 A.1。

SAE AS4059F 颗粒污染度分级标准（累积计数）见表 A.2。

表 A.1 SAE AS4059F 颗粒污染度分级标准（差分计数）

项目		最大污染度极限（颗粒数/100 mL）				
尺寸范围（ISO 4402 校准）		5 μm～15 μm	15 μm～25 μm	25 μm～50 μm	50 μm～100 μm	＞100 μm
尺寸范围（ISO 11171 校准）		6 μm～14 μm	14 μm～21 μm	21 μm～38 μm	38 μm～70 μm	＞70 μm
等级	00	125	22	4	1	0
	0	250	44	8	2	0
	1	500	89	16	3	1
	2	1 000	178	32	6	1
	3	2 000	356	63	11	2
	4	4 000	712	126	22	4
	5	8 000	1 425	253	45	8
	6	16 000	2 850	506	90	16
	7	32 000	5 700	1 012	180	32
	8	64 000	11 400	2 025	360	64
	9	128 000	22 800	4 050	720	128
	10	256 000	45 600	8 100	1 440	256
	11	512 000	91 200	16 200	2 880	512
	12	1 024 000	182 400	32 400	5 760	1 024

表 A.2 SAE AS4059F 颗粒污染度分级标准（累积计数）

项目		最大污染度极限（颗粒数/100 mL）					
尺寸范围（ISO 4402 校准）		＞1 μm	＞5 μm	＞15 μm	＞25 μm	＞50 μm	＞100 μm
尺寸范围（ISO 11171 校准）		＞4 μm	＞6 μm	＞14 μm	＞21 μm	＞38 μm	＞70 μm
等级	000	195	76	14	3	1	0
	00	390	152	27	5	1	0
	0	780	304	54	10	2	0
	1	1 560	609	109	20	4	1
	2	3 120	1 217	217	39	7	1
	3	6 250	2 432	432	76	13	2
	4	12 500	4 864	864	152	26	4
	5	25 000	9 731	1 731	306	53	8
	6	50 000	19 462	3 462	612	106	16
	7	100 000	38 924	6 924	1 224	212	32
	8	200 000	77 849	13 849	2 449	424	64
	9	400 000	155 698	27 698	4 898	848	128
	10	800 000	311 396	55 396	9 796	1 696	256
	11	1 600 000	622 792	110 792	19 592	3 392	512
	12	3 200 000	1 245 584	221 584	39 184	6 784	1 024

SAE AS4059F 是 NAS 1638 的发展和延伸,代表了液体自动颗粒计数器校准方法改变后颗粒污染分级的发展趋势,不但适用于显微镜计数方法,也适用于液体自动颗粒计数器计数方法。

与 NAS 1638 相比较,SAE AS4059F 具有以下主要特点:

a) 计数方式中增加了累积计数,更贴合自动颗粒计数器的特点。

b) 计数的颗粒尺寸向下延伸至 1 μm(ISO 4402 校准方法)或者 4 μm(ISO 11171 校准方法),并且作为一个可选的颗粒尺寸,由用户根据自己的需要自己决定。

c) 在颗粒污染度分级标准(累积计数)中增加了一个 000 等级。

ICS 75.100；29.040
E 38

中华人民共和国国家标准

GB/T 7602.4—2017

变压器油、涡轮机油中
T501 抗氧化剂含量测定法
第 4 部分：气质联用法

Quantitative determination of T501 oxidation inhibitor
content in transformer oil or turbine oil—
Part 4：GC/MS method

（IEC 60666：2010，Detection and determination of specified
additives in mineral insulating oils，NEQ）

2017-11-01 发布

2018-05-01 实施

中华人民共和国国家质量监督检验检疫总局
中国国家标准化管理委员会 发布

前　言

GB/T 7602《变压器油、汽轮机油中 T501 抗氧化剂含量测定法》分为 4 个部分：
——第 1 部分：分光光度法；
——第 2 部分：液相色谱法；
——第 3 部分：红外光谱法；
——第 4 部分：气质联用法。

本部分为 GB/T 7602 的第 4 部分。

本部分按照 GB/T 1.1—2009 给出的规则起草。

本部分使用重新起草法参考 IEC 60666:2010《矿物绝缘油中特定添加剂的定性和定量检测》中的 3.4 编制，与 IEC 60666:2010 的一致性程度为非等效。

本部分由中国电力企业联合会提出。

本部分由全国电气化学标准化技术委员会(SAC/TC 322)归口。

本部分起草单位：广东电网有限责任公司电力科学研究院、中国石油兰州润滑油研究开发中心、西安热工研究院有限公司、广州供电局有限公司电力试验研究院、广东电网有限责任公司珠海供电局。

本部分主要起草人：苏伟、孟玉婵、钱艺华、张丽、饶章权、黄青丹、陈晓国、杨震洋、马书杰、莫文雄、万彩云、刘梦娜。

变压器油、涡轮机油中
T501 抗氧化剂含量测定法
第 4 部分:气质联用法

1 范围

GB/T 7602 的本部分规定了变压器油、涡轮机油中添加的 T501(2,6-二叔丁基对甲酚)抗氧化剂含量的气相色谱-质谱联用测定方法。

本部分适用于未使用和运行中变压器油、涡轮机油中 T501 抗氧化剂含量的测定。

2 规范性引用文件

下列文件对于本文件的应用是必不可少的。凡是注日期的引用文件,仅注日期的版本适用于本文件。凡是不注日期的引用文件,其最新版本(包括所有的修改单)适用于本文件。

GB/T 7597 电力用油(矿物绝缘油、汽轮机油)取样方法

3 方法概要

本部分利用添加了 T501 抗氧化剂后变压器油和涡轮机油质谱中出现 205、220 质荷比信号峰,且该信号峰强度与 T501 浓度成正比关系,通过绘制标准曲线,从而求出变压器油和汽轮机油中 T501 的含量,结果用浓度(%)表示。

4 试剂及材料

4.1 异辛烷:分析纯。

4.2 2,6-二叔丁基对甲苯酚(DBPC,T501):分析纯。

4.3 邻苯二甲酸二甲酯(DMP):分析纯。

4.4 空白油:不含 T501 的矿物绝缘油或涡轮机油。

4.5 针筒式滤膜过滤器:0.45 μm,聚四氟乙烯材料。

4.6 注射器:2.5 mL。

4.7 离心管:50 mL。

4.8 氦气:纯度不小于 99.99%。

5 仪器

5.1 气相色谱仪

5.1.1 进样装置:具有进样汽化、分流和收集残油的功能。

5.1.2 毛细管柱:5%苯基聚硅氧烷和 95%甲基聚硅氧烷固定相,长度 30 m,内径 0.25 mm,膜厚 0.25 μm。

5.1.3 柱温箱:具有程序升温功能,升温程序的典型条件见表1。升温梯度根据最佳分离和洗脱时间来调整。氦气流速宜控制在 0.8 mL/min~1.5 mL/min。

表 1 柱温箱升温程序参数示例

阶段	升温速率 ℃/min	温度 ℃	保持时间 min
(初始)		120	2
阶升 1	5	180	0
阶升 2	50	280	0

5.2 质谱仪

5.2.1 离子源:电子轰击源(EI),电子能量 70 eV。

5.2.2 界面温度:270 ℃±0.5 ℃。

5.2.3 质量分析器:应具有识别目标离子和内标物离子的功能,特征离子参数见表2。

表 2 特征离子参数

离子	分子离子质荷比	保留时间 ms
T501 离子	205、220	100
DMP 离子	163、194	100

5.3 数据系统

具备控制、监测、获取和储存分析数据的功能。

5.4 分析天平

感量 0.000 1 g。

6 准备工作

6.1 T501标准溶液母液的制备

将一定量的 T501 溶解在空白油中配制成浓度为 1.00% 的标准溶液母液。标准溶液母液应密封保存在棕色瓶中并置于阴暗处,溶液应不超过 3 个月更换一次。

6.2 内标溶液母液的制备

将一定量的 DMP 溶解在异辛烷中配制成浓度为 0.10% 的内标溶液母液。内标溶液母液应密封保存在棕色瓶中并置于阴暗处,每次测试重新配制。

6.3 标准溶液的制备

利用 T501 标准溶液母液和空白油制备所需浓度的标准溶液,标准溶液的浓度分别为 0.02%,

0.04%,0.10%,0.20%和0.40%。

6.4 校准标准溶液的前处理

在离心管中称取 0.25 g 标准溶液和 0.25 g 的内标溶液母液,加入异辛烷稀释至 5.00 g,精确至 0.000 1 g,塞紧管塞,轻轻摇晃使溶液均匀,用注射器取出 1.5 mL 溶液,用针筒式滤膜过滤待用。

7 试验操作步骤

7.1 标准曲线的制定

按照 6.4 步骤处理每个校准标准溶液,取 1 μL 处理好的不同浓度的校准标准溶液注入气质联用仪分析,记录 T501 和 DMP 的峰面积,分别为 A_s 和 A_{is}。根据 T501C 和 DMP 内标的响应值和浓度比例建立标准曲线。标准曲线横坐标是 C_s/C_{is},纵坐标是 A_s/A_{is}。标准曲线宜每六个月标定一次。

7.2 油样的测定

7.2.1 按照 GB/T 7597 规定的方法取待测样品。

7.2.2 待测样品前处理。在离心管中称取 0.25 g 待测样品和 0.25 g 的内标溶液母液,加入异辛烷稀释至 5.00 g,精确至 0.000 1 g,塞紧管塞,轻轻摇晃使溶液均匀,用注射器取出 1.5 mL 溶液,用针筒式滤膜过滤待用。

7.2.3 取 1 μL 处理好的样品注入气质联用仪进行分析。

8 结果计算

根据已建立的标准曲线,通过数据系统直接读出样品的 T501 浓度,结果用浓度(%)表示。

9 精密度

9.1 重复性

同一操作者用相同仪器对同一样品在相同条件下重复测定的两个结果之差不应大于 0.02%。

9.2 再现性

不同实验室、不同操作者用不同的仪器对同一样品测定的两个结果之差不应大于 0.04%。

10 试验报告

取重复测定两次结果的算术平均值作为测定值,保留两位小数。

———————————

ICS 75.100
E 34

中华人民共和国国家标准

GB/T 7631.18—2017

润滑剂、工业用油和有关产品(L 类)的
分类 第 18 部分：Y 组(其他应用)

Lubricants,industrial oils and related products(class L)—
Classification—Part 18:Family Y(Miscellaneous)

［ISO 6743-10:1989,Lubricants, industrial oils and related products
(class L)—Classification—Part 10：Family Y (Miscellaneous),MOD］

2017-10-14 发布

2018-05-01 实施

中华人民共和国国家质量监督检验检疫总局
中国国家标准化管理委员会 发布

前 言

GB/T 7631《润滑剂、工业用油和有关产品(L类)的分类》目前分为以下 18 个部分：
——第 1 部分：总分组；
——第 2 部分：H 组(液压系统)；
——第 4 部分：F 组(主轴、轴承和有关离合器)；
——第 5 部分：M 组(金属加工)；
——第 6 部分：R 组(暂时保护防腐蚀)；
——第 7 部分：C 组(齿轮)；
——第 8 部分：X 组(润滑脂)；
——第 9 部分：D 组(压缩机)；
——第 10 部分：T 组(涡轮机)；
——第 11 部分：G 组(导轨)；
——第 12 部分：Q 组(有机热载体)；
——第 13 部分：A 组(全损耗系统)；
——第 14 部分：U 组(热处理)；
——第 15 部分：N 组(绝缘液体)；
——第 16 部分：P 组(气动工具)；
——第 17 部分：E 组(内燃机油)；
——第 18 部分：Y 组(其他应用)。
本部分为 GB/T 7631 的第 18 部分。

本部分按照 GB/T 1.1—2009 给出的规则起草。

本部分使用重新起草法修改采用 ISO 6743-10：1989《润滑剂、工业用油和有关产品(L类) 分类 第 10 部分：Y 组(其他应用)》。

本部分与 ISO 6743-10：1989 相比技术性差异及其原因如下：

——关于规范性引用文件，本标准做了具有技术性差异的调整，以适应我国的技术条件，调整的情况集中反映在第 2 章"规范性引用文件"中，具体调整如下：
 ● 用等效采用国际标准的 GB/T 3141 代替 ISO 3448；
 ● 用等同采用国际标准的 GB/T 7631.1 代替 ISO 6743-0。

本部分还做了下列编辑性修改：

——按照我国标准范围的编写格式删除了范围中"列出的润滑剂全部属于 L 类(润滑剂、工业用油和有关产品)。"内容。

本标准由全国石油产品和润滑剂标准化技术委员会(SAC/TC 280)提出并归口。

本部分起草单位：中国石油化工股份有限公司石油化工科学研究院。

本部分主要起草人：龙化骊。

润滑剂、工业用油和有关产品(L类)的
分类 第18部分:Y组(其他应用)

1 范围

GB/T 7631 的本部分规定了用于特殊用途的、产品数量相对较少的润滑剂的详细分类。

本部分适用于在 GB/T 7631 其他部分中未列入的、均属于 L 类(润滑剂、工业用油和有关产品)的润滑剂产品。

使用本部分时需要与 GB/T 7631.1 联系起来理解。

2 规范性引用文件

下列文件对于本文件的应用是必不可少的。凡是注日期的引用文件,仅注日期的版本适用于本文件。凡是不注日期的引用文件,其最新版本(包括所有的修改单)适用于本文件。

GB/T 3141 工业液体润滑剂 ISO 黏度分类(GB/T 3141—1994,eqv ISO 3448:1992)

GB/T 7631.1 润滑剂、工业用油和有关产品(L 类)的分类 第 1 部分:总分组(GB/T 7631.1—2008,ISO 6743-99:2002,IDT)

注:ISO 6743-99 代替 ISO 6743-0。

3 所用符号说明

3.1 Y 组的详细分类是根据该组的主要应用场合所要求的产品种类而确定的。

3.2 每种产品用一组字母组成的符号来表示。这些符号合起来构成一个代号。

注:每组产品的第一个字母(Y)表示产品的所在组别,即其他的润滑剂。其后的字母单独存在时无意义。

每种产品的命名可以附加按 GB/T 3141 规定的黏度等级。

3.3 在本分类体系中,产品以统一的形式命名。例如,一个特定的产品可以用完整的形式表示为 ISO-L-YEB,或以简化的形式表示为 L-YEB。

4 详细分类

Y 组详细分类见表 1。

表 1

类别字母符号	一般用途	特殊用途	具体应用	组成和特性	符号 ISO-L	典型应用
Y	其他应用	加工工艺	脱除煤气中的苯和萘	—	YA	煤气厂和焦炉设备中的冲洗油
			纤维软化	—	YB	在制袋、织布和制绳工厂中用于棉花、亚麻、大麻、黄麻、剑麻等梳理和纺纱的预先软化
			防止结块	—	YC	颗粒肥料的涂层
			抑制灰尘	—	YD	水泥颗粒涂层,煤焦原料的喷洒,土壤的稳定
			填充橡胶和增塑塑料	芳烃抽提物	YEA	—
				精制矿物油;有关环烷烃	YEB	—
				精制矿物油;有关烷烃	YEC	—
				深度精制工业白油	YED	其他用途(如不接触食物)
					YEE	直接与食物接触和用于医药设备的聚苯乙烯和橡胶
			空调系统的空气过滤器	—	YF	—
			浸渍保护	—	YG	木材防护组分的载体油
			家庭清洁	—	YH	家具抛光配料和地板清洗组分等
			皮革调理	—	YL	防水化合物配料等
			植物喷洒	—	YM	农药和杀虫剂载体油
			印刷用油墨	—	YPA	用于吸收型印刷的稠油墨
					YPB	用于热固化,蒸发干燥或辐射固化油墨的轻油
			裂纹探测	深度精制非荧光的矿物油	YR	载体油
			消泡	—	YS	制糖工业和污水处理过程的消泡
			化妆	深度精制白油	YT	化妆和卫生间用品配料
			制药	深度精制医药级白油	YW	浴液平滑油
			电解和金属电镀	—	YX	抛光油
		试验	校准和标定	—	YZ	校准油和参比油

ICS 17.220.20
N 21

中华人民共和国国家标准

GB/T 7676.1—2017
代替 GB/T 7676.1—1998

直接作用模拟指示电测量仪表及其附件
第 1 部分:定义和通用要求

Direct acting indicating analogue electrical measuring instruments and their
accessories—Part 1:Definitions and general requirements common to all parts

2017-09-07 发布

2018-04-01 实施

中华人民共和国国家质量监督检验检疫总局
中国国家标准化管理委员会　发布

前　言

GB/T 7676《直接作用模拟指示电测量仪表及其附件》由以下 9 个部分组成：
——第 1 部分：定义和通用要求；
——第 2 部分：电流表和电压表的特殊要求；
——第 3 部分：功率表和无功功率表的特殊要求；
——第 4 部分：频率表的特殊要求；
——第 5 部分：相位表、功率因数表和同步指示器的特殊要求；
——第 6 部分：电阻表（阻抗表）和电导表的特殊要求；
——第 7 部分：多功能仪表的特殊要求；
——第 8 部分：附件的特殊要求；
——第 9 部分：推荐的试验方法。

本部分为 GB/T 7676 的第 1 部分。

本部分按照 GB/T 1.1—2009 给出的规则起草。

本部分代替 GB/T 7676.1—1998《直接作用模拟指示电测量仪表及其附件　第 1 部分：定义和通用要求》。

与 GB/T 7676.1—1998 相比，变化较大。增补了 35 个新术语，采用不确定度代替误差，调整了标准结构，修改了多个条款，具体的变化参见附录 E。

请注意本文件的某些内容可能涉及专利。本文件的发布机构不承担识别这些专利的责任。

本部分由中国机械工业联合会提出。

本部分由全国电工仪器仪表标准化技术委员会（SAC/TC 104）归口。

本部分主要起草单位：哈尔滨电工仪表研究所、上海英孚特电子技术有限公司、浙江正泰仪器仪表有限责任公司、国网湖北省电力公司电力科学研究院、国网江西省电力公司电力科学研究院、国网湖南省电力公司电力科学研究院、国网四川省电力公司计量中心、国网北京市电力公司、北京自动化控制设备厂、德力西集团仪器仪表有限公司、国网重庆市电力公司电力科学研究院、河南省电力公司电力科学研究院、国家电工仪器仪表质量监督检验中心、冀北电力有限公司计量中心、山东省计量科学研究院、深圳友讯达科技股份有限公司、上海康比利仪表有限公司、上海市计量测试技术研究院、浙江省计量科学研究院、中南仪表有限公司、河南省计量科学研究院、浙江迪克森电器有限公司、深圳星龙科技股份有限公司、华立科技股份有限公司。

本部分主要起草人：薛德晋、丁振、裴茂林、申莉、陈波、刘献成、李冀、王伟能、白泰、秦国鑫、来磊、霍建华、崔涛、郭小广、陈闻新、吴维德、王念莉、侯兴哲、刘丹、王三强、靳绍平、赵铎、袁慧昉、甘依依、周丽霞、李道民、王新军、李荣平、刘复若、郑孟霞、赵锦锦、邵凤云、冯学礼、林晓龙、刘沛、郑元豹、黄建钟、蔡毅、曾仕途、刘鸥、毕伟。

本部分所代替标准的历次版本发布情况为：
——GB/T 776—1965、GB/T 776—1976；
——GB/T 7676.1—1987、GB/T 7676.1—1998。

引　言

原 GB/T 7676—1998 是等同采用 IEC 60051。标准的主要技术内容仍然反映着 40 年前的水平。20 世纪和 21 世纪可以说是技术日新月异的年代,是电子技术飞速发展和信息爆炸的年代。现在模拟指示仪表已不再是机电式仪表的天下,出现了很多带有电子式变换器的模拟指示仪表,几乎所有的电参数测量都可以通过电子变换器式仪表来实现。扩大量限的附件也不再是分流器、阻抗器的天下,霍尔传感器和分流器相比,具有在不断开电流回路的情况下更换扩大量限装置的优点。电子放大器可以将小电流的测量范围进一步扩大。但是电子变换器的出现又带来了很多新的情况,比如说波形畸变的影响、电磁兼容性等等方面的问题。

为此,本部分的此次修订为技术修订。

根据当前模拟指示电测量仪表的发展,本次技术修订增加了新的仪表和附件的型式:

- 电子变换器;
- 霍尔电流传感器;
- 霍尔电压传感器;
- 开环霍尔电流传感器;
- 闭环霍尔电流传感器;
- 手持式仪表;
- 模组导轨表;
- 控制箱导轨表;
- 板面安装式仪表;
- 过载电流表;
- 展开式电压表。

由于电子器件的大量使用,电磁兼容性的问题突出出来,本次修订提出了电磁兼容性要求和试验方法。

由于真值无法获得,误差的概念显得含混不清。本次修订按照 GB/T 6592—2010 的规定,首次在仪表标准中用仪表不确定度代替误差来表达测量结果。

近年来,国际上对产品的安全要求越来越严格而明确。国际电工委员会出版了 IEC 61010-1:2010《测量、控制和实验室设备的安全要求》。为了适应国际上的变化,此次技术修订时采用了最新的国际安全标准,并明确了适用的条款。

原标准的使用条件基本上是实验室仪表的受控环境条件,而仪表的实际使用环境是十分复杂的,此次修订扩充了使用的气候环境条件和机械环境条件,使仪表能适应各种环境条件。

为了使用,本次修订规定了包装和贮存、规定了检验规则;为了保证产品的质量稳定性,在试验型式方面增加了周期性试验。

直接作用模拟指示电测量仪表及其附件
第1部分：定义和通用要求

1 范围

GB/T 7676 的本部分规定了直接作用模拟指示电测量仪表及其附件的术语和定义、分类、分级、通用技术要求、信息、标志和符号，包装和贮存以及检验规则。

本部分适用于直接作用模拟指示的电测量指示仪表，如：
——电流表和电压表；
——功率表和无功功率表；
——指针式和振簧式频率表；
——相位表、功率因数表和同步指示器；
——电阻表（阻抗表）和电导表；
——上述形式的多功能仪表；
本部分也适用于：
——某些与上述仪表连同使用的附件，如：
 • 分流器；
 • 串联电阻器和阻抗器；
 • 霍尔电流传感器；
 • 霍尔电压传感器；
 • 电子变换器。
——当附件与仪表连用并在组合状态下进行调整时的仪表与附件的组合。
——其分度线与输入电量的关系为已知，但不直接对应的直接作用模拟指示电测量仪表。
——在其测量和/或辅助电路中具有电子器件的仪表和附件。
GB/T 7676 不适用于：
——另有相应国家标准规定的特殊用途仪表；
——另有相应国家标准规定的用作附件的特殊用途装置。
本部分对仪表或附件的尺寸要求未作规定。

2 规范性引用文件

下列文件对于本文件的应用是必不可少的。凡是注日期的引用文件，仅注日期的版本适用于本文件。凡是不注日期的引用文件，其最新版本（包括所有的修改单）适用于本文件。

GB/T 191—2008 包装储运图示标志
GB/T 2423.17—2008 电工电子产品环境试验 第2部分：试验方法 试验 Ka：盐雾
GB/T 2423.55—2006 电工电子产品环境试验 第2部分：试验方法 试验 Eh：锤击试验
GB/T 2829—2002 周期检验计数抽样程序及表（适用于对过程稳定性的检验）
GB/T 4208—2017 外壳防护等级（IP 代码）

ＧＢ/Ｔ 7676.1—2017

GB/T 4798.3—2007 电工电子产品应用环境条件 第3部分:有气候防护场所固定使用
GB/T 4798.7—2007 电工电子产品应用环境条件 第7部分:携带和非固定使用
GB/T 6592—2010 电工电子测量设备的性能表示
GB/T 7676.9—2017 直接作用模拟指示电测量仪表及其附件 第9部分:推荐的试验方法
GB/T 17626.2—2006 电磁兼容 试验和测量技术 静电放电抗扰度试验
GB/T 17626.3—2016 电磁兼容 试验和测量技术 射频电磁场辐射抗扰度试验
GB/T 17626.4—2008 电磁兼容 试验和测量技术 电快速瞬变脉冲群抗扰度试验
GB/T 17626.5—2008 电磁兼容 试验和测量技术 浪涌(冲击)抗扰度试验
GB/T 17626.6—2008 电磁兼容 试验和测量技术 射频场感应的传导骚扰抗扰度试验
GB/T 17626.12—2013 电磁兼容 试验和测量技术 振铃波抗扰度试验
IEC 61010-1:2010 测量、控制和实验室使用的电气设备的安全要求 第1部分:通用要求(Safety requirement for electrical equipment for measurement,control,and laboratory use—Part 1: General requirements)

3 术语和定义

GB/T 6592—2010 界定的以及下列术语和定义适用于本文件。

3.1 通用术语

3.1.1
电测量仪表 electrical measuring instrument
使用电或电子的方法测量电量或非电量的测量仪表。
[GB/T 6592—2010,定义 3.2.4]

3.1.2
模拟显示仪表 analogue display instrument
以被测量的连续函数反映或显示输出信息的测量仪表。
注:以微小的步进的方式改变指示值但不以数字显示的仪表也归属为模拟仪表。

3.1.3
指示(测量)仪表 indicating(measuring)instrument
显示示值的测量仪表。
注1:显示可以是模拟的(连续的或不连续的)、数字的或代码的。
注2:多个量值可以同时显示。
注3:显示式测量仪表也可提供记录。
注4:显示可能包括由观察者不能直接读取,但是能够被适当的装置解读的信号。
注5:指示仪表可以由一系列变换器及其处理装置附件组成,也可以由单个变换器构成。
注6:改写 GB/T 6592—2010 的定义 3.2.2。删除了 GB/T 6592—2010 3.2.2 定义的注1~注5后的[IEV]以及注6 和注7。

3.1.4
直接作用指示仪表 direct acting indicating instrument
指示器与可动部分机械连接且由可动部分驱动的仪表。

3.1.5
电子测量仪表 electronic measuring instrument
用电子的方式测量电量或非电量的仪表。

126

3.1.6

单功能仪表　single function instrument

仅用于测量一种量的仪表。

3.1.7

多功能仪表　multi-function instrument

用单一指示机构测量一种以上量的仪表。

示例：如测量电流、电压和电阻的仪表。

3.1.8

固定式仪表　fixed instrument

设计成永久性安装，并用永久性安装的引线与外电路连接的仪表。

［GB/T 2900.89—2012，312-02-17］

3.1.9

便携式仪表　portable instrument

设计成便于携带的仪表。

注：仪表能由使用者接线和拆线。

3.1.10

手持式仪表　hand-held instrument

在正常使用中预定可用单手握住的便携式仪表。

3.1.11

板面安装式仪表　panel mounted instrument

用于安装在仪表板或机箱的开孔中的固定安装式仪表。

3.1.12

模组导轨表　modular instrument fixed on DIN rail

固定在开关柜或控制柜里的 DIN 式导轨上使用的固定安装式仪表。

［IEC 62586-1：2013，定义 3.1.5］

3.1.13

控制箱导轨表　housing instrument fixed on DIN rail

用于固定在控制箱内的 DIN 式导轨上的固定安装式仪表。

［IEC 62586-1：2013，定义 3.1.6］

3.1.14

电流表　ammeter

用于测量电流量值的仪表。

［GB/T 2900.79—2008，313-01-01］

3.1.15

电压表　voltmeter

用于测量电压量值的仪表。

［GB/T 2900.79—2008，313-01-03］

3.1.16

电阻表　ohmmeter

电阻表　resistance meter

用于测量电阻值的仪表。

［GB/T 2900.79—2008，313-01-09］

3.1.17

功率表　wattmeter

用于测量有功功率的仪表。

[GB/T 2900.79—2008,313-01-07]

3.1.18

无功功率表　varmeter

用于测量无功功率的仪表。

[GB/T 2900.79—2008,313-01-08]

3.1.19

指针式频率表　pointer-type frequency meter

按指示器与标度尺之间的关系指示被测频率的仪表。

3.1.20

振簧式频率表　vibrating-reed frequency meter

用以测量频率的仪表。该仪表由一组调谐的振簧组成,在具有待测频率的交流电流流过一个或几个固定线圈的作用下,使一个或几个振簧产生谐振。

3.1.21

相位表　phase meter

用以测量频率相同波形相似的两个电量之间相位角的仪表。

注：这种仪表能测量以下的量:
　　——一个电压与另一个电压之间的相位角或一个电流与另一个电流之间的相位角;
　　——电压和电流之间的相位角。

3.1.22

功率因数表　power factor meter

用来测量电路中的有功功率和视在功率的比率的仪表。

注：事实上,功率因数表指示电流和相关电压之间相位角的余弦。

3.1.23

同步指示器　synchroscope

用于在两个同频率的交流电压或多相电压系统中指示同相的仪表。

3.1.24

多相仪表　polyphase instrument

用于多相系统中测量,并能与一相以上系统连接的测量仪表。

3.1.25

平衡负载多相仪表　balanced load polyphase instrument

在平衡多相系统中使用的多相仪表,不包括按多相功率标度的单相功率表。

3.1.26

过载电流表　Ammeter with overload scale

带有指示过载电流标度尺的,用于测量正常工作电流和短时过载电流的电流表。

注：指示过载电流部分的标度尺约占总标度尺 1/4 左右,不是仪表的主标度尺。

3.1.27

扩展标度尺仪表　expanded scale instrument

展开式电压表　expanded scale voltmeter

以标度尺长度的较大部分表示测量范围的一小部分的仪表(电压表)。

[GB/T 2900.89—2012,312-02-04]

3.1.28

带有磁屏蔽的仪表 **instrument with magnetic screen**

用铁磁材料屏蔽外部磁场影响的仪表。

3.1.29

无定向的仪表 **astatic instrument**

测量元件设计成不受均匀外部磁场影响的仪表。

3.1.30

带有电屏蔽的仪表 **instrument with electric screen**

用导电材料屏蔽外部电场影响的仪表。

3.1.31

附件 **accessory**

为了赋予测量仪表规定的特性而与其测量线路联接在一起的元件组或装置。

3.1.32

可互换附件 **interchangeable accessory**

具有自身特性和准确度的附件,这些特性和准确度和与其组合的仪表无关。

注:一个附件当其额定特性已知并已标志不与仪表组合就能够测定其误差和改变量,此附件即为可互换附件。调
整时考虑了仪表电流(此电流是已知的和不能忽略的)的分流器认为是可互换的。

3.1.33

有限可互换附件 **accessory of limited interchangeability**

具有自身特性和准确度的附件,并仅能与某些特性在规定限值内的测量仪表组合。

3.1.34

不可互换附件 **non-interchangeable accessory**

按指定测量仪表的电特性调准的附件。

3.1.35

分流器 **shunt**

与测量仪表的测量线路并联的电阻器。

注:分流器一般用来提供与被测电流成比例的电压。

3.1.36

串联电阻(阻抗)器 **series resistor(impedance)**

与测量仪表的测量线路串联的电阻(阻抗)器。

注:串联电阻(阻抗)器一般用来扩展仪表的电压测量范围。

3.1.37

电子变换器 **electronic transducer**

用电子的方式对输入信号进行处理后转换成输出信号的装置。

注:所有指示仪表都含有变换器,并且它们可以由单个变换器组成。当信号由一个变换器链进行处理时,每个变换
器的输入信号和输出信号不总是可以直接和意义明确地接触到的。

3.1.38

霍尔电流传感器 **electric current sensor used Hall effect**

利用霍尔元件的电磁效应将电流测量电路中的电流转换成与流经该装置的原边电流成正比的输出
电信号的传感器。

注:本标准定义的传感器输出的是模拟电信号。

3.1.39

霍尔电压传感器 **electric voltage sensor used Hall effect**

利用霍尔元件的电磁效应将电压测量电路中的电压转换成与被测量电压成正比的输出电信号的传

感器。

　　注：本标准定义的传感器输出的是模拟电信号。

3.1.40

　　仪表导线　instrument lead

　　专门设计的由一根或多根导体组成的导线，用它将测量仪表与外电路或附件相互连接。

3.1.41

　　校准仪表导线　calibrated instrument lead

　　具有规定阻值的仪表导线。

　　注：校准仪表导线属于测量仪表的可互换附件。

3.1.42

　　［量的］畸变因数　distortion factor(of a quantity)

　　［量的］总谐波畸变因数　total harmonic distortion factor(of a quantity)

　　谐波含量的方均根值与非正弦波量的方均根值之比。

3.1.43

　　量的纹波含量　ripple content of a quantity

　　波动分量的方均根值与直流分量值之比。

3.1.44

　　峰值因数　peak factor

　　周期量的峰值与方均根值之比。

3.2　按其工作方式分类描述的仪表

3.2.1

　　磁电系仪表　permanent-magnet moving coil instrument

　　利用可动线圈中电流产生的磁场与固定的永久磁铁磁场相互作用而工作的仪表。

　　注：有的仪表具有一个以上的测量上述线圈中电流总和或电流比率的线圈。

3.2.2

　　动磁系仪表　moving-magnet instrument

　　利用可动永久磁铁磁场与固定线圈中电流产生的磁场相互作用而工作的仪表。

　　注：有的仪表具有一个以上的线圈。

3.2.3

　　电磁系仪表　moving-iron instrument

　　利用一个可动软磁片与固定线圈中电流产生的磁场间吸引力而工作的仪表或利用一个（或多个）固定软磁片与可动软磁片（两者均由固定线圈中电流磁化）间排斥（或吸引）力而工作的仪表。

3.2.4

　　极化电磁系仪表　polarized moving-iron instrument

　　包含一个被固定永久磁铁极化并经固定线圈中电流励磁的可动软磁片的仪表。

3.2.5

　　电动系仪表　electrodynamic instrument

　　利用可动线圈中电流所产生的磁场与一个或几个固定线圈中电流所产生的磁场相互作用而工作的仪表。

3.2.6

　　铁磁电动系仪表　ferrodynamic instrument

　　铁芯电动系仪表　iron-cored electrodynamic instrument

　　借助在磁路中设置软磁材料来增强其电动效应的电动系仪表。

3.2.7

感应系仪表　induction instrument

利用一个(或几个)固定的交流电磁铁磁场与其在可动导电元件中感应电流所产生的磁场相互作用而工作的仪表。

3.2.8

热系仪表(电热系仪表)　thermal instrument(electrothermal instrument)

利用仪表导体中电流的热效应而工作的仪表。

3.2.9

双金属系仪表　bimetallic instrument

电流直接或间接加热其双金属元件(其材料在温度改变时具有不同的膨胀率),使之变形从而产生指示值的热系仪表。

3.2.10

热偶系仪表　thermocouple instrument

利用由被测电流加热的一个或几个热电偶的电动势工作的热系仪表。

注:此电动势通常用磁电系仪表测量。

3.2.11

整流系仪表　rectifier instrument

由对直流灵敏的测量仪表和整流装置组成的用以测量交流电流或电压的仪表。

3.2.12

变换器式仪表　instrument with transducer

磁电系仪表或其他模拟指示装置和电子变换器组成一个整体用以显示被测量的仪表。

3.2.13

静电系仪表　electrostatic instrument

依靠固定的与可动的电极间静电力的效应而工作的仪表。

3.2.14

比率表　ratiometer

商值表　quotientmete

用以测量两个量的比率(商)的仪表。

3.2.15

方均根值响应的仪表　R.M.S.-responding instrument

在规定的频率范围内即使在被测量为非正弦或含有直流分量时亦能提供与被测量的方均根值成比例的指示值的仪表。

3.2.16

平均值响应的仪表　mean-sensing instrument

以正弦波的方均根值标度,使用中只反映全波被测量平均值的仪表。

注:此类仪表在被测量为非正弦时,不能反映被测量的方均根值。

3.2.17

闭环式霍尔传感器　closed-loop sensor used Hall effect

带有二次线圈的,采用磁平衡原理传送与原边电流成正比信号的霍尔传感器。

3.2.18

开环式霍尔传感器　opened-loop sensor used Hall effect

没有二次线圈的霍尔传感器。

3.3 仪表的结构术语

3.3.1
[仪表]测量线路　measuring circuit（of an instrument）

仪表及其附件的内部电路部分,包括相互连接的导线(若有时)。由电压或电流供电,其中的一个或二者都是决定被测量指示值的主要因素(电压或电流中的一个可能是被测量自身)。

3.3.1.1
电流线路　current circuit

一种测量线路,通过它的电流是决定被测量指示值的主要因素。

注:电流线路所通过的电流有的是直接被测电流,有的由外接电流互感器所供给的或由外接分流器所引出的,与被测量成比例的电流。

3.3.1.2
电压线路　voltage circuit

一种测量线路,在其上所施加的电压是决定被测量指示值的主要因素。

注:施加在电压线路上的电压有的是被测电压,有的是由外接电压互感器或分压器所供给的或从外接串联电阻(阻抗)器引出的与被测量成比例的电压。

3.3.2
外部测量线路　external measuring circuit

仪表的外部电路部分,从该电路能得到被测量值。

3.3.3
辅助线路　auxiliary circuit

仪表工作所必需的测量线路以外的电路。

3.3.4
辅助电源　auxiliary supply

供给电能的辅助电路。

3.3.5
测量元件　measuring element

测量仪表的一些部件组合。它们在被测量的作用下能使可动部分产生与被测量有关的运动。

3.3.6
可动部分　moving element

测量元件的可运动部件。

3.3.7
指示装置　indicating device

测量仪表中显示被测量值的部件。

3.3.8
指示器　index

借助标度尺表示可动部分位置的部件。

3.3.9
标度尺　scale

一系列的标记和数字,通过它们与指示器结合可得到被测量的值。

3.3.10
分度线　scale marks

标度盘上的标记将标度尺分为适当的间隔,用以确定指示器的位置。

3.3.11

零分度线　zero scale mark

标度盘上数码为零的标记。

3.3.12

分度　scale division

任意两个相邻分度线之间的距离。

3.3.13

分度数字　scale numbers

与分度线结合在一起的一系列数字。

3.3.14

标度盘　dial

带有标度尺和其他标志及符号的表面。

3.3.15

机械零位　mechanical zero

机械控制的测量元件断电后指示器趋向的平衡位置。

注 1：此位置有的与零分度线重合,有的不重合。

注 2：在机械压缩零位的仪表中机械零位与分度线并不相对应。

注 3：在无机械反作用力矩的仪表中机械零位不确定。

3.3.15.1

机械零位调节器　mechanical zero adjuster

用于调节仪表的机械零位,使之与适当的分度线相重合的调节机构。

3.3.15.2

机械量程调节器　mechanical span adjuster

用于调节仪表测量范围上限和下限,使之与适当的分度线相重合的调节机构。

3.3.16

电零位　electrical zero

当被测电量为零或某一设定值且产生反作用力矩的控制电路(若有时)通电时,指示器所达到的平衡位置。

3.3.16.1

电零位调节器　electrical zero adjuster

对需要有辅助电源的仪表,用于调节仪表的电零位使之与适当的分度线重合的机构。

3.3.16.2

电量程调节器　electrical span adjuster

对需要有辅助电源的仪表,用于调节仪表测量范围的上限和下限,使之与适当的分度线重合的机构。

3.4　仪表的特性

3.4.1

标度尺长度　scale length

在标度尺始点分度线与终点分度线间,经过各最短分度线中点的弧线或直线的长度,以长度单位表示。

注：对于多标度尺的仪表,每一标度尺都有本身的标度尺长度。为方便起见,取主标度尺作为仪表的标度尺长度。

3.4.2

量程　span

测量范围的上限值和下限值的代数差,以被测量单位表示。

3.4.3

测量范围(有效范围) measuring range(effective range)

由两个被测量值所确定的范围,在此范围内规定了测量仪表和/或附件的不确定度限值。

注:有的测量仪表和/或附件有几个测量范围。

3.4.4

剩余偏转 residual deflection

在消除可动部分产生偏转的因素且所有测量线路断电后,机械控制的可动部分所残留的那部分偏转。

3.4.5

过冲 overshoot

当被测量突然从一个稳定值向另一值改变时,最大指示值与稳定指示值之差(用标度尺长度表示)。

3.4.6

响应时间 response time

当被测量从零(不通电情况下)突然改变到某一值,使该值的最终稳定指示值是规定比例的标度尺长度时,指示器第一次到达并继而保持在最终稳定指示值为中心的规定范围内所需的时间。

3.5 特性值

3.5.1

标称值 nominal value

表征仪表或附件预定使用的某个量值,或仪表和附件的预定特性值。

3.5.2

额定值 rated value

制造厂为设备或仪表的某个规定工作条件而指定的量值。

注:赋予不确定度 U 的额定值 V 实际上是一个 $V \pm U$ 的范围,并且按此来理解。

[GB/T 6592—2010,定义3.3.8]

3.5.3

基准值 fiducial value

明确规定的某个量值,仪表和/或附件以其对该值的不确定度来规定各自的准确度。

注:例如,测量范围的上限量、量程或者是其他明确规定的量值。

3.6 影响量、参比条件、标称使用范围和预处理

3.6.1

被测量 measurand

作为测量对象的量,在测量活动过程中由测量系统在假定状态下估计得到。

注1:被测量的值如果不受测量仪表的影响可被称作被测量的未受扰动值。

注2:未受扰动值及与其相关联的不确定度只能通过测量系统和测量与仪表计量特性相互作用的模型来计算,可称为仪表的负载。

[GB/T 6592—2010,定义3.1.1]

3.6.2

影响量 influence quantity

不是测量的对象,但是其变化影响指示值和测量的结果之间的关系。[IEV-311-06-01]

注1:影响量可能源自于测量系统、测量设备或者环境。

注2:由于校准图依赖于影响量,为了给测量结果赋值,有必要了解在规定范围内是否有相关的影响量存在。

注3:当其测量结果满足关系: $C' \leqslant V-U \leqslant V+U < C''$ 时,影响量可以认为存在于从 C' 到 C'' 的范围内。

[GB/T 6592—2010,定义3.1.14]

3.6.3

参比条件　reference conditions

影响量的规定值和/或规定的值的范围的适当的集合,在此条件下规定测量仪表的最小不确定度。

注:作为参比条件规定的范围,称之为参比范围,并且它通常比额定工作范围窄而不比其宽。

3.6.4

参比值　reference value

参比条件集合中的一个规定值。

3.6.5

参比范围　reference range

参比值的规定范围。

3.6.6

[对于影响量的]标称使用范围或额定工作范围　nominal range of use or rated operating range(for influence quantities)

不会引起改变量超出规定极限的影响量取值的规定范围。

注:每一个影响量的额定工作范围是额定工作条件的一部分。

[GB/T 6592—2010,定义 3.3.14]

3.6.7

工作极限值　limiting values for operation

仪表工作期间影响量的极端值,没有产生使仪表其后在参比工作条件下工作时不再符合仪表性能要求的损害。

注:极限值可能依赖于他们应用的持续时间。

3.6.8

预处理　preconditioning

仪表或附件在进行试验或使用之前,将被测量的规定值加在测量电路上的操作过程。

3.6.9

贮存和运输条件　storage and transport conditions

非工作状态下的测量仪表能经受而不损坏的极端条件,其后仍可在其额定工作条件下工作,仪表计量特性不降低。

[GB/T 6592—2010,定义 3.3.17]

3.6.10

贮存极限值　limiting values for storage

仪表存贮期间影响量的极端值,假定在此条件下储存后,不产生使仪表在参比条件下工作不再满足其性能要求的损害。

注:极限值可能依赖于他们应用的持续时间。

3.6.11

运输极限值　limiting values for transport

仪表运输期间影响量的极端值,能够假定在此条件下运输,不产生使仪表随后在参比条件下工作不再满足性能要求的损害。

注:极限值可能依赖于他们应用的持续时间。

3.7　不确定度及改变量

3.7.1

仪表的(绝对)不确定度　(absolute)instrumental uncertainty

可忽略基本不确定度的一个被测量的直接测量结果的不确定度。

注 1：除非另外特别说明，仪表的不确定度以包含因子 2 的区间来代表。

注 2：当对基本不确定度远小于仪表不确定度的被测量进行单次读数的直接测量时，根据定义，测量的不确定度就是仪表不确定度。此外，在评定测量不确定度时，仪表不确定度作为 B 类分量处理。评定以与几个涉及直接测量结果相联系的模型为基础。

注 3：根据定义，仪表的不确定度自动地包含了读数值量化的影响（在模拟输出中，是最小可能评估的分度区间，在数字输出中，是最后稳定的单位数字）。

注 4：对于实物量具，仪表的不确定度是为保证它的各次测量结果的一致性，由实物量具复现的与被测量的量值相关联的不确定度。

注 5：在可能和方便的情况下，该不确定度有的用相对的形式或基准的形式表示。相对不确定度是绝对不确定度 U 和测量值 V 之比，而基准形式不确定度是绝对不确定度 U 对约定选择的值 V_f 之比 U/V_f。

[GB/T 6592—2010，定义 3.1.12]

3.7.2

约定值 conventional value

用于校准操作的标准器的测量值，其不确定度对于被校仪表的不确定度来说可以忽略。

注：为了适应本标准，此定义改编自"（量的）约定真值"这个定义，即：赋予一个特定量的值，有时通过约定，是一个具有和规定目的相适应的不确定度的值。

[GB/T 6592—2010，定义 3.1.13]

3.7.3

（仪表的）基本不确定度 intrinsic（instrumental）uncertainty

使用在参比条件下的测量仪表的不确定度。

[GB/T 6592—2010，定义 3.2.10]

3.7.4

仪表的工作不确定度 operating instrumental uncertainty

在额定工作条件下的仪表的不确定度

注：仪表的工作不确定度，与基本不确定度类似，不是由仪表的使用者评估的，而是由制造厂说明的，或由校准得到的。该说明可由仪表的基本不确定度和一个或多个影响量值之间的代数关系来表达，但是此关系只不过是表示一组不同工作条件下的仪表的工作不确定度的简便方法，而不是一个用于评价仪表内部不确定度传播的函数关系。

[GB/T 6592—2010，定义 3.2.11]

3.7.5

不确定度的极限 limit of uncertainty

设备工作在规定条件下的仪表不确定度的极限值。

注 1：不确定度的极限可由仪表的制造厂给出，也就是说在规定条件下仪表的不确定度应不超出此极限值；或者由标准定义，即在规定条件下一个给定准确度等级的仪表的不确定度应不超出此极限。

注 2：不确定度的极限有的表示为绝对值，有的以相对形式或基准形式表示。

[GB/T 6592—2010，定义 3.3.6]

3.7.6

（由影响量引起的）改变量 variation（due to an influence quantity）

当一个影响量相继取两个不同的值时，指示仪表的同一被测量的示值之间的差，或者是实物量具的两个值的差。

注 1：与被评估的影响量的不同测量值有关的不确定度不应大于同一影响量的参比范围的宽度。其他性能特性和其他影响量应该保持在参比条件规定的范围内。

注 2：当改变量比仪表的基本不确定度大时，则是一个重要的参数。

[GB/T 6592—2010,定义 3.3.5]

3.7.7

统调不确定度 tracking uncertainty

仪表在两个点上经事先校正使其不确定度可以忽略时,仪表标度尺内各点的基本绝对不确定度。

3.7.8

电磁骚扰 electromagnetic disturbance

能在功能或计量方面影响仪表工作的传导或辐射的电磁干扰。

[GB/T 17215.211—2006,定义 3.6.5]

3.8 准确度等级和等级指数

3.8.1

准确度等级 accuracy class

符合与不确定度有关的一组规范的所有测量仪表的分类。

注 1:无论准确度等级规定其他什么计量特性,它总是规定一个不确定度的极限(对一个给定的影响量范围)。

注 2:对于不同的额定工作条件,有时一台仪表被赋予不同的准确度等级。

注 3:除非另有规定,由不确定度的极限规定的准确度等级表示的是包含因子为 2 的一个区间。

[GB/T 6592—2010,定义 3.3.7]

3.8.2

等级指数 class index

标志准确度等级的数字。

注:某些仪表和/或附件有一个以上的等级指数。

3.9 试验

3.9.1

型式试验 type test

对特定设计的仪表(或仪表附件)的一个或多个样品进行的试验,以证明该设计和结构符合本标准的全部要求。

3.9.2

例行试验 routine test

对每个单独的仪表在制造期间或制造完成后进行的试验,以确定其是否符合本标准的要求。

注:改写 GB/T 2900.83—2008,151-16-17。

3.9.3

周期性试验 recurrent test

在规定的时间间隔内施行本标准规定的项目以评估产品质量的试验。

4 分类、分级和符合性

4.1 分类

4.1.1 按工作方式和特性分类

仪表和/或附件应按其工作方式和/或按有关部分所规定的特性分类。

4.1.2 按使用方式分类

仪表按其使用方式分为:

——固定式仪表；

——便携式仪表；

——手持式仪表；

——板面安装式仪表；

——模组导轨式仪表；

——导轨式仪表。

附件按其使用方式分为：

——可互换附件；

——不可互换附件；

——有限可互换附件。

4.1.3 按环境条件分类

仪表和/或附件分为：

——A组：使用在实验室、工厂内能够小心使用仪表的条件下，其标称工作温度范围为参比温度±10 K；

——B组：使用在对极端环境有防护的环境下，其标称工作温度范围为－5 ℃～＋45 ℃（固定式：GB/T 4798.3—2007,3K5；便携式:GB/T 4798.7—2007,7K2）；

——C组：在户外以及在环境温度变化较为恶劣的情况下使用的仪表和/或附件，其标称工作温度范围为－25 ℃～＋55 ℃（GB/T 4798.3—2007,3K6）。

经制造厂和用户协商，也可生产热带型仪表和/或附件，其工作温度范围从 GB/T 4798.3—2007 中选取。

4.1.4 按机械条件分类

仪表和/或附件按 GB/T 4798.3—2007 分为：

——普通型(3M2)；

——耐振动型(3M4 及以上)；

——耐颠振(碰撞)型(3M6 及以上)。

4.1.5 按外壳防护等级分类

仪表(测量机构)按 GB/T 4208—2017 分为：

——普通型(IP51)；

——特殊型(IP5X 或 IP6X)。对特殊型仪表，制造厂应在使用说明书中声明其 IP 等级。

附件外壳的防护等级允许是 GB/T 4208—2017 的 IP40。

4.2 分级

等级指数宜从 1-2-5 序列及其十进倍数和小数中选择。

另外，等级指数 1.5、2.5 和 3 可用于仪表，等级指数 0.15 可用于频率表，等级指数 0.3 也可用于附件。

4.3 与本部分要求的符合性

4.3.1 标有等级指数的仪表和附件应遵守本部分中涉及其等级指数的相应要求。

4.3.2 检查是否遵守本部分要求，推荐的试验方法在 GB/T 7676.9—2017 中给出。

当有争议时，GB/T 7676.9—2017 的试验方法为仲裁方法。

4.3.3 如果为确定基本不确定度而规定作预处理，则制造厂应说明预处理时间和被测量的值。但预处理时间不得超过 30 min。

5 技术要求

5.1 参比条件

5.1.1 影响量的参比值应按表 1 的规定。

5.1.2 如果规定不同于表 1 的参比条件,则应按第 6 章的规定进行标志。

5.1.3 不同于表 1 的环境温度的参比值可从 20 ℃ 和 27 ℃ 中选用。

表 1 试验时有关影响量的参比条件和允许偏差

影响量		参比条件 (另有标志者除外)	试验用允许偏差(适用于单一参比值)[a]	
			等级指数小于 0.5	等级指数等于或大于 0.5
环境温度		23 ℃	±1 ℃	±2 ℃
湿度		相对湿度 40%~60%	—	—
直流被测量的纹波		纹波含量为 0	纹波含量为 1%	纹波含量为 3%
交流被测量的畸变	畸变因数	0	1. 非方均根值响应的电子仪表和测量电路中采用移相网络的仪表: 畸变因数为 1%,或畸变因数小于或等于等级指数的 50%,取较小值; 2. 其他仪表:畸变因数不应超过 5%	
	峰值因数	$\sqrt{2}$,近似值 1.414(正弦波)	±0.05	
交流被测量的频率 (频率表和有移相装置的除外)		45 Hz~65 Hz	参比值(若有时)的 ±2% 或频率的参比范围的 ±10%,取较小值	
位置[b]		固定式仪表:标度盘垂直 便携式仪表:标度盘水平	±1°	
面板或支架的性质和厚度		性质	厚度	
	F-37	铁	X mm	±0.1X mm 或 ±0.5 mm,取较小值
	F-38	铁	任意	—
	F-39[c]	非铁	任意	—
	无标志	任意	任意	—
外磁场		无	40 A/m[d] 频率从直流到 65 Hz,任意方向	
外电场		无	1 kV/m 频率从直流到 65 Hz,任意方向	
射频电磁场 80 MHz~2 GHz		无	<1 V/m	
射频场感应的传导骚扰 150 kHz~80 MHz		无	<1 V	

表 1（续）

影响量		参比条件 （另有标志者除外）	试验用允许偏差（适用于单一参比值）[a]	
			等级指数小于 0.5	等级指数等于或大于 0.5
辅助 电源	电压	标称值或标称范围	标称值的±5%[e]	
	频率	标称值或标称范围	标称值的±1%[e]	

[a] 此允许偏差仅适用于表中规定的或制造厂标志的单一参比值,对参比范围不允许有偏差。

[b] 装有水准仪的仪表,试验时应用水准仪将仪表调整至水平位置。

[c] 这些符号（或无符号标志）涉及安装仪表的面板或支架的性质和厚度,见表 5。

[d] 40 A/m 接近于大地磁场的最高值。

[e] 由制造厂规定的不同允许偏差除外。

5.2 基本不确定度极限、基准值

5.2.1 基本不确定度极限

仪表连同其不可互换附件（若有时）,或附件在表 1 规定的参比条件下,并在其测量范围极限值内按制造厂说明书使用时,基准形式的基本不确定度不应超过相应于其准确度等级的极限值。确定不确定度时,不应计入随同仪表或附件提供的更正值表中的值。

注 1：基本不确定度包括由摩擦、放大器漂移等引起的不确定度。

注 2：各种类型仪表或附件的准确度等级在各有关部分的第 4 章中规定。

5.2.2 基本不确定度限值与准确度等级的关系

把等级指数作为百分数表示基本不确定度的极限值。

示例：如等级指数为 0.05,基本不确定度的限值为基准值的±0.05%

5.2.3 基准值

各种类型仪表和附件的基准值在各有关部分中规定。

5.3 标称使用范围和改变量

5.3.1 标称使用范围

5.3.1.1 影响量的标称使用范围限值应按表 2 的规定。

5.3.1.2 当制造厂赋予并标志的标称使用范围与表 2 中的规定不同时,该范围应包括参比范围（或参比值及其允许偏差）,一般至少在一个方向超出参比范围。

5.3.1.3 对标称使用范围中超出参比范围（或参比值）的值其允许改变量按表 2 的规定。

示例：对等级指数为 0.2 的仪表,在任意方向偏离参比位置 5°而引起的改变量不应超过：

$$V_{\mathrm{P}} = C \times V_{\mathrm{PP}} = 0.2(\%) \times \frac{50}{100} = 0.1\%$$

式中：

V_{P} ——位置引起的改变量;

C ——等级指数,%;

V_{PP} ——由位置引起,用等级指数的百分数表示的改变。

5.3.1.4 当影响量不是表 2 所示量值时,相关允许改变量应由制造厂规定,并不应超过等级指数的 100%。

5.3.1.5 对规定有参比范围的仪表和附件,其基本不确定度和标称使用范围内的改变量的规定见附录 A。

5.3.1.6 相对湿度的极限是环境温度的函数,它们之间的函数关系参见附录 B。

表 2 标称使用范围限值和允许改变量

影响量		标称使用范围 (另有标志者除外)	用等级指数的百分数 表示的允许改变量 (V_i)	推荐的试验方法 GB/T 7676.9—2017 中的条款
环境温度	规定的工作范围	A 组:参比温度±10 K,或参比范围下限−10 K,参比范围上限+10 K	每 10K 的改变量(V_T) 100%	6.2
		B 组(不标志):−5 ℃~45 ℃(固定式,3K5;便携式,7K2),自参比温度改变至上下限		
		C 组:−25 ℃~+55 ℃(3K6)	(V_T)^a,50%	
	极限工作范围	A 组:−5 ℃~+45 ℃(7K2)	—	8.28
		B 组:−25 ℃~+55 ℃(3K6)		
		C 组:−40 ℃~+70 ℃(3K7)		
	贮存和运输极限范围	−40 ℃~+70 ℃(3K7)		
湿 度		相对湿度:25%到 95%	(V_H),100%	6.3
直流被测量的纹波		见各有关部分	(V_R)	6.6
交流被测量的畸变		畸变因数:见各有关部分	(V_H)	6.7
		峰值因数:见各有关部分	(V_{PR})	6.8
交流被测量的频率		见各有关部分	(V_k)	6.9
位 置^b		若未标志参比位置则为水平和垂直	(V_P),100%	6.4
		对带有标志 D-1~D-3 的仪表,在任意方向偏离参比位置 5° 对带有标志 D-4、D-6 的仪表,按标志规定的值偏离	(V_P),50%	
外磁场		见 5.3.2.2 和各有关部分	(V_M)	6.5
外电场 (只适用于静电系仪表)		直流和 45 Hz~65 Hz,20 kV/m 见 5.3.2.3	(V_E),100%	6.15.1
辅助电源	电压	参比值±10%或 参比范围下限−10%和 参比范围上限+10%	(V_{SV}),50%	6.18
	频率	参比值±5%或 参比范围下限−5%和 参比范围上限+5%	(V_{SF}),50%	6.19

^{a} 每 10 K 的温度引起的改变量,在标称温度范围内,相对于参比温度(或参比温度范围)每改变 10 K 引起的允许改变量。

^{b} 标有符号 D-5 的是装有水准仪的仪表,应经常用水准仪校正位置,这类仪表不必进行由于位置引起改变量的试验。

5.3.2 改变量极限

5.3.2.1 概述

仪表或附件在参比条件下且当单一影响量改变时,其改变量不应超过表2和5.3.2.2、5.3.2.3、5.3.2.4和5.3.2.5的规定值。

5.3.2.2 由外磁场引起的改变量

a) 若仪表未标以符号F-30(表6),则试验装置中的磁场强度应为0.4 kA/m。

b) 对标有符号F-30(表6)的仪表,试验装置中的磁场强度应为符号中所示之值,单位每米千安(kA/m)。

c) 在a)和b)规定的条件下,改变量不应超过各有关部分中规定的限值。

5.3.2.3 由外电场引起的改变量(只适用于静电系仪表)

在相位和方向为最不利的条件下,由强度为20 kV/m的直流和45 Hz~65 Hz的外电场所引起的改变量不应超过等级指数的100%。

若仪表标有符号F-34(表6),则电场强度的值为符号中的规定值。

5.3.2.4 由铁磁支架引起的改变量

标有符号F-37、F-38或F-39的仪表当其安装在性质和厚度为有关符号规定的面板上时,或未标志符号的仪表当其安装在任意性质和厚度的面板上时,其不确定度应保持在基本不确定度的限值内。标有符号F-39的仪表没有铁磁支架的要求。推荐的试验方法见GB/T 7676.9—2017中6.1。

5.3.2.5 由导电支架引起的改变量

除在单独的文件中另有要求并标以符号F-33(表6)外,当仪表安装在高导电率的面板或支架上使用时,应符合相应等级指数对基本不确定度的要求。

推荐的试验方法见GB/T 7676.9—2017中6.14。

5.3.3 确定改变量的条件

5.3.3.1 若为确定改变量而规定作预处理,则制造厂应说明预处理时间和被测量的值以及辅助电源的值(若有时)。

预处理时间不应超过30 min。

5.3.3.2 应分别对每一个影响量确定改变量。

在每一次试验中,除待测定其改变量的影响量外其余影响量均应保持其参比条件。

5.3.3.3 当某影响量规定有一个参比值时,该影响量应在此参比值和表2中规定的标称使用范围限值内的任一值之间变化,另有标志者除外。

5.3.3.4 当某影响量规定有一个参比范围时,该影响量应从参比范围的某个限值变化到邻近的标称使用范围限值。

5.4 工作不确定度、系统综合不确定度和改变量

5.4.1 仪表连同其不可互换附件(若有时)或附件当其工作在非参比条件下时,仪表和/或附件的工作不确定度是基本不确定度和改变量的组合。当其在标称使用范围内工作时,最大工作不确定度是基本不确定度和表2所示各种允许改变量的综合。它们的关系参见附录C。

5.4.2 对于使用外附可互换附件的仪表,仪表、附件和导线形成了一个系统,综合的系统不确定度取决于各自的基本不确定度和各自的各种改变量,它们的关系参见附录 C。

5.5 电的要求

5.5.1 介电强度和其他安全要求

5.5.1.1 仪表在正常条件和单一故障条件下均应当保持防电击的性能,仪表的可触及零部件不应出现危险带电。可携式仪表的锁紧式和螺纹固定式测量端子不受可接触危险带电部件的限制。

预定要由操作人员更换的零部件(如电池),它们在更换时或在操作人员执行其他操作行为时可能是危险带电的。在此情况下仪表应在相关部分标有警告标志,允许在保证安全的条件下使用工具进行操作。

仪表的介电强度应符合 IEC 61010-1:2010 的 6.8 的要求。
5.5.1.2 防电击的结构要求应符合 IEC 61010-1:2010 的 6.9 的规定。
5.5.1.3 仪表和附件的电气间隙和爬电距离应符合 IEC 61010-1:2010 的 6.7 的规定。
5.5.1.4 对可触及零部件的要求见 IEC 61010-1:2010 的 6.2、6.3。
5.5.1.5 对与外部电路连接的要求见 IEC 61010-1:2010 的 6.6。
5.5.1.6 对与电网电源的连接要求见 IEC 61010-1:2010 的 6.10。
5.5.1.7 仪表和附件内如安装有电池,对电池的要求应符合 IEC 61010-1:2010 的 11.5 和 13.2.2。
5.5.1.8 安装在仪表或附件里的电子元器件应符合 IEC 61010-1:2010 的第 14 章的要求。

5.5.2 自热

5.5.2.1 仪表连同其不可互换附件(若有时),可互换附件和有限可互换附件在经过规定的预处理时间(若有时)并连续工作任意时间后,应符合相应等级指数的要求。

试验时:
——仪表应在测量范围上限约 90% 处通电;
——分流器应按约 90% 的标称值通电;
——串联电阻(阻抗器)应按约 90% 的额定值通电。
5.5.2.2 改变量(V_{SH})不应超过相应等级指数的 100%。
同时,仪表连同其附件也应符合有关等级指数的要求。
5.5.2.3 对间断使用的仪表和附件(即装有非锁定开关的仪表和附件)无自热要求。
5.5.2.1、5.5.2.2 和 5.5.2.3 规定的要求不适用于电阻表。
5.5.2.4 推荐的试验方法见 GB/T 7676.9—2017 中 6.20。

5.5.3 允许过负载

5.5.3.1 连续过负载

连续过负载的要求在各有关部分中规定。

5.5.3.2 短时过负载

短时过负载的要求在各有关部分中规定。

5.5.4 极限工作温度范围

5.5.4.1 除另有规定外,仪表和/或附件在下列环境温度条件下工作不应引起永久性损坏:
——A 型:-5 ℃~+45 ℃(7K2)

——B 型:—25 ℃～+55 ℃(3K6);

——C 型:—40 ℃～+70 ℃(3K7);

——内附电池组的仪表和/或附件:—5 ℃～+45 ℃(7K2);

——热带型的极限工作温度范围与客户协商确定。

5.5.4.2　如恢复到参比条件,仪表和/或附件仍符合相应的基本不确定度要求,则判断为无永久性损坏或永久性改变,允许调整仪表零位。

5.5.4.3　推荐的试验方法见 GB/T 7676.9—2017 中 8.28。

5.5.5　偏离零位

对偏离零位和回复到零位的要求在各有关部分中规定。

5.5.6　电磁兼容性要求

5.5.6.1　概述

仪表和/或附件不致因传导的或辐射的电磁现象以及静电放电损坏仪表和/或附件,或实质性地影响测量结果。

电磁兼容性要求仅适用于霍尔传感器、变换器式仪表(如有功功率表、无功功率表、功率因数表和频率表等)或其附件。

5.5.6.2　电磁环境

电测量仪表和/或附件的电磁环境与以下的电磁现象有关:

——静电放电;

——射频电磁场;

——快速瞬变脉冲群;

——射频电场感应的传导骚扰;

——浪涌;

——振荡波或振铃波。

5.5.6.3　静电放电抗扰度试验

按 GB/T 7676.9—2017 中 7.1 规定的方法,在工作状态下对仪表和/或附件的外壳(不包括接线端)和调零器(或调节器)进行 GB/T 17626.2—2006 的规定的试验等级 4 的接触放电试验。试验中,可以有功能、性能的短暂降低或失去;试验后,仪表和/或附件应符合相应等级指数的规定。

5.5.6.4　射频电磁场抗扰度试验

根据下列要求按 GB/T 7676.9—2017 中 7.2 规定的方法进行试验:

工作状态下,按 GB/T 17626.3—2016 中表 1 规定的试验等级 3,频率为 80 MHz～2 000 MHz。

在试验中,可以有功能、性能的短暂降低或失去;试验后,仪表和/或附件应符合相应等级指数的规定。

5.5.6.5　电快速瞬变脉冲群试验

根据 GB/T 17626.4—2008 规定的试验等级 3 进行工作状态下的试验,试验方法按 GB/T 7676.9—2017 中 7.3 规定的方法。

试验中,可以有功能、性能的短暂降低或失去;试验后,仪表和/或附件应符合相应等级指数的规定。

5.5.6.6 射频场感应的传导骚扰的抗扰度试验

按 GB/T 7676.9—2017 中 7.4 规定的方法进行 GB/T 17626.6—2008 规定的试验等级 3 的工作状态下的抗扰度试验,试验中,可以有功能、性能的短暂降低或失去;试验后,仪表和/或附件应符合相应等级指数的规定。

5.5.6.7 浪涌抗扰度试验

按 GB/T 7676.9—2017 中 7.5 规定的方法进行 GB/T 17626.5—2008 规定的试验等级 3 的工作状态下的试验。试验中,可以有功能、性能的短暂降低或失去;试验后,仪表和/或附件应符合相应等级指数的规定。

5.5.6.8 振铃波抗扰度试验

对仪表和/或附件进行工作状态下的振铃波试验,试验等级为 GB/T 17626.12—2013 规定的试验等级 2。

试验方法按 GB/T 7676.9—2017 中 7.6 的规定,试验中,可以有功能、性能的短暂降低或失去;试验后,仪表和/或附件应符合相应等级指数的规定。

5.6 结构要求

5.6.1 通用的结构要求

仪表和/或附件在正常条件下工作时不应引起任何危险。

在正常工作条件下可能经受腐蚀的所有部件应得到有效防护。在正常工作条件下任何防护层既不应在一般的操作时受损,也不应由于暴露在空气中而受损。使用组别为 C 组的仪表应能经受阳光辐射的试验。

对在有腐蚀环境中使用的特殊仪表和/或附件,附加要求在订货合同中规定(如按 GB/T 2423.17—2008 进行盐雾试验)

5.6.2 阻尼

5.6.2.1 过冲

除具有延长响应时间的仪表和在有关部分另有规定外,对全偏转角小于180°的仪表其机械过冲不得超过标度尺长度的20%。其他仪表不得超过25%。

推荐的试验方法见 GB/T 7676.9—2017 中 8.4 规定。

5.6.2.2 响应时间

除制造厂和用户间另有协议,以及在有关部分另有规定外,对仪表突然施加能使其指示器最终指示在标度尺 2/3 处的激励,在 4 s 之后的任何时间其指示器偏离最终静止位置不得超过标度尺长度的1.5%。

推荐的试验方法见 GB/T 7676.9—2017 中 8.5 规定。

5.6.2.3 外部测量线路的阻抗

当仪表所接入电路的特性可能影响阻尼时,外部电路阻抗应按有关部分的要求或由制造厂另作规定。

5.6.3 防接触封印

仪表和/或附件经封印后,只要不破坏封印就不能接触到外壳内的测量元件和元器件。

5.6.4 标度尺

5.6.4.1 标度尺分度

分度间隔应相当于被测量或指示量的单位,或该单位乘以或除以 10 或 100 的 1、2、5 倍。

对多测量范围和/或多标度尺仪表,至少应有一个测量范围或标度尺满足上述要求。

标度尺分度应和仪表的准确度等级相适应,即目视估计值的不确定度不超过等级指数的规定。

5.6.4.2 分度数字

标在标度盘上的分度数字不宜超过 3 位(整数或小数)。

5.6.4.3 偏转方向

随着被测量的增加,仪表指示器的偏转方向应从左到右或从下部到上部。

指示器的偏转角超过 180°时,随着被测量的增加其偏转应按顺时针方向。

对多标度尺仪表,至少应有一个标度尺满足上述要求。

5.6.4.4 测量范围限值

5.6.4.4.1 如测量范围没有占据标度尺全长,测量范围的限值应清楚地标明。

当从分度值或分度线特性能清楚地识别测量范围时,则不需要标志。

示例:见图 1。

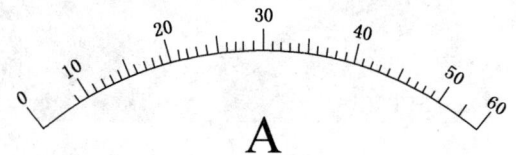

图 1 测量范围 10 A～50 A(略去测量范围以外的细分度线)

5.6.4.4.2 当只有一条标度尺并需要标注时,测量范围限值应用填充的小圆点予以标明。

示例:见图 2。

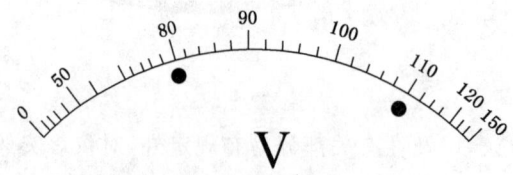

图 2 测量范围 80 V～110 V(测量范围为·…·)

5.6.4.4.3 当有一条以上标度尺并需要标注时,测量范围限值既可以用填充的小圆点,也可以用加宽标度尺弧线的方法标明。这种方法的示例见图 3。

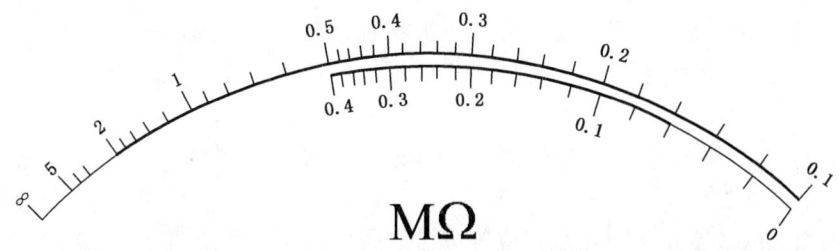

图 3　测量范围 0.06 MΩ～0.4 MΩ 和 0.1 MΩ～2 MΩ

5.6.5　止挡和超量限指示

止挡的位置不应和仪表的上、下量限分度线的位置相重合。止挡在标度尺外的,其与上下限分度线的距离应不小于标度尺全长的 2%。

仪表应具有超量限指示功能。当被测量达到需要指示其不在测量范围限值内时,则仪表的指示器以清晰明显的方式通过上(或下)限分度线。

5.6.6　优选值

当制造厂和用户之间无特殊协议时,应采用优选值。

对优选值的要求在各有关部分中规定。

5.6.7　机械的和/或电的调节器

5.6.7.1　零位调节器

当仪表装有供用户使用的零位调节器时,应可从外壳的正面接触到。

零位调节器的调节范围总长不应小于标度尺长度的 2% 或 2°(取较小值)。其调节细度应适合于仪表的等级指数。

注:"适合"一词可理解为调节细度达到等级指数的 1/5 以内。

不易确定有效旋转中心的仪表不适用 2°的要求。

在零分度线两边的最大与最小调节范围之比不应大于 2。

推荐的试验方法见 GB/T 7676.9—2017 中 8.6 的规定。

5.6.7.2　量程调节器

当仪表装有供用户使用的量程调节器时,应可从外壳的正面接触到。

量程调节器的总调节范围不应小于标度尺长度的 2% 或 2°(取较小值)。其调节细度应适合于仪表的等级指数。

注:"适合"一词可理解为调节细度达到等级指数的 1/5 以内。

不易确定有效旋转中心的仪表不适用 2°的要求。

在相应分度线两边的最大和最小调节范围之比不应大于 2。

推荐的试验方法见 GB/T 7676.9—2017 中 8.6 的规定。

5.6.8　机械力作用的影响

5.6.8.1　振动

除另有规定外,等级指数等于或大于 1 的仪表和附件应能耐受 GB/T 7676.9—2017 中 8.25 规定的振动试验。

由振动影响引起的改变量不得超过相应等级指数的100%。

5.6.8.2 冲击

除另有规定外,等级指数等于或大于1的仪表和附件应能耐受GB/T 7676.9—2017中8.25规定的冲击试验。

由冲击影响引起的改变量不得超过相应等级指数的100%。

5.6.8.3 耐振动和耐颠震(碰撞)

对于安装在车辆或柴油机附近的,有振动传递至仪表盘上的耐振动仪表或船用的耐颠震的仪表,应能耐受规定等级的耐振动或耐颠震(碰撞)的试验,当客户另有要求时,和客户协商试验等级。试验中,以上量限2/3的值加载,仪表指针偏离相应指示值不超过仪表等级指数的规定,试验后仪表的改变量不超过等级指数的100%。

5.6.9 耐机械应力

仪表和/或附件应当具有足够的机械强度,元器件应当可靠地固定且电气连接应当是牢固的。

仪表(除手持式仪表)和/或附件外壳的刚性要求应能承受GB/T 2423.55—2006的Ehb弹簧锤试验,手持式仪表应能承受IEC 61010-1:2010中8.3.2的跌落试验。

5.6.10 耐热和阻燃

5.6.10.1 仪表和/或附件的表面温度和绕组温度的限值应符合IEC 61010-1:2010中10.1和10.2的规定。

5.6.10.2 在正常工作条件或单一故障条件下仪表和/或附件应能符合IEC 61010-1:2010中第9章的规定的防止火焰蔓延的安全性,不应因与之接触的带电部件的热过载而致火焰蔓延。仪表和/或附件带有接线端子的表底应能经受960 ℃的灼热丝的试验,表盖和表壳的侧面应能经受650 ℃的灼热丝的试验。

5.6.11 外壳防护能力

根据仪表和/或附件的外壳防护等级的IP指数,仪表和/或附件应能经受GB/T 4208—2017的相应试验。试验后有害介质的侵入不应影响仪表和/或附件的正常工作,不应降低其介电性能。

5.6.12 接线端

5.6.12.1 能耐受机械力作用的仪表和/或附件的接线端、紧固螺钉和固定销等都应采用保证在使用时不松动的结构。

5.6.12.2 仪表和/或附件的接线端的导电杆的螺纹直径及接触面直径(或接触面的面积)应根据其通过的额定电流,不小于表3规定的值。

表 3 导电杆的螺纹直径和接触面直径或面积

额定电流 A	螺纹直径	接触面直径	接触面的面积 mm²
	mm		
$I \leqslant 10^{a}$	M3	6	20
$10 < I \leqslant 20$	M4	8	36

表 3（续）

额定电流 A	螺纹直径	接触面直径	接触面的面积
	mm		mm²
20＜I≤50	M5	10	57
50＜I≤100	M6	12	83
100＜I≤200	M8	16	100
ᵃ 适用于微型仪表和信号端。			

6 信息、标志和符号

6.1 信息

制造厂应给出下列信息：

a) 被测量单位；

b) 制造厂名称或商标或供货者名称或商标；

c) 制造厂给出的参考型号（若有时）；

d) 等级指数小于 0.3 的仪表和附件的制造顺序号；

等级指数等于或大于 0.5 的仪表和附件的制造顺序号或制造日期（至少有年份）；

e) 额定值；

f) 被测量的性质和测量元件数；

g) 等级指数；

h) 等级指数等于或小于 0.3 的仪表和附件的温度参比值或参比范围；

i) 与表 1 给出的各影响量（除温度外）的参比值或参比范围的规定值不同的，以及在表 1 中未列出的其他有关影响量的参比值或参比范围；

j) 与表 2 中的各影响量的标称使用范围不同的，以及在表 2 中未列出的其他有关影响量的标称使用范围；

k) 耐振动型和耐颠震型仪表的最大加速度值；

l) 若需要时，仪表和/或附件的使用说明；

m) 仪表的工作方式；

n) 在标称电流和/或标称电压下以伏安表示的负载；

o) 峰值因数；

p) 若有关时，参比位置和位置的标称使用范围；

q) 若需要时，极限工作温度范围和运输、储存和使用的其他要求；

r) 对分度线与电气输入量不直接对应的仪表，应给出它们之间的关系，此条不适用于带有不可互换附件的仪表；

s) 预处理时间（不可忽略时）和预处理时所施加的被测量值；

t) 若有关时，与仪表一同校准的附件之符号；

u) 若有关时，与仪表一同校准的仪用互感器的变比；

v) 若有关时，校准仪表所用导线的总电阻值；

w) 若有关时，外部测量电路的阻抗；

x) 若有关时，对特定长响应时间的说明；

y) 若有关时,辅助电源的性质、标称电压和标称频率;

z) 按 IEC 61010-1:2010 规定的过电压等级:Ⅰ或Ⅱ,或Ⅲ,或Ⅳ;

aa) 污染等级;

bb) 仪表外壳的防护等级;

cc) 仪表使用的环境组别;

dd) 其他必要信息。

6.2 通用标志符号及其位置

6.2.1 若有关时,应使用表5中规定的符号。标志和符号应保持清晰及不易擦掉,国际单位制(SI)单位及其词头应按6.4的规定进行标志。标度盘上如有标志不应妨碍清楚地阅读标度尺。

6.2.2 6.1 的下列信息应标志在标度盘上或仪表/或附件使用时的可见部位上:

——a);

——f)(符号 B-1~B-10);

——g)(符号 E-1 和 E-10);

——p)(符号 D-1~D-6);

——z)(按 IEC 61010-1:2010 中 6.7.1.5 的规定);

——cc)(A 组和 C 组标志,B 组不标志);

——dd)(符号 F-33,某些必要信息在单独文件中给出时用此符号);

6.2.3 6.1 的下列信息应标注在标度盘上或外壳上的任意位置:

——b);c);d);h);

——m)(若有关时,符号 F-1~F-22、F-27、F-28、F-29);

——t)(符号 F-23~F-26);

——u);

——若有关时,面板或支架的性质和厚度(符号 F-37~F-39);

——影响量的参比值与表1所给出的不同时应按下述符号标志:

  ● 外磁场(符号 F-30 和若有关时 F-28 和/或 F-29);

  ● 外电场(符号 F-34 和若有关时 F-27)。

6.2.4 6.1 的下列信息可以在单独的文件(若有时)中给出:

——b);c);e);i);j);k);l);n);q);r);s);v);w);aa);bb);cc);

——o)只用于在测量电路中有电子装置的仪表;

——x)(经制造厂和用户协商);

6.2.5 附件的标志以及仪表的特殊标志连同其标志位置在各有关部分中给出。

6.2.6 经制造厂和用户协商任一信息或全部信息均可省略。

6.3 关于影响量的标称使用范围和参比值的标志

6.3.1 不同于表1规定的参比值或参比范围应予以标注,并用下划线加以区别,以其测量单位的符号标志。

6.3.2 不同于表2规定的标称使用范围应予以标注,它应连同参比值或参比范围一起进行标注。即使在其他方面无此必要也应标志参比值和参比范围。

6.3.3 按上升的顺序书写标称使用范围限值和参比值(或范围),每个数字与其相邻数字用三个点隔开。

示例1：35 Hz ...50 Hz...60 Hz 表示频率参比值为 50 Hz，而频率的标称使用范围为 35 Hz～60 Hz。

示例2：35 Hz ...45 Hz...55 Hz...60 Hz，表示频率参比范围为 45 Hz～55 Hz，而频率的标称使用范围为 35 Hz～60 Hz。

6.3.4 当标称使用范围的某个限值与参比值或参比范围的邻近限值相同时，表示参比值或参比范围的数字与表示标称使用范围限值的数字应重复标志。

示例3：23 ℃...23 ℃...37 ℃，表示温度参比值为 23 ℃温度的标称使用范围为 23 ℃～37 ℃。

示例4：20 ℃...20 ℃...25 ℃...35 ℃，表示温度参比范围为 20 ℃～25 ℃，而温度的标称使用范围为 20 ℃～35 ℃。

6.4 仪表和附件用标志符号

测量单位的符号及其词头见表4和表5。

词头符号应不带空格地放在单位符号前。如果有数值，它应该放在词头符号（如有）和单位前，并空 1/4 汉字。

示例：23 ℃，120 mV。

表4 测量单位的符号

项 目	符 号
安培	A
分贝	dB
赫兹	Hz
欧姆	Ω
秒	s
西门子	S
特斯拉	T
伏特	V
伏安	VA
乏	var
瓦特	W
功率因数	$cos\Phi$ 或 $cos\varphi$
摄氏温度	℃

表5 SI 词头

项 目		符 号
艾[可萨]	10^{18}	E
拍[它]	10^{15}	P
太[拉]	10^{12}	T

表5（续）

项　目		符　号
吉［咖］	10^9	G
兆	10^6	M
千	10^3	k
百[a]	10^2	h
十[a]	10	da
分[a]	10^{-1}	d
厘	10^{-2}	c
毫	10^{-3}	m
微	10^{-6}	μ
纳［诺］	10^{-9}	n
皮［可］	10^{-12}	p
飞［母托］	10^{-15}	f
阿［托］	10^{-18}	a
[a]　这些符号是非优先符号，避免使用。		

6.5　接线端的标志和符号

6.5.1　对接线端标志的要求

6.5.1.1　标志应标注在有关的接线端或其近旁。

6.5.1.2　如在接线端附近没有足够的位置来标志说明时，可以用一块固定的铭牌给出接线端的详细说明，并以明确的方式标注之。

6.5.1.3　标志应保持持久清晰，其颜色与底色反差要大，或采用模压。

6.5.1.4　标志不应加在接线端的可拆卸部件上（如端钮帽等）。

6.5.1.5　如标志加在有几个接线端的罩盖上时，不应因罩盖的配合而使标志不准确。

6.5.1.6　如附有接线图时，接线端标志应与接线图上的有关接线端一致。

6.5.2　对接地端标志的要求

6.5.2.1　为了安全而要求接到保护接地端的接线端，应标以符号F-43（见表6）。

6.5.2.2　为了避免性能受损而要求接到无噪声接地端的接线端，应标以符号F-44（见表6）。

6.5.2.3　应接至可能触及的导电体上而不要求与地连接的接线端，应标以符号F-42（见表6）。

6.5.3　测量线路的接线端

6.5.3.1　如测量线路的接线端规定为地电位或接近地电位（例如为了安全或功能上的原因），并规定它与交流供电电路的中线连接时，用大写字母N标志。在所有其他情况下，用符号F-45标志（见表6）。

　　这些标志应排在其有关接线端所规定的其他标志的后面。

表6 仪表和附件用标志符号

编　号	项　目	符　号	
		曾用符号	在用符号
B　测量量的性质和测量元件数			
B-1	直流电路和/或直流响应的测量元件		═══
B-2	交流电路和/或交流响应的测量元件		∼
B-3	直流和/或交流电路和/或直流和交流响应的测量元件		≂
B-4	三相交流电路(通用符号)	3∼	≋
B-6	三线网络,1个测量元件	3∼1E	
B-7	四线网络,1个测量元件	3N∼1E	
B-8	带有不平衡负载的三线网络,2个测量元件	3∼2E	
B-9	带有不平衡负载的四线网络,2个测量元件	3N∼2E	
B-10	带有不平衡负载的四线网络,3个测量元件	3N∼3E	
C　与安全有关的符号			
C-1	接地端子		
C-2	保护导体端子		
C-3	机箱或机架端子		
C-4	等电位		
C-5	通(电源)		
C-6	断(电源)		○
C-7	全部由双重绝缘或加强绝缘保护的仪表		▣
C-8	小心,电击危险		

表 6（续）

编 号	项 目	符 号
C 与安全有关的符号		
C-9	小心,烫伤	
C-10	双位按钮控制的"按入"状态	
C-11	双位按钮控制的"弹出"状态	
D 位置符号		
D-1	仪表以标度盘垂直使用	
D-2	仪表以标度盘水平使用	
D-3	仪表以标度盘和水平面倾斜(60°)使用	60°
D-4	仪表按 D-1 垂直使用,标称使用范围 80°到 100°的例子	80° … 90° … 100°
D-5	仪表按 D-2 水平使用,标称使用范围−1°到+1°的例子	−1° … 0° … +1°
D-6	仪表按 D-3 使用,标称使用范围 45°到 75°的例子	45° … 60° … 75°
E 准确度等级符号		
E-1	除了基准值为标度尺长度或指示值、量程以外的等级指数(例如 1)	1
E-2	当基准值为标度尺长度时的等级指数(例如 1)	1
E-3	当基准值为指示值的等级指数(例如 1)	1
E-10	当基准值为量程的等级指数(例如 1)	1
F 通用符号		
F-1	磁电系仪表	
F-2	磁电系比率表(商值表)	

表 6（续）

编　号	项　目	符　号
F 通用符号		
F-3	动磁系仪表	
F-4	动磁系比率表（商值表）	
F-5	电磁系仪表	
F-6	极化电磁系仪表	
F-7	电磁系比率表（商值表）	
F-8	电动系仪表	
F-9	铁磁电动（铁心电动）系仪表	
F-10	电动系比率表（商值表）	
F-11	铁磁电动（铁心电动）系比率表（商值表）	
F-12	感应系仪表	
F-13	感应系比率表（商值表）	
F-15	双金属系仪表	
F-16	静电系仪表	
F-17	振簧系仪表	
F-18	直热式热电偶（热电变换器）	
F-19	间热式热电偶（热电变换器）	

表 6（续）

编　号	项　目	符　号
F　通用符号		
F-20	测量电路中有电子装置	b
F-21	辅助线路中有电子装置	b
F-22	整流器	b
F-23	分流器	
F-24	串联电阻器	─[R]─
F-25	串联电感器	─[L]─ ou ─⌒⌒⌒─
F-26	串联阻抗器	─[Z]─
F-27	电屏蔽	
F-28	磁屏蔽	
F-29	无定向仪表	ast
F-30	产生与等级指数相对应的改变量,磁场强度用 kA/m 表示（例 2 kA/m）	[2] kA/m
F-32	零位(量程)调节器	
F-33	参考单独文件	
F-34	产生与等级指数相对应的改变量,电场强度用 kV/m 表示（例 10 kV/m）	[10] kV/m
F-35	通用附件	c
F-37	厚度为 X 的铁磁支架	FeX
F-38	任意厚度的铁磁支架	Fe
F-39	任意厚度的非铁磁支架	NFe
F-44	无噪声接地端	
F-45	信号低端	

表6（续）

F 通用符号		
编 号	项 目	符 号
F-46	正端	
F-47	负端	
F-48	电阻范围的设定调整器	
F-49	装有过负载保护装置	
F-50	装有过负载复位控制保护装置	
G 环境条件组别符号		
G-1	A组:实验室中使用的仪表	
G-2	C组:在户外或环境温度变化大的环境中使用的仪表	

ᵃ 符号 E-2 仅供参考,新设计的仪表不采用。
ᵇ F-18、F-19、F-20、F-21 或 F-22 是与仪表组合使用的符号,例如与 F-1 组合时,为器件装在仪表内部。
ᶜ 符号 F-35 表示仪表的外附器件,应与 F-18、F-19、F-20、F-21 或 F-22 之一组合。

6.5.3.2 便携式、手持式仪表的测量电路端子应标志测量类别的符号,并且标志应标在端子的就近处;安装式仪表应在明显的位置标志符号 F33,并在说明书中做出说明。

6.5.4 接线端的特殊标志

特殊标志在各有关部分中规定。

6.6 使用说明书

使用说明书应包括以下信息:
——测量原理的简述;
——测量方法;
——接线图;
——电池/可充电电池的型号(需要时);
——可充电电池的充电电流、充电电压和充电间隔(需要时);
——电池/可充电电池的工作寿命/运行时间或可以测量的次数(需要时);
——外壳防护等级(IP 代码,GB/T 4208—2017);
——必需的特殊指导性说明;
——除 6.2.2 规定的信息和 6.2.3 规定的 b)、c)、d)、h)、m)以外需要的信息;
——6.2.7 规定的可以不标志的所有相关信息。

7 包装和贮存

7.1 仪表或附件的包装应采用符合环保要求的材料,根据仪表或附件的外形、尺寸、储运装卸条件和用

157

户的要求进行设计,达到包装紧凑、防护周密、结构合理、安全可靠、美观适销的要求。以确保运输到用户后在规定的条件下符合本部分相应于其等级指数的要求。

7.2 仪表或附件的外包装上应按 GB/T 191—2008 给出包装、贮运的图形标志。

7.3 在正常的储运、装卸条件下应保证仪表或附件自制造厂发货之日起至少一年,不致因包装不善而引起损坏、散失、锈蚀、长霉和降低性能等。

7.4 贮存仪表的地方应清洁,其环境温度应在 −5 ℃~45 ℃之间,相对湿度不超过 85%,且空气中含有的有害物质不足以引起仪表的腐蚀。

8 检验规则

8.1 检验的分类

要求进行三种形式的试验:型式试验、例行试验(出厂检验)和周期性试验。

8.2 型式试验

型式试验是对每种设计型式的单个样品或少量样品进行的检验,以验证相关型式的仪表符合本标准对相应等级仪表的所有要求的符合性。

型式试验采用送样方式,送样数量为 3 只。

8.3 例行试验(出厂检验)

例行试验是对制造厂生产的所有仪表或附件进行的试验,以验证本部分规定的主要要求和在相应部分规定的补充要求的符合性。

附录 D 给出了基本的例行试验项目。

各部分可以补充某些例行试验的项目。

8.4 周期性试验

周期性试验是在产品正常生产时,按制造厂规定的时间间隔对产品的制造质量的稳定性进行监督而进行的试验。仪表和/或附件在出厂后,用户也通常在仪表或附件的寿命期内进行周期性试验,以保证仪表或附件性能的继续,一般用于校准。

生产期间进行的周期性试验采用抽样检验方法,抽样检验按 GB/T 2829—2002 的规定进行。抽样方案为判别水平 DL=1,不合格质量水平 RQL=30 的二次抽样方案。

试验项目和检验周期由有关部分给出。

8.5 不合格分类

不合格分为 A、B、C 三类。A 类不合格的权值为 1,B 类不合格的权值为 0.6,C 类不合格权值为 0.2。试验项目的不合格类别由各有关部分规定。

8.6 检验结果的判定

试验中发现任一样品的 A 类不合格或其他类不合格折算为 A 类不合格的权值,累计数大于或等于 1 时,则判为不合格品;

除另有说明外,对在同一样本的同一试验项目上重复出现的不合格,均以一个不合格计。

附　录　A
（规范性附录）
基本不确定度限值和改变量

A.1 当仪表或附件在参比条件下工作时,允许有一个不大于其等级指数的不确定度(基本不确定度),例如0.5级仪表其基本不确定度不允许超过基准值的0.5%。

A.2 当仪表或附件在某一特定影响量的参比条件以外(但其他所有影响量均在参比条件下)工作时其指示值允许有所改变,称之为改变量。此影响量变化到标称使用范围的限值时,改变量的极限值用基本不确定度极限值的百分数表示(通常为100%)。

A.3 在整个标称使用范围直至两个限值上,允许有相同的改变量,但符号不要求相同。

A.4 例如,一台等级指数为0.5、参比温度为40℃的仪表,按6.3.1标志为40℃,参比温度40℃及其试验的允许偏差±℃(见表1)范围内,允许基本不确定度为等级指数的±100%。

A.5 此外,对参比温度为40℃的A型仪表如果规定的标称温度使用范围为30℃～50℃,允许仪表有围绕参比温度(40℃)有±100%等级指数的改变量。因而在温度的标称使用范围内的某些温度下,其不确定度可能小于参比温度下的不确定度。

A.6 图A.1说明该仪表的允许不确定度随温度变化的情况,c表示等级指数。

A.7 如在参比温度时,基本不确定度已处于最大允许基本不确定限值$+c$,则在温度规定使用范围30℃～38℃和42℃～50℃内,总的允许基本不确定度限值应为$0\sim+2c$之间。同样.如基本不确定度已经在$-c$,则总的允许基本不确定度应为$0\sim-2c$。

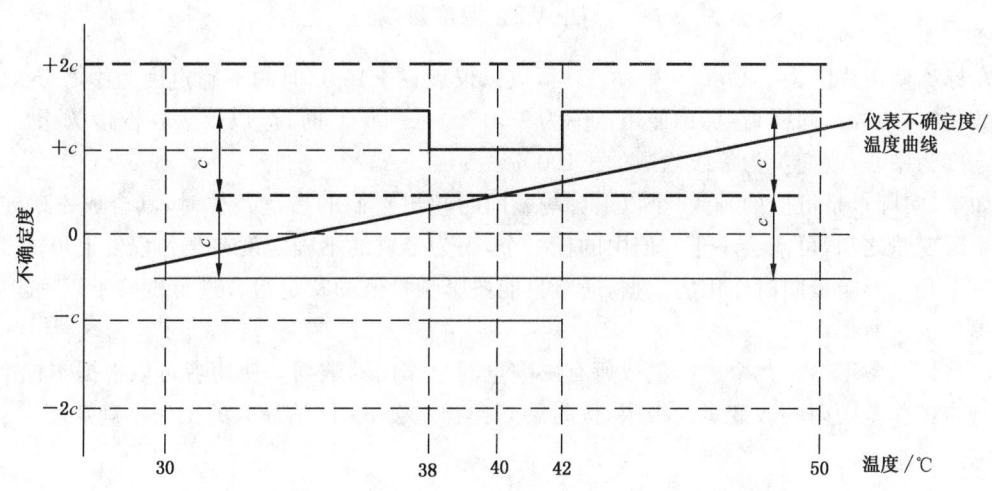

注：参比值40℃。

标称工作温度范围:30℃～50℃(表2)。

图 A.1　温度影响

A.8 当某一特定影响量的参比条件是一个参比范围时,则在参比范围以外的标称使用范围上,其允许改变量以相邻参比范围限值处的不确定度为中心。

A.9 对于A组和B组的仪表或附件的温度影响量,是其自参比温度改变至标称使用范围的上限和下限时的影响改变量;对于C组的仪表或附件,其改变量为其温度系数,即仪表或附件当温度在其标称工作温度范围内,每偏离参比温度(或参比温度范围)10K时引起的温度改变量允许为等级指数的±50%。

A.10 制造厂有条件时,可制造温度系数小的仪表和/或附件,使其具有宽阔的参比温度范围和标称工作温度范围。在此温度范围内仪表和/或附件的改变量均不超过其等级指数的±100%,如图 A.2 所示。

图 A.2 示出了等级指数为 0.5,按 6.3.4 标志为−30 ℃…+10 ℃…30 ℃…+50 ℃(温度参比范围为+10 ℃～+30 ℃,温度标称使用范围为−30 ℃～+50 ℃)的仪表的例子。在+10 ℃～+30 ℃温度范围内允许基本不确定度为等级指数±100%。

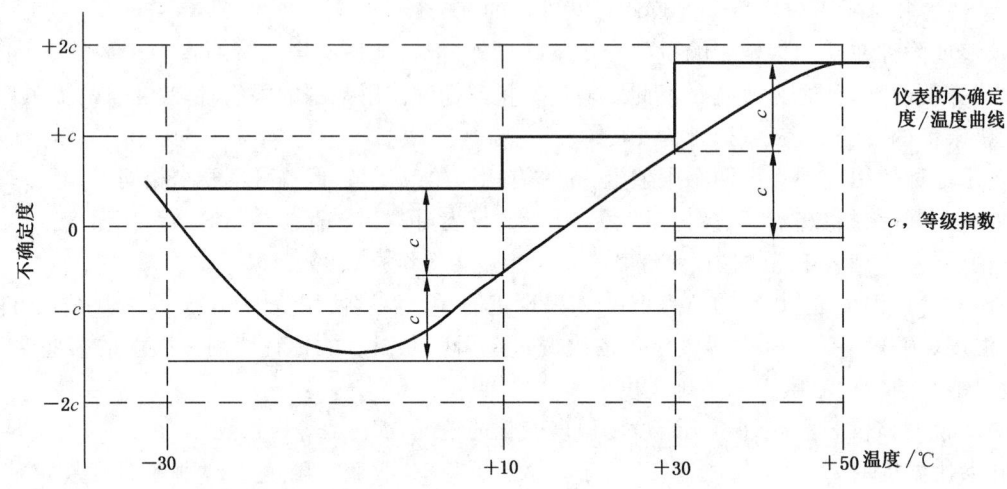

注:参比范围:+10 ℃～+30 ℃(与表 1 不同)。

标称使用范围:−30 ℃～+50 ℃(与表 2 不同)。

图 A.2 温度影响

A.11 在标称使用范围为−30 ℃～+10 ℃时,应以仪表在+10 ℃时的不确定度为中心,允许改变量为等级指数的±100%。同样,在标称使用范围为+30 ℃～+50 ℃时,应以仪表在温度为+30 ℃时的允许不确定度为中心,改变量为等级指数的±100%。

A.12 如果(实际上是可能的)有一个以上影响量同时超出它们的参比条件时,其合成不确定度不一定超过单个改变量之和,可能会小于它们中的任一个,因为合成的不确定度在某种程度上可能相互抵消。

A.13 关于几个影响量同时作用的数据,通常只能按影响量值的特定组合进行试验予以确定,制造厂有时可以提供这一数据。

A.14 制造厂通常不给出几个影响量或所有影响量同时作用的数据。使用者可以根据本标准对每个影响量在额定工作范围内的改变量的极限,按附录 C 给出的公式,评估最大的工作不确定度。

附　录　B

（资料性附录）

相对湿度极限和环境温度的关系

相对湿度极限和环境温度的关系如图 B.1 所示。

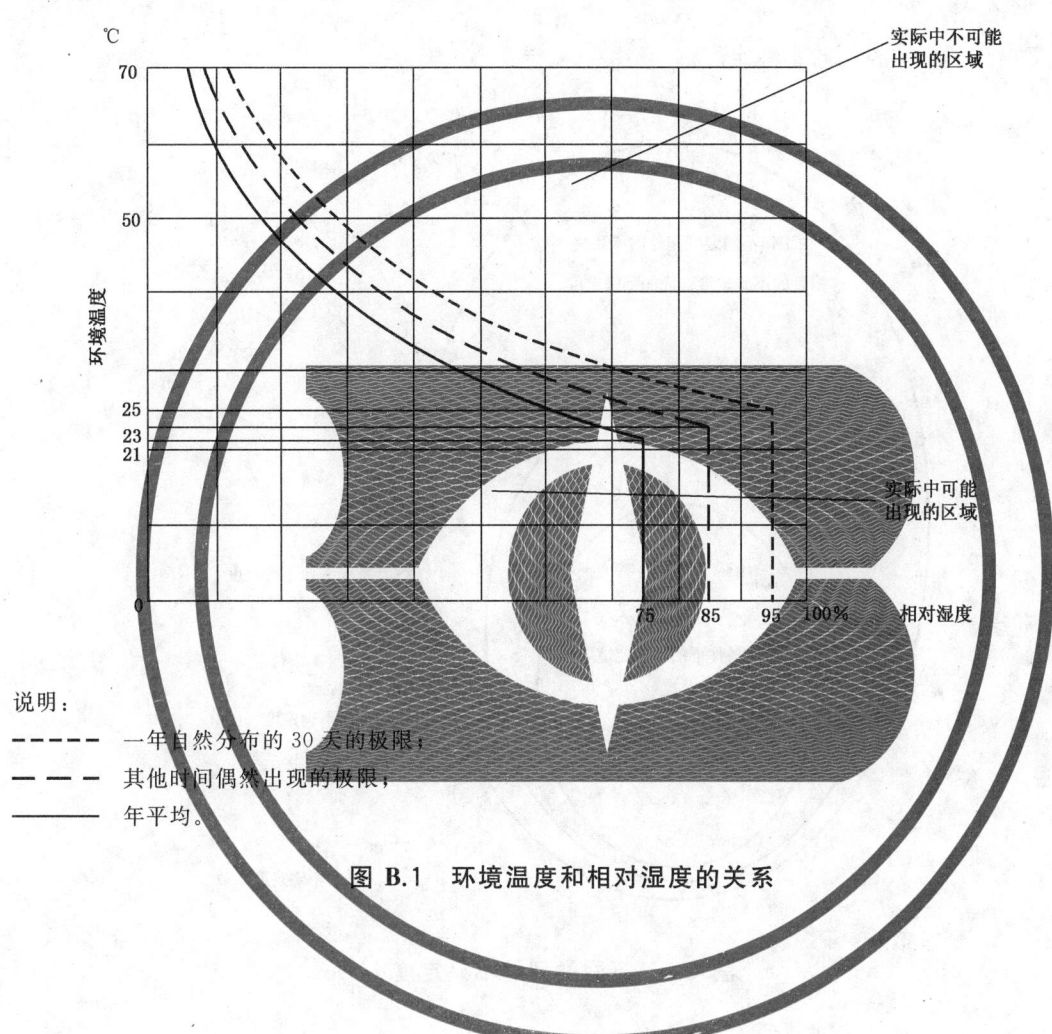

说明：

- - - - - 　一年自然分布的30天的极限；

- - - 　其他时间偶然出现的极限；

——— 　年平均。

图 B.1　环境温度和相对湿度的关系

GB/T 7676.1—2017

附　录　C
（资料性附录）
基本不确定度、工作不确定度以及系统综合不确定度

C.1　不确定度的类型

图 C.1 描述了不同类型的不确定度。

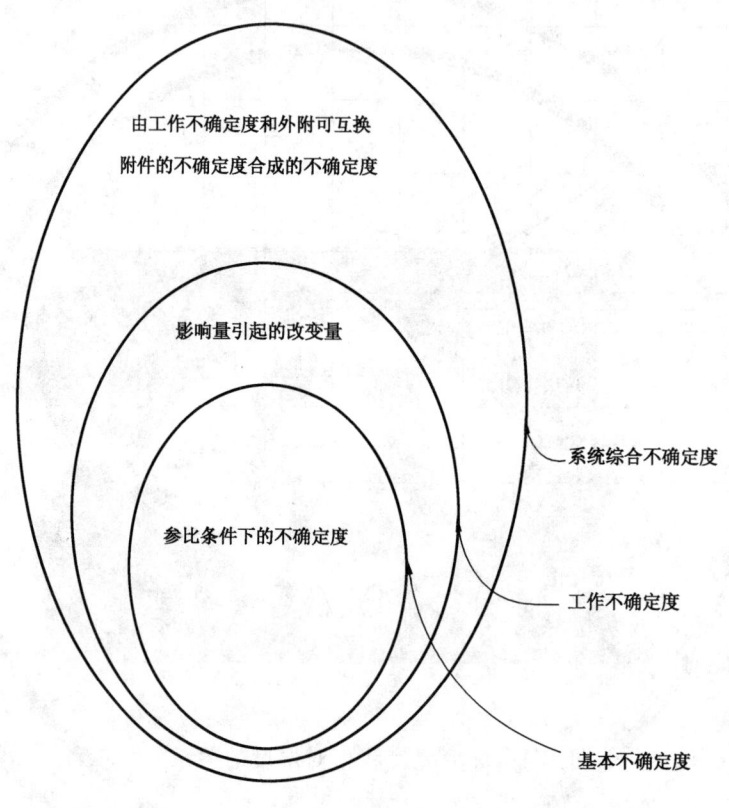

图 C.1　不同类型的不确定度

C.2　工作不确定度

C.2.1　根据型式试验结果评定工作不确定度

工作不确定度应包括基本不确定度（在参比条件下）以及影响量引起的改变量。使用者对使用中仪表的最大工作不确定度的评估有两种方法。其一是根据制造厂提供的型式试验数据进行评估；其二是根据本标准对于相应等级指数规定的基本不确定度极限和各种改变量的极限进行评估。

当制造厂提供型式试验数据时，按式(C.1)评估绝对形式的工作不确定度。

各种影响因素之间是相互独立的，从型式试验中获得的改变量服从均匀分布，基本不确定度和各种影响因素具有相关性。仪表的工作不确定度是包含因子为 2（相应于置信概率约 95%）的扩展不确定度，那么：

$$U_{op} = U_{int} + 2\sqrt{\frac{V_1^2}{\sqrt{3}^2} + \frac{V_2^2}{\sqrt{3}^2} + \cdots + \frac{V_n^2}{\sqrt{3}^2}}$$

$$U_{op} = U_{int} + 1.15\sqrt{\sum_{i=1}^{n} V_i^2} \qquad \cdots\cdots\cdots\cdots\cdots\cdots\cdots\cdots (C.1)$$

式中：

U_{op}——工作不确定度；

U_{int}——基本不确定度；

V_i ——每个影响量（在额定工作范围内）引起的改变量，其符号按表2和相关部分的规定；

n ——影响量的数量；

i ——改变量的编号。

C.2.2 根据本标准规定的基本不确定度极限和改变量极限评估的工作不确定度

当没有制造厂提供的型式试验数据时，可根据本标准对于相应等级指数规定的基本不确定度极限和改变量极限按式(C.2)评估绝对形式的工作不确定度。这样评估得出的工作不确定度要比实际大得多，这是因为，每种型式仪表的各种改变量实际上可能比较小，并且实际上某些改变量可能具有相反的符号，它们彼此可能抵销。

同样，各影响因素之间是相互独立的，标准规定的各改变量极限服从高斯分布，基本不确定度和各影响因素具有相关性，并且仪表绝对工作不确定度是覆盖因子为2（相应于置信概率95%）的扩展不确定度，标准规定的改变量极限也是覆盖因子为2，所以改变量极限的一半作为其标准不确定度。于是有：

$$U_{op} = U_{int} + 2\sqrt{\frac{V_1^2}{2^2} + \frac{V_2^2}{2^2} + \cdots + \frac{V_n^2}{2^2}}$$

则：

$$U_{op} = U_{int} + \sqrt{\sum_{i=1}^{n} V_i^2} \qquad \cdots\cdots\cdots\cdots\cdots\cdots\cdots\cdots (C.2)$$

式中：

U_{op}——根据本标准得到的允许工作不确定度；

U_{int}——本标准规定的基本不确定度极限；

V_i ——每个影响量（在额定工作范围内）引起的改变量极限，其符号按表2和相关部分的规定；

n ——影响量的数量；

i ——改变量的编号。

C.3 系统综合不确定度

系统综合不确定度是指带有外附定值分流器、电阻器、电抗器或其他电子变换器的仪表，包含这些外附附件及导线的不确定度。

下面给出的是简化的逼近的公式，只适用于电压、电流、有功功率、无功功率、功率因数、相位等具有外附变换器的测量：

$$U_s = 1.15\sqrt{U_{op}^2 + \sum_{i=1}^{N} (U_{ai} + U_{wi})^2} \qquad \cdots\cdots\cdots\cdots\cdots\cdots\cdots (C.3)$$

式中：

U_s ——系统综合不确定度；

U_{op} ——仪表的工作不确定度；

U_a ——外附可互换附件工作不确定度；

U_w ——连接导线的工作不确定度；

N ——外部定值附件(电压或电流)或定值输出的变换器的种类数；

i ——变换器或导线的编号。

C.4 基准形式的不确定度

根据3.7.1术语的注5,基准形式不确定度是绝对不确定度U对约定选择的值U_F之比U/U_F,因此,以百分数表示的基准形式的不确定度U_F和上述各绝对不确定度的关系由式(C.4)确定：

$$U_F = \frac{U_{abs}}{F} \times 100 \quad\quad\quad\quad\quad\quad\quad\quad\quad\quad\quad\quad (C.4)$$

式中：

U_F ——基准形式的不确定度；

U_{abs}——绝对形式的不确定度；

F ——基准值。

附　录　D
（规范性附录）
基本的例行试验（出厂检验）项目

基本的例行检验（出厂检验）项目如下：

——基本不确定度（见 5.2）；

——位置引起的改变量（见表 2）；

——电压试验［按 IEC 61010-1:2010 的规定，对同时具有危险带电零部件和可触及导电零部件的
　　仪表进行全数检验，其他仪表可以进行接收数 $A_c=0$ 的抽样检验］（见 5.5.1.1）；

注：在正常工作状态下的架装式和板面安装式仪表的测量接线端子不认为是可接触的零部件。

——回复零位（见 5.5.5）；

——相关部分规定的其他项目。

附　录　E

（资料性附录）

与前一版本相比主要的技术变化

本部分与前一版本相比有较大变化,主要技术变化如下:

1) 调整了标准的结构:

- 将原标准的第 4 章～第 7 章等有关技术要求的各章,合并为第 5 章"技术要求";
- 将原标准的第 8 章"信息、一般标志和符号"以及第 9 章"端子的标志和符号"合并为第 6 章 "信息、标志和符号";
- 增加了第 7 章"包装和储存"、第 8 章"检验规则";
- 增加了附录 B(资料性附录)、附录 C(资料性附录)和附录 E(资料性附录),将原附录 A 调 整为附录 D,将原附录 B 调整为附录 A。

2) 在范围中与仪表连同使用的附件增加了:

- 霍尔电流传感器;
- 霍尔电压传感器;
- 电子变换器。

3) 在规范性引用文件中,根据新增的技术要求,引用了外壳防护等级、电工电子测量设备的性能 表示、电磁兼容性抗扰度试验的系列标准和 IEC 61010-1:2010《测量、控制和试验室用电气设 备安全要求》等标准。

4) 在术语和定义中增补了新的术语:

- 手持式仪表;
- 板面安装式仪表;
- 模组导轨表;
- 控制箱导轨表;
- 电子变换器;
- 霍尔电流传感器;
- 霍尔电压传感器;
- 变换器式仪表;
- 扩展标度尺仪表;
- 电流表;
- 电压表;
- 电阻表;
- 功率表;
- 无功功率表;
- 同步指示器;
- 平均值响应的仪表;
- 过载电流表;
- 展开式电压表;
- 闭环霍尔传感器;
- 开环霍尔传感器;
- 被测量;
- 工作极限值;

- 贮存和运输条件；
- 贮存极限值；
- 运输极限值；
- 仪表的(绝对)不确定度；
- 约定值；
- (仪表的)基本不确定度；
- 仪表的工作不确定度；
- 不确定度极限；
- 统调不确定度；
- 电磁骚扰；
- 型式试验；
- 例行试验；
- 周期性试验。

5) 按 GB/T 6592—2010 或 GB/T 2900.79—2008 和 GB/T 2900.89—2012 改写了以下术语：
- 电测量仪表；
- 指示(测量)仪表；
- 固定式仪表：
- 被测量；
- 参比条件；
- 参比值；
- 参比范围；
- (对于影响量的)标称使用范围或而定工作范围；
- (由影响量引起的)改变量；
- 准确度等级；
- 额定值；
- 影响量。

6) 分类方式增补了以下方式：
- 按使用方式分类：固定式仪表、便携式仪表、板面安装式仪表、导轨式仪表和模组导轨式仪表，可互换附件、不可互换附件和有限可互换附件；
- 按环境条件分类：A 组、B 组和 C 组；
- 按机械条件分类：普通型(3M2)、耐振动型(3M4 及以上)和耐颠震(碰撞)型(3M6 及以上)；
- 按外壳防护等级分类：仪表分为普通型(IP51)和特殊型(IP5X 或 IP6X)，附件允许为 IP40。

7) 原"4.2 基本误差极限、基准值"改为"5.2 基本不确定度极限、基准值"。

8) 参比条件的改变：
- 将原"4.1.2 环境温度的参比值可依据 IEC 160 从 20℃、23℃和27℃中选择"改为"5.1.3 不同于表1的环境温度的参比值可从 20 ℃和 27 ℃中选用"；
- 表1参比条件增加了射频电磁场的参比条件；
- 表1参比条件增加了射频场感应的传导骚扰的参比条件；
- 表1参比条件"交流电测量的频率(功率表、无功功率表、频率表和功率因数表除外)"改为"交流电测量频率(频率表和有移相装置的除外)"；
- 原表Ⅰ-1的影响量"位置"的参比条件"固定式仪表：安装面垂直"改为表1的"固定式仪表：标度盘垂直"，"便携式仪表：支撑面水平"改为"便携式仪表：标度盘水平"。

9) 原"4.2 基本误差极限、基准值"的悬置段改为"5.2.1 基本不确定度极限"。

10) 原"4.2.1 基本误差与准确度等级的关系"改为"5.2.2 基本不确定度限值和准确度等级的关系"。

11) "5.3 标称使用范围和改变量的表2"与原表Ⅱ-1相比改变如下：

- 原"环境温度"一项分为3项：规定的工作范围、极限工作范围及贮存和运输的极限范围；
- 规定的工作范围分成3组：A组，即为原标准的标称使用范围，同时增加了B组和C组的标称使用范围的界限值，扩大了仪表使用的环境温度的可选范围；
- 规定了A、B、C组的极限工作范围；
- 对于B组和C组宽温度范围的温度引起的改变量，注明温度改变量是每10 K的改变量；
- 原"位置"影响量的标称使用范围中的"在任意方向偏离参比位置5°"改为："对带有标志D-1~D-3的仪表，在任意方向偏离参比位置5°"，同时增加了"对带有标志D-4、D-6的仪表，按标志规定的值偏离"；
- 表2增加了脚标a，对于C组仪表的改变量注明为温度系数；

12) 在原第5章"5 标称使用范围和改变量"中增加了"5.4 工作不确定度、系统综合不确定度和改变量"。

13) 原第6章"6 其他电的和机械要求"改为"5.5 电的要求"，并将其中的机械要求与原第7章的"7 结构要求"合并为"5.6 结构要求"。

14) 在"5.5 电的要求"条款中，将原标准的"6.1电压试验、绝缘试验和其他安全要求"改为"5.5.1 介电强度试验和其他安全要求"。

15) 在"5.5.1 介电强度试验和其他安全要求"条款中，规定了由操作人员更换的零部件的防电击的要求以及便携式仪表的测量电路端子不受危险带电可接触零部件的限制。

16) 在5.1.1中明确了下列安全要求适用的IEC 61010-1:2010条款：

- 介电强度试验；
- 防电击的结构要求；
- 仪表和附件的电气间隙和爬电距离；
- 可接触零部件的安全要求；
- 与外部电路连接的要求；
- 与电网电源连接的要求；
- 安装在仪表或附件里的电子元器件的要求。

17) 在"电的要求"中的原"6.5 温度极限值"与等级指数相关的温度极限值改为与环境温度组别相关的温度极限值，同时增加了"热带型仪表和/或附件的温度极限值应与客户协商确定"的规定。

18) 在"5.5 电的要求"中增加了对霍尔传感器、变换器式仪表(如有功功率表、无功功率表、功率因数表和频率表等)或其附件的电磁兼容性要求。包括：静电放电、射频电磁场、电快速瞬变脉冲群、射频场感应传导、浪涌、振铃波抗扰度试验等要求。

19) 在"5.6 结构要求"中增加了"5.6.1 通用的结构要求"条款。在5.6.1中明确了："仪表和/或附件在正常条件下工作时不应引起任何危险"；"在正常工作条件下可能经受腐蚀的所有部件应得到有效防护，也不应由于暴露在空气中而受损"；"C组的仪表和/或附件应能经受阳光辐射的试验"等要求。

20) 在"5.6.4.1 标度尺分度"中增加了"标度尺分度应和仪表的准确度等级相适应，即目视估计值的不确定度不超过等级指数的规定"。

21) 在5.6.4.4.1中将原图1的图题"测量范围8 A~50 A(略去测量范围以外的细分度线)"改为"测量范围10 A~50 A(略去测量范围以外的细分度线)"(为与括号内的规定相符)。

22) 在 5.6 中将原标准的 7.3"被测量值超量限指示"修改为"5.6.5 止挡和超量限指示"规定了上、下止挡的要求,以及"当被测量达到需要指示其不在测量范围限值内时,则仪表的指示器以清晰明显的方式通过上(或下)限分度线"的"超量限指示"的要求。

23) 在"5.6 结构要求"中将原标准的"7.6 振动和冲击的影响"修改为"5.6.8 机械力作用的影响",除了保留原有的振动和冲击影响外,对于耐振动和耐颠震仪表还增加了"5.6.8.3 耐振动和耐颠震(碰撞)"的要求。

24) 在"5.6 结构要求"中还按 IEC 61010-1:2010 的规定增加了"5.6.9 耐机械冲击和撞击"机械安全的要求。

25) 在"5.6 结构要求"中增加了"5.6.10 耐热和阻燃"以及"5.6.11 外壳防护能力"的结构要求。

26) 在"5.6 结构要求"中增加了"5.6.12 接线端"的要求,除了规定接线端要有防松动结构外,还在表 3 中对于不同的额定电流规定了相应的导电杆螺纹直径和接触面直径和面积的要求。

27) 将原标准的第 8 章"8 信息、通用标志和符号"和第 9 章"9 接线端的标志和符号"合并为第 6 章"6 信息、标志和符号"。接线端的标志和符号改为"6.5 接线端的标志和符号";将原标准"8.2 标志、符号及其位置"改为"6.2 通用标志符号及其位置";将原标准的表Ⅲ-1 的表题"仪表和附件用标志符号"改为"6.4 仪表和附件用标志符号",表题下的文字和原表Ⅲ-1 的脚注 1)移到本条款中。

28) 将原标准的表Ⅲ-1 的"单位和量"以及"SI 词头"两部分分别改为"表 4 测量单位的符号"和"表 5 SI 词头",原标准的表Ⅲ-1(续)改为"表 6 仪表和附件用标志符号"。

29) 原标准表Ⅲ-1 的"C. 安全(应用见 IEC 61010-1)"改为"C 与安全有关的符号",将 IEC 61010-1:2010 的表 1 中的相关符号列入。

30) 表 6 的"D.使用位置"改为"D 位置符号","E.准确度等级"改为"E 准确度等级符号"。

31) 表 6 中增加了"G 环境条件组别符号",G-1 为 A 组.符号;G-2 为 C 组符号。

32) 原标准表Ⅲ-1 的脚注 1)的第一句移为表 5 的脚注 a,第 2 句作为要求移到 6.4。

33) 原标准表Ⅲ-1 的脚注 2)、3)改为表 6 的脚注 a 和 b,取消原脚注 4),符号 F-31 已移为符号 C-1,原脚注 5)改为脚注 c。

34) 原标准的"9.1 对标志的要求"改为"6.5.1 对接线端标志的要求"。

35) 原标准的"9.3 测量线路的接线端"改为"6.5.3 测量线路的接线端"。将原 9.3 改为 6.5.3.1,同时增补了"6.5.3.2 便携式、手持式仪表的测量电路端子应标志测量类别的符号,并且标志应标在端子的就近处;安装式仪表应在明显的位置标志符号 F33,并在说明书中做出说明。"

36) 在第 6 章中增加了"6.6 使用说明书"的要求。

37) 本次修订增加了第 7 章"7 包装和贮存",规定了包装和贮存的要求。

38) 取消原标准的第 10 章,将 10.1 移到 4.3.2,将 10.2 移到第 8 章,改为"8 检验规则"。在型式试验和例行试验之外增加了"周期性试验"的条款。

39) 第 8 章增加了"8.5 不合格分类"和"8.6 检验结果的判定"。

40) 原标准的"附录 B(标准的附录)允许误差和改变量"改为"附录 A(规范性附录)基本不确定度限值和改变量"。

参 考 文 献

[1] GB/T 2900.79—2008 电工术语 电工电子测量和仪器仪表 第3部分:电测量仪器仪表的类型

[2] GB/T 2900.89—2012 电工术语 电工电子测量和仪器仪表 第2部分:电测量的通用术语

[3] IEC 62586 Power quality measurement in power supply systems

ICS 17.220.20
N 21

中华人民共和国国家标准

GB/T 7676.2—2017
代替 GB/T 7676.2—1998

直接作用模拟指示电测量仪表及其附件
第2部分：电流表和电压表的特殊要求

Direct acting indicating analogue electrical measuring instruments and their
accessories—Part 2：Special requirements for ammeters and voltmeters

2017-09-07 发布

2018-04-01 实施

中华人民共和国国家质量监督检验检疫总局
中国国家标准化管理委员会   发布

前　言

GB/T 7676《直接作用模拟指示电测量仪表及其附件》由以下 9 个部分组成:

——第 1 部分:定义和通用要求;

——第 2 部分:电流表和电压表的特殊要求;

——第 3 部分:功率表和无功功率表的特殊要求;

——第 4 部分:频率表的特殊要求;

——第 5 部分:相位表、功率因数表和同步指示器的特殊要求;

——第 6 部分:电阻表(阻抗表)和电导表的特殊要求;

——第 7 部分:多功能仪表的特殊要求;

——第 8 部分:附件的特殊要求;

——第 9 部分:推荐的试验方法。

本部分为 GB/T 7676 的第 2 部分。

本部分按照 GB/T 1.1—2009 给出的规则起草。

本部分代替 GB/T 7676.2—1998《直接作用模拟指示电测量仪表及其附件　第 2 部分:电流表和电压表的特殊要求》。

与 GB/T 7676.2—1998 相比,变化较大。采用不确定度代替误差,调整了标准结构,修改了多个条款,具体的变化参见附录 B。

请注意本文件的某些内容可能涉及专利。本文件的发布机构不承担识别这些专利的责任。

本部分由中国机械工业联合会提出。

本部分由全国电工仪器仪表标准化技术委员会(SAC/TC 104)归口。

本部分主要起草单位:哈尔滨电工仪表研究所、浙江省计量科学研究院、深圳友讯达科技股份有限公司、上海市计量测试技术研究院、浙江正泰仪器仪表有限责任公司、上海康比利仪表有限公司、上海英孚特电子技术有限公司、国网江西省电力公司电力科学研究院、国网湖北省电力公司电力科学研究院、国网湖南省电力公司电力科学研究院、国网北京市电力公司、河南省计量科学研究院、浙江迪克森电器有限公司、深圳星龙科技股份有限公司、国网四川省电力公司计量中心、北京自动化控制设备厂、德力西集团仪器仪表有限公司、国网重庆市电力公司电力科学研究院、河南省电力公司电力科学研究院、冀北电力有限公司计量中心、华立科技股份有限公司、山东省计量科学研究院、中南仪表有限公司、国家电工仪器仪表质量监督检验中心、西安立贝安智能科技有限公司、义乌源泰智能科技有限公司。

本部分主要起草人:郑孟霞、刘献成、陈波、秦国鑫、李冀、崔涛、王伟能、白泰、郭小广、来磊、裴茂林、申莉、丁振、霍建华、陈闻新、王念莉、刘丹、薛德晋、冯学礼、侯兴哲、王三强、靳绍平、赵铎、袁慧昉、吴维德、甘依依、周丽霞、李道民、王新军、李荣平、刘复若、赵锦锦、林晓龙、邵凤云、刘沛、郑元豹、黄建钟、蔡毅、曾仕途、刘鹍、毕伟、谢萍、陈双杰。

本部分所代替标准的历次版本发布情况为:

——GB/T 7676.2—1987、GB/T 7676.2—1998。

直接作用模拟指示电测量仪表及其附件
第2部分:电流表和电压表的特殊要求

1 范围

GB/T 7676 的本部分规定了直接作用模拟指示电测量电流表和电压表的术语和定义、分类、分级、通用技术要求、信息、标志和符号,包装和贮存以及检验规则等。

本部分适用于直接作用模拟指示的电流表和电压表。

本部分也适用于当附件与仪表连用并在组合状态下进行调整时的仪表与附件的组合。

本部分也适用于其分度线与输入电量的关系为已知,但不直接对应的直接作用模拟指示电流表和电压表。

本部分也适用于在其测量和/或辅助电路中具有电子器件的电流表和电压表。

本部分不适用于另有相应国家标准规定的特殊用途的电流表和电压表。

2 规范性引用文件

下列文件对于本文件的应用是必不可少的。凡是注日期的引用文件,仅注日期的版本适用于本文件。凡是不注日期的引用文件,其最新版本(包括所有的修改单)适用于本文件。

GB/T 7676.1—2017 直接作用模拟指示电测量仪表及其附件 第1部分:定义和通用要求

GB/T 7676.9—2017 直接作用模拟指示电测量仪表及其附件 第9部分:推荐的试验方法

3 术语和定义

GB/T 7676.1—2017 界定的术语和定义适用于本文件。

4 分类、分级和符合性

4.1 分类

4.1.1 按工作方式和特征分类

仪表按其工作方式和特征分为:
——普通电流表、电压表;
——过载电流表;
——展开式电压表。

4.1.2 按使用方式分类

按 GB/T 7676.1—2017 中 4.1.2 的规定。

4.1.3 按环境条件分类

按 GB/T 7676.1—2017 中 4.1.3 的规定。

4.1.4 按机械条件分类

按 GB/T 7676.1—2017 中 4.1.4 的规定。

4.1.5 按外壳防护等级分类

按 GB/T 7676.1—2017 中 4.1.5 的规定。

4.2 分级

电流表和电压表按下列等级指数表示的准确度等级分级：
0.05,0.1,0.2,0.3,0.5,1,1.5,2,2.5,3,5。

4.3 与本部分要求的符合性

按 GB/T 7676.1—2017 中 4.3 的规定。

5 技术要求

5.1 参比条件

按 GB/T 7676.1—2017 中 5.1 的规定。

5.2 基本不确定度极限、基准值

5.2.1 基本不确定度极限

按 GB/T 7676.1—2017 中 5.2.1 的规定。

5.2.2 基本不确定度限值与准确度等级的关系

按 GB/T 7676.1—2017 中 5.2.2 的规定。

5.2.3 基准值

5.2.3.1 下列电流表和电压表的基准值为测量范围的上限：
——机械的和/或电的零位在标度尺一端的仪表；
——不考虑电零位的位置,机械的零位在标度尺以外的仪表；
——不考虑机械零位的位置,电的零位在标度尺以外的仪表。
等级指数用 GB/T 7676.1—2017 表 6 规定的符号 E-1 标志。

5.2.3.2 机械的和电的零位两者均在标度尺以内的电流表和电压表,基准值为测量范围的两个极限电量值之和,不考虑符号。
等级指数用 GB/T 7676.1—2017 表 6 规定的符号 E-1 标志。

5.2.3.3 分度线与其电的输入量不直接对应的电流表和电压表,基准值是量程。
等级指数用 GB/T 7676.1—2017 表 6 规定的符号 E-10 标志。
本条款不适用于与分流器、分压器、串联电阻器(阻抗器)、仪用互感器、霍尔传感器等连接使用的电流表和电压表,这些仪表应符合 5.2.3.1 或 5.2.3.2 的规定。

5.2.3.4 过载电流表和展开式电压表的基准值应符合 5.2.3.1 的规定。过载电流表的测量范围不应包含过载部分;展开式电压表的测量范围是上量限。

5.2.3.5 标度尺上分度线特殊排列的电流表和电压表,其基准值由制造厂和用户协商。在标度尺的所有点上基准值可以不同。

5.3 标称使用范围和改变量

5.3.1 标称使用范围

按表 1 和 GB/T 7676.1—2017 中 5.3.1 的规定。

5.3.2 改变量极限

按表 1 和 GB/T 7676.1—2017 中 5.3.2 的规定。

表 1 标称使用范围限值和允许改变量

影响量		标称使用范围极限 （另有标志者除外）	用等级指数的百分数 表示的允许改变量		推荐的试验方法 GB/T 7676.9— 2017 中条款
直流被测量中的纹波 （45 Hz～65 Hz,90 Hz～ 130 Hz）[a]		20%	50%		6.6
交流被测量 的畸变[b]	畸变因数	有效值响应的电流表 和电压表:20%	100%		6.7
	峰值因数	平均值响应的电流表 和电压表:1～3[c]	100%		6.8
交流被测量的频率		参比频率±10% 或频率参比范围下限－10% 和频率参比范围上限＋10%	100%		6.9
外磁场		0.4 kA/m	—	等级指数 ≤0.5	等级指数 ＞0.5	6.5
			非无定向和/或无磁屏蔽的动磁系、电磁系和电动系仪表	基准值的 3%[d]	基准值的 6%[d]	
			非无定向和/或无磁屏蔽的铁磁电动系仪表	基准值的 1.5%[d]	基准值的 3%[d]	
			其他仪表	基准值的 0.75%[d]	基准值的 1.5%[d]	

[a] 对直流也产生响应的方均根值响应仪表,因为纹波也是被测量的一部分,因此不规定允许改变量。

[b] 对交流仪表,有关方均根值的要求不考虑其工作原理。内附整流器的仪表（方均根值响应的除外）,通常是对波形的整流（平均）值响应,但按正弦波的方均根值指示刻度。如波形是非正弦的,指示值将产生严重误差。如波形是充分可表征的,此误差可以计算。对整流系（平均值）仪表和对峰值敏感的仪表未规定畸变波形影响的要求。

[c] 由峰值因数非 $\sqrt{2}$（$\sqrt{2}$ 相当正弦波）所引起的允许改变量,包括在由被测量的畸变所引起的允许改变量之中。对峰值因数能力大于 3 的仪表,制造厂应说明:

  1) 产生等级指数 100% 改变量的仪表峰值因数值。

  2) 示值改变到参比频率时的 0.707 倍频率响应（带宽）的上限和下限。

[d] 不是等级指数的百分数。

5.3.3 确定改变量的条件

按 GB/T 7676.1—2017 中 5.3.3 的规定。

5.4 工作不确定度、系统综合不确定度和改变量

按 GB/T 7676.1—2017 中 5.4 的规定。

5.5 电的要求

5.5.1 介电强度和其他安全要求

5.5.1.1 介电强度和其他安全要求按 GB/T 7676.1—2017 中 5.5.1 的规定。

5.5.1.2 对经过高过载能力的电流互感器接入的电流表,以及额定电流范围上限为 1 A～10 A 的固定式电流表,进行电流互感器的标称次级电流 30 倍、持续时间 2 s 的大电流试验;对具有相同用途的便携式电流表进行电流测量范围上限电流值 15 倍、持续时间 2 s 的大电流试验。大电流过载后,电流表不需考核功能,但电流线路不应开路。

5.5.2 自热

按 GB/T 7676.1—2017 中 5.5.2 的规定。

5.5.3 允许过负载

5.5.3.1 连续过负载

电流表和电压表连同其不可互换附件(若有时),除装有非锁定开关的仪表外,应承受电的输入量上限 120% 的连续过负载,持续时间为 2 h。

过载电流表的输入量上限应是非过载部分的上量限值;过载电流表的过载部分不进行连续过负载试验。

消除激励后,仪表暂时的和永久的剩余偏转总和不应超过标度尺长的 1%。

冷却到参比温度后,电流表和电压表连同其不可互换附件(若有时)一起应符合其准确度等级要求,但不允许重复过负载。

连续过负载试验应在参比条件下进行。

5.5.3.2 短时过负载

5.5.3.2.1 电流表和电压表连同其不可互换附件(若有时)一起应承受短时过负载。

本条款不适用于:

——热偶系仪表;

——静电系仪表;

——具有一个可动部分自由悬挂的仪表;

——内装抗短时过负载保护的仪表。

5.5.3.2.2 短时过负载的电流值和电压值应是表 2 规定的有关因数和电的输入量上限值的乘积,制造厂另有规定值者除外。

表 2 短时过负载

仪表	电流因数	电压因数	过负载次数	每次过负载持续时间 s	过负载之间的间隔时间 s
等级指数≤0.5 的电流表	2	—	5	0.5	15
等级指数≤0.5 的电压表	—	2	5	0.5	15
等级指数>0.5 的电流表	10	—	9	0.5	60
	10	—	1	5	—
等级指数>0.5 的电压表	—	2	9	0.5	60
	—	2	1	5	—
当规定有两组试验序列时,所有试验应按给定顺序进行。					

5.5.3.2.3 过载电流表的非过载部分的短时过负载,按表 2 规定进行,其输入量上限应是非过载部分的上量限值;过载电流表的过载部分不进行短时过负载试验。

展开式电压表的短时过负载,按表 2 规定进行。

5.5.3.2.4 每次过负载应施加全部持续时间。仪表装有自动断路器(熔断器),小于表 2 规定时间断开线路者除外。在施加下一次过负载之前,自动断路器应予复位(或更换熔断器)。

5.5.3.2.5 经承受短时过负载,并冷却到参比温度之后,对机械零位在标度尺内的电流表和电压表连同其不可互换附件(若有时),应符合以下要求:

　　a) 以标度尺长度百分数表示的指示器偏离零分度线不应超过下列值:

　　　　1) 等级指数等于或小于 0.5 的仪表是等级指数的 50%;

　　　　2) 等级指数大于 0.5 的仪表是等级指数的 100%。

　　b) 电流表和电压表连同其不可互换附件(若有时),在调整零位之后(必要时),应符合准确度等级要求,但不允许重复过负载。

经短时过负载,并冷却到参比温度之后,机械零位在标度尺外的电流表和电压表,应符合准确度等级要求,但不允许重复过负载。

5.5.4 极限工作温度范围

按 GB/T 7676.1—2017 中 5.5.4 的规定。

5.5.5 偏离零位

5.5.5.1 若电流表或电压表在标度尺上有零位标志,应在参比条件下进行偏离零位试验。

5.5.5.2 在测量范围上限通电 30 s 后断电,用标度尺长度的百分数表示的指示器偏离零分度线的值不应超过相应等级指数 50% 的值。

5.5.6 电磁兼容性要求

GB/T 7676.1—2017 中 5.5.6 不适用于电流表和电压表。

5.6 结构要求

5.6.1 通用的结构要求

按 GB/T 7676.1—2017 中 5.6.1 的规定。

5.6.2 阻尼

5.6.2.1 过冲

按 GB/T 7676.1—2017 中 5.6.2.1 的规定。

5.6.2.2 **响应时间**

按 GB/T 7676.1—2017 中 5.6.2.2 的规定。

本条款不适用于：

——热系电流表和电压表；

——静电系电流表和电压表；

——可动部分自由悬挂的电流表和电压表；

——实体指针超过 150 mm 的电流表和电压表；

——测量范围上限的电流小于 200 μA 或电压小于 20 mV 的电流表和电压表；

——特殊用途的仪表可以规定其他响应时间,此类仪表的响应时间由制造厂和用户之间协商确定。

5.6.2.3 **外部测量线路的阻抗**

如果外部测量线路的阻抗未规定,应在参比频率下取下列值：

——对电流表应大于其阻抗的 50 倍；

——对电压表应小于其阻抗的 1/50。

5.6.3 **防接触封印**

按 GB/T 7676.1—2017 中 5.6.3 的规定。

5.6.4 **标度尺**

按 GB/T 7676.1—2017 中 5.6.4 的规定。

5.6.5 **止挡和超量限指示**

按 GB/T 7676.1—2017 中 5.6.5 的规定。

5.6.6 **优选值**

5.6.6.1 电流表和电压表测量范围上限应选用以下值之一或其十进倍数和小数倍：

1,1.2,1.5,2,2.5,3,4,5,6,7.5,8。

多测量范围仪表至少应有一个范围优先符合此规定。

5.6.6.2 接外附分流器使用的电流表测量范围上限的电压降,应选用以下值之一：

50 mV,60 mV,75 mV,100 mV,300 mV。

5.6.6.3 需要使用定值的仪表导线(即规定电阻值的导线)同分流器连接时,应规定导线电阻值。

除制造厂另有说明外,定值仪表导线总电阻值在参比温度时不应大于 70 mΩ。

导线电阻值在参比温度下与规定值之差不应大于 10%。

5.6.7 **机械的和/或电的调节器**

按 GB/T 7676.1—2017 中 5.6.7 的规定。

5.6.8 机械力作用的影响

按 GB/T 7676.1—2017 中 5.6.8 的规定。

5.6.9 耐机械应力

按 GB/T 7676.1—2017 中 5.6.9 的规定。

5.6.10 耐热和阻燃

按 GB/T 7676.1—2017 中 5.6.10 的规定。

5.6.11 外壳防护能力

按 GB/T 7676.1—2017 中 5.6.11 的规定。

5.6.12 接线端

按 GB/T 7676.1—2017 中 5.6.12 的规定。

6 信息、标志和符号

6.1 信息

按 GB/T 7676.1—2017 中 6.1 的规定。

6.2 通用标志符号及其位置

按 GB/T 7676.1—2017 中 6.2 的规定。

6.3 关于影响量的标称使用范围和参比值的标志

按 GB/T 7676.1—2017 中 6.3 的规定。

6.4 仪表和附件用标志符号

按 GB/T 7676.1—2017 中 6.4 的规定。

6.5 接线端的标志和符号

6.5.1 对接线端标志的要求

按 GB/T 7676.1—2017 中 6.5.1 的规定。

6.5.2 对接地端标志的要求

按 GB/T 7676.1—2017 中 6.5.2 的规定。

6.5.3 测量线路的接线端

按 GB/T 7676.1—2017 中 6.5.3 的规定。

6.5.4 接线端的特殊标志

6.5.4.1 一般要求

所有接线端应予以标志,且唯一确认。

6.5.4.2 单测量范围直流电流表和电压表

正接线端应使用 GB/T 7676.1—2017 中表 6 规定的符号 F-46 标志。

6.5.4.3 多测量范围直流电流表和电压表

测量范围选择接线端应标以相应的测量范围上限的值。若这些接线端是正接线端,应使用 GB/T 7676.1—2017 中表 6 规定的符号 F-46,此标志应跟随着范围值标志。若公共接线端为正接线端,应标以 GB/T 7676.1—2017 中表 6 规定的符号 F-46。

6.5.4.4 单测量范围交流电流表和电压表

无特殊要求时不必标志。

6.5.4.5 多测量范围交流电流表和电压表

测量范围选择性接线端应标志相应于测量范围上限的值。

6.6 使用说明书

按 GB/T 7676.1—2017 中 6.6 的规定。

7 包装和贮存

按 GB/T 7676.1—2017 中第 7 章的规定。

8 检验规则

按附录 A 和 GB/T 7676.1—2017 中第 8 章的规定。

附　录　A

（规范性附录）

试　验　项　目

电流表和电压表的例行试验、周期性试验和型式试验项目见表 A.1 的规定。

表 A.1　试验项目

序号	试验项目	技术要求条款	不合格分类	检验类别		
				例行试验	周期性试验	型式试验
1	信息、标志和符号	第 6 章	B	√	√	√
2	基本不确定度极限	5.2.1	B	√		√
3	环境温度	5.3.1	B		√	√
4	湿度	5.3.1	B		√	√
5	直流被测量纹波	5.3.1	B			√
6	交流被测量畸变	5.3.1	B			√
7	交流被测量的频率影响	5.3.1	B		√	√
8	位置影响	5.3.1	B	√		√
9	辅助电源的电压影响	5.3.1	B		√	√
10	辅助电源的频率影响	5.3.1	B		√	√
11	由外磁场引起的改变量	5.3.2	B		√	√
12	由外电场引起的改变量	5.3.2	B		√	√
13	由铁磁支架引起的改变量	5.3.2	B			√
14	由导电支架引起的改变量	5.3.2	B			√
15	介电强度和其他安全要求	5.5.1	A	√	√	√
16	自热	5.5.2	B			√
17	连续过负载	5.5.3.1	B		√	√
18	短时过负载	5.5.3.2	B			√
19	极限工作温度范围	5.5.4	B		√	√
20	偏离零位	5.5.5	B	√		√
21	通用的结构要求	5.6.1	B			√
22	过冲	5.6.2.1	B	√	√	√
23	响应时间	5.6.2.2	B			√
24	外部测量线路的阻抗	5.6.2.3	B			√
25	防接触封印	5.6.3	B	√		√
26	标度尺	5.6.4	B	√	√	√
27	止挡和超量限指示	5.6.5	B		√	√
28	优选值	5.6.6	B	√	√	√

表 A.1（续）

序号	试验项目	技术要求条款	不合格分类	检验类别		
				例行试验	周期性试验	型式试验
29	零位调节器	5.6.7	B	√	√	√
30	量程调节器	5.6.7	B	√	√	√
31	振动	5.6.8	B			√
32	冲击	5.6.8	B			√
33	耐振动和耐颠震（碰撞）	5.6.8	B			√
34	耐机械应力	5.6.9	B			√
35	耐热和阻燃	5.6.10	B			√
36	外壳防护能力	5.6.11	B			√
37	接线端	5.6.12	B	√	√	√
38	使用说明书	6.6	C		√	√
39	包装和贮存	第 7 章	C	√	√	√

附　录　B

（资料性附录）

与前一版本相比主要的技术变化

本部分与前一版本相比有较大变化，主要技术变化如下：

1)　调整了标准的结构：

- 将原标准的第4章～第7章等有关技术要求的各章，合并为第5章"技术要求"；
- 将原标准的第8章"信息、一般标志和符号"，以及第9章端子的标志和符号合并为第6章"信息、标志和符号"；
- 增加了第7章"包装和贮存"、第8章"检验规则"；
- 增加了"规范性附录　附录A"和"资料性附录　附录B"。

2)　分类方式增加了按工作方式和特征分：普通电流表、电压表；过载电流表；展开式电压表。

3)　原"4.2　基本误差极限、基准值"改为"5.2　基本不确定度极限、基准值"。

4)　原"4.2.1　基本误差与准确度等级的关系"改为"5.2.2　基本不确定度限值和准确度等级的关系"。

5)　将原"表Ⅱ-2"改为"表1"，并将表2中：

- 原"均方根值"改为"方均根值"；
- 完善原注释a、b、c；
- 外磁场影响量中，将原"等级指数等于和小于0.3"改为"等级指数等于和小于0.5"、原"等级指数等于和大于0.5"改为"等级指数大于0.5"。

6)　增加了"5.2.1　基本不确定度极限"。

7)　原"4.2.1　基本误差与准确度等级的关系"改为"5.2.2　基本不确定度限值和准确度等级的关系"。

8)　在原"5　标称使用范围和改变量"中增加了"5.4　工作不确定度、系统综合不确定度和改变量"。

9)　原"6　其他电的和机械要求"改为"5.5　电的要求"，并将其中的机械要求与原第7章的"7　结构要求"合并为"5.6　结构要求"。

10)　在"5.5　电的要求"条款中，将原"6.1　电压试验、绝缘试验和其他安全要求"改为"5.5.1　介电强度和其他安全要求"。

11)　在"5.5.3.1"中增加了对"过载电流表和展开式电压表"连续过负载试验的要求。

12)　在"5.5.3.2"中增加了对"过载电流表和展开式电压表"短时过负载试验的要求。

13)　将原"表Ⅳ-2"改为"表2"；重新编排表2，避免出现表中含通栏标题，并将仪表分为"等级指数等于和小于0.5"和"等级指数大于0.5"两类。

14)　在"5.6　结构要求"中增加了"5.6.1　通用的结构要求"条款。

15)　在"5.6　结构要求"中增加了"5.6.5　止挡和超量限指示"条款。

16)　在"5.6　结构要求"中将原"7.6　振动和冲击的影响"改为"5.6.8　机械力作用的影响"。

17)　在"5.6　结构要求"中增加了"5.6.9　耐机械应力"条款。

18)　在"5.6　结构要求"中增加了"5.6.10　耐热和阻燃"以及"5.6.11　外壳防护能力"条款。

19)　在"5.6　结构要求"中增加了"5.6.12　接线端"条款。

20)　将原第8章"8　信息、通用标志和符号"和第9章"9　接线端的标志和符号"合并为第6章"6　信息、标志和符号"。接线端的标志和符号改为"6.5　接线端的标志和符号"。

21)　将原"9.1　对标志的要求"改为"6.5.1　对接线端标志的要求"。

22) 将原"9.3 测量线路的接线端"改为"6.5.3 测量线路的接线端"。

23) 在第 6 章中增加了"6.6 使用说明书"条款。

24) 增加了第 7 章"7 包装和贮存"条款。

25) 删除原第 10 章"10 本标准的验证试验",改为"8 检验规则"。

26) 增加了"附录 A（规范性附录） 试验项目"。对电流表和电压表的例行试验、周期性试验和型式试验的检验项目、对应的技术要求条款和不合格分类分别作了规定。

27) 增加了"附录 B（资料性附录） 与前一版本相比主要的技术变化"。

ICS 17.220.20
N 21

中华人民共和国国家标准

GB/T 7676.3—2017
代替 GB/T 7676.3—1998

直接作用模拟指示电测量仪表及其附件 第3部分:功率表和无功功率表的 特殊要求

Direct acting indicating analogue electrical measuring instruments and their accessories—Part 3:Special requirements for wattmeters and varmeters

2017-09-07 发布

2018-04-01 实施

中华人民共和国国家质量监督检验检疫总局
中国国家标准化管理委员会
发布

前　言

GB/T 7676《直接作用模拟指示电测量仪表及其附件》由以下9个部分组成：
——第1部分：定义和通用要求；
——第2部分：电流表和电压表的特殊要求；
——第3部分：功率表和无功功率表的特殊要求；
——第4部分：频率表的特殊要求；
——第5部分：相位表、功率因数表和同步指示器的特殊要求；
——第6部分：电阻表（阻抗表）和电导表的特殊要求；
——第7部分：多功能仪表的特殊要求；
——第8部分：附件的特殊要求；
——第9部分：推荐的试验方法。

本部分为GB/T 7676的第3部分。

本部分按照GB/T 1.1—2009给出的规则起草。

本部分代替GB/T 7676.3—1998《直接作用模拟指示电测量仪表及其附件　第3部分：功率表和无功功率表的特殊要求》。

与GB/T 7676.3—1998相比，变化较大。采用不确定度代替误差，调整了标准结构，修改了多个条款，具体的变化参见附录B。

请注意本文件的某些内容可能涉及专利。本文件的发布机构不承担识别这些专利的责任。

本部分由中国机械工业联合会提出。

本部分由全国电工仪器仪表标准化技术委员会（SAC/TC 104）归口。

本部分主要起草单位：浙江正泰仪器仪表有限责任公司、哈尔滨电工仪表研究所、北京自动化控制设备厂、国网北京市电力公司、国网湖南省电力公司计量中心、国网河南省电力公司电力科学研究院、德力西集团仪器仪表有限公司、国网四川省电力公司计量中心、深圳友讯达科技股份有限公司、上海英孚特电子技术有限公司、国网江西省电力公司电力科学研究院、国网湖北省电力公司电力科学研究院、国网重庆市电力公司电力科学研究院、国家电工仪器仪表质量监督检验中心、冀北电力有限公司计量中心、山东省计量科学研究院、上海康比利仪表有限公司、上海市计量测试技术研究院、浙江省计量科学研究院、华立科技股份有限公司、中南仪表有限公司、河南省计量科学研究院、浙江迪克森电器有限公司、深圳星龙科技股份有限公司、西安立贝安智能科技有限公司、义乌源泰智能科技有限公司。

本部分主要起草人：赵锦锦、丁振、霍建华、刘献成、陈波、赵铎、薛德晋、王念莉、裴茂林、李冀、王伟能、白泰、来磊、申莉、崔涛、郭小广、秦国鑫、陈闻新、侯兴哲、刘丹、王三强、靳绍平、袁慧昉、吴维德、甘依依、周丽霞、李道民、王新军、李荣平、刘复若、郑孟霞、冯学礼、林晓龙、邵凤云、刘沛、郑元豹、曾仕途、黄建钟、蔡毅、刘鹏、毕伟、谢萍、陈双杰。

本部分所代替标准的历次版本发布情况为：
——GB/T 7676.2—1987、GB/T 7676.2—1998。

直接作用模拟指示电测量仪表及其附件
第3部分:功率表和无功功率表的
特殊要求

1 范围

GB/T 7676的本部分规定了直接作用模拟指示电测量功率表和无功功率表的术语定义、分类、分级、通用技术要求、信息、标志和符号、包装和贮存以及检验规则等。

本部分适用于直接作用模拟指示的功率表和无功功率表。

本部分也适用于当附件与仪表连用并在组合状态下进行调整时的仪表与附件的组合。

本部分也适用于其分度线与输入电量的关系为已知,但不直接对应的直接作用指示功率表和无功功率表。

本部分也适用于在其测量和/或辅助电路中具有电子器件的功率表和无功功率表。

本部分不适用于另有相应国家标准规定的特殊用途的功率表和无功功率表。

2 规范性引用文件

下列文件对于本文件的应用是必不可少的。凡是注日期的引用文件,仅注日期的版本适用于本文件。凡是不注日期的引用文件,其最新版本(包括所有的修改单)适用于本文件。

GB/T 7676.1—2017 直接作用模拟指示电测量仪表及其附件 第1部分:定义和通用要求

GB/T 7676.9—2017 直接作用模拟指示电测量仪表及其附件 第9部分:推荐的试验方法

3 术语和定义

GB/T 7676.1—2017中界定的术语和定义适用于本文件。

4 分类、分级和符合性

4.1 分类

按GB/T 7676.1—2017中4.1的规定。

4.2 分级

功率表和无功功率表按下列等级指数表示的准确度等级分级:

0.05,0.1,0.2,0.3,0.5,1,1.5,2,2.5,3,5。

4.3 与本部分要求的符合性

按GB/T 7676.1—2017中4.3的规定。

5 技术要求

5.1 参比条件

5.1.1 影响量的参比值按表 1 和 GB/T 7676.1—2017 中表 1 的规定。

5.1.2 可以规定与表 1 和 GB/T 7676.1—2017 中表 1 所规定的不同的参比条件,但应按 GB/T 7676.1—2017 中第 6 章的规定进行标志。

5.1.3 不同于 GB/T 7676.1—2017 中表 1 规定的参比温度可从 20 ℃和 27 ℃中选用。

表 1 试验时有关影响量的参比条件和允许偏差

影响量	参比条件(另有标志除外)		试验用允许偏差(适用于单一参比值)[a]
被测功率的电压分量	额定电压或参比范围(若有时)内的任意电压		额定值的±2%
被测功率的电流分量	额定电流以下或参比范围(若有时)上限以下的任何电流		—
被测功率的电压和电流分量的频率	用移相装置的仪表	参比频率	参比频率的±0.1%
	其他仪表	45 Hz～65 Hz	参比频率的±2%
功率因数或 $\sin \phi$	1 或额定值[b]		0.01 滞后或超前±0.01
相平衡(对多相仪表)[c]	对称电压和电流		—

[a] 此偏差适用于本表中规定的或由制造厂标志的单一参比值,对参比范围不允许有偏差。

[b] 无功功率表为 $\sin \phi$,滞后(感性)为正符号,超前(容性)为负符号。

[c] 任一两线电压之差值和任一两相电压之差值分别不应超过所对应的线电压平均值和相电压平均值的1%:
——每相中的电流与电流平均值之差不应大于 1%;
——每相电流与相应相电压之间的角度不应大于 2°;
——如果制造厂允许,可以对多相仪表做单相试验。

5.2 基本不确定度极限、基准值

5.2.1 基本不确定度极限

按 GB/T 7676.1—2017 中 5.2.1 的规定。

5.2.2 基本不确定度限值与准确度等级的关系

按 GB/T 7676.1—2017 中 5.2.2 的规定。

5.2.3 基准值

5.2.3.1 下列功率表和无功功率表的基准值为测量范围的上限:
a) 机械零位和/或电零位在标度尺一端的仪表;
b) 不考虑电零位位置,机械零位在标度尺以外的仪表;
c) 不考虑机械零位位置,电零位在标度尺以外的仪表。
等级指数用 GB/T 7676.1—2017 中表 6 规定的符号 E-1 标志。

5.2.3.2 机械的和电的零位两者均在标度尺以内的功率表和无功功率表,基准值为测量范围两个极限的电量值之和,不考虑符号。

等级指数用 GB/T 7676.1—2017 中表 6 规定的符号 E-1 标志。

5.2.3.3 分度线与其电输入量不直接对应的功率表和无功功率表,基准值是量程。

等级指数用 GB/T 7676.1—2017 中表 6 规定的符号 E-10 标志。

本条款不适用于与分流器、分压器、串联电阻器(阻抗器)、仪用互感器、霍尔传感器等连接使用的功率表或无功功率表,这些仪表应符合 5.2.3.1 或 5.2.3.2 的规定。

5.3 标称使用范围和改变量

5.3.1 标称使用范围

按表 2 和 GB/T 7676.1—2017 中 5.3.1 的规定。

表 2 标称使用范围限值和允许改变量

影响量		标称使用范围 (另有标志者除外)	用等级指数的百分数表示的 允许改变量(V)	推荐的试验方法 GB/T 7676.9—2017 中条款
被测功率的交流电压或电流分量的畸变	畸变因数	用移相装置的仪表 5% 其他仪表 20%	100%	6.7
	峰值因数[a]	1~3[b]	100%	6.8
被测功率的交流电压和电流分量的频率	用移相装置的仪表	参比频率±1%或参比范围下限 —1%和参比范围上限+1%	100%	6.9
	其他仪表	参比频率±10%或参比范围下限 —10%和参比范围上限+10%		
被测功率的电压分量		参比电压±15%或参比范围下限 —15%和参比范围上限+15%	100%	6.10
功率表的功率因数或无功功率表的 $\sin\phi$	等级指数等于或小于 0.5	任意,滞后或超前	100%	6.11
	等级指数大于 0.5	有功:相角从 0°~60°、90°[c] 滞后(感性) 无功:相角从 90°~30°、0°[c] 滞后(感性)		
负载平衡 (对多相仪表)		被测功率的一个电流分量的断开	200%	6.13
多相仪表测量元件之间相互作用[d]		被测功率的一个电压分量的断开;被测功率的一个电流分量的断开	200%	6.17
外磁场		0.4 kA/m	等级指数 ≤0.5 / 等级指数 >0.5 非无定向的和/或无磁屏蔽的电动系仪表 基准值的 3%[e] / 基准值的 6%[e]	6.5

表 2（续）

影响量	标称使用范围 （另有标志者除外）	用等级指数的百分数表示的 允许改变量(V_i)			推荐的试验方法 GB/T 7676.9—2017 中条款
外磁场	0.4 kA/m	非无定向的和/或无磁屏蔽的铁磁电动系仪表	基准值的1.5%[e]	基准值的3%[e]	6.5
		其他仪表	基准值的0.75%[e]	基准值的1.5%[e]	

[a] 仅适用于测量线路中有电子器件的仪表。

[b] 由于峰值因数非$\sqrt{2}$（$\sqrt{2}$相当正弦波）所引起的允许改变量包括在被测功率的交流电流或交流电压分量的畸变引起的允许改变量之中。对峰值因数能力大于3的仪表，制造厂应说明：

   1) 产生等级指数100%改变量的仪表峰值因数值。

   2) 示值改变到参比频率时的0.707倍频率响应（带宽）的上限和下限。

[c] 除制造厂与用户之间另有协商外，功率因数为感性。

[d] 由于电流和/或电压线路的相互连接引起的测量元件之间的相互作用，有时不可能进行试验。

[e] 不是等级指数的百分数。

5.3.2 改变量极限

按表 2 和 GB/T 7676.1—2017 中 5.3.2 的规定。

5.3.3 确定改变量的条件

按 GB/T 7676.1—2017 中 5.3.3 的规定。

5.3.4 功率因数或 sinϕ 引起的改变量

5.3.4.1 对于等级指数大于 0.5 的仪表，应进行功率因数或 sinϕ 滞后的试验。对于等级指数等于或小于 0.5 的仪表，应进行功率因数或 sinϕ 滞后和超前的试验。

5.3.4.2 对功率表应进行 cosϕ＝0 的试验，对无功功率表应进行 sinϕ＝0 的试验。

5.3.5 改变量的特殊试验

当制造厂和用户协商认为必要时，可以用被测量分量组合进行特殊试验。

5.4 工作不确定度、系统综合不确定度和改变量

按 GB/T 7676.1—2017 中 5.4 的规定。

5.5 电的要求

5.5.1 介电强度和其他安全要求

5.5.1.1 介电强度和其他安全要求按 GB/T 7676.1—2017 中 5.5.1 的规定。

5.5.1.2 对额定电流范围上限为 1 A～10 A 的以及旨在使用具有高电流过载能力互感器的固定式功率表或无功功率表。当其承受所连接的电流互感器标称次级电流的 30 倍的电流,持续时间为 2 s 时,测量线路不应开路。具有相同用途的便携式功率表或无功功率表应能承受 15 倍测量范围上限的电流,持续时间为 2 s。在施加此过载后,功率表和无功功率表不需考核功能,但电流线路不应开路。

5.5.2 自热

按 GB/T 7676.1—2017 中 5.5.2 的规定。

5.5.3 允许过负载

5.5.3.1 连续过负载

功率表和无功功率表连同其不可换附件(若有时),除装有非锁定开关的仪表外,应承受电流和电压额定值的 120% 连续过负载,其他值则维持其额定值,每次持续时间 2 h。

冷却到参比温度后,仪表连同其不可互换附件(若有时)一起应符合它的准确度等级要求,但不允许重复过负载。

连续过负载试验除电流和电压外应在参比条件下进行,功率表的功率因数 $\cos\phi=1$,无功功率表的 $\sin\phi=1$。

5.5.3.2 短时过负载

5.5.3.2.1 功率表和无功功率表连同其不可互换附件(若有时)一起应承受短时过负载。

本条款不适用于:

——热偶系仪表;

——具有一个可动部分自由悬挂的仪表。

5.5.3.2.2 短时过负载的电流值和电压值应是表 3 规定的有关因数与电流和电压的标称使用范围上限值的乘积,功率因数(或 $\sin\phi$)应为其参比值,制造厂另有规定值除外。

表 3 短时过负载

仪表	电流因数	电压因数	过负载次数	每次过负载持续时间 s	过负载之间的间隔时间 s
等级指数等于或小于 0.5 的功率表和无功功率表	1	2	1	5	—
	2	1	5	0.5	15
等级指数大于 0.5 的功率表和无功功率表	10	1	9	0.5	60
	10	1	1	5	—
	1	2	1	5	—
注:当规定为 2 或 3 组试验,所有试验应按给定顺序施行,短时过负载同时施加于多相功率表和无功功率表的所有测量元件。					

5.5.3.2.3 每次过负载应施加表 3 规定的持续时间。仪表安装有自动断路器(熔断器)以小于表 3 规定时间断开线路者除外。在施加下一次过负载之前,自动断路器应予复位(或更换熔断器)。

5.5.3.2.4 经承受短时过负载,并冷却到参比温度之后,对机械零位在标度尺以内的功率表和无功功率表连同不可互换附件(若有时)应符合以下要求:

a) 以标度尺长度百分数表示的指示器偏离零分度线不应超过下列值:

1) 等级指数等于或小于 0.5 的仪表为等级指数的 50%；

2) 等级指数等于或大于 1 的仪表为等级指数值。

b) 功率表和无功功率表连同不可互换附件(若有时),在调整零位之后(必要时),应符合准确度等级要求,但不允许重复过负载。

经短时过负载,并冷却到参比温度之后,机械零位在标度尺外的功率表或无功功率表,应符合准确度等级要求,但不允许重复过负载。

5.5.4 极限工作温度范围

按 GB/T 7676.1—2017 中 5.5.4 的规定。

5.5.5 偏离零位

5.5.5.1 若功率表或无功功率表在标度尺上有零位标志,则应测定偏离零位的改变量。该试验应在参比条件下施行。

5.5.5.2 所有线路通电并在测量范围上限通电 30 s 后断电,用标度尺长度的百分数表示的指示器偏离零分度线的改变量不应超过相应等级指数 50% 的值。

5.5.5.3 仅有电压线路通电时,指示器偏离零分度线的改变量不应超过相应等级指数 100% 的值。

5.5.6 电磁兼容性要求

按 GB/T 7676.1—2017 中 5.5.6 的规定

5.6 结构要求

5.6.1 通用的结构要求

按 GB/T 7676.1—2017 中 5.6.1 的规定。

5.6.2 阻尼

5.6.2.1 过冲

按 GB/T 7676.1—2017 中 5.6.2.1 的规定。

5.6.2.2 响应时间

按 GB/T 7676.1—2017 中 5.6.2.2 的规定。

本条款不适用于:

——热偶系功率表和无功功率表;

——可动部分自由悬挂的功率表和无功功率表;

——实体指针长度超过 150 mm 的功率表和无功功率表;

——特殊用途的仪表可以规定其他响应时间,此类仪表的响应时间由制造厂和用户之间协商确定。

5.6.2.3 外部测量线路的阻抗

按 GB/T 7676.1—2017 中 5.6.2.3 的规定。

5.6.3 防接触封印

按 GB/T 7676.1—2017 中 5.6.3 的规定。

5.6.4 标度尺

按 GB/T 7676.1—2017 中 5.6.4 的规定。

5.6.5 止档和超量限指示

按 GB/T 7676.1—2017 中 5.6.5 的规定。

5.6.6 优选值

功率表和无功功率表其测量范围上限应优先选用下列值之一或其十进倍数和小数倍：
1,1.2,1.5,2,2.5,3,4,5,6,7.5,8。
多测量范围仪表至少应有一个范围优先符合此要求。

5.6.7 机械的和/或电的调节器

按 GB/T 7676.1—2017 中 5.6.7 的规定。

5.6.8 机械力作用的影响

按 GB/T 7676.1—2017 中 5.6.8 的规定。

5.6.9 耐机械应力

按 GB/T 7676.1—2017 中 5.6.9 的规定。

5.6.10 耐热和阻燃

按 GB/T 7676.1—2017 中 5.6.10 的规定。

5.6.11 外壳防护能力

按 GB/T 7676.1—2017 中 5.6.11 的规定。

5.6.12 接线端

按 GB/T 7676.1—2017 中 5.6.12 的规定。

6 信息、标志和符号

6.1 信息

按 GB/T 7676.1—2017 中 6.1 的规定。

6.2 通用标志符号及其位置

按 GB/T 7676.1—2017 中 6.2 的规定。

6.3 关于影响量的标称使用范围和参比值的标志

按 GB/T 7676.1—2017 中 6.3 的规定。

6.4 仪表和附件用标志符号

按 GB/T 7676.1—2017 中 6.4 的规定。

6.5 接线端的标志和符号

6.5.1 对接线端标志的要求

按 GB/T 7676.1—2017 中 6.5.1 的规定。

6.5.2 对接地端标志的要求

按 GB/T 7676.1—2017 中 6.5.2 的规定。

6.5.3 测量线路的接线端

按 GB/T 7676.1—2017 中 6.5.3 的规定。

6.5.4 接线端的特殊标志

6.5.4.1 一般要求

所有接线端应予以标志,且唯一确认。

6.5.4.2 单元件仪表

仅有两个电流接线端和两个电压接线端的功率表和无功功率表,其电流和电压接线端应容易区别,与特定电压接线端正常连接的电流接线端应该用和此电压接线端一样的公共符号来识别。

6.5.4.3 多相仪表

对所有多相功率表和无功功率表,应提供接线图,并宜固定在表壳上。

仪表上的接线端的标志应和接线图上的标志一致。

接线图应标明仪表元件与外部线路的连接关系。

6.6 使用说明书

按 GB/T 7676.1—2017 中 6.6 的规定。

7 包装和贮存

按 GB/T 7676.1—2017 中第 7 章的规定。

8 检验规则

按附录 A 和 GB/T 7676.1—2017 中第 8 章的规定。

附　录　A
（规范性附录）
试　验　项　目

功率表和无功功率表的例行试验、周期性试验和型式试验项目见表 A.1 的规定。

表 A.1　试验项目

序号	试验项目名称	技术要求条款	不合格类别	检验类别		
				例行试验	周期性试验	型式试验
1	信息、标志和符号	6.1~6.5	B	√	√	√
2	基本不确定度极限	5.2.1	B	√	√	√
3	环境温度	5.3.1	B		√	√
4	湿度	5.3.1	B		√	√
5	交流被测量畸变	5.3.1	B		√	√
6	交流被测量的频率影响	5.3.1	B		√	√
7	位置影响	5.3.1	B	√	√	√
8	辅助电源的电压影响	5.3.1	B		√	√
9	辅助电源的频率影响	5.3.1	B		√	√
10	被测功率的交流电压或电流分量的畸变	5.3.1	B		√	√
11	被测功率的交流电压和电流分量的频率	5.3.1	B		√	√
12	被测功率的电压分量	5.3.1	B		√	√
13	功率表的功率因数、无功功率表的 $\sin\varphi$	5.3.1	B	√	√	√
14	负载平衡（对多相仪表）	5.3.1	B	√	√	√
15	多相仪表测量元件之间相互作用	5.3.1	B	√	√	√
16	由外磁场引起的改变量	5.3.2	B		√	√
17	由外电场引起的改变量	5.3.2	B		√	√
18	由铁磁支架引起的改变量	5.3.2	B		√	√
19	由导电支架引起的改变量	5.3.2	B		√	√
20	介电强度和其他安全要求	5.5.1	A	√	√	√
21	自热	5.5.2	B			√
22	连续过负载	5.5.3.1	B		√	√
23	短时过负载	5.5.3.2	B			√
24	极限工作温度范围	5.5.4	B		√	√
25	偏离零位	5.5.5	B	√	√	√
26	静电放电抗扰度	5.5.6	B			√
27	射频电磁场抗扰度	5.5.6	B			√

表 A.1（续）

序号	试验项目名称	技术要求条款	不合格类别	检验类别		
				例行试验	周期性试验	型式试验
28	电快速瞬变脉冲群	5.5.6	B			√
29	射频场感应传导骚扰的抗扰度	5.5.6	B			√
30	浪涌抗扰度	5.5.6	B			√
31	振铃波抗扰度	5.5.6	B			√
32	通用的结构要求	5.6.1	B			√
33	过冲	5.6.2.1	B	√	√	√
34	响应时间	5.6.2.2	B		√	√
35	外部测量线路的阻抗	5.6.2.3	B			√
36	防接触封印	5.6.3	B	√	√	√
37	标度尺	5.6.4	B	√	√	√
38	止档和超量限指示	5.6.5	B		√	√
39	优选值	5.6.6	B	√	√	
40	零位调节器	5.6.7	B	√	√	√
41	量程调节器	5.6.7	B	√	√	√
42	振动	5.6.8	B			√
43	冲击	5.6.8	B			√
44	耐振动和耐颠震（碰撞）	5.6.8	B			√
45	耐机械应力	5.6.9	B			√
46	耐热和阻燃	5.6.10	B			√
47	外壳防护能力	5.6.11	B			√
48	接线端	5.6.12	B	√	√	√
49	使用说明书	6.6	C		√	√
50	包装和贮存	第 7 章	C	√	√	√

附 录 B

（资料性附录）

与前一版本相比主要的技术变化

本次修订属于技术修订。与前一版本相比有较大变化，主要技术变化如下：

1) 调整了标准的结构：
   - 将原标准的第4章～第7章等有关技术要求的各章，合并为"第5章 技术要求"；
   - 将原标准的"第8章 信息、通用标志和符号"以及"第9章 接线端的标志和符号"合并为"第6章 信息、标志和符号"；
   - 增加了"第7章 包装和贮存"和"第8章 检验规则"；
   - 增加了"附录A（规范性附录） 试验项目"。

2) 分类方式增补了以下方式：
   - 按使用方式分类：固定式仪表、便携式仪表、板面安装式仪表、导轨式仪表和模组导轨式仪表，可互换附件、不可互换附件和有限可互换附件；
   - 按环境条件分类：A组、B组和C组；
   - 按机械条件分类：普通型（3M2）、耐振动型（3M4及以上）和耐颠震（碰撞）型（3M6及以上）；
   - 按外壳防护等级分类：仪表分为普通型（IP51）和特殊型（IP5X或IP6X），附件允许为IP40。

3) 原"4.2 基本误差极限、基准值"改为"5.2 基本不确定度极限、基准值"。

4) 参比条件的改变：将原"4.1.2 见第1部分"改为"5.1.3 不同于GB/T 7676.1—2017中表1规定的参比温度可从20℃和27℃中选用"。

5) 原"4.2.1 基本误差与准确度等级的关系"改为"5.2.2 基本不确定度限值和准确度等级的关系"。

6) 在原第5章"5 标称使用范围和改变量"中增加了"5.4 工作不确定度、系统综合不确定度和改变量"。

7) 原第6章"6 其他电的和机械要求"改为"5.5 电的要求"，并将其中的机械要求与原第7章的"7 结构要求"合并为"5.6 机械要求"。

8) 在"5.5 电的要求"条款中，将原标准的"6.1 电压试验、绝缘试验和其他安全要求"改为"5.5.1 介电强度试验和其他安全要求"。

9) 在"电的要求"中的原"6.5 温度极限值"与等级指数相关的温度极限值改为与环境温度组别相关的温度极限值，同时增加了热带型仪表和/或附件的温度极限值应与客户协商确定。

10) 在"5.5 电的要求"中增加了"5.5.6 电磁兼容性要求"。

11) 在"5.6 结构要求"中增加了"5.6.1 通用的结构要求"条款。

12) 在"5.6 结构要求"中增加了"5.6.5 止档和超量限指示"的规定。

13) 在"5.6 结构要求"中将原标准的"7.6 振动和冲击的影响"修改为"5.6.8 机械力作用的影响"。

14) 在"5.6 结构要求"中还按IEC 61010-1:2010的规定增加了"5.6.9 耐机械应力"机械安全的要求。

15) 在"5.6 结构要求"中增加了"5.6.10 耐热和阻燃"以及"5.6.11 外壳防护能力"的结构要求。

16) 在"5.6 结构要求"中增加了"5.6.12 接线端"的要求。

17) 将原标准的第 8 章"8 信息、通用标志和符号"和第 9 章"9 接线端的标志和符号"合并为第 6 章"6 信息、标志和符号"。接线端的标志和符号改为"6.5 接线端的标志和符号";将原标准"8.2 标志、符号及其位置"改为"6.2 通用标志符号及其位置"。

18) 原标准的"9.1 对标志的要求"改为"6.5.1 对接线端标志的要求"。

19) 原标准的"9.3 测量线路的接线端"改为"6.5.3 测量线路的接线端"。

20) 在第 6 章中增加了"6.6 使用说明书"的要求。

21) 本次修订增加了第 7 章"7 包装和贮存",规定了包装和贮存的要求。

22) 取消原标准的第 10 章,改为"8 检验规则"。

ICS 17.220.20
N 21

中华人民共和国国家标准

GB/T 7676.4—2017
代替 GB/T 7676.4—1998

直接作用模拟指示电测量仪表及其附件
第4部分：频率表的特殊要求

Direct acting indicating analogue electrical measuring instruments and
their accessories—Part 4：Special requirements for frequency meters

××××-××-××发布　　　　　　　　　　　　××××-××-××实施

中华人民共和国国家质量监督检验检疫总局
中国国家标准化管理委员会　发布

199

前　言

GB/T 7676《直接作用模拟指示电测量仪表及其附件》由以下 9 个部分组成：
——第 1 部分：定义和通用要求；
——第 2 部分：电流表和电压表的特殊要求；
——第 3 部分：功率表和无功功率表的特殊要求；
——第 4 部分：频率表的特殊要求；
——第 5 部分：相位表、功率因数表和同步指示器的特殊要求；
——第 6 部分：电阻表（阻抗表）和电导表的特殊要求；
——第 7 部分：多功能仪表的特殊要求；
——第 8 部分：附件的特殊要求；
——第 9 部分：推荐的试验方法。

本部分为 GB/T 7676 的第 4 部分。

本部分按照 GB/T 1.1—2009 给出的规则起草。

本部分代替 GB/T 7676.4—1998《直接作用模拟指示电测量仪表及其附件　第 4 部分：频率表的特殊要求》。

与 GB/T 7676.4—1998 相比，变化较大。采用不确定度代替误差，调整了标准结构，修改了多个条款，具体的变化参见附录 B。

请注意本文件的某些内容可能涉及专利。本文件的发布机构不承担识别这些专利的责任。

本部分由中国机械工业联合会提出。

本部分由全国电工仪器仪表标准化技术委员会（SAC/TC 104）归口。

本部分主要起草单位：浙江省计量科学研究院、哈尔滨电工仪表研究所、国网湖南省电力公司电力科学研究院、中南仪表有限公司、国网重庆市电力公司电力科学研究院、上海市计量测试技术研究院、国网江西省电力公司电力科学研究院、国网湖北省电力公司电力科学研究院、浙江正泰仪器仪表有限责任公司、国网北京市电力公司、深圳友讯达科技股份有限公司、上海康比利仪表有限公司、上海英孚特电子技术有限公司、河南省计量科学研究院、浙江迪克森电器有限公司、深圳星龙科技股份有限公司、国网四川省电力公司计量中心、北京自动化控制设备厂、德力西集团仪器仪表有限公司、河南省电力公司电力科学研究院、冀北电力有限公司计量中心、山东省计量科学研究院、华立科技股份有限公司、国家电工仪器仪表质量监督检验中心、西安立贝安智能科技有限公司、义务源泰智能科技有限公司。

本部分主要起草人：郑孟霞、霍建华、来磊、王念莉、崔涛、裴茂林、秦国鑫、陈波、申莉、刘献成、薛德晋、靳绍平、林晓龙、吴维德、刘丹、丁振、甘依依、周丽霞、李冀、王伟能、白泰、郭小广、李道民、王新军、李荣平、刘复若、赵锦锦、冯学礼、侯兴哲、王三强、赵铎、袁慧昉、刘沛、邵凤云、蔡毅、刘鸥、陈闻新、郑元豹、曾仕途、黄建钟、毕伟、谢萍、陈双杰。

本部分所代替标准的历次版本发布情况为：
——GB/T 7676.4—1987、GB/T 7676.4—1998。

直接作用模拟指示电测量仪表及其附件
第4部分:频率表的特殊要求

1 范围

GB/T 7676 的本部分规定了直接作用模拟指示电测量频率表的术语和定义、分类、分级、通用技术要求、信息、标志和符号,包装和贮存以及检验规则等。

本部分适用于直接作用模拟指示的频率表。

本部分也适用于当附件与频率表连用并在组合状态下进行调整时的频率表与附件的组合。

本部分也适用于在其测量和/或辅助电路中具有电子器件的频率表。

本部分不适用于另有相应国家标准规定的特殊用途的频率表。

2 规范性引用文件

下列文件对于本文件的应用是必不可少的。凡是注日期的引用文件,仅注日期的版本适用于本文件。凡是不注日期的引用文件,其最新版本(包括所有的修改单)适用于本文件。

GB/T 7676.1—2017 直接作用模拟指示电测量仪表及其附件 第1部分:定义和通用要求

GB/T 7676.9—2017 直接作用模拟指示电测量仪表及其附件 第9部分:推荐的试验方法

3 术语和定义

GB/T 7676.1—2017 界定的术语和定义适用于本文件。

4 分类、分级和符合性

4.1 分类

4.1.1 按工作方式和特征分类

频率表分为:指针式频率表和振簧式频率表。

4.1.2 按使用方式分类

按 GB/T 7676.1—2017 中 4.1.2 的规定。

4.1.3 按环境条件分类

按 GB/T 7676.1—2017 中 4.1.3 的规定。

4.1.4 按机械条件分类

按 GB/T 7676.1—2017 中 4.1.4 的规定。

4.1.5 按外壳防护等级分类

按 GB/T 7676.1—2017 中 4.1.5 的规定。

4.2 分级

频率表按下列等级指数表示的准确度等级分级：

0.05,0.1,0.15,0.2,0.3,0.5,1,1.5,2,2.5,5。

4.3 与本部分要求的符合性

按 GB/T 7676.1—2017 中 4.3 的规定。

5 技术要求

5.1 参比条件

按表 1 和 GB/T 7676.1—2017 中表 1 的规定。

表 1 试验时有关影响量的参比条件和允许偏差

影响量	参比条件 （另有标志者除外）	试验用允许偏差[a]
交流被测量的电压	额定电压 或参比范围（若有时）内的任意电压	额定值的±2%
[a] 此偏差适用于本表中规定的或由制造厂标志的单一参比值,对参比范围不允许有偏差。		

5.2 基本不确定度极限、基准值

5.2.1 基本不确定度极限

按 GB/T 7676.1—2017 中 5.2.1 的规定。

5.2.2 基本不确定度限值与准确度等级的关系

按 GB/T 7676.1—2017 中 5.2.2 的规定。

5.2.3 基准值

5.2.3.1 等级指数用 GB/T 7676.1—2017 中表 6 规定的符号 E-1 标志,基准值为测量范围的上限。

5.2.3.2 对具有多排振簧的振簧式频率表,每一排振簧可视为一个独立的测量范围,每一排都有自身基准值,其基准值为该排的测量范围上限。

5.2.4 振簧式频率表的特殊要求

5.2.4.1 两相邻振簧间的标称频率之差不应超过基本不确定度限值的两倍。

5.2.4.2 当频率以均匀速率改变时,振簧应按其标称频率顺序达到其最大振幅。

5.2.4.3 基本不确定度限值取频率差的最大值：
——每个振簧的标称频率和该振簧达到最大振幅时的频率之差值；
——任意两个相邻振簧标称频率的平均值和这两个振簧具有相同振幅时的频率之差值。

5.3 标称使用范围和改变量

5.3.1 标称使用范围

按表 2 和 GB/T 7676.1—2017 中 5.3.1 的规定。

5.3.2 改变量极限

按表 2 和 GB/T 7676.1—2017 中 5.3.2 的规定。但是,GB/T 7676.1—2017 中表 2 的直流被测量的纹波和交流被测量的频率引起的改变量,不适用于频率表。

表 2 标称使用范围限值和允许改变量

影响量	标称使用范围（另有标志者除外）	用等级指数的百分数表示的允许改变量	推荐的试验方法 GB/T 7676.9—2017 中条款
交流被测量的电压	额定电压±15%或参比范围下限—15%和参比范围上限+15%	100%	6.10
交流被测量电压的畸变	15%	100%	6.7
外磁场	0.4 kA/m	100%	6.5

5.3.3 确定改变量的条件

按 GB/T 7676.1—2017 中 5.3.3 的规定。

5.4 工作不确定度、系统综合不确定度和改变量

按 GB/T 7676.1—2017 中 5.4 的规定。

5.5 电的要求

5.5.1 介电强度和其他安全要求

按 GB/T 7676.1—2017 中 5.5.1 的规定。

5.5.2 自热

按 GB/T 7676.1—2017 中 5.5.2 的规定。

5.5.3 允许过负载

5.5.3.1 连续过负载

频率表连同使用不可互换附件(若有时),除装有非锁定开关的仪表外,应承受额定电压值的120%或承受电压参比范围上限120%的连续过负载,持续时间为2 h。

冷却到参比温度后,频率表连同其不可互换附件(若有时)一起应符合其准确度等级要求。但不允许重复过负载。

连续过负载试验应在参比条件下(电压除外)测量范围内任意频率点进行。

5.5.3.2 短时过负载

频率表连同其不可互换附件(若有时)一起应承受电压的短时过负载。

短时过负载的电压值应是表3规定的有关因数与额定电压值或电压参比范围上限值的乘积,制造厂另有规定值者除外。

表 3 短时过负载

仪表	电压因数	过负载次数	每次过负载持续时间 s	相继过负载之间的间隔时间 s
等级指数等于或小于0.5的频率表	2	5	1	15
等级指数大于0.5的频率表	2	9	0.5	60
	2	1	5	—
当规定有两组试验序列时,所有试验应按给定顺序进行。				

每次过负载应施加全部持续时间,仪表安装有自动断路器(熔断器)且小于表3中规定时间断开线路者除外。

在施加下一步过负载之前,自动断路器应予复位(或更换熔断器)。

经受短时过负载并冷却到参比温度后,频率表连同其不可互换附件(若有时),应符合其准确度等级要求。但不允许重复过负载。

5.5.4 极限工作温度范围

按 GB/T 7676.1—2017 中 5.5.4 的规定。

5.5.5 偏离零位

5.5.5.1 频率表在标度尺上如有设定标志(零分度线),当断电时,应进行回复到该标志的检查。试验应在参比条件下进行。但是本条不适用于振簧式频率表。

5.5.5.2 在测量范围上限通电 30 s 后断电,用标度尺长度的百分数表示的指示器偏离设定标志(零分度线)的值不应超过相应等级指数的 50% 的值。

5.5.6 电磁兼容性要求

按 GB/T 7676.1—2017 中 5.5.6 的规定。

5.6 结构要求

5.6.1 通用的结构要求

按 GB/T 7676.1—2017 中 5.6.1 的规定。

5.6.2 阻尼

5.6.2.1 过冲

按 GB/T 7676.1—2017 中 5.6.2.1 的规定。但是本条不适用于振簧式频率表。

5.6.2.2 响应时间

按 GB/T 7676.1—2017 中 5.6.2.2 的规定。但是本条不适用于振簧式频率表。

5.6.2.3 外部测量线路的阻抗

按 GB/T 7676.1—2017 中 5.6.2.3 的规定。但是本条不适用于振簧式频率表。

5.6.3 防接触封印

按 GB/T 7676.1—2017 中 5.6.3 的规定。

5.6.4 标度尺

按 GB/T 7676.1—2017 中 5.6.4 的规定。

5.6.5 止挡和超量限指示

按 GB/T 7676.1—2017 中 5.6.5 的规定。

5.6.6 优选值

频率和电压的值,由制造厂和用户协商。

5.6.7 机械的和/或电的调节器

5.6.7.1 零位调节器

在标度尺上有机械零位的频率表,在该处应设定标志—零分度线;对无机械零位的频率表或机械零位在标度尺以外的频率表,不必提供可接触的零位调节器。零位调节器按 GB/T 7676.1—2017 中 5.6.7.1 的规定。

5.6.7.2 量程调节器

按 GB/T 7676.1—2017 中 5.6.7.2 的规定。

5.6.8 机械力作用的影响

按 GB/T 7676.1—2017 中 5.6.8 的规定。

5.6.9 耐机械应力

按 GB/T 7676.1—2017 中 5.6.9 的规定。

5.6.10 耐热和阻燃

按 GB/T 7676.1—2017 中 5.6.10 的规定。

5.6.11 外壳防护能力

按 GB/T 7676.1—2017 中 5.6.11 的规定。

5.6.12 接线端

按 GB/T 7676.1—2017 中 5.6.12 的规定。

6 信息、标志和符号

6.1 信息

按 GB/T 7676.1—2017 中 6.1 的规定。

6.2 通用标志符号及其位置

按 GB/T 7676.1—2017 中 6.2 的规定。

6.3 关于影响量的标称使用范围和参比值的标志

按 GB/T 7676.1—2017 中 6.3 的规定。

6.4 仪表和附件用标志符号

按 GB/T 7676.1—2017 中 6.4 的规定。

6.5 接线端的标志和符号

6.5.1 对接线端标志的要求

按 GB/T 7676.1—2017 中 6.5.1 的规定。

6.5.2 对接地端标志的要求

按 GB/T 7676.1—2017 中 6.5.2 的规定。

6.5.3 测量线路的接线端

按 GB/T 7676.1—2017 中 6.5.3 的规定。

6.5.4 接线端的特殊标志

6.5.4.1 无附件的频率表

6.5.4.1.1 单个额定电压的频率表

测量线路接线端不必标志,但应符合 6.5.3 的规定。

6.5.4.1.2 多个额定电压的频率表

额定电压选择性接线端应标志相应于测量范围上限的值。

6.5.4.2 有附件的频率表

用以与外接测量线路相连的接线端按 6.5.4.1 规定;用以与附件接线端相连接的接线端应用阿拉伯数字标志,制造厂应选择任意不重复的数字进行标志,连接在一起的成对接线端应标有相同的数字。

6.6 使用说明书

按 GB/T 7676.1—2017 中 6.6 的规定。

7 包装和贮存

按 GB/T 7676.1—2017 中第 7 章的规定。

8 检验规则

按附录 A 和 GB/T 7676.1—2017 中第 8 章的规定。

附　录　A

（规范性附录）

试　验　项　目

频率表的例行试验、周期性试验和型式试验项目见表 A.1 的规定。

表 A.1　试验项目

序号	试验项目	技术要求条款	不合格分类	检验类别		
				例行试验	周期性试验	型式试验
1	信息、标志和符号	6	B	√	√	√
2	基本不确定度极限	5.2.1	B	√	√	√
3	环境温度	5.3.1	B		√	√
4	湿度	5.3.1	B			√
5	交流被测量的电压	5.3.1	B			√
6	交流被测量电压的畸变	5.3.1	B			√
7	位置影响	5.3.1	B	√	√	√
8	辅助电源的电压影响	5.3.1	B		√	√
9	辅助电源的频率影响	5.3.1	B		√	√
10	由外磁场引起的改变量	5.3.2	B		√	√
11	由铁磁支架引起的改变量	5.3.2	B		√	√
12	由导电支架引起的改变量	5.3.2	B		√	√
13	介电强度和其他安全要求	5.5.1	A	√	√	√
14	自热	5.5.2	B			√
15	连续过负载	5.5.3.1	B		√	√
16	短时过负载	5.5.3.2	B			√
17	极限工作温度范围	5.5.4	B		√	√
18	偏离零位	5.5.5	B	√	√	√
19	静电放电抗扰度	5.5.6	B			√
20	射频电磁场抗扰度	5.5.6	B			√
21	电快速瞬变脉冲群	5.5.6	B			√
22	射频场感应传导骚扰的抗扰度	5.5.6	B			√
23	浪涌抗扰度	5.5.6	B			√
24	振铃波抗扰度	5.5.6	B			√
25	通用的结构要求	5.6.1	B			√
26	过冲	5.6.2.1	B	√	√	√
27	响应时间	5.6.2.2	B		√	√
28	外部测量线路的阻抗	5.6.2.3	B			√

表 A.1（续）

序号	试验项目	技术要求条款	不合格分类	检验类别		
				例行试验	周期性试验	型式试验
29	防接触封印	5.6.3	B	√	√	√
30	标度尺	5.6.4	B	√	√	√
31	止挡和超量限指示	5.6.5	B		√	√
32	优选值	5.6.6	B	√	√	√
33	零位调节器	5.6.7.1	B	√	√	√
34	量程调节器	5.6.7.2	B	√	√	√
35	振动	5.6.8	B			√
36	冲击	5.6.8	B			√
37	耐振动和耐颠震（碰撞）	5.6.8	B			√
38	耐机械应力	5.6.9	B			√
39	耐热和阻燃	5.6.10	B			√
40	外壳防护能力	5.6.11	B			√
41	接线端	5.6.12	B	√	√	√
42	使用说明书	6.6	C		√	√
43	包装和贮存	第7章	C	√	√	√

附 录 B
（资料性附录）
与前一版本相比主要的技术变化

本部分与前一版本相比有较大变化,主要技术变化如下:

1) 调整了标准的结构:
   - 将原标准的第 4 章~第 7 章等有关技术要求的各章,合并为第 5 章"技术要求";
   - 将原标准的第 8 章"信息、通用标志和符号",以及第 9 章"接线端的标志和符号"合并为第 6 章"信息、标志和符号";
   - 增加了第 7 章"包装和贮存"和第 8 章"检验规则";
   - 增加了附录 A(规范性附录)和附录 B(资料性附录)。
2) 原"3.1 分类"改为"4.1 分类",并增加"4.1.1 按工作方式和特征分类、4.1.2 按使用方式分类、4.1.3 按环境条件分类、4.1.4 按机械条件分类、4.1.5 按外壳防护等级分类"。
3) 原"4.2 基本误差极限、基准值"改为"5.2 基本不确定度极限、基准值"。
4) 将原"表Ⅰ-4"改为"表1"。
5) 增加了"5.2.1 基本不确定度极限"。
6) 原"4.2.1 基本误差与准确度等级的关系"改为"5.2.2 基本不确定度限值与准确度等级的关系"。
7) 原"4.2.3 振簧系频率表的特殊要求"改为"5.2.4 振簧式频率表的特殊要求",并删除原4.2.3 的悬置段。
8) 原"表Ⅱ-4"改为"表2",并将影响量"被测量电压"和"被测量电压的畸变"分别改为"交流被测量的电压"和"交流被测量电压的畸变";增加了对外磁场允许改变量的规定。
9) 原"5.2 改变量极限"改为"5.3.2 改变量极限",并增加"但是,GB/T 7676.1—2017 中表2的直流被测量的纹波和交流被测量的频率引起的改变量,不适用于频率表"的描述。
10) 在原"5 标称使用范围和改变量"中增加了"5.4 工作不确定度、系统综合不确定度和改变量"。
11) 原"6 其他电的和机械要求"改为"5.5 电的要求",并将其中的机械要求与原第7章的"7 结构要求"合并为"5.6 结构要求"。
12) 在"5.5 电的要求"条款中,将原"6.1 电压试验、绝缘试验和其他安全要求"改为"5.5.1 介电强度和其他安全要求"。
13) 原"表Ⅳ-4"改为"表3";重新编排表3,避免出现表中含通栏标题,并将频率表分为"等级指数等于或小于 0.5"和"等级指数大于 0.5"两类。
14) 删除原"6.6 偏离零位"的悬置段,将其内容并至"5.5.5.1"。
15) 增加了"5.5.6 电磁兼容性要求"条款。
16) 在"5.6 结构要求"中增加了"5.6.1 通用的结构要求"条款。
17) 增加了"5.6.2.1 过冲""5.6.2.2 响应时间"和"5.6.2.3 外部测量线路的阻抗"条款。
18) 在"5.6 结构要求"中增加了"5.6.5 止挡和超量限指示"条款。
19) 在"5.6 结构要求"中将原"7.6 振动和冲击的影响"改为"5.6.8 机械力作用的影响"。
20) 在"5.6 结构要求"中增加了"5.6.9 耐机械应力"条款。
21) 在"5.6 结构要求"中增加了"5.6.10 耐热和阻燃"以及"5.6.11 外壳防护能力"条款。
22) 在"5.6 结构要求"中增加了"5.6.12 接线端"条款。
23) 将原第8章"8 信息、通用标志和符号"和第9章"9 接线端的标志和符号"合并为第6章

"6 信息、标志和符号"。接线端的标志和符号改为"6.5 接线端的标志和符号"。

24) 将原"9.1 对标志的要求"改为"6.5.1 对接线端标志的要求"。

25) 将原"9.3 测量线路的接线端"改为"6.5.3 测量线路的接线端"。

26) 将原"9.4 接线端的特殊标志"改为"6.5.4 接线端的特殊标志";并将原"9.4.1 无附件的频率表"和"9.4.2 有附件的频率表",分别改为"6.5.4.1 无附件的频率表"和"6.5.4.2 有附件的频率表"。

27) 在第 6 章中增加了"6.6 使用说明书"条款。

28) 增加了第 7 章"7 包装和贮存"。

29) 删除原第 10 章"10 本标准的验证试验",改为"8 检验规则"。

30) 增加了"附录 A(规范性附录)试验项目"。对频率表的例行试验、周期性试验和型式试验的检验项目、对应的技术要求条款和不合格分类分别作了规定。

31) 增加了"附录 B(规范性附录)与前一版本相比主要的技术变化"。

ICS 17.220.20
N 21

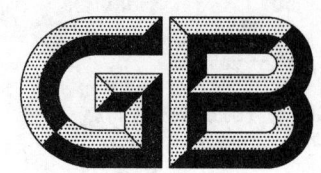

中华人民共和国国家标准

GB/T 7676.5—2017
代替 GB/T 7676.5—1998

直接作用模拟指示电测量仪表及其附件 第5部分：相位表、功率因数表和 同步指示器的特殊要求

Direct acting indicating analogue electrical measuring instruments and their accessories—Part 5：Special requirements for phase meters，power factor meters and synchroscopes

2017-09-07 发布
2018-04-01 实施

中华人民共和国国家质量监督检验检疫总局
中国国家标准化管理委员会　　发布

前　言

GB/T 7676《直接作用模拟指示电测量仪表及其附件》由以下 9 个部分组成：
——第 1 部分：定义和通用要求；
——第 2 部分：电流表和电压表的特殊要求；
——第 3 部分：功率表和无功功率表的特殊要求；
——第 4 部分：频率表的特殊要求；
——第 5 部分：相位表、功率因数表和同步指示器的特殊要求；
——第 6 部分：电阻表（阻抗表）和电导表的特殊要求；
——第 7 部分：多功能仪表的特殊要求；
——第 8 部分：附件的特殊要求；
——第 9 部分：推荐的试验方法。

本部分为 GB/T 7676 的第 5 部分。

本部分按照 GB/T 1.1—2009 给出的规则起草。

本部分代替 GB/T 7676.5—1998《直接作用模拟指示电测量仪表及其附件　第 5 部分：相位表、功率因数表和同步指示器的特殊要求》。

与 GB/T 7676.5—1998 相比主要技术变化如下：

调整了标准结构，修改了多个条款，采用不确定度代替误差，具体的变化参见附录 B。

请注意本文件的某些内容可能涉及专利。本文件的发布机构不承担识别这些专利的责任。

本部分由中国机械工业联合会提出。

本部分由全国电工仪器仪表标准化技术委员会（SAC/TC 104）归口。

本部分主要起草单位：哈尔滨电工仪表研究所、上海康比利仪表有限公司、深圳友讯达科技股份有限公司、国网四川省电力公司计量中心、国网湖南省电力公司电力科学研究院、冀北电力有限公司计量中心、河南省计量科学研究院、浙江迪克森电器有限公司、深圳星龙科技股份有限公司、北京自动化控制设备厂、国网北京市电力公司、德力西集团仪器仪表有限公司、河南省电力公司电力科学研究院、山东省计量科学研究院、国家电工仪器仪表质量监督检验中心浙江省计量科学研究院、中南仪表有限公司、国网重庆市电力公司电力科学研究院、上海市计量测试技术研究院、国网江西省电力公司电力科学研究院、国网湖北省电力公司电力科学研究院、浙江正泰仪器仪表有限责任公司、上海英孚特电子技术有限公司、华立科技股份有限公司、西安立贝安智能科技有限公司、义乌源泰智能科技有限公司。

本部分主要起草人：李荣平、刘复若、薛德晋、丁振、王伟能、陈波、申莉、刘献成、甘依依、周丽霞、冯学礼、侯兴哲、王三强、赵铎、李冀、袁慧昉、刘沛、蔡毅、刘鸥、陈闻新、郑元豹、黄建钟、白泰、郭小广、崔涛、郑孟霞、林晓龙、刘丹、靳绍平、秦国鑫、裴茂林、吴维德、李道民、邵凤云、王新军、赵锦锦、霍建华、来磊、曾仕途、王念莉、毕伟、谢萍、陈双杰。

本部分所代替标准的历次版本发布情况为：
——GB/T 7676.5—1987、GB/T 7676.5—1998。

直接作用模拟指示电测量仪表及其附件
第5部分:相位表、功率因数表和
同步指示器的特殊要求

1 范围

GB/T 7676 的本部分规定了直接作用模拟指示电测量相位表、功率因数表和同步指示器的定义、分类、分级、技术要求、标志符号、包装和贮存以及检验规则。

本部分适用于直接作用模拟指示电测量相位表、功率因数表和同步指示器。本部分也适用于某些与相位表、功率因数表和同步指示器连同使用的不可互换附件。本部分也适用于其分度线与输入电量的关系为已知,但不直接对应的直接作用模拟指示相位表,功率因数表。

本部分也适用于在其测量和/或辅助电路中具有电子器件的相位表、功率因数表和同步指示器。

本部分不适用于另有相应国家标准规定的特殊用途的相位表、功率因数表和同步指示器及其附件。

2 规范性引用文件

下列文件对于本文件的应用是必不可少的。凡是注日期的引用文件,仅注日期的版本适用于本文件。凡是不注日期的引用文件,其最新版本(包括所有的修改单)适用于本文件。

GB/T 7676.1—2017　直接作用模拟指示电测量仪表及其附件　第1部分:定义和通用要求
GB/T 7676.9—2017　直接作用模拟指示电测量仪表及其附件　第9部分:推荐的试验方法

3 术语和定义

GB/T 7676.1—2017 界定的术语和定义适用于本文件。

4 分类、分级和符合性

4.1 分类

按 GB/T 7676.1—2017 中 4.1 的规定。

4.2 分级

相位表、功率因数表和同步指示器按下列等级指数表示的准确度等级分级:
0.1,0.2,0.5,1,1.5,2,2.5,5。

4.3 与本部分要求的符合性

按 GB/T 7676.1—2017 中 4.3 的规定。

5 技术要求

5.1 参比条件

5.1.1　按表 1 和 GB/T 7676.1—2017 中表 1 的规定。

5.1.2 可以规定不同于 GB/T 7676.1—2017 中表 1 的条件,但应按 GB/T 7676.1—2017 中第 6 章的规定进行标志。

5.1.3 不同于 GB/T 7676.1—2017 中表 1 的环境温度的参比值可从 20 ℃和 27 ℃中选用。

表 1 试验时有关影响量的参比条件和允许偏差

影响量	参比条件 (另有标志除外)		试验用允许偏差 (适用于单一参比值)[a]
被测量的电压分量	额定电压或参比范围(若有时)内 的任意电压		额定值的±2%
被测量的电流分量	额定电流的 40%~100%		—
相平衡(对多相仪表)	对称电压和电流		[b]
被测量的电压和电流分量的频率	使用移相装置的仪表	参比频率	参比频率的±0.1%
	其他仪表	45 Hz~65 Hz	参比频率的±2%

> [a] 此允许偏差适用于表中规定的单一参比值或由制造厂标志的单一参比值,对参比范围不允许有偏差。
>
> [b] 每一电压(线电压或相电压)与系统电压(线电压或相电压)平均值之差不应超过 1%。
>
>   每一相电流与电流的平均值之差不应超过 1%。
>
>   每个电流与相应相的电压之间的相位角与各相位角的平均值之差不应超过 2°。

5.2 基本不确定度极限、基准值

5.2.1 基本不确定度极限

按 GB/T 7676.1—2017 中 5.2.1 的规定。

对同步指示器仅在同步指示标志处有基本不确定度极限要求。

5.2.2 基本不确定度与准确度等级的关系

按 GB/T 7676.1—2017 中 5.2.2 的规定。

5.2.3 基准值

基准值相当于 90°电角度。

等级指数用 GB/T 7676.1—2017 中表 6 规定的符号 E-1 标志。

5.3 标称使用范围和改变量

5.3.1 标称使用范围

按表 2 和 GB/T 7676.1—2017 中 5.3.1 的规定。

5.3.2 改变量极限

按表 2 和 GB/T 7676.1—2017 中 5.3.2 的规定。

5.3.3 确定改变量的条件

按 GB/T 7676.1—2017 中 5.3.3 的规定。

表 2 标称使用范围限值和允许改变量

影响量		标称使用范围极限 （另有标志者除外）	用等级指数的百分数表示的 允许改变量(V_i)			推荐试验方法 GB/T 7676.9—2017 中条款
被测量的电压和/或电流的畸变	畸变因数	5%	100%(V_D)			6.7
	峰值因数[a]	1~3[b]	100%(V_{PK})			6.8
被测量的电流分量		额定电流的 20%~120%	100%(V_I)			6.10
被测量的电压和/或电流的频率	用移相装置的仪表	参比频率±1% 或参比范围下限−1% 和参比范围上限+1%	100%(V_F)			6.9
	其他仪表	参比频率±10% 或参比范围下限−10% 和参比范围上限+10%				
外磁场		0.4 kA/m		等级指数 <0.5	等级指数 ≥0.5	6.5
			非无定向和/或无磁屏蔽的电动系仪表	基准值的 3%[c] (V_M)	基准值的 6%[c] (V_M)	
			非无定向和/或无[a]磁屏蔽的铁磁电动系仪表	基准值的 1.5%[c] (V_M)	基准值的 3%[c] (V_M)	
			所有其他仪表	基准值的 0.75%[c] (V_M)	基准值的 1.5%[c] (V_M)	
被测量的电压分量		额定电压±15% 或参比范围下限−15% 和参比范围上限+15%	100%(V_V)			6.10
负载平衡 （对多相仪表）		被测量的一个 电流分量断开	200%(V_B)			6.13

[a] 对测量线路中有电子器件的仪表。

[b] 由于峰值因数非$\sqrt{2}$（对应于正弦波）所引起的允许改变量包括在由被测量的畸变引起的允许改变量之中。

对峰值因数能力大于 3 的仪表，制造厂应说明：

● 产生等级指数 100% 改变量的峰值因数能力；

● 示值改变到参比频率时的 0.707 倍频率响应（带宽）的上限和下限；

● 仪表内部交流放大器响应的最大有效改变率（转换速率），以 V/s 计，用国际单位词头。

峰值因数与仪表总的峰值因数能力有关，应包括由于畸变波形引起的峰值因数和包含可忽略平均功率的寄生脉冲所引起的峰值因数（此寄生脉冲可以是随机的或与基频相和谐的）。

[c] 不是等级指数的百分数。

5.4 工作不确定度

按 GB/T 7676.1—2017 中 5.4 的规定。

5.5 电的要求

5.5.1 介电强度和其他安全要求

按 GB/T 7676.1—2017 中 5.5.1 的规定。

5.5.2 自热

按 GB/T 7676.1—2017 中 5.5.2 的规定,但 GB/T 7676.1—2017 中 5.5.2 的要求不适用于同步指示器。

5.5.3 允许过负载

5.5.3.1 连续过负载

所有相位表、功率因数表连同其不可互换附件(若有时),除安装有非锁定开关的仪表外,所有电流线路应能同时承受 120% 额定值的连续过负载,持续时间为 2 h。

冷却到参比温度后,仪表连同其不可互换附件(若有时)应符合其基本不确定度要求,但不允许重复过负载。

连续过负载试验除电流外均应在参比条件下进行。

连续过负载试验不适用于同步指示器(除制造厂另有规定)。

5.5.3.2 短时过负载

5.5.3.2.1 所有相位表、功率因数表和同步指示器连同其不可互换附件(若有时)应能承受短时过负载试验。但这些要求不适用于分度线不直接对应输入量的仪表(但不包括与仪用互感器的仪表)。

5.5.3.2.2 短时过负载的电流值和电压值应是表 3 规定的有关因数与额定值或电流标称使用范围上限的乘积,制造厂另有规定值者除外。

过负载应分别施加于每组输入线路。

5.5.3.2.3 每次过负载应施加全部持续时间。装有以小于表 3 规定的时间断开线路的自动断路器(熔断器)的仪表除外。

在施加下一次过负载之前,自动断路器应予复位(或更换熔断器)。

5.5.3.2.4 经受短时过负载并冷却到参比温度以后,相位表、功率因数表和同步指示器连同其不可互换附件(若有时)应符合其基本不确定度要求,但不允许重复过负载。

表 3 短时过负载

测量线路	过负载因数	过负载次数	每次过负载持续时间/s	连续过负载之间的间隔时间/s
等级指数≤0.5				
电流线路	2	5	1	15
电压线路	2			

表 3（续）

测量线路	过负载因数	过负载次数	每次过负载持续时间/s	连续过负载之间的间隔时间/s
等级指数≥1				
电流线路	10	9	0.5	60
电压线路	2			
电流线路	10	1	5	—
电压线路	2			
凡规定有两个试验序列者，二者均应按表所示序列依次进行试验。				

5.5.4 极限工作温度范围

按 GB/T 7676.1—2017 中 5.5.4 的规定。

5.5.5 偏离零位

5.5.5.1 如果相位表或功率因数表在标度尺上有设定标志（零分度线），当断电时，应进行回复到该标志的检查。

5.5.5.2 按测量范围上限值通电 30 s 后，指示器偏离设定标志（零分度线）不应超过相应等级指数的 50%，用标度尺长度的百分数表示。

5.5.5.3 5.5.5.1 和 5.5.5.2 的要求不适用于同步指示器。

5.5.6 电磁兼容要求

按 GB/T 7676.1—2017 中 5.5.6 的规定。

5.5.7 同步指示器的特殊要求

5.5.7.1 同步指示器应有两个单独的输入线路，它们之间没有导线连接。

5.5.7.2 对多相同步指示器，当施加与两组输入上的频率之差减小到 1.5 Hz，且其中一组频率为参比频率或参比频率范围（若有时）的任意频率时，指示器将按正确方向转动。

对单相同步指示器，1.5 Hz 改为 1 Hz。

5.5.7.3 对多相同步指示器，任意恒定的频率差不应超过 1.5 Hz，指示器的转速由直观审定大体均匀。对单相同步指示器，1.5 Hz 改为 1 Hz。

5.5.7.4 在参比条件下，将一组或两组线路断开，在任意时间指示器不指示在同步标志两侧 30°角度以内。

5.5.7.4 的要求也适用于仪表与正常组合仪用互感器的次级仍保持连接、初级开路的情况。

5.6 结构要求

5.6.1 通用的结构要求

按 GB/T 7676.1—2017 的规定。

5.6.2 阻尼

GB/T 7676.1—2017 中 5.6.2 的要求不适用于同步指示器。

5.6.3 防接触封印

按 GB/T 7676.1—2017 中 5.6.3 的规定。

5.6.4 标度尺

按 GB/T 7676.1—2017 中 5.6.4 的规定。

5.6.5 止挡和超量程指示

按 GB/T 7676.1—2017 中 5.6.5 的规定。

5.6.6 优选值

相位表、功率因数表和同步指示器的额定值由制造厂和用户协商确定。

5.6.7 机械的和/或电的调节器

5.6.7.1 按 GB/T 7676.1—2017 中 5.6.7 的规定。

5.6.7.2 相位表和功率因数表在标度尺上有一机械零位,在该位置应有一设定标志(零分度线)。

5.6.7.3 没有确定的机械零位或机械零位在标度尺以外的相位表和功率因数表,不应具备可触及的零位调节器。

5.6.7.4 5.6.7.1 和 5.6.7.2 的要求不适用于同步指示器。

5.6.8 机械力作用的影响

按 GB/T 7676.1—2017 中 5.6.8 的规定。

5.6.9 耐机械应力

按 GB/T 7676.1—2017 中 5.6.9 的规定。

5.6.10 耐热和阻燃

按 GB/T 7676.1—2017 中 5.6.10 的规定。

5.6.11 外壳防护能力

按 GB/T 7676.1—2017 中 5.6.11 的规定。

5.6.12 接线端

按 GB/T 7676.1—2017 中 5.6.12 的规定。

6 信息、标志和符号

6.1 信息

按 GB/T 7676.1—2017 中 6.1 的规定。

如果仪表装有移相装置,应按 GB/T 7676.1—2017 中 6.1 的 m)和 z)的要求说明。

6.2 通用标志符号及其位置

按 GB/T 7676.1—2017 中 6.2 的规定。

6.3 关于影响量的标称使用范围和参比值的标志

按 GB/T 7676.1—2017 中 6.3 的规定。

6.4 仪表和附件用标志符号

按 GB/T 7676.1—2017 中 6.4 的规定。

6.5 接线端的标志和符号

6.5.1 对接线端标志的要求

按 GB/T 7676.1—2017 中 6.5.1 的规定。

6.5.2 对接地端标志的要求

按 GB/T 7676.1—2017 中 6.5.2 的规定。

6.5.3 测量线路的接线端

按 GB/T 7676.1—2017 中 6.5.3 的规定。

6.5.4 接线端的特殊标志

所有接线端应予以标志,且能唯一确认。

6.5.4.1 单元件仪表

仅有两个电流接线端和两个电压接线端的相位表、功率因数表,其电流和电压接线端应予以明确标志,与特定电压接线端正常连接的电流接线端应用和此电压接线端一样的公共符号来识别。

6.5.4.2 多相仪表

对所有多相相位表、功率因数表和同步指示器应提供接线图,最好固定在表壳上。

仪表上的接线端的标志应和接线图上的标志一致。

接线图应标明仪表元件与外部线路的连接方式。

6.6 使用说明书

按 GB/T 7676.1—2017 中 6.6 的规定。

7 包装和贮存

按 GB/T 7676.1—2017 中第 7 章的规定。

8 检验规则

按 GB/T 7676.1—2017 中第 8 章的规定。

附　录　A

（规范性附录）

试　验　项　目

相位表、功率因数表和同步指示器的例行试验、周期性试验和型式试验项目见表 A.1 的规定。

表 A.1　试验项目

序号	试验项目名称	技术要求条款	不合格类别	检验类别		
				例行试验	周期性试验	型式试验
1	信息、标志和符号	6.1～6.5	B	√	√	√
2	基本不确定度极限	5.2.1	B	√	√	√
3	环境温度	5.3.1	B			√
4	湿度	5.3.1	B			√
5	交流被测量畸变	5.3.1	B			√
6	交流被测量的频率影响	5.3.1	B		√	√
7	被测量的交流电压和/或电流分量的畸变	5.3.1	B			√
8	被测量的交流电压和/或电流分量的频率	5.3.1	B		√	√
9	被测量的电流分量	5.3.1	B		√	√
10	射频电磁场	5.3.1	B			√
11	射频场感应的传导骚扰	5.3.1	B			√
12	负载平衡(对多相仪表)	5.3.2	B		√	√
13	介电强度和其他安全要求	5.5.1	A	√	√	√
14	自热	5.5.2	B			√
15	连续过负载	5.5.3.1	B		√	√
16	短时过负载	5.5.3.2	B			√
17	极限工作温度范围	5.5.4	B		√	√
18	偏离零位	5.5.5	B	√	√	√
19	静电放电抗扰度	5.5.6	B			√
20	射频电磁场抗扰度	5.5.6	B			√
21	电快速瞬变脉冲群	5.5.6	B			√
22	射频场感应的传导骚扰的抗扰度	5.5.6	B			√
23	浪涌抗扰度	5.5.6	B			√
24	振铃波抗扰度	5.5.6	B			√
25	同步指示器的特殊要求	5.5.7	B	√	√	√
26	防接触封印	5.6.3	B	√	√	√

表 A.1（续）

序号	试验项目名称	技术要求条款	不合格类别	检验类别		
				例行试验	周期性试验	型式试验
27	标度尺	5.6.4	B	√	√	√
28	止挡和超量限指示	5.6.5	B		√	√
29	机械的和/或电的调节器（同步指示器除外）	5.6.7	B		√	√
30	振动	5.6.8	B			√
31	冲击	5.6.8	B			√
32	耐振动和耐颠震（碰撞）	5.6.8	B			√
33	耐机械应力	5.6.9	B			√
34	耐热和阻燃	5.6.10	B			√
35	外壳防护能力	5.6.11	B			√
36	接线端	5.6.12	B			√
37	使用说明书	6.6	C			√
38	包装和贮存	第7章	C		√	√

附　录　B

（资料性附录）

与前一版本相比主要的技术变化

本次修订属于技术修订。与前一版本相比有较大变化,主要技术变化如下:

1) 调整了标准的结构:

- 将原标准的第4章~第7章等有关技术要求的各章,合并为第5章"技术要求";
- 将原标准的第8章"信息、一般标志和符号",以及第9章端子的标志和符号合并为第6章"信息、标志和符号";
- 增加了第7章"包装和储存"、第8章"检验规则";
- 增加了附录A(规范性附录)和附录B(资料性附录)。

2) 引入基本不确定度和工作不确定度代替基本误差。

3) 增加外壳防护等级及电磁兼容性抗扰度要求。

ICS 17.220.20
N 21

中华人民共和国国家标准

GB/T 7676.6—2017
代替 GB/T 7676.6—1998

直接作用模拟指示电测量仪表及其附件
第6部分：电阻表（阻抗表）和
电导表的特殊要求

Direct acting indicating analogue electrical measuring instruments and their
accessories—Part 6：Special requirements for ohmmeters（impedance meters）
and conductance meters

2017-09-07 发布

2018-04-01 实施

中华人民共和国国家质量监督检验检疫总局
中国国家标准化管理委员会 发布

前　言

GB/T 7676《直接作用模拟指示电测量仪表及其附件》由以下九个部分组成：

——第 1 部分：定义和通用要求；

——第 2 部分：电流表和电压表的特殊要求；

——第 3 部分：功率表和无功功率表的特殊要求；

——第 4 部分：频率表的特殊要求；

——第 5 部分：相位表、功率因数表和同步指示器的特殊要求；

——第 6 部分：电阻表(阻抗表)和电导表的特殊要求；

——第 7 部分：多功能仪表的特殊要求；

——第 8 部分：附件的特殊要求；

——第 9 部分：推荐的试验方法。

本部分为 GB/T 7676 的第 6 部分。

本部分按照 GB/T 1.1—2009 给出的规则起草。

本部分代替 GB/T 7676.6—1998《直接作用模拟指示电测量仪表及其附件　第 6 部分：电阻表(阻抗表)和电导表的特殊要求》。

与 GB/T 7676.6—1998 相比，变化较大。采用不确定度代替误差，调整了标准结构，修改了多个条款，具体的变化参见附录 B。

请注意本文件的某些内容可能涉及专利。本文件的发布机构不承担识别这些专利的责任。

本部分由中国机械工业联合会提出。

本部分由全国电工仪器仪表标准化技术委员会(SAC/TC 104)归口。

本部分主要起草单位：哈尔滨电工仪表研究所、山东省计量科学研究院、国网四川省电力公司计量中心、浙江正泰仪器仪表有限责任公司、浙江迪克森电器有限公司、国网江西省电力公司电力科学研究院、德力西集团仪器仪表有限公司、河南省电力公司电力科学研究院、冀北电力有限公司计量中心、国家电工仪器仪表质量监督检验中心、浙江省计量科学研究院、国网湖南省电力公司电力科学研究院、中南仪表有限公司、国网北京市电力公司、国网重庆市电力公司电力科学研究院、上海市计量测试技术研究院、国网湖北省电力公司电力科学研究院、深圳友讯达科技股份有限公司、上海康比利仪表有限公司、上海英孚特电子技术有限公司、河南省计量科学研究院、深圳星龙科技股份有限公司、北京自动化控制设备厂、华立科技股份有限公司、义乌源泰智能科技有限公司、西安凯益金电子科技有限公司。

本部分主要起草人：王新军、李道民、刘献成、陈波、白泰、秦国鑫、裴茂林、申莉、薛德晋、丁振、袁慧昉、刘沛、蔡毅、刘鹍、陈闻新、郑元豹、黄建钟、甘依依、周丽霞、李荣平、郑孟霞、林晓龙、吴维德、刘丹、靳绍平、李冀、刘复若、赵锦锦、王伟能、崔涛、郭小广、霍建华、来磊、邵凤云、王念莉、冯学礼、侯兴哲、王三强、赵铎、曾仕途、毕伟、陈双杰、陈乃恩。

本部分所代替标准的历次版本发布情况为：

——GB/T 7676.6—1987、GB/T 7676.6—1998。

直接作用模拟指示电测量仪表及其附件
第6部分：电阻表（阻抗表）和
电导表的特殊要求

1 范围

GB/T 7676 的本部分规定了直接作用模拟指示电测量电阻表（阻抗表）和电导表的术语和定义、分类、分级、通用技术要求、信息、标志和符号、包装和贮存以及检验规则。

本部分适用于直接作用模拟指示电测量电阻表（阻抗表）和电导表。

本部分也适用于当附件与仪表连用并在组合状态下进行调整时电阻表（阻抗表）和电导表与附件的组合。

本部分也适用于其分度线与输入电量的关系为已知，但不直接对应的直接作用模拟指示电阻表（阻抗表）和电导表。

本部分也适用于在其测量和／或辅助电路中具有电子器件的电阻表（阻抗表）和电导表。

本部分不适用于绝缘电阻表、接地电阻表。

本部分不适用于另有相应国家标准规定的特殊用途的电阻表（阻抗表）和电导表。

2 规范性引用文件

下列文件对于本文件的应用是必不可少的。凡是注日期的引用文件，仅注日期的版本适用于本文件。凡是不注日期的引用文件，其最新版本（包括所有的修改单）适用于本文件。

GB/T 7676.1—2017 直接作用模拟指示电测量仪表及其附件 第1部分：定义和通用要求

GB/T 7676.9—2017 直接作用模拟指示电测量仪表及其附件 第9部分：推荐的试验方法

3 术语和定义

GB/T 7676.1—2017 界定的术语和定义适用于本文件。

4 分类、分级和符合性

4.1 分类

4.1.1 按工作方式和特征分类

仪表按其工作方式和特征分为：

——电阻表；

——阻抗表；

——电导表。

4.1.2 按使用方式分类

按 GB/T 7676.1—2017 中 4.1.2 的规定。

4.1.3 按环境条件分类

按 GB/T 7676.1—2017 中 4.1.3 的规定。

4.1.4 按机械条件分类

按 GB/T 7676.1—2017 中 4.1.4 的规定。

4.1.5 按外壳防护等级分类

按 GB/T 7676.1—2017 中 4.1.5 的规定。

4.1.6 按电阻的测量方式分类

分为两端法和四端法。

4.1.7 按标度尺特性分类

分为线性标度尺仪表和非线性标度尺仪表。

4.2 分级

电阻表、阻抗表和电导表应按下列等级指数表示的准确度等级分级：
0.05,0.1,0.2,0.5,1,1.5,2,2.5,3,5,10,20。

4.3 与本部分要求的符合性

按 GB/T 7676.1—2017 中 4.3 的规定。

5 技术要求

5.1 参比条件

5.1.1 影响量的参比条件按 GB/T 7676.1—2017 中表 1 的规定。

5.1.2 GB/T 7676.1—2017 中表 1 有关纹波、畸变、峰值因数和频率的要求不适用于电阻表、阻抗表和电导表。

5.2 基本不确定度极限、基准值

5.2.1 基本不确定度极限

按 GB/T 7676.1—2017 中 5.2.1 的规定。

5.2.2 基本不确定度限值与准确度等级的关系

按 GB/T 7676.1—2017 中 5.2.2 的规定。

5.2.3 基准值

5.2.3.1 非线性标度尺的电阻表、阻抗表为仪表指示值。

等级指数用 GB/T 7676.1—2017 中表 6 规定的符号 E-3 标志。

5.2.3.2 线性标度尺的电导表为仪表指示值。

等级指数用 GB/T 7676.1—2017 中表 6 规定的符号 E-10 标志。

5.3 标称使用范围和改变量

5.3.1 标称使用范围

5.3.1.1 按 GB/T 7676.1—2017 中 5.3.1 的规定。

5.3.1.2 GB/T 7676.1—2017 中表 2 有关纹波、畸变、峰值因数和频率的要求不适用于电阻表和电导表,畸变和峰值因数的要求适用于阻抗表。

5.3.2 改变量极限

5.3.2.1 按 GB/T 7676.1—2017 中 5.3.2 的规定。

5.3.2.2 GB/T 7676.1—2017 中表 2 有关纹波、畸变、峰值因数和频率的要求不适用于电阻表和电导表,畸变和峰值因数的要求适用于阻抗表。由畸变和峰值因数引起的改变量应不大于其准确度等级允许的范围。

5.3.2.3 用电池为电源的电阻表、阻抗表和电导表,当电池电压和内阻为制造厂所规定的范围内的任意值时,均应能正常工作。按制造厂规定进行初调后,由电池特性变化所引起的改变量应不大于其准确度等级允许的范围。

5.3.3 确定改变量的条件

5.3.3.1 按 GB/T 7676.1—2017 中 5.3.3 的规定。

5.3.3.2 间断使用的电阻表、阻抗表和电导表,应在预处理(如有时)后立即测量其改变量。

5.4 工作不确定度、系统综合不确定度和改变量

按 GB/T 7676.1—2017 中 5.4 的规定。

5.5 电的要求

5.5.1 介电强度和其他安全要求

按 GB/T 7676.1—2017 中 5.5.1 的规定。

5.5.2 自热

5.5.2.1 自热 GB/T 7676.1—2017 的要求不适用于电阻表、阻抗表和电导表。

5.5.2.2 对于间断工作的电阻表、阻抗表和电导表,连接后的工作时间应不超过 5 min。

5.5.3 允许过负载

电阻表、阻抗表和电导表对允许过负载没有要求。

5.5.4 极限工作温度范围

按 GB/T 7676.1—2017 中 5.5.4 的规定。

5.5.5 偏离零位

电阻表、阻抗表和电导表对偏离零位没有要求。

5.5.6 电磁兼容性要求

GB/T 7676.1—2017 中 5.5.6 不适用于电阻表、阻抗表和电导表。

5.6 结构要求

5.6.1 通用的结构要求

按 GB/T 7676.1—2017 中 5.6.1 的规定。

5.6.2 阻尼

按 GB/T 7676.1—2017 中 5.6.2 的规定。

5.6.3 防接触封印

按 GB/T 7676.1—2017 中 5.6.3 的规定。

5.6.4 标度尺

5.6.4.1 标度尺分度

按 GB/T 7676.1—2017 中 5.6.4.1 的规定。

5.6.4.2 分度数字

按 GB/T 7676.1—2017 中 5.6.4.2 的规定。

5.6.4.3 偏转方向

电阻表、阻抗表和电导表的偏转方向不规定。

5.6.4.4 测量范围限值

5.6.4.4.1 按 GB/T 7676.1—2017 中 5.6.4.4 的规定。

5.6.4.4.2 对非线性标度尺的电阻表,测量范围限值识别不应采用省略测量范围以外细分度的方法。

5.6.4.4.3 测量范围至少应为标度尺长的 50%。

5.6.5 止档和超量限指示

电阻表、阻抗表和电导表对被测量止档和超量限指示没有要求。

5.6.6 优选值

由制造厂和用户协商确定。

5.6.7 机械的和/或电的调节器

按 GB/T 7676.1—2017 中 5.6.7 的规定。

5.6.8 机械力作用的影响

按 GB/T 7676.1—2017 中 5.6.8 的规定。

5.6.9 耐机械应力

按 GB/T 7676.1—2017 中 5.6.9 的规定。

5.6.10 耐热和阻燃

按 GB/T 7676.1—2017 中 5.6.10 的规定。

5.6.11 外壳防护能力

按 GB/T 7676.1—2017 中 5.6.11 的规定。

5.6.12 接线端

按 GB/T 7676.1—2017 中 5.6.12 的规定。

6 信息、标志和符号

6.1 信息

按 GB/T 7676.1—2017 中 6.1 的规定。

6.2 通用标志符号及其位置

按 GB/T 7676.1—2017 中 6.2 的规定。

6.3 关于影响量的标称使用范围和参比值的标志

按 GB/T 7676.1—2017 中 6.3 的规定。

6.4 仪表和附件用标志符号

按 GB/T 7676.1—2017 中 6.4 的规定。

6.5 接线端的标志和符号

6.5.1 对接线端标志的要求

按 GB/T 7676.1—2017 中 6.5.1 的规定。

6.5.2 对接地端标志的要求

电阻表、阻抗表和电导表没有接地端要求。

6.5.3 测量线路的接线端

按 GB/T 7676.1—2017 中 6.5.3 的规定。

6.5.4 接线端的特殊标志

6.5.4.1 两端电阻表、阻抗表和电导表,在使用时,相对于其他接线端为正的接线端应用 GB/T 7676.1—2017 中表 6 规定的符号 F-46(＋)标志。

6.5.4.2 四端电阻表、阻抗表和电导表的接线端,在使用时,相对于其他电流接线端为正的接线端应用 GB/T 7676.1—2017 中表 6 规定的符号 F-46(＋)标志。

6.5.4.3 具有附件的电阻表、阻抗表和电导表,用于与外部测量线路连接的接线端应按 6.5.4.1～6.5.4.2 的要求标志。电阻表、阻抗表和电导表上用于与附件接线端连接的接线端,应用阿拉伯数字标志。

6.5.4.4 制造厂应选用方便而不重复的数字。对应连接在一起的接线端时,应标以相同的数字。

6.6 使用说明书

按 GB/T 7676.1—2017 中 6.6 的规定。

7 包装和贮存

按 GB/T 7676.1—2017 第 7 章的规定。

8 检验规则

按附录 A 和 GB/T 7676.1—2017 第 8 章的规定。

附　录　A
（规范性附录）
试验项目

电阻表、阻抗表和电导表的例行试验、周期性试验和型式试验项目见表A.1的规定。

表 A.1　试验项目

序号	试验项目名称	技术要求条款	不合格类别	检验类别		
				例行试验	周期性试验	型式试验
1	信息、标志和符号	6.1～6.5	B	√	√	√
2	基本不确定度极限	5.2.1	B	√	√	√
3	环境温度	5.3.1	B			√
4	湿度	5.3.1	B			√
5	电池电压引起的改变量	5.3.2.3	B			√
6	介电强度和其他安全要求	5.5.1	A	√	√	√
7	极限工作温度范围	5.5.4	B		√	√
8	阻尼	5.6.2	B	√	√	√
9	防接触封印	5.6.3	B	√	√	√
10	标度尺	5.6.4	B	√	√	√
11	机械的和/或电的调节器	5.6.7	B		√	√
12	振动	5.6.8	B			√
13	冲击	5.6.8	B			√
14	耐振动和耐颠震（碰撞）	5.6.8	B			√
15	耐机械应力	5.6.9	B			√
16	耐热和阻燃	5.6.10	B			√
17	外壳防护能力	5.6.11	B			√
18	接线端	5.6.12	B			√
19	使用说明书	6.6	C		√	√
20	包装和贮存	第7章	C	√	√	√

附　录　B
（资料性附录）
与前一版本相比主要的技术变化

本部分与前一版本相比有较大变化，主要技术变化如下：

1) 调整了标准的结构：
   - 将原标准的第 4 章～第 7 章等有关技术要求的各章，合并为第 5 章"技术要求"；
   - 将原标准的第 8 章"信息、通用标志和符号"，以及第 9 章"接线端的标志和符号"合并为第 6 章"信息、标志和符号"；
   - 增加了第 7 章"包装和贮存"、第 8 章"检验规则"；
   - 增加了"附录 A（规范性附录）试验项目"和"附录 B（资料性附录）与前一版相比主要的技术变化"。

2) 在范围中增加了：本部分不适用于绝缘电阻表、接地电阻表。

3) 在范围中把原标准中适用于电阻表更改为了适用于电阻表（阻抗表）和电导表。

4) "4.2　基本误差极限、基准值"改为"5.2　基本不确定度极限、基准值"。

5) 增加"5.2.1　基本不确定度极限"。

6) "4.2.1　基本误差与准确度等级的关系"改为"5.2.2　基本不确定度限值与准确度等级的关系"。

7) 在原第 5 章"5　标称使用范围和改变量"中增加了"5.4　工作不确定度、系统综合不确定度和改变量"。

8) 第 6 章"6　其他电的和机械要求"改为"5.5　电的要求"，并将其中的机械要求与原第 7 章的"7　结构要求"合并为"5.6　结构要求"。

9) 在"5.5　电的要求"条款中，将原标准的"6.1　电压试验、绝缘试验及其他安全要求"改为"5.5.1　介电强度和其他安全要求"。

10) 在"5.6　结构要求"中增加了"5.6.1　通用的结构要求"条款。

11) 在"5.6　结构要求"中将原标准的"7.6　振动和冲击的影响"修改为"5.6.8　机械力作用的影响"。

12) 在"5.6　结构要求"增加了"5.6.9　耐机械应力"。

13) 在"5.6　结构要求"中增加了"5.6.10　耐热和阻燃"以及"5.6.11　外壳防护能力"。

14) 在"5.6　结构要求"中增加了"5.6.12　接线端"。

15) 将原标准的第 8 章"8　信息、通用标志和符号"和第 9 章"9　接线端的标志和符号"合并为第 6 章"6　信息、标志和符号"。

16) 原标准的"9.1　对标志的要求"改为"6.5.1　对接线端标志的要求"。

17) 在第 6 章中增加了"6.6　使用说明书"。

18) 本次修订增加了第 7 章"7　包装和贮存"。

19) 取消原标准的第 10 章，改为"8　检验规则"。

ICS 17.220.20
N 21

中华人民共和国国家标准

GB/T 7676.7—2017
代替 GB/T 7676.7—1998

直接作用模拟指示电测量仪表及其附件
第 7 部分：多功能仪表的特殊要求

Direct acting indicating analogue electrical measuring instruments and their
accessories—Part 7：Special requirements for multi-function instruments

2017-09-07 发布

2018-04-01 实施

中华人民共和国国家质量监督检验检疫总局
中国国家标准化管理委员会 发布

233

GB/T 7676.7—2017

前　言

GB/T 7676《直接作用模拟指示电测量仪表及其附件》由以下9个部分组成：
——第1部分：定义和通用要求；
——第2部分：电流表和电压表的特殊要求；
——第3部分：功率表和无功功率表的特殊要求；
——第4部分：频率表的特殊要求；
——第5部分：相位表、功率因数表和同步指示器的特殊要求；
——第6部分：电阻表(阻抗表)和电导表的特殊要求；
——第7部分：多功能仪表的特殊要求；
——第8部分：附件的特殊要求；
——第9部分：推荐的试验方法。

本部分为GB/T 7676的第7部分。

本部分按照GB/T 1.1—2009给出的规则起草。

本部分代替GB/T 7676.7—1998《直接作用模拟指示电测量仪表及其附件　第7部分：多功能仪表的特殊要求》。

与GB/T 7676.6—1998相比，变化较大。采用不确定度代替误差，调整了标准结构，修改了多个条款，具体的变化参见附录A。

请注意本文件的某些内容可能涉及专利。本文件的发布机构不承担识别这些专利的责任。

本部分由中国机械工业联合会提出。

本部分由全国电工仪器仪表标准化技术委员会(SAC/TC 104)归口。

本部分主要起草单位：哈尔滨电工仪表研究所、山东省计量科学研究院、上海市计量测试技术研究院、浙江迪克森电器有限公司、德力西集团仪器仪表有限公司、国网江西省电力公司电力科学研究院、上海康比利仪表有限公司、国网湖北省电力公司电力科学研究院、国网重庆市电力公司电力科学研究院、上海英孚特电子技术有限公司、河南省计量科学研究院、浙江正泰仪器仪表有限责任公司、国网湖南省电力公司电力科学研究院、河南省电力公司电力科学研究院、冀北电力有限公司计量中心、国家电工仪器仪表质量监督检验中心、浙江省计量科学研究院、中南仪表有限公司、深圳友讯达科技股份有限公司、深圳星龙科技股份有限公司、国网四川省电力公司计量中心、北京自动化控制设备厂、华立科技股份有限公司、国网北京市电力公司、西安凯益金电子科技有限公司。

本部分主要起草人：李道民、裴茂林、郭小广、王新军、刘献成、秦国鑫、薛德晋、丁振、袁慧昉、刘沛、蔡毅、靳绍平、陈波、侯兴哲、申莉、刘鹍、陈闻新、郑元豹、黄建钟、甘依依、周丽霞、李荣平、崔涛、王伟能、吴维德、白泰、郑孟霞、林晓龙、刘丹、刘复若、李冀、赵锦锦、霍建华、邵凤云、来磊、王念莉、冯学礼、侯兴哲、王三强、赵铎、曾仕途、毕伟、陈乃恩。

本部分所代替标准的历次版本发布情况为：
——GB/T 7676.7—1987、GB/T 7676.7—1998。

直接作用模拟指示电测量仪表及其附件
第7部分:多功能仪表的特殊要求

1 范围

GB/T 7676 的本部分规定了直接作用模拟指示电测量多功能仪表的术语和定义、分类、分级和符合性、技术要求、信息、标志和符号、包装和存贮以及检验规则等。

本部分适用于直接作用模拟指示多功能仪表。

本部分也适用于当附件与仪表连用并在组合状态下进行调整时多功能仪表与附件的组合。

本部分也适用于其分度线与输入电量的关系为已知,但不直接对应的直接作用模拟指示多功能仪表。

本部分不适用于另有相应国家标准规定的特殊用途的多功能仪表。

2 规范性引用文件

下列文件对于本文件的应用是必不可少的。凡是注日期的引用文件,仅注日期的版本适用于本文件。凡是不注日期的引用文件,其最新版本(包括所有的修改单)适用于本文件。

GB/T 7676.1—2017 直接作用模拟指示电测量仪表及其附件 第1部分:定义和通用要求

GB/T 7676.2—2017 直接作用模拟指示电测量仪表及其附件 第2部分:电流表和电压表的特殊要求

GB/T 7676.3—2017 直接作用模拟指示电测量仪表及其附件 第3部分:功率表和无功功率表的特殊要求

GB/T 7676.4—2017 直接作用模拟指示电测量仪表及其附件 第4部分:频率表的特殊要求。

GB/T 7676.5—2017 直接作用模拟指示电测量仪表及其附件 第5部分:相位表、功率因数表和同步指示器的特殊要求。

GB/T 7676.6—2017 直接作用模拟指示电测量仪表及其附件 第6部分:电阻表(阻抗表)和电导表的特殊要求。

3 术语和定义

GB/T 7676.1～7676.6—2017 界定的术语和定义适用于本文件。

4 分类、分级和符合性

4.1 分类

4.1.1 GB/T 7676.1—2017 中 4.1 规定的分类方法适用于多功能仪表。

4.1.2 多功能仪表按其被测量分类。例如:d.c./a.c.电流表－d.c./a.c.电压表-电阻表。

4.2 分级

4.2.1 多功能仪表的每种功能应按与该功能对应的本标准相关部分的规定,以等级指数表示的准确度等级分级。

4.2.2 每种功能可以有不同的等级指数,直流和交流应认为是不同的测量功能。

4.2.3 功能的某些范围可以有与其他范围不同的等级指数。

4.3 与本部分要求的符合性

4.3.1 按 GB/T 7676.1—2017 中 4.3 的规定。

4.3.2 GB/T 7676.2～7676.6 中相应的特殊要求适用于多功能仪表中的相应功能。

5 技术要求

5.1 参比条件

按 GB/T 7676.1—2017 中 5.1 的规定,每种功能的补充规定(若有时)见相关部分。

5.2 基本不确定度极限、基准值

5.2.1 基本不确定度极限

按 GB/T 7676.1—2017 中 5.2.1 的规定。

5.2.2 基本不确定度限值与准确度等级的关系

按 GB/T 7676.1—2017 中 5.2.2 的规定。

5.2.3 基准值

多功能仪表每种功能的基准值,按相关部分的规定。

5.3 标称使用范围和改变量

5.3.1 标称使用范围

按 GB/T 7676.1—2017 中 5.3.1 的规定,每种功能的要求按相关部分的规定。

5.3.2 改变量极限

按 GB/T 7676.1—2017 中 5.3.2 的规定,每种功能的要求按相关部分的规定。

5.3.3 确定该变量的条件

按 GB/T 7676.1—2017 中 5.3.3 的规定。

5.4 工作不确定度、系统综合不确定度和改变量

按 GB/T 7676.1—2017 中 5.4 的规定,每种功能的要求按相关部分的规定。

5.5 电的要求

5.5.1 介电强度和其他安全要求

按 GB/T 7676.1—2017 中 5.5.1 的规定,每种功能的要求按相关部分的规定。

5.5.2 自热

按 GB/T 7676.1—2017 中 5.5.2 的规定,每种功能的要求按相关部分的规定。

5.5.3 允许过负载

按 GB/T 7676.1—2017 中 5.5.3 的规定,每种功能的要求按相关部分的规定。

5.5.4 极限工作温度范围

按 GB/T 7676.1—2017 中 5.5.4 的规定,每种功能的要求按相关部分的规定。

5.5.5 偏离零位

按 GB/T 7676.1—2017 中 5.5.5 的规定,每种功能的要求按相关部分的规定。

5.5.6 电磁兼容性要求

按 GB/T 7676.1—2017 中 5.5.6 的规定,每种功能的要求按相关部分的规定。

5.6 机械要求

5.6.1 通用的结构要求

按 GB/T 7676.1—2017 中 5.6.1 的规定,每种功能的要求按相关部分的规定。

5.6.2 阻尼

按 GB/T 7676.1—2017 中 5.6.2 的规定,每种功能的要求按相关部分的规定。

5.6.3 防接触封印

按 GB/T 7676.1—2017 中 5.6.3 的规定,每种功能的要求按相关部分的规定。

5.6.4 标度尺

按 GB/T 7676.1—2017 中 5.6.4 的规定,每种功能的要求按相关部分的规定。

5.6.5 止档和超量限指示

按 GB/T 7676.1—2017 中 5.6.5 的规定,每种功能的要求按相关部分的规定。

5.6.6 优选值

每种功能的优选值(若有时)按相关部分的规定及制造厂和用户协商确定。

5.6.7 机械的和/或电的调节器

按 GB/T 7676.1—2017 中 5.6.7 的规定,每种功能的要求按相关部分的规定。

5.6.8 机械力作用的影响

按 GB/T 7676.1—2017 中 5.6.8 的规定,每种功能的要求按相关部分的规定。

5.6.9 耐机械应力

按 GB/T 7676.1—2017 中 5.6.9 的规定,每种功能的要求按相关部分的规定。

5.6.10 耐热和阻燃

按 GB/T 7676.1—2017 中 5.6.10 的规定,每种功能的要求按相关部分的规定。

5.6.11 外壳防护能力

按 GB/T 7676.1—2017 中 5.6.11 的规定,每种功能的要求按相关部分的规定。

5.6.12 接线端

按 GB/T 7676.1—2017 中 5.6.12 的规定,每种功能的要求按相关部分的规定。

6 信息、标志和符号

6.1 信息

按 GB/T 7676.1—2017 中 6.1 的规定,每种功能的要求按相关部分的规定。

6.2 通用标志符号及其位置

按 GB/T 7676.1—2017 中 6.2 的规定,每种功能的要求按相关部分的规定。

6.3 关于影响量的标称使用范围和参比值的标志

按 GB/T 7676.1—2017 中 6.3 的规定,每种功能的要求按相关部分的规定。

6.4 仪表和附件用标志符号

按 GB/T 7676.1—2017 中 6.4 的规定,每种功能的要求按相关部分的规定。

6.5 接线端的标志和符号

6.5.1 对接线端标志的要求

按 GB/T 7676.1—2017 中 6.5.1 的规定,每种功能的要求按相关部分的规定。

6.5.2 对接地端标志的要求

按 GB/T 7676.1—2017 中 6.5.2 的规定,每种功能的要求按相关部分的规定。

6.5.3 测量线路的接线端

按 GB/T 7676.1—2017 中 6.5.3 的规定,每种功能的要求按相关部分的规定。

6.5.4 接线端的特殊标志

6.5.4.1 接线端应清晰地标志以显示它们的功能和/或范围。

6.5.4.2 如果某一接线端是作为直流电流或直流电压测量功能的正端,则应按 GB/T 7676.1—2017 中表 6 规定的符号 F-16(+)标志,或将此接线端和/或其周围以红色标志。这一要求也适用于其他测量功能。

6.6 使用说明书

按 GB/T 7676.1—2017 中 6.6 的规定,每种功能的要求按相关部分的规定。

7 包装和贮存

按 GB/T 7676.1—2017 中第 7 章的规定,每种功能的要求按相关部分的规定。

8 检验规则

按 GB/T 7676.1—2017 中第 8 章的规定,每种功能的要求按相关部分的规定。

附 录 A

（资料性附录）

与前一版本相比主要的技术变化

本部分与前一版本相比有较大变化，主要技术变化如下：

1) 调整了标准的结构：
   - 将原标准的第 4 章～第 7 章等有关技术要求的各章，合并为第 5 章"技术要求"；
   - 将原标准的第 8 章"信息、通用标志和符号"，以及第 9 章"接线端的标志和符号"合并为第 6 章"信息、标志和符号"；
   - 增加了第 7 章"包装和贮存"、第 8 章"检验规则"。

2) "4.2　基本误差极限、基准值"改为"5.2　基本不确定度极限、基准值"。

3) 增加"5.2.1　基本不确定度极限"。

4) "4.2.1　基本误差与准确度等级的关系"改为"5.2.2　基本不确定度限值与准确度等级的关系"。

5) 在原第 5 章"5　标称使用范围和改变量"中增加了"5.4　工作不确定度、系统综合不确定度和改变量"。

6) 原第 6 章"6　其他电的和机械要求"改为"5.5　电的要求"，并将其中的机械要求与原第 7 章的"7　结构要求"合并为"5.6　结构要求"。

7) 在"5.5　电的要求"条款中，将原标准的"6.1　电压试验、绝缘试验和其他安全要求"改为"5.5.1　介电强度和其他安全要求"。

8) 在"5.6　结构要求"中增加了"5.6.1　通用的结构要求"条款。

9) 在"5.6　结构要求"中将原标准的"7.6　振动和冲击的影响"修改为"5.6.8　机械力作用的影响"。

10) 在"5.6　结构要求"中增加了"5.6.9　耐机械应力"。

11) 在"5.6　结构要求"中增加了"5.6.10　耐热和阻燃"以及"5.6.11　外壳防护能力"。

12) 在"5.6　结构要求"中增加了"5.6.12　接线端"。

13) 将原标准的第 8 章"8　信息、通用标志和符号"和第 9 章"9　接线端的标志和符号"合并为第 6 章"6　信息、标志和符号"。

14) 原标准的"9.1　对标志的要求"改为"6.5.1　对接线端标志的要求"。

15) 在第 6 章中增加了"6.6　使用说明书"。

16) 本次修订增加了第 7 章"7　包装和贮存"。

17) 取消原标准的第 10 章，改为"8　检验规则"。

ICS 17.220.20
N 21

中华人民共和国国家标准

GB/T 7676.8—2017
代替 GB/T 7676.8—1998

直接作用模拟指示电测量仪表及其附件
第 8 部分：附件的特殊要求

Direct acting indicating analogue electrical measuring instruments and
their accessories—Part 8：Special requirements for accessories

2017-09-07 发布

2018-04-01 实施

中华人民共和国国家质量监督检验检疫总局
中国国家标准化管理委员会 发布

前　言

GB/T 7676《直接作用模拟指示电测量仪表及其附件》由以下9个部分组成：

——第1部分：定义和通用要求；

——第2部分：电流表和电压表的特殊要求；

——第3部分：功率表和无功功率表的特殊要求；

——第4部分：频率表的特殊要求；

——第5部分：相位表、功率因数表和同步指示器的特殊要求；

——第6部分：电阻表（阻抗表）和电导表的特殊要求；

——第7部分：多功能仪表的特殊要求；

——第8部分：附件的特殊要求；

——第9部分：推荐的试验方法。

本部分为GB/T 7676的第8部分。

本部分按照GB/T 1.1—2009给出的规则起草。

本部分代替GB/T 7676.8—1998《直接作用模拟指示电测量仪表及其附件　第8部分：附件的特殊要求》。

与GB/T 7676.8—1998相比，变化较大。调整了标准结构，修改了多个条款，具体的变化参见附录B。

请注意本文件的某些内容可能涉及专利。本文件的发布机构不承担识别这些专利的责任。

本部分由中国机械工业联合会提出。

本部分由全国电工仪器仪表标准化技术委员会（SAC/TC 104）归口。

本部分主要起草单位：国网江西省电力公司电力科学研究院、上海英孚特电子技术有限公司、哈尔滨电工仪表研究所、北京自动化控制设备厂、深圳星龙科技股份有限公司、浙江正泰仪器仪表有限责任公司、浙江迪克森电器有限公司、德力西集团仪器仪表有限公司、河南省电力公司电力科学研究院、冀北电力有限公司计量中心、深圳友讯达科技股份有限公司、国网湖南省电力公司电力科学研究院、上海康比利仪表有限公司、山东省计量科学研究院、国家电工仪器仪表质量监督检验中心、深圳友讯达科技股份有限公司、浙江省计量科学研究院、国网北京市电力公司、中南仪表有限公司、国网重庆市电力公司电力科学研究院、上海市计量测试技术研究院、国网湖北省电力公司电力科学研究院、河南省计量科学研究院、国网四川省电力公司计量中心、华立科技股份有限公司、西安凯益金电子科技有限公司。

本部分主要起草人：薛德晋、裴茂林、靳绍平、陈波、秦国鑫、刘献成、申莉、丁振、陈闻新、袁慧昉、刘沛、蔡毅、刘鹍、郑元豹、黄建钟、郭小广、崔涛、王伟能、白泰、李冀、甘依依、周丽霞、李荣平、郑孟霞、林晓龙、刘丹、刘复若、赵锦锦、霍建华、来磊、王念莉、冯学礼、邵凤云、侯兴哲、吴维德、王三强、赵铎、李道民、王新军、曾仕途、毕伟、陈乃恩。

本部分所代替标准的历次版本发布情况为：

——GB/T 7676.8—1987、GB/T 7676.8—1998。

引　言

　　原 GB/T 7676—1998 是等同采用 IEC 60051。标准的主要技术内容仍然反映着 40 年前的水平。20 世纪和 21 世纪可以说是技术日新月异的年代,是电子技术飞速发展和信息爆炸的年代。现在模拟指示仪表已不再是机电式仪表的天下,大多数电量都可以通过电子变换器变换成直流电压或电流,然后用磁电系仪表指示相应的电量;就连扩大量限装置也不再是分流器、阻抗器的天下。在很多场合下霍尔传感器和分流器相比具有明显的优点,霍尔电流传感器可以在不断开电流回路的情况下更换;霍尔传感器既可以测量直流电流、也可以测量交流电流;电子放大器可以将小电流的测量范围进一步扩大。一般情况下,电子变换器测量频率、功率、无功功率、相位和功率因数等电量时,结构简单、需用的模具、工装与机电式的模拟表相比要少很多,新产品的研发时间短很多,研发成本也非常低,优势非常明显,因此可互换的或有限可互换或不可互换的频率、功率、无功功率、相位和功率因数电子变换器在当今的模拟表中已是极为普遍的现象。现今的模拟指示电表的附件标准再也不能忽视这类电子变换器了。当然,电子变换器的出现又带来了很多新的情况,比如说波形畸变的影响、电磁兼容性等等方面的问题。

　　为此,本部分的此次修订为技术修订,增补了许多新形式的附件,如各种电子变换器和霍尔传感器等。

　　由于电子器件的大量使用,电磁兼容性的问题突出出来,此次本部分修订在"电的要求"一章中增加了电磁兼容性要求。在"电的要求"中考虑到所有接入高过载能力电流互感器的附件以及电流测量范围上限为 1 A~10 A 的附件都有承受大电流的问题,增加了电流线路不开路的技术要求。这既是电的要求也是安全要求。

　　由于分流器具有热电势的影响,开环霍尔电流传感器具有磁滞影响,因此本部分增加了分流器由热电势引起的改变量和开环霍尔电流传感器由磁滞引起的改变量。

　　由于电子器件具有一定的零漂,本部分对此也非常关注,提出了零点稳定性的技术要求。

　　有鉴于此,修订后的本部分与上一版本相比更能反映当代的技术水平和技术发展的方向。

直接作用模拟指示电测量仪表及其附件
第8部分:附件的特殊要求

1 范围

GB/T 7676 的本部分规定了附件的分类、分级和符合性,技术要求,信息、标志和符号,包装和贮存以及检验规则等。

本部分适用于下列直接作用模拟指示电测量仪表的附件:

——分流器;

——串联电阻器和阻抗器;

——霍尔电流传感器;

——霍尔电压传感器;

——电子变换器。

本部分不适用于另有相应国家标准规定的用作附件的特殊用途装置。

2 规范性引用文件

下列文件对于本文件的应用是必不可少的。凡是注日期的引用文件,仅注日期的版本适用于本文件。凡是不注日期的引用文件,其最新版本(包括所有的修改单)适用于本文件。

GB/T 7676.1—2017 直接作用模拟指示电测量仪表及其附件 第1部分:定义和通用要求

GB/T 7676.2—2017 直接作用模拟指示电测量仪表及其附件 第2部分:电流表和电压表的特殊要求

GB/T 7676.3—2017 直接作用模拟指示电测量仪表及其附件 第3部分:功率表和无功功率表的特殊要求

GB/T 7676.4—2017 直接作用模拟指示电测量仪表及其附件 第4部分:频率表的特殊要求

GB/T 7676.5—2017 直接作用模拟指示电测量仪表及其附件 第5部分:相位表、功率因数表和同步指示器的特殊要求

GB/T 7676.9—2017 直接作用模拟指示电测量仪表及其附件 第9部分:推荐的试验方法

IEC 61869-2:2012 仪用互感器 第2部分:电流互感器的附加要求(Instrument transformers—Part 2: Additional requirements for current transformers)

3 术语和定义

GB/T 7676.1—2017 界定的术语和定义适用于本文件。

4 分类、分级和符合性

4.1 分类

4.1.1 按附件的性质分为:

　　——分流器；

　　——串联电阻器；

　　——串联阻抗器；

　　——霍尔直流电流传感器；

　　——霍尔交流电流传感器；

　　——霍尔直流电压传感器；

　　——霍尔交流电压传感器；

　　——电子变换器。

4.1.2　按附件的互换性分为：

　　——可互换附件；

　　——有限可互换附件；

　　——不可互换附件。

4.1.3　使用环境条件分类按 GB/T 7676.1—2017 中 4.1.3 的规定。

4.1.4　机械条件分类按 GB/T 7676.1—2017 中 4.1.4 的规定。

4.1.5　外壳防护等级分类按 GB/T 7676.1—2017 中 4.1.5 的规定。

4.1.6　霍尔电流传感器按其工作方式分为：

　　——闭环式霍尔电流传感器；

　　——开环式霍尔电流传感器。

4.1.7　按附件的测量对象分为：

　　——霍尔电流传感器；

　　——霍尔电压传感器；

　　——有功功率变换器；

　　——无功功率变换器；

　　——功率因数变换器；

　　——相位变换器；

　　——频率变换器。

4.2　分级

4.2.1　可互换附件和有限可互换附件应按以下的等级指数表示的准确度等级分类：
0.02、0.05、0.1、0.2、0.3、0.5、1、2、5、10。

　　其中，等级指数 2、5、10 只适用于高电压的串联电阻器和电抗器。

4.2.2　不可互换的附件没有自身的准确度等级，与其相连的仪表的准确度等级适用于仪表和附件的组合。

4.3　与本部分要求的符合性

4.3.1　附件的等级指数要求应按 GB/T 7676.1—2017 中 4.3.1 的规定。

4.3.2　遵守本部分要求的试验方法应按 GB/T 7676.1—2017 中 4.3.2 的规定。

4.3.3　附件如有预处理要求，按 GB/T 7676.1—2017 中 4.3.3 的规定。

4.3.4　可互换分流器、电阻器和霍尔直流传感器应用直流测试，交流可互换分流器、阻抗器、霍尔交流传感器、电子变换器等应在额定频率下测试。

4.3.5　当与可互换分流器连用的仪表所吸取的电流小于分流器的额定电流值乘以分流器的等级指数再除以 500 时，则测量仪表所吸取的电流可以忽略不计。

4.3.6　有限可互换附件应该与相关的仪表连接，以确定其组合的基本不确定度。在以组合测试的相同的测试点上确定仪表的基本不确定度,有限可互换附件的基本不确定度为组合的基本不确定度扣除仪表的基本不确定度。

4.3.7 有限可互换附件当没有附件不能测试时,准确度等级仅适用于其组合。等级指数应标志在仪表上。

4.3.8 不可互换附件应与其相关的仪表连接在一起进行测试。

5 技术要求

5.1 参比条件

5.1.1 参比条件见表 1 的规定。

5.1.2 不同于表 1 的参比条件按 GB/T 7676.1—2017 中 5.1.2 的规定。

5.1.3 不同于表 1 的环境温度的参比值可从 20 ℃和 27 ℃中选用。

5.2 基本不确定度极限、基准值

5.2.1 基本不确定度极限

按 GB/T 7676.1—2017 中 5.2.1 的规定。

5.2.2 基本不确定度限值与准确度等级的关系

按 GB/T 7676.1—2017 中 5.2.2 的规定。

5.2.3 基准值

可互换附件或有限可互换附件的基准值为其输出额定值。

等级指数用 GB/T 7676.1—2017 中表 6 规定的符号 E-1 标志。

5.3 标称使用范围和改变量

5.3.1 标称使用范围

5.3.1.1 影响量的标称使用范围限值应按表 2 的规定。

5.3.1.2 按 GB/T 7676.1—2017 中 5.3.1.2 的规定。

5.3.1.3 对标称使用范围中超出参比范围(或参比值)的值,其允许改变量按表 2 的规定。

5.3.1.4 当影响量不是表 2 所示之量值时,相关允许改变量由制造厂规定,并不应超过等级指数的 100%。

5.3.1.5 对规定有参比范围的附件,其基本不确定度和标称使用范围内的改变量按 GB/T 7676.1—2017 中 5.3.1.5 的规定。

5.3.1.6 相对湿度的极限是环境温度的函数,它们之间的关系参见 GB/T 7676.1—2017 的附录 B。

5.3.2 改变量极限

5.3.2.1 概述

在参比条件下且当单一影响量改变时,其改变量不得超过表 2 和 5.3.2.2、5.3.2.3、5.3.2.4 和 5.3.2.5 的规定值。

表 1　试验时有关影响量的参比条件和允许偏差

影响量		参比条件 （另有标志者除外）	试验用允许偏差（适用于单一参比值）[a]	
			等级指数＜0.5	等级指数≥0.5
环境温度		23 ℃	±1 ℃	±2 ℃
湿度		相对湿度40%～60%	—	—
直流被测量纹波		纹波含量为0	纹波含量为1%	纹波含量为3%
交流被测量的畸变	畸变因素	0	1. 非方均根响应的以及测量电路中采用移相装置的附件:畸变因素小于或等于1/2等级指数或1%,取较小值。 2. 其他附件:畸变因素不超过5%	
	峰值因素	$\sqrt{2}$,近似值1.414（正弦波）	±0.05	
交流被测量的频率		用移相装置的:参比频率	参比频率的±0.1%	
		其他:45 Hz～65 Hz	参比值的±2%或频率的参比范围（如有时）的±10%	
被测量的电压分量		额定电压,或参比范围（如有时）内的任意电压	额定值的±2%	
被测量的电流分量		额定电流以下或参比范围上限以下的任意电流（对功率、无功功率变换器）	—	
		额定电流的40%～100%（对功率因数、相位变换器）	—	
多相附件的相平衡		对称电压和电流	幅值之差不大于1%,相位之差不大于2°[b]	
功率因数		有功:cosφ＝1,或额定 cosφ; 无功:sinφ＝1,或额定 sinφ	±0.01（滞后或超前0.01）	
外磁场		无	40 A/m[c]频率从直流到65 Hz,任意方向	
外电场		无	1 kV/m频率从直流到65 Hz,任意方向	
射频电磁场80 MHz～2 GHz		无	＜1 V/m	
射频场感应的传导骚扰 150 KHz～80 MH		无	＜1 V	
辅助电源	电压	标称值或标称范围	标称值的±5%[d]	
	频率	标称值或标称范围	标称值的±1%[d]	

[a]　此允许偏差仅适用于表中规定的或制造厂标志的单一参比值,对参比范围不允许有偏差。

[b]　任意两线电压之差值和任意两相电压之差值应分别不超过所对应的线电压的平均值和相电压的平均值的1%,每相的电流与平均电流之差值不应大于1%;每相的电流对应于相应相的电压之间的相位角不应大于2°。

[c]　40 A/m接近于大地磁场的最高值。

[d]　由制造厂规定的不同允许偏差除外。

表 2 标称使用范围限值和允许改变量

影响量		标称使用范围 （另有标志者除外）	用等级指数的百分数 表示的允许改变量 (V_i)		GB/T 7676.9— 2017 的试验条款
环境 温度	规定的工作范围	A组：参比温度±10 K	$(V_T)^a$	100%	6.2
		B组（不标志）：−5 ℃～45 ℃			
		C组：−25 ℃ ～+55 ℃（3K6）		50%	
	极限工作范围	普通型：−25℃ ～+55℃（3K6）	—		8.28
		S型：−40 ℃ ～+70 ℃（3K7）	—		
	贮存和运输极限范围	−40 ℃ ～+70 ℃（3K7）	—		—
湿度		相对湿度：25%～95%	(V_H)，100%		6.3
直流被测量的纹波		20%ᶜ	(V_R)，50%		6.6
交流被测量的畸变		畸变因素：20%ᵇ	(V_D)，100%		6.7
		峰值因素：1～3	(V_{PK})，100%		6.8
交流被测量的频率		参比频率的±10%	(V_f)，100%		6.9
交流被测量的电压分量		额定电压的±15%，或参比范围的下限−15%和参比范围上限的+15%	(V_V)，100%		6.10
交流被测量的电流分量（功率因数或相位变换器）		额定电流的 20%～120%	(V_I)，100%		6.10
多相附件的不平衡电流		被测量的一个电流线路断开	(V_{QI})，100%		6.13
功率 因数	等级指数<0.5	任意：滞后或超前	(V_{PF})，100%		6.11
	等级指数≥0.5	相角从 0°～60°ᵈ，滞后（感性）			
多相附件的测量元件之间的相互作用		被测功率的一个电压测量电路断开	(V_{PA})，100%		6.17
外磁场		0.4 kA/m	等级指数<0.5	$(V_M)^e$	基准值的 0.75%	6.5
			等级指数≥0.5		基准值的 1.5%	
辅助 电源	电压	参比值±10%，或参比范围下限−10%和参比范围上限+10%	(V_{SV})，100%		6.18
	频率	参比值±5%，或参比范围下限−5%和参比范围上限+5%	(V_{SF})，100%		6.19

ᵃ 在标称工作温度范围内当温度偏离参比温度或参比温度范围每 10 K 引起的改变量。

ᵇ 对于非方均根响应的以及使用移相装置的附件，畸变因素为 5%；频率变换器，畸变因素为 15%。

ᶜ 对于使用移相装置的附件，为额定频率的±1%，或参比范围下限的−1%，参比范围上限的+1%。

ᵈ 除制造厂与用户之间另有协议外，功率因数为感性，无功功率为 90°～30° 的 $\sin\varphi$ 值。

ᵉ 不是等级指数的百分数。分流器、电阻器和阻抗器等外磁场引起的改变量为等级指数的 100%。

5.3.2.2 由外磁场引起的改变量

按 GB/T 7676.1—2017 中 5.3.2.2 的规定。

5.3.2.3 由外电场引起的改变量

GB/T 7676.1—2017 中 5.3.2.3 的规定不适用于附件。

5.3.2.4 由铁磁支架引起的改变量

GB/T 7676.1—2017 中 5.3.2.4 不适用于附件。

5.3.2.5 由导电支架引起的改变量

GB/T 7676.1—2017 中 5.3.2.5 的规定不适用于附件。

5.3.2.6 分流器的热电势引起的改变量

直流分流器在 80% 额定电流下由热电势引起的改变量不应超过等级指数的 50%。

5.3.2.7 开环霍尔电流传感器的磁滞引起的改变量

不应超过等级指数的 50%。

5.3.3 改变量的特殊试验

当用户和制造厂协商认为必要时,对于功率和无功功率变换器可以用被测量的分量组合进行特殊试验,如电压和功率因数同时改变引起的改变量试验。由此引起的改变量不应超过等级指数的 100%。推荐的试验方法见 GB/T 7676.9—2017 中 6.16。

5.3.4 确定改变量的条件

按 GB/T 7676.1—2017 中 5.3.3 的规定。

5.4 工作不确定度、系统综合不确定度和改变量

按 GB/T 7676.1—2017 中 5.4 的规定。

5.5 电的要求

5.5.1 介电强度和其他安全要求

5.5.1.1 介电强度

无外壳的分流器没有介电强度、可接触零部件、防电击结构等方面的要求。

其他附件按 GB/T 7676.1—2017 中 5.5.1 的规定。

5.5.1.2 大电流过载后电流线路不开路

对于标称电流范围上限为 1 A~10 A 的以及旨在通过具有高过载能力电流互感器(IEC 61869-2:2012 的 P 级电流互感器)接入的附件,当其遭受到所连接的电流互感器的标称次级电流(或者标称电流范围上限电流)的 30 倍电流,持续时间为 2 s 的大电流过载后,电流线路不应开路。

5.5.2 自热

按 GB/T 7676.1—2017 中 5.5.2 的规定。

5.5.3 允许过负载

5.5.3.1 连续过负载

推荐的试验方法见 GB/T 7676.9—2017 中 8.23。

除装有非锁定开关以外的附件,应能承受 120% 额定值的连续过负载,持续时间为 2 h。冷却到参比温度后,附件应能符合有关准确度等级的要求。

有功功率、无功功率、功率因数和相位变换器应能顺序地承受 120% 的电压和/或电流额定值的连续过负载。有功功率变换器过负载时,功率因数为 cosφ=1;无功功率功率变换器,sinφ=1。

试验时,除了过负载的电压或电流以及其他规定的值以外,其余的值均为参比值。冷却到参比温度后,应能符合相应的准确度等级的要求,但是不能重复连续过负载。

5.5.3.2 短时过负载

5.5.3.2.1 推荐的试验方法见 GB/T 7676.9—2017 中 8.22。

5.5.3.2.2 除装有非锁定开关以外的附件,应能承受短时过负载。短时过负载的电流和电压为表 3 规定的有关因数与附件的额定值的乘积。制造厂另有规定的除外。

5.5.3.2.3 对有功功率、无功功率等电子变换器,其电压线路和电流线路应顺序地施加表 3 规定的相应因数与电压或电流的标称使用范围上限值的乘积的过负载值,功率因数(或 sinφ)为参比值。过负载持续时间按表 3 的规定。

表 3 短时过负载

额定值/或测量电路	电流因素	电压因素	过负载次数	每次过负载持续时间/s	2 次过负载之间的间隔时间/s
等级指数≤0.3 的可互换分流器、霍尔电流传感器					
≤10 kA	2	—	1	0.5	—
>10 kA	按协商确定				
等级指数≥0.5 的可互换分流器、霍尔电流传感器					
≤250 A	10	—	1	5	—
250 A< ...≤2 kA	5	—	1	5	—
2 kA< ...≤10 kA	2	—	1	5	—
>10 kA	按协商确定				
等级指数≤0.3 的可互换串联电阻器(阻抗器)、霍尔电压传感器					
≤2 kV	—	2	5	0.5	15
>2 kV	按协商确定				
等级指数等于 0.5 和 1 的可互换串联电阻器(阻抗器)、霍尔电压传感器					
≤2 kV	—	2	9	0.5	60
	—	2	1	5	—
>2 kV	按协商确定				
等级指数≥2 的可互换串联电阻器(阻抗器)					
所有额定值	—	2	9	0.5	60
	—	2	1	5	—

GB/T 7676.8—2017

表 3（续）

额定值/或测量电路	电流因素	电压因素	过负载次数	每次过负载持续时间/s	2 次过负载之间的间隔时间/s
等级指数≤0.5 的可互换功率和无功功率变换器					
所有额定值	1	2	1	5	—
所有额定值	2	1	5	0.5	15
等级指数≥1 的可互换功率和无功功率变换器					
所有额定值	10	1	9	0.5	60
所有额定值	10	1	1	5	—
所有额定值	1	2	1	5	—
等级指数≤0.3 的可互换频率变换器					
所有额定值	—	2	5	1	15
等级指数≤0.5 的可互换相位和功率因数变换器					
电压电路	—	2	5	1	15
电流电路	2	—	5	1	15
等级指数≥1 的可互换相位和功率因数变换器					
电压电路	—	2	9	0.5	60
电流电路	10	—			
电压电路	—	2	1	5	—
电流电路	10	—			
当规定 2 组或 3 组试验序列时,所有试验应按给定顺序进行。					

5.5.3.2.4 对相位、功率因数和同步指示器等电子变换器,表 3 规定过负载的电压值应分别施加在每组线路上,当功率因数变换器的一种线路(如电压线路)施加过负载时,另一种线路(如电流线路)施加参比值或参比范围的上限值。过负载持续时间按表 3 的规定。

5.5.3.2.5 每次过负载应施加全部持续时间。当附件装有自动断路器(熔断器)时,其断路时间小于表 3 规定的试验时间者除外。在施加下一次过负载之前,自动断路器应予复位(或更换熔断器)。

5.5.3.2.6 承受短时过负载并冷却到参比温度后,附件应符合相应等级指数的要求。不允许重复过负载。

5.5.4 极限工作温度范围

5.5.4.1 附件的极限工作温度范围按 GB/T 7676.1—2017 中 5.5.4.1 的规定。

5.5.4.2 判断附件有无无永久性损坏或永久性改变按 GB/T 7676.1—2017 中 5.5.4.2 的规定。

5.5.4.3 推荐的试验方法按 GB/T 7676.9—2017 中 8.28 的规定。

5.5.5 零点稳定性

霍尔电流传感器、霍尔电压传感器以及有功功率、无功功率、频率、功率因数和相位等可互换变换器输入电量值为零时,其零点输出值在 1 h 内的改变量应不超过相应等级指数的 50%。

5.5.6 电磁兼容性要求

5.5.6.1 概述

见 GB/T 7676.1—2017 中 5.5.6.1。分流器、串联电阻器(阻抗器)等没有电磁兼容性要求。

5.5.6.2 电磁环境

见 GB/T 7676.1—2017 中 5.5.6.2。

5.5.6.3 静电放电抗扰度试验

见 GB/T 7676.1—2017 中 5.5.6.3。

5.5.6.4 射频电磁场抗扰度试验

见 GB/T 7676.1—2017 中 5.5.6.4。

5.5.6.5 电快速瞬变脉冲群抗扰度试验

见 GB/T 7676.1—2017 中 5.5.6.5。

5.5.6.6 射频场感应传导骚扰抗扰度试验

见 GB/T 7676.1—2017 中 5.5.6.6。

5.5.6.7 浪涌抗扰度试验

见 GB/T 7676.1—2017 中 5.5.6.7。

5.5.6.8 振铃波抗扰度试验

见 GB/T 7676.1—2017 中 5.5.6.8。

5.6 结构要求

5.6.1 通用的结构要求

按 GB/T 7676.1—2017 中 5.6.1 的规定。
C 组的附件没有阳光辐射的要求。

5.6.2 阻尼

GB/T 7676.1—2017 中 5.6.2 的规定不适用于附件。

5.6.3 防接触封印

按 GB/T 7676.1—2017 中 5.6.3 的规定。

5.6.4 标度尺

GB/T 7676.1—2017 中 5.6.4 的规定不适用于附件。

5.6.5 止挡和超量限指示

GB/T 7676.1—2017 中 5.6.5 的规定不适用于附件。

5.6.6 优选值

5.6.6.1 当制造厂和用户之间无特殊协议时,应采用优选值。

5.6.6.2 分流器的额定电流应采用 GB/T 7676.2—2017 中 5.6.6.1 规定的优选值。

分流器在额定电流下产生的额定电压降值宜为下列优选值之一:

——50 mV;

——60 mV;

——75 mV;

——100 mV;

——300 mV。

5.6.6.3 串联电阻器(阻抗器)的额定电压值宜采用 GB/T 7676.2—2017 中 5.6.6.1 规定的优选值。

串联电阻器(阻抗器)的标称电流的优选值为下列值之一:

——0.5 mA;

——1 mA;

——2 mA;

——5 mA;

——10 mA;

——20 mA;

——25 mA。

5.6.6.4 霍尔电流传感器和霍尔电压传感器的电流优选值和电压优选值为 GB/T 7676.2—2017 中 5.6.6.1规定的优选值。

5.6.6.5 霍尔电流传感器和电压传感器输出电压的优选值为下列值之一:

——±4 V;

——±5 V。

5.6.6.6 霍尔电流传感器和电压传感器输出电流的优选值为下列值之一:

——0 mA~20 mA;

——4 mA~20 mA。

5.6.6.7 闭环霍尔电流传感器的输出电流的优选值为下列值之一:

——25 mA;

——50 mA;

——80 mA;

——100 mA;

——125 mA;

——150 mA;

——200 mA。

5.6.6.8 有功功率、无功功率、频率、相位、功率因数可互换变换器的输入量值的优选值分别为 GB/T 7676.3—2017 中 5.6.6、GB/T 7676.4—2017 中 5.6.6 和 GB/T 7676.5—2017 中 5.6.6 规定的额定值。

它们输出量值的优选值分别为下列值之一:

——1 mA;

——0 mA~20 mA;

——4 mA~20 mA;

——±5 V。

5.6.6.9 附件的直流辅助电源的电压值宜为下列优选值之一：

——±5 V；

——±15 V；

——±24 V；

——48 V。

5.6.7 机械的和/或电的调节器

5.6.7.1 零位调节器

5.6.7.1.1 GB/T 7676.1—2017 中 5.6.7.1 不适用于附件。

5.6.7.1.2 当附件装有供用户使用的零位调节器时，应能从外壳的正面接触到。

5.6.7.1.3 零位调节器的调节范围应不小于输出值的 2%。其调节细度应适合于附件的等级指数。

> 注："适合"一词可理解为调节细度达到等级指数的 1/5 以内。

5.6.7.2 量程调节器

5.6.7.2.1 GB/T 7676.1—2017 中 5.6.7.2 不适用于附件。

5.6.7.2.2 当附件装有供用户使用的量程调节器时，应能从外壳的正面接触到。

5.6.7.2.3 量程调节器的总调节范围应不小于输出值的 2%。其调节细度应适合于附件的等级指数。

> 注："适合"一词可理解为调节细度达到等级指数的 1/5 以内。

5.6.8 机械力作用的影响

5.6.8.1 振动

除另有规定外，附件应能耐受 GB/T 7676.9—2017 中 8.25 的振动试验而不损坏。

由振动影响引起的改变量（装有零位调节器的附件在调零后）不应超过相应等级指数的 100%。

5.6.8.2 冲击

除另有规定外，附件应能耐受 GB/T 7676.9—2017 中 8.25 的冲击试验而不损坏。

由冲击引起的改变量（装有零位调节器的附件在调零后）不应超过相应等级指数的 100%。

5.6.8.3 耐振动和耐颠震（碰撞）

GB/T 7676.1—2017 的 5.6.8.3 不适用于附件。

5.6.9 耐机械应力

按 GB/T 7676.1—2017 中 5.6.9 的规定。

5.6.10 耐热和阻燃

5.6.10.1 除分流器以外，附件的表面温度和绕组温度的限值按 GB/T 7676.1—2017 中 5.6.10.1 的规定。

5.6.10.2 附件的阻燃要求按 GB/T 7676.1—2017 中 5.6.10.2 的规定。

5.6.10.3 额定电压降 100 mV 以下的分流器在环境温度 40 ℃时通以额定电流产生的温升不应超过 120 ℃；额定电流大于 1 000 A，且额定电压降 100 mV 及以上的 0.5 级和 1 级的分流器在环境温度 40 ℃时通以额定电流产生的温升不应超过 150 ℃。

5.6.11 外壳防护能力

按 GB/T 7676.1—2017 中 5.6.11 的规定。

5.6.12 接线端

5.6.12.1 对能耐受机械力作用的接线端、紧固螺钉和固定销等的要求按 GB/T 7676.1—2017 中 5.6.12.1 的规定。

5.6.12.2 接线端导电杆的螺纹直径及接触面直径(或接触面的面积)按 GB/T 7676.1—2017 中 5.6.12.2 的规定。

5.6.12.3 附件的直流电源输入端和直流输出端可用接插件的形式与电源或指示仪表相连。

5.6.13 定值导线

分流器和仪表之间的连接导线在参比温度下,其一对导线的总电阻值应为 $0.035\ \Omega \pm 0.001\ \Omega$。

6 信息、标志和符号

6.1 信息

按 GB/T 7676.1—2017 中 6.1 的规定。

6.2 通用标志符号及其位置

6.2.1 有关附件的通用标志符号的要求按 GB/T 7676.1—2017 中 6.2.1 的规定。

6.2.2 标志在附件使用时的可见部位上的符号按 GB/T 7676.1—2017 中 6.2.2 的规定。

6.2.3 标志在任意位置的符号按 GB/T 7676.1—2017 中 6.2.3 的规定。

6.2.4 可以在单独的文件(若有时)中给出的标志符号按 GB/T 7676.1—2017 中 6.2.4 的规定。

6.2.5 串联电阻器(阻抗器)应标志出额定电压值和标称电流值。

分流器应标志出额定电流值和额定电压降,或标称电阻值和额定电压降。

上述这些值被视为额定值,并按 GB/T 7676.1—2017 中 6.1 e) 要求标志。

其他附件除了标志其相应的额定值外,还应标志其标称输出值和辅助电源(如有时)电压值。

6.2.6 经制造厂和用户协商任一信息或全部信息均可省略。

6.3 关于影响量的标称使用范围和参比值的标志

按 GB/T 7676.1—2017 中 6.3 的规定。

6.4 仪表和附件用标志符号

按 GB/T 7676.1—2017 中 6.4 的规定。

6.5 接线端的标志和符号

按 GB/T 7676.1—2017 中 6.5 的规定。

6.6 使用说明书

按 GB/T 7676.1—2017 中 6.6 的规定。

7 包装和贮存

按 GB/T 7676.1—2017 中第 7 章的规定。

8 检验规则

按 GB/T 7676.1—2017 中第 8 章的规定。
试验项目及其不合格分类按附录 A 的规定。

附　录　A

（规范性附录）

试验项目

附件的例行试验、周期性试验和型式试验项目及其不合格分类见表 A.1。

表 A.1　试验项目

序号	试验项目名称	技术要求条款	不合格类别	试 验 类 型		
				例行试验	周期性试验	型式试验
1	通用的结构要求、信息、标志和符号 a	5.6.1,6.1～6.5	C	√	√	√
2	接线端 a	5.6.12	B	√	√	√
3	优选值 a	5.6.6	C	√	√	√
4	基本不确定度极限	5.2.1	B	√	√	√
5	环境温度引起的改变量	5.3.2	B		√	√
6	湿度引起的改变量	5.3.2	B			√
7	直流被测量的纹波引起的改变量	5.3.2	B		√	√
8	交流被测量的畸变引起的改变量	5.3.2	B		√	√
9	交流被测量的峰值因素引起的改变量	5.3.2	B			√
10	交流被测量的频率引起的改变量	5.3.2	B		√	√
11	交流被测量的电压分量引起的改变量	5.3.2	B	√	√	√
12	交流被测量的电流分量引起的改变量	5.3.2	B	√	√	√
13	多相附件的不平衡电流引起的改变量	5.3.2	B	√	√	√
14	功率因数引起的改变量	5.3.2	B	√	√	√
15	电压和功率因数同时影响引起的改变量	5.3.4	B		√	√
16	多相附件的测量元件之间相互作用	5.3.2	B		√	√
17	外磁场引起的改变量	5.3.2	B		√	√
18	分流器的热电势引起的改变量	5.3.2.6	B		√	√
19	开环霍尔传感器的磁滞引起的改变量	5.3.2.7	B		√	√
20	零点稳定性	5.5.5	B		√	√
21	极限工作温度	5.5.4	B			√
22	零位调节器	5.6.7.1	B	√	√	√
23	量程调节器	5.6.7.2	B	√	√	√
24	防接触封印	5.6.3	B	√	√	√
25	通用的结构要求（防腐蚀）a	5.6.3	B			√
26	自热	5.5.2	B		√	√
27	电磁兼容性要求	5.5.6	B			√
28	介电强度	5.5.1.1	A	√ b	√	√

表 A.1（续）

序号	试验项目名称	技术要求条款	不合格类别	试验类型		
				例行试验	周期性试验	型式试验
29	防电击结构要求	5.5.1	A			√
30	电气间隙和爬电距离	5.5.1	A		√	√
31	可接触零部件	5.5.1	A		√	√
32	与外部电路的连接	5.5.1	A			√
33	与电网电源的连接	5.5.1	A			√
34	对电池的要求	5.5.1	A	√	√	√
35	连续过负载	5.5.3.1	B		√	√
36	短时过负载	5.5.3.2	B			√
37	电流线路不开路	5.5.1.2	A			√
38	振动试验	5.6.8.1	B			√
39	冲击试验	5.6.8.2	B			√
40	耐机械应力（弹簧锤试验）	5.6.9	B		√	√
41	耐热和阻燃	5.6.10	B			√
42	外壳防护能力	5.6.11	B			√
43	定值导线	5.6.13	B	√	√	√
44	辅助电源电压	表2	B		√	√
45	辅助电源频率	表2	B		√	√
46	标志特性试验	6.2.1	B		√	√
47	使用说明书 c	6.6	B			√
48	包装和贮存 c	第7章	B			√

a 例行试验（出厂检验）中仅目测检验通用结构要求的防护层有无腐蚀、锈蚀、受损以及标志符号的正确性；目测检验接线端螺帽、垫圈等是否完整、有否缺失；目测检验铭牌的优选值的符合性。

b 例行试验（出厂检验）中只进行交流电压试验，并目测检验可接触零部件和可更换电池的符号等。出厂检验中的交流电压试验也可采用零接收数的计数抽样检验。

c 目测检验。

附 录 B
（资料性附录）
与上一版本相比的主要技术改变

本部分与 GB/T 7676.8—1998 相比，主要技术变化如下：
1) 标准结构的改变：
   - 原标准有 10 章，修订后为 8 章。增加了第 2 章"规范性引用文件"、第 7 章"包装和贮存"以及附录 A（规范性附录）"试验项目"和附录 B（资料性附录）"与上一版本相比的主要技术改变"；
   - 原第 3 章"分类、分级和符合性"修改为第 4 章"分类、分级和符合性"；
   - 原第 4 章～第 7 章合并为第 5 章"技术要求"；
   - 原第 8 章和第 9 章合并为第 6 章"信息、标志和符号"；
   - 原第 10 章"本部分的验证试验"修改为第 8 章"检验规则"。
2) 第 1 章"范围"中，原标准适用于第 1 部分 2.1.15 定义的附件"分流器和串联电阻器（阻抗器）"，修订后增加了霍尔电流传感器、霍尔电压传感器和各类电子变换器。
3) 第 4 章"分类、分级和符合性"的修改：
   - 除原标准的按附件的性质分类和按附件的互换性分类外，修订后增加了"按使用环境组别分类、按气候条件分类、按机械条件分类、按外壳等级分类、霍尔电流传感器按其工作方式分类以及按附件的测量对象分类"等 6 种分类方式；
   - 按附件的性质分类增加了"霍尔直流电流传感器；霍尔交流电流传感器；霍尔直流电压传感器；霍尔交流电压传感器；电子变换器。"等 5 种；
   - 原"3.3.3.2"修改为"4.3.4 可互换分流器、电阻器和霍尔直流传感器应该用直流测试，交流可互换分流器、阻抗器、霍尔交流传感器、电子变换器等应在额定频率下测试"；
   - 原"3.3.3.3 可互换分流器"中汲取的电流小于额定电流值乘以分流器等级指数"再除以300 时，"修改为"再除以 500 时"。
4) 原标准"4.1 参比条件 见第 1 部分。"修改为：
   - "5.1 参比条件"，"5.1.1 参比条件见表 1 的规定。"；
   - 本部分的表 1 删除了 GB/T 7676.1—2017 表 1 中影响量的"位置"和"面板或支架的性质和厚度"等两项，增补了 GB/T 7676.3—2017～GB/T 7676.5—2017 各部分中表 1 的相应规定；
   - 将原标准的"畸变因素"栏内的"整流系仪表、非方均根响应的电子仪表以及测量线路里采用移相网络的仪表"修改为"非方均根响应的以及测量电路中采用移相装置的附件"。
5) 原标准的"4.2.2 基准值"修改为"5.2.3 基准值"，并将其中的"基准值为额定值"修改为"基准值为其输出的额定值"。
6) 原标准的"5 标称使用范围和改变量"修改为"5.3 标称使用范围和改变量"，并在其中增加了"5.3.3 改变量的特殊试验"。在"改变量的特殊试验"中规定了："当用户和制造商协商认为必要时，对于功率和无功功率变换器可以用被测量的分量组合进行特殊试验，如电压和功率因数同时改变引起的改变量试验"。
7) 原标准的"5.1 标称使用范围 见第 1 部分和表Ⅱ-8"修改为"5.3.1 标称使用范围"和"5.3.1.1 影响量的标称使用范围限值应按表 2 的规定"。
8) 表 2 标称范围限值和允许改变量与第 1 部分以及表Ⅱ-8 相比的变化是：
   - 删除了"位置"和"外电场"两项；增补了 GB/T 7676.3—2017～GB/T 7676.5—2017 各部分

中表 2 的相应规定;

- 修改了原标准第 5 部分的表Ⅱ-5 的"畸变因素"栏的"标称使用范围限值"为 5％的规定,修改为 20％,并给出了脚标 b,在脚标 b 的注中注明"对于非方均根响应的以及使用移相装置的附件,畸变因素为 5％"。

9) 原标准"5.2 改变量极限"修改为"5.3.2 改变量极限"。并在其中增加了"5.3.2.6 分流器的热电势引起的改变量"和"5.3.2.7 开环霍尔电流传感器的磁滞引起的改变量"。

10) 在修改后的第 5 章中除了合并了原标准的第 4 章~第 7 章的内容,将原标准的第 6 章进行拆分外,还增加了"5.4 工作不确定度"的规定。

11) 将原标准的"6 其他电的和机械要求"拆分为"5.5 电的要求"和"5.6 结构要求"。

12) 在 5.5 电的要求中增加了"5.5.5 零点稳定性""5.5.6 电磁兼容性要求"。

13) 在"5.5.1 介电强度和其他安全要求"中分列了"5.5.1.1 介电强度"和"5.5.1.2 大电流试验后电流线路不开路"两条。将大电流后不开路列入了其他安全要求的范畴。

14) 修订后的"5.6 结构要求"的主要改变是:

- 除了包含原标准的"7 结构要求"外,将原标准忽略了的 GB/T 7676.1—2017"7.6 振动和冲击影响",修改为"5.6.8 机械力作用的影响";
- 并将原标准的"7.5 机械的和/或电的调节器"中附件无调节器要求,修改为"5.6.7.1 零位调节器"和"5.6.7.2 量程调节器";
- 增加了"5.6.9 耐机械应力""5.6.10 耐热和阻燃""5.6.11 外壳防护能力""5.6.12 接线端"和"5.6.13 定值导线"。

15) 原标准"7.4 优选值"修订后为"5.6.6 优选值"5.6.6 与原标准的 7.4 相比改变如下:

- 原标准的 7.4.1"分流器的电阻值应能在各有关部分 7.4.1 规定的一个优选仪表电流下产生 7.4.2 规定的电压降"不妥。一是很少有分流器将电阻值作为优选值的;二是各有关部分的 7.4.1 应该是只有第 2 部分有此优选值仪表电流;三是分流器一般只有电压降的优选值和额定电流的优选值。因此修订后的标准修改为"分流器的额定电流应采用 GB/T 7676.2—2017 中 5.6.6.1 规定的优选值";
- 原标准的 7.4.2"分流器在标称电流时的电压降应为下列值之一"修改为"5.6.6.2 分流器在额定电流下产生的额定电压降值宜为下列优选值之一";
- 修订后的 5.6.6 优选值中增加了 5.6.6.3~5.6.6.9 共 7 个方面的优选值,分别是串联电阻器(阻抗器)的额定电压值、标称电流值,霍尔电流传感器和霍尔电压传感器的电流优选值、电压优选值,霍尔电流传感器和电压传感器的输出电压优选值、输出电流优选值,闭环霍尔电流传感器的输出电流的优选值,有功功率、无功功率、频率、相位、功率因数可互换变换器的输入量值的优选值、输出量值的优选值和附件的直流辅助电源的电压优选值等。

ICS 17.220.20
N 21

中华人民共和国国家标准

GB/T 7676.9—2017
代替 GB/T 7676.9—1998

直接作用模拟指示电测量仪表及其附件
第 9 部分：推荐的试验方法

Direct acting indicating analogue electrical measuring instruments and
their accessories—Part 9：Recommended test methods

2017-09-07 发布

2018-04-01 实施

中华人民共和国国家质量监督检验检疫总局
中国国家标准化管理委员会　发布

前　言

GB/T 7676《直接作用模拟指示电测量仪表及其附件》由以下 9 个部分组成:

——第 1 部分:定义和通用要求;

——第 2 部分:电流表和电压表的特殊要求;

——第 3 部分:功率表和无功功率表的特殊要求;

——第 4 部分:频率表的特殊要求;

——第 5 部分:相位表、功率因数表和同步指示器的特殊要求;

——第 6 部分:电阻表(阻抗表)和电导表的特殊要求;

——第 7 部分:多功能仪表的特殊要求;

——第 8 部分:附件的特殊要求;

——第 9 部分:推荐的试验方法。

本部分为 GB/T 7676 的第 9 部分。

本部分按照 GB/T 1.1—2009 给出的规则起草。

本部分代替 GB/T 7676.9—1998《直接作用模拟指示电测量仪表及其附件　第 9 部分:推荐的试验方法》。

本部分与 GB/T 7676.9—1998 相比,变化较大,调整了标准结构,修改了多个条款,具体的变化参见附录 B。

请注意本文件的某些内容可能涉及专利。本文件的发布机构不承担识别这些专利的责任。

本部分由中国机械工业联合会提出。

本部分由全国电工仪器仪表标准化技术委员会(SAC/TC 104)归口。

本部分主要起草单位:哈尔滨电工仪表研究所、上海英孚特电子技术有限公司、国网江西省电力公司电力科学研究院、国网湖北省电力公司电力科学研究院、国家电工仪器仪表质量监督检验中心、北京自动化控制设备厂、深圳星龙科技股份有限公司、浙江正泰仪器仪表有限责任公司、浙江迪克森电器有限公司、国网湖南省电力公司电力科学研究院、德力西集团仪器仪表有限公司、河南省电力公司电力科学研究院、冀北电力有限公司计量中心、上海康比利仪表有限公司、山东省计量科学研究院、国网北京市电力公司、深圳友讯达科技股份有限公司、浙江省计量科学研究院、中南仪表有限公司、国网重庆市电力公司电力科学研究院、上海市计量测试技术研究院、河南省计量科学研究院、国网四川省电力公司计量中心、华立科技股份有限公司、西安凯益金电子科技有限公司。

本部分主要起草人:薛德晋、申莉、裴茂林、刘献成、靳绍平、陈波、秦国鑫、李冀、丁振、陈闻新、袁慧昉、刘沛、蔡毅、刘鹢、郑元豹、黄建钟、郭小广、崔涛、王伟能、白泰、黄建中、甘依依、周丽霞、李荣平、郑孟霞、林晓龙、刘丹、刘复若、赵锦锦、霍建华、来磊、王念莉、冯学礼、邵凤云、侯兴哲、王三强、吴维德、赵铎、李道民、王新军、曾仕途、毕伟、陈乃恩。

本部分所代替标准的历次版本发布情况为:

——GB/T 7676.9—1987、GB/T 7676.9—1998。

直接作用模拟指示电测量仪表及其附件
第 9 部分:推荐的试验方法

1 范围

GB/T 7676 的本部分规定了直接作用模拟指示电测量仪表及其附件的通用试验条件和试验方法。

为使试验更简单和/或更准确,这些推荐试验方法并没有限制使用特殊的试验方法和/或特殊的试验装置。

本部分适用于直接作用模拟指示的电测量指示仪表,如:
——电流表和电压表;
——功率表和无功功率表;
——指针式和振簧式频率表;
——相位表、功率因数表和同步指示器;
——电阻表(阻抗表)和电导表;
——上述形式的多功能仪表。

本部分也适用于某些与上述仪表连同使用的有限可互换附件或可互换附件,如:
——分流器;
——串联电阻器和阻抗器;
——霍尔电流传感器;
——霍尔电压传感器;
——电子变换器。

2 规范性引用文件

下列文件对于本文件的应用是必不可少的。凡是注日期的引用文件,仅注日期的版本适用于本文件。凡是不注日期的引用文件,其最新版本(包括所有的修改单)适用于本文件。

GB/T 2423.4—2008 电工电子产品环境试验 第 2 部分:试验方法 试验 Db:交变湿热(12 h+12 h 循环)试验

GB/T 2423.5—1995 电工电子产品环境试验 第 2 部分:试验方法 试验 Ea 和导则:冲击

GB/T 2423.6—1995 电工电子产品环境试验 第 2 部分:试验方法 试验 Eb 和导则:碰撞

GB/T 2423.10—2008 电工电子产品环境试验 第 2 部分:试验方法 试验 Fc:振动(正弦)

GB/T 2423.24—2013 电工电子产品环境试验 第 2 部分:试验方法 试验 Sa:模拟地面上的太阳辐射及其试验导则

GB/T 2423.55—2006 电工电子产品环境试验 第 2 部分:试验方法 试验 Eh:锤击试验

GB/T 4208—2017 外壳防护等级(IP 代码)

GB/T 5169.11—2006 电工电子产品着火危险试验 第 11 部分:灼热丝/热丝基本试验方法 成品的灼热丝可燃性试验方法

GB/T 7676.1—2017 直接作用模拟指示电测量仪表及其附件 第 1 部分:定义和通用要求

GB/T 7676.2—2017 直接作用模拟指示电测量仪表及其附件 第 2 部分:电流表和电压表的特殊要求

GB/T 7676.3—2017　直接作用模拟指示电测量仪表及其附件　第 3 部分:功率表和无功功率表的特殊要求

GB/T 7676.4—2017　直接作用模拟指示电测量仪表及其附件　第 4 部分:频率表的特殊要求

GB/T 7676.5—2017　直接作用模拟指示电测量仪表及其附件　第 5 部分:相位表、功率因数表和同步指示器的特殊要求

GB/T 7676.6—2017　直接作用模拟指示电测量仪表及其附件　第 6 部分:电阻表(阻抗表)和电导表的特殊要求

GB/T 7676.8—2017　直接作用模拟指示电测量仪表及其附件　第 8 部分:附件的特殊要求

GB/T 17626.2—2006　电磁兼容性　试验和测量技术　静电放电抗扰度试验

GB/T 17626.3—2016　电磁兼容性　试验和测量技术　射频电磁场辐射抗扰度试验

GB/T 17626.4—2008　电磁兼容性　试验和测量技术　电快速瞬变脉冲群抗扰度试验

GB/T 17626.5—2008　电磁兼容性　试验和测量技术　浪涌(冲击)抗扰度试验

GB/T 17626.6—2008　电磁兼容性　试验和测量技术　射频场感应的传导骚扰抗扰度试验

GB/T 17626.12—2013　电磁兼容性　试验和测量技术　振铃波抗扰度试验

IEC 61010-1:2010　测量、控制和实验室使用的电气设备的安全要求　第 1 部分:通用要求(Safety requirements for electrical equipment for measurement,control,and laboratory use—Part 1:General requirements)

3　术语和定义

GB/T 7676.1—2017 界定的以及下列术语和定义适用于本文件。

3.1

待并线路　incoming circuit

在使用中通常连接到相对于另一个"运行线路"相位可调的源,以便于有可能使它们同步。

4　通用试验条件

4.1　概述

除另有规定外,在满足下列条件下,本部分所描述的试验方法方可被采用。

4.2　参比条件

参比条件应根据 GB/T 7676.1—2017、GB/T 7676.2～7676.6—2017 和 GB/T 7676.8—2017 中表 1 的规定。如果规定了一个参比范围,试验则在此参比范围的两个极限值上进行。

4.3　视差

读数时应注意避免视差的影响。

对刀形指示器仪表,应使视线经指示器尖端与仪表的标度盘垂直。

对带有镜面标度尺的仪表,应使视线经指示器尖端与其在镜中的反射影像相重合。

4.4　轻敲

取读数前用手指或铅笔的橡皮头轻敲仪表或其支持物。

然而,在本试验方法声明的某些试验中是不允许轻敲的,诸如在确定基本不确定度、回复零位及冲击和振动的影响的某些试验中,则不允许轻敲。

4.5 热稳定

所有仪表和附件应放在参比温度中保持足够长的时间,以消除温度梯度。

通常,2 h 被认为是足够的。

4.6 预处理时间

见 GB/T 7676.1—2017 的 4.3.3。

4.7 机械零位调节

在读取每组读数之前断开仪表的所有电源,用机械零位调节器将指示器调节在零分度线上或标度尺上用作基准的标志上,按以下方法:

a) 调节零位调节器使指示器从一个方向向仪表的零分度线移动。

b) 继续按 a)所选择的方向使指示器移动,并轻敲仪表外壳把指示器调节在零分度线上。调节方向一旦选定就不应该改变,直到指示器调节在零分度线上。

c) 指示器调节在零分度线上后,将零位调节器向相反方向移动足够的距离,使零位调节器中产生足够的机械间隙,但不能太大以免扰动指示器的位置。

没有机械零位调节器或者标度尺上不出现机械零位的仪表不予调节。

4.8 电零位调节

在读取每组读数前用电零位调节器将指示器调节到基准标志上。具体的调节方法参阅各制造厂的使用说明书。

4.9 试验装置的不确定度

进行所有试验时,所用试验装置的基本不确定度应不大于被试表和/或附件的相应准确度等级的1/4。推荐试验装置的基本不确定度不大于被试仪表和/或附件的等级指数的1/10。

作改变量试验时,如有可能应避免对试验装置施加影响量(例如温度)。当试验装置和被试仪表和/或附件承受相同的影响量(例如频率改变)时应保证试验装置的影响不大于被试仪表和/或附件的允许改变量的1/4。

制造厂对试验装置的不确定度应留有余地,以保证所有仪表和/或附件在交货时均在规定的不确定度极限内。与此相应,使用者在验收仪表和/或附件时应将允许的不确定度极限和其试验装置的不确定度相加,并将相加的和作为试验的极限值。

4.10 读数方法

无论何时,只要有可能应将被试表调整在分度线上,读取标准试验装置的读数。

对于可互换附件,则应将标准试验装置调整在分度线上(或数字表的整数上),使用一个基本不确定度与被试附件相比可以忽略的标准装置读取附件的输出值。

标准试验装置应有足够的分辨力(或数字位数),以使读数的数值分辨率等于或优于被试仪表和/或附件的相应等级指数的1/5。

4.11 多相试验

多相仪表可以连接到电压、电流及相位角可被正确测量和控制的适当的多相电源上进行试验。

对于可以用单相法试验的多相仪表进行单相法试验时,电流电路应串联,电压电路应并联。所有情况下,详细的连接方法和适用的校验常数应按制造厂说明书的规定。

4.12 交流仪表的直流试验

某些交流仪表,如电动系、热系或者静电系仪表可以在直流下试验。如果有这种情况,可使用直流电源,按规定对仪表进行试验。在这些情况下,应将每一测量线路按正极性和颠倒极性进行试验,以正负极性试验结果的平均值与标称值之差计算不确定度。与交流改变量有关的其他试验不能用直流试验。

4.13 多测量范围和多功能仪表的试验

所有测量范围和所有功能应分别进行试验。具有多供电电压能力的仪表应分别连接到每个电压源上进行试验。

4.14 试验导线

试验中导线的位置不应影响试验结果,如果制造厂规定了试验导线,应该使用这些试验导线进行试验。否则,试验中使用的导线尺寸不应影响试验结果。

4.15 电阻表的试验

对于高值试验电阻器,试验导线应有足够的绝缘,以确保试验电阻器不会因导线的分流而产生大于电阻表规定的基本不确定度 1/10 的改变量。

对于低值电阻器,除非试验导线的总电阻与试验电阻器的阻值相比可以忽略的之外,应考虑试验导线的总阻值。

具有尖形端部的特殊导线的电阻表可能需要特殊的与尖形端子相配的试验电阻器。

测量四端电阻器阻值的电阻表需要专用的试验电阻器。

如果一个电阻表在测量试验电阻的规定值(或者开路)时有一个试验电压的规定值,应使用一个允许的不确定度不超过试验电压 1% 的电压表测量该电压。当在试验电阻的规定值上测量电压时,可以将电压表和电阻并联而获得这个值。完全无泄漏的静电电压表将适用于施行开路电压试验。

可以用一个直流电子电压表测量开路电压,但是应注意避免输入的失调电压和电流的影响。

应小心注意不要因电阻表的输出电流而损坏试验电阻器。

5 基本不确定度试验

5.1 试验条件

所有的基本不确定度试验都在参比条件下进行。

5.2 电流表和电压表

5.2.1 程序

试验按以下步骤进行:

a) 若有关,轻敲调整零位。

b) 不轻敲。足够缓慢地增大激励使指示器顺序地指示在包括测量范围下限和上限在内的至少 5 个近似等距离的每一条分度线(B_{XI})上,记录标准表上这些点的激励值(B_{RUI})。

c) 不轻敲。增大激励到测量范围上限值的 120% 处,或使指示器到达其行程的上限,取两者之中较小值,立刻缓慢地减小激励,使指示器顺序地指示在与步骤 b)相同的分度线(B_{XI})上,记录标准表示出的激励值(B_{RDI})。

d) 比较步骤 b)和步骤 c)中的(B_{RUI})和(B_{RDI}),与所对应的分度线(B_{XI})偏离最大的值,记为(B_{RM}),并将此分度线对应的值记为(B_X)。

对零位在标度尺内的仪表,这些试验应适当地在零分度线两边进行。

5.2.2 计算

5.2.2.1 按下式计算以百分数表示的仪表基本不确定度:

$$u = \frac{B_X - B_{RM}}{A_F} \times 100$$

式中:

A_F——基准值。

5.2.2.2 若需要时,对每条选定的分度线(B_{XI}),比较其相应的(B_{RUI})和(B_{RDI}),取其偏离较大者记为(B_{RI}),按下式计算每条相应分度线的以百分数表示的基本不确定度:

$$u_i = \frac{B_{XI} - B_{RI}}{A_F} \times 100$$

式中:

A_F——基准值。

5.3 功率表和无功功率表

5.3.1 程序

试验按以下步骤进行:

a) 若有关,轻敲调整零位。

b) 电压电路接额定电压,允差为±2%。

c) 不轻敲。在功率因数为1(无功,$\sin\varphi=1$)时足够缓慢地增大电流,使指示器顺序地指示在包括测量范围下限和上限在内的至少5个近似等距离的每一条分度线(B_{XI})上,记录标准表示出的激励值(B_{RUI})。

d) 不轻敲。在功率因数为1(无功,$\sin\varphi=1$)时增大电流到测量范围上限值的120%处,或使指示器到达其行程的上限,取两者之中较小值,立刻缓慢地减小电流,使指示器顺序地指示在与步骤 c)相同的分度线(B_{XI})上,记录标准表示出的激励值(B_{RDI})。

e) 比较步骤 c)和步骤 d)中的(B_{RUI})和(B_{RDI})与所对应的分度线(B_{XI})偏离最大的值,记为(B_{RM}),并将此分度线对应的值记为(B_X)。

对零位在标度尺内的仪表,这些试验应适当地在零分度线两边进行。

5.3.2 计算

5.3.2.1 按下式计算以百分数表示的仪表基本不确定度:

$$u = \frac{B_X - B_{RM}}{A_F} \times 100$$

式中:

A_F——基准值。

5.3.2.2 若需要时,对每条选定的分度线(B_{XI}),比较其相应的(B_{RUI})和(B_{RDI}),取其较大值为(B_{RI}),按下式计算每条相应分度线的按百分数表示的基本不确定度。

GB/T 7676.9—2017

$$u_{i}=\frac{B_{XI}-B_{RI}}{A_{F}}\times 100$$

式中：

A_F——基准值。

5.4 指针式频率表

5.4.1 程序

试验按以下步骤进行：

a) 若有关，轻敲调整零位。

b) 不轻敲。在测量频率下限施加额定电压，或参比范围限值之一的电压值，缓慢地提高频率使指示器顺序地指示在包括测量范围下限和上限在内的至少 5 个近似等距离的每一条分度线（B_{XI}）上，记录标准表示出的频率值（B_{RUI}）。

c) 不轻敲。提高频率到测量范围上限值的120％处，或使指示器到达其行程的上限，取两者之中较小值，立刻缓慢地降低频率，使指示器顺序地指示在与步骤 b)相同的分度线（B_{XI}）上，记录标准表示出的激励值（B_{RDI}）。

d) 比较步骤 b)和步骤 c)中的（B_{RUI}）和（B_{RDI}）与对应的分度线（B_{XI}）偏离最大的值，记为（B_{RM}），并将此分度线对应的值记为（B_X）。

对零位在标度尺内的仪表，这些试验应适当地在零分度线两边进行。

5.4.2 计算

5.4.2.1 按下式计算以百分数表示的仪表的基本不确定度：

$$u=\frac{B_X-B_{RM}}{A_F}\times 100$$

式中：

A_F——基准值。

5.4.2.2 若需要时，对每条选定的分度线（B_{XI}），比较其相应的（B_{RUI}）和（B_{RDI}），取其较大值为（B_{RI}），按下式计算每条相应分度线的以百分数表示的基本不确定度：

$$u_{i}=\frac{B_{XI}-B_{RI}}{A_F}\times 100$$

式中：

A_F——基准值。

5.5 振簧式频率表

5.5.1 程序

试验按以下步骤进行：

a) 施加额定电压，或参比范围限值之一的电压，其频率为能使该排中最高额定频率值（B_{XI}）的振簧以其最大振幅谐振，记录标准表示出的频率值（B_{RI}）。

b) 降低频率，使该排中次高频率额定值（B_{X2}）的振簧以其最大振幅产生共振，记录标准表示出的频率值（B_{R2}）。

c) 对每个振簧重复步骤 b)。

d) 如果仪表有多排振簧，对每排振簧重复步骤 a)、b)、c)获得相应的（B_{XI}）和（B_{RI}）。

270

e) 比较并找出步骤 a)～d)的所有振簧的标称频率值和标准表的示出值偏离最大的值,记为
(B_{RM}),将最大偏离值所对应振簧的标称值(B_{XI})记为(B_X)。

5.5.2 计算

5.5.2.1 按下式计算以百分数表示的仪表的基本不确定度:

$$u = \frac{B_X - B_{RM}}{A_F} \times 100$$

式中:

A_F——基准值。

5.5.2.2 若需要时,对每个选定的振簧,根据其频率额定值(B_{XI})和其相应的标准表的示出频率值
(B_{RI}),按下式计算每个振簧的以百分数表示的基本不确定度:

$$u_i = \frac{B_{XI} - B_{RI}}{A_F} \times 100$$

式中:

A_F——基准值。

5.6 相位表

5.6.1 程序

试验按以下步骤进行:

a) 若有关,轻敲调整零位。

b) 将测量线路之一与符合 GB/T 7676.1—2017 中表 1 和 GB/T 7676.5—2017 中表 1 的电源相
连接,另一测量线路与另一电源连接,应将两个电源的频率设定为相同,两个电源之间的相位
角应可调并已知。

c) 缓慢地调节两个电源之间的相位差到零,并记录该指示值。

d) 不轻敲。缓慢地仔细地增加相位差使指示器顺序地指示在包括测量范围下限和上限在内的至
少 5 个近似等距离的每一条分度线(B_{XI})上,记录标准表示出的相位差值(B_{RUI})。

e) 增加相位差到测量范围上限值的 120%处,或使指示器到达其行程的上限,取两者之中较小
值;但对不能指示超出上限的仪表,只需达到测量范围上限相应的值。不轻敲,立刻缓慢地减
小相位差,使指示器顺序地指示在与步骤 d)相同的分度线(B_{XI})上,记录标准表示出的激励值
(B_{RDI})。

f) 对于能够连续转动 360°的相位表,应顺时针方向施行步骤 d),然后逆时针方向重复试验。省
略步骤 e)。

g) 比较步骤 a)～f)记录到的所有相应激励值与相应分度线(B_{XI})最大偏离值,记为(B_{RM}),并将
此分度线对应的值记为(B_X)。

5.6.2 计算

5.6.2.1 按下式计算以百分数表示的仪表的基本不确定度:

$$u = \frac{B_X - B_{RM}}{A_F} \times 100$$

式中:

A_F——基准值。

5.6.2.2　若需要时,对每条选定的分度线(B_{XI}),比较其相应的(B_{RUI})和(B_{RDI}),取其较大值为(B_{RI}),按下式计算每条相应分度线的以百分数表示的基本不确定度:

$$u_i = \frac{B_{XI} - B_{RI}}{A_F} \times 100$$

式中:

A_F——基准值。

5.7　功率因数表

5.7.1　程序

试验按以下步骤进行:

a)　若有关,轻敲调整零位。

b)　电压线路与符合 GB/T 7676.1—2017 中表 1 和 GB/T 7676.5—2017 中表 1 规定的电源的电压输出电路相连接,将电流线路与该电源的电流输出电路相连接。电源的电压输出电路和电流输出电路之间的相位可调并已知,频率为功率因数表的额定频率。

c)　对电流线路施加 100% 的额定电流。

d)　不轻敲。缓慢而仔细地增大相位差,使指示器顺序地指示在包括测量范围下限和上限在内的至少 5 个近似等距离的每一条分度线(B_{XI})上,记录标准表示出的功率因数对应的电角度值(B_{RUI})。

e)　增大相位差到测量范围上限值的 120%,或使指示器到达其行程的上限,取两者之中较小值;但对不能指示超出上限的仪表,只需达到测量范围上限相应的值。不轻敲,立刻缓慢地减小相位差,使指示器顺序地指示在与步骤 d)相同的分度线(B_{XI})上,记录标准表示出的激励值对应的电角度值(B_{RDI})。

f)　在电流线路中施加 40% 额定电流,重复步骤 d)和 e)。

g)　对于能够连续转动 360°的相位表,应顺时针方向施行步骤 d)和 f),然后逆时针方向重复试验。省略步骤 e)。

h)　对双向标度尺的仪表,这些试验应适当地在两个方向上进行。

i)　比较步骤 a)～h)记录到的所有相应激励值与相应的分度线(B_{XI})偏离最大的值,记为(B_{RM}),并将此分度线对应的值记为(B_X)。

5.7.2　计算

5.7.2.1　按下式计算以百分数表示的仪表的基本不确定度:

$$u = \frac{B_X - B_{RM}}{A_F} \times 100$$

式中:

A_F——基准值。

5.7.2.2　若需要时,对每条选定的分度线(B_{XI}),比较其相应的(B_{RUI})和(B_{RDI}),取其较大值为(B_{RI}),按下式计算每条相应分度线的以百分数表示的基本不确定度:

$$u_i = \frac{B_{XI} - B_{RI}}{A_F} \times 100$$

式中:

A_F——基准值。

5.8 同步指示器

5.8.1 程序

试验按以下步骤进行:

a) 将待并线路和运行线路分别与独立的电压源相连接,调节两电压源的电压等于同步指示器的额定电压,频率为同步指示器的额定频率。

b) 将标准相位表的两组电压线路分别和步骤 a)的两个独立电压源的相同相位的电压线路相连接。

c) 调节与待并线路连接的电压源的相位,使指示器指示在同步指示器的同步标志上,记录标准相位表示出的相位值(B_R)。

注:同步指示器的基本不确定度还可使用其他简便的方法试验。

5.8.2 计算

按下式计算以百分数表示的仪表的基本不确定度:

$$u = \frac{B_R}{A_F} \times 100$$

式中:

A_F——基准值。

5.9 电阻表(阻抗表)、电导表

5.9.1 程序

试验按以下步骤进行:

a) 如有电池(组),其条件应与制造厂的说明一致。

b) 若有关,轻敲调整零位。

c) 按制造厂的规定进行初步调节。

d) 逐次地将已知阻值的试验电阻器与电阻表(阻抗表、电导表)连接以确定电阻表(阻抗表)、电导表的基本不确定度。试验电阻器的已知阻值的不确定度应是电阻表(阻抗表)、电导表在此阻值(阻抗值)、电导值时的不确定度的 1/10 或更小。

可能时,用可调节电阻器(例如,多位十进制电阻箱)作为试验电阻器。调节电阻箱使指示器顺序地指示在每个带数字的标度线(B_{XI})上,不轻敲。记录试验电阻器的值(B_{RI})。

e) 对于多标度尺的电阻表(阻抗表)、电导表,应该对每个标度尺按步骤 d)进行试验。

f) 比较步骤 d)所得的数据,取其中试验电阻器的阻值(B_{RI})和相应分度线(B_{XI})的标度值偏离最大的一组数据分别记为(B_X)和(B_{RM})。

5.9.2 计算

5.9.2.1 按下式计算以百分数表示的仪表的基本不确定度:

$$u = \frac{B_X - B_{RM}}{A_F} \times 100$$

式中:

A_F——基准值。

5.9.2.2 若需要时,对每条选定的分度线(B_{XI}),按下式计算以百分数表示的基准形式的基本不确定度:

$$u_i = \frac{B_{XI} - B_{RI}}{A_F} \times 100$$

式中：

A_F——基准值。

5.10 可互换分流器

5.10.1 测试输出电压(稳定电源)法

5.10.1.1 试验条件

试验条件如下：

a) 在稳定电源输出电流和直流标准电阻的功率允许的情况下，可以采用此程序。

b) 使用的直流电流比较仪的输出回路电流应能按匝数比自动跟踪输入回路的电流，跟踪的不确定度应不大于受试分流器的基本不确定度的 1/10。

c) 稳定电源输出功率应与受试分流的额定电流相适应；输出稳定度应不大于受试分流器的基本不确定度的 1/10；输出电流的纹波含量应符合 GB/T 7676.8—2017 的相应要求。

d) 直流标准电阻器的基本不确定度应不大于受试分流器的基本不确定度的 1/3～1/5。

e) 测量标准电阻上的电压和测量受试分流器输出电压的直流数字电压表的基本不确定度应不大于受试分流的 1/5。

f) 除非注明频率值，对被试分流器施加直流电流，如果分流器既可以用于直流，又可以用于交流，则应分别进行交流的和直流的试验。

5.10.1.2 试验程序

试验步骤如下：

a) 按图 1 连接标准电阻和受试分流器。选择比较仪的输入、输出的匝数比以及适当的标准电阻使得 U_S 和 U_M 的标称值接近相等。连接受试分流器的导线尺寸应与受试分流器的额定电流相适应，如果要求分流器安装到汇流排上，则试验装置中应包括能按规定使用位置安装符合额定电流要求的汇流排。

b) 试验开始时应首先在参比温度下施加额定电流对受试分流器进行预处理，使受试分流器达到热稳定。

c) 调整主电源的输出电流至受试分流器的额定电流。当 U_M 的电压值每分钟的变化不大于受试分流器基本不确定度的 1/10，认为试验已经达到热稳定时，记录(U_S)为标称值时的受试分流器的电压值(U_{M1})。

d) 当用户有要求时，将主、副电源的输出极性反接，重复步骤 c)，记录(U_S)为标称值时的受试分流器的电压值(U_{M2})。

e) 比较并找出步骤 c)和步骤 d)(若有时)的(U_{M1})和(U_{M2})值与标称值相差最大的值，记为(U_M)。

5.10.1.3 计算

按下式计算以百分数表示的分流器的基本不确定度：

$$u = \frac{U_M - U_S}{A_F} \times 100$$

式中：

A_F——基准值，额定输出电压值。

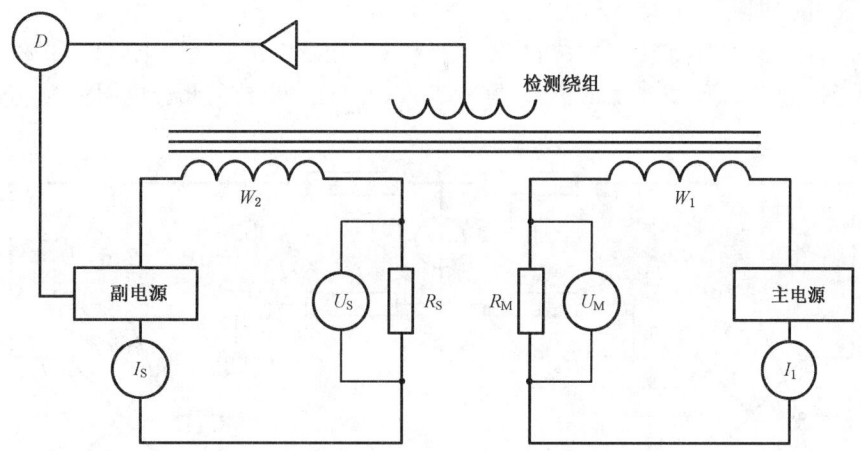

说明：

W_1——直流电流比较仪的原边线圈；

W_2——直流电流比较仪副边线圈；

R_S——标准电阻器；

R_M——受试分流器；

U_S——监视标准电阻上电压的直流数字电压表；

U_M——测量受试分流器输出电压的直流数字电压表；

I_S——流过标准电阻的电流；

I_1——流过受试分流器的电流；

D ——直流电流比较仪的反馈调节装置。

图 1 直流大功率稳定电源试验电路图

5.10.2 双臂电桥(电阻)法

5.10.2.1 试验条件

试验条件如下：

a) 当试验电源输出电流达不到受试分流器60％的额定电流值时,可以采用此方法；

b) 标准电阻的功率应与受试分流器的额定电流相适应,标准电阻的基本不确定度应不大于受试分流器允许的基本不确定度的1/10；

c) 双臂电桥的畸变不确定度不应大于受试分流器允许的基本不确定度的1/4；

d) 当检零仪表的灵敏度不能满足要求时,可以外接反射式检流计；

e) 试验电源的输出稳定度应优于受试分流器的基本不确定度的1/10,输出电流的纹波含量应符合 GB/T 7676.8—2017 的相应要求。

5.10.2.2 程序

试验步骤如下：

a) 按图2连接受试分流器和标准电阻。连接受试分流器的导线尺寸应与受试分流器的额定电流相适应,如果要求分流器安装到汇流排上,则试验装置中应包括能按规定使用位置安装符合额定电流要求的汇流排。

b) 开关 K$_1$、K$_2$ 都置于 1 的位置。调整稳定电源的输出电流至标准电阻的额定电流,保持 15 min以上,使其达到热稳定,调节比较臂电阻 R,使电桥的检流计归零。相应记录为(R_A)。

c) 开关 K$_1$ 仍置于1,将 K$_2$ 置于2的位置,重复步骤 b),调节比较臂电阻 R',使电桥的检流计归零,记录相应电阻值为(R_B)。

    d) 将开关 K_1 置于 2、K_2 置于 1 的位置,重复步骤 b),记录电桥的相应电阻值为(R_C)。

    e) 将开关 K_1 置于 2、K_2 置于 2 的位置,重复步骤 c)。记录电桥的相应电阻值为(R_D)。

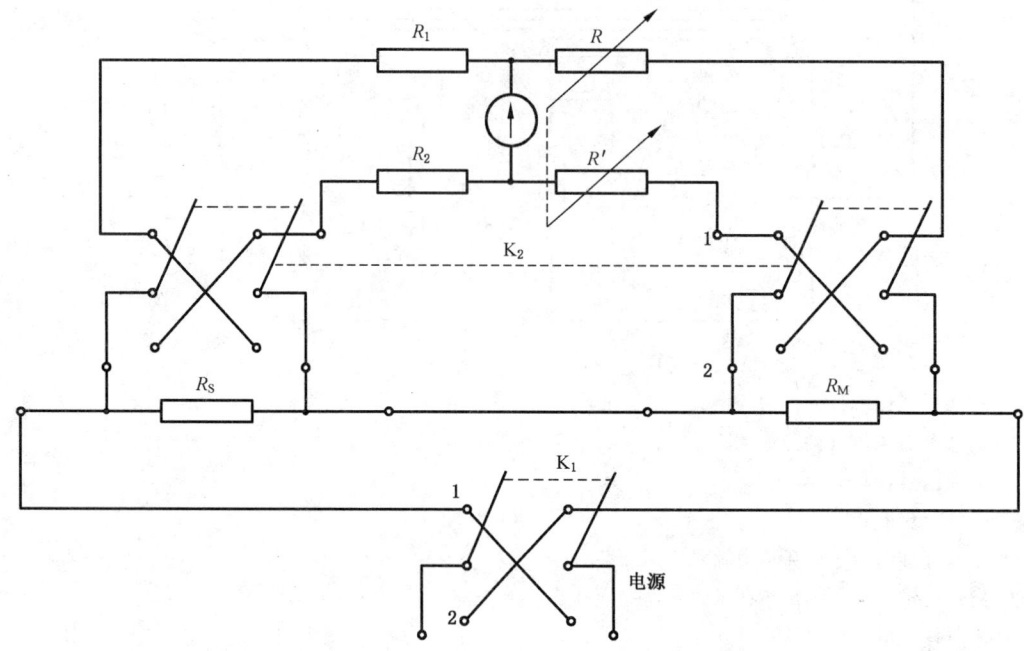

说明:

R_S ——大功率标准电阻;

R_M ——受试分流器的电阻;

R_1、R_2——分别为电桥的外比例臂电阻和内比例臂电阻;

R、R'——电桥可调节的比较臂的电阻;

K_1 ——切换测试电流方向的开关;

K_2 ——切换双臂电桥内外臂的开关。

图 2　双臂电桥测量受试分流器电阻的线路图

5.10.2.3　正反向平均电阻的计算

按式(1)计算正向试验的受试分流器平均电阻 R_{MP} 的值:

$$R_{MP} = \frac{R_{M1} + R_{M2}}{2} \qquad \cdots\cdots\cdots\cdots\cdots\cdots\cdots (1)$$

式中: $R_{M1} = \dfrac{R_A}{R_1} R_S$, $R_2 = \dfrac{R_B}{R_2} R_S$

按式(2)计算反向试验的受试分流器平均电阻 R_{MR} 的值:

$$R_{MR} = \frac{R_{MR1} + R_{MR2}}{2} \qquad \cdots\cdots\cdots\cdots\cdots\cdots\cdots (2)$$

式中: $R_{MR1} = \dfrac{R_C}{R_1} R_S$, $R_{MR2} = \dfrac{R_D}{R_2} R_S$

按式(3)计算正反向电阻的平均值 R_M :

$$R_M = \frac{R_{MP} + R_{MR}}{2} \qquad \cdots\cdots\cdots\cdots\cdots\cdots\cdots (3)$$

5.10.2.4 计算

根据下式计算受试分流器的以百分数表示的基本不确定度：

$$u = \frac{R_M - A_F}{A_F} \times 100$$

式中：

R_M ——受试分流器的正反向平均电阻值；

A_F ——基准值，受试分流器的额定电阻值 R_N。

5.11 可互换串联电阻器（阻抗器）

5.11.1 程序

试验步骤如下：

a) 将受试电阻器（阻抗器）与测量电流相应的标准电流表串联，标准表的电阻（阻抗）与被测量的电阻器（阻抗器）相比应可忽略不计。

b) 将受试电阻器（阻抗器）的额定电压施加于受试电阻器（阻抗器）和标准电流表串联电路的两端，记录标准电流表示出的电流值（B_R）。额定电压对电阻器应为直流电压，对阻抗器应为额定频率的交流电压；如果电阻器既可以用于直流，又可以用于交流，应分别用直流和交流额定电压进行试验。

5.11.2 计算

按下式计算以百分数表示的可互换电阻器（阻抗器）的基本不确定度：

$$u = \frac{A_F - B_R}{A_F} \times 100$$

式中：

A_F ——基准值，受试电阻器（阻抗器）的额定电流值 I_N。

5.12 可互换霍尔电流传感器

5.12.1 程序

试验步骤如下：

a) 用与受试传感器额定电流相适应的导线（或汇流排）连接标准电流表或标准分流器，穿过受试霍尔电流传感器的窗口后接到大功率稳定电源上，电流方向应与标志的方向一致。霍尔传感器的电源接口接入制造厂规定的电源上；受试传感器的输出接口连接与其输出额定值相适应的电压或电流标准表上。如果串联的是标准分流器，则分流器的基本不确定度应等于或小于受试互感器的1/3，其电压输出端应接数字电压表，数字电压表的基本不确定度应是受试霍尔互感器允许的基本不确定度的1/5。

对于直流霍尔电流传感器应采用直流电源进行试验。

对于交流霍尔电流传感器应采用交流电源进行试验。

b) 在输入电流为零时调整失调电流（对于闭环传感器）或失调电压（对于开环传感器），使其到零。

c) 增大大功率稳定电源的输出电流，分别达到受试传感器额定电流的10%、20%、60%、80%和100%等5个试验点上。读取与传感器串联的标准电流表的示值或分流器输出的电压值，记为（B_{XUI}）；同时读取与受试传感器输出接口相连接的标准表输出的相应值（B_{RUI}）。

d) 调节大功率稳定电源达到受试传感器额定电流的120%，逐步降低输出电流值使其分别为受试传感器额定电流的 100%、80%、60%、20% 和 10%。读取与传感器串联的标准电流表的示值或分流器输出的电压值,记为(B_{XDI});同时读取与受试传感器输出接口相连接的标准表输出的相应值(B_{RDI})。

e) 比较步骤 c)和步骤 d)各 5 组数据,将受试传感器输出值与相应的输入电流值所对应的标称输出值偏离最大的值,分别记为(B_R)和(B_X)。其中的(B_X)为相应的试验电流所对应的传感器的输出值。

5.12.2 计算

按下式计算霍尔电流传感器的基本不确定度:

$$u_i = \frac{B_R - B_X}{A_F} \times 100$$

式中:
A_F——基准值,霍尔电流互感器输出的额定值。

5.13 可互换霍尔电压传感器

5.13.1 程序

试验步骤如下:

a) 按制造厂的规定在传感器电源端接入供电电源,输出接口按制造厂规定连接规定的电流或电压标准表,将传感器的输入端和与之相适应的数字电压表并联后接入与其输入额定电压相适应的稳定电压源上,并注意其极性。数字电压表的不确定度应不超过受试传感器的允许的基本不确定度的 1/5。
对于直流霍尔电压传感器应采用直流电源进行试验。
对于交流霍尔电压传感器应采用交流电源进行试验。
对于交直流两用的电压传感器应分别用直流电源和交流电源试验。交流试验频率应为该传感器的额定频率及其频率范围的上限。

b) 在输入电压为零时调整失调电压或电流,使其到零。

c) 逐步增大稳定电压源的输出电压,分别达到受试传感器输入额定电压的 20%、40%、60%、80% 和 100% 等 5 个试验点上,并在各试验点上稳定 15 min。读取与传感器输入并联的数字电压表的电压值,记为(B_{XI});同时读取与受试传感器输出接口相连接的标准表输出的相应值(B_{RI})。

d) 比较步骤 c)的 5 组数据,找出受试传感器输出值与相应的输入电压值所对应的标称输出值偏离最大的值,分别记为(B_R)和(B_X)。其中的(B_X)为相应的输入试验电压所对应的传感器的相应输出值。

5.13.2 计算

按下式计算霍尔电压传感器的基本不确定度:

$$u_i = \frac{B_R - B_X}{A_F} \times 100$$

式中:
A_F——基准值,霍尔电压传感器输出的额定值。

5.14 其他可互换电子变换器

5.14.1 预调整程序

预调整步骤如下:

a) 按制造厂规定的接线图连接可互换电子变换器的测量电路,并将相应的标准表与变换器一起接入。电压电路并联,电流电路串联。

b) 按制造厂的规定将附件的输出端与相应规格的标准电压表或电流表相连。测量输出的标准表的不确定度及分辨力应与变换器的允许不确定度相匹配。

c) 如允许,对于由外部电源供电的变换器,断开所有测量电路,接通外部电源 15 min 后调节失调电压或电流,使测量输出的标准表到零或测量电路无输入时的规定值。

  如允许,对于自供电电源的变换器,断开测量电路的电流回路,以额定电压施加到电压测量电路上 15 min 以后调节失调电压或电流,使测量输出的标准表为零或测量电路无输入时的规定值。

  对于可互换相位变换器,如允许时,失调电压或电流的调节按相位变换器程序的规定。

5.14.2 有功功率和无功功率变换器的试验程序

试验步骤如下:

a) 电压电路接额定电压,允许偏差为 $\pm 2\%$。

b) 在功率因数为 1(对无功功率 $\sin\varphi = 1$ 时缓慢并仔细增大电流,使测量输入功率(或无功功率)的标准表顺序地显示在包括变换器测量范围下限和上限在内的至少 5 个近似等距离的每一条分度线(B_{RI})上[相应分度线的变换器标称输出为(B_{ONI})],记录变换器输出标准表的示出值(B_{OI})。

c) 比较步骤 b)中的每个(B_{OI})和(B_{ONI}),找出其中偏离(B_{ONI})最大的输出值(B_{OM}),并将相应的(B_{ONI})记为(B_{ON})。

5.14.3 频率变换器的试验程序

试验步骤如下:

a) 在测量频率下限施加额定电压,或参比范围限值之一的电压值,缓慢地提高频率使测量频率的标准表顺序地显示在包括变换器测量范围下限和上限在内的至少 5 个近似等距离的每一条分度线(B_{RI})上[相应分度线的变换器标称输出为(B_{ONI})],记录变换器输出标准表的示出值(B_{OI})。

b) 比较步骤 a)中每个(B_{OI})和(B_{ONI}),找出其中偏离(B_{ONI})最大的输出值(B_{OM}),并将相应的(B_{ONI})记为(B_{ON})。

5.14.4 相位变换器的试验程序

试验步骤如下:

a) 将测量线路之一与符合 GB/T 7676.1—2017 中表 1 和 GB/T 7676.5—2017 中表 1 的电源相连接,另一测量线路与另一电源连接,应将两个电源的频率设定为相同,两个电源之间的相位角应可调并已知。

b) 缓慢地调节两个电源之间的相位差到测量相位差的标准表指示为零,如允许调节失调电压或电流,则调节其输出标准表到零,如不允许调节,则记录变换器输出标准表的指示值(B_O)。

c) 缓慢并仔细地增加相位差使测量相位差的标准表的显示值顺序地显示在包括变换器测量范围下限和上限在内的至少 5 个近似等距离的每一条分度线(B_{RI})上[相应分度线的变换器标称输出为(B_{ONI})],记录变换器输出标准表示出值(B_{OI})。

d) 比较步骤 b)中的(B_O)和步骤 c)中的每个(B_{OI})和(B_{ONI}),找出其中偏离(B_{ONI})最大的输出值(B_{OM}),并将相应的(B_{ONI})记为(B_{ON})。

5.14.5 功率因数变换器的试验程序

试验步骤如下:

GB/T 7676.9—2017

a) 电压线路与符合 GB/T 7676.1—2017 中表 1 和 GB/T 7676.5—2017 中表 1 规定的电源的电压输出电路相连接,将电流线路与该电源的电流输出电路相连接。电源的电压输出电路和电流输出电路之间的相位可调并已知,频率为功率因数表的额定频率。相应连接一个不确定度可以忽略的标准功率因数表。

b) 对电流线路施加 100% 的额定电流。

c) 缓慢而仔细地增大相位差,使标准功率因数表顺序地显示在包括变换器测量范围下限和上限在内的至少 5 个近似等距离的每一条分度线(B_{RI})上[相应分度线的变换器标称输出为(B_{ONI})],记录变换器输出标准表示出的输出值(B_{OI})。

d) 对电流线路施加 40% 的额定电流,重复步骤 c)。

e) 比较步骤 c)和步骤 d)中的每个(B_{OI})和(B_{ONI}),找出其中偏离(B_{ONI})最大的输出值(B_{OM}),并将相应的(B_{ONI})记为(B_{ON})。

5.14.6 计算

按下式计算可互换电子变换器以百分数表示的最大基本不确定度:

$$u = \frac{B_{ON} - B_{OM}}{A_F} \times 100$$

式中:

B_{ON}——可互换电子变换器偏离最大的标称输出值。

A_F ——可互换电子变换器的基准值,上量限的标称输出值。

6 改变量试验

6.1 铁磁支架引起的改变量

6.1.1 固定(安装)式仪表

6.1.1.1 程序

试验步骤如下:

a) 对标有 GB/T 7676.1—2017 符号 F-39 的仪表不进行铁磁支架的试验。

b) 将仪表安装在任意厚度的非铁磁材料的面板上,面板的开孔尺寸按制造厂规定。该面板的任一点与任一铁磁材料间的距离应不小于 1 m。

c) 在参比条件下对被试表施加激励,轻敲,使指示器顺序地指示在包括测量范围下限和上限在内的至少 5 个近似等距离的每一条分度线上,记录标准表示出的激励值(B_{AI})。

d) 对未标有 GB/T 7676.1—2017 的符号 F-37、F-38 和 F-39 的仪表,将仪表以步骤 a)相同的方式安装在厚度为 2 mm±0.5 mm 的不带磁性的铁板上,面板的开孔尺寸应按制造厂的规定;对标有符号 F-37 的仪表安装在标志的厚度的铁板上;对标有符号 F-38 的仪表安装在 6 mm 的铁板上。

e) 轻敲,施加激励使指示器指示在与步骤 c)相同的分度线上,记录激励值(B_{FI})。

f) 比较每一条分度线上记录得到的步骤 d)的激励值(B_{FI})与步骤 c)的激励值(B_{AI})偏离最大的值(B_F),并将步骤 c)相应的值记为(B_A)。

6.1.1.2 计算

标以符号 F-37 或 F-38,以及没有标志 F-37、F-38 和 F-39 的仪表,其按第 5 章的计算公式计算出(B_F)的不确定度应保持在基本不确定度限值内。

6.1.2 便携式仪表

6.1.2.1 程序

试验步骤如下：

a) 对于标有符号 F-39 的仪表不进行铁磁支架的试验。但使用时不应将其放在铁板上。

b) 将仪表以参比位置安放在非铁磁材料的平板上，并与任何铁磁材料距离至少 1 m 以上。

c) 在参比条件下对被试表施加激励，轻敲，使指示器顺序地指示在包括测量范围上限和下限在内的至少 5 个近似等距离的分度线上，记录标准表示出的激励值（B_{AI}）。

d) 对于未标有符号 F-37、F-38 和 F-39 的仪表，将仪表以参比位置安放在无磁的铁板上，板的厚度应不小于 6 mm，但是为方便见也不要大于 10 mm；标有符号 F-37 的仪表放在其标志值厚度的铁板上；标有符号 F-38 的仪表，放在 10 mm 以上的铁板上。平板各边伸出仪表至少 150 mm。

e) 轻敲，使指示器指示在与步骤 b)相同的分度线上，记录激励值（B_{FI}）。

f) 比较步骤 d)记录得到的每一条分度线上的激励值（B_{FI}）与步骤 c)的激励值（B_{AI}）偏离最大的值（B_F），并将步骤 c)相应的值记为（B_A）。

g) 对可以多种位置使用的仪表应分别在其极限位置和中间位置上进行上述试验。

6.1.2.2 计算

标以符号 F-37 和 F-38 的，以及没有标志 F-37、F-38 和 F-39 的仪表，按第 5 章相应公式计算出来（B_F）的不确定度应保持在基本不确定度限值内。

6.2 环境温度引起的改变量

6.2.1 仪表的试验

6.2.1.1 程序

试验步骤如下：

a) 使被试表承受标称温度使用范围上限的温度，直到达到热平衡，但不少于 2 h。轻敲调节零位，通电使指示器指示在测量范围上限分度线上，记录由标准表示出的激励值（B_{XI}）。

b) 降低被试表承受的温度，使其到温度标称使用范围上限的下 10 K，直到其达到热平衡，但不少于 2 h。调节激励使其指示在与步骤 a)相同的分度线上，记录激励值（B_{X2}）。

c) 继续降低被试表承受的温度，使其比步骤 b)的温度低 10 K，但未达到参比温度或参比温度范围上限，使其达到热平衡，但不少于 2 h。重复步骤 b)，记录激励值（B_{X3}）。

d) 如果步骤 c)的温度仍然比参比温度或参比温度范围上限温度高 10 K，则继续步骤 c)，直至不再高于上述温度 10 K 止。重复步骤 b)，记录激励值（B_{X4}）、（B_{X5}）、……

e) 在标称温度使用度范围下限重复步骤 a)，记录激励值（B_{Y1}）。

f) 提高被试表承受的温度，使其比步骤 e)高 10 K，但未达到参比温度或参比温度范围下限，使其达到热平衡，但不少于 2 h。重复步骤 e)，记录激励值（B_{Y2}）。

g) 继续提高被试表承受的温度，使其比步骤 f)高 10 K，直至该温度和参比温度或参比温度范围下限相差不大于 10 K 止，重复步骤 f)，记录激励值（B_{Y3}）、（B_{Y4}）、……

6.2.1.2 计算

用下式计算得到的最大绝对值，并带上符号，作为参比温度或参比温度范围上限以上的以百分数表示的温度改变量：

$$V_{TU} = \frac{B_{XI} - B_{XI+1}}{A_F} \times 100$$

式中：

I＝1、2、3、……；

A_F——为基准值。

用下式计算得到的最大绝对值,并带上符号,作为参比温度或参比温度范围下限以下的以百分数表示的温度改变量：

$$V_{TL} = \frac{B_{YI} - B_{YI+1}}{A_F} \times 100$$

式中：

I＝1、2、3、……；

A_F——为基准值。

以 V_{TU} 和 V_{TL} 中绝对值最大的并带上相应的符号,作为仪表的温度改变量。

6.2.2 可互换附件的试验

6.2.2.1 可互换分流器的试验

6.2.2.1.1 程序

试验步骤如下：

a) 将分流器置于参比温度下 2 h,使其达到热平衡。用 5.10.2 双臂电桥法测量受试分流器的标称电阻的平均值(R_R)。

b) 将受试分流器在标称使用温度范围的上限放置 2 h,使其达到热平衡。重复步骤 a)得到分流器在标称使用温度范围上限的标称电阻值(R_U)。

c) 将受试分流器在标称使用温度范围的下限放置 2 h,使其达到热平衡。重复步骤 a),得到分流器在标称使用温度范围下限的标称电阻值(R_L)。

6.2.2.1.2 计算

按下式计算分流器在标称使用温度范围上限的以百分数表示的温度改变量：

$$V_{TU} = \frac{10(R_R - R_U)}{|T_R - T_U|A_F} \times 100$$

式中：

A_F——基准值,分流器的标称电阻值；

T_R——参比温度；

T_U——标称使用温度范围上限温度。

按下式计算分流器在标称使用温度范围下限的以百分数表示的温度改变量：

$$V_{TL} = \frac{10(R_R - R_L)}{|T_R - T_L|A_F} \times 100$$

式中：

A_F——基准值,分流器的标称电阻值；

T_R——参比温度；

T_L——标称使用温度范围下限温度。

以 V_{TU} 和 V_{TL} 中绝对值最大的并带上相应的符号,作为分流器的温度系数 R_T。

6.2.2.2 可互换串联电阻器(阻抗器)的试验

6.2.2.2.1 程序

试验步骤如下:

a) 在参比温度下将电阻器(阻抗器)放置 2 h,使其达到热平衡。执行 5.11.1 的步骤 a)。

b) 执行 5.11.1 的步骤 b)记录参比温度下的标准电流表示出的电流值(B_R)。

c) 将电阻器(阻抗器)放置在其标称使用温度范围的上限值下 2 h,使其达到热平衡。重复步骤 b),读取标准表示出的电流值(B_U)。

d) 将电阻器(阻抗器)放置在其标称使用温度范围的下限值下 2 h,使其达到热平衡。重复步骤 b),读取标准表示出的电流值(B_L)。

注:电阻器的温度改变量也可以用电桥法测量电阻器的电阻值,获得环境温度引起的改变量。

6.2.2.2.2 计算

将(B_{RU})及(B_{RL})和(B_R)相比较,取其改变较大的值记为(B_T)。按下式计算电阻器(阻抗器)由温度引起的以百分数表示的改变量:

$$V_T = \frac{10(B_R - B_T)}{|T_T - T_R|B_R} \times 100$$

式中:

T_U——标称使用温度范围上限温度;

T_T——引起温度改变量最大的温度值;

T_R——参比温度。

6.2.2.3 霍尔电流传感器的试验

6.2.2.3.1 程序

试验步骤如下:

a) 按 5.12.1 的步骤 a)接线,接通传感器的辅助电源。将霍尔电流传感器在参比温度下放置 2 h,使其达到热平衡。

b) 断开受试传感器的原边电流电路,调节失调电压或电流到零。

c) 增大受试传感器原边电流,使其达到其额定电流,至少保持 15 min 使其热稳定后读取传感器输出标准表的示出值(B_R)。

d) 使受试传感器承受其标称使用温度范围的上限温度 2 h,使其达到热平衡。重复步骤 c),读取传感器输出标准表的示出值(B_U)。

e) 使受试传感器承受其标称使用温度范围的下限温度 2 h,使其达到热平衡。重复步骤 c),读取传感器输出标准表的示出值(B_L)。

6.2.2.3.2 计算

按下式计算霍尔电流传感器在标称使用温度范围上限的由温度引起的以百分数表示的改变量:

$$V_{TU} = \frac{10(B_R - B_U)}{|T_R - T_U|A_F} \times 100$$

式中:

A_F——基准值;

T_R——参比温度;

T_U——标称使用温度范围上限温度。

按下式计算霍尔传感器在标称使用温度范围下限的由温度引起的以百分数表示的改变量：

$$V_{TL} = \frac{10(B_R - B_L)}{|T_R - T_L|A_F} \times 100$$

式中：

A_F——基准值；

T_R——参比温度；

T_L——标称使用温度范围下限温度。

取 V_{TU} 和 V_{TL} 之中绝对值较大者,带上符号作为传感器以百分数表示的有温度引起的改变量。

6.2.2.4 霍尔电压传感器的试验

6.2.2.4.1 程序

试验步骤如下：

a) 按 5.13.1 程序的步骤 a)接线,在参比温度下传感器的辅助电源通以额定电压并保持 2 h,使其达到热平衡。传感器的测量电压为零时调节传感器的失调电压或电流到零。

b) 增大受试传感器的测量电压,使其达到额定值并保持至少 15 min 使其达到热稳定后,读取传感器输出标准表的示出值(B_R)。

c) 使受试传感器承受标称使用温度范围的上限温度并保持 2 h,使其达到热平衡。重复步骤 b),读取传感器输出标准表的示出值(B_U)。

d) 使受试传感器承受标称使用温度范围的下限温度并保持 2 h,使其达到热平衡。重复步骤 b),读取传感器输出标准表的示出值(B_L)。

6.2.2.4.2 计算

按下式计算传感器在标称使用温度范围上限的由温度引起的以百分数表示的改变量：

$$V_{TU} = \frac{10(B_R - B_U)}{|T_R - T_U|A_F} \times 100$$

式中：

A_F——基准值；

T_R——参比温度；

T_U——标称使用温度范围上限温度。

按下式计算传感器在标称使用温度范围下限的由温度引起的以百分数表示的改变量：

$$V_{TL} = \frac{10(B_R - B_L)}{|T_R - T_L|A_F} \times 100$$

式中：

A_F——基准值；

T_R——参比温度；

T_L——标称使用温度范围下限温度。

取 V_{TU} 和 V_{TL} 之中绝对值较大者,带上符号作为传感器由温度引起的以百分数表示的改变量。

6.2.2.5 其他电子变换器的试验

6.2.2.5.1 接线和预调整

受试变换器按 5.14.1 的规定接线和预调整,并在参比温度下保持 2 h,达到热平衡。

6.2.2.5.2 功率和无功功率变换器的程序

试验步骤如下:

a) 电压电路接额定电压,允许偏差为±2%。在功率因数为1(对无功 $\sin\varphi=1$)时缓慢并仔细地增大电流,使测量输入功率(无功功率)的标准表的指示器指示在变换器测量范围上限分度线上至少保持15 min使其热稳定后,记录变换器输出标准表的示出值(B_R)。

b) 使受试变换器承受标称使用温度范围上限温度2 h,使其达到热平衡。重复步骤 a),读取输出标准表的示出值(B_U)。

c) 使受试变换器承受标称使用温度范围下限温度2 h,使其达到热平衡。重复步骤 a),读取输出标准表的示出值(B_L)。

6.2.2.5.3 频率变换器的程序

试验步骤如下:

a) 在测量频率下限施加额定电压或参比范围限值之一的电压值,缓慢地提高频率使测量频率的标准表显示在变换器上限值上至少保持15 min使其热稳定后,记录变换器输出标准表的示出值(B_R)。

b) 使受试变换器承受标称使用温度范围上限温度2 h,使其达到热平衡。重复步骤 a),读取输出标准表的示出值(B_U)。

c) 使受试变换器承受标称使用温度范围下限温度2 h,使其达到热平衡。重复步骤 a),读取输出标准表的示出值(B_L)。

6.2.2.5.4 相位变换器的程序

试验步骤如下:

a) 执行5.14.4的步骤 a)和 b)。但是不记录5.14.4的步骤 b)相位差为零的变换器输出值。

b) 缓慢并仔细地增加相位差使测量相位差的标准表显示在变换器的测量范围上限的分度线上15 min后,记录变换器输出标准表的示出值(B_R)。

c) 使受试变换器承受标称使用温度范围上限温度2 h,重复步骤 b),记录输出标准表的示出值(B_U)。

d) 使受试变换器承受标称使用温度范围下限温度2 h,重复步骤 b),记录输出标准表的示出值(B_L)。

6.2.2.5.5 功率因数变换器的程序

试验步骤如下:

a) 执行5.14.5程序的步骤 a),缓慢地增大电流电路的电流达到100%额定电流。

b) 缓慢而仔细地增大相位差,使测量功率因数的标准表显示在变换器测量范围上限分度线上至少保持15 min后,记录变换器输出标准表的示出值(B_R)。

c) 使受试变换器承受标称使用温度范围上限温度2 h,使其达到热平衡。重复步骤 b),记录输出标准表的示出值(B_U)。

d) 使受试变换器承受标称使用温度范围下限温度2 h,重使其达到热平衡。复步骤 b),记录输出标准表的示出值(B_L)。

6.2.2.5.6 计算

按下式计算变换器在标称使用温度范围上限由温度引起的以百分数表示的改变量:

$$V_{TU} = \frac{10(B_R - B_U)}{|T_R - T_U|A_F} \times 100$$

式中：

A_F——基准值；

T_R——参比温度；

T_U——标称使用温度范围上限温度。

按下式计算变换器在标称使用温度范围下限的由温度引起的以百分数表示的改变量：

$$V_{TL} = \frac{10(B_R - B_L)}{|T_R - T_L|A_F} \times 100$$

式中：

A_F——基准值；

T_R——参比温度；

T_L——标称使用温度范围下限温度。

取 V_{TU} 和 V_{TL} 之中绝对值较大者，带上符号作为变换器由温度引起的以百分数表示的改变量。

6.3 湿度引起的改变量试验

6.3.1 仪表的试验程序

试验步骤如下：

a) 参比条件下，在相对湿度在 40%～60% 下保持 24 h，轻敲调节零位，使指示器指示在测量范围上限分度线上，记录标准表示出的激励值（B_A）。

b) 使仪表承受相对湿度 25%～30% 至少 96 h。

c) 轻敲调节零位，通电使指示器指示在与步骤 a）相同的分度线上，记录激励值（B_B）。

d) 参比条件下，使仪表承受相对湿度 90%～95% 至少 96 h。

e) 轻敲调节零位，通电使指示器指示在与步骤 a）相同的分度线上，记录激励值（B_C）。

6.3.2 可互换附件的试验程序

试验步骤如下：

a) 参比条件下，在相对湿度在 40%～60% 下保持 24 h，调节受试附件的失调电压或电流（若有时）至零，使受试附件的输入标准表显示在受试附件的测量范围上限值，记录受试附件输出的标准表的示出值（B_A）。

b) 使受试附件承受相对湿度 25%～30% 至少 96 h。

c) 通电使受试附件输入标准表显示在与步骤 a）相同的分度线上值上，记录受试附件输出标准表的示出值（B_B）。

d) 在参比条件下，使受试附件承受相对湿度 90%～95% 至少 96 h。

e) 重复步骤 c），记录受试附件输出的标准表的示出值（B_C）。

6.3.3 计算

按下式计算由湿度下限引起的以百分数表示的改变量绝对值：

$$V_{HL} = \left|\frac{B_A - B_B}{A_F}\right| \times 100$$

式中：

A_F——基准值。

按下式计算由湿度上限引起的以百分数表示的改变量绝对值：

$$V_{HL} = \left| \frac{B_A - B_C}{A_F} \right| \times 100$$

式中：

A_F——基准值。

取 V_{HL} 和 V_{HU} 中较大者作为由湿度引起的以百分数表示的改变量 V_H。

6.4 位置引起的改变量

6.4.1 标有 GB/T 7676.1—2017 的符号 D-1～D-3 的仪表

6.4.1.1 程序

试验步骤如下：

a) 将仪表置于标志规定的位置，轻敲调节零位。

b) 在参比条件下施加激励，轻敲使指示器指示在包括测量范围上限和下限在内的至少 5 个近似等距离的每一条分度线上，记录标准表示出的激励值（B_{RI}）。

c) 使仪表向前倾斜 5°或标志值，轻敲调节零位，重复步骤 b)。在步骤 b)相同的分度线上，记录激励值（B_{WI}）。选取与相应（B_{RI}）偏离最大的激励值，记为（B_W），相应的（B_{RI}）记为（B_{R3}）。

d) 使仪表向后倾斜 5°或标志值，轻敲调节零位，重复步骤 b)。在步骤 b)相同的分度线上，记录激励值（B_{XI}）。选取与相应（B_{RI}）偏离最大的激励值，记为（B_X），相应的（B_{RI}）记为（B_{R4}）。

e) 使仪表向左倾斜 5°或标志值，轻敲调节零位，重复步骤 b)。在步骤 b)相同的分度线上，记录激励值（B_{YI}）。选取与相应（B_{RI}）偏离最大的激励值，记为（B_Y），相应的（B_{RI}）记为（B_{R5}）。

f) 使仪表向右倾斜 5°或标志值，轻敲调节零位，重复步骤 b)。在步骤 b)相同的分度线上，记录激励值（B_{ZI}）。选取与相应（B_{RI}）偏离最大的激励值，记为（B_Z），相应的（B_{RI}）记为（B_{R6}）。

6.4.1.2 计算

按以下公式分别计算仪表因位置向前、后、左、右倾斜而引起的以百分数表示的改变量 V_{PW}、V_{PX}、V_{PY} 和 V_{PZ}，取其中最大者作为仪表因位置改变引起的改变量 V_P。

$$V_{PW} = \left| \frac{B_{R3} - B_W}{A_F} \right| \times 100\%, V_{PX} = \left| \frac{B_{R4} - B_X}{A_F} \right| \times 100$$

$$V_{PY} = \left| \frac{B_{R5} - B_Y}{A_F} \right| \times 100\%, V_{PZ} = \left| \frac{B_{R6} - B_Z}{A_F} \right| \times 100$$

式中：

A_F——基准值。

6.4.2 标有 GB/T 7676.1—2017 的符号 D-4～D-6 仪表的改变量

6.4.2.1 程序

标有符号 D-5 的仪表不做位置引起的改变量。

标有符号 D-4 和 D-6 的仪表按以下步骤进行试验：

a) 按仪表标志的符号分别置于符号 D-4 和 D-6 规定的参比位置，轻敲调节零位。

b) 在参比条件下施加激励，轻敲使指示器指示在包括测量范围上限和下限在内的至少 5 个近似等距离的每一条分度线上，记录标准表示出的激励值（B_{RI}）。

c) 将标有 D-4 的仪表倾斜到标度盘与水平面成 100°的位置，将标有 D-6 的仪表倾斜到标度盘与水平面成 75°的位置，轻敲调节零位，重复步骤 b)。在与步骤 b)相同的分度线上记录激励值（B_{RW}）。选取与相应（B_{RI}）偏离最大的激励值，记为（B_W），相应的（B_{RI}）记为（B_{R3}）。

GB/T 7676.9—2017

d) 将标有 D-4 的仪表倾斜到标度盘与水平面成 80°的位置,将标有 D-6 的仪表倾斜到标度盘与水平面成 45°的位置,轻敲,调节零位。重复步骤 b),在与步骤 b)相同的分度线上记录激励值 (B_{XI})。选取与相应 (B_{RI}) 偏离最大的激励值,记为 (B_X),相应的 (B_{RI}) 记为 (B_{R4})。

6.4.2.2 计算

按以下公式分别计算仪表因位置向前、后倾斜而引起的以百分数表示的改变量 V_{PW}、V_{PX},取其中最大者作为仪表因位置改变引起的改变量 V_P:

$$V_{PW} = \left| \frac{B_{R3} - B_W}{A_F} \right| \times 100 \quad V_{PX} = \left| \frac{B_{R4} - B_X}{A_F} \right| \times 100$$

式中:
A_F——基准值。

6.4.3 无位置标志的仪表

6.4.3.1 程序

试验步骤如下:

a) 将仪表置于 GB/T 7676.1—2017 表 1 规定的位置,轻敲调节零位。

b) 在参比条件下施加激励,轻敲使指示器指示在包括测量范围上限和下限在内的至少 5 个近似等距离的每一条分度线上,记录标准表示出的激励值 (B_{RI})。

c) 将仪表倾斜 90°,对固定式仪表将标度盘与水平面平行;对便携式仪表将标度盘与水平面垂直。轻敲,调节零位,重复步骤 b)。在与步骤 b)相同的分度线上,记录激励值 (B_{WI})。选取与相应 (B_{RI}) 偏离最大的激励值,记为 (B_W),相应的 (B_{RI}) 记为 (B_R)。

6.4.3.2 计算

按下式计算由位置引起的以百分数表示的改变量:

$$V_P = \left| \frac{B_R - B_W}{A_F} \right| \times 100$$

式中:
A_F——基准值。

6.5 外磁场引起的改变量

6.5.1 仪表的程序

试验步骤如下:

a) 在参比条件下施加额定频率的额定电压(若有时)通电使其达到热平衡,至少 15 min。轻敲,施加激励,缓慢而仔细地使指示器指示在包括测量范围上限和下限在内的至少 5 个近似等距离的每条分度线上,记录标准表示出的激励值 (B_{RI})。

对于有功功率表和无功功率表应在功率因数为 1(无功,$\sin\varphi = 1$)的情况下施加激励;

对于功率因数表和测量电流相位的相位表,电流应为额定电流的 40% 调节相位;

对于同步指示器在电压线路施加额定电压;

对磁电系、热系和铁磁电动系仪表只需对其测量范围上限进行测量,记录其标准表的激励值 (B_R)。

b) 使仪表承受与作用于测量机构相同种类、相同频率的电流产生的 0.4 kA/m 的外磁场。外磁场由一平均直径为 1 m、矩形截面积的、径向厚度远小于直径的圆线圈产生。在此线圈中

400安匝将产生近似0.4 kA/m的磁场。将受试仪表置于线圈的中心并调整激励使其指示器到测量范围上限,逐步地转动线圈和改变外磁场的相位,以产生最大变化量,确定为最不利条件。

外形尺寸超过250 mm的仪表,应在平均直径不小于仪表最大尺寸4倍的线圈中进行试验。所用电流应能在线圈中心产生上述规定值的磁场。

经制造厂和用户协商,也可使用能产生足够均匀的外磁场的其他装置(如亥姆霍兹线圈)。

对频率在1 kHz和20 kHz之间时,磁场应按系数$1/f$衰减。f是以kHz为单位的数字。超过20 kHz的没有规定试验。

对标有符号F-30的仪表,试验用外磁场应以仪表上标志的值代替本试验方法中规定0.4 kA/m的值。

c) 在步骤b)所确定的最不利条件下重复步骤a),记录标准表对应的激励值(B_{XI}),将其中与(B_{RI})偏离最大的作为(B_X)。只对测量范围上限进行试验的仪表,相应激励值即为(B_X)。

6.5.2 可互换附件的程序

试验步骤如下:

a) 按制造厂的规定连接可互换附件的测量输入电路以及测量输入量的标准表,在其输出端连接相适应的标准表。对分流器采用双臂电桥的测量线路。

b) 在参比条件下接通受试附件的电源(若有时)并施加受试附件的额定频率的额定电压(若有时)通电使其达到热平衡至少15 min,增加激励使测量输入量的标准表到附件的测量范围上限的显示值,记录测量附件输出的标准表示出的示出值(B_R)。

对于有功功率和无功功率变换器应在功率因数为1(无功,$\sin\varphi=1$)的情况下试验;

对于功率因数表和测量电流相位的相位表,电流应为额定电流的40%;

频率变换器施加额定电压;

对于分流器应在允许额定值的规定比例的上限;

对频率在1 kHz和20 kHz之间时,磁场应按系数$1/f$衰减。f是以kHz为单位的数字。超过20 kHz的没有规定试验。

对标有符号F-30的变换器,试验用外磁场应以仪表上标志的值代替本试验方法中规定0.4 kA/m的值。

c) 使附件承受与其种类相同,频率相同的电流产生的0.4 kA/m外磁场。与受试附件连接在一起的标准表不应承受外磁场的影响。磁场系由6.5.1步骤b)所描述的装置产生。并以6.5.1步骤b)相同的方法确定最不利条件。6.5.1步骤b)的所有规定均适用于可互换附件。

d) 在步骤c)的最不利条件下重复步骤b),记录输出标准表的激励值(B_X)。

6.5.3 计算

按下式计算作为由外磁场引起的以百分数表示的改变量:

$$V_M = \left| \frac{B_R - B_X}{A_F} \right| \times 100$$

式中:

A_F——基准值。

6.6 直流被测量的纹波引起的改变量

6.6.1 仪表的程序

试验步骤如下:

a) 连接一纹波影响可以忽略的标准表,施加直流激励,使被试表的指示器指示在其测量范围上限附近 80% 的分度线上,记录标准表示出的激励值(B_R)。

b) 保持直流激励值恒定,叠加等于 20% 直流激励值的或标志值的 45 Hz 纹波电压或电流。缓慢地增加频率到 65 Hz,找出产生指示值变化最大的频率。然后改变直流激励,使仪表产生与步骤 a)相同的指示,记录标准表示出的激励值(B_X)。

c) 改变纹波频率为 90 Hz~130 Hz,重复步骤 b),以同样的方法记录激励值(B_Y)。
当激励中的纹波引起指示器振荡时,以其偏差的平均值作为指示值。

6.6.2 可互换附件的程序

试验步骤如下:

a) 将附件的测量电路和一纹波影响可以忽略的标准表相连,再将附件的输出电路与量限相适应的纹波影响可以忽略的标准表相连。对附件施加等于其额定值 80% 的直流激励值,输出标准表将产生相应的输出值。记录输入标准表的示出值(B_R)。

b) 保持直流激励值恒定,叠加等于直流额定值 20% 或标志值的 45 Hz 纹波电压或电流。缓慢地增加频率到 65 Hz,找出使附件输出标准表指示值产生最大变化的频率,然后改变直流激励,使输出标准表产生与步骤 a)相同的示出值。记录附件输入标准表的激励值(B_X)。

c) 在纹波频率为 90 Hz~130 Hz 时重复步骤 b),以同样的方法记录输入标准表的激励值(B_Y)。
当激励中的纹波引起输入标准表指示器振荡(或数字表的显示不稳定)时,以其偏差(或显示数字跳跃的上下限)的平均值作为指示值。

6.6.3 计算

按下式分别计算被测量中 45 Hz~65 Hz 和 90 Hz~130 Hz 纹波引起的以百分数表示的改变量 (V_{R5})和(V_{R9}),以其绝对值较大者带上符号作为纹波产生的改变量 V_R。

$$V_{R5} = \frac{B_R - B_X}{A_F} \times 100$$

$$V_{R9} = \frac{B_R - B_Y}{A_F} \times 100$$

式中:
A_F——基准值。

6.7 交流被测量畸变引起的改变量

6.7.1 电流表和电压表的程序

试验步骤如下:

a) 连接一波形影响可以忽略的标准表,施加足够的正弦波激励(最大的畸变允差见 GB/T 7676.1—2017 的表 1),使被试表的指示器指示在其测量范围上限附近 80% 的分度线上,记录标准表示出的激励值(B_R)。

b) 在基波上叠加相当于基波值 20% 的(对方均根响应的仪表)或标志值的三次谐波,调节畸变波形的幅度,使标准表产生与步骤 a)相同的激励值。改变基波和三次谐波的相位差,使被试表产生最大的影响,再改变畸变波形的幅度,使被试表产生与步骤 a)相同的指示值,记录标准表示出的激励值(B_X)。

6.7.2 频率表的程序

试验步骤如下:

a) 连接一波形影响可以忽略的标准表,施加额定正弦波电压激励(最大畸变允差见 GB/T 7676.1—2017 的表 1)。调节频率使被试表的指示器指示在接近中间标度尺的分度线上,记录标准表示出的频率值(B_R)。

b) 在基波上叠加相当于基波值 15% 的或标志值的三次谐波,调节畸变波形的幅度,使其产生额定的方均根电压值。在基波频率(B_R)下,改变基波和三次谐波的相位差,使被试表产生最大的影响。调节基波频率使被试表指示器指示在与步骤 a)相同的分度线上,记录标准表示出的频率值(B_X)。

6.7.3 功率表和无功功率表的程序

试验步骤如下:

a) 连接一波形影响可以忽略的标准表,在额定电压下,功率因数为 1(无功,$\sin\varphi=1$)时施加足够的正弦激励(最大的畸变允差见 GB/T 7676.1—2017 的表 1),使被试表的指示器指示在其测量范围上限附近 80% 的分度线上,记录标准表示出的激励值(B_R)。

b) 对测量线路之一施加额定的正弦波激励,对另一个测量线路施加畸变波激励。畸变波由基波叠加相当于基波 20% 的三次谐波(对使用移相装置的仪表为 5% 或仪表的标志值)而成。调节畸变波的幅度使标准表产生与步骤 a)相同的显示值,改变基波与三次谐波间的相位差,使被试表受到最大的影响,再改变畸变波的幅度,使被试表指示在与步骤 a)相同的分度线上,记录标准表示出的激励值(B_{X1})。

c) 将畸变波和正弦波施加的测量线路互换,重复步骤 b)记录标准表示出的激励值(B_{X2})。取(B_{X1})和(B_{X2})中与(B_R)偏离较大的值记为(B_X)。

6.7.4 相位表、功率因数表和同步指示器的程序

试验步骤如下:

a) 连接一波形影响可以忽略的标准表,施加额定的正弦波激励(最大畸变允差见 GB/T 7676.1—2017 的表 1),调节两个测量线路间的相位角使被试表的指示器在零分度线(对相位表)、功率因数为 1(对功率因数表)或同步标志线(对同步指示器)上,记录标准表示出的相位角或功率因数值(B_R)。

b) 对测量线路之一施加额定正弦波激励,对另一线路施加畸变波激励。畸变波系由基波叠加相当于基波值 20% 的三次谐波(对使用移相装置的仪表为 5% 或仪表的标志值)而成。畸变波的方均根值为该测量线路施加的额定激励值。改变基波与三次谐波间的相位差,使被试表受到最大影响,再调节测量线路上的正弦波激励和施加于另一测量线路上的畸变波间的相位差,使产生与步骤 a)相同的指示,记录标准表显示的相位角或功率因数值(B_{X1})。

c) 将畸变波和正弦波施加的测量线路互换,重复步骤 b),记录标准表示出的激励值(B_{X2})。取(B_{X1})和(B_{X2})中与(B_R)偏离较大的值记为(B_X)。

6.7.5 可互换附件的程序

试验步骤如下:

a) 将受试附件的测量电路按其测量对象的不同与相应的波形影响可以忽略的标准表连接,附件的输出电路与相应规格的标准表相连。相应于不同的测量对象分别以 6.7.1~6.7.4 步骤 a)的规定对附件的输入电路施加正弦波激励,使附件的输出标准表产生相应的指示值,记录附件测量电路的标准表的激励值(B_R)。

b) 按不同的测量对象分别以 6.7.1~6.7.4 的步骤 b)和步骤 c)(若有时)规定的方法施加三次谐波,使受试附件的输出标准表产生与步骤 a)相同的示出值,记录附件测量电路的标准表的激

励值(B_X)，或(B_{X1})和(B_{X2})，并取其中偏离(B_R)较大者记为(B_X)。

6.7.6 计算

按下式计算由交流被测量的波形畸变引起的以百分数表示的改变量：

$$V_D = \frac{B_R - B_X}{A_F} \times 100$$

式中：

A_F——基准值。

6.8 交流被测量的峰值因数引起的改变量

6.8.1 程序

试验步骤如下：

a) 将被试表和一峰值因数影响可以忽略的标准表相连；对可互换附件则将一峰值因数影响可以忽略的标准表和其输入电路相连，受试附件的输出电路和测量范围相适应的标准表相连。

b) 在参比条件下，用参比频率的正弦波电源对受试产品通电，使被试表指示在接近上量限80%的分度线上；对受试附件，使其输出标准表显示80%的标称输出值。记录标准表示出的激励值(B_R)。

c) 在参比条件下，用与步骤 b)相同频率的矩形波发生器作为信号源，用脉冲示波器测量矩形波发生器信号的占空系数；调整矩形波发生器的占空系数为0.5(从脉冲示波器上获取)，此时的峰值因数为1；调整矩形波发生器信号的幅度(对频率表，调整其频率；对相位表调整其相位差)，使受试产品产生与程序 b)相同的指示，记录标准表示出的激励值(B_1)。

d) 改变矩形波的占空系数(从脉冲示波器上获取)使其达到0.2(对应的峰值因数为2)，调整矩形波发生器信号的幅度(对频率表，调整其频率；对相位表调整其相位差)，使受试产品产生与程序 b)相同的指示，记录标准表示出的激励值(B_2)。

e) 改变矩形波的占空系数(从脉冲示波器上获取)使其达到0.1(对应的峰值因数为3)，调整矩形波发生器信号的幅度(对频率表，调整其频率；对相位表调整其相位差)，使受试产品产生与程序 b)相同的指示，记录标准表示出的激励值(B_3)。

f) 更高的波峰因数试验，则按下式计算占空系数。

波峰因数 K_P 与占空系数 D_C 的关系为：$K_P = \sqrt{\frac{1}{D_C} - 1}$

其中，T 为矩形波的周期，$T = t_1 + t_2$；

占空系数 $D_C = \frac{t_1}{T}$；t_1 为矩形波的宽度；t_2 为矩形波的空。详见图3。

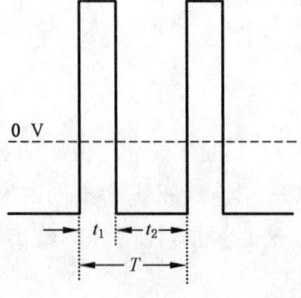

图 3　占空系数示意图

6.8.2 计算

按下式计算由峰值因数引起的以百分数表示的改变量。取其中绝对值最大的为峰值因数 1～3 的改变量：

$$V_{PF} = \frac{B_R - B_i}{A_F} \times 100$$

式中：

B_i ——分别为峰值因数 1、2 和 3 的激励值。

A_F ——基准值。

6.9 交流被测量的频率引起的改变量

6.9.1 电流表、电压表、功率表和无功功率表的试验

6.9.1.1 程序

试验步骤如下：

a) 在参比条件下连接频率影响可以忽略的标准表,以参比频率或参比频率范围上限(如有时)通电,对于功率表和无功功率表通电时的功率因数为 $cos\varphi = 1$(无功,$sin\varphi = 1$)或标志值。轻敲使指示器指示在测量范围上限分度线上,记录标准表示出的激励值(B_R),或(B_{RU})(对有参比频率范围上限的)。

b) 在各有关部分规定的标称使用频率范围上限,重复步骤 a),记录标准表示出的激励值(B_{XU})。

c) 在参比频率范围下限(如有时)重复步骤 a),记录标准表示出的激励值(B_{RD})。

d) 在相关部分规定的标称使用频率范围下限重复步骤 a),记录标准表示出的激励值(B_{XD})。

e) 对功率表和无功功率表,在功率因数(无功,sing)的标称使用范围的下限(滞后)重复步骤 a)～d),分别获得(B_{RU2})、(B_{XU2})、(B_{RD2})和(B_{XD2})。

6.9.1.2 计算

按下式计算由频率上限引起的以百分数表示的改变量 V_{FU}：

$$V_{FU} = \frac{B_{R(UI)} - B_{XU(I)}}{A_F} \times 100$$

式中：

A_F ——基准值；

$B_{R(UI)}$ ——分别表示 6.9.1.1 步骤 a)中的(B_R)、(B_{RU})和步骤 e)中的(B_{RU2})；

$B_{XU(I)}$ ——分别表示 6.9.1.1 步骤 b)中的(B_{XU})的和步骤 e)中的(B_{XU2})。

按下式计算由频率范围下限引起的以百分数表示的改变量 V_{FD}：

$$V_{FD} = \frac{B_{R(DI)} - B_{XD(I)}}{A_F} \times 100$$

式中：

A_F ——基准值；

$B_{R(DI)}$ ——分别表示 6.9.1.1 步骤 a)中的(B_R)、步骤 c)中的(B_{RD})和步骤 e)中的(B_{RD2})；

$B_{XD(I)}$ ——分别表示 6.9.1.1 步骤 b)中的(B_{XD})和步骤 e)中的(B_{XD2})相位表的试验。

选取 V_{FU} 和 V_{FD} 之中绝对值较大者作为仪表的由频率引起的以百分数表示的改变量 V_F。如果两者符号相同,则带上符号;如果符号不同,则不带符号。

6.9.2 相位表的试验

6.9.2.1 程序

试验步骤如下:

a) 将被试表和频率影响可以忽略的标准表相连。在参比条件下对两组测量电路端按其额定电压和/或额定电流通电,频率为参比频率或参比频率范围的上限,轻敲调节两组输入间的相位差使其产生零指示,记录标准表示出的相位差(B_{AN}),或对于有参比频率范围上限的仪表为(B_{AUN})。

b) 调节两组输入的频率到标称使用频率范围上限,调整相位差,使其产生步骤 a)相同的指示,记录标准表示出的相位差(B_{AU})。

c) 在参比频率范围下限(如有时)重复步骤 a),记录标准表示出的相位差值(B_{ALN})。

d) 调节两组输入的频率到标称使用频率范围下限,调整相位差,使其产生步骤 a)相同的指示,记录标准表示出的相位差(B_{AL})。

e) 在参比频率或参比频率范围上限(如有时),调节两组输入之间的相位差,使其产生90°的指示,记录标准表示出的相位差(B_{BN}),或对于有参比频率范围上限的仪表为(B_{BUN})。

f) 调节两组输入的频率到标称使用频率范围上限,调整相位差,使其产生步骤 e)相同的指示,记录标准表示出的相位差(B_{BU})。

g) 在参比频率范围下限(如有时)重复步骤 e)。

h) 调节两组输入频率到标称使用频率范围下限,重复步骤 f),获得(B_{BL})。

i) 在参比频率或参比频率范围上限,调节两组输入之间的相位差,使其产生 180°的指示,记录标准表示出的相位差(B_{CN}),或(B_{CUN})(对于有参比频率范围上限的仪表)。

j) 调节两组输入的频率到标称使用频率范围上限,调整相位差,使其产生步骤 h)相同的指示,记录标准表示出的相位差(B_{CU})。

k) 在参比频率范围频率下限(如有时)重复步骤 i),获得(B_{CLN})。

l) 调节两组输入的频率到标称使用频率范围下限,重复步骤 j),获得(B_{CL})。

m) 在参比频率或参比频率范围上限(如有时),调节两组输入之间的相位差,使其产生 270°的指示,记录标准表示出的相位差(B_{DN}),或(B_{DUN})(对于有参比频率范围上限的仪表)。

n) 调节两组输入的频率到标称使用频率范围上限,调整相位差,使其产生步骤 m)相同的指示,记录标准表示出的相位差(B_{DU})。

o) 在参比频率范围频率下限(如有时)重复步骤 m),获得(B_{DLN})。

p) 在标称使用频率范围下限重复步骤 n),获得(B_{DL})。

对于测量范围窄的仪表,省略超出其测量范围的试验步骤,但应在其测量范围上限上进行。

6.9.2.2 计算

按下式计算在各相位下被测量由标称频率范围上限引起的以百分数表示的改变量 V_{FU}:

$$V_{FU} = \frac{B_{XN} - B_{YU}}{A_F} \times 100$$

式中:

A_F ——基准值;

Y ——分别为 A、B、C 和 D;

X ——对于仅有参比频率的仪表分别为 A、B、C 和 D;对于有参比频率范围上限的仪表为 AU、BU、CU 和 DU。

按下式计算各相位下被测量由标称频率范围下限引起的以百分数表示的改变量 V_{FL}：

$$V_{FL} = \frac{B_{XN} - B_{YL}}{A_F} \times 100$$

式中：

A_F ——基准值；

Y ——分别为 A、B、C 和 D；

X ——对于仅有参比频率的仪表分别为 A、B、C 和 D；对于有参比频率范围下限的仪表为 AL、BL、CL 和 DL。

从 V_{FU} 和 V_{FL} 中选取绝对值最大的改变量作为由被测量频率引起的以百分数表示的改变量 V_F。如果两者符号相同，则带上符号；如果符号不同，则不带符号。

6.9.3 功率因数表的试验

6.9.3.1 程序

试验步骤如下：

a) 被试表与一个频率影响可以忽略的标准表相连。在参比条件下仪表的电压线路以额定电压通电，电流线路以近似额定值一半的电流通电，频率为参比频率或参比频率范围上限（如有时）。轻敲，调节电流和电压线路间的相位差，使其产生功率因数为 1 的指示，记录标准表示出的功率因数值（以电角度为单位）（B_{AN}），或（B_{AUN}）（对有参比频率范围上限的）。

b) 提高两组输入电路的频率至标称使用频率范围上限，轻敲，调节电流和电压线路间的相位差使其产生与步骤 a) 相同的指示，记录标准表示出的功率因数值（B_{AU}）（以电角度为单位）。

c) 降低两组线路输入电路的频率至参比频率范围下限（如有时），重复步骤 a)，记录标准表示出的功率因数值（B_{ALN}）（以电角度为单位）。

d) 降低两组线路输入电路的频率至标称使用频率范围下限，重复步骤 b)，记录标准表示出的功率因数值（B_{AL}）（以电角度为单位）。

e) 在参比频率或参比频率范围上限（如有时），轻敲，调节电流电压线路间的相位差使其产生功率因数为 0.5（滞后）的指示，记录标准表示出的功率因数值（B_{BN}）（以电角度为单位），或（B_{BUN}）（对有参比频率范围的）。

f) 提高两组输入电路的频率至标称使用频率范围上限，轻敲，调节电流和电压线路间的相位差使其产生与步骤 e) 相同的指示，记录标准表示出的功率因数值（B_{BU}）（以电角度为单位）。

g) 在参比频率范围的下限（如有时）重复步骤 e)，记录标准表示出的功率因数值（B_{BLN}）（以电角度为单位）。

h) 降低两组线路输入电路的频率至标称使用频率范围下限，重复步骤 f)，记录标准表示出的功率因数值（B_{BL}）（以电角度为单位）。

i) 在功率因数为 0.5（超前）时，重复步骤 e)～h)。获取（B_{CN}）、（B_{CUN}）、（B_{CU}）和（B_{CLN}）、（B_{CLN}）、（B_{CL}）等数据。

j) 如果有零功率因数或有其他功率因数下限的仪表在功率因数为零或是其下限，重复步骤 e)～h)，获取（B_{DN}）、（B_{DUN}）、（B_{DU}）和（B_{DLN}）、（B_{DLN}）、（B_{DL}）等数据。

对于测量范围窄于上述步骤 i) 和步骤 j) 的仪表，省略上述各步骤。

6.9.3.2 计算

按下式计算每一功率因数下由标称频率范围上限引起的以百分数表示的改变量 V_{FU}：

$$V_{FU} = \frac{B_{XN} - B_{YU}}{A_F} \times 100$$

式中：

A_F —— 基准值；

Y —— 分别为 A、B、C 和 D；

X —— 对于仅有参比频率的仪表分别为 A、B、C 和 D；对于有参比频率范围上限的仪表为 AU、BU、CU 和 DU。

按下式计算每一功率因数下由标称频率范围下限引起的以百分数表示的改变量 V_{FL}：

$$V_{FL} = \frac{B_{XN} - B_{YL}}{A_F} \times 100$$

式中：

A_F —— 基准值；

Y —— 分别为 A、B、C 和 D；

X —— 对于仅有参比频率的仪表分别为 A、B、C 和 D；对于有参比频率范围下限的仪表为 AL、BL、CL 和 DL。

选取 V_{FU} 和 V_{FL} 中绝对值最大者作为由频率引起的以百分数表示的改变量 V_F。如果两者符号相同，则带上符号；如果符号不同，则不带符号。

6.9.4 同步指示器的试验

6.9.4.1 使用标准相位表的程序

试验步骤如下：

a) 在参比条件下接入频率影响可以忽略的相位标准表，对两组输入线路施加参比频率的额定电压，调节两组电压间的相位差，使指示器指示在同步标志线上，记录标准表示出的相位差值（B_R）。

b) 提高两组线路电压的频率至标称使用频率范围上限的频率，调节两组电压间的相位差使指示器指示在同步标志线上，记录标准表示出的相位差值（B_U）。

c) 降低两组线路电压的频率至标称使用频率范围下限的频率，调节两组电压间的相位差使指示器指示在同步标志线上，记录标准表示出的相位差值（B_L）。

6.9.4.2 替代的程序

试验步骤如下：

a) 当没有频率影响可以忽略的标准相位表时，可使用本替代试验程序。在参比条件下，将同步指示器的两组输入线路并联，连接到可调频率的程控电源上，施加参比频率的额定电压，记录同步指示器的指针偏离同步标志线的弧长，并换算成电角度（B_R）。

b) 提高程控电源的频率至标称试验频率范围上限的频率，记录同步指示器的指针偏离同步标志线的弧长，并换算成电角度（B_U）。

c) 降低程控电源的频率至标称使用频率范围下限的频率，记录同步指示器的指针偏离同步标志线的弧长，并换算成电角度（B_L）。

6.9.4.3 计算

按下式计算标称使用频率范围下限引起的以百分数表示的改变量 V_{FL}：

$$V_{FL} = \frac{B_R - B_L}{A_F} \times 100$$

式中：

A_F —— 基准值，90°电角度。

按下式计算标称使用频率范围上限的引起的以百分数表示的改变量 V_{FU}：

$$V_{FU} = \frac{B_R - B_U}{A_F} \times 100$$

式中：

A_F——基准值，90°电角度。

选取 V_{FL} 和 V_{FU} 中绝对值最大者作为由频率引起的以百分数表示的改变量 V_F。如果两者符号相同，则带上符号；如果符号不同，则不带符号。

6.9.5 可互换附件的试验

6.9.5.1 程序

试验步骤如下：

a) 将可互换附件的测量电路和一频率影响可以忽略的标准表相连，受试附件的输出电路和测量范围相适应的标准表相连。在参比条件下输入电路施加参比频率或参比频率范围上限（如有时）的足够激励，使附件工作在近似其额定值 80% 的工作点上，附件输出标准表产生相应的显示值。记录测量电路的标准表示出的激励值（B_R），或（B_{UR}）（对有参比频率范围上限的附件）。

b) 提高受试附件输入电路的频率至标称使用频率范围上限的频率值，使附件的输出标准表产生与步骤 a)相同的显示值，记录附件输入标准表的激励值（B_U）。

c) 降低附件输入电路的频率至参比频率范围下限（如有时）的频率值，重复步骤 a)，记录输入标准表的激励值（B_{LR}）。

d) 降低受试附件的输入电路的频率至标称使用频率范围的下限频率值，重复步骤 b)，记录附件输入标准表的激励值（B_L）。

6.9.5.2 计算

按下式计算交流被测量在标称使用频率范围下限引起的以百分数表示的改变量 V_{FL}：

$$V_{FL} = \frac{B_{(L)R} - B_L}{A_F} \times 100$$

式中：

A_F——基准值；

（B_{LR}）——参比频率范围下限的标准表激励值；

（B_R）——参比频率的标准表激励值。

按下式计算交流被测量在标称使用频率范围上限引起的以百分数表示的改变量 V_{FU}：

$$V_{FU} = \frac{B_{(U)R} - B_U}{A_F} \times 100$$

式中：

A_F——基准值；

（B_{UR}）——参比频率范围上限的标准表激励值；

（B_R）——参比频率的标准表激励值。

取上述计算得到的绝对值较大者作为附件的由频率引起的以百分数表示的改变量 V_F。如果两者符号相同，则带上符号；如果符号不同，则不带符号。

6.10 交流被测量的电压/电流分量引起的改变量

6.10.1 功率表和无功功率表的试验

6.10.1.1 程序

试验步骤如下：

GBT 7676.9—2017

a) 将被试表和电压分量影响可以忽略的标准表相连,在参比条件下对测量电路施加参比频率、额定电压和参比功率因数(无功,$\sin\varphi=1$)下的电流激励。轻敲,使被试表产生接近测量范围上限 80% 的指示,记录标准表示出的激励值(B_R)。

b) 降低电压至被试表标称使用范围下限的电压值,调节电流激励,轻敲,使被试表产生与步骤 a)相同的指示,记录标准表示出的激励值(B_L)。

c) 提高电压至被试表标称使用范围上限的电压值,重复步骤 b)。记录标准表示出的激励值(B_U)。

6.10.1.2 计算

按下式计算电压分量上升至标称使用电压范围上限引起的以百分数表示的改变量 V_{VU}:

$$V_{VU}=\frac{B_R-B_U}{A_F}\times 100$$

式中:

A_F——基准值。

按下式计算电压分量下降至标称使用电压范围下限引起的以百分数表示的改变量 V_{VL}:

$$V_{VL}=\frac{B_R-B_L}{A_F}\times 100$$

式中:

A_F——基准值。

选取 V_{VU} 和 V_{VL} 中绝对值较大者作为电压范围上(下)限改变引起的以百分数表示的改变量 V_V。如果两者符号相同,则带上符号;如果符号不同,则不带符号。

6.10.2 频率表的试验

6.10.2.1 程序

试验步骤如下:

a) 将被试表和电压分量影响可以忽略的标准表相连。在参比条件下对测量电路施加额定电压,调节其频率,轻敲,使被试表的指示器指示在其测量范围中间分度线上,记录标准表示出的频率值(B_{1R})。

b) 降低电压至被试表标称电压使用范围的下限值,调节其频率,轻敲,使被试表的指示器指示在步骤 a)相同的分度线上,记录标准表示出的频率值(B_{1L})。

c) 提高电压至被试表标称电压使用范围的上限值,重复步骤 b)。记录标准表示出的频率值(B_{1U})。

d) 分别调节频率到被试表的频率测量范围的上限和下限,重复步骤 a)、b)和 c)。分别得到测量范围上限标准表的示出频率值(B_{2R})、(B_{2L})、(B_{2U})和测量范围下限标准表示出的频率值(B_{3R})、(B_{3L})、(B_{3U})。

6.10.2.2 计算

按下式计算由电压分量改变至标称使用电压范围下限引起的各测量频率点的以百分数表示的改变量 V_{VL}:

$$V_{VL}=\frac{B_{XR}-B_{XL}}{A_F}\times 100$$

式中:

A_F——基准值。

298

X ——分别是 1、2 或 3。

按下式计算由电压分量改变至标称使用电压范围上限引起的各测量频率点的以百分数表示的改变量 V_{VU}：

$$V_{VU} = \frac{B_{XR} - B_{XU}}{A_F} \times 100$$

式中：

A_F——基准值。

X ——分别是 1、2 或 3。

选取 V_{VU} 和 V_{VL} 中绝对值较大者作为电压范围上（下）限改变引起的仪表的改变量 V_V。如果两者符号相同,则带上符号;如果符号不同,则不带符号。

6.10.3 相位表的试验

6.10.3.1 程序

试验步骤如下：

a) 将电压或电流改变量可以忽略的标准表和被试表相连。在参比条件下对测量电路施加额定电压或电流。调节两组测量电路的相位差,轻敲,使其分别产生 0°、90°、180°和 270°的指示,并记录标准表相应示出的以电角度表示的相位差值(B_{1R})、(B_{2R})、(B_{3R})和(B_{4R})。

b) 将测量电路之一的电压或电流降低至其标称使用范围的下限值,另一测量电路保持原来的额定值不变。调节两组测量电路之间的相位差,轻敲,使被试表产生与步骤 a)相同的指示,并记录标准表相应示出的以电角度表示的相位差值(B_{11L})、(B_{12L})、(B_{13L})和(B_{14L})。

c) 提高步骤 b)的测量电路的电压或电流至标称使用范围的上限值,重复步骤 b),获得标准表示出的相应的以电角度表示的相位差值(B_{11U})、(B_{12U})、(B_{13U})和(B_{14U})。

d) 互换两组测量电路,使步骤 b)中保持额定值的电路变为变动额定值的电路,重复步骤 b)和 c),分别获得降低额定值至标称使用电压范围下限的标准表相应示出的以电角度表示的相位差值(B_{21L})、(B_{22L})、(B_{23L})和(B_{24L})以及提高额定值至标称使用电压范围上限的标准表相应示出的以电角度表示的相位差值(B_{21U})、(B_{22U})、(B_{23U})和(B_{24U})。

对于测量范围比较窄的仪表,省略超出其测量范围的试验,但应在其测量范围上限进行试验。

6.10.3.2 计算

按下式计算由电压或电流分量下降至标称使用电压范围下限引起的各相位测量点的以百分数表示的改变量 $V_{V(DL}$：

$$V_{V(DL} = \frac{B_{XR} - B_{YL}}{A_F} \times 100$$

按下式计算由电压或电流分量上升至标称使用电压范围上限引起的各相位测量点的以百分数表示的改变量 $V_{V(DU}$：

$$V_{V(DU} = \frac{B_{XR} - B_{YU}}{A_F} \times 100$$

式中：

A_F——基准值,90°电角度。

X ——分别是 1、2、3 或 4。

Y ——分别是 11、12、13、14、21、22、23 或 24。

选取 $V_{V(DL}$ 和 $V_{V(DU}$ 之中绝对值较大者作为电压和/或电流改变引起的以百分数表示的改变量 V_V 或 V_I。如果两者符号相同,则带上符号;如果符号不同,则不带符号。

6.10.4 功率因数表的试验

6.10.4.1 电压分量的试验

6.10.4.1.1 程序

试验步骤如下：

a) 将被试表和一电压影响可以忽略的标准表相连。在参比条件下对电流线路施加近似其额定值一半的电流，电压线路施加额定电压值。调节电流和电压线路间的相位差，轻敲，使被试表产生功率因数为1的指示。记录标准表示出的功率因数值(B_{AN})。

b) 维持步骤a)的电流不变，降低电压电路的电压至其标称使用范围的下限。调节电流线路和电压线路间的相位差，轻敲，使其产生步骤a)相同的指示。记录标准表示出的功率因数值(B_{AL})。

c) 维持步骤a)的电流不变，提高电压电路的电压至其标称使用范围的上限。重复步骤b)，记录标准表示出的功率因数值(B_{AU})。

d) 调节两测量电路间相位差，轻敲，使指示器产生功率因数为0.5(滞后)的指示，重复步骤a)、b)和c)，记录标准表示出的相应相位差值(B_{BN})、(B_{BL})和(B_{BU})。

e) 调节两测量电路间相位差，轻敲，使指示器产生功率因数为0，电流滞后电压约90°的指示，重复步骤a)、b)和c)，记录标准表示出的相应功率因数示出值(B_{CN})、(B_{CL})和(B_{CU})。

f) 调节两测量电路间相位差，轻敲，使指示器产生功率因数为0，电流超前电压约90°的指示，重复步骤a)、b)和c)，记录标准表示出的相应相位差值(B_{DN})、(B_{DL})和(B_{DU})。

g) 调节两测量电路间相位差，轻敲，使指示器产生功率因数为0.5(超前)的指示，重复步骤a)、b)和c)，记录标准表示出的相应相位差值(B_{EN})、(B_{EL})和(B_{EU})。

所有功率因数值均以电角度为单位。

对于窄测量范围的仪表，省略超出其测量范围的试验，但应在其测量范围上限值进行试验。

6.10.4.1.2 计算

按下式计算每条分度线上的由电压分量下降至标称电压使用范围下限的引起的以百分数表示的改变量 V_{VL}：

$$V_{VL} = \frac{B_{XR} - B_{XL}}{A_F} \times 100$$

式中：

A_F——基准值，90°电角度。

X ——分别是 A、B、C、D、E。

按下式计算每条分度线上的由电压分量上升至标称电压使用范围上限的引起的以百分数表示的改变量 V_{VU}：

$$V_{VU} = \frac{B_{XR} - B_{XU}}{A_F} \times 100$$

式中：

A_F——基准值，90°电角度。

X ——分别是 A、B、C、D、E。

取 V_{VL} 和 V_{VU} 之中的绝对值最大者作为电压范围上(下)限改变引起的以百分数表示的改变量 V_V。如果两者符号相同，则带上符号；如果符号不同，则不带符号。

6.10.4.2 电流分量的试验

6.10.4.2.1 程序

试验步骤如下：

a) 将一电流影响可以忽略的标准表与被试表相连。在参比条件下电压测量电路施加额定电压，电流测量电路施加额定电流。调节电流和电压测量电路间的相位差，轻敲，使被试表的指示器指示在功率因数为1的分度线上。记录标准表示出的功率因数值(C_{AN})。

b) 保持电压测量电路的电压不变，降低电流测量电路的电流至标称使用范围的下限值。调节两电路之间的相位差，轻敲，使被试表指示器指示在步骤a)相同的分度线上，记录标准表示出的功率因数值(C_{AL})。

c) 保持电压不变，提高测量电路电流至标称使用范围的上限值，重复步骤b)，记录标准表示出的功率因数值(C_{AU})。

d) 在功率因数为0.5(滞后)的条件下，重复步骤a)、b)和c)，记录标准表示出的相应功率因数值(C_{BR})、(C_{BL})和(C_{BU})。

e) 在功率因数为0，电流滞后电压90°的条件下，重复步骤a)、b)和c)，记录标准表示出的相应功率因数值(C_{CR})、(C_{CL})和(C_{CU})。

f) 在功率因数为0，电流超前电压90°的条件下，重复步骤a)、b)和c)，记录标准表示出的相应功率因数值(C_{DR})、(C_{DL})和(C_{DU})。

g) 在功率因数为0.5(超前)的条件下，重复步骤a)、b)和c)，记录标准表示出的相应功率因数值(C_{ER})、(C_{EL})和(C_{EU})。

所有功率因数值均以电角度为单位。

对于窄测量范围的仪表，省略超出其测量范围的试验，但应在其测量范围上限值进行试验。

6.10.4.2.2 计算

按下式计算每条分度线上的由电流分量下降至标称使用电流范围下限引起的以百分数表示的改变量 V_{IL}：

$$V_{IL} = \frac{C_{XR} - C_{XL}}{A_F} \times 100$$

按下式计算每条分度线上的由电流分量上升至标称使用电流范围上限引起的以百分数表示的改变量 V_{IU}：

$$V_{IU} = \frac{C_{XR} - C_{XU}}{A_F} \times 100$$

式中：

A_F ——基准值，90°电角度。

X ——分别是 A、B、C、D、E。

取 V_{IL} 和 V_{IU} 之中绝对值最大者作为由电流分量引起的以百分数表示的改变量 V_1。如果两者符号相同，则带上符号；如果符号不同，则不带符号。

6.10.5 同步指示器的试验

6.10.5.1 程序

试验步骤如下：

a) 将一电压分量影响可以忽略的标准相位表与被试表相连。在参比条件下，对被试表的运行电路和待并电路均通以额定频率的额定电压,调节运行电路的相位,使被试表的指示器指示在同步标志线上,记录标准表示出的以电角度表示的相位差值(B_R)。

b) 同时降低运行电路和待并电路的电压至其标称使用范围的下限值,调节运行电路间的相位,使被试表的指示器指示在同步标志线上,记录标准表示出的以电角度表示的相位差值(B_L)。

c) 同时提高运行线路和待并电路的电压至其标称使用范围的上限值,重复步骤 b),记录标准表示出的以电角度表示的相位差值(B_U)。

6.10.5.2 计算

按下式计算交流被测量电压分量上升至标称使用电压范围上限引起的以百分数表示的改变量 V_{VU}:

$$V_{VU} = \frac{B_R - B_U}{A_F} \times 100$$

式中:

A_F——基准值,90°电角度。

按下式计算交流被测量电压分量下降至标称使用电压范围下限引起的以百分数表示的改变量 V_{VL}:

$$V_{VL} = \frac{B_R - B_L}{A_F} \times 100$$

式中:

A_F——基准值,90°电角度。

选取 V_{VU} 和 V_{VL} 中绝对值较大者作为由电压引起的以百分数表示的仪表的改变量 V_V。如果两者符号相同,则带上符号;如果符号不同,则不带符号。

6.10.6 可互换电子变换器的试验

6.10.6.1 有功功率和无功功率变换器

6.10.6.1.1 程序

试验步骤如下:

a) 受试变换器的测量电路连接没有电压分量影响的标准表,其输出电路连接与其输出电量相适应的标准表。

b) 参比条件下对测量电路施加参比频率、额定电压和参比功率因数(无功,参比 $\sin\varphi$)下的电流激励,使输出电路的标准表产生接近测量范围上限 80% 的指示,记录测量电路的标准表示出的激励值(B_R)。

c) 降低电压至受试变换器标称使用范围下限的电压值,调节电流激励,使输出电路的标准表产生与步骤 b)相同的指示,记录测量电路的标准表示出的激励值(B_L)。

d) 提高电压至受试变换器标称使用范围上限的电压值,重复步骤 c),记录测量电路的标准表示出的激励值(B_U)。

6.10.6.1.2 计算

按 6.10.1.2 的规定进行计算。

6.10.6.2 频率变换器电压分量

6.10.6.2.1 程序

试验步骤如下:

a) 将受试变换器测量电路和电压分量影响可以忽略的标准表相连,其输出电路连接与其输出电量相适应的标准表。在参比条件下对测量电路施加额定电压,调节频率使变换器输出电路的标准表产生变换器的额定输出值,记录测量电路的标准表示出的频率值(B_R)。

b) 降低电压至受试变换器标称电压使用范围的下限值,调节频率使变换器输出电路的标准表产生与步骤 a)相同的输出值,记录测量电路的标准表示出的频率值(B_L)。

c) 提高电压至受试变换器标称电压使用范围的上限值,重复步骤 b),记录输出电路标准表示出的频率值(B_U)。

6.10.6.2.2 计算

按下式分别计算由交流被测量的电压分量引起的以百分数表示的改变量 V_{VL} 和 V_{VU}:

标称电压使用范围下限的改变量: $V_{VL}=\dfrac{B_R-B_L}{A_F}\times100$

标称电压使用范围上限的改变量: $V_{VU}=\dfrac{B_R-B_U}{A_F}\times100$

式中:

A_F——基准值。

选取 V_{VL} 和 V_{VU} 之中绝对值较大者作为由电压分量引起的以百分数表示的改变量 V_V。如果两者符号相同,则带上符号;如果符号不同,则不带符号。

6.10.6.3 相位变换器的电压或电流分量

6.10.6.3.1 程序

试验步骤如下:

a) 将受试变换器的测量电路和电压改变量可以忽略的标准表相连,其输出电路连接与其输出电量相适应的标准表。在参比条件下对测量电路施加额定电压或电流。调节两组测量电路的相位差,使变换器输出电路的标准表产生变换器的额定输出值。记录测量电路的标准表示出的相位差值(B_R)。

b) 将受试变换器测量电路之一的电压或电流降低至其标称使用范围的下限值,另一测量电路保持原来的额定值不变。调节两组测量电路之间的相位差,使受试变换器的输出电路的标准表产生与步骤 a)相同输出值。记录测量电路标准表示出的相位差值(B_{1L})。

c) 提高测量电路的电压或电流至标称使用范围的上限值,重复步骤 b),记录测量电路的标准表示出的相位差值(B_{1U})。

d) 互换两组测量电路,使步骤 b)中保持额定值的电路变为变动额定值的电路,重复步骤 b)和c),分别记录降低额定值的测量电路标准表示出的相应值(B_{2L})以及提高额定值的标准表示出的相应值(B_{2U})。

6.10.6.3.2 计算

分别按下式计算由交流被测量的电压或电流分量引起的以百分数表示的改变量 V_{VL} 和 V_{VU}:

标称电压(或电流)使用范围下限的改变量: $V_{V(I)L}=\dfrac{B_R-B_{XL}}{A_F}\times100$

标称电压(或电流)使用范围上限的改变量: $V_{V(I)U}=\dfrac{B_R-B_{XU}}{A_F}\times100$

式中:

A_F——基准值,90°电角度。

X ——分别是 1 和 2。

选取 $V_{V(I)L}$ 和 $V_{V(I)U}$ 之中绝对值较大者作为由电压(或电流)分量引起的以百分数表示的改变量 V_V 或 V_I。如果两者符号相同,则带上符号;如果符号不同,则不带符号。

6.10.6.4 功率因数变换器的电压分量

6.10.6.4.1 程序

试验步骤如下:

a) 将受试变换器测量电路和一电压影响可以忽略的标准表相连,其输出电路与其输出电量相适应的标准表相连。在参比条件下对电流测量电路施加近似其额定值一半的电流,电压测量电路施加额定电压值。调节电流和电压线路间的相位差,使受试变换器输出电路的标准表产生变换器的额定输出值。记录测量电路的标准表示出的相位差值(B_R)。

b) 维持步骤 a)的电流不变,降低电压电路的电压至其标称使用范围的下限。调节电流线路和电压线路间的相位差,使其输出电路的标准表产生与步骤 a)相同的输出值。记录测量电路的标准表示出的相位差值(B_L)。

c) 维持步骤 a)的电流不变,提高电压电路的电压至其标称使用范围的上限。重复步骤 b)。记录测量电路的标准表示出的相位差值(B_U)。

注:上述各步骤中的标准表的相位差值均以电角度为单位。

6.10.6.4.2 计算

分别按下式计算由交流被测量的电压分量引起的以百分数表示的改变量 V_{VL} 和 V_{VU}:

标称电压使用范围下限的改变量: $V_{VL} = \dfrac{B_R - B_L}{A_F} \times 100$

标称电压使用范围上限的改变量: $V_{VU} = \dfrac{B_R - B_U}{A_F} \times 100$

式中:

A_F——基准值,90°电角度。

选取 V_{VL} 和 V_{VU} 之中绝对值较大者作为由电压分量起的以百分数表示的改变量 V_V。如果两者符号相同,则带上符号;如果符号不同,则不带符号。

6.10.6.5 功率因数变换器电流分量

6.10.6.5.1 程序

试验步骤如下:

a) 将受试变换器测量电路和一电流影响可以忽略的标准表相连,其输出电路与其输出电量相适应的标准表相连。在参比条件下电压测量电路施加额定电压值,电流测量电路施加 60% 额定值的电流。调节电流和电压线路间的相位差,使受试变换器输出电路的标准表产生变换器的额定输出值。记录测量电路的标准表示出的相位差值(B_R)。

b) 维持步骤 a)的电压不变,降低电流电路的电流至其标称使用范围的下限。调节电流线路和电压线路间的相位差,使其输出电路的标准表产生与步骤 a)相同的输出值。记录测量电路的标准表示出的相位差值(B_L)。

c) 维持步骤 a)的电压不变,提高电流电路的电流至其标称使用范围的上限。重复步骤 b)。记录测量电路的标准表示出的相位差值(B_U)。

注:上述各步骤中的标准表的相位差值均以电角度为单位。

6.10.6.5.2 计算

分别按下式计算由交流被测量的电压分量引起的以百分数表示的改变量 V_{IL} 和 V_{IU}：

标称电流使用范围下限的改变量： $V_{IL}=\dfrac{B_R-B_L}{A_F}\times100$

标称电流使用范围上限的改变量： $V_{IU}=\dfrac{B_R-B_U}{A_F}\times100$

式中：

A_F——基准值，90°电角度。

选取 V_{IL} 和 V_{IU} 之中绝对值较大者作为由电压分量起的以百分数表示的改变量 V_1。如果两者符号相同，则带上符号；如果符号不同，则不带符号。

6.11 功率因数引起的改变量

6.11.1 有功功率表和变换器

6.11.1.1 仪表的程序

试验步骤如下：

a) 连接一功率因数影响可以忽略的标准表。在参比条件下对电压电路施加额定电压，在功率因数为1时，电流电路施加足够的激励，轻敲，使被试表指示器指示在接近测量范围中间的分度线上，记录标准表示出的激励值(B_R)。

b) 在功率因数为0.5(滞后)或为制造厂规定值时重复步骤a)，并使被试表指示器指示在与步骤a)相同的分度线上。记录标准表示出的激励值(B_X)。

c) 当 GB/T 7676.3—2017 有要求时，在功率因数为0.5(超前)或制造厂规定值时重复步骤b)。记录标准表示出的激励值(B_Y)。

d) 当 GB/T 7676.3—2017 有要求时，在功率因数为0(滞后和/或超前)或制造厂规定值时重复步骤b)。记录标准表示出的激励值(B_{X0})和/或(B_{Y0})。

6.11.1.2 变换器的程序

试验步骤如下：

a) 变换器测量电路连接一功率因数影响可以忽略的标准表，其输出电路连接一个与其输出标称值相适应的标准表。在参比条件下对电压电路施加额定电压，在功率因数为1时，电流电路施加足够的激励，使变换器输出标准表指示在接近变换器输出标称值中间的值。记录测量电路的标准表示出的激励值(B_R)。

b) 在功率因数为0.5(滞后)或为制造厂规定值时重复步骤a)，并使受试变换器输出电路的标准表产生与步骤a)相同的输出值。记录测量电路标准表示出的激励值(B_X)。

c) 当 GB/T 7676.8—2017 有要求或制造厂有规定时，在功率因数为0.5(超前)或规定值时重复步骤b)。记录测量电路的标准表示出的激励值(B_Y)。

d) 当 GB/T 7676.8—2017 有要求或制造厂有规定时，在功率因数为0(滞后和/或超前)或规定值时重复步骤b)。记录测量电路的标准表示出的激励值(B_{X0})和/或(B_{Y0})。

6.11.1.3 计算

按下式计算在功率因数为0.5(滞后)时的以百分数表示的改变量 V_{PFL}：

$$V_{PFL}=\dfrac{B_R-B_X}{A_F}\times100$$

按下式计算在功率因数为 0.5(超前)时的以百分数表示的改变量 V_{PFU}:

$$V_{PFU} = \frac{B_R - B_Y}{A_F} \times 100$$

按下式计算在功率因数为 0 或其他规定的低值(滞后)时的以百分数表示的改变量 V_{PFL0}:

$$V_{PFL0} = \frac{B_R - B_{X0}}{A_F} \times 100$$

按下式计算在功率因数为 0 或其他规定的低值(超前)时的以百分数表示的改变量 V_{PFU0}:

$$V_{PFU0} = \frac{B_R - B_{Y0}}{A_F} \times 100$$

式中:

A_F——基准值。

取以上 V_{PFL}、V_{PFU}、V_{PFL0} 和 V_{PFU0} 各式中绝对值最大的改变量为仪表或变换器的以百分数表示的改变量 V_{PF}。如果滞后和超前的改变量符号一致,则带上符号;如果符号不一致则取改变量绝对值。

6.11.2 无功功率表和变换器

6.11.2.1 仪表的程序

试验步骤如下:

a) 将被试表和一个功率因数影响可以忽略的无功功率标准表相连,如果没有可使用的功率因数影响可以忽略的标准表(例如有移相装置的单相无功功率表)应将电压标准表以及相位标准表的电压电路和电压测量电路并联,电流标准表以及相位标准表的电流电路和电流测量电路串联。对于三相三线无功功率表可使用标准有功功率表交叉相位的连接方法,并按制造厂规定的校准常数计算。在参比条件下对电压测量电路施加额定电压,电流电路在相位角为 90°(滞后)的条件下施加足够的激励,轻敲,使被试表的指示器指示在接近测量范围中间的分度线上,记录无功功率标准表示出的激励值(B_R),或电压标准表示出的(V_R),电流标准表示出的(I_R)以及相位标准表示出的(Φ_R)。

b) 在 $\sin\varphi = 0.5$(滞后)(相位角为 30°)时,如果制造厂规定的值低于 $\sin\varphi = 0.5$,则为规定值,重复步骤 a),记录相应标准表示出的激励值(B_X)或(V_X)、(I_X)和(Φ_X)。

c) 当 GB/T 7676.3—2017 有要求时,在 $\sin\varphi = 0$(相位角为 0°,滞后和/或超前)时重复步骤 b)。记录相应标准表示出的激励值(B_0)或(V_0)、(I_0)和(Φ_0)。

d) 当 GB/T 7676.3—2017 有要求时,在 $\sin\varphi = 0.5$(超前)(相位角为 30°)时,如果制造厂规定的值低于 $\sin\varphi = 0.5$,则为制造厂规定的值,重复步骤 b)。记录相应标准表示出的激励值(B_{XL})或(V_{XL})、(I_{XL})和(Φ_{XL})。

6.11.2.2 变换器的程序

试验步骤如下:

a) 将受试变换器的测量电路和一个相位影响可以忽略的无功功率标准表相连,如果没有可使用的相位影响可以忽略的标准表(例如有移相装置的单相无功功率变换器)应将电压标准表以及相位标准表的电压电路和电压测量电路并联;电流标准表以及相位标准表的电流电路和电流测量电路串联,变换器的输出电路和一规格相适应的标准表相连。对于三相三线无功功率变换器可使用标准有功功率表交叉相位的连接方法,并按制造厂规定的校准常数计算。在参比条件下对电压测量电路施加额定电压,电流电路在相位角为 90°(滞后)的条件下施加足够的激励,使变换器的输出标准表指示在接近标称输出的中间值,记录输入电路的无功功率标准表示出的激励值(B_R),或电压标准表示出的(V_R),电流标准表示出的(I_R)以及相位标准表示出的

$(\varPhi_R)$。

b) 在 $\sin\varphi=0.5$（滞后）（相位角为 $30°$）时，如果制造厂规定的值低于 $\sin\varphi=0.5$，则为规定值，重复步骤 a)，使受试变换器的输出电路的标准表产生与步骤 a)相同的输出值，记录相应测量电路的标准表示出的激励值(B_X)或(V_X)、(I_X)和$(\varPhi_X)$。

c) 当 GB/T 7676.8—2017 有要求时，在 $\sin\varphi=0$（相位角为 $0°$，滞后和/或超前）时重复步骤 b)，记录测量电路的相应标准表示出的激励值(B_0)或(V_0)、(I_0)和$(\varPhi_0)$。

d) 当 GB/T 7676.8—2017 有要求时，在 $\sin\varphi=0.5$（超前）（相位角为 $30°$）时，如果制造厂规定的值超过 $\sin\varphi=0.5$，则为制造厂规定值，重复步骤 b)，记录测量电路的相应标准表示出的激励值(B_{XL})或(V_{XL})、(I_{XL})和$(\varPhi_{XL})$。

6.11.2.3 计算

按下式计算因 $\sin\varphi=0.5$（滞后）引起的以百分数表示的改变量 V_{PFL}：

$$V_{PFL}=\frac{B_R-B_X}{A_F}\times100\%$$

$$或\ V_{PFL}=\frac{V_R I_R\sin\varphi_R-V_X I_X\sin\varphi_X}{A_F}\times100$$

按下式计算因 $\sin\varphi=0.5$（超前）引起的以百分数表示的改变量 V_{PFU}：

$$V_{PFU}=\frac{B_{RL}-B_{XL}}{A_F}\times100$$

$$或\ V_{PFU}=\frac{V_R I_R\sin\varphi_R-V_{XL} I_{XL}\sin\varphi_{XL}}{A_F}\times100$$

按下式计算因 $\sin\varphi=0$ 引起的以百分数表示的改变量 V_{PF0}：

$$V_{PF0}=\frac{B_R-B_0}{A_F}\times100$$

$$或\ V_{PF0}=\frac{V_R I_R\sin\varphi_R-V_0 I_0\sin\varphi_0}{A_F}\times100$$

式中：

A_F——基准值。

取以上 V_{PFL}、V_{PFU} 和 V_{PF0} 中绝对值最大的改变量作为仪表或变换器的改变量 V_{PF}，如果滞后和超前的改变量符号一致，则带上符号，如果符号不一致则改变量取绝对值。

6.12 电池电压变化引起的改变量

6.12.1 电阻表的程序

试验步骤如下：

a) 连接一可调节的电源代替电池，如果制造厂规定了电池的最大内阻，应将一个电阻器与电源串联，使电源的内阻达到规定的值。在参比条件下按制造厂的规定进行初调。

b) 将电源电压调至电池的额定电压，将一可调标准电阻箱与被试表连接，调节电阻箱的电阻值，使被试表指示在其（$\times10$）档的中间分度线上，记录电阻箱的电阻值(A_R)。

c) 降低电源的电压使其达到制造厂规定的电池电压的下限值，重复步骤 b)。记录电阻箱示出的电阻值(A_L)。

d) 提高电源的电压使其达到制造厂规定的电池电压的上限值，重复步骤 b)。记录电阻箱示出的电阻值(A_U)。

6.12.2 计算

按下式计算由电池电压降低引起的以百分数表示的改变量 V_{BL}:

$$V_{BL} = \frac{A_R - A_L}{A_F} \times 100$$

按下式计算由电池电压上升引起的以百分数表示的改变量 V_{BU}:

$$V_{BU} = \frac{A_R - A_U}{A_F} \times 100$$

式中:

A_F——基准值。

取 V_{BL} 和 V_{BU} 中绝对值较大者作为仪表的以百分数为代表的改变量 V_B。如果降低和上升电压的改变量符号一致,则带上符号,如果符号不一致则取改变量的绝对值。

6.13 不平衡电流引起的改变量

6.13.1 多相功率表和无功功率表的程序

试验步骤如下:

a) 将不平衡电流影响可以忽略的标准表与被试表相连。在参比条件下对电压测量电路施加额定电压,在功率因数为1(无功,$\sin\varphi = 1$)时对电流测量电路施加足够的激励,轻敲,使二元件仪表产生接近标度尺中间的分度线的指示;使 2-1/2 元件及三元件的仪表产生接近标度尺 2/3 分度线的指示(如采用单相法试验,则为 1/4 标度尺的指示),记录标准表示出的激励值(B_R)。

b) 断开一个电流线路,在其他电流测量电路中施加足够大的电流,轻敲,使被试表产生与步骤 a) 相同的指示,记录标准表示出的激励值(B_{X1})。

c) 依次断开其他每一个电流测量电路,重复步骤 b),记录标准表示出的激励值(B_{X2})和(B_{X3})(若有时)。

6.13.2 多相功率或无功功率变换器的程序

试验步骤如下:

a) 将不平衡电流影响可以忽略的标准表与被试变换器的测量电路相连,变换器的输出电路与规格相适应的标准表相连。在参比条件下对电压测量电路施加额定电压,在功率因数为 1 时对电流测量电路施加足够的激励使二元件变换器产生接近输出标称值一半的显示;使 2-1/2 元件及三元件的变换器产生接近输出标称值 2/3 的显示(如采用单相法试验的,则为 1/4 输出值)。记录标准表示出的激励值(B_R)。

b) 断开一路电流测量电路,在其他电流测量电路中施加足够大的电流使变换器输出产生与步骤 a)相同的指示,记录标准表示出的激励值(B_{X1})。

c) 依次断开其他每一个电流测量电路重复步骤 b),记录标准表示出的激励值(B_{X2})和(B_{X3})(若有时)。

6.13.3 多元件功率因数表的程序

试验步骤如下:

a) 将被试表与一电流不平衡影响可以忽略的标准表相连,在参比条件下对电压测量电路和电流测量电路均施加额定值,调节测量电路间的相位差,轻敲,使被试表指示器指示在接近标度尺中间的分度线上。记录标准表输出的相位差值(B_R)。

b) 断开一个电流测量线路,改变相位差,轻敲,使被试表指示器指示在与步骤 a)相同的标度线上。记录标准表输出的相位差值（B_{X1}）。

c) 依次断开其他每一个电流测量电路,重复步骤 b)。记录标准表输出的相位差值（B_{X2}）和（B_{X3}）（若有时）。

6.13.4 多元件功率因数变换器的程序

试验步骤如下:

a) 将受试变换器的测量电路与一电流不平衡影响可以忽略的标准表相连,变换器的输出与一规格相适应的标准表相连。在参比条件下对电压测量电路和电流测量电路均施加额定值,调节测量电路间的相位差,使变换器的输出显示在标称输出值的一半。记录标准表示出的功率因数值（B_R）。

b) 断开一个电流测量电路,调整相位差,使变换器输出产生与步骤 a)相同的显示。记录标准功率因数表示出的功率因数值（B_{X1}）。

c) 依次断开其他每一个电流测量电路,重复步骤 b)。记录标准功率因数表示出的功率因数值（B_{X2}）和（B_{X3}）（若有时）。

d) 上述各步骤中的功率因数值均以电角度为单位。

6.13.5 计算

按下式计算由不平衡电流引起的以百分数表示的改变量绝对值 V_{Ci}:

$$V_{Ci} = \left| \frac{B_R - B_{Xi}}{A_F} \right| \times 100$$

式中:

A_F ——基准值。

$i = 1$、2 或 3。

取 V_{Ci} 中最大值作为仪表或变换器的以百分数表示的改变量 V_C。

6.14 导电支架引起的改变量

6.14.1 程序

试验步骤如下:

a) 将基本不确定度符合等级指数要求的仪表以参比位置安装在导电面板上或置于导电支持物上,导电面板或导电支持物应为厚度不小于 1.5 mm 的铝板,且在仪表的各边至少伸出 150 mm。面板或者支持物应接地。

b) 将仪表与标准表相连,标准表不置于导电支架上。按第 4 章的条件和第 5 章规定的各类仪表的相应试验方法测定其基本不确定度。

6.14.2 计算

按第 5 章规定的各类仪表的计算公式计算其基本不确定度。不计算改变量。

6.15 外电场引起的改变量

6.15.1 静电系仪表的程序

试验步骤如下:

a) 将被试表置于一对平行的分离的圆盘中心,圆盘的直径比被试表的最大尺寸至少大 20%,圆盘间隔距离至少是被试表最大尺寸的两倍。将被试表与标准表相连接,在参比条件下施加足够大的激励使指示器指示在接近测量范围中间的分度线上。记录标准表示出的激励值(B_R)。

b) 对平行的圆盘施加足够大的直流电压,使两圆盘之间产生满足 GB/T 7676.1—2017 的表 1 规定的或符号 F-34 标志的电场。产生电场的电源的中点接地。将导电的仪表外壳和信号的低端置于地电位。对被试表施加足够的激励,使其产生步骤 a)相同的指示。

c) 保持激励值不变,相对于被试表转动一对圆盘,使被试表产生最大的改变量。在此位置停止转动圆盘,确定为最不利的方向。

d) 在最不利的方向上,重复步骤 a),记录标准表示出的激励值(B_{XD})。

e) 在两圆盘间施加频率为 45 Hz～65 Hz 的交流电压,使其产生 GB/T 7676.1—2017 的表 1 规定的或符号 F-34 标志的电场。产生电场的电源中点应该接地。保持步骤 a)的激励值不变,步进地调节频率使其从 45 Hz 到 65 Hz,同时转动圆盘相对于被试表的位置,使被试表产生最大的改变量,保持此时的频率和位置,确定为最不利的方向和相位。

f) 在步骤 e)的条件下,重复步骤 d)。记录标准表示出的激励值(B_{XF})。

6.15.2 计算

按下式计算直流外电场引起的以百分数表示的改变量 V_{ED}:

$$V_{ED} = \left| \frac{B_R - B_{XD}}{A_F} \right| \times 100$$

按下式计算交流外电场引起的以百分数表示的改变量 V_{EA}:

$$V_{EA} = \left| \frac{B_R - B_{XF}}{A_F} \right| \times 100$$

式中:

A_F——基准值。

选取 V_{EA} 和 V_{ED} 之中最大值作为仪表由外电场引起的以百分数表示的改变量 V_E。

6.16 电压和功率因数同时影响引起的改变量

6.16.1 功率表和无功功率表的程序

当 GB/T 7676.3 有规定时,或用户和制造厂协商同意时,按下列程序进行试验:

a) 将被试表和一个电压影响和功率因数影响可以忽略的标准表相连。在参比条件下对电压线路施加额定电压,在参比功率因数(无功,$\sin\varphi = 1$)下对电流线路施加足够大的电流,轻敲,使被试表指示在接近测量范围中间值的分度线上。如果以下任一试验所需要的电流超过被试表的最大允许值,则应选择较低的初始功率值(或无功功率值)。记录标准表示出的激励值(B_R)。

b) 降低施加在电压线路上的电压至其标称使用范围的下限值。改变功率因数(无功,$\sin\varphi$ 值)至 GB/T 7676.3—2017 规定的滞后值,施加足够大的电流,轻敲使被试表指示在步骤 a)相同的分度线上。记录标准表示出的激励值(B_{LI})。

c) 如果 GB/T 7676.3—2017 有要求,改变功率因数(无功,$\sin\varphi$ 值)至其规定的超前值,施加足够大的电流,轻敲使被试表指示在步骤 a)相同的分度线上。记录标准表示出的激励值(B_{LC})。

d) 提高施加在电压线路的电压至其标称使用范围的上限值。改变功率因数(无功,$\sin\varphi$ 值)至 GB/T 7676.3—2017 规定的滞后值,施加足够大的电流,轻敲使被试表指示在步骤 a)相同的分度线上。记录标准表示出的激励值(B_{UI})。

e) 如果 GB/T 7676.3—2017 有要求,改变功率因数至其规定的超前值,重复步骤 d)。记录标准表示出的激励值(B_{UC})。

6.16.2 功率和无功功率变换器的程序

当 GB/T 7676.8—2017 有规定时,或用户和制造厂协商同意时,按下列步骤进行试验:

a) 将受试变换器的测量电路和一个电压影响和功率因数影响可以忽略的标准表相连,变换器输出电路与规格相适应的标准表连接。在参比条件下对电压线路施加额定电压,在参比功率因数(无功,sinφ=1)下对电流线路施加足够大的电流,使变换器的输出电路的标准表产生标称输出值一半的值。如果以下任一试验所需要的电流超过变换器的最大允许值,则应选择较低的初始功率值(或无功功率值)。记录测量电路的标准表示出的激励值(B_R)。

b) 降低施加在电压线路上的电压至其标称使用范围的下限值。改变功率因数(无功,sinφ 值)至 GB/T 7676.8—2017 规定的滞后值,施加足够大的电流使受试变换器输出电路的标准表产生步骤 a)相同的示出值。记录测量电路的标准表示出的激励值(B_{LI})。

c) 如果 GB/T 7676.8—2017 有要求,改变功率因数(无功,sinφ 值)至其规定的超前值,施加足够大的电流使受试变换器输出电路的标准表产生步骤 a)相同的示出值。记录测量电路的标准表示出的激励值(B_{LC})。

d) 提高施加在电压线路的电压至其标称使用范围的上限值。改变功率因数(无功,sinφ 值)至 GB/T 7676.8—2017 规定的滞后值,施加足够大的电流使受试变换器输出电路的标准表产生步骤 a)相同的示出值。记录测量电路的标准表示出的激励值(B_{UI})。

e) 如果 GB/T 7676.8—2017 有要求,改变功率因数(无功,sinφ 值)至其规定的超前值,重复步骤 d)。记录测量电路的标准表示出的激励值(B_{UC})。

6.16.3 计算

按下式计算电压下限和功率因数滞后共同引起的以百分数表示的改变量 V_{VFI}:

$$V_{VFI} = \frac{B_R - B_{LI}}{A_F} \times 100$$

按下式计算电压下限和功率因数超前共同引起的以百分数表示的改变量 V_{VFC}:

$$V_{VFC} = \frac{B_R - B_{LC}}{A_F} \times 100$$

按下式计算电压上限和功率因数滞后共同引起的以百分数表示的改变量 V_{VFUI}:

$$V_{VFUI} = \frac{B_R - B_{UI}}{A_F} \times 100$$

按下式计算电压上限和功率因数超前共同引起的以百分数表示的改变量 V_{VFUC}:

$$V_{VFUC} = \frac{B_R - B_{UC}}{A_F} \times 100$$

式中:
A_F——基准值。
选取 V_{VFI}、V_{VFC}、V_{VFUI} 和 V_{VFUC} 之中绝对值最大的改变量作为仪表或变换器的以百分数表示的改变量 V_{VF}。

6.17 多相仪表和变换器的不同测量元件间相互影响引起的改变量

6.17.1 概述

本改变量试验不适用于由于仪表或附件的结构原因,一个以上测量元件使用同一指定电流线路(例如 2-1/2 元件的功率表或功率变换器)的产品。

本试验不适用于从电压测量电路获取电源的带有变换器的仪表或可互换的功率变换器。

如果以下各试验程序中任一试验所需电流超过被试表的最大允许值,则应选择较低的激励初始值。

对于可互换变换器,除了测量电路和以下仪表的试验一样连接相同的标准表,其输出电路需和一个规格相适应的标准表相连。以对应于输出标准表相同的显示值,记录其测量电路的标准表的激励值。

6.17.2 试验程序

试验步骤如下：

a) 将元件间影响可以忽略的标准表和被试表(或变换器的测量电路)相连。在参比条件下断开一个电压线路,对其他电压线路施加额定电压,近似相等地调节每一相电流。轻敲,使被试表产生接近其测量范围中间值的分度线的指示,对于 3 元件的被试表(或变换器)应产生接近其测量范围(变换器,标称输出额定值)2/3 的分度线的指示。记录标准表示出的激励值(B_{R1})。

b) 在 360°范围内改变被试表的与断开电压线路相应相的电流线路的相位,确定可使指示值发生最大变化的相位角,在此相位下近似相等地调节每一相的电流,轻敲,使其产生与步骤 a)相同的指示(变换器,不轻敲,输出相同的示出值),记录在此最不利相位条件下的标准表的激励值(B_{P1})。

c) 顺序地断开其他相的电压线路,重复步骤 a)和 b)。获取相应的标准表示出的激励值(B_{R2})、(B_{P2})和(B_{R3})和(B_{P3})。

d) 断开一相电流线路,电压线路施加额定电压,近似相等地调节其余每一相电流。轻敲,使被试表产生接近其测量范围(输出标称值的)中间值的分度线的指示,对于 3 元件的被试表(或变换器)应产生接近其测量范围(输出标称值的)2/3 的分度线的指示。记录标准表示出的激励值(B_{R4})。

e) 在 360°范围内改变被试表与断开电流线路相应的电压线路的相位,重复步骤 b)。记录标准表示出的激励值(B_{P4})。

f) 顺序地断开每一个电流线路,重复步骤 d)和 e)。获取相应的标准表示出的激励值(B_{R5})、(B_{P5})和(B_{R6})、(B_{P6})。

6.17.3 计算

按下式分别计算多相仪表或变换器的测量元件之间相互作用引起的以百分数表示的改变量 V_{ELX}。

$$V_{ELX}=\frac{B_{RX}-B_{PX}}{A_F}\times 100$$

式中：

A_F ——基准值。

X ——分别为 1、2、3、4、5 或 6。

以 V_{ELX} 之中绝对值最大的改变量作为仪表或附件的以百分数表示的改变量 V_{EL}。

6.18 辅助电源电压引起的改变量

6.18.1 程序

试验步骤如下：

a) 将标准表和被试表(受试变换器)相连,对于可互换的电子变换器,则将变换器的测量电路和标准表相连,变换器的输出电路和一个规格与其标称输出相适应的标准表相连。在参比条件下对被试表或变换器的辅助电源施加额定频率下的额定电压,预热 15 min 后在其测量电路施加足够大的激励,轻敲使被试表指示在其测量范围(变换器,标称输出值)上限附近 80% 的分度线上(或示出值)。记录标准表的激励值(B_R)。

b) 降低辅助电源的电压至其标称使用范围的下限值,重复步骤 a)。记录使其产生步骤 a)相同指示(变换器,相同输出值)的标准表的激励值(B_X)。

c) 提高辅助电源的电压至其标称使用范围的上限值,重复步骤 a),记录使其产生步骤 a)相同指示(变换器,相同输出值)的标准表的激励值(B_Y)。

6.18.2 计算

按下式计算由辅助电源电压下降引起的以百分数表示的改变量 V_{SVL}:

$$V_{SVL} = \frac{B_R - B_X}{A_F} \times 100$$

按下式计算由辅助电源电压提高引起的以百分数表示的改变量 V_{SVU}:

$$V_{SVU} = \frac{B_R - B_Y}{A_F} \times 100$$

式中:

A_F——基准值。

选取 V_{SVL} 和 V_{SVU} 之中其绝对值较大者作为仪表或变换器的以百分数表示的改变量 V_{SV}。

6.19 辅助电源频率引起的改变量

6.19.1 程序

试验步骤如下:

a) 将标准表和被试表相连,对于可互换的变换器,则将变换器的测量电路和标准表相连,变换器的输出电路和一个规格与其标称输出相适应的标准表相连。在参比条件下对被试表或变换器的辅助电源施加额定频率下的额定电压,预热 15 min 后在其测量电路施加足够大的激励,轻敲,使被试表指示在其测量范围上限附近 80% 的分度线上(变换器,不轻敲,产生标称输出值)。记录标准表的激励值(B_R)。

b) 保持辅助电源的电压不变,降低其频率至其标称使用范围的下限值,重复步骤 a),记录使其产生步骤 a)相同指示(变换器,相同输出值)的标准表的激励值(B_X)。

c) 保持辅助电源的电压不变,提高其频率至其标称使用范围的上限值,重复步骤 b),记录标准表的激励值(B_Y)。

6.19.2 计算

按下式计算由辅助电源频率下降引起的以百分数表示的改变量 V_{SFL}:

$$V_{SFL} = \frac{B_R - B_X}{A_F} \times 100$$

按下式计算由辅助电源频率提高引起的以百分数表示的改变量 V_{SFU}:

$$V_{SFU} = \frac{B_R - B_Y}{A_F} \times 100$$

式中:

A_F——基准值。

选取 V_{SFL} 和 V_{SFU} 之中绝对值较大者作为由辅助电源频率引起的以百分数表示的改变量 V_{SF}。

6.20 自热引起的改变量

6.20.1 仪表的程序

试验步骤如下:

a) 将仪表及其不可互换附件和自热影响可以忽略的标准表相连。不通电,置于参比条件下至少 4 h。

b) 对仪表及其不可互换附件施加恒定激励,通电 1 min 后 3 min 前,轻敲,使指示器指示在测量范围上限约 90% 分度线上,记录标准表示出的激励值(B_R)。

c) 通电 30 min 后 35 min 前,调整激励,轻敲使被试表指示器产生与步骤 b)相同的指示,记录标准表示出的激励值(B_X)。

d) 如有疑问,通过与制造厂协商,自热影响试验可以延长时间,但是最长不宜超过 6 h。

6.20.2 可互换附件的程序

试验步骤如下:

a) 将可互换附件的测量电路和自热影响可以忽略的标准表相连,对于分流器则按 5.10.2.2 的规定连接;附件的输出电路与一个规格相应的标准表相连。

b) 不通电,置于参比条件下至少 4 h。对受试附件的输入电路施加恒定激励,通电 1 min 后 3 min 前,使输出标准表产生标称输出 90% 的指示,记录输入标准表示出的激励值(B_R)。

c) 通电 30 min 后 35 min 前,调整激励,使输出标准表指示在与步骤 b)相同的指示,记录输入标准表示出的激励值(B_X)。

d) 分流器的操作详见 5.10.2.2 的程序,获取自热前后的电阻值(B_R)和(B_X)。

6.20.3 计算

按下式计算由自热引起的以百分数表示的改变量 V_S:

$$V_S = \frac{B_R - B_X}{A_F} \times 100$$

式中:

A_F——基准值。

6.21 分流器的热电势影响试验

6.21.1 程序

试验步骤如下:

a) 按受试分流器额定值的 80% 的电流值正向通电,待其稳定后用标准表测量并记录其电压降或以电桥法测量并记录其电阻值(B_A)。

b) 按受试分流器额定值的 80% 的电流值反向通电,待其稳定后用标准表测量并记录其电压降或以电桥法测量并记录其电阻值(B_B)。

6.21.2 计算

按下式计算分流器由热电势引起的以百分数表示的改变量:

$$V_{TV} = \frac{B_A - B_B}{A_F} \times 100$$

式中:

A_F——基准值。

6.22 开环霍尔传感器的磁滞引起的改变量

6.22.1 程序

试验步骤如下:

a) 受试传感器的电源接口接入制造厂规定的电源上。用与受试传感器输入额定电流相适应的导线(或汇流排)连接标准电流表或标准分流器,穿过受试霍尔电流互感器的窗口后接到大功率稳定电源上,并按制造厂标明的方向输入电流。受试传感器的输出接口连接与其输出额定值相适应的标准表上,并注意输出电流的方向。如果使用标准分流器,则采用准确度相适应的数字电压表显示分流器的输出电势差。

b) 在参比条件下按标志注明的方向通以额定电流 80% 的电流值的直流电流 15 min,待其输出标准表稳定后记录输出标准表的显示值(B_A)。

c) 足够缓慢地降低输入电路的电流值至零。

d) 以传感器上标志相反的方向通以直流电流,重复步骤 b),记录输出标准表的显示值(B_B)。

6.22.2 计算

按下式计算由磁滞引起的以百分数表示的改变量:

$$V_{HM} = \frac{B_A - B_B}{A_F} \times 100$$

式中:

A_F——基准值。

7 电磁兼容性试验

7.1 静电放电抗扰度试验

7.1.1 程序

按 GB/T 17626.2—2006 试验程序的规定进行试验,试验中遵守下列条件:

a) 气候条件:
  - 环境温度:15 ℃~35 ℃;
  - 相对湿度:30%~60%;
  - 大气压力:86 kPa~106 kPa。

b) 仪表或附件处于工作状态:
  - 辅助电源施加额定电压;
  - 电压测量电路施加额定电压;
  - 电流测量电路施加额定电流。

c) 按台式设备试验。

d) 接触放电。试验中放电头不能划伤仪表外壳。

e) 实施放电的点:对于安装式仪表,调零器及周围;便携式仪表,仪表的上盖和调零器;电子变换器,调整机构的外露部分。

f) 试验电压:8 kV。

g) 放电次数:单次放电,最敏感极性 10 次。

h) 试验后应在参比条件下对受试仪表或变换器进行基本不确定度的试验和功能测试。

7.1.2 试验结果的评定

试验中,功能和性能允许有短暂的降低和失去,试验后,不允许有损坏或功能、性能的降低。

7.2 射频电磁场辐射抗扰度试验

7.2.1 程序

按 GB/T 17626.3—2016 试验程序的规定进行试验,试验中遵守下列条件:

GB/T 7676.9—2017

a) 气候条件：
   ● 环境温度：23 ℃±5 K；
   ● 相对湿度：40%～60%；
   ● 大气压力：86 kPa～106 kPa。
b) 作为台式设备试验。仪表和/或附件安装在厚度为 2 mm±0.5 mm 的不带磁性的铁板上,铁板垂直摆放。面板的开孔尺寸应按制造厂的规定。
c) 频率范围：80 MHz～2 GHz。
d) 在 1 kHz 正弦波上以 80%调幅载波调制。
e) 暴露在电磁场中的电缆长度：1 m。
f) 受试仪表和/或变换器处于工作状态：
   ● 辅助电源施加额定电压；
   ● 电压测量电路施加额定电压；
   ● 电流测量电路施加额定电流。
g) 未调制的场强：10 V/m。
h) 受试仪表和/或附件的正面与校正平面相重合。
i) 发射天线仅对受试仪表的正面进行试验。
j) 试验后在参比条件下对仪表和/或变换器进行基本不确定度的试验和功能的检测。

7.2.2 试验结果的评定

试验中,功能和性能允许有短暂的降低和失去；试验后,不允许有损坏或在参比条件下的功能、性能的降低。

7.3 电快速瞬变脉冲群抗扰度试验

7.3.1 程序

按 GB/T 17626.4—2008 试验程序的规定进行试验,试验中遵守下列条件：
a) 气候条件：
   ● 环境温度：15 ℃～35 ℃；
   ● 相对湿度：25%～75%；
   ● 大气压力：86 kPa～106 kPa。
b) 作为台式设备试验。
c) 仪表和/或变换器处于工作状态：
   ● 辅助电源施加额定电压；
   ● 电压测量电路施加额定电压；
   ● 电流测量电路施加额定电流；
   ● 对功率或无功功率的仪表或变换器,功率因数(无功,$\sin\varphi$)为单位功率因数或标志值。
d) 耦合器与受试仪表或变换器之间的连接电缆长度 $l\leqslant1$ m。
e) 试验电压以共模方式(线对地)作用于：
   ● 电压测量线路；
   ● 辅助电源；
   ● 正常工作时与电压测量电路隔离的电流测量电路。
f) 试验电压：2 kV,重复频率 5 kHz。
g) 试验时间：每个极性 1 min,每个脉冲群 10 s,每个脉冲群间隔 10 s。

316

h) 试验后在参比条件下对仪表和/或变换器进行基本不确定度试验和功能的测试。

7.3.2 试验结果的评定

试验中,功能和性能允许有短暂的降低和失去;试验后仪表和/或变换器不应被损坏,功能和性能不应降低。

7.4 射频场感应的传导骚扰抗扰度试验

7.4.1 程序

按 GB/T 17626.6—2008 试验程序的规定进行试验,试验中遵守下列条件:
a) 气候条件:
- 环境温度:23 ℃±5 K;
- 相对湿度:40%~60%;
- 大气压力:86 kPa~106 kPa。
b) 作为台式设备试验。
c) 仪表和/或变换器处于工作状态:
- 辅助电源施加额定电压;
- 电压测量电路施加额定电压;
- 电流测量电路施加额定电流;
- 对功率或无功功率的仪表或变换器,功率因数(无功,sinφ)为单位功率因数或标志值。
d) 试验的频率范围:150 kHz~80 MHz;
e) 试验的电压水平:10 V;
f) 信号注入点:辅助电源的交流输入端,交流电压测量电路和/或与电压电路隔离的电流测量电路;
g) 试验后在参比条件下对仪表和/或变换器进行基本不确定度的检验和功能检测。

7.4.2 试验结果的评定

试验中,功能和性能允许有短暂的降低和失去;试验后,不允许有损坏和功能性能的降低。

7.5 浪涌抗扰度试验

7.5.1 程序

按 GB/T 17626.5—2008 试验程序的规定进行试验,试验中遵守下列条件:
a) 气候条件:
- 环境温度:23 ℃±5 K;
- 相对湿度:40%~60%;
- 大气压力:86 kPa~106 kPa。
b) 仪表和/或变换器处于工作状态:
- 辅助电源施加额定电压;
- 电压测量电路施加额定电压;
- 电流测量电路开路。
c) 浪涌发生器和仪表或变换器之间的连接电缆长度:1 m。
d) 以差模方式(线对线)试验。
e) 相位角:相对于交流电源零位的 0°、60°、90°。

f) 发生器电源阻抗:2 Ω。

g) 电压测量电路和/或交流电源输入端试验电压:2 kV。

h) 试验次数:正负极性各 5 次。

i) 重复速率:每分钟 1 次。

j) 脉冲间隔:$t \leqslant 1$ min。

k) 试验后在参比条件下对仪表和/或变换器进行基本不确定度的检验和功能检测。

7.5.2 试验结果的评定

试验中,功能和性能允许有短暂的降低和失去;试验后仪表和/或附件不应有损坏和功能、性能的降低。

7.6 振铃波抗扰度试验

7.6.1 程序

按 GB/T 17626.12—2013 试验程序的规定进行试验,试验中遵守下列条件:

a) 气候条件:

- 15 ℃~35 ℃;
- 相对湿度:25%~75%;
- 大气压力:86 kPa~106 kPa。

b) 作为台式设备试验。

c) 仪表和/或变换器处于工作状态:

- 辅助电源(如有时)施加额定电压;
- 电压测量电路施加额定电压;
- 电流测量电路施加额定电流;
- 对于功率表、无功功率表或其变换器的功率因数(或无功,$\sin\varphi$)按 GB/T 7676.3—2017 或 GB/T 7676.8—2017 的规定。

d) 振铃波:

- 振荡频率:100 kHz±10%;
- 瞬态重复:(1~60)/min;
- 试验电压(试验等级 2):辅助电源,0.5 kV(差模,线对线);电压测量电路,1 kV,共模(线对地);
- 与电源频率的相位角:0°~360°同步,步进 10°;
- 第 1 半周期极性:正和负。

e) 试验后在参比条件下应对仪表和/或变换器进行基本不确定度检验和功能的检测。

7.6.2 试验结果的评定

试验中,功能和性能允许有短暂的降低和失去;试验后试验后仪表和/或附件不应有损坏和功能、性能的降低。

8 其他试验

8.1 标志和外观检验

8.1.1 程序

试验程序如下:

a) 目视检查仪表铭牌、接线端和接线图等是否符合 GB/T 7676.1—2017 和相关部分的相应
要求。

b) 目视检查仪表计量单位、标度尺分度、分度线、分度数字是否符合 GB/T 7676.1—2017 的 5.6.4 和
第 6 章的要求。

c) 目视检查仪表外壳和接线端有无污迹、划痕和破损。

d) 目视检查仪表的指针有无弯斜、扭曲、脱漆;止挡功能是否正常。

8.1.2　试验结果的评定

目测评定,无需计算。

8.2　防接触封印检验

8.2.1　程序

按 GB/T 7676.1—2017 的 5.6.3 的要求目测检验其符合性。

8.2.2　试验结果的评定

目测评定,无需计算。

8.3　接线端检验

8.3.1　程序

用游标卡尺或螺纹规测量接线端的螺钉和螺母的尺寸,用游标卡尺测量接触面的尺寸。

8.3.2　试验结果的评定

以测得的接触面尺寸计算接触面面积。

8.4　过冲试验

8.4.1　程序

8.4.1.1　机械零位不在标度尺上或零位不定的仪表程序

试验步骤如下:
a) 测量并记录标度尺的以长度为单位的弧长(B_{SL})。
b) 施加一恒定的激励,使被试表产生相应于测量范围下限的偏转。
c) 突然增加能使被试表产生接近于 2/3 标度尺长的稳定偏转的激励(例如通过开关)。
d) 测量并记录指示器第一次摆动的过冲长度(B_X),以长度为单位计量。

8.4.1.2　其他仪表的程序

试验步骤如下:
a) 测量并记录以长度为单位的标度尺的弧长(B_{SL})。当仪表的零位在标度尺内时,取零位两边较长的一边作为标度尺长度。
b) 突然增加能使被试表产生接近于 2/3 标度尺长的稳定偏转的激励(例如通过开关)。当过冲受线路阻抗影响时,驱动源的阻抗应按 GB/T 7676.2—2017 的规定;在特殊情况下,外部线路的阻抗可由制造厂和用户协商确定。
c) 测量并记录指示器第一次摆动的过冲长度(B_X),以长度为计量单位。

8.4.2 计算

按下式计算以百分数表示的过冲：

$$S = \frac{B_X}{B_{SL}} \times 100$$

8.5 响应时间试验

8.5.1 程序

8.5.1.1 机械零位不在标度尺上或零位不定的仪表程序

试验步骤如下：

a) 测量并记录以长度为单位的标度尺的弧长（B_{SL}）。

b) 施加一恒定的激励值，使被试表产生相应于测量范围下限的偏转。

c) 突然增加能使被试表产生接近于2/3标度尺长的稳定偏转的激励（例如通过开关）。

d) 测量并记录以秒为单位的，指针进入最终停止位置两侧，长度等于标尺长度1.5%带宽内的明显停止的时间。

e) 重复步骤 b)、c)和 d)5 次，记录相应的时间。

8.5.1.2 其他仪表的程序

试验步骤如下：

a) 测量并记录以长度为单位的标度尺的弧长（B_{SL}）。当仪表的零位在标度尺内时，取零位两边较长的一边作为试验的标度尺长度。

b) 突然增加能使被试表产生接近于2/3标度尺长的稳定偏转的激励（例如通过开关）。试验时当响应时间受阻抗影响时，驱动源的阻抗应按 GB/T 7676.2—2017 的规定；特殊情况下外部线路的阻抗可由制造厂和用户协商确定。

c) 测量并记录以秒为单位的，指针进入最终停止位置两侧，长度等于标尺长度1.5%带宽内的明显停止的时间。

d) 重复步骤 b)和 c)5 次，记录相应的时间。

8.5.2 计算

计算上述 5 次记录得到的时间的平均值。

8.6 机械零位（或量程调节器）调整试验

8.6.1 程序

试验步骤如下：

a) 测量并记录以长度为单位的主标度尺的弧长（B_{SL}）。

b) 调节零位调节器或量程调节器（如有时），使指示器沿标度尺向上升方向移动，记录指示器的以长度为单位的最大偏移量（D_U）。

c) 重复步骤 b)使指示器沿标度尺向下降方向调节，记录指示器以长度为单位的最大偏移量（D_D）。

d) 如果调节零位调节器时低端的止挡阻止指示器移动或仪表的零位在标度尺之外，以最接近测量范围中间的值激励仪表使指示器指示在主标度尺的中间标度线上，重复步骤 b)和 c)。

e) 重新在零位或步骤 d)的分度线上调节零位调节器，或调节量程调节器（如有时）使指示器顺序

地指示在零位或步骤 d)的参考分度线（或量程的上下限的分度线）的上、下相应于等级指数
1/5 的指示的可能性。

8.6.2 计算

按下式计算以百分数表示的总零位调节范围：

$$R_L = \frac{D_U - D_D}{B_{SL}} \times 100$$

按下式计算总调节角度：

$$R_A = \frac{(D_U - D_D)A_R}{B_{SL}} (°)$$

式中：

A_R——仪表主标度尺的标称偏转角度。

按下式分别计算两边最大和最小调节范围之比：

$$如果 |D_U| > |D_D|, 则 R_R = \frac{|D_U|}{|D_D|}$$

$$如果 |D_U| < |D_D|, 则 R_R = \frac{|D_D|}{|D_U|}$$

8.7 偏离零位试验

8.7.1 程序

试验步骤如下：

a) 测量并记录以长度为单位的标度尺的弧长（B_{SL}）。

b) 在仪表测量范围上限通电 30 s。

c) 迅速降低激励值至零而不使被试表产生过冲，仪表也不承受任何振动。

d) 在激励值至零后 15 s，不轻敲，测量并记录指示器对零位分度线的以长度为单位的偏离量（B_X）。对特殊阻尼的仪表，读取对零位偏离量的时间可由制造厂和用户协商确定。

8.7.2 计算

按下式计算以百分数表示的偏离零位：

$$D = \frac{B_X}{B_{SL}} \times 100$$

8.8 零点稳定性试验

8.8.1 程序

试验步骤如下：

a) 将受试霍尔传感器或受试的其他电子变换器的测量电路短路，输出电路接入与传感器或变换器的输出标称值相适应的标准表。对受试的霍尔传感器或受试的其他变换器的辅助电源施加额定电压 30 min 后，调节零位调节器使显示输出的标准表示出值为相应的零点值（B_0）。

b) 每隔 15 min 读取输出标准表的零点示出值，记录为（B_{0I}），直至 1 h。共读取 5 个零点示出值。以其中与（B_0）偏离最大的值记为（B_{0X}）。

8.8.2 计算

按下式计算以百分数表示的由零点稳定性引起的改变量 D_s：

$$D_S = \left| \frac{B_0 - B_{0X}}{A_F} \right| \times 100$$

式中：

A_F——基准值。霍尔传感器或其他变换器的标称输出值。

8.9 功率表和无功功率表或其变换器仅对电压线路通电的试验

8.9.1 仪表的程序

试验步骤如下：

a) 将被试表和一标准表相连,在参比条件下不施加任何激励。轻敲,调节零位。

b) 电流测量电路开路,电压测量电路施加额定电压,如果被试表指示器偏离于零位以下,则接通电流电路,施加一定的电流,使指示器升到零位。读取标准表示出的激励值(B_X);如果被试表指示器高于零位,则交换受试仪表电流测量电路的极性,施加一定电流使指示器回到零位,读取标准表示出的激励值(B_X)。

8.9.2 变换器的程序

试验步骤如下：

a) 变换器的测量电路按其测量对象与相应的标准表相连,变换器的输出电路和一规格与输出标称值相适应的双向显示的标准表相连。对于有辅助电源的变换器,在参比条件下将变换器的辅助电源施加额定电压,变换器的测量电路不施加任何激励值,调节变换器的调零电位器使其输出为零;对于没有辅助电源的变换器,无需调节零位电位器。

b) 断开电流测量电路,电压测量电路施加额定电压,读取并记录与变换器输出端相连的标准表的显示值(B_X)。

8.9.3 计算

按下式计算仅对电压电路通电引起的以百分数表示的改变量：

$$V_{OV} = \left| \frac{B_X}{A_F} \right| \times 100$$

式中：

A_F——基准值。

8.10 电阻表(阻抗表)的最大电流试验

8.10.1 程序

试验步骤如下：

a) 将一低阻(阻抗)值的四端电阻器(阻抗器)(R_{T1})跨接在电阻表(阻抗表)的测量端。

b) 使用一高阻抗的电压表测量四端电阻器(阻抗器)的电压降(V_{R1})。计算通过电阻器(阻抗器)的电流(I_{R1})。

c) 将四端电阻器(阻抗器)的阻(抗)值加倍(R_{T2}),测量电阻器(阻抗器)上的电压降(V_{R2})。计算通过电阻器的电流(I_{R2})。

d) 如果I_{R2}低于I_{R1}的95%,减小步骤a)中电阻值(R_{T1}),重复步骤a)~d),直至I_{R2}不再低于I_{R1}的95%。记录最终的电阻(阻抗)值(R_T)和电阻器(阻抗器)上的电压降(V_R)。

8.10.2 计算

按下式计算电阻表的最大电流I_{MAX}：

$$I_{\text{MAX}} = \frac{V_{\text{R}}}{R_{\text{T}}}$$

8.11 止挡和超量限指示试验

8.11.1 程序

试验步骤如下：
a) 在进行第 5 章的基本不确定度试验的同时进行本试验。电阻表、振簧系频率表、同步指示器以及能 360°转动的相位表和功率因数表不进行本试验。
b) 在增加激励或增加相位差（相位或功率因数表）、提高测量频率（频率表）使仪表指示器到达测量范围上限，缓慢地使其到达测量范围上限至 120％时，观察指示器是否能清晰明显地、顺利地超过上量限到达上量限侧的止挡，并记录指示器接触上止挡时标准表的读数值（B_{XU}）。
c) 对于零位在标度尺内的仪表和具有测量频率范围下限的指针式频率表当其到达测量范围下限时，继续反向增加激励值或增加相位差（相位表、功率因数表）、降低测量频率（频率表），使其缓慢地向其测量范围下限值的 120％处转动，重复步骤 b)，记录指示器刚接触下止挡的标准表读数值（B_{XL}）。

8.11.2 超量限指示的评定

如果在执行 8.11.1 步骤 b)和步骤 c)期间指示器均能清晰明显、顺利地经过上、下限标度线，则判定仪表具有超量限指示功能。

8.11.3 计算止挡距离

按下式计算以百分数表示的上止挡距离：

$$L_{\text{U}} = \frac{B_{\text{XU}}}{A_{\text{F}}} \times 100$$

按下式计算以百分数表示的下止挡距离：

$$L_{\text{L}} = \frac{B_{\text{XL}}}{A_{\text{F}}} \times 100$$

8.12 同步指示器的频率落差试验

8.12.1 程序

试验步骤如下：
a) 将运行电路连接到一个电压源上。在参比条件下对运行电路施加标称使用范围内的一个电压，其频率为参比频率。
b) 将待并电路与一个分离的频率可调的程控电压源相连。程控电压源的频率调节范围至少是运行电路频率的±10％，程控源能显示其输出频率。
c) 以和运行电路相同的电压，相同的参比频率对待并电路通电，使同步指示器同步，记录程控源的显示频率（B_{R}）。
d) 缓慢地降低待并电路的频率直至指示器的转动停止，记录程控源的显示频率值（B_{L}）。
e) 缓慢地提高待并电路的频率使指示器恢复转动，达到同步后继续提高频率使其逆转直至其后停止转动。记录程控源显示的频率值（B_{H}）。

8.12.2 计算

按下式计算同步指示器的下频率落差 D_{DL} 和上频率落差 D_{DH}：

$$D_{DL} = B_R - B_L$$
$$D_{DH} = B_H - B_R$$

8.13 同步指示器的频率拖差试验

8.13.1 程序

试验步骤如下：

a) 将运行电路连接到一个电压源上。在参比条件下对运行电路施加标称使用范围内的一个电压，其频率为参比频率。

b) 将待并电路与一个分离的频率可调的程控电压源相连。程控电压源的频率调节范围至少是运行电路频率的±10%，程控源能显示其输出频率。

c) 以和运行电路相同的电压，以远低于参比频率，使同步指示器不能转动的频率对待并电路通电。缓慢地提高频率，使指示器转动，记录开始产生转动时程控源的显示频率(B_L)。

d) 继续提高频率直至同步指示器同步，记录程控源显示的同步时的频率值(B_R)。

e) 持续地提高频率使指示器发生逆转直至其停止转动。

f) 降低待并电路的频率，使指示器转动，记录指示器开始产生转动的频率值(B_H)。

8.13.2 计算

按下式计算同步指示器的下频率拖差 D_{PL} 和上频率拖差 D_{PH}：

$$D_{PL} = B_R - B_L$$
$$D_{PH} = B_H - B_R$$

8.14 同步指示器的开路试验

8.14.1 程序

试验步骤如下：

a) 在参比条件下对运行电路和待并电路以电压源的同一输出电压通电。其电压为额定电压，其频率为参比频率。同步指示器的指针指示在同步线上。

b) 断开待并电路，运行电路继续通电，测量并记录指针偏离同步线的角度。

c) 接通待并电路电压，运行电路开路，测量并记录指针偏离同步线的角度。

d) 同时断开运行线路和待并线路，测量并记录指针偏离同步线的角度。

8.14.2 试验结果的评定

确认偏离的角度大于 30°。

8.15 交流电压试验和可接触零部件试验

8.15.1 可接触零部件试验程序

试验步骤如下：

a) 按 IEC 61010-1:2010 的 6.2 的规定确定零部件是否为可接触。对于明显可以看出的，目测检验；对于不能明显看出的，用试验指检测。

b) 按 IEC 61010-1:2010 的 6.3 的规定检查可接触零部件的电压或电流是否超过其限值。

8.15.2 交流电压试验程序

试验步骤如下：

a) 按 IEC 61010-1:2010 的 6.8.2 的规定进行潮湿预处理;
b) 按 IEC 61010-1:2010 的 6.8.1 的规定确定试验地;
c) 按 IEC 61010-1:2010 的 6.8.3.1 规定的程序进行 2 kV 的交流电压试验;
d) 试验中不应出现击穿或重复飞弧,电晕或类似现象可以忽略不计。

8.15.3 试验结果的评定

无需计算。按 8.15.1 的程序 b)和 8.15.2 的程序 d)目测评定。

8.16 与外部电路连接的试验

8.16.1 程序

目测检验与 IEC 61010-1:2010 的 6.6 的符合性。

8.16.2 试验结果的评定

目测评定。

8.17 与电网电源连接的试验

8.17.1 程序

目测检验与 IEC 61010-1:2010 的 6.10 的符合性。

8.17.2 试验结果的评定

目测评定。

8.18 防电击结构要求试验

8.18.1 程序

目测检验仪表和/或附件与 IEC 61010-1:2010 的 6.9.1～6.9.3 符合性。

8.18.2 试验结果的评定

目测评定。

8.19 对电池要求的评定

8.19.1 程序

目测检验与 IEC 61010-1:2010 的 11.5 和 13.2.2 的符合性。

8.19.2 试验结果的评定

目测评定。

8.20 阳光辐射试验(对 C 组仪表)

8.20.1 程序

试验程序如下:
a) 试验前目测检验仪表外观,特别是仪表标志。

b) 在下列条件下,按 GB/T 2423.24—2013 的规定进行试验:

- 仪表处于非工作状态;
- 按程序 A 进行试验(24 h,光照 8 h,遮暗 16 h);
- 上限温度:+55 ℃;
- 试验时间:3 周期。

c) 目测检验仪表外观,特别是仪表标志的改变。

8.20.2 试验结果的评定

目测评定仪表标志无明显改变。

8.21 仪表的短时过负载试验

8.21.1 程序

试验步骤如下:

a) 当有关部分有要求时,测量并记录以长度为单位的标度尺长度(B_{SL})。

b) 轻敲,调节零位(若有时)。

c) 按有关部分的规定施加短时过负载。

d) 完成步骤 c)以后 1 h,测量并记录指示器偏离零位(如有时)的以长度为单位的距离(B_O)。

e) 轻敲,调节零位。在参比条件下按第 5 章的相应程序进行基本不确定度的试验。

8.21.2 计算

按下式计算以百分数表示的偏离零位:

$$D_Z = \frac{B_O}{B_{SL}} \times 100$$

按第 5 章各种仪表的相应公式计算以百分数表示的基本不确定度。

8.22 附件的短时过负载试验

8.22.1 程序

试验步骤如下:

a) 按 GB/T 7676.8—2017 的规定对受试附件进行短时过负载试验。

b) 在参比条件下使受试附件冷却到参比温度后,按第 5 章的相应规定进行基本不确定度的试验。

8.22.2 计算

按第 5 章规定的相应公式计算以百分数表示的基本不确定度。

8.23 连续过负载试验

8.23.1 试验条件

试验应具备以下条件:

a) 试验时除承受过负载的电压或电流以外,其他均在参比条件下进行。

b) 电流表和电压表以测量量上限值的 120% 施加连续过负载。

c) 功率表和无功功率表应顺序地承受电压和电流额定值的 120% 的连续过负载。试验时,有功功率表的功率因数 $\cos\varphi = 1$,无功功率 $\sin\varphi = 1$。电流过负载时,电压施加额定值;同样,电压过负载时,电流施加额定电流。

d) 频率表在测量范围上限施加 120%的额定电压的连续过负载。

e) 功率因数表过负载时所有电压电路施加额定电压,所有电流电路同时施加额定范围上限的 120%过负载。

f) 相位表的连续过负载对其中一路电压(或电流)施加额定值,另一路电压(或电流)施加额定值的 120 的过负载。然后两路电路互换,再进行过负载。

g) 可互换附件按其测量对象的不同,应分别按上述 a)~f)规定的条件进行试验。

h) 不可重复进行过负载。

8.23.2 程序

试验步骤如下:

a) 对电流表和电压表测量并记录仪表的以长度为单位的标度尺长度(B_{SL})。轻敲,调节零位。

b) 将仪表和/或附件在参比条件下放置足够长的时间使其达到热平衡。

c) 对仪表和/或附件根据其测量对象的不同分别按 8.23.1 的条件施加过负载,持续 2 h。

d) 轻敲,缓慢地减少激励至零。对电流表和电压表:立即测量并记录指示器以长度单位计的偏离零位(B_{TD})。其他仪表省略本步骤。

e) 完成步骤 c)或 d)后约 2 h,在参比条件下按第 5 章的相应程序进行相应的基本不确定度的试验。

8.23.3 计算

按下式计算电流表和电压表以百分数表示的偏离零位:

$$D_{\mathrm{Z}}=\frac{B_{\mathrm{TD}}}{B_{\mathrm{SL}}}\times 100$$

所有仪表和/或附件按第 5 章各种仪表的相应公式计算连续过负载后的以百分数表示的基本不确定度。

8.24 大电流过载后的电流线路的不开路

8.24.1 程序

试验步骤如下:

a) 对经过高过载能力的电流互感器接入的仪表和/或附件,以及额定电流范围上限为 1 A~10 A 的固定式仪表和/或附件进行电流互感器的标称次级电流 30 倍,持续时间 2 s 的大电流试验;对便携式仪表和/或附件进行电流测量范围上限电流值 15 倍,持续时间 2 s 的大电流试验。

b) 对多测量电路的仪表和/或附件,除一个线路进行试验外,其他电路施加额定值的激励。

c) 断开仪表和/或附件连接的电压和/或电流电路,检查试验后的电流电路,观察是否有开路的情况。

8.24.2 试验结果的评定

目测评定。

8.25 振动和冲击试验

8.25.1 程序

试验步骤如下:

a) 将受试仪表和相应的标准表相连,受试可互换附件的输入电路与相应标准表相连,其输出电路连接一个与其输出标称值相适应的标准表。

b) 对受试仪表轻敲,调节零位。在参比条件下,足够缓慢地改变激励值。不轻敲,使指示器在上升和下降两个方向上分别按第 5 章的有关规定进行基本不确定度试验。记录每条分度线上的上升和下降时的标准表示出值(B_{XUI})和(B_{XDI})。对受试可互换附件按第 5 章的有关规定,在一个方向上进行基本不确定度的试验,记录输出标准表示出的每个试验点上输出值(B_{XI})。

c) 将受试表和/或附件按正常使用位置安装在振动试验台架上,安装牢固。在下列条件下按GB/T 2423.10—2008 规定的程序进行振动试验:

- 仪表和/或附件在非工作状态。仪表的所有测量线路短路;
- 扫频范围:10 Hz—150 Hz—10 Hz;
- 交越频率:60 Hz;
- $f<60$ Hz,恒定振幅:0.075 mm;
- $f>60$ Hz,恒定加速度:9.8 m/s²(1g);
- 单点控制;
- 扫频速率:1 oct(倍频程)/min;
- 振动方向为垂直。

d) 将受试表安装在冲击试验台架上,安装牢固。在下列条件下,按 GB/T 2423.5—2008 规定的程序进行冲击试验:

- 仪表和/或附件在非工作状态。仪表的所有测量线路短路;
- 半正弦波脉冲;
- 峰值加速度:安装在地面设备的仪表和/或附件:15g(150 m/s²);安装在越野车类的仪表和/或附件:50g(500 m/s²);
- 脉冲周期:18 ms;
- 脉冲持续时间:11 ms;
- 冲击次数:三个相互垂直轴的两个方向各 3 次(共 18 次);
- 仪表的安装方式应使三个冲击轴之一与仪表可动部分转轴平行。

e) 受试仪表和/或附件完成振动和冲击试验步骤后在参比条件下放置 1 h。

f) 重复步骤 b),记录标准表示出的每条分度线上的激励值(B_{XUTI})和(B_{XDTI}),对附件是每个试验点的输出标准表的显示值(B_{XTI})。

8.25.2 计算

计算方式如下:

a) 按以下公式计算振动和冲击试验后每条分度线的以百分数表示的改变量 V_{MTU} 和 V_{MTD}:

指示器上升的以百分数表示的改变量:$V_{MTU}=\left|\dfrac{B_{XUI}-B_{XUTI}}{A_F}\right|\times100$

指示器下降的以百分数表示的改变量:$V_{MTD}=\left|\dfrac{B_{XDI}-B_{XDTI}}{A_F}\right|\times100$

式中:

A_F——基准值。

b) 选取 V_{MTU} 和 V_{MTD} 之中最大者作为仪表的以百分数表示的改变量 V_{MT}。

c) 按下式计算附件的以百分数表示的每个试验点的改变量:

$$V_{MT}=\left|\frac{B_{XI}-B_{XTI}}{A_F}\right|\times100$$

式中：

A_F——基准值。

d) 比较每个试验点的改变量,选取其中最大改变量作为附件的振动和冲击引起的以百分数表示的改变量。

8.26 耐振动和耐颠震(碰撞)试验

8.26.1 耐振动试验

8.26.1.1 程序

进行耐振动试验的仪表不必进行8.25的振动试验。耐振动试验步骤如下：

a) 将受试仪表和相应的标准表相连。

b) 对受试仪表轻敲,调节零位。在参比条件下轻敲,足够缓慢地施加激励值使受试仪表指示在接近标度尺60%的分度线上。记录标准表示出的激励值(B_R)。

c) 将受试表安装在耐振动试验台架上,安装牢固。在下列条件下(如果客户另有要求者,按协商的条件),根据GB/T 2423.10—2008规定的程序进行振动试验：
- 仪表在工作状态。所有测量线路通电,指示器指示在接近60%标度尺的分度线上；
- 半正弦波脉冲；
- 扫频范围:3 Hz～80 Hz～3 Hz；
- 交越频率:9 Hz；
- $f < 9$ Hz,恒定振幅:3.5 mm；
- $f > 9$ Hz,恒定加速度:9.8 m/s($1g$)；
- 单点控制；
- 仪表按正常工作位置安装,振动方向垂直；
- 耐久试验时间:6 h。

d) 首先使仪表处于正常工作位置进行试验。试验中调节激励值使受试仪表的指示器指示在与步骤b)相同的分度线上,记录标准表示出的激励值(B_X)。

e) 完成6 h的耐久试验后,将被试表从试验台架卸下,置于参比条件下1 h。

f) 重复步骤b)。记录标准表示出的激励值(B_T)。

8.26.1.2 计算

按下式计算试验中指示器以百分数表示的偏离值：

$$D_M = \frac{B_R - B_X}{A_F} \times 100$$

按下式计算耐久试验后以百分数表示的改变量：

$$V_{MT} = \left| \frac{B_T - B_R}{A_F} \right| \times 100$$

8.26.2 耐颠震(碰撞)试验

8.26.2.1 程序

试验步骤如下：

a) 将受试仪表和相应的标准表相连。

b) 对受试仪表轻敲,调节零位。在参比条件下轻敲,足够缓慢地施加激励值,使受试仪表指示在接近标度尺60%的分度线上。记录标准表示出的激励值(B_R)。

GB/T 7676.9—2017

c) 将受试表安装在颠震(碰撞)试验台架上,安装牢固。在下列条件下(如果客户另有要求者,按协商的条件),按 GB/T 2423.6—2008 规定的程序进行(颠震)碰撞试验:
- 仪表在工作状态。所有测量线路通电;指示器指示在接近 60% 标度尺的分度线上;
- 半正弦波脉冲;
- 峰值加速度:$5g(50 \text{ m/s}^2)$;
- 脉冲周期:6 ms;
- 重复频率:1.5 Hz~2 Hz;
- 试验时间:2 h;
- 仪表按正常工作位置安装,颠震(碰撞)方向垂直。

d) 试验中,调节激励值使受试仪表的指示器指示在与步骤 b)相同的分度线上,记录标准表示出的激励值(B_X)。

e) 完成步骤 c)的试验后,将被试表从试验台架卸下,置于参比条件下 1 h。

f) 重复步骤 b)。记录标准表示出的激励值(B_T)。

8.26.2.2 计算

按下式计算试验中指示器以百分数表示的偏离值:

$$D_M = \frac{B_R - B_X}{A_F} \times 100$$

式中:

A_F——基准值。

按下式计算试验后以百分数表示的改变量:

$$V_{MT} = \left| \frac{B_T - B_R}{A_F} \right| \times 100$$

式中:

A_F——基准值。

8.27 耐机械应力试验

8.27.1 弹簧锤试验(除手持式仪表)

试验步骤如下:
a) 目测检验仪表和/或附件的外观和功能。手动目测电气连接是否牢固。
b) 仪表和/或附件按正常工作位置安装或放置,根据 GB/T 2423.55—2006 的试验 Ehb:弹簧锤试验的规定,弹簧锤以 0.2 J 的动能作用于电表的外表面(包括窗)。
c) 应在每个位置上冲击 3 次。
d) 试验后目测检验仪表和/或附件的外观和功能。
e) 试验后对于安装式仪表按 8.15.2 的程序进行交流电压试验。

8.27.2 跌落试验(手持式仪表)

试验步骤如下:
a) 目测检验仪表的外观和功能。
b) 按 IEC 61010-1:2010 的 8.3.2 的规定将仪表从 1 m 的高度跌落到 50 mm 厚的坚硬木板上一次。
c) 目测检验仪表的外观和功能。
d) 按 8.15.2 的程序进行交流电压试验。

8.27.3 试验结果的评定

如果仪表和/或附件的电气连接牢固、不呈现使危险带电零部件成为可接触的损坏,固体物质、灰尘和水的侵入不影响仪表和/或附件的介电强度,交流电压试验合格,即评定产品满足要求。

8.28 温度极限值试验

8.28.1 程序

试验步骤如下:
a) 在参比条件下,按第 5 章规定的相应程序对仪表和/或附件进行基本不确定度的试验。按第 5 章规定的计算公式计算其基本不确定度。所有受试产品均应符合其等级指数的规定。

b) 受试产品在其接近测量范围上限 80% 处连续通电,并置于温度极限值上限±2 K 温度的作用下,持续时间 16 h。

各类仪表和/或附件的温度极限值上限值:
- A 组和内附电池组的仪表和/或附件:45 ℃(7K2);
- B 组:55 ℃(3K6);
- C 组:70 ℃(3K7);
- 热带型:与用户协商。

c) 受试产品在其接近测量范围上限 80% 处连续通电,并置于温度极限值下限±2 K 的作用下,持续时间 8 h。

各类仪表和/或附件的温度极限值的下限值:
- A 组和内附电池组的仪表和/或附件:-5 ℃(7K2);
- B 组:-25 ℃(3K6);
- C 组:-40 ℃(3K7);
- 热带型:与用户协商。

d) 重复步骤 b)。

e) 重复步骤 c)。

f) 重复步骤 b),完成 16 h 试验并维持在高温中,立即缓慢地增大激励使指示器达到测量范围上限并减少激励,缓慢地返回零位。观察仪表运行和返回零位的情况。对可互换附件测量其输出值,记录有否零漂。

g) 重复步骤 c),完成 8 h 试验并维持在低温中,立即缓慢地增大激励使指示器达到测量范围上限并减少激励,缓慢地返回零位。观察仪表运行和返回零位的情况。对可互换附件测量其输出值,记录有否零漂。

h) 将产品恢复到参比条件,并在参比温度下放置至少 2 h,调节零位,重复步骤 a)。

8.28.2 计算

按第 5 章相应于各种仪表和/或附件的规定,计算产品的基本不确定度。

8.29 交变湿热试验

8.29.1 程序

试验步骤如下:
a) 在参比条件下按第 5 章规定的相应程序对仪表和/或附件进行基本不确定度的试验。按第 5 章的相应规定计算每一条分度线(或每一试验点,对附件)的不确定度值。所有受试产品均应符合其等级指数的规定。

    b)　在下列条件下按 GB/T 2423.4—2008 规定的程序进行交变湿热试验：

- 产品在非工作状态，不包装；
- 变化方式：1；
- 上限温度：40 ℃，对 A 组、B 组仪表和/或附件，
  55 ℃，对 C 组仪表和热带型仪表和/或附件；
- 不采取特殊措施消除外壳潮气；
- 试验周期：6。

    c)　完成步骤 b)的试验后，在参比条件下放置 24 h。

    d)　检查受试产品的外观，不应有明显的霉变和腐蚀。

    e)　重复步骤 a)。

    f)　按 8.15.2 的程序进行交流电压试验。不出现击穿。

8.29.2　试验结果的评定

计算试验后的基本不确定度，目测评定交流电压试验结果。

8.30　耐热和阻燃试验

8.30.1　程序

试验步骤如下：

    a)　按 GB/T 5169.11—2006 规定的如下条件进行 24 h 预处理：

- 温度范围：15 ℃～35 ℃；
- 相对湿度：45%～75%。

    b)　按 GB/T 5169.11—2006 的第 10 章规定的程序进行试验，试验的严酷度为：

- 有接线端的仪表的底或附件的输入接线端周围：960 ℃，30 s±1 s；
- 仪表和/或附件的盖或外壳的其他部位：650 ℃，30 s±1 s；

    c)　试验中应按 GB/T 5169.11—2006 的第 11 章的规定进行观察和测量。

8.30.2　试验结果的评定

按 GB/T 5169.11—2006 第 12 章的规定评定试验结果。

8.31　外壳防护能力试验

8.31.1　防尘试验程序

试验步骤如下：

    a)　在参比条件下对仪表和/或附件按第 5 章的有关规定进行基本不确定度试验。

    b)　在下列条件下受试产品放在防尘试验箱内进行试验：

- 温度范围：15 ℃～35 ℃；
- 相对湿度：25%～75%；
- 大气压力：86 kPa～106 kPa；
- 受试产品按正常工作位置安装在模拟墙上或正常工作位置放置(对便携式仪表)，不通电；
- 受试产品按第 2 种外壳试验，外壳内外保持相同的压力(既不欠压也不过压)。

    c)　按 GB/T 4208—2017 的 13.4 的条件和方法进行试验。

    d)　受试产品除去外壳表面的尘沙在参比条件下放置 2 h 后，重复步骤 a)。

e) 进行 8.15.2 规定的交流耐压试验。

8.31.2 防水试验程序

试验步骤如下：

a) 在参比条件下对仪表和/或附件按第 5 章的有关规定进行基本不确定度试验。

b) 在下列条件下进行防尘试验：

- 温度范围:15 ℃～35 ℃;
- 相对湿度:25%～75%;
- 大气压力:86 kPa～106 kPa。

c) 非工作状态,不通电。普通型受试产品(IP51)在滴水箱内进行试验,产品按正常工作位置放置于转台上;特殊型受试产品(IP5X 或 IP6X)根据其 X 的数字,按 GB/T 4208—2017 的表 8 的规定。

d) 按 GB/T 4208—2017 的 14.2 的试验条件、试验方法、表 8 的规定的滴水量或流量以及试验时间进行试验。

e) 受试产品擦干外壳的水气后在参比条件下放置 2 h 后,重复步骤 a)。

f) 进行 8.15.2 规定的交流耐压试验。

8.31.3 试验结果的评定

按第 5 章的规定计算防尘和防水试验后的基本不确定度(不超过相应的等级指数的 2 倍),目测评定交流耐压试验结果。

8.32 标志特性试验

8.32.1 程序

试验步骤如下：

a) 通过目视检查仪表外壳内的标志,是否符合 GB/T 7676.1—2017 的相关要求。

b) 对外壳外侧的标志用布沾上规定的清洁剂(如果没有规定,则沾上异丙醇),用手不加过分压力地擦拭 30 s。

c) 用水重复步骤 b)。

8.32.2 试验结果的评定

以试验后标志仍清晰可辨,粘贴的标贴不出现松脱或卷边为接受条件。

8.33 统调不确定度试验

8.33.1 程序

当仪表和/或附件有统调不确定度要求时按以下程序进行试验：

a) 除零位不在标度尺上的仪表不作零位调整外,对其他仪表轻敲,调整零位;对可互换电子变换器,接通辅助电源(或供电电压)后调整电零位调节器,使仪表或变换器归零。

b) 在参比条件下轻敲,测量统调仪表或变换器的两个统调分度线(或输出极限值),如果没有规定统调分度线,则测量测量范围上限的指示值,当其基本不确定度可以忽略时,则记录其示出值;如果基本不确定度不可忽略时,则调整两个统调分度线(或统调输出值—对变换器)使其基本不确定度达到可以忽略的程度。当零分度线在标度尺内时,如果两侧分度线相等,则在正向的终端分度线进行试验。

当不确定度不大于其准确度等级的 1/5 时,即认为不确定度可以忽略。

c) 选取测量范围内的其他 4 个分度线,使仪表的标度尺被分成 5 个近似的等距离;对于变换器则选定其他 4 个标称输出值。将这些分度线或标称输出值记为(A_{AR})、(A_{BR})、(A_{CR})和(A_{DR})。

d) 轻敲(对变换器,不轻敲),施加激励使指示器指示在步骤 c)选定的分度线上(对变换器则为标称输出值),记录测量电路的标准表上的示值(B_{AX})、(B_{BX})、(B_{CX})和(B_{DX})。

8.33.2 计算

计算方式如下:

a) 按下式计算每条分度线上(或标称输出)的以百分数表示的统调不确定度:

$$U_A = \frac{A_{AR} - B_{AX}}{A_F} \times 100, U_B = \frac{A_{BR} - B_{BX}}{A_F} \times 100, U_C = \frac{A_{CR} - B_{CX}}{A_F} \times 100, U_D = \frac{A_{DR} - B_{DX}}{A_F} \times 100$$

式中:

A_F——基准值。

b) 选取上述 U_A、U_B、U_C 和 U_D 之中最大值作为仪表(变换器)的以百分数表示的统调不确定度。

9 试验条件和试验项目与技术条款的对应关系

本部分的通用试验条件以及试验项目和有关部分相应的技术条款的对应关系参见附录 A。

附　录　A

（资料性附录）

试验条件以及试验项目与技术要求条款的对应关系

本部分的通用试验条件以及试验项目与各有关部分的技术条款的对应关系见表A.1。

表 A.1　试验条件以及试验项目与各部分技术条款对应关系索引

序号	项　　目	GB/T 7676.9—2017 条款	对应的 GB/T 7676 各部分	
			部分号	条　款
1	通用试验条件	第 4 章	—	—
2	参比条件	4.2	1～8	表1
3	视差	4.3	无	—
4	轻敲	4.4	无	—
5	热稳定	4.5	无	—
6	预处理时间	4.6	1	4.3.3
7	机械零位调节	4.7	1	5.6.7.1
8	电零位调节	4.8	1	5.6.7.1
9	试验装置的不确定度	4.9	无	—
10	读数方法	4.10	无	—
11	多相试验	4.11	无	—
12	交流仪表的直流试验	4.12	无	—
13	多测量范围和多功能仪表的试验	4.13	无	—
14	试验导线	4.14	2	—
15	电阻表的试验	4.15	6	—
16	基本不确定度试验	第 5 章	1～8	5.2.1
17	试验条件	5.1	1～8	5.2.1
18	电流表和电压表	5.2	2	5.2.1
19	功率表和无功功率表	5.3	3	5.2.1
20	指针式频率表	5.4	4	5.2.1
21	振簧式频率表	5.5	4	5.2.1
22	相位表	5.6	5	5.2.1
23	功率因数表	5.7	5	5.2.1
24	同步指示器	5.8	5	5.2.1
25	电阻表（阻抗表）、电导表	5.9	6	5.2.1
26	可互换分流器	5.10	8	5.2.1
27	测试输出电压（稳定电源）法	5.10.1	8	5.2.1
28	双臂电桥（电阻）法	5.10.2	8	5.2.1

表 A.1（续）

序号	项　　目	GB/T 7676.9—2017 条款	对应的 GB/T 7676 各部分 部分号	条　款
29	可互换串联电阻器(阻抗器)	5.11	8	5.2.1
30	可互换霍尔电流传感器	5.12	8	5.2.1
31	可互换霍尔电压传感器	5.13	8	5.2.1
32	其他可互换电子变换器	5.14	8	5.2.1
33	有功功率和无功功率变换器的试验程序	5.14.2	8	5.2.1
34	频率变换器的试验程序	5.14.3	8	5.2.1
35	相位变换器的试验程序	5.14.4	8	5.2.1
36	功率因数变换器的试验程序	5.14.5	8	5.2.1
37	改变量试验	第 6 章	1～8	5.3、表 2
38	铁磁支架引起的改变量	6.1	1～7	5.3.2.4
39	固定(安装)式仪表	6.1.1	1～7	5.3.2.4
40	便携式仪表	6.1.2	1～7	5.3.2.4
41	环境温度引起的改变量	6.2	1～8	表 2
42	仪表的试验	6.2.1	1～7	表 2
43	可互换附件的试验	6.2.2	8	表 2
44	可互换分流器的试验	6.2.2.1	8	表 2
45	可互换电阻器(阻抗器)的试验	6.2.2.2	8	表 2
46	霍尔电流传感器的试验	6.2.2.3	8	表 2
47	霍尔电压传感器的试验	6.2.2.4	8	表 2
48	其他电子变换器的试验	6.2.2.5	8	表 2
49	功率和无功功率变换器的试验程序	6.2.2.5.2	8	表 2
50	频率变换器的试验程序	6.2.2.5.3	8	表 2
51	相位变换器的试验程序	6.2.2.5.4	8	表 2
52	功率因数变换器的试验程序	6.2.2.5.5	8	表 2
53	湿度引起的改变量	6.3	1～8	表 2
54	仪表的试验程序	6.3.1	1～7	表 2
55	可互换附件的试验程序	6.3.2	8	表 2
56	位置引起的改变量	6.4	1	表 2
57	标有 GB/T 7676.1—2017 的符号 D-1～D-3 和 D-4～D-6 的仪表	6.4.1、6.4.2	1	表 2
58	无位置标志的仪表	6.4.3	1	表 2
59	外磁场引起的改变量	6.5	1～8	5.3.2.2
60	仪表的程序	6.5.1	1～7	5.3.2.2

表 A.1（续）

序号	项 目	GB/T 7676.9—2017 条款	对应的 GB/T 7676 各部分	
			部分号	条 款
61	可互换附件的程序	6.5.2	8	5.3.2.2
62	直流被测量的纹波引起的改变量	6.6	1、2、8	表 2
63	仪表的程序	6.6.1	1、2	表 2
64	可互换附件的程序	6.6.2	1、8	表 2
65	交流被测量的畸变引起的改变量	6.7	1～8	表 2
66	电流表和电压表的程序	6.7.1	1、2	表 2
67	频率表的程序	6.7.2	1、4	表 2
68	功率表和无功功率表的程序	6.7.3	1、3	表 2
69	相位表、功率因数表和同步指示器的程序	6.7.4	1、5	表 2
70	可互换附件的程序	6.7.5	1、8	表 2
71	交流被测量的峰值因数引起的改变量	6.8	1～6、8	表 2
72	交流被测量的频率引起的改变量	6.9	1～3、5、8	表 2
73	电流表、电压表、功率表和无功功率表的试验	6.9.1	1～3	表 2
74	相位表的试验	6.9.2	1、5	表 2
75	功率因数表的试验	6.9.3	1、5	表 2
76	同步指示器的试验	6.9.4	1、5	表 2
77	使用标准相位表的程序	6.9.4.1	1、5	表 2
78	替代的程序	6.9.4.2	1、5	表 2
79	可互换附件的试验	6.9.5	1、8	表 2
80	交流被测量的电压/电流分量引起的改变量	6.10	1、3～5、8	表 2
81	功率表和无功功率表的试验	6.10.1	1、3	表 2
82	频率表的试验	6.10.2	1、4	表 2
83	相位表的试验	6.10.3	1、5	表 2
84	功率因数表的试验	6.10.4	1、5	表 2
85	电压分量的试验	6.10.4.1	5	表 2
86	电流分量的试验	6.10.4.2	5	表 2
87	同步指示器的试验	6.10.5	5	表 2
88	可互换电子变换器的试验	6.10.6	8	表 2
89	有功功率和无功功率变换器	6.10.6.1	8	表 2
90	频率变换器电压分量	6.10.6.2	8	表 2
91	相位变换器的电压或电流分量	6.10.6.3	8	表 2
92	功率因数变换器的电压分量	6.10.6.4	8	表 2
93	功率因数变换器的电流分量	6.10.6.5	8	表 2

表 A.1（续）

序号	项　　目	GB/T 7676.9—2017 条款	对应的 GB/T 7676 各部分	
			部分号	条　款
94	功率因数引起的改变量	6.11	1、3、8	表 2
95	有功功率表和变换器	6.11.1	3、8	表 2
96	仪表的程序	6.11.1.1	3	表 2
97	变换器的程序	6.11.1.2	8	表 2
98	无功功率表和变换器	6.11.2	3、8	表 2
99	仪表的程序	6.11.2.1	3	表 2
100	变换器的程序	6.11.2.2	8	表 2
101	电池电压变化引起的改变量	6.12	6	5.3.2.3
102	不平衡电流引起的改变量	6.13	3、5、8	表 2
103	多相功率表和无功功率表的程序	6.13.1	3	表 2
104	多相功率和无功功率变换器的程序	6.13.2	8	表 2
105	多元件功率因数表的程序	6.13.3	5	表 2
106	多元件功率因数变换器的程序	6.13.4	8	表 2
107	导电支架引起的改变量	6.14	1、2	5.3.2.5
108	外电场引起的改变量	6.15	1、2	5.3.2.3
109	电压和功率因数同时影响引起的改变量	6.16	3、8	表 2
110	功率表和无功功率表的程序	6.16.1	3	表 2
111	功率和无功功率变换器的程序	6.16.2	8	表 2
112	多相仪表和变换器的不同测量元件间相互影响引起的改变量	6.17	3、5、8	表 2
113	辅助电源电压引起的改变量	6.18	1	表 2
114	辅助电源频率引起的改变量	6.19	1	表 2
115	自热引起的改变量	6.20	1～5、7、8	5.5.2
116	仪表的程序	6.20.1	1～5、7	5.5.2
117	可互换附件的程序	6.20.2	8	5.5.2
118	分流器热电势影响试验	6.21	8	5.3.2.6
119	开环霍尔电流传感器的磁滞引起的改变量	6.22	8	5.3.27
120	电磁兼容性试验	第 7 章	1～8	5.5.6
121	静电放电抗扰度试验	7.1	1～8	5.5.6.3
122	射频电磁场辐射抗扰度试验	7.2	1～8	5.5.6.4
123	电快速瞬变脉冲群抗扰度试验	7.3	1～8	5.5.6.5
124	射频场感应的传导骚扰抗扰度试验	7.4	1～8	5.5.6.6
125	浪涌抗扰度试验	7.5	1～8	5.5.6.7

表 A.1（续）

序号	项　目	GB/T 7676.9—2017 条款	对应的 GB/T 7676 各部分 部分号	条　款
126	振铃波抗扰度试验	7.6	1～8	5.5.6.8
127	其他试验	第8章		
128	标志和外观检验	8.1	1～8	6
129	防接触封印检验	8.2	1～8	5.6.3
130	接线端检验	8.3	1～8	5.6.12
131	过冲试验	8.4	1～7	5.6.2.1
132	机械零位不在标度尺内或零位不定的仪表程序	8.4.1.1	1～7	5.6.2.1
133	其他仪表的程序	8.4.1.2	1～7	5.6.2.1
134	响应时间试验	8.5	1～7	5.6.2.2
135	机械零位不在标度尺内或零位不定的仪表程序	8.5.1.1	1～7	5.6.2.2
136	其他仪表的程序	8.5.1.2	1～7	5.6.2.2
137	机械零位（或量程调节器）调整试验	8.6	1～7	5.6.7.1
138	偏离零位试验	8.7	1～7	5.5.5
139	零点稳定性试验	8.8	8	5.5.5
140	功率表和无功功率表或其变换器仅对电压线路通电的试验	8.9	3、8	5.5.5.3
141	仪表的程序	8.9.1	3	5.5.5.3
142	变换器的程序	8.9.2	8	5.5.5.3
143	电阻表（阻抗表）的最大电流试验	8.10	6	5.2.4.4
144	止挡和超量限指示试验	8.11	1～7	5.6.5
145	同步指示器的频率落差试验	8.12	5	5.5.7.2
146	同步指示器的频率拖差试验	8.13	5	5.5.7.3
147	同步指示器的开路试验	8.14	5	5.5.7.4
148	交流电压试验和可触及零部件试验	8.15	1～8	5.5.1.1
149	可触及零部件试验程序	8.15.1	1～8	5.5.1.4
150	交流电压试验程序	8.15.2	1～8	5.5.1.1
151	与外部电路连接的试验	8.16	1～8	5.5.1.5
152	与电网电源连接的试验	8.17	1～8	5.5.1.6
153	防电击结构要求试验	8.18	1～8	5.5.1.2
154	对电池要求的评定	8.19	1～8	5.5.1.7
155	阳光辐射试验（对C组仪表）	8.20	1～5、7	5.6.1
156	仪表的短时过负载试验	8.21	1～5、7	5.5.3.2
157	附件的短时过负载试验	8.22	8	5.5.3.2

表 A.1（续）

序号	项　目	GB/T 7676.9—2017 条款	对应的 GB/T 7676 各部分	
			部分号	条　款
158	连续过负载试验	8.23	1～5、7、8	5.5.3.1
159	大电流过载后的电流线路的不开路	8.24	1～3、5、7、8	5.5.3.3
160	振动和冲击试验	8.25	1～8	5.6.8.1、5.6.8.2
161	耐振动和耐颠震（碰撞）试验	8.26	1～5、7	5.6.8.3
162	耐振动试验	8.26.1	1～5、7	5.6.8.3
163	耐颠震（碰撞）试验	8.26.2	1～5、7	5.6.8.3
164	耐机械应力试验	8.27	1～8	5.6.9
165	弹簧锤试验(除手持式仪表)	8.27.1	1～8	5.6.9
166	跌落试验(手持式仪表)	8.27.2	6	5.6.9
167	温度极限值试验	8.28	1～8	5.5.4
168	交变湿热试验	8.29	1～8	5.6.1
169	耐热和阻燃试验	8.30	1～8	5.6.10
170	外壳防护能力试验	8.31	1～8	5.6.11
171	防尘试验程序	8.31.1	1～8	5.6.11
172	防水试验程序	8.31.2	1～8	5.6.11
173	标志特性试验	8.32	1～8	6.2.1
174	统调不确定度试验	8.33	—	—

附　录　B

（资料性附录）

与上一版本相比的主要技术变化

本部分与 GB/T 7676.9—1998 相比主要技术变化如下：

1) 标准结构不同：

- 原标准共有 5 章，分别是：1　范围和通用试验条件；2　基本误差试验；3　改变量试验；4　其他试验；5　试验和试验条件索引；

- 修订后的标准共 9 章，增加了"2　规范性应用文件"、"3　术语和定义"、"7　电磁兼容性试验"等 3 章；

- 拆分了原第 1 章，分别改为"1　范围"和"4　通用试验条件"；

- 修改了原第 2 章。将"2　基本误差试验"改为"4　基本不确定度试验"；

- 修改了原第 5 章。将"5　试验和试验条件索引"改为"9　通用试验条件以及试验项目与各部分技术条款的对应关系"；

- 将原"5　试验和试验条件索引"表改为附录 A 的"表 A.1　试验条件以及试验项目与各部分技术条款对应关系索引"。

2) 原"1.2　通用试验条件"的修改：

- 原 1.2 条下的悬置段改为"4.1　概述"；

- 原"1.2.1　参比条件"中的"参比条件应根据各有关部分的表 1，……"改为"4.2　参比条件"中的"参比条件应根据 GB/T 7676.1—2017、GB/T 7676.3—2017～GB/T 7676.5—2017 和 GB/T 7676.8—2017 的表 1 的规定。"；

- 原"1.2.2　视差"中的注，因为包含要求，改为"4.3　视差"的正文"读数时应注意避免视差的影响。"；

- 原"1.2.4　热稳定"的"所有仪表允许在参比条件中保持足够的时间。"以及"注：通常为 2 h。"改为"4.5　热稳定"的"所有仪表和附件应放在参比温度中保持足够长的时间，以消除温度梯度。通常，2 h 被认为是足够的。"将附件也包括在其中，将"允许"改为"应"，将"注"改成要求的正文。

- 原"1.2.6　零位调节（机械的）"的部分文字做了编辑性修改。如："仪表所有电源，在读取每组读数前，"和"例外：没有零位调节器或机械零位不出现的仪表，不予调节"改为"4.7　机械零位调节"的"在读取每组读数之前断开仪表的所有电源，"和"没有机械零位调节器或者标度尺上不出现机械零位的仪表不予调节。"；

- 原"1.2.8　试验装置的误差"改为"4.9　试验装置的基本不确定度"。

- 对原"1.2.8"的条文做了多处修改：

  a) 将原文的"标准表"改为"试验装置"；

  b) 原文的"被试表"改为"被试仪表和/或附件"；

  c) 原文的"极力推荐"不符合 GB/T 1.1—2009 的规定，改为"推荐"；

  d) 原第 2 自然段的"否则"改为"另外"；

  e) 原第 3 自然段的"制造厂对标准表的不确定度应给出修正量以保证在所有仪表在交货时均在误差极限内。"改为"制造厂对试验装置的不确定度应留有余地，以保证所有仪表和/或附件在交货时均在规定的不确定度极限内"；

  f) 原第 3 自然段的"相反，使用者在重新检验仪表时，应将其标准表误差与允差相加，"改为"与此相应，使用者在验收或使用仪表和/或附件时应将允许的不确定度极限和其试

验装置的不确定度相加,";

g) 删除了原第 4 自然段。因为 GB/T 7676.1—2017 各条都注明推荐的试验方法见第 9 部分的相应条款,本部分的标准名称也是"推荐的试验方法"。

- 原"1.2.9 读数方法"修改为"4.10 读数方法",并对要求做了较多的修改:

  a) 将"试验时,应尽可能将被试表调整在分度线上,读取标准表读数"改为"无论何时,只要有可能应将被试表调整在分度线上,读取标准试验装置的读数"将"标准表"改为"标准试验装置";

  b) 原注"标准表应有足够的标度分辨力(或数字位数),使读数的数值分辨率等于或优于被试表的准确度等级的 1/5。"包含要求,修改为要求的正文。并将"标准表"改为"标准试验装置",将"被试表"改为"被试仪表和/或附件";

  c) 补充了一条对附件的要求"对于可互换附件,则应将标准试验装置调整在分度线上(或数字表的整数位上),使用一个基本不确定度与被试附件相比可以忽略的标准装置读取附件的输出值。"

- 原"1.2.10 多相试验"改成"4.11 多相试验";将"如制造厂允许采用多相仪表的单相法试验时,"改为"对于可以用单相法试验的多相仪表进行单相法试验时,";将"电流线圈"改为"电流电路";将"电压线圈"改为"电压电路"。

- 原"1.2.11 交流仪表用直流试验"改为"4.12 交流仪表的直流试验"。同时修改了:

  a) 删除了原文的"如制造厂允许,对一些交流仪表"修改为"某些交流仪表,如电动系、热系或者静电系仪表可以在直流下试验。";

  b) 删除了多余的文字:"但需使用直流源的同时不考虑功率因数及相位角基准";

  c) 将不明确的"误差系从每一测量线路改变极性的试验结果取平均值计算出来"等文字修改为"应将每一测量线路按正极性和颠倒极性进行试验,以正负极性试验结果的平均值与标称值之差作为不确定度"。

- 原"1.2.12 多测量范围和多功能仪表"修改为"4.13 多测量范围和多功能仪表",并将"能在多种电源电压下使用的仪表"修改为"具有多供电电压能力的仪表"。

- 原"1.2.13 试验导线"改为"4.14 试验导线",并将原要求改为"试验中导线的位置不应影响试验结果,如果制造厂规定了试验导线,应该使用这些试验导线进行试验。否则,试验中使用的导线尺寸不应影响试验结果。"

- 原"1.2.14 电阻表试验"修改为"4.15 电阻表试验;并将"必须"修改为"应";将"基本误差"修改为"基本不确定度";因为新修订的本标准第 6 部分未将绝缘电阻表列入范围,本部分的电阻表试验中删除了"在试验高压电阻表时"以及"电阻表有手摇发电机时"的两个整段要求;原标准的注包含要求,修改为技术要求:"可以使用电子直流电压表测量开路电压,但应注意避免输入失调电压和电流的影响。"

3) 将原标准的 4.11.1、4.12.1 和 4.13.1 的"待并线路"的注移出,归入到新标准的"3 术语和定义"的术语 3.1。

4) 原标准的"2 基本误差试验"修改为"5 基本不确定度试验"。

5) 原标准规定每种仪表都要计算每条分度线的基本误差,修订后的标准规定每种仪表和/或附件都计算"仪表的以百分数表示的基本不确定度",只有在需要时才计算每条分度线的基本不确定度。第 5 章的每种仪表或附件都分别给出两种计算公式,一般只需用第 1 个公式计算仪表的基本不确定度。

6) 原标准给出了 9 种仪表和可互换附件的基本误差试验的程序和计算,修订后的标准增加了"可互换霍尔电流传感器、可互换霍尔电压传感器、功率变换器、无功功率变换器、频率变换器、相位变换器和功率因数变换器"等 7 种可互换附件的基本不确定度的试验。

7) 将"频率表(指针式)"和"频率表(振簧式)"修改为"指针式频率表"和"振簧式频率表"。

8) 可互换分流器的基本不确定度试验给出了"测试输出电压(稳定电源)法"和"双臂电桥(电阻)法"两种试验程序。并给出了两种试验方法的电路图以及详细的试验程序和相应的各种计算公式。

9) 每种基本不确定度试验的程序比原标准更具体,操作性更强。为了计算仪表的基本不确定度,增加了比较每条分度线的最大偏离值的程序,以最大百分数偏离值作为仪表的基本不确定度。

10) 将原标准的程序 a)、b)、c)……改为步骤 a)、b)、c)……。

11) 原标准的"3 改变量试验"修改为"6 改变量试验"。

12) 原标准的 18 种改变量试验,修改后的标准增加为 22 种改变量试验。新增加的改变量试验为"6.8 交流被测量的峰值因数引起的改变量""6.20 自热引起的改变量""6.21 分流器热电势引起的改变量"和"6.22 开环霍尔电流传感器磁滞引起的改变量"。

13) 原标准的 3.1 铁磁支架引起的改变量修订为:"6.1 铁磁支架引起的改变量"。同时修改的有:
   - 原标准的 3.1 为未标符号的仪表的铁磁支架试验,但是却缺了对标有符号 F-37 和 F-38 作出规定的 3.2 条。修订后的"6.1.1 固定式(安装式)仪表"的"6.1.1.1 程序"的步骤 d)以及 6.1.2 便携式仪表的 6.1.2.1 程序的步骤 d)中分别明确了未标有符号 F-37、F-38 和 F-39,以及标有符号 F-37 和符号 F-38 的步骤,完善了标准,使其与 GB/T 7676.1 的 5.3.2.4 相呼应;
   - 原标准 3.1 的"注"不属于补充说明,而是对试验的规定,修订后将其分别放到了试验程序中;
   - 原标准的"3.1.1.2 计算"给出了计算改变量的公式,这与 GB/T 7676.1 的 5.3.2.4"应符合相应等级指数的基本不确定度"的要求不相符。修订后的 6.1.1.2 和 6.1.2.2 的"计算"中都规定为"按第 5 章相应公式计算出来的其不确定度(B_{FI})应保持在仪表的基本不确定度限值内。

14) 原标准的"3.2 环境温度引起的改变量"只有仪表的程序和计算,没有可互换附件的相应程序和计算,显然不够完善。修订后的"6.2 环境温度引起的改变量"做了如下修改:
   - 将原"3.2.1 程序"改为"6.2.1 仪表的试验",并增补了"6.2.2 可互换附件的试验";
   - 在仪表的试验程序之中将原在参比温度正、负 10 ℃的试验程序改为从最高标称使用环境温度范围上限逐步降低 10 K 和从最低标称使用环境温度范围下限逐步上升 10 K 的试验程序;
   - 仪表试验的"6.1.2 计算"公式也做了相应修改。改成每 10 K 的温度引起的改变量,并从这些每 10 K 的改变量中选取最大值作为仪表的由环境温度引起的改变量;
   - "6.2.2 可互换附件的试验"中增补了 6.2.2.1~6.2.2.5 共 5 款。分别是:可互换分流器的试验、可互换电阻器(阻抗器)的试验、可互换霍尔电流传感器的试验、可互换霍尔电压传感器的试验和其他电子变换器的试验;
   - 在"6.2.2.5 其他电子变换器的试验"中又分成了:功率和无功功率变换器的程序、频率变换器的程序、相位变换器的程序和功率因数变换器的程序等 4 类;
   - 可互换附件的程序和仪表的程序不同。变换器是从参比温度分别到标称使用温度范围上限和标称使用温度范围下限改变温度进行试验;
   - 可互换附件的温度引起的改变量公式是温度范围上、下限引起的改变量的每 10 K 的平均值。其公式是:$V_{TU}=\left(\dfrac{(10B_R-B_U)}{|T_R-T_U|A_F}\right)\times100$ 和 $V_{TL}=\left(\dfrac{(10B_R-B_L)}{|T_R-T_L|A_F}\right)\times100$。而附件的温度引起的改变量是上、下限温度引起的以百分数表示的改变量的最大绝对值,如果上、

GBT 7676.9—2017

下改变量符号相同,则附件的温度引起的改变量带上符号,不同则不带符号。

15) 原标准的"3.3 湿度引起的改变量"修改为"6.3 湿度引起的改变量",并做了如下修改:

- 原标准没有包含可互换附件的试验,显然不完整,修订后增补了"6 3.2 可互换附件的程序";
- 湿度上限由原标准的 75%~80% 修改为 90%~95%;
- 原标准仪表的试验是在 5 个近似等距离的分度线上进行试验,修订后改为在测量范围上限分度线上进行试验。上限应该是最能反映改变量的分度线,以此作为仪表湿度引起的改变量更合理。

16) 原标准的"3.4 位置引起的改变量"修改为"6.5 位置引起的改变量",并做了如下修改":

- 原标准只有"3.4.1 标有符号 D-1~D-6 的仪表"和"3.4.2 无位置标志的仪表"两条。由于符号 D-4~D-6 都是有使用位置范围的,原 GB/T 7676.1-1998 的表Ⅱ-1 的规定与试验方法有冲突,因此修改后的新标准将标有符号 D-4~D-6 与标有符号 D-1~D-3 两类仪表分别规定了试验方法;
- 修订后的"6.4.2.1 程序"里将标有符号 D-5 需用水平泡校准的仪表规定"不做位置引起的改变量试验";
- 对于标有符号 D-4 和 D-6 的仪表的程序中分别规定从参比位置改变至标志的标称使用范围限值进行试验的步骤,从而使标准的第 1 部分与第 9 部分能以协调。
- 原标准的"3.5 外磁场引起的改变量"改为"6.5 外磁场引起的改变量",并做了如下修改:
- 在步骤 a)中增加了在额定电压(如有时)通电预热使其热稳定的;
- 将原标准的注 1 修改后放入步骤 a)中,改成:"对于有功功率表和无功功率表应在功率因数为 1(无功,$\sin\varphi=1$)的情况下施加激励;对于功率因数表和测量电流相位的相位表,电流应为额定电流的 40% 调节相位;对于同步指示器在电压线路施加额定电压";
- 将原注 2 和注 3 改为正文放入 6.5.1 的步骤 b)中;
- 将原 3.5.1 的程序 b)中的"转动线圈和改变外磁场的相位,以产生最大变化量,即确定为改变量"修改为"转动线圈和改变外磁场的相位,以产生最大变化量,确定为最不利条件。";
- 将原程序 c)"在程序 b)所规定的最不利条件下,重复程序 a),记录激励值(B_R)"改为:"在步骤 b)所确定的最不利条件下重复步骤 a),记录标准表对应的激励值(B_{XI}),将其中与(B_{RI})偏离最大的作为(B_X)。只对测量范围上限进行试验的仪表,相应激励值即为(B_X)";

17) 将原标准的"3.5.2 对附件的程序"改为"6.5.2 可互换附件的程序",并做了如下修改:

- 删除了原注 3"有限可互换附件及不可互换附件可与其仪表共同试验。"因为这是常识。修改后的标准的条题已明确为可互换附件的程序;
- 原标准的注 1 和注 2 修改为正文,放入 6.5.2 程序的步骤 b)中;
- 原标准可互换附件只有分流器和串联电阻器,没有考虑考虑频率、功率、无功功率、相位和功率因数等可互换变换器。修订后标准在 6.5.2 程序的步骤 b)中对频率、功率、无功功率、相位和功率因数等变换器都给出了相应的规定;
- 在"6.5.2 可互换附件的程序"的步骤 a)中对分流器作出了试验方法的规定:"对分流器采用双臂电桥的测量线路";
- 在 6.5.2 程序的步骤 b)中对分流器作出了试验值的规定:"对于分流器应在允许额定值的规定比例的上限"。

18) 原标准的"3.6 直流被测量中纹波引起的改变量"改为"6.6 直流被测量中纹波引起的改变

344

量",并作了如下修改:

- "6.6.2 可互换附件的程序"的步骤 a)比原标准规定得更明确,操作性更强;
- 将原标准的"注",改为正文,并使其与标准表的发展相适应,增加了数字标准表的显示说明和平均值的规定;
- "6.6.3 计算"公式由绝对值公式改为可带符号的公式。

19) 原标准的"3.7 交流被测量畸变引起的改变量"改为"6.7 交流被测量畸变引起的改变量";

20) 原标准的"3.7.1 对电流表和电压表的程序"修改如下:
- 相应于 GB/T 7676.1—2017 的修改,原标准"电流表和电压表的程序"的程序 b)"在基波上叠加相当于基波值 20%的或标志值的三次谐波,"改为步骤 b)"在基波上叠加相当于基波值 20%(对方均根响应的仪表)的或标志值的三次谐波";
- 原程序 b)中的"调节畸变波形的幅度,使标准表产生与以前记下的相同的均方根值"改为"调节畸变波形的幅度,使标准表产生与步骤 a)相同的激励值";
- 原程序 b)中的"再改变畸变波形的幅度,使产生与程序 b)相同的指示值,"改为"再改变畸变波形的幅度,使被试表产生与步骤 a)相同的指示值,"。

21) 原标准的"3.7.2 对频率表的程序"修改如下:
- 原标准的程序 a)中的"施加额定正弦波激励(最大畸变见第 1 部分的表 I-1)"修改为"施加额定正弦波电压激励(最大畸变允差见 GB/T 7676.1—2017 的表 1)";
- 原标准的程序 b)中的"调节频率,使产生在程序 a)相同的分度线上的指示"修改为"调节基波频率使被试表指示器指示在与步骤 a)相同的分度线上"。

22) 对原标准"3.7.3 对功率表和无功功率表的程序"的修改:
- 原程序 a)的"在额定电压下,施加足够的正弦波激励(最大的畸变见第 1 部分的表 I-1)"修改为"在额定电压下,功率因数为 1(无功,$\sin\phi = 1$)时施加足够的正弦激励(最大的畸变允差见 GB/T 7676.1 的表 1)";
- 原程序 c)的"将两个测量线路互换,重复程序 b)"修改为"将畸变波和正弦波施加的测量线路互换,重复步骤 b),记录标准表示出的激励值(B_{X2})。取(B_{X1})和(B_{X2})中与(B_R)偏离较大的值记为(B_X)"。

23) 原标准的"3.7.4 对相位表、功率因数表和同步指示器的程序"改为"6.7.4 相位表、功率因数表和同步指示器的程序",相应修改的还有:
- 原程序 b)的"记录标准表显示的相位角或功率因数值(B_X)"改为步骤 b)的"记录标准表显示的相位角或功率因数值(B_{X1})";
- 原程序 c)的"将两个测量线路互换,重复程序 b)"改为步骤 c)的"将畸变波和正弦波施加的测量线路互换,重复步骤 b),记录标准表示出的激励值(B_{X2})。取(B_{X1})和(B_{X2})中与(B_R)偏离较大的值记为(B_X)"。

24) 原标准的"3.7.5 对附件的程序"修改为"6.7.5 可互换附件的程序",相应修改的还有:
- 为了与可互换附件由原来只有分流器和电阻器(阻抗器)扩展为现行的各种电子变换器相适应,原程序 a)的"将附件与一波形误差可忽略的标准表相连,……,测量仪表将产生相应的指示,"修改成:步骤 a)"将受试附件的测量电路按其测量对象的不同与相应的波形影响可以忽略的标准表连接,附件的输出电路与相应规格的标准表相连。相应于不同的测量对象分别以 6.7.1~6.7.4 步骤 a)的规定对附件的输入电路施加正弦波激励,使附件的输出标准表产生相应的指示值,";
- 将原程序 b)修改为步骤 b):"按不同的测量对象分别以 6.7.1~6.7.4 的步骤 b)和步骤 c)(若有时)规定的方法施加三次谐波,使受试附件的输出标准表产生与步骤 a)相同的示出值,记录附件测量电路的标准表的激励值(B_X),或(B_{X1})和(B_{X2}),并取其中偏离(B_R)较大者记为(B_X)"

25) 增补了"6.8 交流被测量的峰值因数引起的改变量"。其创新之处在于：
- 提供了试验程序的 6 个步骤；
- 提供了波峰因数 K_P 与脉冲波占空系数 D_C 的关系的公式；
- 给出了佔空系数的波形图；
- 提供了改变量的计算公式。

26) 原标准的"3.8 交流被测量频率引起的改变量"修改为"6.9 交流被测量频率引起的改变量"。其他修改如下：
- 删除了原 3.8 下的悬置段。这段文字在其后的相位表和功率因数表的注中都已表达了。

27) 原"3.8.1 对交流电流表、电压表和功率表和无功功率表的改变量"改为"6.9.1 电流表、电压表和功率表和无功功率表的试验"。同时修改了：
- 原程序 a)修改为步骤 a)，并明确了标准表应该是频率影响可以忽略的标准表，同时规定了功率表和无功功率表的试验条件，增补了参比频率范围上限的标准表示出值(B_{RU})；
- 修改了程序 b)和 c)，改为步骤 b)～e)。增补了参比频率范围下限的标准表示出值(B_{RD})，以及测量(B_R)、(B_{RU})和(B_{RD})与标称使用频率范围上、下限的偏离值的步骤；
- 修改了"3.8.1.2 计算"中的计算公式，"6.9.1.2 计算"分别给出了标称使用频率范围上限和下限引起的以百分数表示的改变量计算公式；
- "6.9.1.2 计算"的 3)中还规定了取其标称使用频率范围上下限引起的改变量绝对值最大者作为由频率引起的以百分数表示的改变量。如果两者符号相同，则带上符号；符号不同，则不带符号。

28) 原"3.8.2 相位表的改变量"修改为"6.9.2 相位表的试验"，同时修改了：
- 原程序 a)改为步骤 a)，并明确了被试表与一个频率影响可以忽略的标准表相连；增补了参比频率范围上限的标准表示出值(B_{AUN})；
- 原程序 b)到 f)修改为步骤 b)到 p)。增补了参比频率范围下限的标准表示出值(B_{ALN})和标称使用频率范围下限引起的标准表示出值(B_{AL})；以及 90°、180°和 270°相位角下的参比频率、及参比频率范围上限和下限的标准表示出值(B_{BN})、(B_{BUN})、(B_{BLN})；(B_{CN})、(B_{CUN})、(B_{CLN})和(B_{DN})、(B_{DUN})、(B_{DLN})；及其分别由标称使用频率范围上下限引起的标准表示出值(B_{BU})、(B_{BL})；(B_{CU})、(B_{CL})和(B_{DU})、(B_{DL})；
- 将原 3.8.2.1 程序 f)下的注修改为 6.9.2.1 步骤 p)下的标准正文；
- 修改了原标准"3.8.2.2 计算"公式，分别给出了各相位下标称使用频率范围上、下限对参比频率、参比频率范围上限、下限引起的以百分数表示的改变量公式，并规定"从 V_{FU} 和 V_{FL} 中选取绝对值最大的改变量作为由被测量频率引起的以百分数表示的改变量 V_F。如果两者符号相同，则带上符号；如果符号不同，则不带符号。"

29) 原标准"3.8.3 功率因数表的改变量"修改为"6.9.3 功率因数表的试验"。同时修改了：
- 删除了原 3.8.3.1 程序下的第一个注，将其分散到各个步骤中；
- 将原 3.8.3.1 的程序 c)到 j)修改为 6.9.3.1 程序的步骤 b)到 j)；
- 合并原 3.8.3.1 的程序 a)和 b)，改成 6.9.3.1 程序的步骤 a)，并补充规定了"被试表与一个频率影响可以忽略的标准表相连"；增补了参比频率范围上限的标准表示出值(B_{AUN})；
- 在 6.9.3.1 程序的步骤 b)到 j)中增补了参比频率范围下限的标准表示出值(B_{ALN})和标称使用频率范围下限引起的标准表示出值(B_{AL})；以及功率因数为 0.5(滞后)、功率因数为 0.5(超前)和功率因数为零或是其下限时的参比频率、及参比频率范围上限和下限的标准表示出值(B_{BN})、(B_{BUN})、(B_{BLN})；(B_{CN})、(B_{CUN})、(B_{CLN})和(B_{DN})、(B_{DUN})、(B_{DLN})；及其分别由标称使用频率范围上下限引起的标准表示出值(B_{BU})、(B_{BL})；(B_{CU})、(B_{CL})和(B_{DU})、(B_{DL})；

- 将原3.8.2.1程序 j)下的注,修改为6.9.2.1步骤 j)下的标准正文；
- 修改了原标准"3.8.2.2　计算"公式,在"6.9.3.2　计算"中分别给出了各功率因数下标称使用频率范围上、下限对参比频率、参比频率范围上限、下限引起的以百分数表示的改变量公式,并规定"从V_{FU}和V_{FL}中选取绝对值最大的改变量作为由被测量频率引起的以百分数表示的改变量V_F。如果两者符号相同,则带上符号;如果符号不同,则不带符号。"。

30)　原标准"3.8.4　同步指示器的改变量"修改为"6.9.4　同步指示器的试验"。同时修改了:
- 删除了原3.8.4.1程序下的第一个注,将其分散到各个步骤中;
- 增补了一个"6.9.4.2　替代的程序",用将两组测量电路与一个可调频率的电压源相连来解决缺少"频率影响可以忽略的标准表"的试验方法;
- 在"6.9.4.1　使用标准相位表的程序"的步骤 a)中补充规定了"在参比条件下接入频率影响可以忽略的相位标准表";
- 将原标准的"3.8.4.2　计算"的绝对值计算公式改为非绝对值公式,并将其文字表述:"由交流被测量频率引起的以百分数表述的改变量绝对值,应取按下式计算所得出的较大值"改为"从V_{FU}和V_{FL}中选取绝对值最大的改变量作为由被测量频率引起的以百分数表示的改变量V_F。如果两者符号相同,则带上符号;如果符号不同,则不带符号。"

31)　原标准"3.8.5　附件的改变量"修改为"6.9.5　可互换附件的试验"。同时修改了:
- 将原标准的"3.8.5.1　程序"的程序 a)和 b)修改为"6.9.5.1　程序"的步骤 a)~d);
- 将原"3.8.5.1　程序"的程序 a)中的"将附件与一频率误差可忽略的标准表相连,在连接一测量仪表"修改为"6.9.5.1　程序"的步骤 a)的"将可互换附件的测量电路和一频率影响可以忽略的标准表相连,受试附件的输出电路和测量范围相适应的标准表相连";
- 在"6.9.5.1　程序"的步骤 a)中增补了对有参比频率范围上限的受试附件的标准表示出值(B_{UR});
- 在"6.9.5.1　程序"的步骤 c)中增补了对有参比频率范围下限的受试附件的标准表示出值(B_{LR});
- 修改了原"3.8.5.2　计算"的计算公式,在"6.9.5.2　计算"中给出了标称使用频率范围上、下限对参比频率、参比频率范围上限和下限引起的以百分数表述的改变量计算公式;
- 修改了原"3.8.5.2　计算"的文字叙述,改成为"6.9.5.2　计算"的3):"取上述计算得到的绝对值较大者作为附件的由频率引起的以百分数表示的改变量V_F。如果两者符号相同,则带上符号;如果符号不同,则不带符号"。

32)　原标准的"3.9　交流被测量的电压/电流分量引起的改变量"修改为"6.10　交流被测量的电压/电流分量引起的改变量"。原标准只有交流被测量电压/电流分量对仪表引起的改变量,修订后的6.10条增补了对可互换电子变换器引起的改变量。

33)　原标准"3.9.1　功率表和无功功率表的改变量"修改为"6.10.1　功率表和无功功率表的试验"。其他修改如下:
- 将原3.9.1.1程序 a)修改为6.10.1.1程序的步骤 a),并将原"在额定电压和参比功率因数下,调节激励使……"修改为"将被试表和电压分量影响可以忽略的标准表相连,在参比条件下对测量电路施加参比频率、额定电压和参比功率因数(无功,$\sin\varphi=1$)下的电流激励";
- 在6.10.1.1程序的各步骤增加了轻敲的要求;
- 将原"3.9.1.2　计算"的绝对值公式修改为非绝对值公式,并给出了标称使用电压范围上下限的改变量V_{VU}和V_{VL};

- 将原3.9.1.2中的"由交流被测量的电压/电流分量引起的以百分数表示的改变量绝对值应按下式计算得出的最大值"修改为6.10.1.2计算中的"3)选取V_{VU}和V_{VL}中绝对值较大者作为电压范围上(下)限改变引起的以百分数表示的改变量V_V。如果两者符号相同,则带上符号;如果符号不同,则不带符号"。

34) 原标准"3.9.2 频率表的改变量"修改为"6.10.2 频率表的试验"。该条的其他修改如下:

- 将原3.9.2.1 程序的a)中的"仪表按额定电压值和可使指示器在接近其测量范围中间的频率通电,"修改为6.10.2.1 程序的步骤a):"将被试表和电压分量影响可以忽略的标准表相连。在参比条件下对测量电路施加额定电压,调节其频率,轻敲,使被试表的指示器指示在其测量范围中间分度线上";
- 在6.10.2.1程序中的各步骤增加了轻敲的要求;
- 将原"3.9.2.2 计算"中的绝对值公式改为"6.10.2.2 计算"的非绝对值公式,并分别定义为标称使用电压范围上限和下限的改变量V_{VU}和V_{VL}公式;
- 将原计算中"由交流被测量的电压引起的以百分数表示的改变量绝对值,应按下式计算所得出的最大值"修改为"3)选取V_{VU}和V_{VL}中绝对值较大者作为电压范围上(下)限改变引起的仪表的改变量V_V。如果两者符号相同,则带上符号;如果符号不同,则不带符号"。

35) 原标准"3.9.3 相位表的改变量"修改为"6.10.3 相位表的试验"。该条的其他修改如下:

- 合并原3.9.3.1的程序a)和b)为6.10.3.1程序的步骤a),并将"在参比频率下,对测量电路之一按其额定电压或电流通电"修改为"将电压或电流改变量可以忽略的标准表和被试表相连。在参比条件下对测量电路施加额定电压或电流";
- 原试验程序中无轻敲,修改后都要求轻敲,以避免摩擦的影响;
- 将原标准的注改为条文,放在程序的步骤d)后面;
- 将原"3.9.3.2 计算"中的绝对值公式改为"6.10.3.2 计算"的非绝对值公式,并分别定义为标称使用电压范围上限和下限的改变量V_{VU}和V_{VL}公式。公式下方的"式中:A_F——基准值"改为"式中:A_F——基准值,90°电角度";
- 将原3.9.3.2中的"由交流被测量的电压/电流分量引起的以百分数表示的改变量绝对值应取在每条选定的分度线上按下式计算所得出的最大值"修改为6.10.3.2计算中的"3)选取V_{VU}和V_{VL}中绝对值较大者作为电压范围上(下)限改变引起的以百分数表示的改变量V_V。如果两者符号相同,则带上符号;如果符号不同,则不带符号"。

36) 原标准"3.9.4 功率因数表的改变量"修改为"6.10.4 功率因数表的试验"。该条的其他修改如下:

- 将"3.9.4.1 交流被测量的电压分量引起的改变量"改为"6.10.4.1 电压分量试验";
- 合并原3.9.4.1的程序a)和b)为6.10.4.1.1程序的步骤a),并将"在参比频率下,对电流线路按近似其额定值一半的大小通电"修改为"将一电压影响可以忽略的标准表与被试表相连。在参比条件下对电流线路施加近似其额定值一半的电流,电压线路施加额定电压值";
- 在试验的各步骤中均增加了轻敲的要求,以避免摩擦的影响;
- 将原3.9.4.1的程序的c)到h)改为6.10.4.1.1程序的步骤b)到g);
- 将原标准的两个注均改为条文,放在步骤g)的后面;
- 将原"3.9.4.2 计算"中的绝对值公式改为"6.10.4.1.2 计算"的非绝对值公式;
- 原计算中的文字改为"1)或2)按下式计算每条分度线上的由电压分量下降(上升)至标称电压使用范围下限(上限)引起的以百分数表示的改变量V_{VL}和V_{VU}"。公式下方的"式中:A_F——基准值"改为"式中:A_F——基准值,90°电角度";
- 原"3.9.4.2 计算"中的文字"由交流被测量的电压分量引起的以百分数表示的改变量绝对值,应取在每条选定的分度线上按下式计算所得出的最大值"修改为"6.10.4.1.2 计算"

中的"3)选取 V_{VU} 和 V_{VL} 中绝对值较大者作为电压范围上(下)限改变引起的以百分数表示的改变量 V_V。如果两者符号相同,则带上符号;如果符号不同,则不带符号"。

- 将"3.9.4.3 交流被测量的电流分量引起的改变量"改为"6.10.4.2 电流分量试验";
- 合并原 3.9.4.3 的程序 a)和 b)为 6.10.4.2.1 程序的步骤 a),并将"在参比频率下,对电压线路按其额定值通电"改为"将一电流影响可以忽略的标准表与被试表相连。在参比条件下电压测量电路施加额定电压,电流测量电路施加额定电流";
- 在试验的各步骤中均增加了轻敲的要求,以避免摩擦的影响;
- 将原 3.9.4.3 的程序的 c)到 h)改为 6.10.4.2.1 程序的步骤 b)到 g);
- 将原标准的两个注均改为条文,放在步骤 g)的后面;
- 将原"3.9.4.4 计算"中的绝对值公式改为"6.10.4.2.2 计算"的非绝对值公式,并分别定义为"1)或 2)按下式计算每条分度线上的由电流分量下降(上升)至标称电流使用范围下限(上限)引起的以百分数表示的改变量 V_{IL} 和 V_{IU}。公式下方的"式中: A_F ——基准值"改为"式中: A_F ——基准值,90°电角度";
- 原"3.9.4.4 计算"中的文字"由交流被测量的电流分量引起的以百分数表示的改变量绝对值应取在每条选定的分度线上按下式计算所得出的最大值"修改为"6.10.4.12.2 计算"中的"3)选取 V_{IU} 和 V_{IL} 中绝对值较大者作为电流范围上(下)限改变引起的以百分数表示的改变量 V_I。如果两者符号相同,则带上符号;如果符号不同,则不带符号"。

37) 原标准"3.9.5 同步指示器的改变量"修改为"6.10.5 同步指示器的试验"。该条的其他修改如下:
- 合并原标准的"3.9.5.1 程序"a)和 b)为"6.10.5.1 程序"的步骤 a)。
- 考虑到同步指示器同步条件必须是频率相同、电压相同,不能只改变一个电路的电压,为此,将原程序 a)的"对运行线路按额定电压和参比频率通电"和程序 b)的"对待并电路按其额定电压和参比频率通电,"改为"将一电压分量影响可以忽略的标准相位表与被试表相连。在参比条件下对被试表的运行电路和待并电路均通以额定频率的额定电压,";
- 将原标准的程序 c)到 h)修改为"6.10.5.1 程序"的步骤 b)到 e);
- 将原 3.9.5.1 程序 c)中的"减小施加在输入线路上的电压至其标称使用电压范围下限"改为"6.10.5.1 程序"的步骤 b):"同时降低运行电路和待并电路的电压至其标称使用范围的下限值";
- 将原 3.9.5.1 程序 d)中的"增大程序 c)中的电压至其标称使用范围的上限"改为"6.10.5.1 程序"的步骤 c):"同时提高运行线路和待并电路的电压至其标称使用范围的上限值";
- 删除了原程序 3.9.5.1 的 e)到 h);
- 将原程序的注:"待并线路"取消,移到修订后的标准的术语 3.1;
- 将原"3.9.5.2 计算"的 6 个绝对值公式修改为"6.10.5.2 计算"的 2 个非绝对值公式;
- 将原"3.9.5.2 计算"的"由交流被测量的电压分量引起的以百分数表示的改变量绝对值,应取在每条选定的分度线上按下式计算所得出的最大值"改为"按下式计算交流被测量电压分量上升(下降)至标称使用电压范围上限(下限)引起的以百分数表示的改变量 V_{VU} 或 V_{VL}"以及"选取 V_{IU} 和 V_{IL} 中绝对值较大者作为电流范围上(下)限改变引起的以百分数表示的改变量 V_I。如果两者符号相同,则带上符号;如果符号不同,则不带符号"。

38) 在"6.10 交流被测量的电压/电流分量引起的改变量"中增补了"6.10.6 可互换电子变换器试验"。

39) 在"6.10.6 可互换电子变换器试验"中分别增加了"6.10.6.1 有功功率和无功功率变换器""6.10.6.2 频率变换器""6.10.6.3 相位变换器的电压或电流分量""6.10.6.4 功率因数变换器的电压分量"和"6.10.6.5 功率因数变换器的电流分量"的条款。

40) 在上述 6.10.6.1～6.10.6.5 中分别列入了"程序"和"计算"。

41) 原标准"3.10 功率因数引起的改变量"修改为"6.11 功率因数引起的改变量"。同时修改的有：

- 原"3.10.1 功率表的改变量"修改为"6.11.1 有功功率表和变换器"。并在其下分别列有"6.11.1.1 仪表的程序"和"6.11.1.2 变换器的程序"，以及"6.11.1.3 计算"；

- 在"仪表的程序"中增加了轻敲的要求，以避免摩擦的影响；

- 将原 3.10.1.1 程序的 a)中"在功率因数为 1 时施加额定电压和足够大的电流，在参比频率下，使……。"修改为"在参比条件下对电压电路施加额定电压，在功率因数为 1 时，电流电路施加足够的激励，使……。"；

- "6.11.1.2 变换器的程序"是原标准所没有的；

- 将原"计算"的两个绝对值计算公式修改为 4 个非绝对值的改变量计算公式 V_{PFL}、V_{PFU}、V_{PFL0} 和 V_{PFU0}；

- 将原 3.10.1.2 计算中的"由功率因数引起的以百分数表示的改变量绝对值，应取按下式计算所得出的较大值。"修改为 6.11.1.3 计算中的"取以上 V_{PFL}、V_{PFU}、V_{PFL0} 和 V_{PFU0} 各式中绝对值最大的改变量为仪表或变换器的以百分数表示的改变量 V_{PF}。如果滞后和超前的改变量符号一致，则带上符号；如果符号不一致则取改变量绝对值"。

42) 将原标准的"3.10.2 无功功率表的改变量"修改为"6.11.2 无功功率表和变换器"。并作了如下修改：

- 在 6.11.2 条下分别列有"6.11.2.1 仪表的程序"和"6.11.2.2 变换器的程序"，以及"6.11.1.3 计算"；

- 取消原 3.10.2.1 程序 d)下的注，改为"6.11.2.1 仪表的程序"以及"6.11.2.2 变换器的程序"的步骤 a)的条文"将被试表(受试变换器)和一个功率因数影响可以忽略的无功功率标准表相连，如果没有可使用的功率因数影响可以忽略的标准表(例如有移相装置的单相无功功率表或[变换器])应将电压标准表以及相位标准表的电压电路和电压测量电路并联，电流标准表以及相位标准表的电流电路和电流测量电路串联。对于三相三线无功功率表(变换器)可使用标准有功功率表交叉相位的连接方法，并按制造厂规定的校准常数计算"；

- 将原 3.10.2.1 程序 a)中的"施加额定电压和相位角为 90°(滞后)的足够大的电流，在参比频率下，"修改为"6.11.2.1 仪表的程序"的步骤 a)的："在参比条件下对电压测量电路施加额定电压，电流电路在相位角为 90°(滞后)的条件下施加足够的激励，"；

- 仪表的程序中的各步骤都规定了"轻敲"的要求，以消除摩擦的影响；

- "6.11.2.2 变换器的程序"是原标准所没有的；

- 将原"计算"的电压、电流和相位角正弦乘积差的绝对值计算公式修改为 3 个非绝对值的上述乘积差公式以及用标准无功功率表的改变量计算公式，它们是 V_{PFL}、V_{PFU} 和 V_{PF0}；

- 将原 3.10.1.2 计算中的"由功率因数引起的以百分数表示的改变量绝对值，应取按下式计算所得出的较大值。"修改为 6.11.2.3 计算中的"5)取以上 V_{PFL}、V_{PFU}、和 V_{PF0} 各式中绝对值最大的改变量为仪表或变换器的以百分数表示的改变量 V_{PF}。如果滞后和超前的改变量符号一致，则带上符号；如果符号不一致则取改变量绝对值"。

43) 原标准的"3.11 电池电压引起的改变量"修改为"6.12 电池电压引起的改变量"。本条其他修改如下：

- 将原"3.11.1 电阻表的程序"a)和 b)合并为"6.12.1 电阻表的程序"的步骤 a)；

- 将原程序 c)"记录使电阻表产生接近于标度尺中间分度线指示的电阻值(A_R)"修改为 6.12.1 程序的步骤 b)："将电源电压调至电池的额定电压，将一可调标准电阻箱与被试表连接,调节电阻箱的电阻值,使被试表指示在其(×10)档的中间分度线上,记录电阻箱的电阻值(A_R)",这样既明确了试验条件为电池的额定电压,又明确了试验所在的电阻档位;

- 合并了原标准的程序 d)和 e),以及程序 f)和 g),分别为步骤 c)和步骤 d):"降低(提高)电源的电压使其达到制造厂规定的电池电压的下(上)限值,重复步骤 b)。记录电阻箱示出的电阻值(A_L)(或 A_U)";

- 原"3.11.2 计算"的两个绝对值公式修改为"6.12.2 计算"的两个非绝对值公式 V_{BL} 和 V_{BU}。同时将原文的"由电池电压引起的以百分数表示的改变量的绝对值,应取按下式计算所得的较大值"修改为"取 V_{BL} 和 V_{BU} 中绝对值较大者作为仪表的以百分数为代表的改变量 V_B。如果降低和上升电压的改变量符号一致,则带上符号,如果符号不一致则取改变量的绝对值"。

44) 原标准的"3.12 不平衡电流引起的改变量"修改为"6.13 不平衡电流引起的改变量"。同时修改的还有:

- 增补了"6.13.2 多相功率或无功功率变换器的程序"和"6.13.4 多元件功率因数变换器的程序";

- 将原标准的"3.12.1 多相功率表和无功功率表的程序"a)"在参比频率下,施加额定电压。在功率因数为 1 时,改变电流,"修改为"6.13.1 多相功率表和无功功率表的程序"的步骤 a)"将不平衡电流影响可以忽略的标准表与被试表相连。在参比条件下对电压测量电路施加额定电压,在功率因数 1(无功,$\sin\varphi=1$)时对电流测量电路施加足够的激励,";

- 将原标准的 3.12.1 程序 c)的"对其他每一个电流线路,重复程序 b)。"修改为"6.13.1 功率表和无功功率表的程序"的步骤 c)的"依次断开其他每一个电流测量电路,重复步骤 b),记录标准表示出的激励值(B_{X2})和(B_{X3})(若有时)";

- 在"多相功率表和无功功率表的程序"中增加了"轻敲"的要求,以便在改变量试验中避免摩擦的影响;

- 将原标准的"3.12.2 多元件功率因数表的程序"a)的"施加额定电压和电流,改变两个输入线路的相位差"修改为"6.13.3 多元件功率因数表的程序"的步骤 a)的"将被试表与一电流不平衡影响可以忽略的标准表相连,在参比条件下对电压测量电路和电流测量电路均施加额定值,调节测量电路间的相位差";

- 将原标准的 3.12.2 程序 c)的"依次断开其他每一个电流线路,重复程序 b)"修改为"依次断开其他每一个电流测量电路,重复步骤 b)。记录标准表输出的相位差值(B_{X2})和(B_{X3})(若有时)";

- 原标准的"3.12.3 计算"的绝对值计算公式修改为"6.13.5 计算"的绝对值计算公式。并将原文的"有不平衡电流引起的以百分数表示的改变量绝对值,应取按下式计算所得出的最大值"修改为"按下式计算由不平衡电流引起的以百分数表示的改变量绝对值 V_{Ci},以及式中的 $i=1$、2 或 3"和"取 V_{Ci} 中最大值作为仪表或变换器的以百分数表示的改变量 V_C"。

45) 原标准的"3 13 导电支架引起的改变量"修改为"6.14 导电支架引起的改变量"。同时修改了:

- 将原标准的"3 13.1 程序"a)的"将仪表按参比位置安装在导电面板上或置于导电支持物上""6.14.1 程序"的步骤 a)的"将基本不确定度符合等级指数要求的仪表以参比位置安装在导电面板上或置于导电支持物上";

- 将原标准的程序 b)的"仪表按程序 a)要求安放,重复相应的误差试验"修改为"6.14.1 程

序"的步骤 b)的"将仪表与标准表相连,标准表不置于导电支架上。按第 4 章的条件和第
5 章规定的各类仪表的相应试验方法测定其基本不确定度";

- 原标准的"3.13.2 计算"的"此误差应按第 2 章相应的基本误差试验所给出的方法进行
  计算"修改为"6.14.2 计算"的"按第 5 章规定的各类仪表的计算公式计算其基本不确定
  度。不计算改变量"。

46) 原标准的"3.14 外电场引起的改变量"修改为"6.15 外电场引起的改变量"。同时修改
   的有:

- 将原标准的"3.14.1 静电系仪表的程序"b)的要求合并到程序 a),作为"6.15.1 静电系
  仪表的程序"的步骤 a);
- 将原标准的程序 a)的"施加足够大的激励,使指示器……"修改为 6.15.1 程序的步骤 a)的
  "将被试表与标准表相连接,在参比条件下施加足够大的激励,使指示器……";
- 将原 3.14.1 的程序 c)和 d)合并,作为修订后的 6.15.1 程序的步骤 b),同时将原程序 c)的
  "施加足够大的直流电压,使……"修改为"对平行的圆盘施加足够大的直流电压,使两圆
  盘之间产生满足 GB/T 7676.1 的表 1 规定的或符号 F-34 标志的电场,";
- 将原标准的 3.14.1 程序 e)分解为修订后的 6.15.1 程序的步骤 c)和 d)。修改后为"c)保
  持激励值不变,相对于被试表转动一对圆盘,使被试表产生最大的改变量。在此位置停止
  转动圆盘,确定为最不利的方向"和"d)在最不利的方向上,重复步骤 a),记录标准表示出
  的激励值(B_{XD})";
- 将原标准的 3.14.1 程序 f)分解为修订后的 6.15.1 的步骤 e)和 f)。步骤 e)为"在两圆盘间
  施加频率为 45 Hz～65 Hz 的交流电压,使其产生 GB/T 7676.1—2017 表 1 规定的或符
  号 F-34 标志的电场。产生电场的电源中点应该接地。保持步骤 a)的激励值不变,步进
  地调节频率使其从 45 Hz 到 65 Hz,同时转动圆盘相对于被试表的位置,使被试表产生最
  大的改变量,保持此时的频率和位置,确定为最不利的方向和相位"。步骤 f)为"在步骤
  e)的条件下,重复步骤 d)。记录标准表示出的激励值(B_{XF})";
- 将原标准的"3.14.2 计算"的一个计算公式修改为两个计算公式。一个是直流外电场的
  改变量公式 V_{ED},一个为交流外电场改变量公式 V_{EA}。并不规定"选取 V_{ED} 和 V_{EA} 之中最
  大值为由外电场引起的以百分数表示的改变量"。

47) 原标准的"3.15 电压和功率因数同时影响引起的改变量"修改为"6.16 电压和功率因数同
   时影响引起的改变量"。同时修改的有:

- 增补了"6.16.2 功率和无功功率变换器的程序";
- 合并原标准的"3.15.1 功率表和无功功率表的程序"的程序 a)和 b),修改为"6.16.1 功
  率表和无功功率表的程序"的步骤 a),同时将两个程序的文字修改为"将被试表和一个电
  压影响和功率因数影响可以忽略的标准表相连。在参比条件下对电压线路施加额定电
  压,在参比功率因数(无功,$\sin\varphi=1$)下对电流线路施加";
- 取消原标准的 3.15 下的悬置段,将其放入到修订后的 6.16.1 程序的步骤 a)中;
- 在"6.16.1 功率表和无功功率表的程序"的各步骤中,规定了"轻敲"的要求,以备消除摩
  擦对改变量的影响;
- 将原标准"3.15.2 计算"的 4 个绝对值计算公式修改为"6.16.3 计算"的 4 个非绝对值
  的计算公式 V_{VFI}、V_{VFC}、V_{VFUI} 和 V_{VFUC};
- 将原标准计算中的文字"由电压和功率因数同时影响引起的以百分数表示的改变量的绝
  对值,应取按下式计算所得出的最大值"修改为 6.16.3 计算的"5)选取 V_{VFI}、V_{VFC}、V_{VFUI} 和
  V_{VFUC} 之中绝对值最大的改变量作为仪表或变换器的以百分数表示的改变量 V_{VF}"。

48) 原标准的"3.16 多相仪表的不同测量元件之间相互作用引起的改变量"修改为"6.17 多相

仪表和变换器的不同测量元件之间相互作用引起的改变量"。同时修改的还有：

- 将原标准 3.16 下的悬置段修改为"6.17.1 概述"，原标准的"3.16.1 程序"修改为"6.17.2 试验程序"；
- 修改并补充了悬置段的内容。将原"对采用电子装置并从电压测量电路取得电源的仪表，本试验不适用，"修改为"本试验不适用于从电压测量电路获取电源的带有变换器的仪表或可互换的功率变换器。"；补充了"对于可互换变换器，除了测量电路和以下仪表的试验一样连接相同的标准表，……。试验方法和程序同以下 6.17.2。"；
- 原标准的"3.16.1 程序"只是仪表的试验程序，修改后的"6.17.2 试验程序"是仪表和电子变换器共同的程序；
- 将原标准的 3.16.1 程序 a)的"将仪表以一个电压线路为开路的方式连接，对其他的电压线路……，调节每一相的电流（保持近似 相等）"修改为"将元件间影响可以忽略的标准表和被试表（或变换器的测量电路）相连。在参比条件下断开一个电压线路，对其他电压线路施加额定电压，近似相等地调节每一相电流……"；
- 在修订后的步骤 a)中补充规定了"对于 3 元件的被试表（或变换器）应产生接近其测量范围（变换器，标称输出额定值）2/3 的分度线的指示"；
- 修订后的各步骤中规定了"轻敲"，以消除摩擦对改变量的影响；
- 原标准的程 b)的"选择可使指示值发生最大变化的相位角。调节每一相的电流（保持近似相等）"修改为"确定可使指示值发生最大变化的相位角，在此相位下近似相等地调节每一相的电流"；
- 将原标准的程序 c)"顺序地断开其他电压线路，重复程序 a)和 b)。"修改为步骤 c)顺序地断开其他相的电压线路，重复步骤 a)和 b)。获取相应的标准表示出的激励值（B_{R2}）、（B_{P2}）和（B_{R3}）和（B_{P3}）"；
- 修改了原标准的程序 d)，变成 6.17.2 程序的步骤 d)，使其更更明确，更具操作性；
- 增补了程序的步骤 e)和 f)；
- 将原标准的"3.16.2 计算"的绝对值公式，修改为"6.17.3 计算"的非绝对值计算公式 V_{ELX}。其中的 X 分别代表 1～6；
- 将原标准计算的文字"在多相仪表中，由测量元件之间的相互作用而引起的以百分数表示的改变量的绝对值应取按下式计算所得出的最大值"修改为"以 V_{ELX} 之中绝对值最大的改变量作为仪表或附件的以百分数表示的改变量 V_{EL}"。

49）原标准的"3.17 辅助电源电压引起的改变量"修改为"6.18 辅助电源电压引起的改变量"。同时修改的还有：

- 原标准的"3.17.1 程序"只有对仪表的规定，修订后的"6.18.1 程序"包含了仪表和电子变换器的规定；
- 原标准的程序 a)的"仪表按其额定电源电压和参比频率或其参比范围之内的电压和频率通电，……"修改为"将标准表和被试表（受试变换器）相连，对于可互换的电子变换器，则将变换器的测量电路和标准表相连，变换器的输出电路和一个规格与其标称输出相适应的标准表相连。在参比条件下对被试表或变换器的辅助电源施加额定频率下的额定电压，预热 15 min 后在其测量电路施加足够大的激励，轻敲使被试表指示在其测量范围（变换器，标称输出值）上限附近 80% 的分度线上（示出值）"；
- 在程序中增加了"轻敲"的要求，以消除摩擦对改变量的影响；
- 将原标准的"3.17.2 计算"的绝对值计算公式修改为"6.18.2 计算"的非绝对值改变量计算公式 V_{SVL} 和 V_{SVU}；
- 将原标准计算的文字"由辅助电源电压引起的以百分数表示的改变量绝对值，应取按下式计算所得出的较大值"修改为 6.18.2　计算的"4)选取 V_{SVL} 和 V_{SVU} 之中其绝对值较大者作为仪表或变换器的以百分数表示的改变量 V_{SV}"。

50)　原标准的"3.18　辅助电源频率引起的改变量"修改为"6.19　辅助电源频率引起的改变量"。同时修改的有:

- 原标准的"3.18.1　程序"只有对仪表的程序,修改后"6.19.1　程序"包含了仪表和电子变换器的程序;
- 原标准的程序 a)的"仪表按其额定电源电压和参比频率或其参比范围内的电压和频率通电,……"修改为"6.19.1　程序"的步骤 a):"将标准表和被试表相连,对于可互换的变换器,则将变换器的测量电路和标准表相连,变换器的输出电路和一个规格与其标称输出相适应的标准表相连。在参比条件下对被试表或变换器的辅助电源施加额定频率下的额定电压,预热 15 min 后在其测量电路施加足够大的激励"。增加了预热的要求,包含了变换器的程序;
- 原标准的"3.18.2　计算"的较大值计算公式修改为"6.19.2　计算"的非绝对值计算公式 V_{SFL} 和 V_{SFU};
- 原标准计算的文字修改为 6.19.2 计算的"4)选取 V_{SFL} 和 V_{SFU} 之中绝对值较大者作为由辅助电源频率引起的以百分数表示的改变量 V_{SF}"。

51)　将原标准的"4.14　自热"修订后移到改变量试验中的"6.20　自热引起的改变量"。在 6.20 的条款中分别列出了"6.20.1　仪表的程序"和"6.20.2　可互换附件的程序"。

52)　修订后的 GB/T 7676.8—2017 规定了分流器的热电势影响,GB/T 7676.9—2017 的改变量试验中增补了"6.21　分流器的热电势影响试验"。

53)　修订后的 GB/T 7676.8—2017 规定了"开环霍尔传感器的磁滞引起的改变量",GB/T 7676.9—2017 的改变量试验中增补了"6.22　开环霍尔传感器的磁滞引起的改变量"。

54)　第 7 章根据 GB/T 17626.2—2006、GB/T 17626.3—2016、GB/T 17626.4～17626.6—2008 和 GB/T 17626.12—2013 的规定分别确定了静电放电抗扰度试验、射频电磁场辐射抗扰度试验、快速瞬变脉冲群抗扰度试验、射频场感应的传导骚扰抗扰度试验、浪涌抗扰度试验和振铃波抗扰度试验的方法和合格评定标准。

55)　原标准的"4　其他试验"修改为"8　其他试验"。原标准的 18 项(扣除移到改变量试验中自热)试验修改后增加到 33 项试验。

56)　改变量原标准的一些顺序,将原标准的"4.1　温度极限值"移后到"8.28　温度极限值",在交变湿热试验之前。8.1 修改为增补的"8.1　外观和标志检验";

57)　"8.2　防接触封印检验"和"8.3　接线端检验"是增补的试验项目;

58)　原标准的"4.2　过冲"修改为"8.4　过冲"。同时修改的有:

- 修改后的 8.4.1 为程序,原标准的"4.2.1　对机械零位不在标度尺上或零位不定的仪表的程序"修改为"8.4.1.1　机械零位不在标度尺上或零位不定的仪表的程序";
- 原标准的"4.2.1　对机械零位不在标度尺上或零位不定的仪表的程序"c)的"突然增大激励(例如通过开关),使产生接近于标度尺长 2/3 的稳定偏转"修改为"突然增加能使被试表产生接近于 2/3 标度尺长的稳定偏转的激励(例如通过开关)";
- 原标准的"4.2.2　对其他仪表的程序"修改为"8.4.1.2　其他仪表的程序"。同时将原 4.2.2 下的 3 个注,修改为条文。其中的"注 1"放入"8.4.1.2　其他仪表的程序"的步骤 a)中,原"注 2"和"注 3"放入"8.4.1.2　其他仪表的程序"的步骤 c)中;

59)　原标准的"4.3　响应时间"修改为"8.5　响应时间试验"。其他修改的有:

- 8.5.1　修改为"程序"。原标准的"4.3.1　对机械零位不在标度尺上或零位不定的仪表的程序"修改为"8.5.1.1　机械零位不在标度尺上或零位不定的仪表的程序";
- 原标准的 4.3.1 的程序 c)修改为"8.5.1.1　机械零位不在标度尺上或零位不定的仪表的

程序"的步骤 c)的"突然增加能使被试表产生接近于 2/3 标度尺长的稳定偏转的激励(例如通过开关)";

- 原标准的 4.3.1 的程序 d)修改为"8.5.1.1 机械零位不在标度尺上或零位不定的仪表的程序"的步骤 d)的"测量并记录以秒为单位的,指针进入最终停止位置两侧,长度等于标尺长度 1.5%带宽内的明显停止的时间";
- 原标准的 4.3.1 的程序 e)修改为"8.5.1.1 机械零位不在标度尺上或零位不定的仪表的程序"的步骤 d)的"重复步骤 b)、c)和 d)5 次,记录相应的时间";
- 原标准的"4.3.2 对其他仪表的程序"修改为"8.5.1.2 其他仪表的程序"。同时将原标准的 4.3.2 下的 3 个注修改为条文。其中的"注 1"放入"8.5.1.2 其他仪表的程序"的步骤 a)中,原"注 2"和"注 3"放入"8.5.1.2 其他仪表的程序"的步骤 c)中。

60) 调整了试验项目的顺序,将原标准的"4.18 机械零位调整范围"修改为"8.6 机械零位(或量程调节器)调整"。同时修改的有:
- 补充了量程调节器的调节试验;
- 将原标准的"4.18.1 程序"a)～d)修改为"8.6.1 程序"的步骤 a)～e),增补了步骤"a)测量并记录以长度为单位的主标度尺的弧长(B_{SL})";
- 将原标准程序 a)和 b)中的""修改为"以长度为单位的最大偏移量(D_U)和(D_D)";
- 修改了原标准"4.18.2 计算"的与 GB/T 7676.1—2017 的要求不符的计算公式 $|D_U-D_D|$,修改后为以百分数表示的改变量公式;
- 增加了以角度表示的改变量计算公式。

61) 调整了试验项目的顺序,将原标准的"4.9 偏离零位"修改为"8.7 偏离零位试验",同时修改的有:
- 将原标准的"4.9.1 程序"a)～d)修改为"8.7.1 程序"的步骤 a)～d);
- 将原标准的程序中的注,修改为"8.7.1 程序"的步骤 d)的条文。

62) 增补了"8.8 零点稳定性试验"。配合修订后的 GB/T 7676.8—2017,将霍尔传感器和电子变换器的零点稳定性试验列入了 GB/T 7676.9—2017。

63) 调整了试验项目的顺序,将原标准的"4.16 功率表和无功功率表仅对电压线路通电"修改为"8.9 功率表和无功功率表或其变换器仅对电压线路通电的试验"。同时修改的有:
- 增补了变换器的试验程序。将原标准的"4.16.1 程序"修改为"8.9.1 仪表的程序""8.9.2 变换器的程序";
- 修改了原标准的程序 a)和 b)。原程序的 a)的"测量并记录指示值"是错误的,这时只应该是"0",因此删除了这段条文;
- 将原程序的 b)的"电压线路断电,记录指示值(B_X)"修改为"电流测量电路开路,电压测量电路施加额定电压,如果被试表指示器偏离于零位以下,则接通电流电路,施加一定的电流,使指示器升到零位。读取标准表示出的激励值(B_X);如果被试表指示器高于零位,则交换受试仪表电流测量电路的极性,施加一定电流使指示器回到零位,读取标准表示出的激励值(B_X)";
- 修改了原标准的计算公式。将非绝对值公式,改为绝对值公式,将分子的(B_R)－(B_X)修改为(B_X)。
- 调整了试验项目的顺序。将原标准的"4.15 电阻表的最大电流"修改为"8.10 电阻表(阻抗表)的最大电流试验",将对电阻表的要求扩充至阻抗表。同时修改了:
- 将原程序中电阻器扩充为阻抗器;
- 修改了原程序 d),改为"8.10.1 程序"的步骤 d),并在原条文后增加了"直至(I_{R2})不再低于(I_{R1})的 95%。记录最终的电阻(阻抗)值(R_T)和电阻器(阻抗器)上的电压降(V_R)"。

64) 增补了"8.11 止挡和超量限指示试验",给出了试验程序和上止挡距离计算公式和下止挡距离的计算公式。

65) 调整了试验项目顺序,将原标准的"4.11 同步指示器的频率落差"和"4.12 同步指示器的频率拖差"修改为"8.12 同步指示器的频率落差试验"和"8.13 同步指示器的频率拖差试验"。并将它们的程序下的注修改为 GB/T 7676.9 的术语 3.1。

66) 原标准的"4.13 同步指示器的开路"修改为"8.14 同步指示器的开路试验"。同时修改的有:

- 将原程序 a)、b)和 c)修改为"8.14.1 程序"的步骤 a)~d)。步骤 a)修改为"在参比条件下对运行电路和待并电路以电压源的同一输出电压通电。其电压为额定电压,其频率为参比频率。同步指示器的指针指示在同步线上";
- 将原程序 a)、b)和 c)中的"记录指示值"修改为"测量并记录指针偏离同步线的角度";
- 将原程序 c)下的注删除,形成术语 3.1。

67) "8.15 交流电压试验和可接触零部件试验"到"8.19 对电池要求的评定"都是根据 IEC 61010-1:2010 的要求增补的试验方法。

68) "8.20 阳光辐射试验(对 C 组仪表)"是增补的试验方法,其程序根据 GB/T 2423.24—2013。

69) 调整了试验项目的顺序,将原标准的"4.4 仪表的短时过负载"改为"8.21 仪表的短时过负载试验"。同时修改的有:

- 将原程序 a)~d)修改为"8.21.1 程序"的步骤 a)~e)。其中程序 a)拆分为步骤 a)和 b);
- 在步骤 b)和步骤 e)的调节零位时增加了轻敲,修改为"轻敲,调节零位(若有时)"。

70) 调整了试验项目的顺序,将原标准的"4.5 仪表的短时过负载"改为"8.22 仪表的短时过负载试验"。

71) 调整了试验项目的顺序,将原标准的"4.6 仪表的连续过负载"与"4.7 附件的连续过负载"合并为"8.23 连续负载试验"。在 8.23 中增加了"8.23.1 试验条件"。同时修改的有:

- 将原标准程序 d)下的注 1 和 2,修改为条文,放入到"8.23.1 试验条件"中;
- 删除了原标准的程序 e)和 f),以及程序 f)下的注;
- 在原标准的程序 a)中增加了"轻敲,调节零位"的要求;
- 将原标准的程序 a)到 d)修改为"8.23.2 程序"的步骤 a)到 e),在步骤之中增加了步骤 "b)将仪表和/或附件在参比条件下放置足够长的时间使其达到热平衡"。

72) 调整了试验项目的顺序,将原标准的"4.8 大电流过载后的电流线路的不断路"修改为 "8.24 大电流过载后的电流线路的不开路"。同时修改的有:

- 将原标准的"4.8.2 计算"修改为"8.24.2 试验结果的评定";
- 将原标准的程序 a)到 c)修改为"8.24.1 程序"的步骤 a)~d)。其中的步骤 a)是新增加的,描述了受试仪表或附件的条件;
- 修改了原标准的程序 b)。原文:"对试验电流线路施加有关部分规定的过负载,持续时间也按有关部分的规定"将"大电流过载"视同"过负载"是错误的。修订后为步骤 a)的规定。

73) 调整了试验项目的顺序,将原标准的"4.10 振动和冲击的影响"修改为"8.25 振动和冲击试验"。同时修改的有:

- 将原标准 GB/T 7676.1—1998 的 7.6.1 和 7.6.2 中的试验条件移入"8.25.1 程序"中(修订后的 GB/T 7676.1—2017 已删除);
- 原标准的程序 a)~d)修改为"8.25.1 程序"的步骤 a)~f)。程序中各步骤均包含了附件的程序;
- 将原标准程序 d)下的注删除,将其要求归入各步骤中的试验条件;

- 将原标准的"4.10.2 计算"的公式修改为"8.25.2 计算"的仪表指示器上行和下行的以百分数表示的改变量计算公式 V_{MTU} 和 V_{MTD}，以及附件每个试验点的改变量计算公式 V_{MT}。同时对仪表又规定了"b)选取 V_{MTU} 和 V_{MTD} 之中最大者作为仪表的以百分数表示的改变量 V_{MT}"。

74) 相应于耐振动和耐颠震（碰撞）仪表增补了"8.26 耐振动和耐颠震（碰撞）试验"。

75) 按照 IEC 61010-1:2010 增补了"8.27 耐机械应力试验"，其中包含了"8.27.1 弹簧锤试验（除手持式仪表）"和"8.27.2 跌落试验（手持式仪表）"的试验程序。

76) 调整了试验项目的顺序，将原标准的"4.1 温度极限值"修改为"8.28 温度极限值试验"。同时修改的有：
   - 将原标准的程序 a)～g)修改为"8.28.1 程序"的步骤 a)～h)，试验程序前增加了步骤"a)在参比条件下，按第 5 章规定的相应程序对仪表和/或附件进行基本不确定度的试验"；
   - 包含了附件的程序；
   - 仪表和附件的极限值试验条件分别分成了 A 组、B 组、C 组和热带型；
   - 将"±2 ℃"修改为"±2 K"。

77) 增补了"8.29 交变湿热试验"。试验方法按 GB/T 2423.4 的规定。

78) 增补了"8.30 耐热和阻燃试验"，试验方法按 GB/T 5169.11 的规定。

79) 增补了"8.31 外壳防护能力试验"，包含了"8.31.1 防水试验程序"和"8.31.2 防尘试验程序"，试验方法按 GB 4208 的规定。

80) 将原标准的"4.19 标志特性"修改为"8.32 标志特性试验"。同时修改了：
   - 将原标准的程序 a)～c)修改为"8.32.1 程序"的步骤 a)到 c)。将原标准的"用清洁的布浸以汽油，轻拭标志 15 s"修改为"对外壳外侧的标志用布沾上规定的清洁剂（如果没有规定，则沾上异丙醇），用手不加过分压力地擦拭 30 s"；
   - 删除了原标准的程序 c)，增加了步骤"a)通过目视检查仪表外壳内的标志，是否符合 GB/T 7676.1 的相关要求"。

81) 调整了试验项目的顺序，并将"4.17 统调误差"修改为"8.33 统调不确定度试验"。同时修改的有：
   - 取消了原标准的注；
   - 按 GB/T 7676.1—2017 的定义改写了试验程序，并使其包括了可互换变换器；
   - 取消了原程序中的无用的测量范围上限值（A_R）和激励值（B_R）；
   - 修改了计算公式。

82) 将"5 试验和试验条件索引"修改为"9 试验条件和试验项目与技术条款的对应关系"。并将新增的试验项目补充进索引表。

ICS 19.100
J 04

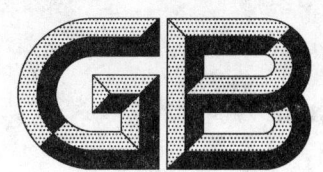

中华人民共和国国家标准

GB/T 7704—2017
代替 GB/T 7704—2008

无损检测 X 射线应力测定方法

Non-destructive testing—Practice for residual stress measurement by X-ray

2017-10-14 发布

2018-04-01 实施

中华人民共和国国家质量监督检验检疫总局
中国国家标准化管理委员会 发布

前　言

本标准按照 GB/T 1.1—2009 给出的规则起草。

本标准代替 GB/T 7704—2008《无损检测　X射线应力测定方法》。

本标准与 GB/T 7704—2008 相比主要变化如下：

——增加了衍射峰、衍射角、半高宽、残余应力等术语的定义，增加了定义和符号表(见第3章)；

——增加了三维应力分析(见第4章)；

——增加了双线阵探测器侧倾法(见第5)；

——增加了各种测定方法的原理图(见第5章)；

——增加了仪器的配置及其技术要求(见第6章)；

——增加了材料及其材料特性(见第7章)；

——增加了测定结果评估(见第10章)；

——增加了附录A　衍射峰半高宽；

——增加了附录B　穿透深度修正；

——增加了附录C　应力参考样品及设备检定；

——增加了附录D　等强度梁法实验测定X射线弹性常数和应力常数 K；

——增加了附录E　X射线应力数据处理方法；

——增加了附录F　实验法测定X射线弹性常数；

——增加了附录G　主应力和主应力方向的计算；

——删除了原附录A　X射线应力测定常用方法(2008年版)；

——删除了原附录B　确定衍射峰位置的方法(见2008年版)；

——删除了原附录C　随机因素造成的误差计算方法(见2008年版)；

——修改了试样的处理(见第7章;2008年版的第6章)；

——修改了测定程序(见第8章;2008年版的第6章)。

本标准由全国无损检测标准化技术委员会(SAC/TC 56)提出并归口。

本标准起草单位:上海材料研究所、河北邯郸爱斯特应力技术有限公司、爱派克测试技术(上海)有限公司、中国科学院力学研究所、中国工程物理研究院材料研究所。

本标准主要起草人:巴发海、吕克茂、潘海滨、李正阳、王滨、窦作勇、柴泽、薛宇、李凯。

本标准所代替标准的历次版本发布情况为:

——GB/T 7704—1987、GB/T 7704—2008。

无损检测　X 射线应力测定方法

1　范围

本标准规定了 X 射线应力测定原理、术语、符号、测定方法、设备、试样、测定程序、报告和测定结果评估。

本标准适用于具有足够结晶度,在特定波长的 X 射线照射下能得到连续德拜环的晶粒细小、无织构的各向同性的多晶体材料。

2　规范性引用文件

下列文件对于本文件的应用是必不可少的。凡是注日期的引用文件,仅注日期的版本适用于本文件。凡是不注日期的引用文件,其最新版本(包括所有的修改单)适用于本文件。

JB/T 9394　X 射线测定仪　技术条件

3　术语和定义、符号

3.1　术语和定义

下列术语和定义适用于本文件。

3.1.1

残余应力　residual stress

在没有外力或外力矩作用的条件下构件或材料内部存在并且自身保持平衡的宏观应力。

3.1.2

衍射峰　diffraction peak

在满足布拉格定律的条件下 X 射线衍射强度沿反射角的分布曲线。

注:反射角指入射 X 射线的延长线与反射 X 射线之夹角。

3.1.3

衍射角　diffraction angle

2θ

入射 X 射线的延长线与衍射线之夹角,亦即衍射峰位角。

注:2θ 在不特指衍射角的情况下也用于泛指任意反射角。

3.1.4

半高宽　full width at half maximum;FWHM

衍射峰去除与布拉格衍射无关的背底之后最大强度 1/2 处的宽度。

注:参见附录 A。

3.1.5

衍射晶面方位角　azimuth angle of diffraction crystal plane

Ψ

衍射晶面法线与试样表面法线之夹角。

3.1.6

应力方向平面 stress direction plane

Ψ 平面

在应力测定中衍射晶面方位角 Ψ 所在的平面。

3.1.7

扫描平面 scanning plane

2θ 平面

入射 X 射线与被探测器接收的衍射线所组成的平面。

3.2 符号

本文件中使用的符号和定义见表1所示。

表 1 符号和定义

符号	定义
θ	布拉格角,衍射角 2θ 的 $1/2$,亦即入射 X 射线或衍射线与衍射晶面之夹角(°)
Ψ_0	入射角,即入射线与试样表面法线之夹角(°)
χ	扫描平面相对于试样表面法线的夹角
ω	在 $\chi=0$ 即扫描平面垂直于试样表面的条件下入射 X 射线与试样表面之间的夹角
ϕ	衍射晶面法线在试样平面的投影与试样平面上某一指定方向之夹角
$\{hkl\}$	晶面指数为 (hkl) 的晶面族
$\varepsilon_{\phi\Psi}$	ϕ 和 Ψ 角定义的方向上的应变
d_0	材料无应力状态的晶面间距
$d_{\phi\Psi}$	法线处于 ϕ 和 Ψ 角定义方向上的晶面间距
σ_{ii}	正应力分量$(i=1,2,3)$
τ_{ij}	切应力分量$(i\neq j;i,j=1,2,3)$
S_1,S_2,S_3	试样坐标系,S_1 由操作者定义
L_1,L_2,L_3	实验室坐标系
$\frac{1}{2}S_2^{\{hkl\}},S_1^{\{hkl\}}$	$\{hkl\}$ 晶面的 X 射线弹性常数
z	X 射线穿透深度
LP	洛伦兹偏振因子
A	吸收因子
ILQ	实验室间认证的应力参考试样
LQ	实验室内部认证的应力参考试样
σ_{cert}	检定的 ILQ 应力参考试样的正应力值
τ_{cert}	检定的 ILQ 应力参考试样的切应力值
σ_{ref}	LQ 试样的正应力值
τ_{ref}	LQ 试样的切应力值

表 1（续）

符号	定义
L_{ref}	LQ 试样衍射峰的平均宽度
$\sigma_{determined}$	测定的参考试样的正应力值
$\tau_{determined}$	测定的参考试样的切应力值
$L_{determined}$	测定的参考试样的衍射峰平均宽度
$r_{\sigma cert}, r_{\tau cert}$	检定的 ILQ 试样正应力、切应力及衍射线宽重复性
$r_{\sigma ref}, r_{\tau ref}$	检定的 LQ 试样正应力、切应力及衍射线宽重复性
$R_{\sigma cert}, R_{\tau cert}$	正应力,切应力的再现性
λ	X 射线波长
$Tr(\sigma)$	应力张量的迹
$I_{\{hkl\}}$	$\{hkl\}$衍射峰净积分强度
XECs	X 射线弹性常数
S_r, S_R	重复性与再现性标准偏差
β	积分宽度,即衍射峰去除与布拉格衍射无关的背底以后积分面积与最大强度之比(°)
σ_ϕ	ϕ 角方向的正应力
τ_ϕ	σ_ϕ 作用面上垂直于试样表面方向的切应力分量

4 应力测定原理

4.1 应力测定基本原理

对于多晶体材料而言,宏观应力所对应的应变被认为是相应区域里晶格应变的统计结果,因此依据 X 射线衍射原理测定晶格应变可计算应力。

在构件负载的情况下,测得的应力值是其残余应力与载荷应力的代数和。

在 X 射线应力测定中建立如图 1 所示的坐标系统。

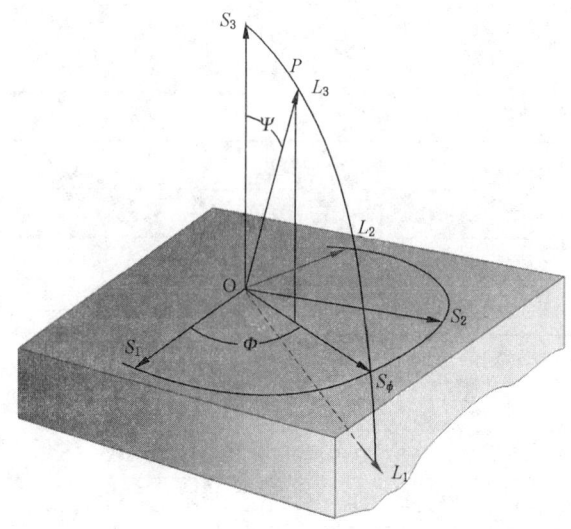

说明：

S_3 ——垂直于试样表面的坐标轴（试样表面法线）；

O ——试样表面上的一个点；

OP ——空间某一方向；

S_ϕ ——OP 在试样平面上的投影所在方向，亦即应力 σ_ϕ 的方向和切应力 τ_ϕ 作用平面的法线方向。

注： 在 X 射线应力测定中，将 OP 选定为材料中衍射晶面 $\{hkl\}$ 的法线方向，亦即入射光束和衍射光束之角平分线（见图5）。

图1　与 X 射线衍射应力测试相关的正交坐标系

根据弹性力学理论，在宏观各向同性多晶体材料的 O 点，由 ϕ 和 Ψ（见图1）确定的 OP 方向上的应变可以用如下公式表述：

$$\varepsilon_{\phi\Psi}^{\{hkl\}} = S_1^{\{hkl\}}(\sigma_{11}+\sigma_{22}+\sigma_{33}) + \frac{1}{2}S_2^{\{hkl\}}\sigma_{33}\cos^2\Psi +$$

$$\frac{1}{2}S_2^{\{hkl\}}(\sigma_{11}\cos^2\phi + \sigma_{22}\sin^2\phi + \tau_{12}\sin2\phi)\sin^2\Psi + \qquad \cdots\cdots(1)$$

$$\frac{1}{2}S_2^{\{hkl\}}(\tau_{13}\cos\phi + \tau_{23}\sin\phi)\sin2\Psi$$

式中：

$\varepsilon_{\phi\Psi}^{\{hkl\}}$ ——材料的 O 点上由 ϕ 和 Ψ 确定的 $\{hkl\}OP$ 方向上的应变；

$S_1^{\{hkl\}}, \frac{1}{2}S_2^{\{hkl\}}$ ——材料中 $\{hkl\}$ 晶面的 X 射线弹性常数；

$\sigma_{11}, \sigma_{22}, \sigma_{33}$ ——O 点在坐标 S_1，S_2 和 S_3 方向上的正应力分量；

τ_{12} ——O 点以 S_1 为法线的平面上 S_2 方向的切应力；

τ_{13} ——O 点以 S_1 为法线的平面上 S_3 方向的切应力；

τ_{23} ——O 点以 S_2 为法线的平面上 S_3 方向的切应力。

式中材料中 $\{hkl\}$ 晶面的 X 射线弹性常数 $S_1^{\{hkl\}}$ 和 $\frac{1}{2}S_2^{\{hkl\}}$ 由材料中 $\{hkl\}$ 晶面的杨氏模量 E 和泊松比 ν 确定，一般表达为

$$S_1 = -\frac{\nu}{E} \qquad\cdots\cdots(2)$$

$$\frac{1}{2}S_2 = \frac{1+\nu}{E} \qquad\cdots\cdots(3)$$

设应力分量 σ_ϕ 为 S_ϕ 方向的上正应力(见图 1),τ_ϕ 为 σ_ϕ 作用面上垂直于试样表面方向的切应力,则

$$\sigma_\phi = (\sigma_{11}\cos2\phi + \sigma_{22}\sin2\phi + \tau_{12}\sin2\phi) \quad\cdots\cdots(4)$$

$$\tau_\phi = (\tau_{13}\cos\phi + \tau_{23}\sin\phi) \quad\cdots\cdots(5)$$

故式(1)可以写作

$$\varepsilon_{\phi\Psi}^{\{hkl\}} = S_1^{\{hkl\}}(\sigma_{11}+\sigma_{22}+\sigma_{33}) + \frac{1}{2}S_2^{\{hkl\}}\sigma_{33}\cos^2\Psi + \frac{1}{2}S_2^{\{hkl\}}\sigma_\phi\sin^2\Psi + \frac{1}{2}S_2^{\{hkl\}}\tau_\phi\sin2\Psi$$

$$\cdots\cdots(6)$$

式中:

σ_ϕ —— ϕ 方向上的正应力分量;

τ_ϕ —— σ_ϕ 作用面上垂直于试样表面方向的切应力分量。

对于大多数材料和零部件来说,X 射线穿透深度只有几微米至几十微米,因此通常假定 $\sigma_{33}=0$(在 X 射线穿透深度很大或者多相材料的情况下应谨慎处理,参见附录 B),所以(6)式可以简化为

$$\varepsilon_{\phi\Psi}^{\{hkl\}} = S_1^{\{hkl\}}(\sigma_{11}+\sigma_{22}) + \frac{1}{2}S_2^{\{hkl\}}\sigma_\phi\sin^2\Psi + \frac{1}{2}S_2^{\{hkl\}}\tau_\phi\sin2\Psi \quad\cdots\cdots(7)$$

使用 X 射线衍射装置测得衍射角 $2\theta_{\phi\Psi}$,根据布拉格定律求得与之对应的晶面间距为 $d_{\phi\Psi}$,则晶格应变 $\varepsilon_{\phi\Psi}$ 可用晶面间距来表示:

$$\varepsilon_{\phi\Psi}^{\{hkl\}} = \ln\left(\frac{d_{\phi\Psi}}{d_0}\right) = \ln\left(\frac{\sin\theta_0}{\sin\theta_{\phi\Psi}}\right) \quad\cdots\cdots(8)$$

式中:

$\varepsilon_{\phi\Psi}^{\{hkl\}}$ ——材料的 O 点上 $\{hkl\}$ 由 ϕ 和 Ψ 确定的 OP 方向上的应变;

θ_0 ——材料无应力状态对应于 $\{hkl\}$ 的布拉格角;

$\theta_{\phi\Psi}$ ——衍射角 $2\theta_{\phi\Psi}$ 的 1/2;

$2\theta_{\phi\Psi}$ ——材料的 O 点上以 OP 方为法线的 $\{hkl\}$ 所对应的衍射角,由衍射装置测得;

d_0 ——材料无应力状态 $\{hkl\}$ 的晶面间距;

$d_{\phi\Psi}$ ——材料的 O 点上以 OP 方为法线的 $\{hkl\}$ 的晶面间距,由测得的 $2\theta_{\phi\Psi}$ 求出。

式(8)为真应变表达式,亦可使用近似方程:

$$\varepsilon_{\phi\Psi}^{\{hkl\}} \cong \frac{d_{\phi\Psi}-d_0}{d_0} \quad\cdots\cdots(9)$$

$$\varepsilon_{\phi\Psi}^{\{hkl\}} \cong -(\theta_{\phi\Psi}-\theta_0)\cdot\frac{\pi}{180}\cdot\cot\theta_0 \quad\cdots\cdots(10)$$

使用式(8)计算应力时不需要 d_0 和 θ_0 的精确值。式(9)和式(10)为近似计算公式。

4.2 平面应力分析

在平面应力状态下,$\tau_{13}=\tau_{23}=\sigma_{33}=0$,则式(7)变为

$$\varepsilon_{\phi\Psi}^{\{hkl\}} = S_1^{\{hkl\}}(\sigma_{11}+\sigma_{22}) + \frac{1}{2}S_2^{\{hkl\}}\sigma_\phi\sin^2\Psi \quad\cdots\cdots(11)$$

式(11)表明试样 O 点 ϕ 方向的正应力 σ_ϕ 与晶格应变 $\varepsilon_{\phi\Psi}^{\{hkl\}}$ 呈正比关系。将式(11)对 $\sin^2\Psi$ 求偏导数,可得

$$\sigma_\phi = \frac{1}{(1/2)S_2^{\{hkl\}}}\cdot\frac{\partial\varepsilon_{\phi\Psi}^{\{hkl\}}}{\partial\sin^2\Psi} \quad\cdots\cdots(12)$$

使用测得的一系列对应不同 Ψ 角的 $\varepsilon_{\phi\Psi}^{\{hkl\}}$,采用最小二乘法求得斜率 $\frac{\partial\varepsilon_{\phi\Psi}^{\{hkl\}}}{\partial\sin^2\Psi}$(见 8.4.5,示例如图 2),然后按照式(12)计算应力 σ_ϕ。

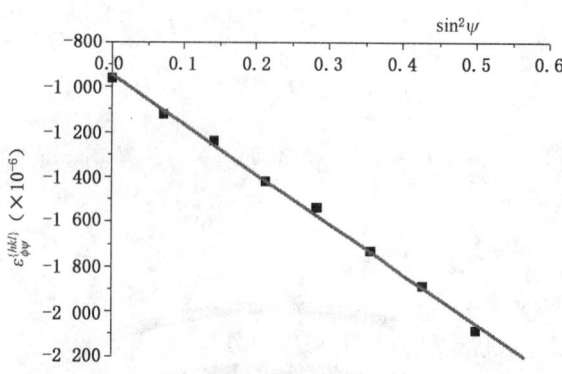

图 2 平面应力状态下 $\varepsilon_{\phi\Psi}^{(hkl)}$ 与 $\sin^2\Psi$ 关系实例

在使用(10)的情况下:

$$\sigma_\phi = K \cdot \frac{\partial 2\theta_{\phi\Psi}}{\partial \sin^2\Psi} \qquad\qquad (13)$$

式中:

K——应力常数。

$$K = -\frac{E}{2(1+\nu)} \cdot \frac{\pi}{180} \cdot \cot\theta_0 \qquad\qquad (14)$$

斜率 $\dfrac{\partial 2\theta_{\phi\Psi}}{\partial \sin^2\Psi}$ 由实验数据采用最小二乘法求出(见 8.4.5,示例如图 3)。

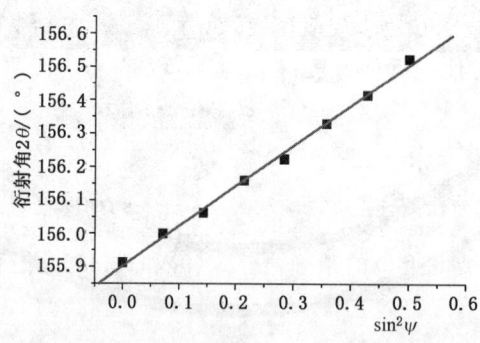

图 3 平面应力状态下 2θ 与 $\sin^2\Psi$ 关系实例

4.3 三维应力分析

如果在垂直于样品表面的平面上有切应力存在($\tau_{13} \neq 0$ 或 $\tau_{23} \neq 0$ 或二者均不等于零),则 $\varepsilon_{\phi\Psi}^{(hkl)}$ 与 $\sin^2\Psi$ 的函数关系呈现椭圆曲线,即在 $\Psi > 0$ 和 $\Psi < 0$ 时图形显示为"分叉"(示例如图 4)。对于给定 ϕ 角,使用测得的一系列 $\pm\Psi$ 角上的应变数据,依据(7)式采用最小二乘法可以求出 σ_ϕ 和 τ_ϕ。

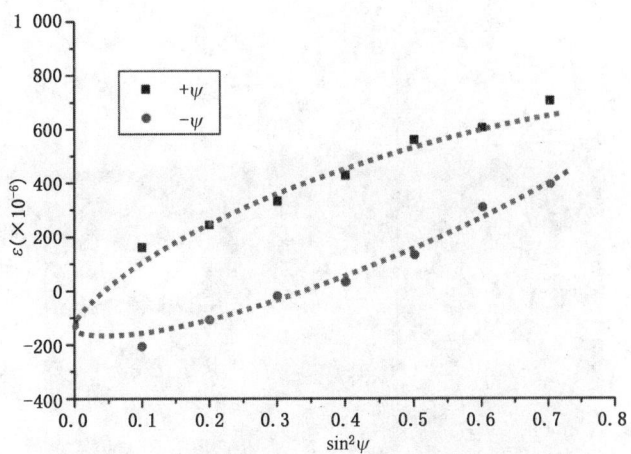

注：示例材料为轴承钢，使用 CrKα 辐射，$\frac{1}{2}S_2^{\{211\}}=5.81\times10^{-6}$ MPa^{-1}，表面强力磨削。测试计算结果：$\sigma_\phi=$
163.6 MPa，$\tau_\phi=33.1$ MPa。

图 4　三维应力状态正负 Ψ 角的曲线分叉示例

如果 $\sigma_{33}\neq0$，变换式(6)，则：

$$\varepsilon_{\phi\Psi}=S_1^{\{hkl\}}(\sigma_{11}+\sigma_{22}+\sigma_{33})+\frac{1}{2}S_2^{\{hkl\}}\sigma_{33}+\frac{1}{2}S_2^{\{hkl\}}(\sigma_\phi-\sigma_{33})\sin^2\Psi+\frac{1}{2}S_2^{\{hkl\}}\tau_\phi\sin2\Psi$$

$$\cdots\cdots\cdots\cdots\cdots（15）$$

对于给定 ϕ 角，使用测得的一系列 $\pm\Psi$ 角上的应变数据，依据式(15)采用最小二乘法可以求出 σ_ϕ
和 τ_ϕ(见 8.4.5)。在 3 个或 3 个以上不同的 ϕ 之下，分别设置若干 $\pm\Psi$ 角进行测量，可以计算出应力
张量。

5　测定方法

5.1　概述

依据第 4 章，使用 X 射线衍射装置在指定的 ϕ 角方向和若干 Ψ 角之下分别测定衍射角 $2\theta_{\phi\Psi}$(或由
此进一步求出应变 $\varepsilon_{\phi\Psi}^{\{hkl\}}$)，然后计算应力。

基于现有不同种类衍射装置的几何布置，应力测定方法可分为：

——同倾固定 Ψ_0 法(也称 ω 法，见 5.2)；

——同倾固定 Ψ 法(见 5.3)；

——侧倾法(也称 χ 法，见 5.4)；

——双线阵探测器侧倾法(修正 χ 法，见 5.5)；

——侧倾固定 Ψ 法(见 5.6)；

——粗晶材料摆动法(见 5.7)。

X 射线应力分析用到的基本角度关系如图 5 或图 6 所示。图 5 按照应力仪的结构规定了试样表面
法线、应力方向、入射角 Ψ_0、衍射角 2θ、衍射晶面法线、η 角、应力方向平面等等量的关系。图 6 则按
照衍射仪的原理和结构，使用试样坐标和实验室坐标联合表述有关角度和旋转轴的关系。

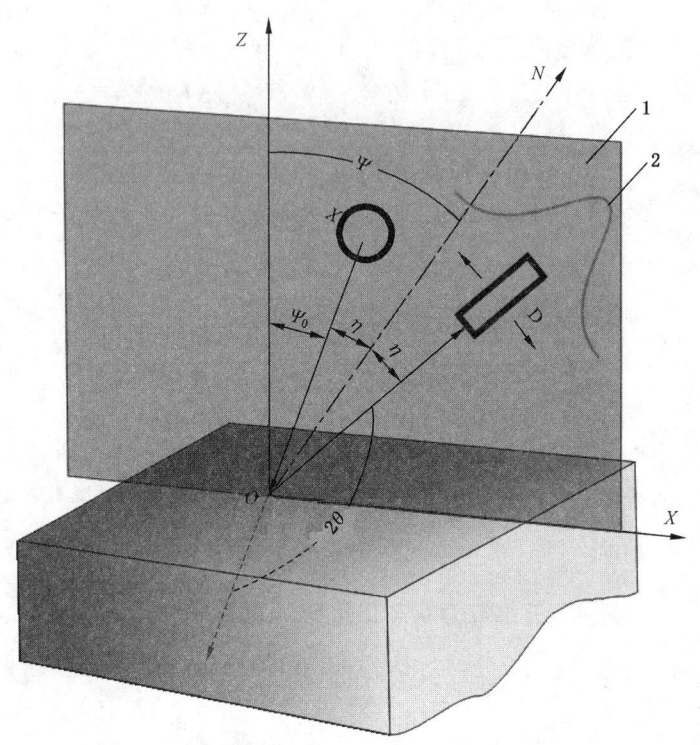

说明：

O ——试样表面测试点；

OZ ——O 点试样表面法线；

X ——X 射线管；

D ——X 射线探测器；

Ψ_0 ——X 射线入射角；

2θ ——衍射角；

Ψ ——衍射晶面方位角；

ON ——衍射晶面法线，入射线与衍射线之角平分线；

η —— $\eta = (180^0 - 2\theta)/2$；

OX ——应力方向；

1 ——应力方向平面（Ψ 平面）；

2 ——衍射峰。

图 5　X 射线应力分析的主要角度关系暨同倾固定 Ψ_0 法示意图

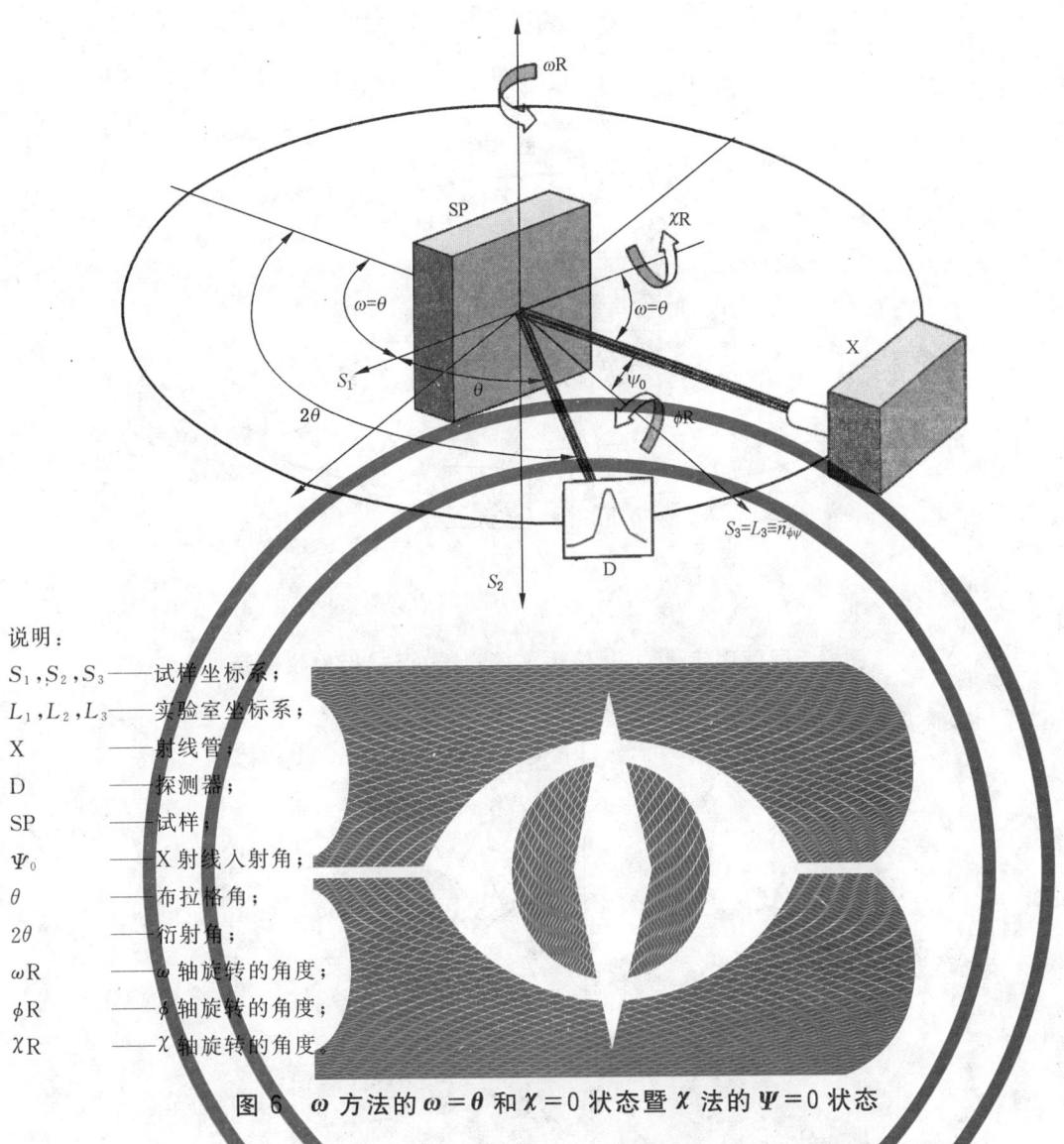

说明：
S_1,S_2,S_3——试样坐标系；
L_1,L_2,L_3——实验室坐标系；
X ——射线管；
D ——探测器；
SP ——试样；
Ψ_0 ——X射线入射角；
θ ——布拉格角；
2θ ——衍射角；
ωR ——ω轴旋转的角度；
ϕR ——ϕ轴旋转的角度；
χR ——χ轴旋转的角度。

图6 ω方法的$\omega=\theta$和$\chi=0$状态暨χ法的$\Psi=0$状态

5.2 同倾固定 Ψ_0 法（ω法）

同倾法即应力方向平面（Ψ_0平面）与扫描平面（2θ平面）相重合的应力测定方法。

固定 Ψ_0 法即探测器工作时入射角 Ψ_0 保持不变的应力测定方法。

同倾固定 Ψ_0 法（ω法）如图5和图7、图8所示，是同倾法与固定 Ψ_0 法相结合的测试方法。该方法的仪器结构比较简单，对标定距离设置误差的宽容度较大。

图5描述的是探测器扫描的同倾固定 Ψ_0 法。在这种条件下，

$$\Psi=\Psi_0+\eta \qquad\qquad (16)$$
$$\eta=\frac{180-2\theta}{2} \qquad\qquad (17)$$

图7描述了采用线阵探测器的 ω 法（同倾固定 Ψ_0 法）。它是在图6基础上将试样绕 ω 轴旋转一个 Ψ 角之后的状态，此时 $\omega=90°-\Psi_0$，所以当 $\Psi=0$，则 $\omega=\theta$，（如图6）；当 $\Psi>0$，则 $\omega=\theta+\Psi$（如图5）；当 $\Psi<0$，则 $\omega=\theta-|\Psi|$（如图7）。

图8描述了利用两个线阵探测器对称分布于入射线两侧接收反射线的 ω 法，亦符合同倾固定 Ψ_0 法的要求。对应于每一个 Ψ_0 角均可以同时得到对应于不同 Ψ 角（Ψ_1 和 Ψ_2）的两个衍射峰，这样的方法可以提高测试工效。

$$\Psi_1 = \Psi_0 - \eta \quad\cdots\cdots\cdots\cdots\cdots\cdots\cdots(18)$$
$$\Psi_2 = \Psi_0 + \eta \quad\cdots\cdots\cdots\cdots\cdots\cdots\cdots(19)$$

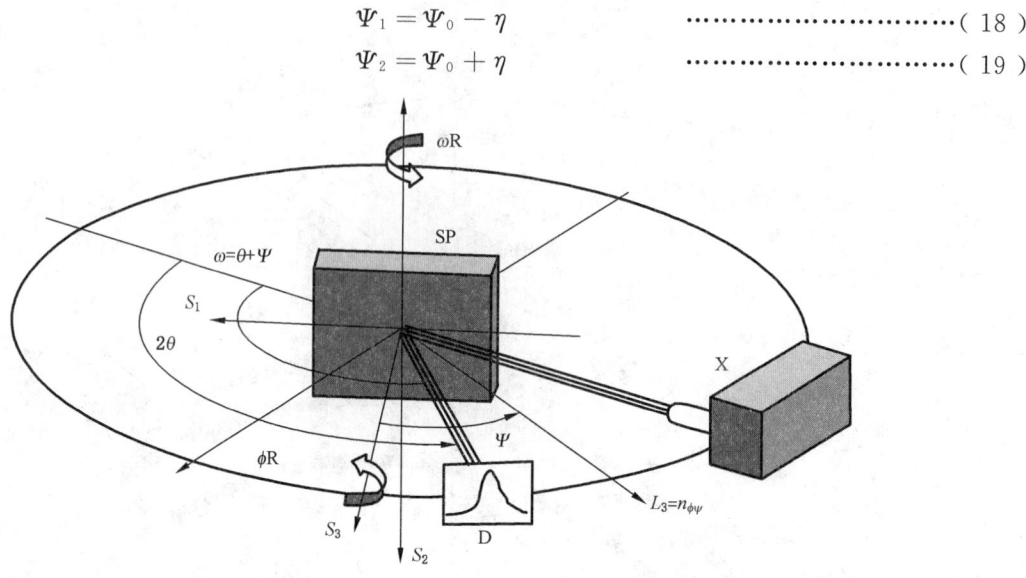

图 7　同倾固定 Ψ_0 法（单线阵探测器 ω 法）衍射仪图示

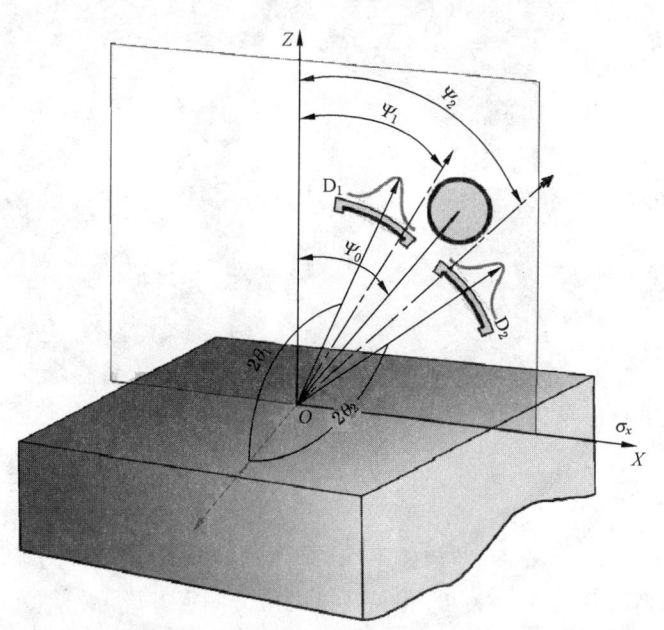

说明：

OZ ——O 点试样表面法线；

OX ——应力方向；

Ψ_0 ——X 射线入射角；

D_1 ——左线阵探测器；

$2\theta_1$ ——左线阵探测器测得的衍射角；

Ψ_1 ——$2\theta_1$ 对应的衍射晶面方位角；

D_2 ——右线阵探测器；

$2\theta_2$ ——右线阵探测器测得的衍射角；

Ψ_2 ——$2\theta_2$ 对应的衍射晶面方位角。

图 8　同倾固定 Ψ_0 法（双线阵探测器 ω 法）

5.3 同倾固定 Ψ_0 法(θ-2θ 扫描法)

固定 Ψ 法是将探测器和 X 射线管作同步等量相向作 θ-θ 扫描,或作 θ-2θ 扫描,使得在获得一条衍射曲线数据的过程中 Ψ 角保持不变,亦即参与衍射的晶粒群固定不变的应力测定方法。就应力分析方法 $\sin^2\Psi$ 原理而言,固定 Ψ 法具有更加明晰的物理意义,对于具有轻微织构或晶粒稍微粗大的材料,此方法可以显示其优势,因为该方法可以在一定程度上避免因参加衍射晶粒群的改换和参加衍射晶粒数目的变化而致使衍射峰发生畸变。

注1:θ-θ 扫描即入射线和接收线同步相向(向背)改变一个相同的微动角度 $\Delta\theta$,二者合成一个 $\Delta2\theta$-2θ 扫描步距。

注2:θ-2θ 扫描是针对以固定 Ψ_0 法测角仪而设计,扫描起始时,使入射线和探测器的接收线二者关于选定的晶面法线对称;在扫描的每一步接收 X 射线时,使 X 射线管和探测器一起沿一个方向改变一个步距 $\Delta\theta$ 之后,探测器再向反方向改变一个 2 倍的 $\Delta\theta$(步距角为 $\Delta2\theta$),以保证在接收衍射线的时刻,上述二者一直处在关于选定的晶面法线对称的状态。

同倾固定 Ψ 法的要点是在同倾的条件下实施 θ-2θ 扫描的固定 Ψ 法(如图9所示)。

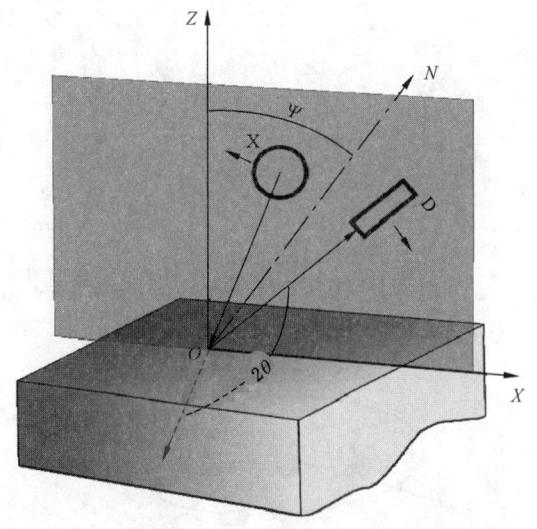

说明:
OZ ——O 点试样表面法线;
ON ——衍射晶面法线;
OX ——应力方向;
X ——X 射线管;
D ——探测器(计数管);
2θ ——衍射角。

注:扫描起始时 X 射线管和探测器关于晶面法线 ON 对称分布;扫描寻峰过程中实施 θ-2θ 扫描,使二者相对于选定的晶面法线 ON 等量相向或相反而行,探测器采集的每个时刻均二者保持关于晶面法线 ON 对称。

图 9 同倾固定 Ψ 法

5.4 侧倾法(χ 法)

侧倾法(χ 法)是应力方向平面(Ψ 平面)与扫描平面(2θ 平面)相互垂直的应力测定方法。在测定过程中,2θ 平面绕 χ 轴相对转动(如 10 和图 11 所示),它与试样表面法线之间形成的倾角即 Ψ 角。

侧倾法(χ 法)的特点是衍射峰的吸收因子作用很小,有利于提高测定精度;2θ 范围与 Ψ 范围可以根据需要充分展开;对于某些材料需要时可以使用峰位较低的衍射线(例如峰位在 145°之下)测定应力;对于某些形状的工件或特殊的测试部位具有更好的适应性。

使用线阵探测器的侧倾法图如 10 和图 11 所示。

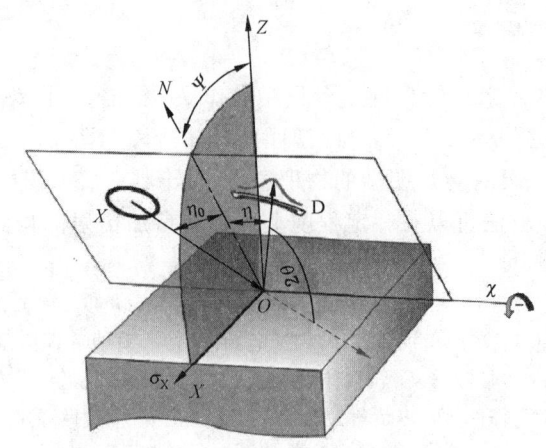

说明：

OZ ——O 点试样表面法线；

ON ——衍射晶面法线；

OX ——应力方向；

X ——X 射线管；

D ——线阵探测器；

η_0 ——参考无应力状态的 η 角；

2θ ——衍射角；

X ——2θ 平面转轴；

Ψ ——衍射晶面方位角。

图 10 设置负 η_0 角的侧倾法

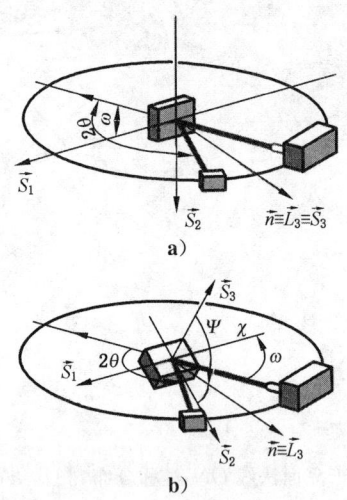

说明：

S_1,S_2,S_3 ——试样坐标系；

L_1,L_2,L_3 ——实验室坐标系；

$\vec{n}$ ——衍射晶面法线；

2θ ——衍射角；

χ ——2θ 平面转轴；

Ψ ——衍射晶面方位角。

注：设 $\omega=\theta$ 等同于设 η_0 角。

图 11 侧倾法（X 法）的衍射仪图示

图10和图11的布置又可称为有倾角(意为 X 射线偏离 OXZ 平面)侧倾法。以图10为例,在 2θ 平面里,右侧设置一个线阵位敏探测器 D,探测器的中心接收线与垂直于试样表面的 OXZ 平面呈 η_0 角 [试样无应力状态的 η 角,计算公式为(16)、式(17);左侧则设置入射线,使之与 OXZ 平面呈一 η_0 角,于是衍射晶面法线名义上在 OXZ 平面(Ψ 平面)以内,2θ 平面与试样表面法线之夹角直观地呈现为 Ψ 角。图11按衍射仪的结构采用试样坐标和实验室坐标联合表述了侧倾法(χ 法),$\omega=\theta$ 等同于设置负 η_0 角,在图11 a)中衍射晶面法线 $\vec{n}$、试样坐标的 S_3 和实验室坐标 L_3 的重合,$\Psi=0$;而图11 b)表明试样绕 χ 轴转动之后,试样坐标的 S_3 与衍射晶面法线 $\vec{n}$、实验室坐标的 L_3 之夹角呈现为 Ψ 角。

5.5 双线阵探测器侧倾法(修正 χ 法)

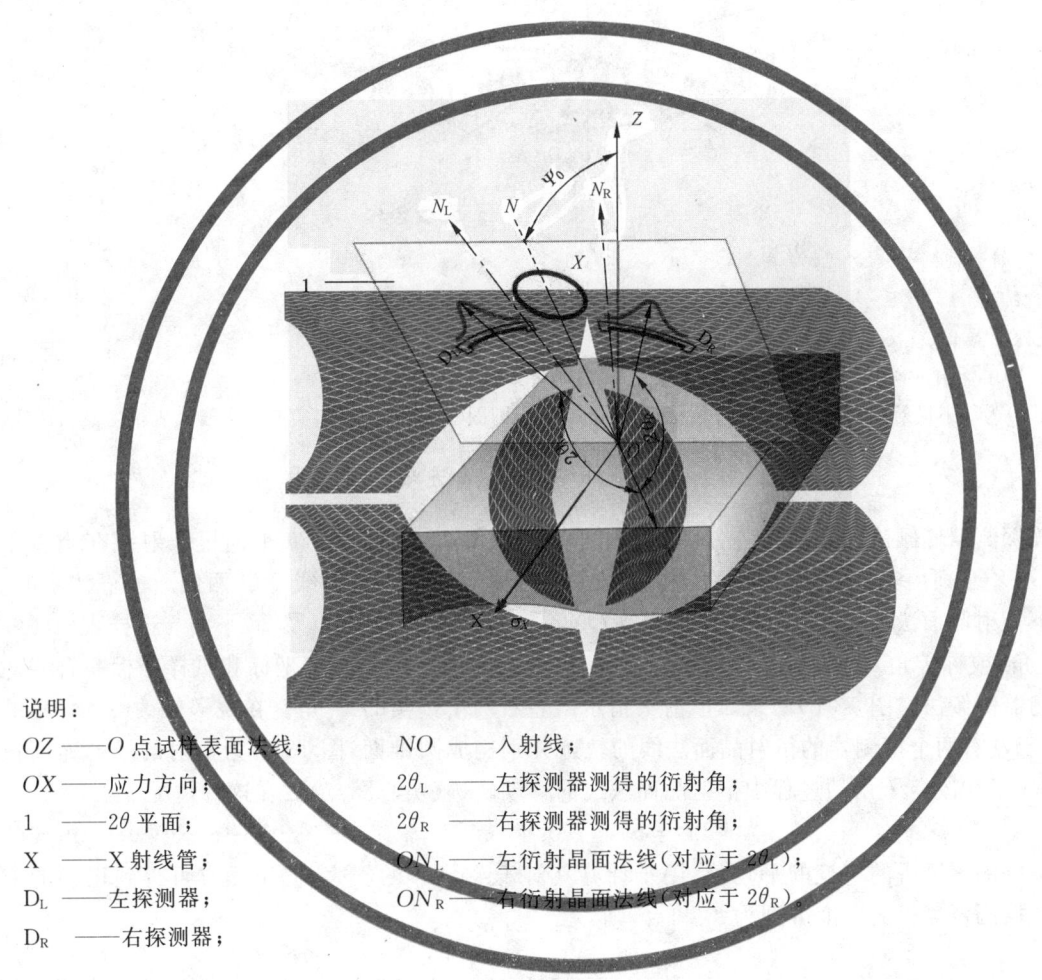

说明:

OZ ——O 点试样表面法线; NO ——入射线;
OX ——应力方向; $2\theta_L$ ——左探测器测得的衍射角;
1 ——2θ 平面; $2\theta_R$ ——右探测器测得的衍射角;
X ——X 射线管; ON_L ——左衍射晶面法线(对应于 $2\theta_L$);
D_L ——左探测器; ON_R ——右衍射晶面法线(对应于 $2\theta_R$)。
D_R ——右探测器;

图 12 双线阵探测器侧倾法(修正 χ 法)

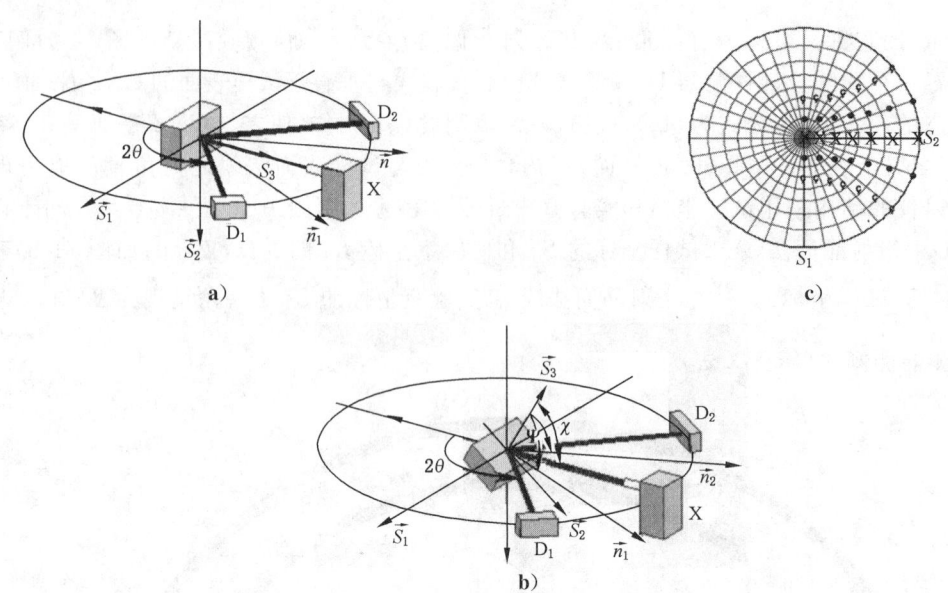

a)

c)

b)

说明：

X ——X 射线管；

D_1 ——探测器 1；

D_2 ——探测器 2。

注 1：图 b)中标出 Ψ 角和 χ 角，明确了 Ψ 角和 χ 角物理意义的区别。

注 2：图 c)为衍射极射赤面投影图，其中 X 代表入射线，空心圆圈○代表衍射线，实心圆点●代表衍射晶面法线。

图 13 双线阵探测器侧倾法（修正 χ 法）的衍射仪图示

双线阵探测器侧倾法的几何布置如图 12 和图 13。以图 12 为例，在 2θ 平面里入射线在垂直于试样表面的 OXZ 平面内，而两个线阵探测器 DL 和 DR 对称地分布于入射线 NO 两侧。值得注意的是，在此情况下衍射晶面法线 ONL 和 ONR 并不在 OXZ 平面以内，入射线以及 2θ 平面与试样表面法线的夹角为 Ψ_0 角（或称 χ 角）而非 Ψ 角。图 13 按照衍射仪的结构使用实验室坐标和试样坐标联合表述了双线阵探测器侧倾法。图 13 b)两条弧形箭头指示出左右两个真实的 Ψ 角。在绕 χ 轴改变 Ψ_0 角的过程中，对应于左右两个探测器的衍射晶面法线的轨迹分别构成圆锥面，图 13 c)为衍射的极射赤面投影图，清晰描述了在改变 χ 角的过程中衍射晶面法线的移动轨迹（实心圆点）。在这种情况下，

$$\Psi = \cos^{-1}(\cos\Psi_0\sin\theta) \quad\quad\quad\quad\quad\quad\quad (20)$$

取两个探测器测得的应变的平均值，用于计算其对于 $\sin^2\Psi_0$ 的斜率，修正后方可得到正确的应力值。设两个探测器测得的应变分别为 ε_l 和 ε_r，则

$$\sigma_x = \frac{1}{\cos^2\eta_0} \cdot \frac{1}{1/2 S_2} \cdot \frac{\partial(\varepsilon_l + \varepsilon_r)/2}{\partial \sin^2\Psi_0} \quad\quad\quad\quad (21)$$

而 σ_x 作用面的 y 方向切应力

$$\tau_{xy} = -\frac{1}{\sin 2\eta_0} \cdot \frac{1}{1/2 S_2} \cdot \frac{\partial(\varepsilon_l - \varepsilon_r)/2}{\partial \sin^2\Psi_0} \quad\quad\quad\quad (22)$$

式(21)和式(22)中：

σ_x ——图 12 中 O 点 X 方向正应力；

τ_{xy} ——图 12 中 O 点垂直于 OX 的平面上 OY 方向的切应力分量。

5.6 侧倾固定 Ψ 法(即 $\theta\text{-}\theta$ 扫描 Ψ 法)

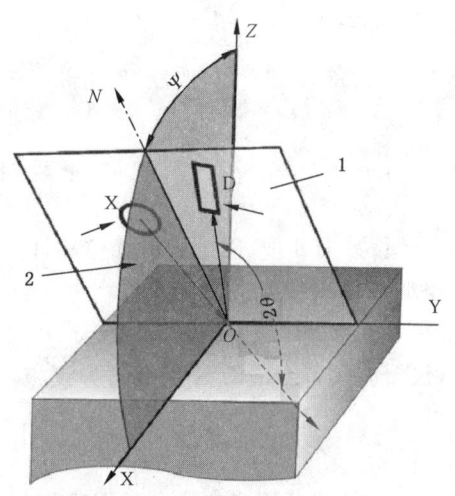

说明:

OZ ——试样表面法线;

ON——衍射晶面法线;

OX ——应力方向;

X ——X 射线管;

D ——探测器;

1 ——2θ 平面;

2 ——Ψ 平面(应力方向平面);

OY ——2θ 平面转轴;

2θ ——衍射角。

注:在 2θ 平面里,X 射线管与探测器对称分布于 Ψ 平面两侧并指向被测点 O,二者作同步、等步距相向或相反扫描(即 $\theta\text{-}\theta$ 扫描)。

图 14 侧倾固定 Ψ 法

侧倾固定 Ψ 法是侧倾法与固定 Ψ 法的结合。如图 14 所示,其几何特征是 2θ 平面与 Ψ 平面保持垂直;在 2θ 平面里,X 射线管与探测器对称分布于 Ψ 平面两侧并指向被测点 O,二者作同步相向扫描(即 $\theta\text{-}\theta$ 扫描)。这样,在扫寻峰过程中衍射晶面法线始终固定且处于 Ψ 平面之内。该方法除兼备上述侧倾法和固定 Ψ 法的特征之外,还有吸收因子恒等于 1,因而衍射峰的峰形对称,背底不会倾斜,在无织构的情况下衍射强度和峰形不随 Ψ 角的改变而变化,有利于提高定峰精度。

5.7 摆动法

摆动法是在探测器接收衍射线的过程中,以每一个设定的 Ψ 角(或 Ψ_0 角)为中心,使 X 射线管和探测器在 Ψ 平面内左右回摆一定的角度($\pm\Delta\Psi$ 或 $\pm\Delta\Psi_0$)的应力测定方法。这种方法客观上增加了材料中参加衍射的晶粒数,是解决粗晶材料应力测定问题的近似处理方法。在 5.2~5.6 所述各种方法的基础上均可增设摆动法。摆角 $\Delta\Psi$ 或 $\Delta\Psi_0$ 一般不超过 6°。另外也可采取样品平面摆动法以及沿德拜环摆动法。

6 仪器

6.1 基本要求

X射线衍射应力测定仪器应满足JB/T 9394的规定,并具有如下配置:

——应配置X射线管和探测器,应具备确定ϕ角、改变Ψ角和在一定的2θ范围自动获得衍射曲线的功能;

——应能实现本标准所列测定方法之一,或兼容多种方法,满足相关的角度范围要求和整机测试精度;

——软件具有按照本标准规定进行数据处理、确定衍射峰位和计算应力值的功能;

——应配备零应力粉末试样和观察X射线光斑的荧光屏;

——X射线管高压系统,管压宜不低于30 kV,管流宜不低于10 mA。专用装置可采用较小功率;

——根据其辐射剂量的大小,仪器应具备合适的X射线防护设施。

6.2 X射线管的配备

仪器宜配备各种常用靶材的X射线管以备用户选择。常用靶材包括Cr、Cu、Mn、Co等。

6.3 探测器

可选择不同类型的X射线探测器:

——单点接收的探测器(通过机械扫描获得衍射强度沿反射角的分布曲线);

——线阵探测器(可一次获得整条衍射曲线);

——面探测器(可一次获得整个或部分德拜环)。

选择不同类型的探测器时宜注意到各类探测器的特点和技术要求:

——单点探测器,通过θ-θ扫描或θ-2θ扫描可实现固定Ψ法,且允许采用稍宽的接收窗口实现卷积扫描,以便获得较高的衍射强度;

——线阵或面探测器,能显著节省采集衍射曲线的时间,提高测试工作效率。线阵探测器应有一定的能量分辨率,以获得适宜的衍射曲线峰背比;应避免因探测器饱和而扭曲衍射峰形。

6.4 测角仪

作为应力测定仪器的测量执行机构,测角仪应包括X射线管和探测器,应具备确定ϕ角、改变Ψ角和在一定的2θ范围自动获得衍射曲线的功能。对测角仪的基本要求如下:

——2θ回转中心、Ψ回转中心、X射线光斑中心、仪器指示的测试点中心四者应相重合;

——接收反射线的2θ总范围:一般高角不小于$167°$,低角宜不大于$143°$;某些专用测试装置不受此角度范围的限制;

——线阵探测器本身覆盖的2θ宽度宜不小于衍射峰半高宽(参见附录A)的3倍;

——2θ最小分辨率宜不大于$0.05°$;

——Ψ_0角或Ψ角的范围一般宜设为$0°\sim45°$,需要时可增大范围,可增设负角;针对特定条件的专用装置不受此角度范围的限制;

——Ψ_0角或Ψ角的设置精度应在$\pm0.5°$范围之内;

——应具备用以指示测试点和应力方向的标志;

——应有明确的标定距离——测角仪回转中心至测角仪上指定位置的径向距离,并应具备调整距离装置和手段;

——应有 Ψ_0 角或 Ψ 角的指示,并应具备校准 Ψ_0 角或 Ψ 角的装置和手段;

——X 射线管窗口宜装备用以选择光斑形状和尺寸的不同规格的狭缝或准直器;

——应配备 K_β 辐射滤波片。

6.5 检定

设备应定期检定。设备的机械或者电子器件有重要变化之后,也应对设备重新进行检定。设备的检定宜使用(如,无应力试样)LQ 或 ILQ 应力参考样品(见附录 C)进行。

一个 ILQ 应力参考样品的获得需要通过至少 5 个实验室的循环测试比对。无应力粉末试样以及 ILQ 或 LQ 应力参考样品及设备认证,见附录 C。

对于无应力铁粉,使用 $CrK\alpha$ 辐射和(211)晶面,仪器连续测试不少于 5 遍,所得应力平均值应在 ± 14 MPa 以内,其标准差宜不大于 7 MPa;如果标准差超过 14 MPa,则应调整仪器或测量参数。

等强度梁试验(参见附录 D)可作为检验仪器测定准确度的另一手段。依据仪器对等强度梁加载状态测试所得的应力值 σ_x,和载荷应力 σ_p 与其残余应力 σ_r 的代数和 $(\sigma_p + \sigma_r)$ 的偏差 $|\sigma_x - \sigma_p + \sigma_r|$ 的大小,可判定仪器是否合格;评判标准可参考对无应力铁粉试验结果的要求。建议采用 40 Cr 钢制作梁体,试验应满足如下条件:

——$CrK\alpha$ 辐射,(211)晶面,$\frac{1}{2} S^{\{hkl\}} = 5.81 \times 10^{-6}$ mm²/N,或 $K = -318$ MPa/(°);

——加载用砝码质量符合计量标准;

——执行本标准规定的方法进行测定;

——梁体的装卡位置方向应正确且稳固牢靠;

——梁体经过调质、矫直和充分的去应力退火,然后采用电解或化学抛光去除表面氧化层;

——测试点应确定在梁体的中心线上,离装卡线的距离大于梁体厚度的 3 倍;

——应力方向与中心线一致;

——梁体中心线为主应力方向。

7 试样

7.1 试样及其材料特性

7.1.1 概述

本方法原则上适用于具有足够结晶度,在特定波长的 X 射线照射下能得到连续德拜环的晶粒细小、无织构的各向同性的多晶体材料。在下列条件下本方法存在局限性:

——试样表面或沿层深方向存在强烈的应力梯度;

——材料存在强织构;

——材料晶粒粗大;

——材料为多相材料;

——衍射峰重叠;

——衍射强度过低,衍射峰过分宽化。

7.1.2 试样材质参数

为测量和计算残余应力,试样材质的如下参数是必要的:

——材料中主要相的晶体类型和衍射晶面指数;

——X 射线弹性常数或应力常数;

——试样材料的成分和微观组织结构、主要相的晶体学参数；

——材料或零部件的工艺历程，特别是其表面最后的工艺状态。

7.1.3 试样的形状、尺寸和重量

使用 X 射线应力测试仪器原则上可对各种形状、尺寸和重量的零部件或试样进行测试；但是依据实际情况有如下规定：

——所选择的测试位置应具备测试所需的空间和角度范围；

——截取的试样最小尺寸，应以不导致所测应力的释放为原则；

——零件的最小尺寸，应以能获得具有一定衍射强度和一定峰背比的衍射曲线为原则；

——一个测试点的区域宜为平面；如遇曲面，针对测试点处的曲率半径，宜选择适当的 X 射线照射面积，以能将被照射区域近似为平面为原则（见 8.1.3）；

注：测试点通常为有一定面积的小区域。

——在需要将试样夹紧在工作台上的情况下，应保证不因夹持而在测试部位产生附加应力。

7.1.4 材料的均匀性

根据应力测定基本原理（见 4.1），要求在 X 射线照射区域以内的材料是均匀的，故应尽量选取成分和组织结构同质性较高的区域作为测试点，并注意不同的 Ψ 角下 X 射线穿透深度不同，考虑成分和组织结构沿层深的变化。

对于多相材料，在各相的衍射峰互不叠加的前提下，分别测定各相应力 σ_i，则总的残余应力 $\sigma^{overall}$ 由材料中各相应力 σ_i 的贡献共同确定：

$$\sigma^{overall} = \sum_{phases} x_i \sigma_i \qquad\qquad\qquad (23)$$

式中：

$\sigma^{overall}$——材料总的残余应力；

x_i ——i 相在材料中所占的体积百分比；

σ_i ——i 相的应力，由其 $\{hkl\}$ 晶面的衍射测得。

7.1.5 材料的晶粒和相干散射区大小

根据应力测定基本原理（见 4.1），要求被测材料晶粒细小。在测试点的大小不属于微区的情况下，材料的晶粒尺寸宜在 10 μm～100 μm 范围。

晶粒和相干散射区大小宜满足如下条件之一：

——选定测试所需光斑尺寸，在固定 Ψ 或 Ψ_0 的条件下，任意改变几次 X 射线照射位置，所得衍射线形不宜有明显差异，其净峰强度之差不宜超过 20%；

——选定测试所需光斑尺寸，使用专用相机拍摄的德拜环应呈均匀连续状。

7.1.6 材料的织构度

根据应力测定基本原理（见 4.1），要求被测材料是各向同性的。材料中应无明显织构。

判断材料中的织构度可遵循如下规定：如对应于各个 Ψ 角的衍射峰积分强度，其最大者和最小者之比大于 3，可判定材料的织构较强。

7.1.7 试样的 X 射线穿透深度

对某些原子序数较低的材料，或者在使用较短波长 X 射线的情况下，宜采用掠射法或利用较大的 Ψ 角进行应力测定，以减弱穿透深度的影响。

7.1.8 涂层和薄膜

测定涂层的残余应力,应以涂层材料和基体材料的衍射峰不相互重叠为前提条件。

应注意到涂层材料的弹性常数值与块状材料未必相同。

7.2 试样的处理

7.2.1 测试点的表面状态和处理方法

试样测试点的表面状态一般应满足如下要求:

——对于实验目的而言应具有代表性;

——粗糙度 Ra 宜不大于 10 μm;

——应避开无关的磕碰划伤痕迹。

表面处理的基本原则应尽量避免施加任何作用,以维持试样表面原有的应力状态。针对不同情况,表面处理具体办法如下:

——在被测点有氧化层、脱碳层或油污、油漆等等物质的情况下,可采用电解抛光的方法或使用某种有机溶剂、化学试剂加以清除。在此应注意防止因某种化学反应腐蚀晶界或者优先腐蚀材料中的某一相而导致的局部应力松弛。

——在所选择的测试部位表面粗糙度过大或者存在无关的损伤及异物,需要使用砂轮或砂布打磨的情况下,则应在打磨之后采用电解或化学抛光的手段去除打磨影响层;然而此时须知测得的应力可能与原始表面有所不同。

7.2.2 测定应力沿层深分布的试样处理方法

7.2.2.1 概述

应力沿层深分布的函数关系可通过若干次交替进行电解(或化学)剥层和应力测定的办法求得。

在某些情况下利用 X 射线穿透深度的变化,例如使用不同波长的 X 射线或使试样倾斜不同的角度,也可以得到应力沿深度方向分布的参考数据。

7.2.2.2 剥层

建议采用电解抛光或化学腐蚀的方法对测试点进行剥层。如果需要进行深度剥层,也可使用机械(包括手工研磨)或电火花加工的方法,但是在此之后还应经过电解抛光或化学腐蚀的方法去除因这些加工而引入的附加残余应力。

注:电解抛光或化学腐蚀也有可能引起应力松弛,其原因包括原表面应力层的去除,表面粗糙度的变化,表面曲率的变化或者晶界腐蚀等。

如果是试样整体剥层,或者相对于整个试样体积而言去除材料的体积比较大,在计算原有应力场的时候需要考虑应力重新分布的因素。如果只对试样进行局部剥层,并对剥层面积加以合理限制(规定剥层面积与整个试样表面积之比、剥层面积与 X 射线照射面积之比,限制剥层深度等),特别是在有行业规定的情况下,允许不考虑电解或化学剥层引起的应力松弛。

7.2.2.3 剥层的厚度评估

剥层的厚度应使用相应的量具测定。对于非平面和粗糙度较大的测试区域,如果剥层改变了原来的曲率和粗糙度,建议记载实际状况备考。

7.2.3 大型或复杂形状工件的测试及表面处理方法

对于大型和形状复杂的工件,可使用合适的大型支架或专用工装将测角仪对准指定的待测部位进行测试,尽量避免切割工件。

如果必须切割工件,则应尽量避免改变被测部位原有的应力状态。切割工作可遵循如下规定:
- ——不宜使用火焰切割;
- ——使用电火花线切割或机械切割时,应尽量加强冷却条件,减少切割所导致的温升;
- ——测量部位应尽量远离切割边缘,以减小垂直于切割边缘方向上应力松弛的影响,建议测量部位至切割边缘的距离大于试件该处的厚度。

8 测定程序

8.1 测定条件和参数的选择

8.1.1 测定方法的选择

选择测定方法的原则如下:
- ——考虑被测点所处的空间条件和待测应力方向,选择测定方法应保证测角仪的动作不受干涉(见5.1~5.6);
- ——在空间条件允许的情况下,应尽量选择 X 射线吸收因子的影响较小、乃至吸收因子恒等于1的测定方法(见5.4和5.6);
- ——在满足测定精确度要求的前提下,也可选择对标定距离设置误差的宽容度较大的方法(见5.2);
- ——在条件具备的情况下,尽量选择固定 Ψ 法(见5.3和5.6);
- ——对于晶粒粗大的材料可选择摆动法。

8.1.2 定峰方法的选择

定峰方法即在测得的衍射曲线上确定衍射峰位(衍射角 2θ)的方法。选择定峰方法的原则如下:
- ——在能够得到完整的钟罩型衍射曲线的条件下,可选择交相关法、半高宽法、重心法、抛物线法或者其他函数拟合法(见附录 E.3)。宜尽量选择利用原始衍射曲线数据较多的方法。
- ——在采用侧倾固定 Ψ 法的前提下,如果因为某种原因无法得到完整衍射曲线而只能得到衍射峰的主体部分,或者衍射峰的背底受到材料中其他相衍射线的干扰,则作为近似处理,可不扣背底,而采用抛物线法或"有限交相关法"定峰(见附录 E.3.4),同时注意合理选择取点范围,尽量避免背底的干扰。
- ——在一次应力测试中,对应于各 Ψ 角的衍射曲线定峰方法应是一致的。

8.1.3 照射面积的选择

照射面(X 射线光斑)的面积大小可通过选用不同直径的准直管、不同尺寸的狭缝而获得。
选择 X 射线光斑的原则如下:
- ——根据测试目的和要求的应力分布分辨率确定光斑尺寸;
- ——根据试件表面的应力分布梯度确定光斑尺寸:对于表面应力分布梯度较为平缓且曲率半径较大的试样,可选用适当的较大的照射面积;如果在某一方向上应力分布梯度较大,则应缩小这个方向上的光斑尺寸;
- ——根据试件被测点处的曲率半径大小确定光斑尺寸:对于曲率半径比较小的试样,应采用较小的光斑,保证在设定的 Ψ 和 2θ 范围里入射和反射的 X 射线不被弧形测试面本身部分地遮挡,并符合本文件7.1.3 第 4 条规定。参考的原则:光斑直径宜不大于测试点曲率半径的 0.4 倍。

8.1.4 辐射、衍射晶面和应力常数的选择

总原则:依据布拉格定律,针对现有试样材料的晶体结构合理确定辐射和衍射晶面,力求得到孤立、

完整、峰高(强度)、峰背比较好的衍射峰。

表2给出常用材料的晶体结构、推荐使用的辐射和衍射晶面,并给出相应的衍射角 2θ、X 射线弹性常数 $\frac{1}{2}S_2^{\langle hkl \rangle}$ 和 $S_1^{\langle hkl \rangle}$ 及应力常数 K,供参考。X 射线弹性常数也可参照附录 F 计算获得。对于某些不同成分的合金、陶瓷以及表中未列出的材料,其 X 射线弹性常数或应力常数可以查阅资料,也可以通过实验求出。

注:如果选取的 X 射线弹性常数或应力常数 K 不正确,势必给测定结果带来系统误差。但是在对比性试验中这种系统误差一般不影响对实验结果的分析和评判。

在辐射、晶面选择方面还应当关注如下因素:

——一般说来衍射峰位越高则应力测定误差越小。某些情况下也可使用角度较低的衍射线(例如在 139°至 124°之间),但是不建议使用低于 120°的衍射线;

——选择的衍射峰不宜太靠近仪器的 2θ 极限;

——在选择辐射和晶面的时候,宜选择多重性因数较大的晶面,以避免或减弱织构的影响;

——选择辐射宜尽可能避免导致试样材料产生荧光辐射,可遵循的原则是:

$$Z_\text{靶} \leqslant Z_\text{样} + 1 \quad\quad\quad\quad\quad\quad\quad\quad\quad\quad (24)$$

或

$$Z_\text{靶} > Z_\text{样} \quad\quad\quad\quad\quad\quad\quad\quad\quad\quad (25)$$

式中:

$Z_\text{靶}$——靶材的原子序数;

$Z_\text{样}$——试样材料的原子序数。

也可采用衍射光束单色器或使用电子式能量识别探测器消除荧光辐射。

表 2　常用材料晶体结构、辐射、滤波片、晶面、衍射角与应力常数表

材料	晶体结构	辐射	滤波片	衍射晶面	重复因子	2θ	$\frac{1}{2}S_2^{\langle hkl \rangle}/$ 10^{-6} mm²·N⁻¹	$S_1^{\langle hkl \rangle}/$ 10^{-6} mm²·N⁻¹	$K/$ 10^{-6} mm²·N⁻¹	$Z_0/$ μm
铁素体钢及铸铁	体心立方	CrKα	V	{211}	24	156°	5.81	−1.27	−318	5.8
奥氏体钢	面心立方	MnKα	Cr	{311}	24	152°	7.52	−1.80	−289	7.2
		CrKβ				149°			−366	
铝合金	面心立方	CrKα	V	{222}	8	156°	18.56	−4.79	−97	11.5
				{311}	24	139°	19.54	−5.11	−166	11.0
		CuKα	Ni	{422}	24	137°	19.02	−4.94	−179	34.4
		CoKα	Fe	{420}	24	162°	19.52	−5.11	−71	23.6
				{331}	24	148.6°	18.89	−4.9	−130	23.0
镍合金	面心立方	MnKα	Cr	{311}	24	152～162°	6.50	−1.56	−181	4.9
		CrKβ				149～157°			−322	
		CuKα	Ni	{420}	24	157°	6.47	−1.55	−280	2.5

表 2（续）

材料	晶体结构	辐射	滤波片	衍射晶面	重复因子	2θ	$\frac{1}{2}S_2^{\{hkl\}}$ / 10^{-6} mm²N⁻¹	$S_1^{\{hkl\}}$ / 10^{-6} mm²N⁻¹	K / 10^{-6} mm²N⁻¹	Z_0 / μm
钛合金	六方	CuKα	Ni	{213}	24	142°	11.68	−2.83	−277	5.1
铜	面心立方	CrKβ		{311}	24	146°	11.79	−3.13	−225	
		MnKα	Cr			150°			−198	4.2
		CoKα	Fe	{400}		164°	15.24	−4.28	−82	7.1
α-黄铜	面心立方	CrKβ		{311}	24	139°	11.49	−3.62	−285	
		MnKα	Cr			142°			−261	
		CoKα	Fe	{400}		151°	18.01	−5.13	−124	7.0
β-黄铜	体心立方	CrKα	V	{211}	24	145°	15.10	−4.03	−180	3.5
镁	六方	CrKα	V	{104}	12	152°	27.83	−6.09	−78	21.3
钴	六方	CrKα	V	{103}	24	165°	5.83	−1.35	−192	4.5
钴合金	面心立方	MnKα	Cr	{311}	24	153~159°	6.87	−1.69	−270	5.7
钼合金	立方体	FeKα	Mn	{310}	24	153°				1.6
锆合金	六方	FeKα	Mn	{213}	24	147°				2.8
钨合金	体心立方	CoKα	Fe	{222}	8	156°	3.20	−0.71	−569	1.0
		CuKα	Ni	{400}		154°	3.21	−0.71	−640	1.5
α-氧化铝	密排六方	CuKα	Ni	{146}	12	136°	3.57	−0.76	−986	37.4
		CuKα	Ni	{4.0.10}	6	145°	3.70	−0.79	−739	38.5
		FeKα	Mn	{2.1.10}	12	152°	3.42	−0.68	−637	19.6
γ-氧化铝	立方体	CuKα	Ni	{844}	24	146°				38.5
		VKα	Ti	{440}	12	128°				8.8

注 1：表中的 X 射线弹性常数是由单晶系数按 Voigt 假设和 Reuss 假设计算获得的值的算术平均值。

注 2：表中 2θ 和 Z_0 为参考值。平均信息深度 Z_0 是指 67% 的衍射强度被吸收的深度，即沿深度方向应力梯度假定为线性时的应力测量深度。

8.1.5 φ 角和 Ψ 角的选择

φ 角的选择依据待测应力方向（见 8.2.2）。

Ψ 角的选择，宜在 0°～45° 之间。Ψ 角的个数宜选择 4 个或更多。选择若干个 Ψ 角的数值时宜使 $\sin^2\Psi$ 值间距近似相等。

鉴于试样材料状态的多样性和测试的实际需要，尚有如下规定：

——在确认材料晶粒细小无织构的情况下，可采用 0° 和 45° 或其他相差尽量大的两个 Ψ 角；

——特殊情况下允许选择特定的 Ψ 范围,但宜使其 $\sin^2\Psi$ 有一定的差值;在此情况下如果测定结果的重复性不满足要求,可在此范围内增加 Ψ 角的个数;

——在确认垂直于试样表面的切应力 $\tau_{13}\neq0$ 或 $\tau_{23}\neq0$,或者二者均不等于零的情况下,为了测定正应力 σ_ϕ 和切应力 τ_ϕ,则除了 $\Psi=0°$ 之外,还应对称设置 3 至 4 对或更多对正负 Ψ 角;在 ω 法的情况下,建议负 Ψ 角的设置通过 ϕ 角旋转 $180°$ 来实现;

——在张量分析中应至少设定 3 个独立的 ϕ 方向,如果测量前主应力方向已知,一般 ϕ 角取 $0°$、$45°$ 和 $90°$;最好在更大的范围里选择更多的独立 ϕ 角;在每一个 ϕ 角,应至少取 7 个 Ψ 角,包括正值和负值。

8.1.6 2θ 范围的选择

针对选定的衍射峰,宜选择能够保证得到完整峰型 2θ 范围。参考的原则是 2θ 范围大于衍射峰半高宽的 3 倍。

注:所谓完整的峰型,其特征是衍射峰的前后尾部与背底线具有相切的趋势并有一定区间的重合。

8.1.7 扫描步距的选择

扫描步距的选择以能够在经过二次三项式拟合之后得到比较平滑的衍射曲线而又不至于过分消耗测试时间为目标。一般最小步距宜不大于 $0.1°$。

8.1.8 采集时间的选择

单点探测器每步的采集时间或线阵探测器曝光时间的选择以能够得到计数足够高、起伏波动相对较小的衍射峰,而又不至于过分消耗测试时间为目标。

注:计数即探测器在规定的时间内接收到的 X 光子数目。计数越高则随机误差越小。

8.2 测试点定位

8.2.1 对准测试点

测试点的中心应准确置于仪器指示的测试点中心、X 射线光斑中心、测角仪回转中心三者相重合的位置。

注:测试点为一定面积的小区域。

某些情况下为了保持不同 Ψ 角之下照射面积不变,可使用能够阻挡入射 X 射线、其本身不产生衍射的某种薄膜材料覆盖测试点以外的部分。但是应保证 X 射线光斑中心与曝光面中心重合。

8.2.2 对准应力方向

试样待测应力方向应平行于仪器的应力方向平面(Ψ 平面)。

8.2.3 对准标定距离

按照仪器规定的方法对准标定距离(见 6.4),保证达到 8.2.1 的要求。

8.2.4 校准 Ψ 角或 Ψ_0 角

按照仪器规定的方法,或借助于垂直验具、水平仪等,调整测角仪主轴线与测试点表面法线的重合度,应保证实际的 Ψ 角或 Ψ_0 角的准确度。

注:测角仪主轴线即测角仪本身 $\Psi=0$ 或 $\Psi_0=0$ 的标志线。

8.3 测量过程及注意事项

测量过程一般应由仪器按照选定的测量条件和参数自动完成;需要的时候,可以辅以人工操作。

测试过程中应保证 X 射线管电压和电流的稳定性,并应保证 X 射线光路畅通。

测试过程中测角仪的动作不可受到干涉。

8.4 数据处理

8.4.1 概述

仪器采集到的数据是衍射强度 I(或计数)沿一定范围的反射角 2θ 的分布曲线。需要进行的数据处理包括扣除背底、强度因子校正、定峰(见附录 E),还包括应力值计算和不确定度计算。也可先将衍射曲线进行二次三项式拟合或合适的钟罩型函数(如高斯、柯西等)拟合,然后进行上述数据处理。

8.4.2 背底校正

测试仪器的探测器采集到的衍射曲线所包含的与布拉格衍射无关的背底应予以扣除,以得到纯净的衍射峰(见 E.1)。

如果衍射曲线不是一个孤立的衍射峰,所选用的衍射峰的背底与其他衍射峰有一定程度的重叠,则不宜轻易扣除背底,否则会造成大的偏差(见 8.1.2)。

8.4.3 强度因子校正

为了得到正确的衍射角,宜对衍射峰作洛伦兹-偏振因子 LP 和吸收因子 A 校正。但是洛伦兹-偏振因子 LP 与 Ψ 角无关,不影响应力值的计算(见 E.2.2),应力测定可不作此项校正;在同倾法的条件下吸收因子 A 与 Ψ 角密切相关,应进行校正(见 E.2.1)。

8.4.4 定峰

依据 8.1.2 可选择半高宽法、抛物线法、重心法等等方法确定衍射角 2θ(见附录 E.3)。

8.4.5 应力值计算

在平面应力状态下,应由 8.4.4 确定的对应于指定的 ϕ 角和各个 Ψ 角的衍射峰位角 $2\theta_{\phi\Psi}$,依据本标准式(8)、式(9)或式(10)计算应变 $\varepsilon_{\phi\Psi}$,然后采用最小二乘法计算式(12)中的斜率 $\dfrac{\partial \varepsilon_{\phi\Psi}^{\{hkl\}}}{\partial \sin^2\Psi}$ 或式(13)中的斜率 $\dfrac{\partial 2\theta_{\phi\Psi}}{\partial \sin^2\Psi}$,最后计算指定的 ϕ 角方向上的应力 σ_ϕ。

$$M^\varepsilon = \frac{\partial \varepsilon_{\phi\Psi}^{\{hkl\}}}{\partial \sin^2\Psi} = \frac{\sum\limits_{i=1}^{n}\varepsilon_{\phi\Psi i} \cdot \sum\limits_{i=1}^{n}\sin^2\Psi_i - n\sum\limits_{i=1}^{n}\varepsilon_{\phi\Psi i} \cdot \sin^2\Psi_i}{\left(\sum\limits_{i=1}^{n}\varepsilon_{\phi\Psi i} \cdot \sin^2\Psi_i\right)^2 - n\sum\limits_{i=1}^{n}\sin^4\Psi_i} \quad\cdots\cdots\cdots\cdots\cdots(26)$$

$$M^{2\theta} = \frac{\partial 2\theta_{\phi\Psi}}{\partial \sin^2\Psi} = \frac{\sum\limits_{i=1}^{n}2\theta_{\phi\Psi i} \cdot \sum\limits_{i=1}^{n}\sin^2\Psi_i - n\sum\limits_{i=1}^{n}2\theta_{\phi\Psi i} \cdot \sin^2\Psi_i}{\left(\sum\limits_{i=1}^{n}\varepsilon_{\phi\Psi i} \cdot \sin^2\Psi_i\right)^2 - n\sum\limits_{i=1}^{n}\sin^4\Psi_i} \quad\cdots\cdots\cdots\cdots\cdots(27)$$

$$\sigma_\phi = \frac{1}{2}S_2^{\{hkl\}} \cdot M^\varepsilon \quad\cdots\cdots\cdots\cdots\cdots\cdots\cdots\cdots(28)$$

$$\sigma_\phi = K \cdot M^{2\theta} \quad\cdots\cdots\cdots\cdots\cdots\cdots\cdots\cdots(29)$$

式(26)至式(29)中:

M^ε ——应变 $\varepsilon_{\phi\Psi}$ 对 $\sin^2\Psi$ 的斜率;

$M^{2\theta}$ ——衍射角 $2\theta_{\phi\Psi}$ 对 $\sin^2\Psi$ 的斜率;

$\dfrac{1}{2}S_2^{\{hkl\}}$ ——X 射线弹性常数；

K ——应力常数。

如果材料中存在垂直于试样表面的切应力，即 $\tau_{13}\neq0$ 或 $\tau_{23}\neq0$，或者二者均不等于零，应由 8.4.4 确定的对应于各个 $\pm\Psi$ 角的衍射角 2θ 计算晶格应变 $\varepsilon_{+\Psi}$ 和 $\varepsilon_{-\Psi}$，

$$\sigma_\phi=\frac{1}{1/2S_2}\cdot\frac{\partial(\varepsilon_{+\Psi}+\varepsilon_{-\Psi})/2}{\partial\sin^2\Psi} \quad\quad (30)$$

$$\tau_\phi=\frac{1}{1/2S_2}\cdot\frac{\partial(\varepsilon_{+\Psi}-\varepsilon_{-\Psi})/2}{\partial\sin2\Psi} \quad\quad (31)$$

式中：

σ_ϕ ——ϕ 方向的正应力分量；

τ_ϕ ——正应力 σ_ϕ 作用面上垂直于试样表面方向的切应力分量。

在采用双探测器侧倾法(修正 χ 法)的情况下，正应力 σ_ϕ 和它的作用面上平行于试样表面方向上的切应力 τ_ϕ 的计算见式(21)和式(22)(见 5.5)。

对应的主应力和主应力方向计算，见附录 G。

8.4.6 应力值不确定度计算

设 $X_i=\sin^2\Psi_i$，Y_i 代表 ε_Ψ 或 $2\theta_i$，M 代表 M^ε 或 $M^{2\theta}$，则应变 ε_Ψ 或衍射角 $2\theta_\Psi$ 对 $\sin^2\Psi$ 的拟合直线关系可表达为 $Q+MX_i$，Q 为直线在纵坐标的截距，则有

$$Q=\overline{Y}-M\overline{X} \quad\quad (32)$$

式中：

Q ——应变 ε_Ψ 或衍射角 $2\theta_\Psi$ 对 $\sin^2\Psi$ 的拟合直线在纵坐标的截距；

$\overline{X}$ ——$\sin^2\Psi$ 的平均值；

$\overline{Y}$ ——应变 ε_Ψ 或衍射角 $2\theta_\Psi$ 的平均值。

$$\overline{X}=\frac{\sum_{i=1}^n\sin^2\Psi_i}{n} \quad\quad (33)$$

$$\overline{Y}=\frac{\sum_{i=1}^n\varepsilon_{\Psi i}}{n}\text{ 或 }\overline{Y}=\frac{\sum_{i=1}^n2\theta_i}{n} \quad\quad (34)$$

应变 ε_Ψ 或衍射角 $2\theta_\Psi$ 对 $\sin^2\Psi$ 的拟合直线斜率 M 的不确定度定义为

$$\Delta M=t(n-2,\alpha)\sqrt{\frac{\sum_{i=1}^n[Y_i-(Q+MX_i)]^2}{(n-2)\sum_{i=1}^n[X_i-\overline{X}]^2}} \quad\quad (35)$$

式中：

ΔM ——拟合直线斜率(M^ε 或 $M^{2\theta}$)的不确定度；

$t(n-2,\alpha)$ ——自由度为 $n-2$，置信度为 $(1-\alpha)$ 的 t 分布值；

n ——测试所设定 Ψ 角的个数；

α ——置信水平；

$(1-\alpha)$ ——置信度或置信概率；

X_i ——$\sin^2\Psi_i$；

Y_i ——对应于每个 Ψ_i 的衍射角 $2\theta_{\Psi i}$ 测量值或计算出的应变 $\varepsilon_{\Psi i}$。

例如指定 $(1-\alpha)=0.75$，设定 4 个 Ψ 角，查表可以得到 $t=0.816\,5$；进一步计算

$$\Delta\sigma = \frac{1}{\frac{1}{2}S_2} \cdot \Delta M \qquad\qquad\cdots\cdots\cdots\cdots\cdots\cdots\cdots (\,36\,)$$

或

$$\Delta\sigma = K \cdot \Delta M \qquad\qquad\cdots\cdots\cdots\cdots\cdots\cdots\cdots (\,37\,)$$

在这样的条件下，应力测定的不确定度应表述为：在置信概率为 0.75 的条件下，应力值置信区间的半宽度为 $\Delta\sigma$。

9 报告

实验报告宜包括如下内容：

a) 试样名称、编号、材质、状态、晶体结构类型以及测试点部位、应力方向等；

b) 测定方法、定峰方法、衍射晶面、辐射、应力常数（X 射线弹性常数）等；

c) Ψ 角、2θ 范围、扫描步距（分辨率）、采集时间（曝光时间）、准直管直径或入射狭缝尺寸（光斑尺寸）、X 射线管电压电流等；如果采用了摆动法，还要注明摆动角度和摆动周次；

d) 应力值（带正负符号）；必要时，给出置信概率的不确定度，还应记载半高宽、积分宽、衍射角、最大衍射强度、积分强度，及 $\varepsilon-\sin^2\Psi$ 图或 $2\theta-\sin^2\Psi$；

e) 实验操作者、审核者、批准者姓名，来样日期、报告日期等。

注：积分宽（°）等于积分强度除以最大衍射强度。

10 测定结果评估

10.1 概略性评估

对测定结果进行概略性评估时，如因所得应力值的正负性和数量级迥然超乎人们的预期而令人质疑，则应从以下几方面进行复查：

——仪器是否经过检定（见 6.5）；

——材料的相、晶面、辐射、应力常数（或 X 射线弹性常数）的匹配有否有误（见 8.1.4）；

——测试点的表面处理是否正确，应注意到任何不经意的磕碰划伤或砂纸轻磨都会导致应力状态的显著变化（见 7.2.1）；

——照射面积是否合适（见 8.1.3）；

——衍射峰是否完整，是否有足够的强度和峰背比，是否孤立无叠加（见 8.4.2 和 8.1.2）；

——是否因为粗晶或织构问题致使 $2\theta-\sin^2\Psi$ 严重偏离直线关系（见 7.1.1）。

10.2 测定不确定度分析

10.2.1 概述

由 8.4.6 计算出的不确定度主要来源于实验数据点 $(2\theta,\sin^2\Psi)$ 或 $(\varepsilon,\sin^2\Psi)$ 相对于拟合直线的残差，实际上这里包含由试样材料问题引入的不确定度、由系统效应引入的不确定度和由随机效应引入的不确定度三个分量，应当进行具体分析。一般说来，在具有足够的衍射强度和可以接受的峰背比、对应于不同 Ψ 角的衍射峰积分强度相差不甚明显的条件下，如果 $\Delta\sigma$ 不超过 10.4 的规定，或者 $2\theta-\sin^2\Psi$ 图（或 $\varepsilon-\sin^2\Psi$ 图）上的实验数据点顺序递增或递减，则不确定度的主要分量可能是由随机效应引入的，一般通过改善测试条件（见 10.2.3）可减小随机效应的影响（见 10.2.4）；如果改善测试条件对降低不

确定度无明显效果,$2\theta-\sin^2\Psi$ 图上的实验数据点呈现无规则跳动或有规则震荡,则应主要考虑材料本身的因素。

10.2.2 由试样材料问题引入的不确定度分量

试样材料引入的不确定度:
——如衍射曲线出现异常的起伏或畸形,$2\theta-\sin^2\Psi$ 图(或 $\varepsilon-\sin^2\Psi$ 图)上的数据点呈现较大的跳动,建议首先检查材料的晶粒是否粗大,判定方法见 7.1.5;
——如 $2\theta-\sin^2\Psi$ 图(或 $\varepsilon-\sin^2\Psi$ 图)呈现明显的震荡曲线,但是重复测量所得各 Ψ 角的衍射角 2θ 重复性尚好,震荡曲线形态基本一致,则可以确认材料存在明显织构;从各 Ψ 角衍射峰的积分强度可以确定材料的织构度(见 7.1.6);
——观察衍射曲线是否孤立而完整,如有衍射峰大面积重叠的情况,测试结果是不可取的;只在接近峰背底的曲线段发生重叠的,处理方法见 8.1.2;
——在材料垂直于表面的方向有较大应力梯度,或材料中存在三维应力的情况下,如仍然按照平面应力状态进行测定和计算也会导致显著的测定不确定度(见 4.3 和 8.1.5)。

10.2.3 由测定仪器系统问题引入的不确定度分量

测试仪器系统引入的不确定度:
——仪器指示的测试点中心、X 射线光斑中心、测角仪回转中心三者的重合精度是决定系统问题不确定度分量和应力值准确性的最主要因素(见 6.4);
——衍射角 2θ 角、Ψ 角的精度也会直接影响测定不确定度和应力值准确性。

注:选用光斑的大小和形状与试样的平面应力梯度、测试点处的曲率半径不相匹配,也会使测定结果产生偏差,亦属系统问题。

10.2.4 由随机效应引入的不确定度分量

在衍射曲线计数较低、衍射峰宽化、峰背比较差的情况下,由随机效应引入的不确定度分量就会比较大。为减小此分量,建议选用如下措施:
——提高入射 X 射线强度;
——在测试要求和条件允许的前提下适当增大照射面积(见 8.1.3);
——缩小扫描步距,增加参与曲线拟合和定峰的数据点(见 8.1.7);
——延长采集时间,增大计数(见 8.1.8);
——采用摆动法(见 5.7)。

10.3 测定不确定度定量评估

正应力不确定度的评判标准:

如果 $|\sigma|\geqslant\dfrac{1}{400\cdot\frac{1}{2}S_2^{\{hkl\}}}$,则应有 $\Delta\sigma\leqslant\dfrac{1}{1\,600\cdot\frac{1}{2}S_2^{\{hkl\}}}$;

如果 $|\sigma|<\dfrac{1}{400\cdot\frac{1}{2}S_2^{\{hkl\}}}$,则应有 $\Delta\sigma\leqslant\dfrac{1}{1\,600\cdot\frac{1}{2}S_2^{\{hkl\}}}$ 或者 $\Delta\sigma\leqslant\frac{1}{4}|\sigma|$ 小于两者中较大者)。

切应力不确定度的评判标准:

$$\Delta\tau<\dfrac{1}{10\,000\cdot\frac{1}{2}S_2^{\{hkl\}}}$$

式中 $\Delta\sigma$ 和 $\Delta\tau$ 分别为在指定置信概率之下的置信区间半宽(见 8.4.6)。

附　录　A

（资料性附录）

衍射峰半高宽

按照布拉格定律，只有在严格的 2 倍布拉格角 θ 上才会出现衍射强度的极值，然而实际的衍射峰总会跨越一定的角度范围。为了描述这一现象，用到了半高宽这一参数，即除去背底的衍射峰在其最大强度 1/2 处所占据的宽度，以度（°）为单位。

图 A.1 给出相同几何条件下调质钢和经过喷丸的弹簧钢的 CrKα 辐射（211）晶面的衍射峰，并且分别标明它们半高宽。

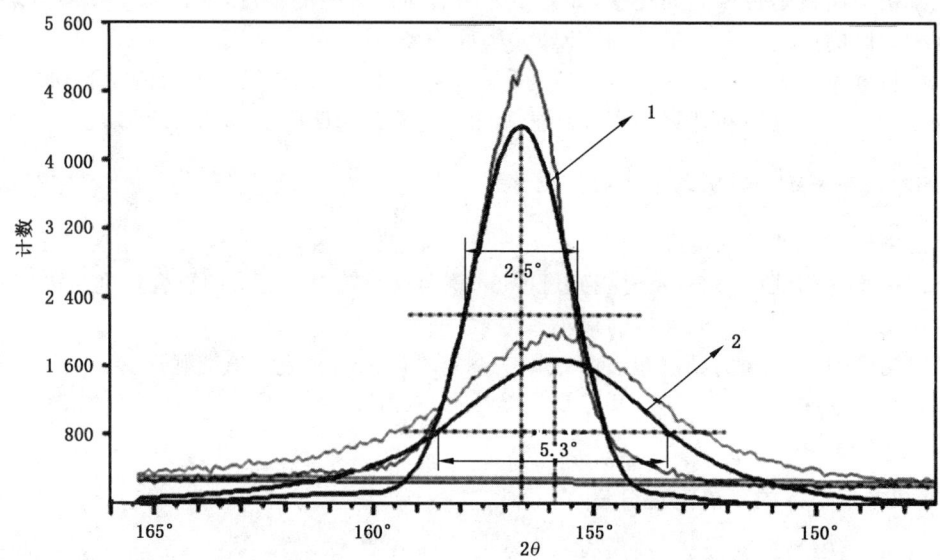

说明：

1——CrKα 辐射，调质钢（211）晶面衍射峰；

2——CrKα 辐射，喷丸强化弹簧钢（211）晶面衍射峰。

图 A.1　材料不同状态的衍射峰半高宽

从 X 射线衍射分析的角度来说，半高宽是个非常重要的物理参数。它的大小既有几何因素，又有物理因素。

几何因素指的是入射光束发散度越大，接收狭缝越宽，则半高宽越大。

就物理因素而言，首先是相干散射区的大小。当相干散射区比较大的时候，在入射线和反射线偏离布拉格角 θ 一个微小的 Δθ 的条件下，相干散射区内各层晶面的反射矢量相加即可形成一个完整的位相而相消，所以衍射峰不会宽化；反之，如果相干散射区很小，在布拉格角 θ 左右一定区间里，因各层晶面反矢量相加无法相消而会产生一定的衍射振幅，这就是衍射峰宽化的本质原因。其次第二类内应力（微观应力）增大，位错密度增高，都会导致衍射峰宽化。

导致衍射峰宽化的因素属于材料微观组织结构的范畴，并显著影响到材料的力学性能。

附 录 B
（资料性附录）
穿透深度修正

B.1 概述

由穿透引起的衍射峰移位可以计算出来。它首先需要对每次倾斜的信息深度（加权平均穿透深度）进行计算。

根据下面的公式修正衍射峰位置：

$$2\theta_{corr} = 2\theta_{means} + \Delta 2\theta_{tr} \quad\quad\quad\quad\quad\quad\quad (B.1)$$

B.2 ω法

厚样品的信息深度：

$$Z = \frac{\sin^2\theta - \sin^2(\omega - \theta)}{2 \cdot \mu \cdot \sin\theta \cdot \cos(\omega - \theta)} \quad\quad\quad\quad\quad (B.2)$$

那么衍射峰的偏移（度）：

$$\Delta 2\theta_{tr} = \frac{-180}{\pi} \cdot \frac{2Z}{R} \cdot \frac{\sin\theta\cos\theta}{\sin\omega} \quad\quad\quad\quad (B.3)$$

式中：
μ ——线性衰减系数；
θ ——布拉格角；
$\omega - \theta$ ——补偿角；
Z ——信息深度；
R ——衍射测角仪半径。

B.3 χ法

厚样品的信息深度为：

$$Z = \frac{\sin\theta \cdot \cos\chi}{2\mu} \quad\quad\quad\quad\quad\quad\quad (B.4)$$

那么衍射峰的偏移（度）：

$$\Delta 2\theta_{tr} = \frac{-180}{\pi} \cdot \frac{2z}{R} \cdot \frac{\cos\theta}{\cos\chi} \quad\quad\quad\quad (B.5)$$

式中：
μ ——线性衰减系数；
θ ——布拉格角；
Z ——信息深度；
R ——衍射测角仪半径。

穿透深度校正通常是可以忽略不计的。在线性吸收系数 μ 小于 $200\ cm^{-1}$ 时要考虑此修正，如陶瓷、氧化物、轻金属、聚合物并且用铬、钴、铜辐射时，对于使用钼辐射的金属和重金属也要修正。

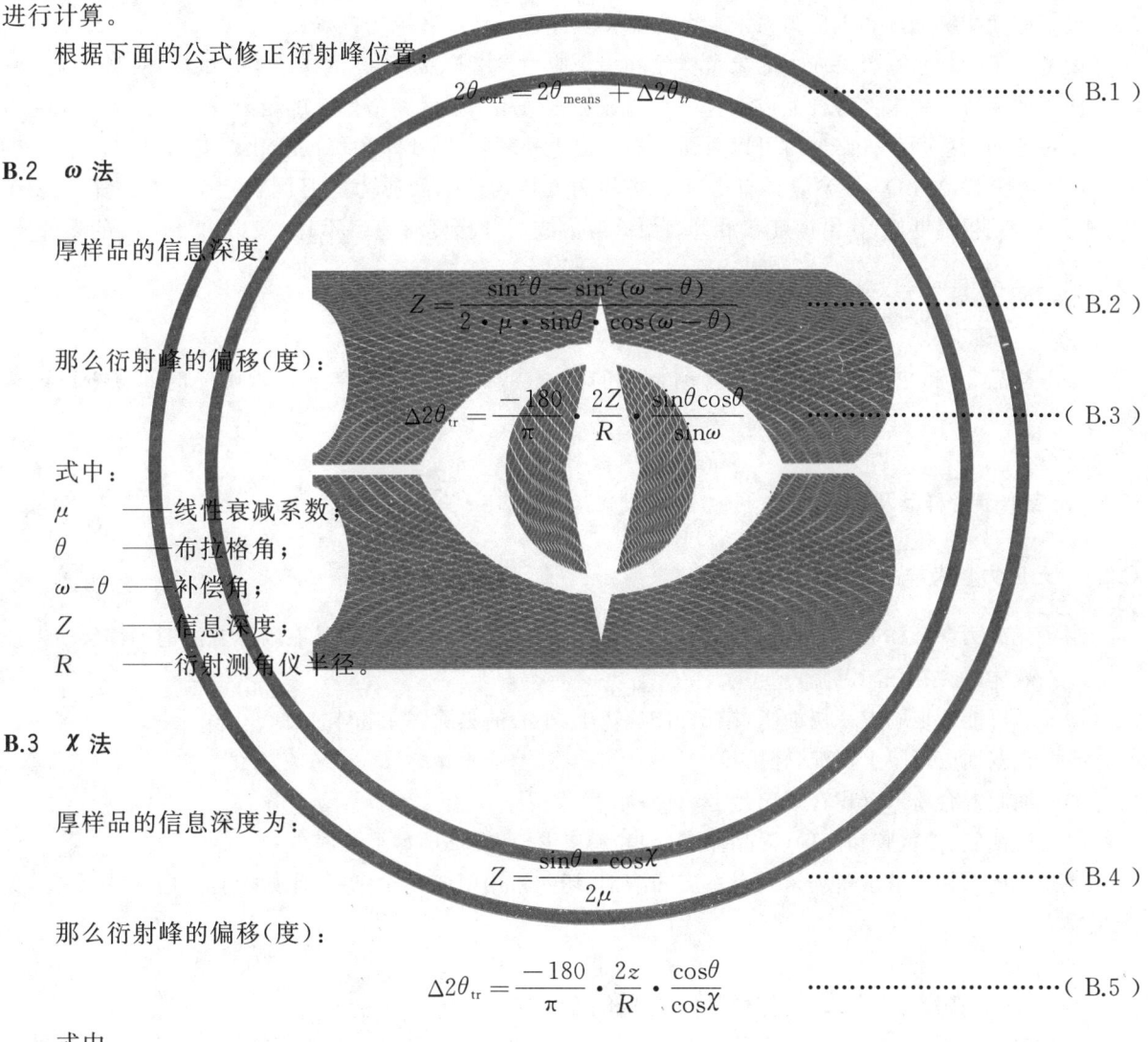

附 录 C
（规范性附录）
应力参考样品及设备检定

C.1 概述

仪器指示的测试点中心、X射线光斑中心、测角仪回转中心三者的重合精度是决定应力测定准确度的关键。应使用荧光屏和无应力粉末参考样品检验此重合精度和测定准确度。

设备检定应包括一个无应力的参考样品和一个应力参考样品（ILQ 试样或 LQ 试样）的测试。

使用的无应力粉末参考样品应该有一个与被测试样品衍射峰相似位置的衍射峰。粉末应有细晶粒度以及足够的衍射强度。必要时可以对粉末进行退火处理，以减小衍射峰的宽化效应。

应力参考样品（LQ/ILQ）应具有微观结构的高度均匀性以及应力的时间稳定性；晶粒细小、无织构；表面平整、粗糙度低；在沿深度和沿着表面的应力或成分梯度可忽略不计；应力水平应该足够高，至少达到 $\dfrac{1}{500 \cdot \frac{1}{2}S_2^{\{hkl\}}}$，以减小测试中的相对误差。

参考样品 2θ 和 Ψ 的选择应该与待测材料的测试参数相一致，可增加计数曝光时间减少以随机误差。

C.2 无应力参考样品及设备检定

C.2.1 无应力参考样品制备

制备无应力参考样品，通常使用一个平坦的无晶体基底（如玻璃盘），采取以下方法铺上一层粉末：
a) 液体（如二丙醇）沉降；
b) 尽可能薄地刷上一层油脂，撒上粉末，轻压，小心的去除多余粉末；
c) 在双面胶薄膜上沉淀，轻压；
d) 油脂混合粉末沉积在玻璃盘上；
e) 用油脂、液状胶和溶剂（无晶体成分）和粉末混合，在玻璃盘上沉淀。

注意不能采用能够溶解粉末或者基底的溶剂，切勿采用引起化学作用（比如聚合作用）的物质，避免产生应力。

对于 a)、b) 和 c)：
——粉末的附着力应该通过把样品倒置来检测，并且检查掉落的粉末。
——建议使用平均原子质量高的混合物，以便有足够清晰的粉末衍射图案，并通过粉末的吸收减少基底材料的衍射强度。
——不推荐使用单晶薄板（如硅晶圆）做平面底层，因为一些 Ψ、ϕ 的重合引起底层非常强烈的衍射会有损害仪器的危险。

油脂和双面胶粘薄膜能够使参考粉末衍射图形背景产生一个显著的起伏，所以油脂层和双面胶薄膜越薄越好。

参考样品表面的位置通常使用力学千分尺调节，在这种情况下用已知精确厚度的薄金属板放在粉末和装置之间以便准确定位其表面。

C.2.2 无应力参考样品的设备检定

粉末材料被认为无应力,衍射角 2θ 可视为常数。如果得到的应力值明显异于零,则系统应进行检测、调整。

设备无应力粉末的测试结果满足如下条件,则可判定设备通过检定:

$$|\sigma| \leqslant \frac{1}{10\,000} \cdot \frac{1}{\frac{1}{2}S_2^{\{hkl\}}} \text{ 且 } \Delta\sigma \leqslant \frac{1}{10\,000} \cdot \frac{1}{\frac{1}{2}S_2^{\{hkl\}}} \quad\cdots\cdots（C.1）$$

$$|\tau| \leqslant \frac{1}{20\,000} \cdot \frac{1}{\frac{1}{2}S_2^{\{hkl\}}} \text{ 且 } \Delta\tau \leqslant \frac{1}{20\,000} \cdot \frac{1}{\frac{1}{2}S_2^{\{hkl\}}} \quad\cdots\cdots（C.2）$$

式中:

$\frac{1}{2}S_2^{\{hkl\}}$ ——晶面 $\{hkl\}$ 的弹性常数,应使用所分析材料的值,而不是指无应力粉末试样的值;

$\Delta\sigma$ 和 $\Delta\tau$ ——分别为在指定置信概率之下的置信区间半宽。

C.3 应力参考样品(LQ)及设备检定

实验室内部认证(LQ)的应力参考样品——即实验室生产的已知应力参考样品。样品参考值 σ_{ref},τ_{ref} 和 L_{ref} 定义为测量结果的平均值。可重复性 $r_{\sigma ref}$,$r_{\tau ref}$,r_{Lref} 等于 $2.8S_{\sigma ref}$,$2.8S_{\tau ref}$ 和 $2.8S_{Lref}$,其中 $S_{\sigma ref}$,$S_{\tau ref}$ 和 S_{ref} 是 σ_{ref},τ_{ref} 和 L_{Lref} 的标准差。

其特性参数有:

——正应力值 σ_{ref} 及其可重复性 $r_{\sigma ref}$;
——切应力值 τ_{ref} 及其可重复性 $r_{\tau ref}$;
——平均宽度 L_{ref} 及其可重复性 r_{Lref}。

使用 LQ 应力参考样品进行设备检定,测试应力应满足:

$$|\sigma_{ref} - \sigma_{determined}| \leqslant \frac{r_\sigma}{\sqrt{2}} \quad\cdots\cdots（C.3）$$

$$|\tau_{ref} - \tau_{determined}| \leqslant \frac{r_\tau}{\sqrt{2}} \quad\cdots\cdots（C.4）$$

$$|L_{ref} - L_{determined}| \leqslant \frac{r_L}{\sqrt{2}} \quad\cdots\cdots（C.5）$$

式(C.3)、式(C.4)、式(C.5)中:

σ_{ref} ——LQ 试样的正应力值;
$\sigma_{determined}$ ——测定的应力参考样品正应力值;
τ_{ref} ——LQ 试样的切应力值;
$\tau_{determined}$ ——测定的应力参考样品切应力值;
L_{ref} ——LQ 试样的衍射峰的平均宽度;
$L_{determined}$ ——测定的应力参考样品衍射峰的平均宽度;
r_σ、r_τ、r_L ——LQ 样品的重复性。

C.4 实验室间认可(ILQ)的应力参考样品及设备检定

一个合格的实验室间认证的应力参考样品应通过几个实验室进行检测,以便得到趋向于普遍认可的应力参考样品。

试样的参考值——正应力 σ_{ref}，切应力 τ_{ref} 和再现性 R_σ，R_τ，重复性 r_σ，r_τ，至少通过 5 个实验室的分别测试而获得。在无法得到认证的标样的情况下，各地实验室可以自由组合制造和表征 ILQ 标样。再现性和重复性的计算定义成 $2.8S_r$ 和 $2.8S_R$，S_r 和 S_R 分别是可重复性和再现性的标准差。

在证书中，应注明参考样品的参考值和实验条件(衍射晶面、辐射、滤波片、光斑尺寸、测量区域位置、Ψ 值、XECs、S_1 方向，如采用摆动法，还要注明摆角和摆动周次)。

如果有条件的话，资格认证应优先在 ILQ 应力参考样品上进行。如果得到的应力值与参考值有明显差别，则设备应进行检测、调整，然后重新进行检定。

用 ILQ 应力参考样品进行检定的步骤：

——选择检定时进行重复测量的次数 $n(n>4)$，且应该对 n 进行报告。

——计算正应力和切应力的临界差异值 CD：

$$\text{CD}_\sigma = \frac{1}{\sqrt{2}}\sqrt{R_\sigma^2 - r_\sigma^2\left(\frac{n-1}{n}\right)} \text{ 以及 } \text{CD}_\tau = \frac{1}{\sqrt{2}}\sqrt{R_\tau^2 - r_\tau^2\left(\frac{n-1}{n}\right)} \quad\cdots\cdots\cdots\cdots (\text{C.6})$$

——计算出 ILQ 样本 n 次测量和，并求出其平均值：

$$\bar{\sigma} = \frac{1}{n}\sum_{i=1}^{n}\sigma_i \text{ 以及 } \bar{\tau} = \frac{1}{n}\sum_{i=1}^{n}\tau_i \quad\cdots\cdots\cdots\cdots\cdots\cdots (\text{C.7})$$

——如果正应力和切应力满足以下两个条件，则设备检定通过：

$$|\sigma_{ref} - \bar{\sigma}| \leqslant \text{CD}_\sigma \text{ 以及 } |\tau_{ref} - \bar{\tau}| \leqslant \text{CD}_\tau \quad\cdots\cdots\cdots\cdots\cdots\cdots (\text{C.8})$$

式(C.6)、(C.7)和(C.8)中

CD_σ ——正应力的临界偏差；

CD_τ ——切应力的临界偏差；

R_σ、R_τ ——可再现性数值；

r_σ、r_τ ——可重复性值；

$\bar{\sigma}$ ——n 次测量所得的平均正应力；

σ_i ——第 i 次测量所得的正应力；

$\bar{\tau}$ ——n 次测量所得的平均切应力；

τ_i ——第 i 次测量所得的切应力；

σ_{ref} ——ILQ 样本的正应力值；

τ_{ref} ——ILQ 样本的切应力值。

附　录　D

（资料性附录）

等强度梁法实验测定 X 射线弹性常数和应力常数 K

采用与待测应力工件的材质工艺完全相同的材料制作等强度梁。

等强度梁的尺寸和安装方式如图 D.1。

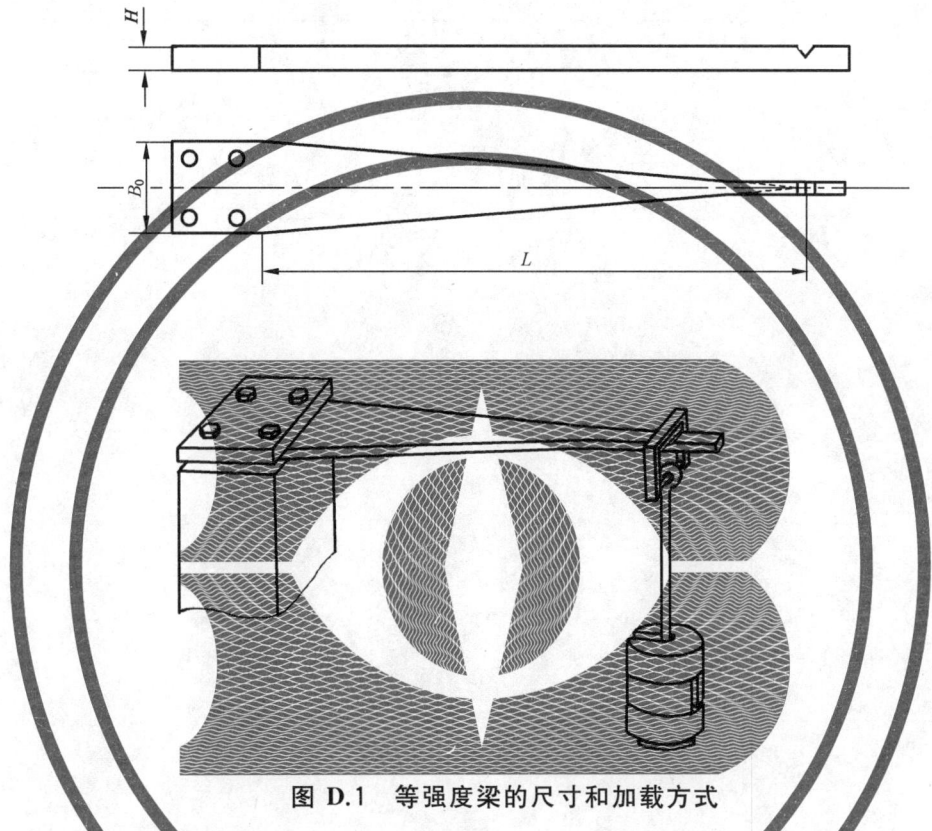

图 D.1　等强度梁的尺寸和加载方式

如果载荷为 P，则等强度梁上面的载荷应力 σ_p 按下式计算：

$$\sigma_p = \frac{6L}{B_0 H^2} P = GP \qquad \cdots\cdots\cdots\cdots\cdots\cdots\cdots (D.1)$$

例如，假定梁体尺寸为：$L=300$ mm，$B_0=50$ mm，$H=6$ mm，计算得 $G=1/\text{mm}^2$。

加载用的砝码应校准。

测试点应当确定在梁体的中心线上远离边界条件的某一点，应力方向与中心线一致。并事先通过检测确认梁体中心线为主应力方向。

假定测试点的残余应力为 σ_r，则载荷应力与残余应力的代数和 $\sigma_{p_i}+\sigma_r$ 与 X 射线应力测定所得的斜率 M_j 成正比，即

$$\sigma_{p_i} + \sigma_r = KM_j \qquad \cdots\cdots\cdots\cdots\cdots\cdots\cdots (D.2)$$

一般

$$\sigma_p = KM_j - \sigma_r \qquad \cdots\cdots\cdots\cdots\cdots\cdots\cdots (D.3)$$

式中 σ_r 和 K 为未知数。这是个直线方程，K 为直线的斜率。对此式求导，得

$$K = \frac{\partial \sigma_p}{\partial M} \qquad \cdots\cdots\cdots\cdots\cdots\cdots\cdots (D.4)$$

施加一系列不同的载荷 P_i，计算出相应的载荷应力 σ_{pi}，使用合格的 X 射线应力测定仪，按照本标

准规定的的方法,分别测定斜率 $M_i^{2\theta}$ 和 M_i^{ε}。

$$M_i^{2\theta} = \frac{\partial 2\theta_{\phi\Psi}}{\partial \sin^2 \Psi} \qquad \cdots\cdots\cdots\cdots\cdots\cdots\cdots\cdots (\text{D.5})$$

$$M_i^{\varepsilon} = \frac{\partial \varepsilon_{\phi\Psi}^{\langle hkl \rangle}}{\partial \sin^2 \Psi} \qquad \cdots\cdots\cdots\cdots\cdots\cdots\cdots\cdots (\text{D.6})$$

则应力常数

$$K = \frac{\sum_{i=1}^{n} \sigma_{p_i} \cdot \sum_{i=1}^{n} M_i^{2\theta} - n \sum_{i=1}^{n} (\sigma_{p_i} \cdot M_i^{2\theta})}{\left(\sum_{i=1}^{n} M_i^{2\theta} \right)^2 - n \sum_{i=1}^{n} (M_i^{2\theta})^2} \qquad \cdots\cdots\cdots\cdots\cdots (\text{D.7})$$

X 射线弹性常数

$$\frac{1}{2}S_2 = \frac{\sum_{i=1}^{n} \sigma_{p_i} \cdot \sum_{i=1}^{n} M_i^{\varepsilon} - n \sum_{i=1}^{n} (\sigma_{p_i} \cdot M_i^{\varepsilon})}{\left(\sum_{i=1}^{n} M_i^{\varepsilon} \right)^2 - n \sum_{i=1}^{n} (M_i^{\varepsilon})^2} \qquad \cdots\cdots\cdots\cdots (\text{D.8})$$

附 录 E

（规范性附录）

X 射线应力数据处理方法

E.1 射峰背底校正

各种不相干散射叠加构成衍射峰的背底。其分布函数为

$$I_b(\Psi, 2\theta) = a \cdot A(\Psi, 2\theta) + b \quad\quad\quad\quad\quad\quad\quad\quad\text{(E.1)}$$

式中：

$I_b(\Psi, 2\theta)$——背底强度；

$A(\Psi, 2\theta)$——吸收因子，系 Ψ 角和 2θ 角的函数；

a, b——待定常数。

在采集的原始衍射曲线上衍射峰的两侧背底上各取若干数据点，按照上式采用最小二乘法求出常数 a 和 b，便可确定背底曲线。校正背底的方法是将原始曲线逐点对应地减去背底曲线，得到纯净的布拉格衍射曲线。

E.2 强度因子校正

E.2.1 吸收因子

物质对入射 X 射线的吸收作用与其线吸收系数 μ 以及射线束穿过物质的路程有关；而吸收路程又与入射角 Ψ_0 以及接收反射线的角度 2θ 有关。后一层关系用吸收因子表述。在同倾法的条件下吸收因子的表达式为

$$A(\Psi, \theta) = 1 - \tan\Psi\cot\theta \quad\quad\quad\quad\quad\quad\quad\quad\text{(E.2)}$$

其中：

$$\Psi = \Psi_0 + \frac{180 - 2\theta}{2} \quad\quad\quad\quad\quad\quad\quad\quad\text{(E.3)}$$

式中 2θ 应认定为接收反射线的角度（扫描角度）。在同倾法的情况下，吸收因子使衍射峰位偏高，而且随 Ψ 而改变，因此应当进行吸收因子校正。

在侧倾法的情况下吸收因子 $A(\theta)$ 与 Ψ 无关。在侧倾固定 Ψ 的情况下吸收因子 A 恒等于 1。

E.2.2 洛仑兹-偏振因子 LP

依据多晶体的 X 射线衍射强度理论，从多种衍射几何特征引入洛仑兹因子；晶体对入射 X 光的散射使之发生偏振，偏振量与散射角相关，从而可以导出偏振因子。二者合成洛仑兹-偏振因子 LP：

$$LP = \frac{1 + \cos^2 2\theta}{\sin^2\theta\cos\theta} \quad\quad\quad\quad\quad\quad\quad\quad\text{(E.4)}$$

因为都与散射角有关，所以可以称其为角因子。可以看出它无关布拉格衍射，然而由于它的存在会影响衍射峰的峰形和峰位，所以在关注衍射角的绝对值的情况下严格要求应该对衍射峰进行 LP 校正。但是由于它与 Ψ 角无关，在 $\sin^2\Psi$ 法应力测定中可以不作此项校正。

E.3 定峰方法

E.3.1 半高宽法

在衍射曲线(计数 I-接受角度 2θ)上,将扣除背底并进行强度因子校正之后的净衍射峰最大强度 $1/2$ 处的峰宽中点所对应横坐标(角度)作为峰位。见图 E.1。

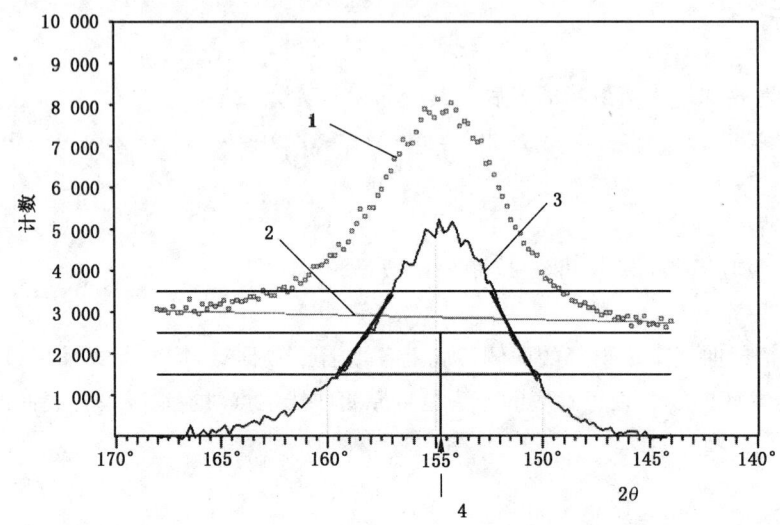

说明:

1——原始衍射曲线;

2——背底线;

3——扣除背底的净衍射峰;

4——峰位。

图 E.1　半高宽法定峰(半高宽,参见附录 A)

E.3.2 抛物线法

把净衍射峰顶部(峰值强度 80% 以上部分)的点,用最小二乘法拟合成一条抛物线,以抛物线的顶点的横坐标值作为峰位。见图 E.2。

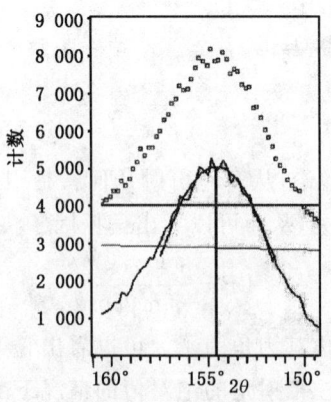

图 E.2　抛物线法定峰

E.3.3 重心法

截取净衍射峰的峰值20%～80%之间的部分,将之视为一个以封闭几何图形为轮廓的厚度均匀的板形物体,求出这个物体的重心,将其所对应的横坐标作为峰位。见图E.3。

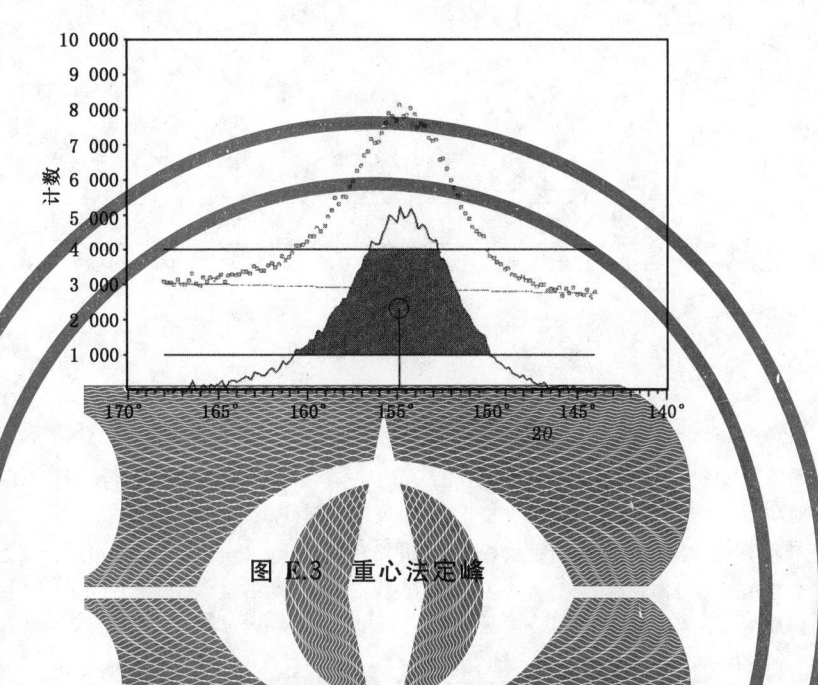

图 E.3 重心法定峰

E.3.4 交相关法

交相关法是一种计算属于不同 Ψ 角的衍射峰的峰位之差的方法。设 Ψ_1 衍射曲线为 $f_1(2\theta)$,Ψ_2 的衍射曲线为 $f_2(2\theta)$。构造一个交相关函数 $F(\Delta2\theta)$,参见图E.4。

$$F(2\theta)=\sum_{i=1}^{n}f_1(2\theta)\cdot f_2(2\theta+\Delta2\theta) \quad\cdots\cdots\cdots\cdots（E.5）$$

式中:
n 为步进扫描总步数;
$\Delta2\theta = k\cdot\delta$;
$k = 0,\pm1,\pm2\cdots\cdots$
δ 为 2θ 扫描步距。

利用最小二乘法将 $F(\Delta2\theta)$ 分布曲线的顶部作二次三项式拟合,求得该曲线极大值所对应的横坐标值 $\Delta2\theta$,此即 $f_2(2\theta)$ 对 $f_1(2\theta)$ 的峰位之差。

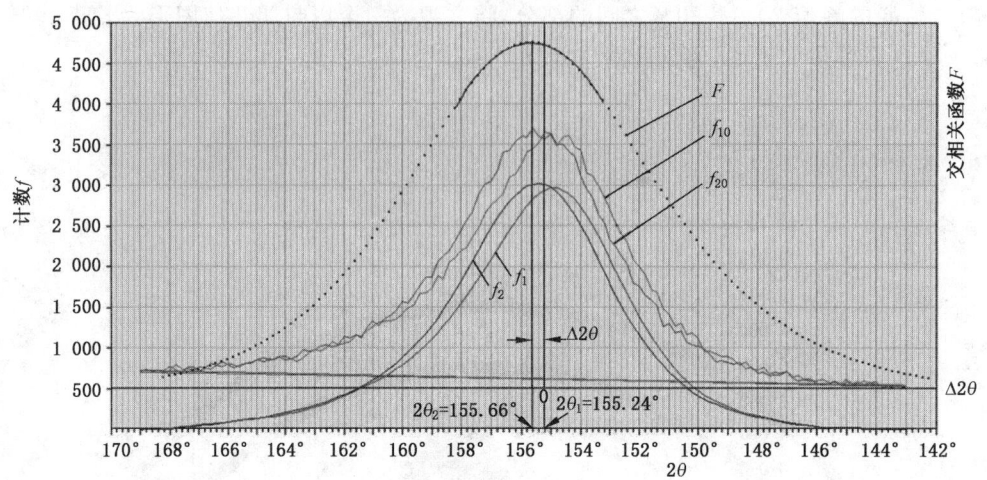

说明：

f_{10} ——对应于 Ψ_1 的原始衍射峰；

f_{20} ——对应于 Ψ_2 的原始衍射峰；

f_1 ——对应于 Ψ_1 经过扣除背底、吸收校正、平滑处理衍射峰；

f_2 ——对应于 Ψ_2 经过扣除背底、吸收校正、平滑处理衍射峰；

F ——交相关函数分布曲线；

$2\theta_1$ ——对应于 Ψ_1 的衍射峰位角；

$2\theta_2$ ——对应于 Ψ_2 的衍射峰位角；

$\Delta2\theta$ ——Ψ_1 与 Ψ_2 衍射峰的峰位之差。

图 E.4　交相关法定峰

在采用侧倾固定 Ψ 法的前提下，如果因为某种原因无法得到完整衍射曲线而只能得到衍射峰的主体部分，或者衍射峰的背底受到材料中其他相衍射线的干扰，则允许不扣背底，采用抛物线法或"有限交相关法"定峰。即截取对应于各个 Ψ 角的原始衍射峰最大计数的某个比例（例如 50％）以上的部分参与交相关法处理，舍弃这个比例以下的衍射曲线。有限交相关法，是一种近似处理方法。

E.3.5　函数拟合法

选用合适的钟罩型峰函数，如高斯、洛伦兹、修改的洛伦兹、或者中级洛伦兹等，对衍射峰进行拟合。

附　录　F
（资料性附录）
实验法测定 X 射线弹性常数　XECs

为了得到正确的残余应力计算结果,应该使用 X 射线弹性常数 $S_1^{\{hkl\}}$ 和 $S_2^{\{hkl\}}$。

F.1　试验方法

试验可以采用单纯的拉力、剪切力和弯曲等方式加载,通常使用四点弯曲。试验过程中,X 射线的辐射区域确保为均布载荷。在加载过程中,测量区域应该始终保持在测角仪的中央。

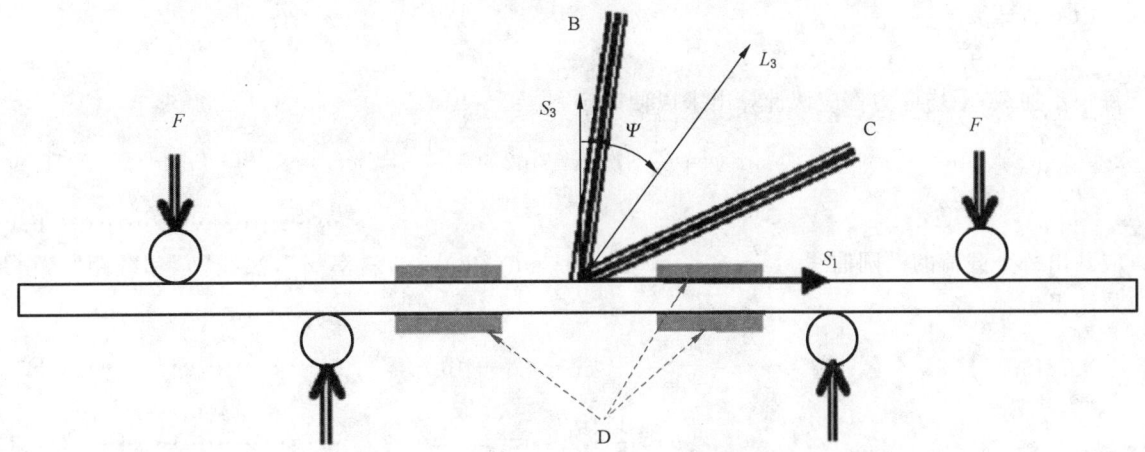

说明:
S_1,S_2——样品坐标系;
L_3　　——实验室坐标系;
Ψ　　——样品法向量和衍射晶面法向量的夹角;
F　　——作用力;
B　　——入射光;
C　　——衍射光;
D　　——应变计。

图 F.1　使用 4 点弯曲试验测定 X 射线弹性常数

F.2　样品

X 射线弹性常数测试中所用的样品应与残余应力测量实验中所用样品是同一材质。

应精确控制施加的力。如果使用应变片或者引伸计,应知道宏观弹性常数 E 和 ν。如果使用应变片,应在样品上安装多个应变片。至少有一个应变片与样品的纵轴平行。应变片安装越是靠近测量区域越好。

F.3　加载设备的校准和样品的调整

用校准过的试验机或者校准过的静负载加载。测量区域的应力通过负载及几何函数确定。

校准步骤为：

——在 0～75% 屈服载荷加载和卸载至少进行 2 个循环，以便检查应变计电信号是否在每个循环结束归零。

——在 5%～75% 屈服载荷下，至少执行 3 个循环。

F.4　衍射仪测量

测试装置应定位在衍射仪中央。每次测量都应该沿着样品的纵向施加不同的载荷。在测试区域施加的应力或者应变应经应变片进行评估。测量应该从高载荷开始，测试中降低载荷以避免由样品非弹性形变带来的影响。在屈服的 70% 和 5% 之间至少分 5 步均匀加载。

F.5　XECs 的计算

每一步加载，平均应力都应该计算出来以便确定 $\varepsilon_{\phi\Psi}$：

$$\varepsilon_{\phi\Psi} = \frac{1}{2}S_2^{\{hkl\}}(\sigma_{11}^R - \sigma_{33}^R + \sigma_{11}^A)\sin^2\Psi + \frac{1}{2}S_2^{\{hkl\}}\tau_{13}^R\sin2\Psi + \frac{1}{2}S_2^{\{hkl\}}\sigma_{33}^R + S_1^{\{hkl\}}[Tr(\sigma^R) + \sigma_{11}^A]$$

$$\cdots\cdots\cdots\cdots\cdots(\text{F.1})$$

应画出每个载荷的椭圆曲线 $\varepsilon_{\phi\Psi} = a \cdot \sin^2\Psi + b \cdot \sin(2\Psi) + c$，斜率"$a$"，法线"$b$"和截距"$c$"由最小二乘法得出：

$$a = \frac{1}{2}S_2^{\{hkl\}}(\sigma_{11}^R - \sigma_{33}^R + \sigma_{11}^A) \qquad\cdots\cdots\cdots\cdots\cdots(\text{F.2})$$

$$b = \frac{1}{2}S_2^{\{hkl\}} \cdot \tau_{13}^R \qquad\cdots\cdots\cdots\cdots\cdots(\text{F.3})$$

$$c = \frac{1}{2}S_2^{\{hkl\}}\sigma_{33}^R + S_1^{\{hkl\}}[Tr(\sigma^R) + \sigma_{11}^A] \qquad\cdots\cdots\cdots\cdots\cdots(\text{F.4})$$

式(F.1)、式(F.2)、式(F.3)、式(F.4)中：

σ_{11}^A　　　　——施加的应力；

$\sigma_{11}^R, \sigma_{33}^R$　　——残余正应力；

τ_{13}^R　　　　——残余切应力；

$Tr(\sigma^R)$　　——应力张量的迹。

斜率'a'对外加应力画图，给出斜率为 $\frac{1}{2}S_2^{\{hkl\}}$ 的直线；

法线'b'值对外加应力画图，给出斜率为 0 的水平线；

截距'c'值对外加应力画图，给出斜率为 $S_1^{\{hkl\}}$ 的直线；

不确定度需要估计和随结果给出，比如通过最小二乘法。

附 录 G

（规范性附录）

主应力和主应力方向的计算

在平面应力状态下，在试样表面指定相互垂直的 X 方向、Y 方向，分别测定 X 方向、Y 方向和其间 45°方向的应力 σ_x、σ_y 和 $\sigma_{45°}$，根据弹性力学，可以计算出试样表面主应力 σ_1 和 σ_2 的大小和方向，还可以计算出切应力 τ_{xy}：

$$\sigma_1 = (\sigma_x + \sigma_y)/2 + \sqrt{[(\sigma_x - \sigma_y)/2]^2 + \tau_{xy}^2} \quad\cdots\cdots\cdots\cdots\cdots\cdots\cdots (\text{G.1})$$

$$\sigma_2 = (\sigma_x + \sigma_y)/2 - \sqrt{[(\sigma_x - \sigma_y)/2]^2 + \tau_{xy}^2} \quad\cdots\cdots\cdots\cdots\cdots\cdots\cdots (\text{G.2})$$

$$\alpha = \arctan[(\sigma_1 - \sigma_x)/\tau_{xy}] \quad\cdots\cdots\cdots\cdots\cdots\cdots\cdots (\text{G.3})$$

$$\tau_{xy} = \sigma_{45°} - (\sigma_x + \sigma_y)/2 \quad\cdots\cdots\cdots\cdots\cdots\cdots\cdots (\text{G.4})$$

式中：

α——主应力方向与 X 轴的夹角。

ICS 17.100
N 13

中华人民共和国国家标准

GB/T 7721—2017
代替 GB/T 7721—2007

连续累计自动衡器
（皮带秤）

Continuous totalizing automatic weighing instruments
（belt weighers）

[OIML R50:2014(E),MOD]

2017-12-29 发布

2018-07-01 实施

中华人民共和国国家质量监督检验检疫总局
中国国家标准化管理委员会　发布

前　言

本标准按照 GB/T 1.1—2009 给出的规则起草。

本标准代替 GB/T 7721—2007《连续累计自动衡器(电子皮带秤)》。与 GB/T 7721—2007 相比主要技术变化如下：

——增加了 0.2 级产品的准确等级(见 5.1)。

——增加了最小累计载荷的要求(见 5.4)。

——增加了组件的保护和印封及预设控制的要求(见 6.3.7)。

——增加了带形修正装置的要求(见 6.6)。

——增加了抗干扰试验的要求(见 7.1.1)。

——增加了耐久性试验的要求(见 7.1.2)。

——增加了对接口、数据存储设备、软件的要求(见 7.6、7.7、7.8)。

本标准使用重新起草法修改采用国际法制计量组织 50 号国际建议 OIML R50:2014(E)《连续累计自动衡器(皮带秤)》(R50-1,R50-2,R50-3)。

本标准与 OIML R50:2014(E)相比在结构上有较多调整,附录 C 中列出了本标准与 OIML R50:2014(E)的章条编号对照一览表。

本标准与 OIML R50:2014(E)相比存在技术性差异,这些差异涉及的条款已通过在其外侧页边空白位置的垂直单线(│)进行了标示,附录 D 中给出了相应技术性差异及其原因的一览表。

本标准还做了下列编辑性修改：

——将 R50 国际建议的第二部分(R50-2)和第三部分(R50-3)作为本标准的附录 A 和附录 B。

请注意本文件的某些内容可能涉及专利。本文件的发布机构不承担识别这些专利的责任。

本标准由中国轻工业联合会提出。

本标准由全国衡器标准化技术委员会(SAC/TC 97)归口。

本标准起草单位：赛摩电气股份有限公司、山西新元自动化仪表有限公司、青岛市计量技术研究院、铜陵三爱思电子有限公司、山东金钟科技集团股份有限公司、北京市春海技术开发有限责任公司、南京三埃工控股份有限公司。

本标准主要起草人：厉达、何福胜、梁跃武、王均国、徐厚胜、张加营、李春孝、陆勤生。

本标准所代替标准的历次版本发布情况为：

——GB 7721—1987、GB/T 7721—1995、GB/T 7721—2007。

连续累计自动衡器
（皮带秤）

1 范围

本标准规定了皮带输送机型连续累计自动衡器（以下简称"皮带秤"）的术语、产品型号、要求、检验方法和规则、标志、包装、运输和贮存。

本标准还为以溯源的方式评价皮带秤的计量特性或技术特性提供标准化的要求和试验程序及表格。

本标准适用于：

——利用重力原理、以连续的称量方式，确定并累计散状物料质量的皮带秤。

——与单速皮带输送机、变速或多速皮带输送机一起使用的皮带秤。

2 规范性引用文件

下列文件对于本文件的应用是必不可少的。凡是注日期的引用文件，仅注日期的版本适用于本文件。凡是不注日期的引用文件，其最新版本（包括所有的修改单）适用于本文件。

GB/T 191 包装储运图示标志

GB/T 2423.1—2008 电工电子产品环境试验 第2部分：试验方法 试验A：低温（IEC 60068-2-1:2007,IDT）

GB/T 2423.2—2008 电工电子产品环境试验 第2部分：试验方法 试验B：高温（IEC 60068-2-2:2007,IDT）

GB/T 2423.3—2016 环境试验 第2部分：试验方法 试验Cab:恒定湿热试验（IEC 60068-2-78:2001,IDT）

GB/T 2423.4—2008 电工电子产品环境试验 第2部分：试验方法 试验Db:交变湿热试验方法（IEC 60068-2-30:2005,IDT）

GB/T 2424.1—2015 环境试验 第3部分：支持文件及导则低温和高温试验（IEC 60068-3-1:2011,IDT）

GB/T 2424.2—2005 电工电子产品环境试验 湿热试验导则（IEC 60068-3-4:2001,IDT）

GB/T 2887 计算机场地通用规范

GB/T 4167 砝码

GB/T 4879 防锈包装

GB/T 5048 防潮包装

GB/T 7551—2008 称重传感器

GB/T 7724 电子称重仪表

GB/T 13384 机电产品包装通用技术条件

GB 14249.1—1993 电子衡器安全要求

GB/T 14250 衡器术语

GB/T 15395 电子设备机柜通用技术条件

GB/T 17214.2 工业过程测量和控制装置的工作条件 第2部分：动力（IEC 60654-2,IDT）

　　GB/T 17626.2—2006　电磁兼容　试验和测量技术　静电放电抗扰度试验(IEC 61000-4-2:2001,IDT)

　　GB/T 17626.3—2006　电磁兼容　试验和测量技术　射频电磁辐射抗扰度试验(IEC 61000-4-3:2002,IDT)

　　GB/T 17626.4—2008　电磁兼容　试验和测量技术　电快速瞬变脉冲群抗扰度试验(IEC 61000-4-4:2004,IDT)

　　GB/T 17626.5—2008　电磁兼容　试验和测量技术　浪涌(冲击)抗扰度试验(IEC 61000-4-5:2005,IDT)

　　GB/T 17626.6—2008　电磁兼容　试验和测量技术　射频场感应的传导骚扰抗扰度(IEC 61000-4-6:2006,IDT)

　　GB/T 17626.11—2008　电磁兼容　试验和测量技术　电压暂降、短时中断和电压变化抗扰度试验(IEC 61000-4-11:2004,IDT)

　　GB/T 26389　衡器产品型号编制方法

　　QB/T 1588.1　轻工机械　焊接件通用技术条件

　　QB/T 1588.2　轻工机械　切削加工件通用技术条件

　　QB/T 1588.3　轻工机械　装配通用技术条件

　　QB/T 1588.4　轻工机械　涂漆通用技术条件

3　术语和定义

　　GB/T 14250界定的以及下列术语和定义适用于本文件。

3.1　一般定义

3.1.1

衡器　**weighing instrument**

通过作用于物体上的重力来确定该物体质量的计量器具。

注:本标准中的"质量"(或"重量值")更适用于表述"折算质量"或"在空气中称量结果的约定值"。

衡器也可以用于确定与质量相关的量、大小、参数或特性。

按其操作方式,可将衡器分为自动衡器和非自动衡器。

3.1.2

自动衡器　**automatic weighing instrument**

在称量过程中无需操作者干预,能按预定的处理程序自动称量的衡器。

3.1.3

连续累计自动衡器(皮带秤)　**continuous totalizing automatic weighing instrument(belt weigher)**

无需中断输送带的运动,而对输送带上的散状物料进行连续称量的自动衡器。

注:在本标准中将连续累计自动衡器(皮带秤)称为"衡器"。

3.1.4

量的真值　**true quantity value**

对于给定目的具有适当不确定度的、赋予特定量的值,有时该值是约定采用的。

3.1.5　调控皮带速度　belt speed control

3.1.5.1

单速皮带秤　**single speed belt weigher**

设计成与一台单速运行的输送机安装在一起的皮带秤。

3.1.5.2

变速或多速皮带秤　variable speed or multiple speed belt weigher

设计成与一种可变速度(在一定范围内)或与一种以上固定速度运行的输送机安装成一体皮带秤。

3.1.6

控制方法　control method

物料试验中用来确定试验物料或试验载荷质量的方法。

注：此种方法通常要涉及使用某些衡器来确定试验物料的质量,控制方法涉及使用的这些衡器称之为控制衡器(参见 3.1.10)。

3.1.7

计量相关装置　metrologically relevant device

影响称量结果或其他任何主要指示的任一装置、模块、部件、元件或功能。

3.1.8

法制相关　legally relevant part

测量仪器,设备或软件中受法制管理的部分。

3.1.9

审查跟踪　audit trail

衡器的连续数据文件,文件中包含标有时间的事件记录。例如衡器参数值的变更、软件的更新,或其他影响计量特性的计量相关活动。

3.1.10

控制衡器 control instrument

用来确定物料试验中试验载荷的物料质量真值的衡器。

3.1.11

位移模拟装置　displacement simulation device

用于在皮带秤不配备输送机时进行模拟试验的装置,其目的在于模拟输送机运行的方式转动位移传感器以模拟皮带的位移(例如:利用脉冲发生器或者是含有位移传感器转轮的电动机转动来模拟带速。)

3.2　结构　construction

注：在本标准中,"装置"可以是衡器的一个小部件,也可以是一个主要部分,它可通过任意方法执行某个特定功能,且与其实现机理无关。例如,通过机械装置或按键启动某个操作。

3.2.1

承载器　load receptor

皮带秤中承受皮带上载荷的部件。

3.2.1.1

称量台式承载器　weighing table

承载器仅包含输送机的一部分。

3.2.1.2

输送机式承载器　inclusive of conveyer load recepter

承载器包含一台完整的输送机。

3.2.2

皮带输送机　belt conveyor

用托辊上的皮带输送物料的设备(例如围绕其轴心旋转的托辊,或是其他装置)。

3.2.2.1

输送托辊　carrying rollers

固定框架上用于支承输送带的托辊。

3.2.2.2

称重托辊　weighing rollers

承载器上支承输送带的托辊。

注：输送机式皮带秤通常都有称重托辊。

3.2.3　电子衡器　electronic measuring instrument

用电子方式来测量电量或非电量或者是装有电子装置的衡器。

3.2.3.1

电子装置　electronic device

由电子组件构成，并执行某一特定功能的装置。电子装置通常被制成一个分离的单元，并能单独进行试验。

注1：电子装置可以是一台完整的衡器（如贸易结算用衡器），或者是衡器的一部分（如打印机、显示器等）。

注2：电子装置可以是本标准中定义的一个模块。

3.2.3.2

电子组件　electronic sub-assembly

电子装置的一部分，由电子元件构成，并且自身具有明确的功能。

3.2.3.3

电子元件　electronic component

在半导体、气体或真空中，利用电子或空穴传导的最小物理实体。

例如：电子管、晶体管、集成电路。

3.2.3.4

数字装置　digital device

只执行数字功能并提供数字输出或显示的电子装置。

例如：打印机、主显示器或辅助显示器、键盘、终端、数据存储装置、个人计算机。

3.2.4

带形修正装置　belt profile correction device

皮带（空载）运转一圈期间，可以对承载器上变化的载荷进行修正的装置。此装置利用已储存好的皮带（空载）运转一圈的数据进行修正。

3.2.5

累计器　totalization device

该装置通过称重模块和位移传感器提供的信息完成部分载荷的累计或实现单位长度载荷（载荷/单位长度）与带速乘积的积分。

3.2.6

置零装置　zero-setting device

在承载器空载的情况下，将示值调至零点的装置。

注：通常保持在输送机皮带空转运行整数圈的条件下。

3.2.6.1

非自动置零装置　non-automatic zero-setting device

需要通过操作人员观察并进行调整的置零装置。

3.2.6.2

半自动置零装置 **semi-automatic zero-setting device**

给出一个手动指令后自动运行或需要调整显示示值的置零装置。

3.2.6.3

自动置零装置 **automatic zero-setting device**

皮带空载运行时,不需操作人员的干预而自动操作的置零装置。

3.2.7

打印装置 **printing device**

以质量单位进行打印的装置。

3.2.8

流量调节装置 **flowrate regulating device**

能够保证设定流量的装置。

3.2.9

预设装置 **pre-selection device**

预设累计载荷质量值的装置,用于定量输送物料。

3.2.10

模块 **module**

衡器中完成某种或多种特定功能的可识别部件,并且可以按相关标准所规定的计量和技术性能要求进行单独评价。

注1:衡器中的模块服从于规定的衡器局部误差限的要求;

注2:模块可以根据与计量机构的协商意见进行单独检查(见9.1.5)。

自动称重衡器的典型模块是:称重传感器、称重指示器、模拟或数字数据处理装置、称重单元、远程显示、软件。

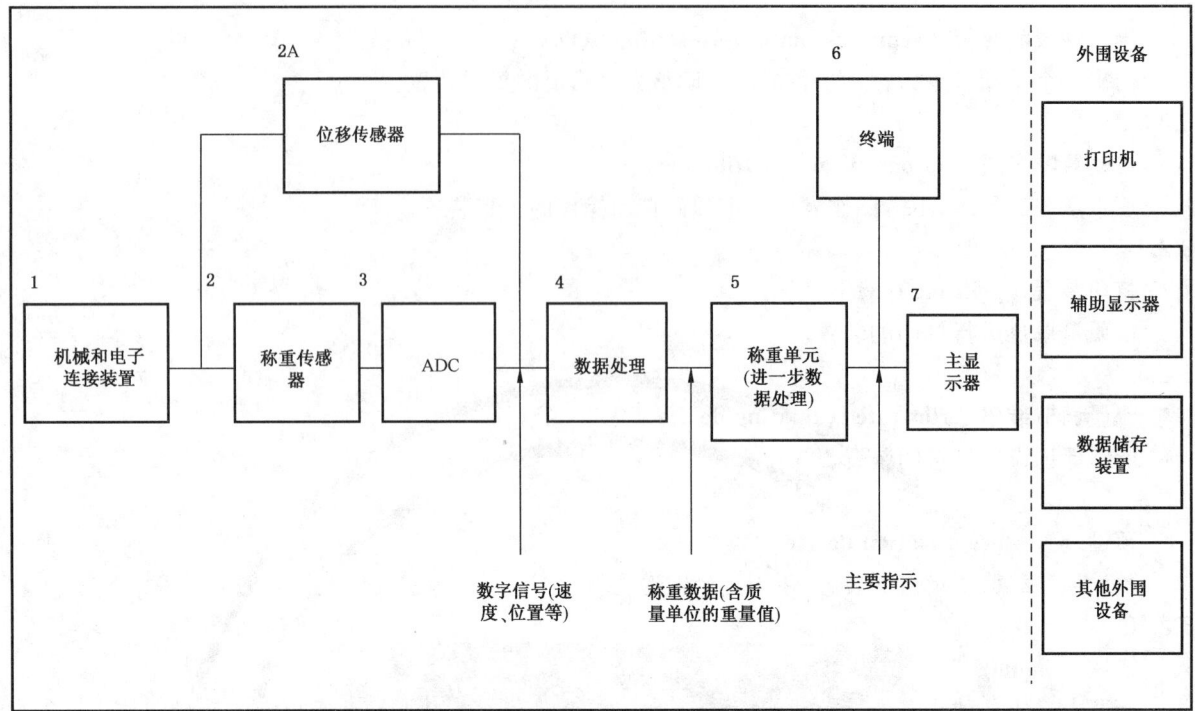

称重传感器	(3.2.10.1)	2	+	(3)	+	(4)*				
位移传感器	(3.2.10.2)	2A								
称重指示器	(3.2.10.5)			(3)	+	4	+	(5)	+	(6) + 7
模拟数据处理装置	(3.2.10.3)			3	+	4	+	(5)	+	(6)
数字数据处理装置	(3.2.10.4)					(4)	+	5	+	(6)
主显示器	(3.2.10.8.1)									7
称重模块	(3.2.10.7)	1	+ 2	+	3	+	4	+ (5)	+	(6)
终端	(3.2.10.6)					(5)	+	6	+	7
注：* 括号中的数字表示的是可选部件。										

图 1　按术语 3.2.10 和 9.1.5 定义的典型模块（也可有其他组合方式）

3.2.10.1

称重传感器　load cell

在考虑了使用地点的重力加速度和空气浮力影响后，将被测量值（质量）转换成另一种被测量值（输出信号），从而测量质量的力传感器。

> 注：配备了电子放大器和模-数转换（ADC）及数据处理装置（可选）等电子器件的称重传感器称为数字式称重传感器（见图1）。

3.2.10.2

位移传感器　displacement transducer

输送机上提供对应给定皮带长度位移信息的装置或提供带速比信息的装置。

3.2.10.3

模拟数据处理装置　analogue data processing device

衡器中对称重传感器输出信号进行模-数转换和进一步数据处理，但无需显示所处理的数据，而是经数字接口以数字格式提供称重结果的电子装置。

3.2.10.4

数字数据处理装置　digital data processing device

处理数字数据的电子装置。

3.2.10.5

称重指示器　indicator

衡器中对称重传感器的输出信号进行模-数转换(可选)和进一步数据处理,并以质量单位显示称重结果的电子装置。

3.2.10.6

终端　terminal

装有操作员接口(如键盘、鼠标、触摸屏等)用于监测衡器的运行,且通过一个显示器来向操作员提供经称重模块或模拟数据处理装置的数字接口传送的称重结果、皮带速度、流量等运行反馈的装置。

3.2.10.7

称重模块　weighing module

皮带秤上提供被测载荷质量信息的装置,可配有进一步处理(数字)数据和对衡器进行操作的装置。

3.2.10.8

数字显示器　digital display

旨在以可见的变化数字形式表示实际运行状况的输出装置。

注 1:显示器可以分为主显示器和辅显示器。

注 2:主显示器和辅显示器不得与主要示值和辅助示值(3.4.1.1 和 3.4.1.2)相混淆。

3.2.10.8.1

主显示器　primary display

主显示器是嵌入在称重指示器外壳内或终端外壳内,或作为具有独立外壳的显示器(即:不带按键的终端)使用,如:与称重模块结合使用。

3.2.10.8.2

辅显示器　secondary display

辅显示器属于附加外围设备(可选),它重复显示称量结果和其他主要指示,或提供更多的非计量信息。

3.2.11　软件　software

3.2.11.1

法制相关软件　legally relevant software

所有测量仪器,电子装置,或组件的软件模块中法制相关的部分。

法制相关数据举例:涉及确定测量的最终结果的软件,包括小数点符号和单位,称量范围标识、承载器标识、软件标识和组合信息。

3.2.11.2

法制相关参数　legally relevant parameter

测量仪器,电子装置,或组件的软件模块中受法制管理的参数。

法制相关参数的类型可分为:型式特定参数和装置特定参数。

3.2.11.3

型式特定参数　type-specific parameter

具有数值的法制关联参数,该数值仅取决于衡器的型式。

注:型式特定参数是法制相关软件的一部分。

型式特定参数举例:用于重量计算的参数、稳定性分析、价格计算和化整,以及软件标识。

3.2.11.4

装置特定参数 device-specific parameter

具有数值的法制关联参数,该数值取决于衡器的个体。

装置特定参数包含校准参数(如量程调整、其他调整或修正)和配置参数(如最大秤量、最小秤量、计量单位等)。

3.2.11.5

软件标识 software identification

一个易读的软件序列号且与该软件或软件模块有不可分割的对应关系(如版本号、校验和)。

可随时检查使用中衡器的软件标识。

3.2.11.6

软件分割 software separation

将测量仪器的软件分割为法制相关和非法制相关软件。

这些部分通过软件界面交互通讯。

3.2.12

数据储存装置 data storage device

旨在用于日后法制相关目的,对已完成测量数据的存储的装置(例如贸易结算的量)。

3.2.13

接口 interface

两个功能单元之间的共享部件(边界),定义了不同特性的有关功能与其他单元一些特性(若适用)的物理连接、信号传输。

3.2.13.1

用户接口 user Interface

在人与衡器或其软件或其硬件之间可以交流信息的接口。例如开关,鼠标,显示,监视器,打印机,触摸屏,屏幕上软件视窗(包括生成该视窗的软件)。

3.2.13.2

保护接口 protective interface

只允许不影响衡器的计量性能的数据或指令进入的接口(软件和/或硬件)。

3.3 计量特性 metrological characteristics

3.3.1 分度值 scale intervals

3.3.1.1

累计分度值 totalization scale interval

d

衡器在正常的称量方式下,总累计显示器或部分累计显示器以质量单位表示的两个相邻显示值的差值。

3.3.1.2

累计试验分度值 totalization scale interval for testing

d_e

衡器在准备试验的特殊方式下,总累计显示器或部分累计显示器以质量单位表示的两个相邻显示值的差值。当这种特殊方式不易实现时,试验分度值 d_e 应等于累计分度值 d。

3.3.2

称量长度 **weigh length**

W_L

在皮带秤承载器的端部称重托辊轴与最接近的输送托辊轴间的1/2距离上的两条假想线之间的距离。

当只有一个称重托辊时,称量长度等于称重托辊两边最近的输送托辊轴间1/2的距离。

注:称量长度不适用于输送机式皮带秤。

3.3.3

整圈皮带(皮带长度) **complete belt revolution(Belt Length)**

输送带循环一周的总长度。

3.3.4

最大秤量(Max) **maximum capacity**

在代表称量长度的那部分输送带上,称重模块可以称量的最大净载量(由散装物料产生的载荷,不包括皮带本身产生的载荷)。

3.3.5

最小秤量 **minimum capacity**

Min

在代表称量长度的那部分输送带上,称重模块可以称量的最小净载量(由散装物料产生的载荷,不包括皮带本身产生的载荷)。

3.3.6 **流量(Q)** **flowrate**

3.3.6.1

最大流量 **maximum flowrate**

Q_{max}

由称重模块的最大秤量与皮带的最高速度得出的流量。

3.3.6.2

最小流量 **minimum flowrate**

Q_{min}

高于此流量,称量结果就能符合本标准要求的流量。

3.3.6.3

给料流量 **feeding flowrate**

物料试验过程中,物料从前一个装置到输送机上的流量。

3.3.7

最小累计载荷 **minimum totalized load**

Σ_{min}

以质量单位表示的累计量,低于该值时就有可能超出本标准规定的相对误差。

3.3.8

皮带的单位长度最大载荷量 **maximum load per unit length of the belt**

称重模块的最大秤量与称量长度的商(Max/l)。

3.3.9

控制值 **control value**

在皮带秤承载器上模拟或加放一个已知附加砝码,皮带空转预定圈数后,由称重指示器显示并以质量单位表示的值。

3.3.10

预热时间 warm-up time

衡器从通电起到其能符合要求所需要的时间。

3.3.11

重复性 repeatability

在相对稳定测试条件下,当同一载荷以同样方法多次加载到承载器上时,衡器提供的称重结果之间的一致性能力。

3.3.12

耐久性 durability

衡器在使用周期内保持其性能特征不变的能力。

3.3.13

衡器或模块的型式 type of a measuring instrument or module

衡器或模块(包括衡器的族或模块的族)确定的最终类型,其影响计量特性的所有因素已有明确定义。

3.3.14

衡器的族 family of measuring instrument

可识别的属于相同制造形式的衡器和模块的组。在测量方法上,它们具有相同的设计特点和计量原理(例如:同一类型的称重指示器、相同类型设计的称重传感器和相同类型设计的载荷传递装置),但它们可以具有某些不同的计量特性和技术性能特性(如:最大秤量 Max,最小秤量 Min,衡器分度值 d,检定分度值 e,准确度等级等)。

注:设立族的概念是为了减少型式检验的复杂程度,但不排除在一份证书中列出多个适用的族的可能性。

3.4 示值和误差 indications and errors

3.4.1

衡器的示值 indications of an instrument

由衡器或称重系统提供的量值。

注:"示值""指示"或"标志"包括显示的和打印的。

3.4.1.1

主要示值 primary indications

本标准要求的示值,信息和符号。

3.4.1.2

辅助示值 secondary indications

主示值以外的示值,信息和符号。

3.4.2 示值装置的类型 type of indicating device

3.4.2.1

瞬时载荷显示器 instantaneous load indicating device

在给定时间内显示最大秤量(Max)的百分数或作用于称重模块的载荷质量的装置。

3.4.2.2

流量显示器 flowrate indicating device

显示瞬时流量的装置。其显示的瞬时流量可以是单位时间内输送的物料质量,也可以是最大流量的百分数。

3.4.2.3

累计显示器　totalization indicating device

接收累计器的信息，并显示输送载荷质量的装置。

3.4.2.4

总累计显示器　general totalization indicating device

显示所有输送载荷质量总累计量的装置。

3.4.2.5

部分累计显示器　partial totalization indicating device

显示一定时间内输送载荷质量的装置。

3.4.2.6

附加累计显示器　supplementary totalization indicating device

分度值大于总累计显示器、目的在于显示相当长的运行时间内输送载荷质量的显示装置。

3.4.2.7

皮带整圈累计装置　whole belt totalization device

皮带每运行一整圈（即参考每圈皮带上同一个位置点），输送载荷质量示值都会更新一次的累计显示器。

3.4.3

打印输出　printout

由打印机输出的测量结果的硬拷贝。

3.4.4　**读数**　reading

3.4.4.1

简单并列读数　reading by simple juxtaposition

以连续地简单并列的数字给出称量结果，无需计算。

3.4.5

（示值）误差　error(of indication)

示值误差是将示值减去参考量值。

注：参考量值有时是指约定真值。

3.4.5.1

固有误差　intrinsic error

在参考条件下确定的衡器的误差。

3.4.5.2

初始固有误差　initial intrinsic error

皮带秤在性能试验和耐久性评价之前确定的固有误差。

3.4.5.3

增差　fault

衡器的示值误差与固有误差之差。

注：增差主要是电子衡器自带的或经由非所要求的数据出现变化产生的结果。

3.4.5.4

显著增差　significant fault

在载荷等于皮带秤相应准确度等级的最小累计载荷（$\sum_{min}$）的情况下，大于影响因子相应最大允许误差绝对值的增差。

显著增差不包括：

——皮带秤内部互不关联的多种原因同时作用而引起的增差；

——无法再进行任何测量的增差；

——示值中瞬间变化的瞬态增差，其不能作为测量结果来解释、储存或传输；

——严重程度足以使关注测量结果人员察觉到的增差。

3.4.5.5

最大允许误差　maximum permissible errors；MPE

对给定衡器、法规等所能允许的误差的极限值。

3.4.5.6

耐久性误差　durability error

使用一段时间后衡器呈现的固有误差与其初始固有误差间的差值。

3.5　影响和参考条件　influences and reference conditions

3.5.1

影响量　influence quantity

在直接称量中，影响量不影响实际测量的量，而是影响示值与测量结果间的关系。

3.5.1.1

影响因子　influence factor

其值处于衡器规定的额定操作条件之内的一种影响量。

注：由于影响因子而产生的示值变化被认为是误差而不是增差。

3.5.1.2

干扰　disturbance

其值处于本标准规定的范围之内、但超出了衡器额定操作条件的一种影响量。

3.5.2

额定操作条件　rated operating conditions

测量中为确保衡器或称量系统的运行性能达到设计要求，应要满足的运行条件。

注：定义额定操作条件时通常是规定一个被测变量及影响量的范围。

3.5.3

参考条件　reference conditions

为评估衡器或称量系统的性能，或对测量结果进行有效地相互比较，而规定的运行条件。

注：参考操作条件用来规定被测变量及影响量的取值范围。

3.5.4

典型称重条件　typical weighing conditions

衡器的一般使用条件，包括物料类型、使用地点和操作方式。

3.6　试验　tests

3.6.1

物料试验　product test

采用皮带秤预期称量的物料，在皮带秤的使用现场或典型的试验场所对完整的皮带秤进行的一种试验。

3.6.2

性能试验　performance test

为检验被测皮带秤(EUT)是否能达到其特定性能的一种试验。

3.6.3

耐久性试验 durability test

为检验被测皮带秤(EUT)在经过规定的使用周期后能否保持其性能特征的一种试验。

3.6.4

模拟试验 simulation test

在一台完整的衡器或部分衡器上进行的试验,其中皮带秤有一部分运行是模拟的。

3.7 缩写和符号

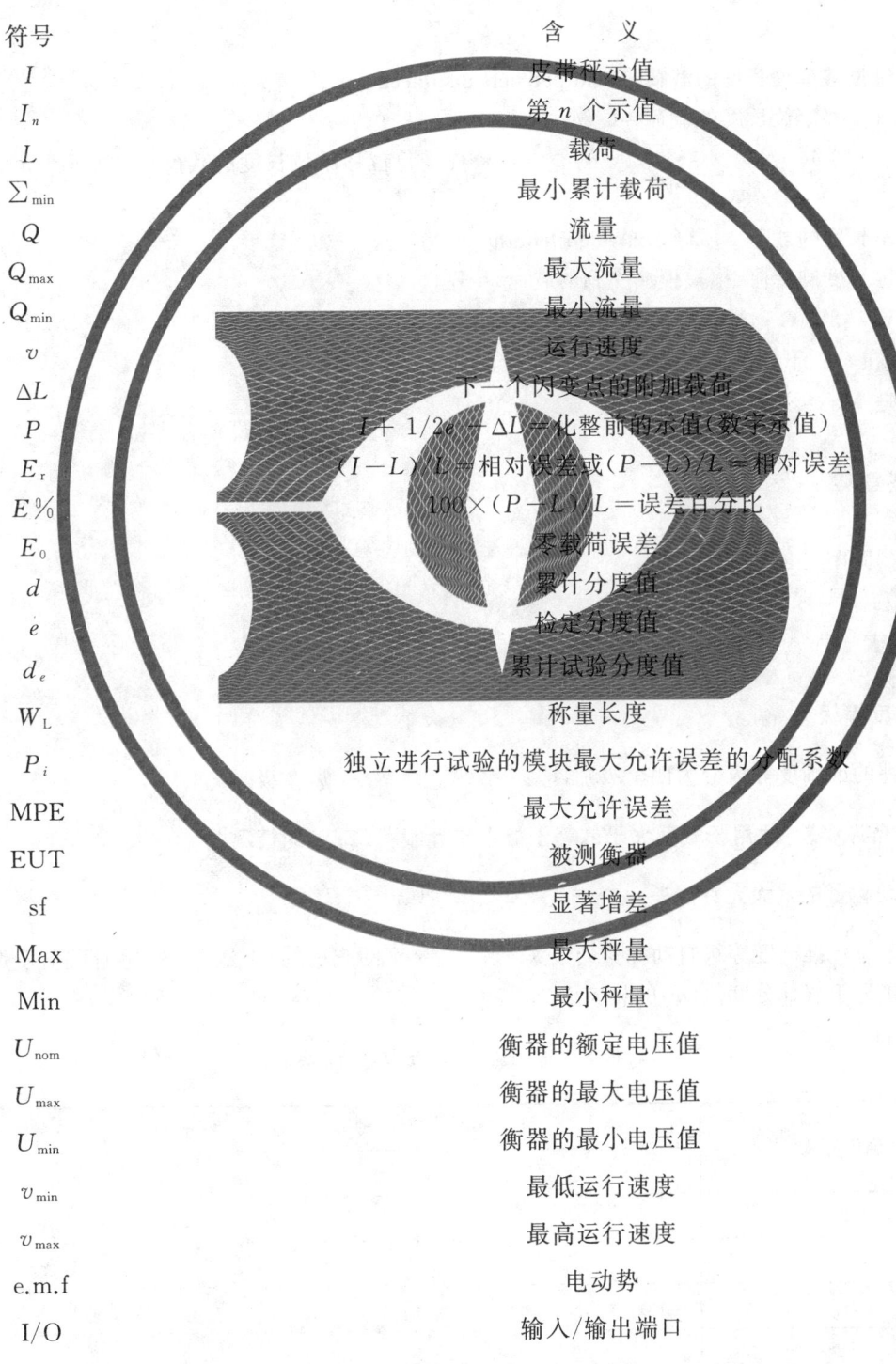

符号	含 义
I	皮带秤示值
I_n	第 n 个示值
L	载荷
$\sum_{min}$	最小累计载荷
Q	流量
Q_{max}	最大流量
Q_{min}	最小流量
v	运行速度
ΔL	下一个闪变点的附加载荷
P	$I + 1/2e - \Delta L =$ 化整前的示值(数字示值)
E_r	$(I-L)/L =$ 相对误差或$(P-L)/L =$ 相对误差
$E\%$	$100 \times (P-L)/L =$ 误差百分比
E_0	零载荷误差
d	累计分度值
e	检定分度值
d_e	累计试验分度值
W_L	称量长度
P_i	独立进行试验的模块最大允许误差的分配系数
MPE	最大允许误差
EUT	被测衡器
sf	显著增差
Max	最大秤量
Min	最小秤量
U_{nom}	衡器的额定电压值
U_{max}	衡器的最大电压值
U_{min}	衡器的最小电压值
v_{min}	最低运行速度
v_{max}	最高运行速度
e.m.f	电动势
I/O	输入/输出端口

RF	射频
V/m	伏特每米
kV	千伏
DC	直流
AC	交流
MHz	兆赫

3.8 基本关系

3.8.1

皮带每位移单位长度的载荷 load per belt displacement

皮带每位移单位长度的载荷$=Q/v$

例：$Q=1\,440$ t/h$=400$ kg/s，$v=2$ m/s➡皮带每位移单位长度的载荷$=200$ kg/m

3.8.2

每称量长度的载荷 load per weigh length

每称量长度的载荷（称重模块受到的载荷）$=W_L\times Q/v$

例：$W_L=3$ m➡称量长度的载荷$=3\times200=600$ kg

因此，在Q_{max}下称重模块受到的载荷是$W_L\times Q_{max}/v_{max}$

也就是 $Max=W_L\times Q_{max}/v_{max}$

4 产品型号

建议按 GB/T 26389 编制。

5 计量要求

5.1 准确度等级

皮带秤的准确度等级分为四个级别，即：0.2 级、0.5 级、1 级、2 级。

5.2 最大允许误差［适用于载荷大于或等于最小累计载荷（Σ_{min}）的情况］

5.2.1 自动称量的最大允许误差

对应于每一准确度等级自动称量的最大允许误差（正的或负的）应是表 1 中累计载荷质量的百分数化整到最接近于累计分度值（d）的相应值。

表 1 自动称量的最大允许误差

准确度等级	累计载荷质量的百分数	
	型式检验	使用中
0.2	±0.10	±0.20
0.5	±0.25	±0.50
1	±0.50	±1.0
2	±1.0	±2.0

5.2.2 影响因子试验的最大允许误差

对应于每一准确度等级影响因子试验的最大允许误差(正的或负的)应是表2中累计载荷质量的百分数化整到最接近于累计分度值(d)的相应值。

表 2 影响因子试验的最大允许误差

准确度等级	累计载荷质量的百分数
0.2	±0.07
0.5	±0.175
1	±0.35
2	±0.70

在对衡器模块进行单独评价时,被测装置的最大允许误差应是表2中相应规定值乘以该装置相应的因子 P_i(见9.1.5.7)。

5.3 多个指示装置间的一致性

对同一载荷,任意两个相同分度值的装置提供的称量结果的差值在数字显示和打印装置上应当为零。

5.4 最小累计载荷(Σ_{min})

最小累计载荷应不小于下列各值的最大者:
a) 在最大流量下 1 h 累计载荷的 2%;
b) 在最大流量下皮带转动一圈获得的载荷(见5.8.5的要求);
c) 对应于表3中相应累计分度数的载荷。

表 3 最小累计载荷的累计分度数

准确度等级	累计分度数 d
0.2	2 000
0.5	800
1	400
2	200

5.5 最小流量(Q_{min})

5.5.1 单速皮带秤

最小流量应等于最大流量的 20%。

在某些特殊安装的情况下,可以使皮带秤物料输送的流量变化率(最大流量与最小流量之比)小于5∶1,即便是这样最小流量应不超过最大流量的 35%。对于散状物料输送开始时与输送结束时的物料流量变化率不计。

5.5.2 变速皮带秤和多速皮带秤

变速皮带秤和多速皮带秤的最小流量可以小于最大流量的20%。但称重模块的最小瞬时净载荷应不小于最大秤量的20%。

5.6 计量单位

适用于皮带秤的计量单位涉及质量、流量和皮带速度:
a) 质量单位有克(g)、千克(kg)和吨(t);
b) 流量单位有克/小时(g/h)、千克/小时(kg/h)和吨/小时(t/h);
c) 皮带速度单位是米/秒(m/s)。

5.7 型式检验中的模拟试验

5.7.1 模拟速度的波动

对于每个标称带速波动±10%,如果带速连续可变(使用位移模拟装置)速度超出范围限值±10%时,皮带秤的示值误差应不超过表2规定的影响因子试验相应最大允许误差。

5.7.2 偏载

载荷在不同位置的累计示值误差应不超过表2中规定的影响因子试验相应最大允许误差。

5.7.3 置零

在置零范围内的每一次置零后,累计示值误差应不超过表2中规定的影响因子试验相应最大允许误差。

5.7.4 影响因子

5.7.4.1 温度

在$-10\ ℃+40\ ℃$的温度范围内,皮带秤应能满足相应的计量性能要求和通用技术要求。除非在衡器的描述性标识中表明特殊温度范围(比如以这种形式:$-25\ ℃/+55\ ℃$)。

温度上下限之差应不低于30 ℃。

皮带秤的温度范围应该适用于其当地的使用环境条件。

5.7.4.2 温度对零流量的影响

每5 ℃温度变化,零流量对累计值的影响应不大于累计期间最大流量累计载荷的下列百分数:
——对0.2级皮带秤为0.007%;
——对0.5级皮带秤为0.017 5%;
——对1级皮带秤为0.035%;
——对2级皮带秤为0.07%。

5.7.4.3 电压波动

当供电电压和额定电压值U_{nom}(如果衡器上只标明一个电压),或衡器上标明的最大电压值与最小电压值之间电压范围不同时,衡器在下列范围内应符合相应的计量和技术要求。

电压要求如下:
a) 交流电压
下限:$0.85×U_{nom}$或$0.85×U_{min}$,上限:$1.10×U_{nom}$或$1.10×U_{max}$

b) 直流电压

下限为最小工作电压,上限为 $1.20 \times U_{nom}$ 或 $1.20 \times U_{max}$

c) 电池直流电压(非电源连接)

下限为最小工作电压,上限为 U_{nom} 或 U_{max}

注:最低工作电压定义为在衡器自动关机前可能的最低工作电压。

电池供电的电子衡器和由外接电源或插入式电源(AC 或 DC)装置供电的衡器,如果供电电压低于制造商规定的值时,要么继续正常运行,要么不指示任何重量值。外接电源和插入式电源应大于或等于最低工作电压。

5.7.5 计量性能

5.7.5.1 模拟试验重复性

在相同条件下将同一载荷放置到皮带秤承载器上,获得的任意两次结果的差值应不超过表 2 中规定的影响因子试验相应最大允许误差的绝对值。

注:如果试验不能使用同一载荷,使用大致相同的载荷即可。在这种情况下,应对载荷间的差异加以修正。

5.7.5.2 累计显示器的鉴别力

在最小流量和最大流量之间的任一流量下,相差一个等于最大允许误差值的载荷,得到的两个累计示值的差值,应至少等于相应累计载荷差值计算值的一半。

5.7.5.3 累计显示器零点累计的鉴别力

对于持续时间为 3 min 的试验,无论是向承载器施加还是从承载器卸掉等于下述最大秤量的百分数的载荷,其获得的无载荷和有载荷的示值之间都应有一个明显的差值:

——对 0.2 级皮带秤为 0.02%;

——对 0.5 级皮带秤为 0.05%;

——对 1 级皮带秤为 0.1%;

——对 2 级皮带秤为 0.2%。

5.7.5.4 零点稳定性

5.7.5.4.1 短期零点稳定性

无载荷的情况下皮带秤以最大皮带速度模拟运行 15 min,前后的零点示值之差的绝对值应不超过累计期间最大流量 Q_{max} 累计载荷的下列百分数:

——对 0.2 级皮带秤为 0.000 5%;

——对 0.5 级皮带秤为 0.001 25%;

——对 1 级皮带秤为 0.002 5%;

——对 2 级皮带秤为 0.005%。

5.7.5.4.2 长期零点稳定性

无载荷的情况下皮带秤以最大皮带速度模拟运行 3.5 h,前后的零点示值之差的绝对值应不超过累计期间最大流量 Q_{max} 累计载荷的下列百分数:

——对 0.2 级皮带秤为 0.000 7%;

——对 0.5 级皮带秤为 0.001 75%;

——对 1 级皮带秤为 0.003 5%;

——对 2 级皮带秤为 0.007%。

5.8 型式检验中的现场试验

5.8.1 物料试验重复性

当试验条件相同且物料量大致相等时,在实际相等的流量下获得的几个称量结果的相对误差以及其差值应不超过 5.2.1 自动称量相应准确度等级最大允许误差的绝对值。

5.8.2 零点累计值的最大允许误差

在皮带转动一个整数圈且持续时间尽可能接近但不低于 3 min,零点示值变化的绝对值应不超过最大流量 Q_{max} 下累计载荷的下列百分数:

——对 0.2 级皮带秤为 0.02%;

——对 0.5 级皮带秤为 0.05%;

——对 1 级皮带秤为 0.1%;

——对 2 级皮带秤为 0.2%。

5.8.3 累计显示器的置零鉴别力

对于皮带转动整数圈且持续时间尽可能接近但不少于 3 min 的试验,无论是向承载器施加还是从承载器卸掉等于下述最大秤量 Max 的百分数的载荷,皮带秤在无载荷和有载荷的零点示值之间都应有一个明显的差值:

——对 0.2 级皮带秤为 0.02%;

——对 0.5 级皮带秤为 0.05%;

——对 1 级皮带秤为 0.1%;

——对 2 级皮带秤为 0.2%。

5.8.4 零载荷的最大偏差

在 5.8.2 规定的试验期间,当最小累计载荷等于或小于皮带秤在最大流量下转 3 圈的载荷量时,整个试验期间累计显示器的显示值与其初始显示值的示值偏差的绝对值应不超过下列最大流量 Q_{max} 下累计载荷的百分数:

——对 0.2 级皮带秤为 0.07%;

——对 0.5 级皮带秤为 0.175%;

——对 1 级皮带秤为 0.35%;

——对 2 级皮带秤为 0.7%。

5.8.5 皮带运行整数圈后的示值(最小试验载荷)

皮带秤可以有仅允许在皮带转动整数圈的情况下获得累计载荷的功能(3.4.2.7)。在有该功能的情况下应满足 6.6b)中的要求。在使用该功能进行物料试验时,最小累计载荷应满足 5.4a)或 c)要求但不需满足 5.4 b)中的要求。

5.8.6 耐久性

皮带秤耐久性的要求符合 9.1.7 的规定。

6 技术要求

6.1 使用的适用性

皮带秤在设计上应适合于其运行方式、预期的物料和相应准确度等级。

6.2 额定运行条件

皮带秤的设计和制造应能保证其在额定运行条件下不超过最大允许误差。

6.3 操作安全性

6.3.1 偶然故障和失调

皮带秤的制造和安装应保证通常情况下不会发生无明显而可能会干扰其正常性能的偶然故障或失调。

可能干扰皮带秤计量性能的可调部件(如称重托辊、过渡托辊、张紧装置等)应可靠安装,而且这些部件的安装位置应准确且恒定不变。

6.3.2 运行调整

总累计显示器应不能清零。

除非皮带停止或流量为零时,否则应无法重置法制相关的指示装置。

除非皮带停止或流量为零时,否则应无法运行对称量结果有影响调整。

6.3.3 欺骗性使用

皮带秤不得有可能便于欺骗性使用的特征。

6.3.4 操作装置

皮带秤的操作装置在设计上应当完善。应避免输送机在不该停机的位置上停机,除非所有的显示和打印程序自动失效。

6.3.5 皮带秤与输送机的连锁

如果衡器已被关闭或失去作用,皮带输送机就应停止运行,或者发出声或光报警信号。

6.3.6 超出范围的警告或报警

下述情况下,衡器应发出连续而清晰的声/光警告或报警指示,并且在相应的部分累计打印输出或总累计打印输出应记录警告的日期、时间及持续时间,或者在任何辅助记录装置(流量记录仪等)记录。

警告或报警要求如下:
a) 瞬时载荷超出了称重模块的最大秤量;
b) 流量高于最大流量或者低于最小流量;
c) 检测到故障,失调或错误(见6.3.1);
d) 装有皮带整圈累计装置时,当皮带运转少于一整圈时;或
e) 超出零点(5.8.2)的最大允许误差(6.5.1)。

注:此提示为报警提示,其运行应明显可辨(例如:明显、连续的蜂鸣或警报灯闪烁)。不同报警可使用不同提示方式。

6.3.7　组件的保护和密封及预设的控制

6.3.7.1　要求

受法制计量管理且不应由使用者人为调整或拆除的组件、接口和预设控制,应安装配备保护措施或用外壳加以保护。若使用外壳保护,应能对外壳印封。任何情况下印封件应易于实施。

应对测量系统中所有对测量准确度有影响的操作组件应提供充分的保护。

6.3.7.2　总则

皮带秤的保护或密封措施应确保:

a)　用下列的方法限制可能对计量特性有影响功能的访问。例如:物理印封的开关保护,可检查跟踪的密码,钥匙或识别标签。

b)　软件功能应根据7.8中的要求进行保护以避免有意,无意或意外的更改。

c)　通过接口的计量数据传输应根据7.6.2中的要求进行保护以避免有意,无意或意外的更改。

d)　存储装置中的测量数据应根据7.7中的要求进行保护以避免有意,无意或意外的更改。

6.3.7.3　组件和预设控制

对禁止访问或调整的组件和预设控制进行安全保护的方法,包括以下:

a)　物理印封,只有将其破坏才能对组件或功能进行访问,如有数据检查跟踪系统,则该系统应自动记录对组件和功能的使用信息,该信息应能被访问和显示。信息中应包含日期和经系统授权的使用者。(如果数据检查跟踪系统中的信息无法确切识别使用者,应有足够可以识别使用组件和功能时所用的密码或识别标签的信息。)

b)　在国家法规规定的一段时间(一般是两次检定之间的时间)内,应确保对操作使用的可追溯性(例如,每当组件或功能被更改时数值便递增的计数器,和该计数器在某一特定时间的一条相关记录值)。操作使用的记录应被存储。记录不应被覆盖,除非记录的存储容量用尽,新的记录在数据所有者提供许可的情况下可以取代老的记录。

c)　印封措施应易于实施。

6.4　累计显示器和打印装置

6.4.1　要求

皮带秤应配备一个主累计指示装置,并可另配有部分和辅助累计指示装置。

6.4.2　读数品质

在正常使用条件下(3.5.4),累计显示器和打印装置的主要示值(3.4.1.1)的读数可靠、易读和清晰:

a)　由模拟指示装置的读数对标准不准确度($k=2$)的贡献应不超过 $0.2\,d$;

b)　构成主要指示的数字尺寸的大小、形状和清晰度应满足易读的要求;数字的高度应至少为 9.5 mm;

c)　构成称量结果的标尺,数码和打印应简单并易于读取(3.4.4.1)。

6.4.3　示值的形式

6.4.3.1　质量单位

称量结果应包括表示其质量单位的名称或符号。

对任何一种质量示值,只可以使用一种质量单位。

质量单位应根据5.6中的规定以小写字母(小写体)形式表示。

6.4.3.2 数字指示

数字示值应从最右端开始,至少显示一位数字。

示值零可以由最右边一个零指示,无需小数点符号。

质量单位选择应使重量值在小数点右边不多于一个无效零。对于带小数点符号的值,无效零只允许出现在小数点后面第三个位置。

小数部分应用小数点(圆点)将其与整数分开,示值显示时小数点左边至少应有一位数字,右边显示全部小数位。

小数点符号应与数字底部在同一行上(例如0.305 kg)。

正确显示的例子:

分度值	正确显示	不正确显示
0.005 t, 5 kg	0.050 t, 50 kg	0.05 t, 0.050 0 t
0.01 t, 10 kg	0.10 t, 0.100 t, 100 kg	0.1 t, 0.100 0 t
0.02 t	0.20 t, 0.200 t	0.2 t, 0.200 0 t
1 t	10 t	10.0 t, 10.00 t

6.4.4 分度值

6.4.4.1 分度值的表示形式

累计显示器和打印装置的分度值应是:

1×10^k、2×10^k 或 5×10^k,其中 k 为正整数、负整数或零。

6.4.4.2 部分累计显示器的分度值(d)

部分累计显示器的分度值应与总累计显示器的分度值相同。

6.4.4.3 辅助累计显示器的分度值

辅助累计显示器的分度值至少应等于累计分度值的10倍。

任何辅助累计显示器不得用于法制计量。

6.4.5 示值范围

皮带秤应至少有一个累计显示器能显示最大流量下运行10 h所称量物料的累计值。

如预期较大的输送量,则应配置较大的示值范围。

6.4.6 累计显示器

累计显示器要求如下:

a) 总累计显示器应不能清零;

b) 除非最终累计示值已被打印或标明后储存,否则部分累计显示器不能被重新置零;

c) 自动运行时,任何累计显示器应不能清零;

d) 在显示多种功能的情况下,如果自动运行被中断或在自动运行之后的最近20 s内,自动生成累计示值;

e) 当有皮带整圈累计装置(3.4.2.7)时,皮带秤应提供对于皮带转动整数圈的有效累计值。此种情况下适用 6.4.7 中的要求。

6.4.7 累计显示器的接通

接通要求如下

a) 累计显示器与打印装置(如有打印机)应总是保持接通的,6.4.6 b)的情况除外,此时累计显示器与打印机已明确表明已经断开连接;

b) 装置的设计应是:只有当皮带停止并禁止输送物料时,才能断开累计显示器与打印装置。

6.4.8 打印装置

打印应清晰、耐久,满足预期的使用。打印值的字符高度至少为 2 mm。

如果需要打印,计量单位的名称或符号应同时打印在数值的右边或该数值列的上方。

6.5 置零装置

6.5.1 要求

皮带的实际质量应由与皮带秤工作原理相符的置零装置来平衡。

置零范围应不超过最大秤量(Max)的 4%。

6.5.2 半自动置零装置和自动置零装置

半自动置零装置和自动置零装置的运行方式应是:

a) 皮带转动一个整数圈后才进行置零;且

b) 置零操作结束时有指示;且

c) 置零范围应不超过最大秤量(Max)的 4%;且

d) 若设置自动置零装置,在进行零载试验中当零点变化超出最大允许误差 MPE(5.8.2)时衡器应置零(还可参见 6.3.6)。

为了试验,皮带秤应能禁止运行自动置零装置。

皮带秤可以具有一个自动置零装置,其条件是应配备一个连锁装置,以防止在给料装置往皮带输送机上给料时运行自动置零装置。

6.6 带形修正装置

若皮带秤安装带形修正装置,该装置应满足下列要求之一:

a) 装置是长期运行的,或长期禁用的(使用或禁用的权限应采取印封保护,以防用户任意使用);结合一个机械装置实现将皮带位置与储存的(空带)数据可靠同步(例如:可以利用传感器检测固定在皮带上标签的通过);或

b) 既可以与自动或半自动置零装置结合,即置零装置运行时可获得并储存新的(空载)皮带带形数据,也可以独立于自动或半自动置零装置运行,在这种情况下自动或半自动置零装置可通过确定皮带运行一整圈的平均值来修正(空载)皮带带形的平均值。

6.7 位移传感器

位移传感器在设计上应避免其与皮带(不论是否空载)的滑动而影响称量结果。

位移检测装置应由皮带的非装载物料面驱动。

测量信号应与皮带位移相对应,等于或小于称量长度。

位移传感器的可调部件应能加封。

6.8 皮带秤与输送机的连接

6.8.1 要求

输送机的构造应有足够的刚性,结构应牢固。

6.8.2 皮带秤的安装条件

6.8.2.1 安装条件

皮带秤的安装条件应满足如下要求:

a) 输送机的支架应有足够的钢性;

b) 在任一纵向直线段,托辊轨迹应排列成直线,并使皮带恒定地支撑在称重托辊上;

c) 若装有皮带清扫装置,则应定位准确且运行良好,对称量结果没有显著的影响;

d) 托辊应不会引起物料的滑动。

皮带秤在设计上应保证使托辊的安装、皮带的结构和装配、物料输送方式等不引起过量的附加误差。

6.8.2.2 托辊轨迹

皮带秤托辊应防止锈蚀和物料阻塞。

皮带秤承载器上的称重托辊与输送辊的接触面应尽量调整到同一平面。

6.8.2.3 输送皮带

皮带单位长度的质量(包括皮带的接头)的波动不应对称量结果造成明显的误差(要确保符合5.8.4的要求)。这种变化最好要尽量减小。

6.8.2.4 速度控制

对于皮带秤,应确保皮带速度符合下列规定的速度范围:

a) 对于单速皮带秤,称量期间的带速变化应不超过标称速度的5%。

b) 对于具有速度设定控制的变速皮带秤,称量期间的带速变化不应超过设定速度的5%。

6.8.2.5 称量长度

皮带秤在安装后应使其称量长度和垂直中心在使用中保持不变。

皮带秤上称量长度的调整装置应能密封,以防在使用中对称量长度进行调整。

6.8.2.6 皮带秤的皮带张力(输送机式皮带秤除外)

应通过一些自动机械或装置(如:重力张紧单元)使皮带的纵向张力恒定,不受温度、磨损或载荷的影响。皮带张力的调整应该使皮带与驱动轮之间在正常称重环境下几乎没有滑动。

6.8.2.7 皮带倾角

通常情况下应将皮带秤安装在一个固定位置,如果承载器在皮带运行方向上的倾角可以改变,则应符合下面两种情况之一:

a) 皮带秤仪表应装有补偿倾角影响的装置;或

b) 当输送机进行物料传送中产生倾斜且超出厂方设置的皮带角度限值时,期间皮带秤应不运行,不可能物料交付,也不可能累计物料。

7 电子皮带秤的附加要求

7.1 通用要求

7.1.1 干扰

电子皮带秤的设计和制造应能保证其在受到干扰时:

a) 不出现显著增差;或

b) 能检测出显著增差,并对其作出反应。

注:若不考虑示值的误差值,等于或小于显著增差(3.4.5.4)的增差是允许的。

7.1.2 耐久性

在皮带秤的使用中,第 5 章、第 6 章和 7.1.1 的要求应当长期得到满足。

7.1.3 符合性评定

如果电子皮带秤的样机通过了附录 A 规定的检查和试验,则可以认为该型式的电子皮带秤符合了7.1.1 和 7.1.2 的要求。

7.2 适用

7.2.1 7.1.1 的要求可分别适用于:

a) 显著增差的每个独立因素;

b) 电子皮带秤的每一部件。

7.2.2 选用 7.1.1 的 a)还是 b),应由制造厂家选择决定。

7.3 对显著增差的反应

电子皮带秤在检测到显著增差时应有声或光报警指示,并且持续到用户采取措施或增差消失为止。出现显著增差时,皮带秤应有保存累计载荷信息的措施。

7.4 指示器显示的试验

接通电源(在电子皮带秤与电源长期连接的情况下,打开指示开机的开关)时,皮带秤应有一个特定的自检程序,它随指示的开始而自行启动,使操作人员有足够的时间观察显示器所有的相关显示信号是否正常,避免由于显示器指示单元的故障导致的错误称量示值。该要求对故障很明显的显示器不适用,例如非段码显示器、荧光显示器、点阵显示器等。

7.5 功能要求

7.5.1 影响因子

电子皮带秤应符合5.7.4的要求,除此之外还应在相对湿度为85%(不凝露)或93%(凝露)并且皮带秤温度范围的上限时保持其计量性能要求和通用技术要求。

7.5.2 干扰

皮带秤应符合 7.1.1 规定的要求。

7.5.3 预热时间

电子皮带秤在预热期间应无显示或不传输称量结果,并且应禁止使用自动操作。

7.5.4 交流电源故障

使用交流电源供电的皮带秤,在电力中断的情况下皮带秤内含的计量信息至少应保留达 24 h 以上,并在这 24 h 期间通电后至少应能显示这些计量信息 5 min。在切换到应急电源供电时,应不引起显著增差。

7.5.5 电池电源(DC)

使用电池供电的皮带秤,当电池电压下降到低于制造厂家规定的最低值时,皮带秤应能继续正常工作或者自动停止工作。皮带秤内含的计量信息至少应保留达 24 h 以上,并在这 24 h 期间通电后至少应能显示这些计量信息 5 min。

7.6 接口

7.6.1 要求

皮带秤可配备与外部设备和用户界面联接的接口装置(3.2.13)用于人机信息交换。使用接口时皮带秤应继续正常运行,且其计量性能(包括计量相关参数和软件)应不受影响。皮带秤的信息接口应是有效的,例如:
——包含全部指令的列表(如菜单项);
——软件接口的描述;
——所有指令集中起来的列表;
——使用接口的意图及其对皮带秤功能及数据的影响的简要说明;
——接口其他描述内容。

7.6.2 接口安全性

衡器的法制相关软件和功能及其测量数据,不应因受到与衡器连接外围设备通过接口产生影响或干扰。对于不能实现或启动上述提到的功能的接口不需实施保护,而其他接口都应采取下列保护措施:
a) 数据被保护,例如,用一个保护接口(3.2.13.2)来防止有意无意的干扰;
b) 硬件和软件功能应符合 6.3.7 和 7.8 中规定的相应的安全保护要求;
c) 应有简单的方法来验证传入或传出皮带秤的数据的真实性和完整性;
d) 国家标准规定的与皮带秤接口相连接的其他设备应得到安全保护,在皮带秤所连接设备不存在或不正常工作时使皮带秤自动停止运行。

7.7 数据存储装置

7.7.1 要求

如果衡器具有数据存储装置,计量数据应存储在存储器中,可以是内部的存储器或外部存储器中以便后续使用(如显示、打印、传输、计算等)。这两种情况,应有充分的防护措施使所保存的数据避免数据传输或存储过程中所产生的有意无意的数据改变,并重现其早期计量包含的所有相关信息。

7.7.2 计量安全性

要确保数据有足够的安全性,应满足下列条件:

GB/T 7721—2017

a) 6.3.7 中规定的相应安全要求；

b) 外部存储设备的识别和安全属性应能自动校验以确保真实性和正确性；

c) 如果所存储数据通过一个特定的校验和或密钥来做安全保护,存储计量数据所用的可交换存储媒介就不需要印封保护；

d) 当存储容量用尽的时候,新的数据可以替代最旧的数据,条件是已被授权可以替代旧数据；

e) 衡器预期在贸易一方不在场的情况下使用时应配有数据存储装置,可以记录称量结果,并附带可以识别特定批次以方便事后重现运行状况的信息。

7.8 软件

7.8.1 要求

皮带秤法制相关的软件应由制造厂方确定,即对计量特性、计量数据和计量重要参数起关键作用的软件,存储或传输软件、以及为探测系统软硬件故障而编写的软件,都被认为是皮带秤的基本组成部分,而且应满足下面指定的安全软件的要求并根据附录 A 规定的办法进行检验。应具备软件控制衡器所需的足够信息,例如：

——法制相关软件说明；

——计量算法准确度的描述(例如编程方式)；

——用户界面、菜单和对话框的说明；

——明确的软件定义；

——嵌入式软件说明；

——嵌入式软件应提供硬件系统说明,例如拓扑结构框图、计算机类型、软件功能的源代码等(如果在操作说明书中没有描述)；

——软件安全保护的措施；

——操作说明书(如果适用)。

注：应能在衡器使用中检查软件标识(如果只在皮带停转时才能检查软件标识也是可以接受的)。

7.8.2 法制相关软件的安全性

要确保足够的安全性,需满足下列要求：

a) 法制相关软件应足以避免意外或无意的修改,应符合 6.3.7 和 7.7 中规定的相应安全要求。

b) 应对软件分配相应的软件标识(3.2.11.5),该软件标识在每个可能影响衡器功能和准确度的软件修改时被修改。

c) 通过所连接的接口来实现的功能,即法制相关软件的传输,应符合 7.6 关于接口的安全要求。

7.9 安全性能

衡器的绝缘电阻、耐压、泄漏电流安全性能应符合 GB 14249.1 中的规定。

7.10 称重传感器

所选用的称重传感器应满足皮带秤计量性能的要求,并适应使用环境的需要,符合 GB/T 7551 的相应规定。

7.11 制造

衡器的制造应符合下列要求：

——焊接件应符合 QB/T 1588.1,焊接牢固、可靠,焊缝均匀、平整,无漏焊、脱焊、夹渣、咬边、焊瘤和裂纹等缺陷；

——切削加工件应符合 QB/T 1588.2；

——铸造件不应有影响性能的气孔、砂眼和缩松；

—— 装配应符合 QB/T 1588.3，所有紧固件应牢固装紧，不得松动、脱落；

——涂漆应符合 QB/T 1588.4，电镀件、涂装件应色泽均匀，不允许有露底、划伤和脱落等缺陷。表面涂漆漆层应平整、色泽一致、光洁牢固。漆面不得有刷纹、流挂、起皱、气泡、起皮脱落等缺陷，施漆后的表面应完整无漏漆；

——电子设备机柜应符合 GB/T 15395。

7.12 安装

衡器的安装应符合说明书中有关皮带输送机，安装位置等方面的要求，充分考虑环境温度、湿度、气流、振动、电磁干扰等方面的影响，将周围环境对其的负面影响降至最低。如果设备的控制系统中含有电子计算机，则安装场地应符合 GB/T 2887。

8 试验方法

8.1 一般试验要求

现场物料试验应按下列要求进行：

a) 符合说明性标记要求；

b) 在皮带秤预期的正常使用条件下进行；

c) 试验物料量不应少于表 3 中规定的最小累计载荷 $\sum_{min}$；

d) 所用试验载荷应能代表皮带秤预期运行的物料范围和类型或衡器预期运行的物料；

e) 流量在最大流量和最小流量之间；

f) 输送机以每种皮带速度（至少有一个为固定速度）或在变速输送机的整个速度范围内；

g) 符合本章中的试验方法和附录 A 中的试验过程。

8.2 控制衡器和标准砝码

应提供一台满足第 8 章中相应要求的控制衡器和标准砝码，用来确定各试验载荷的质量真值。

用于做物料试验的控制衡器应能使所确定的各试验载荷的质量真值（参考值）的准确度达到表 1 中规定的相应自动衡器最大允许误差的 1/3 以内。

必要时应在完成称重后立即对控制衡器进行检查，以判断其性能是否有变化。

用于对衡器做型式检验的标准砝码或质量块应满足 GB/T 4167（砝码）中规定的计量要求。

8.3 模拟试验（在没有皮带输送机的情况下用静态载荷进行试验）

为了对不带输送机的皮带秤进行计量性能试验，可以使用标准砝码和位移模拟装置（见 3.1.11）来模拟皮带上的物料和皮带的位移。试验装置应配备：

a) 不带皮带输送机的完整皮带秤；

b) 典型的承载器（通常为完整的称量台）；

c) 施加标准砝码的装置；

d) 能够对由位移传感器测量的整个皮带长度和操作者预设的等量皮带长度与恒定载荷积分结果进行比较的运行检查装置即积算器；

e) 位移模拟装置。

试验载荷应按皮带的传送方向分布于皮带秤承载器上，要放置在跨越（模拟）皮带宽度的各个点上，

GB/T 7721—2017

如图 2。每次零点累计的持续时间应等于最小流量下称量最小累计载荷的时间。

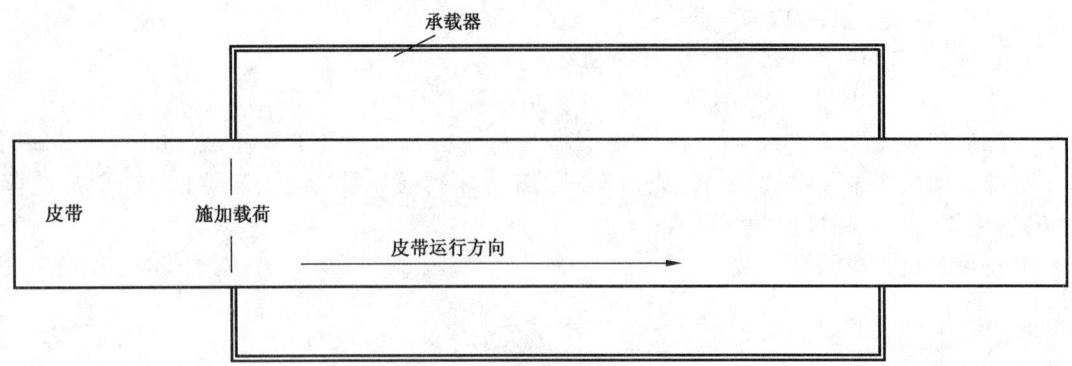

图 2　施加载荷示意图

8.4　试验载荷的质量真值

试验载荷的质量真值要求如下：

a)　对于现场试验的控制方法，试验载荷应在控制衡器上进行称量而且控制衡器示值(在做必要的修正之后)应被当作该试验载荷的质量真值。

b)　对于模拟试验，试验载荷的质量真值应是静态试验载荷和各单次试验指示的模拟皮带位移计算得出的累计重量。

8.5　质量示值

质量示值要求如下：

a)　对于现场试验的控制方法，试验载荷应以自动散料称重运行的方式来称量，应观察并记录皮带秤上显示的质量。

b)　对于模拟试验，应将标准砝码按皮带的传送方向分布于皮带秤承载器上进行自动散料称重运行试验，模拟的皮带位移增加到∑min 累计量下的五倍，观察和记录指示的质量。另一种方法是用分度值至少是十倍于累计指示分度值(6.4.4.3)的辅助累计指示装置来指示试验载荷的质量。

如果可能，应采用 A.2.7.1 规定的步骤来消除数字示值中的化整误差。

如果可能，应采用附录 A 中规定的步骤来消除数字示值中的化整误差。

8.6　相对误差的计算

相对误差(E_r)的计算公式为：

$$E_r(\%) = \frac{I-L}{L} \times 100 = \frac{(测量结果-质量真值)}{质量真值} \times 100$$

对于现场试验的控制方法：

$$E_r(\%) = \frac{(皮带秤示值-控制衡器示值)}{控制衡器示值} \times 100$$

对于模拟试验：

$$E_r(\%) = \frac{(显示的累计重量-计算的累计重量)}{计算的累计重量} \times 100$$

其中真量值应按 8.4 中的要求确定，指示(或显示)质量应按 8.5 中的要求确定。

以百分比形式表示的相对误差值应用来与 5.2.1 中自动称重相应最大允许误差相对比。

8.7 检查和试验

8.7.1 检查

应对电子皮带秤进行检查以取得设计和结构方面的综合评估。

8.7.2 性能试验

皮带秤或电子装置适用时应根据附录 A 中的要求进行试验并确定衡器能正确运行。

试验应在整台皮带秤上进行,除非衡器的规格或配置不能让其作为一套设备来试验,在这种情况下,可以对电子装置进行单独测试,而不应将电子装置进一步拆散对各部件进行测试。

此外,还应对整套运行的皮带秤进行检查,或者在必要的情况下从实际出发,对可以充分代表皮带秤的模拟设备中的电子装置进行检查。皮带秤应能继续按附录 A 中的要求正常运行。

应根据 9.1.5 中的要求对模块进行单独检查。

9 检验规则

9.1 型式检验

9.1.1 要求

衡器制造商设计、制造的衡器应进行型式检验。

在下列情况下衡器需进行型式检验:

——新产品或老产品转厂生产的试制定型鉴定;

——正式生产后,如在结构、材料、工艺等方面有较大改变,可能影响产品性能时;

——国家质量监督机构提出进行型式检验的要求时。

9.1.2 文件

型式检验应提交的技术文件包括下述内容:

——皮带秤的计量特性;

——皮带秤的一套技术说明书;

——系数 P_i 的详细说明(单独试验模块)。

9.1.3 原则

皮带秤应符合:

——第 5 章的计量性能要求,特别是衡器按照制造厂家标明的物料种类和范围运行时的最大允许误差要求;

——第 6 章的通用技术要求;

——电子皮带秤还应符合第 7 章的要求;

——现场物料试验应按 8.1 中的要求进行。

应检验衡器的计量特性符合第 10 章要求,而且在适用的情况下 9.1.5 衡器模块的模块化方案的详细说明都应得到检验。

对于软件控制的衡器,还适用 7.8 和附录 A 中的要求。

9.1.4 影响因子试验

性能试验应按附录 A 影响因子试验的规定,及 8.3 要求以皮带秤通常可能应用的任何称量过程中

称量结果受到干扰的方式进行,满足下列要求:

——对所有皮带秤,见5.7;

——对电子皮带秤,见第7章。

9.1.5 衡器族或模块系列的试验

9.1.5.1 要求

制造商可以确定并提交单独的衡器或模块系列,特别是对于下列情形:

a) 衡器作为整机试验有困难或不可能;

b) 模块作为独立单元制造或销售,用于组成衡器整机时;

c) 制造商想将各种模块纳入已批准的型式;

d) 需要将一种模块(尤其是称重传感器、指示器、数据存储)用于各种皮带秤时。

对于提交一系列衡器或各种功能和特性模块用于型式检验的情况,依据下列条件来选择被测衡器(EUT)。

9.1.5.2 被测衡器的选择

所选择的被测衡器应数量尽可能少但仍具有足够的型式代表性。详细内容请参见9.1.6。

9.1.5.3 准确度等级

如果一个族中的一台被测衡器完全通过了一个准确度等级的试验,那么对于较低准确度等级的衡器,仅对其进行未做过部分的试验就足够了。

9.1.5.4 应考虑其他计量特性

只要条件允许,所有计量相关特性和功能应在一台被测衡器上至少试验一次,而且应在同一台被测衡器上以尽可能多的次数完成试验。详细内容请参见9.1.6.2。

9.1.5.5 相关计量特性概述

被测衡器应适用:

——最小输入信号(当使用模拟应变式称重传感器时,见9.1.5.6);

——所有准确度等级;

——所有温度范围;

——单速、变速或多速衡器;

——承载器最大尺寸(如果重要);

——位移传感器;

——计量相关特性(见9.1.5.4);

——所有可能的衡器功能;

——所有可能的示值;

——所有可能使用的数字装置;

——所有可能使用的接口;

——称重托辊;

——不同类型的载荷承载器(如果可以与指示器相连接);

——不同类型的皮带输送机。

9.1.5.6 仪表最大秤量的最小输入电压（e）

一台模拟数据处理装置或预期使用模拟称重传感器的指示器应在载荷等于最大秤量时的最小输入电压信号（由制造商规定）情况下进行试验。这种条件可以认为是性能试验和干扰试验的最坏情形。

一台衡器的整机在进行设置时，不应使相当于最大秤量载荷的输入电压信号小于型式检验所用的值。

9.1.5.7 误差分配比例

如果应单独测试一台衡器或系统的各个模块，应满足下列要求：

一个单独试验模块的误差极限应等于衡器整机示值的最大允许误差（见表2）或允许偏差的一个系数 P_i 倍。在给定任一模块误差系数时，该模块应满足至少与组成的衡器具有相同准确度等级。

系数 P_i 应满足下述关系式：

$$(P_1^2 + P_2^2 + P_3^2 + \cdots\cdots) \leqslant 1$$

系数 P_i 应由模块制造商选择，且应通过适当试验进行验证，测试时应考虑以下情形：

a) 纯数字装置的 P_i 可以等于 0；
b) 称重模块的 P_i 可以等于 1；
c) 其他所有模块（包括数字式传感器），当多于一个模块产生影响时，误差分配系数 P_i 应不大于 0.8 和不小于 0.3。

对于明显按照良好施工规范设计和制造的机械结构，不需试验即可应用 $P_i=0.5$。例如，材料相同的杠杆且当杠杆系有两个对称面（纵向和横向）。

对于包含典型模块的衡器（见3.2.10），P_i 可用表4中的值，考虑到对于不同性能标准模块受影响的方式不同。

表 4　误差分配比例取值

性能标准	称重传感器	电子指示器	连接的元件等
综合影响	0.7	0.5	0.5
零载示值的温度影响	0.7	0.5	0.5
电源波动	—	1	—
蠕变影响	1	—	—
湿热影响	0.72	0.5	0.5
量程稳定性	—	1	—

注1：综合影响：非线性、磁滞、满量程的温度影响、可重复性等。在制造厂家规定的预热时间过后，适用于模块的综合影响系数。

注2：根据 GB/T 7551，适用于 SH 被测称重传感器（$P_{LC}=0.7$）。

注3：符号"—"表示"不适用"。

如果称重传感器或其他主要部件的计量特性根据 GB/T 7551 的要求做了评价，应将这个评价结果用于型式检验。

9.1.6 被测衡器的要求

9.1.6.1 被测衡器的选择

先将皮带秤按其基本设计结构形式进行初步分类，设计类型可以包括但不限于下列基本工作原理：

——机械结构——无电气装置。

——模拟,应变式称重传感器。

——数字式称重传感器。

那些使用称重传感器技术的皮带秤可以按称重传感器安装/连接到重量接收部件和支撑结构所采用的方法做进一步分类。举例可以包括但不限于:

——称重传感器直接安装,没有抑止杆。

——通过杠杆系统将称重部件连接到称重传感器上。

——隔离被称量物非直接产生的力。

另一种将皮带秤分等级的方法是建立在称重域内使用的托辊数量和配置的基础上的。举例可以包括但不限于:

——多托辊,全悬浮。

——多托辊,模块式。

——多托辊,具有通过杠杆与单个称重传感器相连的称重框架。

为实施涉及一系列设备的型式检验步骤,建议选择一台可以代表这一系列中最差样例的设备用作被测衡器,这是为了确保不仅选择了代表最差情形的仪表,而且还有代表最好(或较好)情形的仪表同时进行型式检验从而确立这一系列设备的性能参数范围。对于皮带秤,建议按以下要求来选择最差情形的仪表:

a) 若在实验室设备上进行试验

——来自测力传感器的输入信号最小(见 9.1.5.6);

——包含所有接口(即外围设备、硬件设备);

——包含所有必要的称重传感器;

——皮带位移传感器输出频率最高。

b) 若在现场设备上进行试验

则首选称重托辊组最少的一台设备,如果不可能选出这样的设备,将来配有较少托辊数量的衡器若符合 5.8 要求则应作为这种认证的备选设备。

9.1.6.2 其他要考虑的计量特性

只要条件允许,所有计量相关特性和功能应在一台被测衡器上进行试验。例如,在一台被测衡器上测试温度对空载示值的影响并在另一台衡器上测试综合的影响是不合理的,计量相关特性和功能在下列方面的差异:

——外壳;

——载荷承载器;

——温度和湿度范围;

——衡器功能;

——位移传感器;

——指示器等。

就可能需要对受到影响的那些特性做相关部分影响因子试验。这些附加的试验应在同一台被测衡器上实施。但如果条件不允许,在得到试验机构授权的情况下可以在一台或多台被测衡器上进行试验。

如果按使用托辊组最少的衡器来进行试验,建议在进行初始现场试验之后,还要进行后续和耐久性试验,以确定在使用一段时间后皮带秤不会因托辊组数量的减少而在功能上出现不能满足应用要求的状况。

衡器若能在试验期间经受住所有要求的性能试验,就表现出具有良好的耐久性的特征。

9.1.7 耐久性试验

9.1.7.1 要求

按 9.1.7.2 的方法进行的耐久性试验应考虑耐久性(的缺失)可能是因衡器特定安装下的特征。所以仅当耐久性不合格已经明显成为衡器型式的一个特征时,才有正当理由决定衡器型式不被批准。

有关耐久性测试,在附录 B 试验报告中加以记录。

9.1.7.2 试验

试验应在试验室或现场利用物料实际运行的工况来进行试验。

当皮带秤首次安装完成后,经过 72 h 周期后,期间皮带输送机可正常运行,除只能运行正常的置零功能外,不得进行其他任何可能影响计量性能的操作,皮带秤零点试验的最大允许误差应不超过 5.8.2 的要求,物料试验的最大允许误差应不超过 5.2.1 中使用中检验的要求。

9.2 出厂检验

9.2.1 皮带秤在出厂前应进行出厂检验。

9.2.2 出厂检验的项目:
——外观检查;
——标志;
——按表 5 规定的技术要求和检验方法条款进行,检验合格后方能出厂,并附有产品合格证。

表 5 出厂检验项目

序 号	检验项目	本标准所属条款	
		技 术 要 求	检验方法
1	置零	5.7.3	A.4.4.4
2	模拟试验重复性	5.7.5.1	A.7.1
3	安全性能	7.9	A.11

9.3 使用中核查

9.3.1 空载和模拟载荷试验的周期

在皮带秤的检定周期内定期进行空载试验和模拟载荷试验来检验皮带秤的耐久性,并且在对输送机系统进行维修和机械调整后也要进行这种试验,以确保衡器正常运行。

模拟载荷试验指的是采用挂码、链码等模拟载荷装置模拟物料通过皮带秤的方式而进行的试验。

定期进行空载试验和模拟载荷试验的最小间隔时间应不大于 10 天。

为了建立模拟载荷试验结果与实物试验结果间的修正关系,模拟载荷试验应尽快在物料试验结束后 12 h 内完成,并至少连续进行三次试验,物料试验的最大允许误差应符合表 1 中自动称量的型式检验相应准确度等级的规定。模拟载荷试验的重复性误差的绝对值应小于或等于以下的百分数:
——对 0.2 级皮带秤为 0.04%;
——对 0.5 级皮带秤为 0.1%;
——对 1 级皮带秤为 0.2%;

——对 2 级皮带秤为 0.4%。

9.3.2　空载试验及措施

9.3.2.1　对皮带秤进行空载试验,若皮带秤的零点误差绝对值小于试验期间最大流量下累计载荷的以下百分数时,应进行零点校准并做模拟载荷试验:

——对 0.2 级皮带秤为 0.1%;

——对 0.5 级皮带秤为 0.25%;

——对 1 级皮带秤为 0.5%;

——对 2 级皮带秤为 1%。

9.3.2.2　对皮带秤进行空载试验,若皮带秤的零点误差绝对值为试验期间最大流量下累计载荷的以下百分数时,应检查输送机和称重区域是否符合皮带秤的安装要求,并重新做 9.3.2.1 空载试验:

——对 0.2 级皮带秤为 0.1%~0.2%之间;

——对 0.5 级皮带秤为 0.25%~0.5%之间;

——对 1 级皮带秤为 0.5%~1%之间;

——对 2 级皮带秤为 1%~2%之间。

9.3.2.3　对皮带秤进行空载试验,若皮带秤的零点误差绝对值大于试验期间最大流量下累计载荷的以下百分数时,应检查输送机和称重区域是否符合皮带秤的安装要求,并重新做 9.3.2.1 试验,并应缩短两次空载试验的间隔时间:

——对 0.2 级皮带秤为 0.2%;

——对 0.5 级皮带秤为 0.5%;

——对 1 级皮带秤为 1%;

——对 2 级皮带秤为 2%。

9.3.3　模拟载荷试验及措施

9.3.3.1　对皮带秤进行模拟载荷试验,若试验的误差绝对值小于以下的百分数时,皮带秤不做任何调整,可以继续使用:

——对 0.2 级皮带秤为 0.1%;

——对 0.5 级皮带秤为 0.25%;

——对 1 级皮带秤为 0.5%;

——对 2 级皮带秤为 1%。

9.3.3.2　对皮带秤进行模拟载荷试验,若皮带秤的误差绝对值为以下的百分数时,检查输送机和称重区域是否符合皮带秤的安装要求,确保符合后再重新做 9.3.3.1 试验。如果试验结果持续大于 9.3.3.1 中的要求时,应通知计量管理机构并在计量管理机构的管理控制下进行量程校准:

——对 0.2 级皮带秤为 0.1%~0.2%之间;

——对 0.5 级皮带秤为 0.25%~0.5%之间;

——对 1 级皮带秤为 0.5%~1%之间;

——对 2 级皮带秤为 1%~2%之间。

9.3.3.3　对皮带秤进行模拟载荷试验,若皮带秤的误差绝对值大于以下的百分数时,应进行调整,调整后的皮带秤应由计量管理机构重新进行检定:

——对 0.2 级皮带秤为 0.2%;

——对 0.5 级皮带秤为 0.5%;

——对 1 级皮带秤为 1%;

——对 2 级皮带秤为 2%。

10 标志、包装、运输和贮存

10.1 标志

10.1.1 说明性标志

10.1.1.1 完整表示的标志

完整表示的标志如下：
- 衡器名称
- 制造厂家的名称和商标
- 皮带秤的系列号和型号
- 应注明："零点试验至少应有皮带运行……圈的持续时间"（应根据型式检验的结果来确定零点试验的运行圈数）
- 电源电压 V
- 电源频率（若适用） ......Hz
- 称量物料种类标识
- 称量长度（W_L） ......m
- 与皮带秤相关且分离的单元，每个单元上需要有识别标志

10.1.1.2 用符号表示的标志

符号表示的标志如下
- 型式批准标志
- 最大秤量（Max） ....g，kg 或 t
- 温度范围 .... ℃/... ℃,（若适用，参看 5.7.4.1）
- 准确度等级 0.2 级、0.5 级、1 级或 2 级
- 累计分度值 $d =$......g，kg 或 t
- 标称皮带速度（若适用） $V =$......m/s,或
- 皮带速度范围（若适用） $V =$....../......m/s
- 最大流量 $Q_{max} =$......g/h，kg/h 或 t/h
- 最小流量 $Q_{min} =$......g/h，kg/h 或 t/h
- 最小累计载荷 $\sum_{min} =$......g，kg 或 t

10.1.1.3 辅助标志

根据皮带秤的特殊用途，颁发型式评价证书的计量机构可以根据型式评价的要求增加辅助标志。

10.1.1.4 说明性标志

在典型的称重条件下，说明性标志应牢固可靠，具有统一的尺寸和形状且清晰、易读。

这些标记可以用中文说明，也可以用国际出版物通用的图形或符号形式表示。

说明性标志应集中在皮带秤明显易见的位置，可安放在固定于总累计显示器的铭牌或胶贴上或直接安放在皮带秤秤体上。

如果铭牌或胶贴在拆除时不被破坏，应提供安全措施，比如使用不可拆除控制标志或用来支撑标志的铭牌可以加封。

上述标记也可通过可编程控制的软件形式显示：

a)　当皮带秤开启时,则至少应显示 Max,Q_{max},Q_{Min},$\sum_{min}$和 d ;

b)　其他标志可通过手动方式显示；

c)　须在型式批准证书中有描述；

d)　这些标志应视作装置特定参数(参看 3.2.11.4),并需要符合 6.3.7 和 7.8 中的安全要求。

如果软件控制显示标志出现在称重结果的显示视窗中或其附近,则在铭牌上不需重复显示。但以下标志应出现在铭牌上：

——Max,Q_{max},Q_{Min},$\sum_{min}$和 d 应显示在视窗附近；

——符合国家标准要求的型式批准标志；

——制造厂家的名称或商标；

——电源电压；

——电压频率(若可用)；

——气动/液压压力(若可用)。

10.1.2　检定标记

10.1.2.1　标记位置

皮带秤应有放置检定标记的位置。这个位置应当满足下述要求：

——不损坏标记不能将标记从皮带秤上除掉；

——标记应既便于安放又不改变皮带秤的计量性能；

——使用中不必移动皮带秤或拆卸其防护罩就可看见标记。

10.1.2.2　标记的安装

要求配有检定标记的皮带秤,在上述规定的位置应有一个安放检定标记的支承物,以确保标记完好。

如果标记是印记式的,则其支承物应由铅或其他类似材质的材料制成,嵌入固定在皮带秤上的标牌中,或嵌入皮带秤的凹槽中。

如果标记是胶粘物制作的,则应留有粘贴标记的位置。

10.1.3　包装标志

衡器包装箱上除按 GB/T 191 的规定外还应有下列标志：

——产品名称、型号和规格；

——制造厂家名称；

——毛重；

——体积。

10.2　包装

衡器包装应符合 GB/T 13384 的要求。

整机或零部件的包装应采用质地牢固的材料进行包装,箱内零部件应固定或垫实防止窜动、碰伤,包装箱应坚固并能防雨、防潮。防潮、防锈包装应根据不同的运输储存条件分别符合 GB/T 5048、GB/T 4879 的相应要求。

称重指示器和称重传感器单独包装发货时应用松散的缓冲材料保护。

不便于装箱的零部件应捆扎牢固并进行必要的防护。

所有包装材料不应引起产品油漆间或电镀件等表面色泽改变或腐蚀。

随同产品提供的技术资料应包括：

——使用说明书；

——产品合格证；

——装箱单；

——总(或安)装图。

10.3 运输

衡器在运输、装卸时应小心轻放，禁止抛、扔、碰、撞和倒置，并应防止剧烈振动和雨淋。

10.4 贮存

称重传感器的贮存应符合 GB/T 7551 中的有关规定。称重指示器应符合 GB/T 7724 中有关规定。

其他部件应按照产品使用说明书中的规定进行存放。存放在温度不低于—25 ℃～50 ℃，通风良好的室内；并且室内不得含有腐蚀性气体。

裸装的大型散件贮存时应防雨淋或受潮，并应在构件下垫支撑物，防止变形和被雨水淋泡。

GB/T 7721—2017

附　录　A
（规范性附录）
连续累计自动衡器试验方法

A.1　型式检验审查

A.1.1　文件

审查所提供的文件,包括所需的图片、设计图、线路图、一般软件信息,与主要组件装置等有关的详细技术和功能说明,确定其是否适当与正确。分析操作说明书。

A.1.2　结构与文件的比较

检查衡器的各种装置是否与文件相一致。

A.1.3　计量特性

根据试验报告格式(附录B)记录计量特性。

A.1.4　技术要求

根据试验报告格式(附录B)中的核查表检查衡器是否符合技术要求。

A.1.5　功能要求

根据附录B试验报告格式中的核查表检查衡器是否符合功能要求。

A.2　对被测衡器的通用要求

A.2.1　供电电源稳定时间

除非每次试验另有规定,否则接通被测衡器(EUT)电源使时间等于或大于制造商规定的预热时间,并在试验期间使被测衡器一直保持通电。

A.2.2　置零

每次试验前尽可能地将EUT调至接近实际零点,并在试验期间不得重新置零,除非出现显著增差需要置零。

每次试验时自动置零装置的状态应被注明。

A.2.3　温度

除了温度试验(A.6.2.1、A.6.2.2)和湿度试验(A.6.2.3),试验应在稳定的环境温度下进行,除非另有规定,通常在室温下进行。在测试期间记录的极限温度之差不超过衡器温度范围的1/5且温度变化率不大于5 ℃/h时,可认为温度是稳定的。

衡器的表面应不凝露。

A.2.4　恢复

每次试验结束后,应在下一试验开始前使衡器得到充分恢复。

A.2.5 预热时间

衡器应按 A.4.2 中的要求进行预热时间试验。

A.2.6 自动置零

试验期间,可用联锁装置关闭自动置零装置。必要时在试验描述中指明自动置零的状态。

A.2.7 误差评定(按 8.6 规定计算相对误差)

A.2.7.1 控制衡器的最大分辨力

如果没有具有足够分辨力的控制衡器用来做 A.9.2 中规定的物料试验,可以使用闪变点来提高控制衡器的分辨力,方法如下:

对某一载荷 L,记录的指示值为 I。连续添加如 $0.1d$ 附加砝码,直到衡器的示值明显增加一个分度值($I+d$)。加到承载器上的附加载荷 ΔL,可用下述公式得到化整前的示值 P:

$$P = I + 0.5d - \Delta L$$

化整前误差是:

$$E = P - L$$

则:

$$E = (I + 0.5d - \Delta L) - L$$

例如:一台检定分度值为 1 kg 的衡器,加 100 kg 的载荷,因此显示 100 kg。逐次加上 0.1 kg 砝码,加到 0.3 kg 时,示值从 100 kg 变到 101 kg,由上面公式引出:

$$P = (100 + 0.5 - 0.3)\,\text{kg} = 100.2\ \text{kg}$$

于是,化整前真实示值是 100.2 kg,误差是:

$$E = (100.2 - 100)\,\text{kg} = 0.2\ \text{kg}$$

A.2.7.2 分度值小于或等于 $0.2d$ 的示值

如果带有数字指示的衡器有一个用于显示小于分度值(例如:$\leqslant 0.2d$)的指示装置,那么这一装置就可用来计算误差。如果使用这种装置,应在试验报告中注明。

A.2.7.3 分度值大于 $0.2d$ 的示值

如果没有分度值小于或等于 $0.2d$ 的指示装置,可使用下面的方法来确定误差。使衡器运行一段时间,足以使 d 的值等于表 3 中规定的值的 5 倍。

例如:对于 1 级皮带秤:

a) 最大允许误差 MPE 的 0.35%(表 2)

b) $\sum_{\min}$ 值的 $400d$(见 5.4 表 3)

c) $5 \times 400\ d = 2\ 000d$

d) 因此 MPE$=7d$,所以 $1d$ 的误差,即 $1/7$MPE。相当于使用 $0.2d$ 试验分度时 $400d$ 的载荷(见表 3 中 $\sum_{\min}$ 值),因为:

a) MPE$=1.4d$

b) $1/7$MPE$=0.2d$

由于增加了试验载荷,d 的值对于试验载荷的 MPE 的影响不太重要。

误差评定应考虑位移测量的误差。

A.3 试验项目

根据 A.6 的规定,对不带皮带输送机的静态载荷(8.3)进行型式检验。

采用第 8 章中的试验方法,A.4～A.11 中包含的试验内容都适用于型式检验。

A.4 计量性能试验

A.4.1 通用条件

第 A.2 章中规定的通用试验要求都可应用于计量性能试验。

A.4.2 预热时间试验(7.5.3)

接通被测皮带秤的电源并在试验期间保持通电,从接通电源直到等于制造厂家规定的预热时间内进行检查,皮带秤应不显示或不传输称量结果,且自动操作被禁止。

此项试验用来检验衡器在刚开机后一段时间内能否保持其计量性能。从接通电源直到等于制造厂家规定的预热时间内检查误差是否符合要求,检查在预热时间内不显示和传送称重结果,而且在预热时间结束之前各种操作是否被禁止。

为保证被测皮带秤在示值稳定前有足够的时间周期,被测皮带秤应断电至少 8 h,其间保持环境参考条件(温度和湿度),然后接通被测皮带秤的电源并打开电源开关。一旦示值稳定立即进行以下两组试验(试验 A 和试验 B)。

试验 A

首先将皮带秤置零。对于定速(单速)皮带秤,在承载器上的载荷等于 Q_{min} 的情况下(通常 20%Max)进行 $\sum_{min}$ 的累计。对于变速与多速皮带秤,在最高速度的情况下,用 20%Max 的载荷进行 $\sum_{min}$ 的累计。记录累计值和试验持续的确切时间(通常为预置的脉冲数)。

注:最小秤量 Min 是由 5.5 计算出的,通常为 20%Max。但在某些情况下,Min 可能要超过 20%Max。

试验 B

在最大秤量(Max)下立即进行累计,试验持续时间与试验 A 中的一样,并且采用试验 A 中相同的速度或脉冲数(对于变速和多速皮带秤采用与试验 A 中相同的最高速度)。记录累计示值。

连续重复上述试验 A 和 B,在每组试验之间留有一定的时间间隔,尽量保持在 30 min(总的时间)内获得不少于 3 组的累计示值。

误差按照 A.2.7 计算。

用百分数表示的相对误差应不大于表 2 中相应准确度等级影响因子试验的最大允许误差。

A.4.3 物料试验控制方法(8.1)

按 A.9 及第 8 章中的内容要求进行物料试验。

可以用分离控制衡器来称量物料在通过皮带秤之前或之后的重量。用于物料试验的分离的控制衡器应符合 8.2 中的要求。

自动称量的误差根据 8.6 相应的检定方法来计算。在计算该误差时,应考虑控制衡器指示装置的分度值。

A.4.4 静态载荷的模拟试验(8.3)

A.4.4.1 模拟速度的偏差(5.7.1)

模拟皮带运行或转动位移模拟装置,并让其处于稳定状态。

每次试验运行模拟皮带的整转数应是相同的,速度改变后不需置零。

用模拟试验规定的最小累计值 $\sum_{min}$ 或 A.2.7.3 要求的 5 倍于表 3 规定值,并且在流量接近最大流量的情况下以 90% 的标称速度进行累计,并以 110% 的标称速度重复累计。

对于多速皮带秤,在每一设定速度下进行一次试验。

对于变速皮带秤,用下列的速度进行累计:

——90%和110%的最低速度;

——最低速度加上速度范围的1/3;

——最高速度减去速度范围的1/3;

——90%和110%的最高速度。

如果具有流量控制装置,则应在流量控制运行的情况下进一步的试验。

流量设定点由最大到最小分五步逐步下降,每调整一步保持让皮带运转一圈。

误差的计算方法采用A.2.7模拟试验的计算公式。

示值误差应不超过5.2.2的表2中影响因子试验相应准确度等级的最大允许误差。

A.4.4.2 偏载(5.7.2)

每次试验,载荷都要按皮带运行的方向沿皮带秤承载器纵向分布,载荷分布范围应超过模拟带宽的一半。

对于等于Max一半的载荷,应把载荷分布于三个皮带区域之一的位置,在每一位置分别对Σ_{min}或A.2.7.3要求的5倍于表3规定值的模拟累计载荷进行累计,其位置如图A.1所示:

皮带区域1是由承载器中心到(模拟)皮带的一边;

皮带区域2是承载器中心;

皮带区域3同区域1,但在皮带的另一边。

误差的计算方法采用A.2.7模拟试验的计算公式。

示值误差应不超过表2中影响因子试验的相应准确度等级最大允许误差。

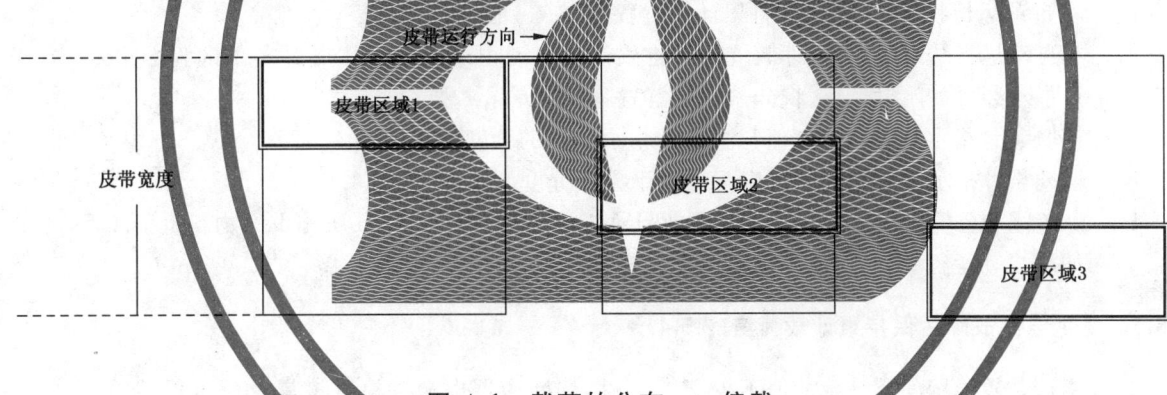

图A.1 载荷的分布——偏载

A.4.4.3 置零装置的置零范围(6.5)

皮带秤空载时将皮带秤置零。在承载器上施加一试验载荷,再操作置零装置。继续增加试验载荷,直至置零装置的操作不能再使皮带秤回零。可以置零的最大载荷就是正向置零范围。

要进行负向置零范围试验,首先要在承载器上加附加砝码重新校准皮带秤。该附加砝码值应大于负向置零范围。连续卸下砝码,每卸一个砝码操作一下置零装置。可以卸掉同时仍能使用置零装置将皮带秤回零的最大载荷就是负向置零范围。

在没有上述附加砝码的情况下重新校准皮带秤。

正向置零范围和负向置零范围之和应不超过Max的4%。

A.4.4.4 置零装置的置零准确度(5.7.3)

在承载器上的载荷等于正向和负向置零范围50%和100%的情况下,将皮带秤置零,然后在最大流量Q_{max}下进行Σ_{min}累计。

误差的计算方法采用A.2.7模拟试验的计算公式。

示值误差应不超过表 2 中影响因子试验的相应准确度等级的最大允许误差。

每次置零后,零值累计所持续时间应等于最小流量下进行 $\sum_{min}$ 累计所需的时间。

A.5 附加功能

A.5.1 多个指示装置间的一致性

在试验过程中,用相同的载荷验证任意两个具有相同分度值的指示装置的示值差为零。

A.5.2 自动操作模式下的调整

验证在自动称量操作期间,不可能进行操作调整,也不应将法制相关指示装置重置。

A.5.3 组件和预置控制的保护

验证在没有任何自动警示的情况下,未许可的调整或组件、接口、软件装置和预置控制的重置是不可能的。

A.5.4 累计指示和打印装置

对于称重结果的指示,下面几点要求需得到满足:
a) 累计指示和打印装置应始终处于使用状态(6.4.6)。
b) 在自动运行状态下,不允许将累计装置置零(6.4.6)。
c) 在自动运行结束时,分累计装置只有将累计量自动记录下来后才可置零。试验方法是将主累计指示装置关闭,而设法将分累计装置置零(6.4.6)。
d) 部分累计指示装置的分度值与主累计指示装置的分度值相同(6.4.4.2)。
e) 辅助累计指示装置的分度值应至少等于累计分度值的 10 倍(6.4.4.3)。
f) 皮带秤上至少有一个累计指示装置能显示以最大流量运行 10 h 所称重的物料量(6.4.5)。
g) 如果自动运行中断,应能自动显示累计量(6.4.6)。

A.5.5 发生电源故障后保持累计载荷量(7.5.4)

当主累计装置显示的累计载荷值不少于 $\sum_{min}$ 时,切断衡器电源。检查该累计值可保持至少 24 h,而且在衡器通电后能够显示该信息至少 5 min。

A.5.6 直流电源电压或电池电压变化(7.5.5)

将衡器电压降低,直到衡器停止工作或不再显示正确的称重值。检查在衡器停止工作之前不会出现故障或显著误差。测量并记录衡器停止运行或不再显示正确的称重值时的电压值。将该测量值与制造厂家指定的电压值相对比。

A.6 影响因子和干扰试验

A.6.1 概述

A.6.1.1 要求

皮带秤应满足本标准中规定的影响因子和干扰试验的相关条件和要求。

影响因子和干扰试验的目的是验证电子衡器在规定的环境和条件下能否实现预期的操作和运行。每一项试验都指出了相应的确定固有误差的参考条件。

不可能在一台衡器正常带料自动运行的状态下进行这些试验。衡器可以在本标准中定义的模拟运行条件下进行影响因子和干扰试验,在这些条件下,对每种情况的影响因子或干扰的允许效果都做了规定。

当一个影响因子的效果被评价时,其他所有因子应在接近标准值的情况下保持相对恒定。在每次试验后下次试验前应允许衡器充分恢复。

如果对衡器的部件分别进行试验,误差应符合9.1.5.7中的要求。

应将每次试验中衡器或模拟器的运行状态记录下来。

如果衡器不是标准配置,那么应由试验评价机构和申请人共同协商决定试验程序。

应将因受试验条件的影响而造成的空载示值偏差记录下来,并根据获得的称量结果对任何载荷示值进行修正。

A.6.1.2 用静态载荷在无皮带输送机情况下进行模拟操作

在模拟试验过程中,影响因子和干扰试验应用于称重系统中的所有电子装置。

A.6.1.3 模拟器

模拟器还应包括标准砝码和位移模拟装置(3.1.11),而且被测的衡器要按8.3的要求来配置。如果用模拟器来测试一个模块,模拟器的重复性和稳定性应使其能以至少与用砝码在整台衡器上进行试验时具有相同的准确度来确定模块的性能。要用适合于该模块的MPE(最大允许误差)。

无论采用哪种方法,都应在附录B试验报告格式中标注出来。

A.6.1.4 接口(7.6)

因使用电气接口与其他设备连接而造成的敏感性也应在试验中进行模拟。为此,应连接3 m接口电缆终端来模拟其他设备的接口阻抗。

A.6.2 影响因子试验(5.7.4)

A.6.2.1 试验摘要

影响因子试验摘要如表A.1所示:

表A.1 试验摘要

试 验 项 目	适 用 条 件	参 考 章 条
静态温度	MPE(最大允许误差)	A.6.2.2
温度对零流量的影响	见A.6.2.2	A.6.2.3
恒定湿热试验(非凝露)	MPE	A.6.2.4.1
交变湿热试验(凝露)	MPE	A.6.2.4.2
交流电源电压变化(AC)	MPE	A.6.2.5
直流电源电压变化(DC)	MPE	A.6.2.6
电池供电电压变化(DC)	MPE	A.6.2.7

注:MPE最大允许误差参见5.2.2。

A.6.2.2 静态温度(5.7.4.1)

静态温度试验按GB/T 2423.1、GB/T 2423.2和GB/T 2424.1的要求以及表A.2进行。

表 A.2 静态温度试验

环 境 状 况	试 验 规 定	试 验 依 据
温度	参考温度 20 ℃	GB/T 2423.2 GB/T 2423.1 GB/T 2424.1
	在规定的高温保持 2 h	
	在规定的低温保持 2 h	
	如果指定低温≤0 ℃,则使用 5 ℃	
	参考温度 20 ℃	

注 1：可利用 GB/T 2424.1 作背景资料。
注 2：将静态温度试验作为一次试验。

试验目的：在干热(无凝结)和干冷的条件下,检验皮带秤是否符合 5.7.4.1 的规定。A.6.2.2 的试验可以在本试验期间进行。

预处理：16 h。

被测皮带秤条件：正常接通电源,"开机"时间等于或大于制造厂家规定的预热时间。整个试验期间应保持通电状态,置零装置应能在正常运行下有效。

试验步骤简述：在"自由空气"条件下,5.7.4.1 的规定的温度下做试验,每一温度保持 2 h。

温度顺序：

    a) 参考温度 20 ℃；

    b) 规定的高温；

    c) 规定的低温；

    d) 如果指定低温≤0 ℃,在温度为 5 ℃；

    e) 参考温度 20 ℃。

"自由空气"条件是指将温度保持在一个稳定水平所要求的最小的空气流通量。

试验循环次数：至少一个循环。

试验内容：试验前,尽量将被测皮带秤调整到接近实际零点。在试验过程中任何时候都不要重新调整被测皮带秤。应考虑大气压力的变化。

在参考温度上或者在每一规定的温度上稳定后。

称量操作包括在接近最小流量、接近中间流量和接近最大流量下各进行$\sum_{min}$累计两次,并再在最小流量上重复。

记录：

    a) 日期和时间；

    b) 温度；

    c) 相对湿度；

    d) 试验载荷；

    e) 示值；

    f) 示值误差；

    g) 功能特性；

    h) 大气压力。

最大允许误差：所有功能应能按设计的运行,所有误差都应在表 2 中规定的最大允许误差范围以内。

A.6.2.3 温度对零流量的影响(5.7.4.2)

补充试验内容：

预处理:不需要。

试验目的:在干热(无凝结)和干冷的条件下,此试验可与 A.6.2.2 中的温度试验同时进行。检验皮带秤是否符合 5.7.4.2 的规定。

被测皮带秤条件:正常接通电源,"开机"时间等于或大于制造厂家规定的预热时间。整个试验期间应保持通电状态。

试验前,尽量将被测皮带秤调整到接近实际零点。试验期间,除非衡器显示显著增差而应将被测皮带秤置零外,其他任何时候应不能调整或重调被测衡器。

应将自动置零功能关闭,以保证试验结果不受自动置零功能的影响。

试验程序简述:试验以 A.6.2.1 中指定的各温度点进行,并按 5.7.4.2 中的要求计算出在温差 5 ℃时累计量间的差值。

在每一温度下,对被测衡器在称量运行过程中进行的试验包括 6 min 以上零流量累计,再通过累计显示装置将被测皮带秤置零。

累计操作之间的温度变化速率应不超过 5 ℃/h。

试验持续时间 2 h。

试验循环次数:至少一个循环。

试验程序:

a) 将被测皮带秤放入温度箱并在规定的最低温度(通常为-10 ℃)下稳定,进行常规的置零试验。

b) 按简述的试验程序要求进行试验,记录一下数据:

    1) 日期和时间;
    2) 温度;
    3) 相对湿度;
    4) 试验持续时间;
    5) 累计示值;
    6) 示值误差。

c) 将温度增加 10 ℃并让其稳定。在此温度上保持 2 h。重复试验并按上述程序 b)记录数据。

d) 在升到规定的最高温度(通常+40 ℃)之前重复程序 c)。

最大允许误差:连续两个累计值之差应符合 5.7.4.2 的规定。

A.6.2.4 湿热试验(7.5.1)

A.6.2.4.1 要求

A.6.2.4.2 和 A.6.2.4.3 中的试验可以选其一根据 7.5.1 中的要求进行。在型式检验报告中列出所选的试验项目。

A.6.2.4.2 恒定湿热试验(不凝露)

恒定湿热试验按 GB/T 2423.3 和 GB/T 2424.2 及表 A.3 的要求进行。

表 A.3 恒定湿热试验

环 境 状 况	试 验 规 定	试 验 依 据
湿热、稳态	在温度上限和85%的相对湿度上保持 2 天(48 h)	GB/T 2423.3 GB/T 2424.2
注:可利用 GB/T 2424.2 指导湿热试验。		

GB/T 7721—2017

试验规程的补充内容：

试验目的：在恒定温度(见 A.2.3)和相同湿度条件下，检验皮带秤是否符合 7.5.1 的规定。

主要部件受湿气影响表现为吸附和呼吸总是使用恒定湿热试验，如果影响表现为渗入而非呼吸，可以使用恒定湿热试验也可以采用交变湿热试验，由 EUT 型式和申请者确定。

预处理：不需要。

被测皮带秤条件：正常接通电源，"开机"等于或大于制造厂家规定的预热时间。试验期间保持通电状态。置零装置应能在正常运行下有效。应保持被测衡器的称重单元上没有水汽凝结。

试验程序简述：在参考温度和 50％的相对湿度保持 3 h；在 5.7.4.1 规定的上限温度保持 2 天(48 h)。

参考温度 20 ℃(如果湿度范围内不包含 20 ℃，则用温度范围内的平均值)和5.7.4.1规定的上限温度。

温度湿度 48 h 试验顺序：

 a) 在相对湿度为 50％时，参考温度；

 b) 在相对湿度为 85％时，参考温度；

 c) 在相对湿度为 50％时，参考温度。

试验内容：当被测皮带秤在参考温度和 50％的相对湿度上稳定后，应在称量操作期间对被测皮带秤进行试验。称量操作包括在接近最小流量、中间流量和最大流量下各进行Σ_{min}累计两次，然后在最小流量情况下重复此试验。

记录：

 a) 日期和时间；

 b) 温度；

 c) 相对湿度；

 d) 试验载荷；

 e) 示值；

 f) 示值误差；

 g) 功能特性；

 h) 大气压力。

先将温度箱内温度升至温度上限，再将相对湿度增至 85％。保持被测皮带秤空载两天(48 h。两天后，施加相同的试验载荷或模拟载荷，并记录上面显示的数据。

将相对湿度降到 50％，再将温度箱内温度降到参考温度。在被测衡器稳定后，加相同的试验载荷或模拟载荷，并记下上述显示的数据。

称量操作包括在接近最小流量、中间流量和最大流量下各进行Σ_{min}累计两次，然后在最小流量情况下重复此试验，记录数据。

在进行任何其他试验前，应允许被测皮带秤充分恢复。

试验循环次数：至少一个循环。

最大允许误差：所有功能应按设计要求运行，所有示值误差都应在表 2 中规定的最大允许误差范围之内。

A.6.2.4.3　交变湿热试验(凝露)

交变湿热试验按 GB/T 2424.2 和 GB/T 2423.4 及表 A.4 的要求进行。

450

表 A.4 交变湿热试验

环 境 状 况	试 验 规 定	试验依据
湿热、稳态 （凝露）	在 25 ℃和相应温度上限间循环变化温度，在温度变化过程中和低温阶段保持 95％的相对湿度，在高湿阶段保持 93％的相对湿度	GB/T 2423.4 GB/T 2424.2
注：可利用 GB/T 2424.2 指导湿热试验。		

试验规程的补充内容：

试验目的：在温度循环变化和高湿度条件下，检验皮带秤是否符合 7.5.1 规定。

交变湿热试验适用于有严重凝露或因呼吸效应引起水汽渗入加速的情形。

预处理：不需要。

被测皮带秤条件：正常接通电源，"开机"等于或大于制造厂家规定的预热时间。试验期间保持通电状态。置零装置应能在正常运行下有效。应保证升温时被试品上出现凝露。

试验程序简述：24 h 温度变化试验包含下列过程：

 a) 3 h 升温过程；

 b) 使温度保持在上限值，直到一次循环温度变化试验开始后 12 h；

 c) 用 3 h～6 h 降温至下限值，开始的 1.5 h 降温速度为 3 h 降至下限值；

 d) 使温度保持在下限值，直到试验进行了 24 h 一次循环结束。

稳定期间之前以及循环试验之后，被测皮带秤的所有部件应在其最终温度上下 3 ℃范围内。

试验内容：当被测皮带秤在参考温度上稳定后，应在称量操作期间对被测皮带秤进行试验。称量操作包括在接近最小流量、中间流量和最大流量下各进行 $\sum_{min}$ 累计两次，然后在最小流量情况下重复此试验。

记录：

 a) 日期和时间；

 b) 温度；

 c) 相对湿度；

 d) 试验载荷；

 e) 示值；

 f) 示值误差；

 g) 功能特性；

 h) 大气压力。

重复上述试验进行第二次循环。

在进行任何其他试验前，应允许被测皮带秤充分恢复。

试验循环次数：至少两次循环。

最大允许误差：所有示值误差都应在表 2 中规定的最大允许误差范围之内。

A.6.2.5 交流电源电压变化（AC）（5.7.4.3 和 7.5.4）

电压变化试验按 GB/T 17626.11 和表 A.5 的要求进行。

表 A.5 交流电源电压变化试验

环 境 状 况	试 验 规 定		试 验 依 据
交流电压变化	参考电压 U_{nom}		GB/T 17626.11
	上限电压	$1.10 \times U_{nom}$ 或 $1.10 \times U_{max}$	
	下限电压	$0.85 \times U_{nom}$ 或 $0.85 \times U_{min}$	
	参考电压 U_{nom}		
注：当衡器使用三相电源时，应依次对各相适用电压变化。			

试验规程的补充内容：

试验目的：在交流电压变化的条件下，检验是否符合5.7.4.3的规定。

预处理：不需要。

被测皮带秤条件：正常接通电源，"开机"等于或大于制造厂家规定的预热时间。整个试验期间应保
　　　　　　　　持通电状态。试验前，尽量将被测皮带秤调整到接近实际零点。如果皮带秤具有
　　　　　　　　自动置零功能，则应在施加各级电压后将皮带秤置零。

试验程序简述：在最大流量下进行Σ_{min}累计期间，对被测皮带秤进行试验。

试验内容：将电源稳定在规定范围的参考电压上，在最大流量下进行Σ_{min}累计。

记录：

    a)　日期和时间；

    b)　温度；

    c)　相对湿度；

    d)　电源电压；

    e)　试验载荷；

    f)　示值；

    g)　示值误差；

    h)　功能特性；

    i)　大气压力。

对 GB/T 17626.11 中指定的每个电压都重复进行上述称量试验（注意在某些情况下要对电
压范围两端值进行重复称量试验）并记录示值。

试验循环次数：至少一个循环。

最大允许误差：所有功能都应按设计运行，所有示值误差都应在表2中规定的最大允许误差范围
之内。

A.6.2.6　直流电源电压变化（DC）（5.7.4.3 和 7.5.4）

采用直流电源供电的衡器，电压变化试验按 GB/T 17214.2 和表 A.6 的要求进行。

表 A.6 直流电源电压变化试验

环 境 状 况	试 验 规 定		试 验 依 据
直流电压变化	参考电压 U_{nom}		GB/T 17214.2
	上限电压	$1.20 \times U_{nom}$ 或 $1.20 \times U_{max}$	
	下限电压	最小工作电压(5.7.4.3)	
	参考电压 U_{nom}		
注：如果标有电压范围，则 U_{nom}＝平均值。			

试验规程的补充内容：

试验目的：在改变直流电源的条件下，检验皮带秤是否符合 5.7.4.3 的规定。

预处理：不需要。

被测皮带秤条件：正常接通电源，"开机"等于或大于制造厂家规定的预热时间。整个试验期间应保持通电状态。试验期间保持通电状态。试验前，尽量将被测皮带秤调整到接近实际零点。

试验程序简述：应考虑大气压力变化因素。

试验内容：将电源稳定在规定范围的参考电压上，在最大流量下进行 Σ_{min} 累计。

记录：

  a) 日期和时间；

  b) 温度；

  c) 相对湿度；

  d) 电源电压；

  e) 试验载荷；

  f) 示值；

  g) 误差；

  h) 功能特性；

  i) 大气压力。

按规范和计量要求降低电压，直到衡器停止正常工作，记录数据。

试验循环次数：至少一个循环。

最大允许误差：所有功能应运行正常，所有示值误差应在表 2 中规定的最大允许误差范围之内。

A.6.2.7 电池电源(DC)，非外接电源(5.7.4.3 和 7.5.5)

采用电池供电的衡器按照表 A.7 的要求进行。

表 A.7 电池电压波动试验

环境状况	试验规范		试验依据
电池供电电压波动	标准电压 U_{nom}		无
	上限电压	U_{nom} 或 U_{max}	
	下限电压	最小工作电压(见 5.7.4.3)	
	标准电压 U_{nom}		
注：如果标有电压范围，则 $U_{nom}=$ 平均值。			

试验程序的补充资料：

试验目的：检验在电池供电电压波动的情况下衡器特性是否符合 5.7.4.3 的要求，电源电压的改变可以通过使用同等可变直流电源或使电池电压降到所要求的值来实现。

预处理：无

被测皮带秤条件：正常接通电源，且"开机"时间等于或大于制造厂家规定的预热时间。整个试验期间应保持通电状态。试验前,尽量将被测皮带秤调整到接近实际零点。如果皮带秤具有作为自动称量过程一部分的自动置零功能,则应在施加了每级电压后将皮带秤置零。

简要试验程序:试验包括使被测衡器运行在正常大气压下,改变直流电源电压,同时在最大流量下进行$\sum_{min}$累计。

电源电压应是规定电压的下限。被测皮带秤明显地停止工作(或自动停机)。

试验内容:将电源稳定在规定电池电压上,同时在最大流量下进行$\sum_{min}$累计。

记录:

    a) 日期和时间;

    b) 温度;

    c) 相对湿度;

    d) 电源电压;

    e) 试验载荷;

    f) 示值(如适用);

    g) 误差;

    h) 功能特性;

    i) 大气压力。

试验次数:至少一个周期。

最大允许误差:所有功能应运行正常,所有示值误差应在表2中规定的最大允许误差范围之内。

A.6.3　干扰试验(7.1.1和7.5.2)

A.6.3.1　干扰试验摘要

干扰试验如表A.8所示:

表 A.8　干扰试验摘要

试　验　项　目	适　用　条　件	参　考　章　条
交流电源短时中断和电压暂降	显著增差	A.6.3.2
在电源线、I/O线路和通信线上的脉冲群	显著增差	A.6.3.3
电源电压、信号和通信线上的浪涌	显著增差	A.6.3.4
静电放电	显著增差	A.6.3.5
电磁敏感性	显著增差	A.6.3.6
注:显著增差参见3.4.5.4。 试验应按电气试验的相应类型来完成。A.6.3.2～A.6.3.6中要求的试验严酷度适用于安装和使用在有明显或存在较高水平电磁干扰的工业环境中。		

如果在仪表(或模拟器)上有接口,应使用这些接口来连接到其他设备上进行模拟试验。为此,应使用适当的外围设备或3 m接口电缆连接到各种不同类型的接口上来模拟其他设备的接口阻抗。

A.6.3.2　交流电源短时中断和电压暂降

短时电压暂降(电源电压降低和短时中断)按GB/T 17626.11及表A.9执行。

表 A.9 交流电源短时电压暂降试验

环境状况	试验规范			试验依据
	试验	将电压幅值降到	时间/循环次数	
电源电压降低 和短时中断	试验 a	0%	0.5	GB/T 17626.11
	试验 b	0%	1	
	试验 c	40%	10	
	试验 d	70%	25/30[a]	
	试验 e	80%	250/300[a]	
	短时中断	0%	250/300[a]	
注：使用一个适用于在指定时间段内即一个或多个半周期(零交叉点)使交流电源电压降低的试验发生器。该试验发生器应在接通被测衡器之前调试好,以至少 10 s 的间隔时间重复做交流电源电压瞬降试验 10 次。				
[a] 标记中的这些数值分别适用于 50 Hz/60 Hz 频率。				

试验程序的补充资料：

试验目的：在电源电压暂降和短时中断条件下、同时在最大流量下进行至少 $\sum_{min}$ 累计（或足以完成此试验的时间）的过程中,检验皮带秤是否符合 7.1.1 的规定。

预处理：不需要。

被测皮带秤条件：正常接通电源,"开机"时间等于或大于制造厂家规定的预热时间。整个试验期间应保持通电状态。试验前,尽量将皮带秤调整到接近实际零点。置零功能不应工作,试验时除了出现显著增差要复位外,任何时候都不能调整或复位。

简要试验程序：在进行试验前,使被测衡器在正常环境条件下处于稳定状态,应考虑大气压力的变化。最大流量下进行至少 $\sum_{min}$ 累计（或足以完成此试验的时间）,对被测皮带秤进行试验。

记录：

    a) 日期和时间；

    b) 温度；

    c) 相对湿度；

    d) 电源电压；

    e) 试验载荷；

    f) 示值；

    g) 示值误差；

    h) 功能特性；

    i) 气压。

    根据表 14 中的试验规范,中断电源电压持续相应时间/数个周期,试验应严格按 GB/T 17626.11 中相关要求进行。中断期间观察对被测衡器的影响并记录有关数据。

试验循环次数：至少一个循环。

最大允许变化：有干扰的重量显示与无干扰（固有误差）的重量显示之差不应超过 3.4.5.4 中定义的误差,否则被测衡器能探测并对显著增差情况做出反应。在发生电源电压中断的情况下（250/300 次循环中 0%）,要求使衡器完全恢复正常。

A.6.3.3 在电源线、信号、数据、控制线路和通讯电缆上的脉冲群（快速瞬变试验）

脉冲群试验（快速瞬变试验）按 GB/T 17626.4 和表 A.10、表 A.11 的要求进行，正、负向各持续至少 1 min。

表 A.10 I/O 信号线和通信线上的脉冲群试验

环境状况	试验规范	试验依据
快速瞬变方式	1.0 kV（峰值） 5/50 ns T_1/T_h 5 kHz 叠加频率	GB/T 17626.4
注：本试验按照生产厂的有关规定仅适用于总长超过 3 米的导线的端口或接口。		

表 A.11 交流和直流电源线上的脉冲群试验

环境状况	试验规范	试验依据
快速瞬变方式	2.0 kV（峰值） 5/50 ns T_1/T_h 5 kHz 叠加频率	GB/T 17626.4
注：不适用于在工作时不能与电源连接的由电池供电的直流电源端口。		

试验程序补充资料

试验目的：检查在脉冲群（快速暂态）分别施加到主电源电压、I/O 线路和通讯电缆（如果有）的情况下，同时在最大流量下进行至少 $\sum_{min}$ 累计（或足以完成此试验的时间）的过程中，检验皮带秤是否符合 7.1.1 的规定。

预处理：不需要

被测衡器的条件：在连接到被测衡器之前，应检查试验发生器的性能。

正常通电并且通电时间大于或等于生产厂规定的预热时间。整个试验期间应保持通电状态。试验前，将被测衡器尽量调整到接近实际零点。置零功能不应工作。试验时除了出现显著增差要复位外，任何时候都不能调整或复位。

简要试验程序：正、负极性的浪涌试验都需做。对于每一个幅值和极性的试验期间应不短于 1 min。

电源线注入网络应包含阻塞滤波器，以防止脉冲能量被电网消耗。应使用标准中规定的电容耦合夹将脉冲耦合到输入/输出线路和通讯线路。

在进行试验前，使被测衡器在正常环境条件下处于稳定状态，应考虑大气压力的变化。

最大流量下进行至少 $\sum_{min}$ 累计（或足以完成此试验的时间），对被测皮带秤进行试验。

记录：

    a) 日期和时间；

    b) 温度；

    c) 相对湿度；

    d) 电源电压；

    e) 试验载荷；

    f) 示值（如适用）；

    g) 示值误差；

h)　功能特性；

i)　大气压力。

试验次数：至少一个周期。

最大允许变化：有干扰的重量显示与无干扰（固有误差）的重量显示之差不应超过3.4.5.4中定义的误差，否则被测衡器能探测并对显著增差情况做出反应。

A.6.3.4　电源电压、信号和通信线上的浪涌

浪涌试验按GB/T 17626.5和表A.12要求的进行。

表 A.12　在电源线、I/O线路和通信（信号）线上的浪涌

环境状况	试 验 规 范	试验依据
在电源线、I/O线路和通信（信号）线上的浪涌	a)　1.0 kV（峰值）线间电压 b)　2.0 kV 线对地电压 c)　用0°、90°、180°、270°交流电源电压同时施加正、负浪涌各3次 d)　在直流电源线、I/O线路和通信电缆上施加正、负浪涌各3次	GB/T 17626.5

试验程序补充资料

试验目的：检查在浪涌分别施加到主电源电压、I/O线路和通信电缆（如果有）的情况下，整个试验期间应保持通电状态。同时在最大流量下进行至少$\sum_{min}$累计（或足以完成此试验的时间）的过程中，检验皮带秤是否符合7.1.1的规定。

预处理：不需要

被测衡器的条件：在连接到EUT之前，应检查试验发生器的性能。

正常通电并且通电时间大于或等于生产厂规定的预热时间。试验前，将被测衡器尽量调整到接近实际零点。置零功能不应工作，试验时除了出现显著增差要复位外，任何时候都不能调整或复位。

简要试验程序：此项试验包括按GB/T 17626.5的要求做浪涌试验，GB/T 17626.5中定义了上升沿时间、脉宽、高/低阻抗载荷上输出电压/电流峰值、两个连续脉冲间最小时间间隔。

注入网络取决于浪涌试验所针对的电缆线，在GB/T 17626.5中做了定义。

在进行试验前，使被测衡器在正常环境条件下处于稳定状态，应考虑大气压力的变化。最大流量下进行至少$\sum_{min}$累计（或足以完成此试验的时间），对被测皮带秤进行试验。

记录：

a)　日期和时间；

b)　温度；

c)　相对湿度；

d)　电源电压；

e)　试验载荷；

f)　示值（如适用）；

g)　示值误差；

h)　功能特性；

i)　大气压力。

试验次数：至少一个周期。

最大允许变化:有干扰的重量显示与无干扰(固有误差)的重量显示之差不应超过 3.4.5.4 中定义的误差,否则被测衡器能探测并对显著增差情况做出反应。

A.6.3.5 静电放电

静电放电试验根据 GB/T 17626.2 中详述的试验方法和表 A.13 中给出的条件进行。

表 A.13 静电放电

环境状况	试验规范		试验依据
静电放电	试验电压	电压水平	GB/T 17626.2
	接触放电	6 kV	
	空气放电	8 kV	
注 1:应以指定的较低电压进行试验,从 2 kV 开始,并以 2 kV 为增量逐步增加进行试验,直到本表中按 GB/T 17626.2 要求指定的电压。			
注 2:6 kV 接触放电应施加于易导电的部件。金属接触即电池盒和电气插座引出线不属于这个要求范围。			

接触放电是优选的试验方法。应在外壳上各个导体部件上进行 20 次放电(10 次正向和 10 次负向)。静电放电的时间间隔至少为 10 s。在外壳不导电的情况下,应按 GB/T 17626.2 的规定,在耦合板上做水平和垂直放电。在不能用接触放电的地方(比如使用绝缘外壳的情况下)应采用空气放电。

试验程序的补充资料

试验目的:检查在静电放电条件下,同时在最大流量下进行至少 $\sum_{min}$ 累计(或足以完成此试验的时间)的过程中,检验皮带秤是否符合 7.1.1 的规定。

预处理:不需要

被测衡器的条件:正常通电并且通电时间大于或等于生产厂规定的预热时间。整个试验期间应保持通电状态。试验前,将被测衡器尽量调整到接近实际零点。置零功能不应工作。试验时除了出现显著增差要复位外,任何时候都不能调整或复位。

简要试验程序:在进行试验前,使被测衡器在正常环境条件下处于稳定状态。

称量内容:最大流量下进行至少 $\sum_{min}$ 累计(或足以完成此试验的时间),对被测皮带秤进行试验。

记录:

    a) 日期和时间;

    b) 温度;

    c) 相对湿度;

    d) 电源电压;

    e) 试验载荷;

    f) 示值(如适用);

    g) 示值误差;

    h) 功能特性;

    i) 大气压力。

最大允许变化:有干扰的重量显示与无干扰(固有误差)的重量显示之差不应超过 3.4.5.4 中定义的误差,否则被测衡器能探测并对显著增差情况做出反应。

A.6.3.6 电磁敏感性

A.6.3.6.1 试验时间的优化

在下列条件下试验时间可得以优化：

a) 流量显示器的分辨率足以明确看出显著增差；

b) 流量显示器始终可以观察到；

c) 以可观察到对显示流量的影响的频率进行累计。

A.6.3.6.2 辐射电磁场抗扰度试验

辐射、射频、电磁场抗扰度试验根据 GB/T 17626.3 和表 A.14 中给出的条件进行。

将未调制的试验信号载波调到显示的试验值。为进行试验，应按要求来调制载波。

表 A.14 辐射电磁敏感性试验

试验规范			
环境状况	频率范围 MHz	磁场强度 V/m	试验依据
辐射电磁场	80～2 000	10	GB/T 17626.3
	26～80		
调制	80%AM,1 kHz 正弦波		
注1：对于没有主电源或其他 I/O 端口的被测衡器，因无法按 A.6.3.5.2 的要求进行试验，辐射试验的频率下限值为 26 MHz。 注2：对于在 26 MHz～80 MHz 间的频率范围，应采用 GB/T 17626.3 规定的试验方法。			

试验程序的补充资料

试验目的：检查在指定辐射电磁场条件下，同时在最大流量下进行至少 $\sum_{min}$ 累计（或足以完成此试验的时间）的过程中，检验皮带秤是否符合 7.1.1 的规定。

预处理：不需要

被测衡器的条件：正常通电并且通电时间大于或等于生产厂规定的预热时间。整个试验期间应保持通电状态。试验前，将被测衡器尽量调整到接近实际零点。置零功能不应工作。试验时除了出现显著增差要复位外，任何时候都不能调整或复位。

简要试验程序：在进行试验前，使被测衡器在正常环境条件下处于稳定状态，应考虑大气压力的变化。根据 A.6.3.6 的注释，记录受电磁干扰影响明显时的频率，并在这些频率下做试验。最大流量下进行至少 $\sum_{min}$ 累计（或足以完成此试验的时间），对被测皮带秤进行试验。记录在有电磁场和无电磁场影响两种情况下的数据：

a) 日期和时间；

b) 温度；

c) 相对湿度；

d) 电源电压；

e) 试验载荷；

f) 示值（如适用）；

g) 误差；

h) 功能特性；

i) 大气压力。

试验次数：至少一个周期。

最大允许变化：有干扰的重量显示与无干扰（固有误差）的重量显示之差不应超过 3.4.5.4，中定义的误差，否则被测衡器能探测并对显著增差情况做出反应。

A.6.3.6.3 传导电磁场抗扰度试验

传导、射频、电磁场耐受性试验根据 GB/T 17626.6 和表 A.15 中给出的条件进行。

将未调制的试验信号载波调到显示的试验值。为进行试验，应按要求来调制载波。

表 A.15 传导性电磁场抗扰度试验

试验规范			
环境状况	频率范围 MHz	射频振幅（50 ohms） V(e.m.f)	试验依据
传导射频场	0.15～80	10 V	GB/T 17626.6
调制	80%AM,1 kHz 正弦波		

注 1：如果 EUT 没有主电源或其他输入端口，则不用进行这项试验。

注 2：应使用耦合/去耦装置来将干扰信号（全频率范围内，在被测衡器端口上有确定的公共阻抗）与被测衡器上的各种传导电缆连接起来。

试验程序补充资料

试验目的：检查在指定导电电磁场条件下，同时在最大流量下进行至少 $\sum_{min}$ 累计（或足以完成此试验的时间）的过程中，检验皮带秤是否符合 7.1.1 的规定。

预处理：不需要

被测衡器的条件：正常通电并且通电时间大于或等于生产厂规定的预热时间。试验前，将被测衡器尽量调整到接近实际零点。置零功能不应工作。试验时除了出现显著增差要复位外，任何时候都不能调整或复位。

应使用参考标准中定义的耦合/去耦装置将模拟电磁场影响的无线射频电流应接入被测衡器的电源和 I/O 端口。

试验次数：至少一个周期。

简要试验程序：根据 A.6.3.5 的注释，记录受电磁干扰影响明显时的频率，并在这些频率下做试验。最大流量下进行至少 $\sum_{min}$ 累计（或足以完成此试验的时间），对被测皮带秤进行试验。记录在有电磁场和无电磁场影响两种情况下的数据：

a) 日期和时间；

b) 温度；

c) 相对湿度；

d) 电源电压；

e) 试验载荷；

f) 示值（如适用）；

g) 误差；

h) 功能特性；

i) 大气压力。

最大允许变化：有干扰的重量显示与无干扰（固有误差）的重量显示之差不应超过 3.4.5.4 中定义的

误差,否则被测衡器能探测并对显著增差情况做出反应。

A.7 计量特性(5.7.5)

A.7.1 模拟试验重复性(5.7.5.1)

a) 往承载器上施加 20％最大秤量(Max)的分布载荷,并对 Σ_{min} 或 5 倍于表 3 中规定的值进行累计(见 A.2.7.3)。卸下载荷,允许皮带秤空转并将示值回零。用同一载荷重复本试验。

b) 用 50％最大秤量的载荷(累计值≈Σmin 或 5 倍表 3 中的值)重复整个试验。

c) 用 75％最大秤量的载荷(累计值≈Σmin 或 5 倍表 3 中的值)重复整个试验。

d) 用最大秤量的载荷(累计值≈Σ_{min}或 5 倍表 3 中的值)重复整个试验。

在相同条件下将同一载荷放置到皮带秤承载器上,获得的任意两次结果的差值应不超过表 2 规定的影响因子试验相应最大允许误差的绝对值。

A.7.2 累计显示器的鉴别力(5.7.5.2)

a) 在承载器上施加 20％最大秤量(Max)的分布载荷,并进行 Σ_{min} 累计,记录试验持续的确切时间(通常为预设脉冲数)。加放下列的附加砝码:
   1) 对于0.2级皮带秤,附加载荷=已加载荷×0.07％;
   2) 对于0.5级皮带秤,附加载荷=已加载荷×0.175％;
   3) 对于1级皮带秤,附加载荷=已加载荷×0.35％;
   4) 对于2级皮带秤,附加载荷=已加载荷×0.7％。

b) 用相同皮带长度再次进行累计;

c) 用50％最大秤量的载荷重复试验;

d) 用75％最大秤量的载荷重复试验;

e) 用最大秤量的载荷重复试验。

任一有附加载荷示值和无附加载荷示值的差值应至少等于附加载荷相关计算值的一半。

A.7.3 累计显示器零点累计的鉴别力(5.7.5.3)

a) 将皮带秤置零,并关闭自动置零装置。

b) 在皮带秤无载荷的情况下累计 3 min(或等量预设脉冲数),并记录零点显示器的示值。若显示器还能进行置零,则在每个 3 min 的试验结束后将皮带秤置零。给皮带秤承载器加放一个下述的小砝码:
   1) 对于0.2级皮带秤,为最大秤量×0.02％;
   2) 对于0.5级皮带秤,为最大秤量×0.05％;
   3) 于1级皮带秤,为最大秤量×0.1％;
   4) 对于2级皮带秤,为最大秤量×0.2％。

c) 再累计 3 min,记录零点显示器的示值。

d) 取下这个小砝码,再累计 3 min(或等量预设脉冲数),记录零点显示器的示值。

e) 在皮带秤承载器上有小砝码时将皮带秤置零,关闭所有自动置零装置,重复上述程序"2"的试验,但此时是由零点取下小砝码。

f) 可以重复此项试验,以消除短期零点漂移的影响或其他瞬变影响。有小砝码或没有小砝码的两个相邻示值的差值应有明显的变化。

A.7.4 零点稳定性(5.7.5.4)

应在衡器上不施加任何载荷且自动置零装置被禁用的条件下完成此试验。

在试验开始之前应进行置零,在试验完成之前(即在取得所有观测值之前)都不需要再次置零。

需从用作零点累计的指示器上取得累计量。

在最大速度下不加载荷使皮带秤模拟运行,记录初始累计示值,且在 15 min 内每隔 3 min 记录示值一次。在记录下来的共 6 个累计示值中最小值和最大值之间的差应不超过 5.7.5.4.1 中规定的用于评估 15 min 稳定性的要求。

在最大速度下皮带秤空载运行 3 h 后不作进一步的调整,记录累计示值。皮带秤继续运行 15 min,其间每隔 3 min 记录示值一次。在记录下来的共 6 个累计示值中最小值和最大值之间的差应不超过 5.7.5.4.1中规定的用于评估 15 min 稳定性的要求。

在这总共 3.5 h 内运行过程中记录下来的所有 12 个累计示值中最小值和最大值之间的差应不超过 5.7.5.4.2 中规定的用于评估 3.5 h 稳定性的要求。

A.8 现场空载试验(5.8)

A.8.1 零点的最大允许误差(5.8.2)

当最小累计载荷等于或小于最大流量下皮带转 3 圈时,进行下述试验程序后还应按 A.8.3 的要求进行试验。

在静止皮带上做标志(如果之前没做)。"开机"预热运行,将皮带秤置零并记下置零开始时的点,然后关闭自动置零功能,皮带秤空转若干个整数圈,持续时间尽量接近 3 min,然后停皮带,如果不可能使衡器停止运行,可将累计量记录下来。误差的绝对值(用于置零的指示装置上显示的零点偏差)应不超过下面规定的试验期间最大流量下累计载荷的百分数:

a) 对于 0.2 级皮带秤,为 0.02%;

b) 对于 0.5 级皮带秤,为 0.05%;

c) 对于 1 级皮带秤,为 0.1%;

d) 对于 2 级皮带秤,为 0.2%。

如果皮带秤此项试验未通过,则可再重复一次试验,以获得符合要求的结果后再测试一次本试验。

A.8.2 累计显示器的置零鉴别力(5.8.3)

在静止皮带上做标志(如果之前没做)。"开机"预热运行。

试验 A

将皮带秤置零,关闭自动置零功能,使皮带停转,若不能停皮带,就停止累计或记下累计量。

皮带空转若干个整数圈后,持续时间尽量接近 3 min,记录置零显示器的示值。使皮带停转,若不能停皮带,就停止累计或记下累计量。

往皮带秤承载器加放鉴别力载荷,转动皮带至相同圈数。记录置零显示器的示值。使皮带停转,若不能停皮带,就停止累计或记下累计量。

试验 B

往皮带秤承载器加放鉴别力载荷后,转动皮带并将皮带秤置零,关闭自动置零装置。使皮带停转,若不能停皮带,就停止累计或记下累计量。

在加放鉴别力载荷的情况下,转动皮带达试验 A 中的相同圈数。记录置零显示器的示值。使皮带停转,若不能停皮带,就停止累计或记下累计量。

取下承载器上的鉴别力载荷,转动皮带达相同的圈数。记录置零显示器的示值。

试验 A 和试验 B 中,皮带秤的无载示值和加放鉴别力载荷后的示值之间,应有一个明显的差值。

鉴别力载荷应等于下列最大秤量的百分数:

——对于 0.2 级皮带秤,为 0.02%;

——对于 0.5 级皮带秤,为 0.05%;

——对于 1 级皮带秤,为 0.1%;

——对于 2 级皮带秤,为 0.2%。

连续重复上述试验 A 和 B 三次。

A.8.3 零载荷的最大偏差试验(5.8.4)

当最小累计载荷等于或小于最大流量下皮带转 3 圈的载荷量时,A.8.1 中的"零点的最大误差"试验应记录试验开始时累计显示器的示值和试验过程中累计显示器最大的示值与最小的示值。累计显示器的示值与初始显示值的偏差的绝对值应不超过最大流量下累计载荷的下列百分数:

——对于 0.2 级皮带秤,为 0.07%;

——对于 0.5 级皮带秤,为 0.175%;

——对于 1 级皮带秤,为 0.35%;

——对于 2 级皮带秤,为 0.7%。

A.9 现场物料试验(5.8.1,8.1)

A.9.1 试验条件和试验物料

对完全组装好并安装到指定地点的皮带秤进行的现场物料试验应在正常使用条件下并采用规定或将要使用的物料完成。

为型式检验而做的现场物料试验应确定:

a) 皮带秤自动称量的最大允许误差应按 5.2.1 中规定的皮带秤相应等级的要求。

b) 皮带秤"重复性"试验对于同一流量、近似相同物料载荷,在相同条件下取得的多次示值结果的相对误差(5.8.1),应不超过 5.2.1 中规定的自动称量相应最大允许误差的绝对值。

为做好重复性试验,所有的物料试验应成组进行,即用同一物料载荷和其他规定的(尽量实际的)参数再运行。

A.9.2 控制方法

对于物料试验采用的控制方法应能确定试验使用物料的重量,且其误差不超过表 1 中自动称量相应最大允许误差的 1/3。

如果没有一台具有足够高分辨力的控制衡器,则可使用 5.7.1 中指定的使用闪变点砝码方法得到的具有较高分辨力的控制衡器。

控制方法应按下列要求执行:

a) 对于自动运行的皮带秤,进行必要次数的试验并在最大、最小和中等流量的情况下记录所显示的重量,确保能用控制衡器来称出物料的试验载荷。

b) 皮带秤显示的重量值是使用主累计指示装置时试验开始时的示值与试验结束时的示值间的差值。

c) 试验载荷质量真值通过称量独立控制衡器上的试验载荷来确定。

d) 自动称量误差应是在上述 a)条件下独立控制衡器上确定的试验载荷的质量真值,与在上述 b)条件下主累计显示器上取得的示值间的差。相对误差按 8.6 和 A.2.7 中的要求确定。

这就是用来与 5.2.1 中规定的自动称重相应最大允许误差相对较的值。

A.9.3　物料试验

A.9.3.1　单速皮带秤

为了验证输送机达到平衡状态且性能达到稳定,试验前输送机应运行至少 30 min。

每次试验前检查置零装置,若有必要将皮带秤置零。

完成每一次试验后,记录试验载荷的累计值。

应在下列的给料流量下进行试验。

a)　最大给料流量下进行 2 组试验;

b)　最小给料流量下进行 2 组试验;

c)　中等给料流量下进行 1 组试验。

如果最小流量不小于:

a)　最大流量的 50% 时,只进行上述 a)和 b)试验;

b)　最大流量的 80% 时,进行上述 a)和 b)试验各一组或者在适当流量下进行两组试验。

为了满足"重复性"试验数据一致性,构成一组的两次试验应基本上是相同的累计载荷和持续时间。

对每次试验做"型式检验"时,最大允许误差应按 5.2.1 表 1 中自动称量的型式检验相应准确度等级的规定。

对于"重复性",在同一给料流量和大致相同的累计载荷条件下,每次试验的相对误差(8.6 表述的方法进行计算)的差值应不超过 5.2.1 中自动称量的型式检验相应最大允许误差的绝对值。

A.9.3.2　多速皮带秤

对每一速度,应按 A.9.3.1 的规定进行试验,在最大、中等和最小流量下各进行一组试验。

A.9.3.3　变速皮带秤

除按 A.9.3.1 的规定在最大、中等和最小流量下各进行一组试验,还应在 A.9.3.1 规定的每种给料流量下进行附加的单项试验,在每次试验期间速度在整个速度范围内变化。

但是应小心避免承载器上的载荷超出最大秤量和最小秤量的范围。

A.10　软件控制的数字装置和衡器的附加检查和测试

A.10.1　嵌入式软件的装置和衡器

按 9.1.2 要求审查所提供的文件,检查制造商是否已说明或声明使用的软件为嵌入式软件,即在固定的硬件和软件环境中运行,并且在保护或铅封后不可能通过任何接口或其他方式进行修改或上传软件。

检查是否已对保护方式加以说明和提供受干预的证据。

检查是否有软件标识,该标识被明确地指定为法制相关软件和法制相关功能。按制造商提交的文件中的描述进行检查。

检查由衡器提供软件标识是否方便。

A.10.2　个人计算机和其他可编程或可加载软件的装置

A.10.2.1　软件资料(7.8)

检查制造厂家是否按 7.8 规定提供专门的软件文件,此文件包括检查法制相关软件的所有信息。

A.10.2.2　软件保护(7.8.1)

A.10.2.2.1　带保护层的软件［用户不可能进入操作系统和(或)程序］

检查是否提供全部命令集和附带简要说明(例如,经外部接口的功能键或命令);

检查制造商是否提交有关命令集完整性的书面声明。

A.10.2.2.2　对用户可以进入操作系统和(或)程序

检查是否产生覆盖法制相关软件(受法定管理的程序模块及型式特定参数)所有机器码的校验和或等效信号;

检查如果代码是由文本编辑程序伪造时,是否是不能启动法制相关软件。

A.10.2.2.3　除 A.10.2.2.1 和 A.10.2.2.2 以外的情形

检查是否所有装置特定参数受到充分保护,例如通过校验和;

检查是否对装置特定参数的保护有审核跟踪以及审核跟踪的说明;

进行某些实际的抽样检查,检测文件所描述的保护及功能运行是否与说明一致。

A.10.2.3　软件接口

检查是否是通过规定的受保护软件接口将规定的法制相关程序模块与关联软件模块分开;

检查受保护的软件接口本身是否是法制相关软件的组成部分;

检查是否对能够经受保护软件接口所传递的法制相关软件的功能已做定义和说明;

检查是否对能够经受保护软件接口交换的参数已做定义和说明;

检查以上对功能和参数的说明是否可信和完整;

检查每个文件中所说明的功能和参数是否是与本标准的要求不矛盾;

检查是否有对应用程序的软件接口保护特性做适当介绍(例如,在软件文件中)。

A.10.2.4　软件标识

检查衡器是否产生合适的软件标识,它覆盖所有法制相关软件和型式特定参数的程序模块;

检查是否在给出一手动命令后能显示规定的软件标识,并可以与型式批准时固定的参考标识相比较;

检查软件标识是否涵盖了所有与法制相关软件的程序模块和型式特定参数;

同样应通过某些实际抽样检查,是否按照文件描述的方式产生校验和(或者其他信号);

检查是否有有效的审核跟踪。

A.10.3　数据存储设备(7.7)

查阅提交的文件并且核对制造商是否预先设置一种装置,无论衡器内置或外部连接,旨在用于法制相关数据的长期保存。如果是,那么:

检查安装在装置中用于数据存储的软件是否是嵌入式软件(A.10.1),或可编程/可加载软件(A.10.2)。按 A.10.1 或 A.10.2 检查用于数据存储的软件。

检查已存储数据和传递是否正确。

检查存储容量和防止无法接受的数据丢失的措施是否已由制造商充分说明。

检查存储的数据是否包含再现初始称重值必要的所有相关信息(相关信息为:毛重或净重以及皮重,(如果合适,还包括皮重及预置皮重的区分),小数点符号,单位(例如,kg——可以是编码),数据组的标识,如果数台衡器或承载器连接数据存储装置,还包括衡器或承载器的标识号码,以及存储数据组的校验和或其他信号)。

检查存储的数据是否受到合适的保护,以免意外的或恶意修改。

检查数据在向存储装置传送期间是否至少使用奇偶检验保护。

检查使用嵌入式软件的存储装置的数据是否至少采用奇偶检验保护。

检查带可编程或可下载软件存储装置的数据是否采用校验和或签名(至少两个字节的带隐藏多项式 CRC-16 校验和)的方法进行适当的保护。

检查存储的数据是否能够被识别及显示,识别编码的储存是为以后使用和在正式交易介质上记录,即打印,如在打印输出上打印。

检查用于交易的数据是否是自动存储,即不取决于操作人员的意愿。

检查是否是通过在符合法定受控的装置上显示或打印标识的方法验证存储的数据组。

A.10.4 试验报告表式

按附录 B 格式编制的试验报告应包含与受检的计算机的软硬件配置和试验结果相关的全部相关信息。

A.11 安全试验要求

按 GB 14249.1—1993 中规定试验。

附　录　B
（规范性附录）
连续累计自动衡器试验报告格式

B.1　试验报告格式的说明

"试验报告格式"旨在以标准化格式展示各种检查和试验的结果。

本"试验报告格式"主要包括两大部分，即"核查表"和"试验报告"。

"核查表"是对皮带秤进行检查的摘要。它包括按本标准的要求对各种审查、试验和外观检查作出的结论。其中所用的词汇或简化语句是为了在不重复的情况下，给检查人员提示本标准正文中的要求。

"试验报告"是对皮带秤进行试验结果的记录。"试验报告表格"是根据试验程序附录 A 中详述的试验内容而产生的。

"型式检验的试验设备"应包括试验过程中确定试验结果而使用的全部试验设备。该情况可以是一个简短的表格，包括一些基本的资料（名称、型号规格和用于溯源目的的编号）。例如：

- 检定标准器具的名称、准确度等级及编号；
- 模块试验用的模拟装置的名称、型号、溯源及编号；
- 气候试验和静态温度箱（室）的名称、型号及编号；
- 电性能试验、脉冲群的仪器名称、型号及编号；
- 抗电磁场辐射试验的现场校准程序说明。

B.2　注释要求

B.2.1　符号含义。

本报告中的符号参见 3.7。

a)　模拟试验时，T 是根据模拟试验装置计算出来的，它是由静态载荷和由每一项试验的实验报告中表明的脉冲数的乘积。计算方法见单项试验的试验报告中注释。

b)　物料试验时，T 是控制衡器化整后的示值。即 $T=P$。

c)　P 值计算仅与控制衡器和随后物料试验确定的 T 值有关。

B.2.2　用于表示试验结果的单位名称或符号应在每一表格中作出规定。

B.2.3　试验报告标题下的框格应按下例的模式填写：

	开始	终止	
温　　度：	20.5	21.1	℃
相对湿度：			%
日　　期：	2018/12/29	2018/12/30	yy/mm/dd
时　　间：	16：00：05	16：30：05	hh:mm:ss

其中，试验报告中的"日期"是指进行试验的日期

B.2.4　在干扰试验中，显著增差是指载荷等于最小累计载荷，误差大于相应准确度等级下影响因子试验的最大允许误差绝对值的增差。

报告页.../...

B.3 皮带秤标识

样机编号：..

型　　号：..

标 识 号：..

制 造 厂：..

软件版本：..

报告日期：..

制造文件（为了识别被测衡器有必要记录）

系统或模块名称	图号或参考软件	发布等级	出厂编号
....	....	....	....
....	....	....	....
....	....	....	....
....	....	....	....
....	....	....	....
....	....	....	....
....	....	....	....
....	....	....	....
....	....	....	....
....	....	....	....
....	....	....	....

模拟器文件

系统或模块名称	图号或参考软件	发布等级	出厂编号
....	....	....	....
....	....	....	....
....	....	....	....
....	....	....	....
....	....	....	....
....	....	....	....
....	....	....	....
....	....	....	....
....	....	....	....
....	....	....	....

报告页.../...

皮带秤标识(续)

样 机 编 号 :……………………………………
型　　　号 :……………………………………
标 识 号 :……………………………………
制 造 厂 :……………………………………
软件版本 :……………………………………
报告日期 :……………………………………

模拟器功能(摘要)

可能的话,应将模拟器的说明、线路图、框图等附到报告中。

皮带秤标识(续)

样机编号：..

型　　号：..

标 识 号：..

制 造 厂：..

软件版本：..

报告日期：..

有关皮带秤标识的说明或其他资料：

(可能的话在此附上照片)。

报告页.../...

B.4 有关型式的概况

样机编号：..
制 造 厂：..
型 号：..
申请单位：..
皮带秤的类别：..

试验于： ☐ 整机 ☐ 模块（＊）

型 号：..

准确度等级 ☐ 0.2 级 ☐ 0.5 级 ☐ 1 级 ☐ 2 级

$Q_{min}=$ ☐ $Q_{max}=$ ☐ $\sum_{min}=$ ☐

速度$(v)=$ ☐ m/s $V_{min}=$ ☐ m/s $V_{min}=$ ☐ m/s

Max＝ ☐ $d=$ ☐ $W_L=$ ☐ m

$U_{nom}^{**}=$ ☐ V $U_{min}=$ ☐ V $U_{max}=$ ☐ V $f=$ ☐ Hz 电池，$U=$ ☐ V

零点跟踪设置： ☐ 不自动零点跟踪 ☐ 半自动零点跟踪 ☐ 自动零点跟踪

温度范围 ☐ ℃

打印机：

☐ 内装 ☐ 外接 ☐ 不配备，但可外接 ☐ 不能外接

提交的皮带秤：................... 称重传感器：.......................
标 识 号：................... 制造厂家：.......................
软件版本：................... 型 号：.......................
外接设备：................... 秤 量：.......................
.... 数 量：.......................
.... 等级标志：.......................
接口数量、特性：................... OIML R60 合格证：
评价周期：................... ☐ 有 ☐ 无
报告日期：................... 若有，提供证书编号
试验员：................... 证书证号：.......................

報告頁.../...

有关型式的概况（续）

皮带秤编号：.......................... 制造厂家：..........................

规格型号：.......................... 申 请 方：..........................

皮带秤类别：..........................

试验于： ☐ 整机 ☐ 模块（＊）

此处用于填写补充说明和信息：

连接设备、接口装置、称重传感器以及制造厂家有关抗干扰的保护选择。

（＊） 连接到模块（模拟器或整机部件）上的试验设备应在所用的试验表格中作出规定。

（＊＊） 标称电压 U_{nom} 应按 GB/T 17626.11 中的规定。

报告页.../...

B.5 有关型式检验所用的试验设备

皮带秤编号：.............................. 型　　号：..............................
报告日期：.............................. 制造厂家：..............................

本试验报告中使用的所有试验设备清单（包括用于试验的设备的描述）：

设备名称	制造厂家	型　　号	出厂编号	用途（试验参考）
....	....	....	....	
....	....	....	....	
....	....	....	....	
....	....	....	....	
....	....	....	....	
....	....	....	....	
....	....	....	....	
....			....	....
....				....
....	....	....	....	....
....	....	....	....	....
....	....	....	....	....
....	....	....	....	....

报告页.../...

试验结构

皮带秤编号:.. 规格型号:..

报告日期:.. 制造厂家:..

　　此处填写与衡器或模拟器的设备结构、接口、波特率、称重传感器以及 EMC 保护选择等有关的附加信息。

报告页.../...

B.6 核查表摘要

对于每项试验,都应按本例完成"核查表摘要"及 B.10 中的"核查表":

当皮带秤已通过此项试验时:

当皮带秤未通过此项试验时:

当皮带秤不适用此项试验时:

通　过	未通过
×	
	×
/	/

核查表摘要

要　　　　求	通　过	未通过	备　　注
计量要求(第 5 章)			
技术要求(第 6 章)			
电子皮带秤的附加要求(第 7 章)			
检验规则(第 9 章)			
试验报告(附录 B)			
综合结论			

本处用于详细说明型式检验的摘要。

报告页.../...

核查表摘要(续)

皮带秤编号:..............................   规格型号:..............................

报告日期:..............................   制造厂家:..............................

本页用于核查表摘要的详细说明。

报告页.../...

B.7 型式检验摘要

皮带秤编号：...　　规格型号：...

报告日期：...　　制造厂家：...

附录B	试 验	报告页	通 过	未通过	备 注
8	模拟试验				
8.1	预热时间				
8.2	模拟速度的偏差				
8.3	偏载				
8.4	置零装置				
8.4.1	置零(范围)				
8.4.2	置零(半自动和自动)				
8.5	影响因子试验				
8.5.1	静态温度				
8.5.2	温度对空载示值的影响				
8.5.3	湿热试验				
8.5.3.1	湿热、稳态试验(无凝露)				
8.5.3.2	湿热、循环试验(凝露)				
8.5.4	电源电压变化				
8.5.4.1	交流电源(AC)变化				
8.5.4.2	直流电源(DC)变化				
8.5.5	电池供电(DC)				
8.6	干扰试验				
8.6.1	电压暂降和短时中断				
8.6.2	电快速瞬变脉冲群				
8.6.2.1	电源线				
8.6.2.2	输入/输出电路和通讯线				
8.6.3	浪涌				
8.6.3.1	电源线				
8.6.3.2	输入/输出电路和通讯线				

表（续）

附录 B	试 验	报告页	通 过	未通过	备 注
8.6.4	静电放电				
8.6.4.1	直接施加				
8.6.4.2	间接施加				
8.6.5	电磁场抗扰				
8.6.5.1	电磁场辐射抗扰				
8.6.5.2	电磁场传导抗扰				
8.7	计量性能试验				
8.7.1	重复性				
8.7.2	累计显示器的鉴别力				
8.7.3	累计显示器零点累计的鉴别力				
8.7.4	零点的短期稳定度和长期稳定度				
9	现场试验				
9.2	零点的最大允许误差				
9.3	置零显示器的鉴别力				
9.4	现场物料试验				
9.4.1	控制衡器的准确度				
9.4.2	重复性				
	型式检验的 MPE（最大允许误差）				

报告页…/…

B.8 模拟试验(8.3 和 A.4.4)

样机编号:……………………………………………

型　　号:……………………………………………

日　　期:……………………………………………

试验人员:……………………………………………

模拟试验

参 数 名 称	偏　差	参数符号	数　值	单　位
最大流量	最大秤量且最高速度	Q_{max}		t/h
累计分度值		d		t
置零分度值				
模拟器细分示值(＊)		d		t
承载器最大秤量	获得 Q_{max}	Max		kg
称量长度		W_L		m
脉冲数/称量长度				
标称速度或 速度范围		$v=$……		m/s
		$v=$…/…		m/s
相关数据(＊＊)				

（＊）　其中:"d"模拟器细分示值。如使用其他认可的方法(如 A.2.7.1 的方法),应在每一页注明。

（＊＊）填写其他必要的相关数据。

计算模拟试验累计载荷的详细公式:

例如:

$$T=\frac{发送的脉冲数\times L}{每称量长度脉冲数}$$

式中:

L——用于模拟试验的静态载荷。

模拟器的说明:

(应包括任何与皮带秤实际安装的不同之处,包括影响精度的参数)。

报告页…/…

B.8.1 预热时间(7.5.3 和 A.4.2)

样机编号：……………………………………………………

型　　号：……………………………………………………

试验人员：……………………………………………………

	开　始	终　止	
温　度：			℃
相对湿度：			％
日　期：			yy/mm/dd
时　间：			hh:mm:ss

试验期间的细分示值(小于 d)：…………………………………

试验前断电时间：　　　　　…………………………………

自动置零装置：

□ 不存在　　　　□ 不运行　　　　□ 超出工作范围　　　　□ 运行

承载器载荷，按 5.5 的规定为 Max 的百分数	施加载荷	时间	脉冲数	计算的累计值 T	显示的累计值 I	误差 $E\%$
最小载荷(标称 Max 的 20％)		0 min				
最大秤量(Max)						
最小载荷(标称 Max 的 20％)						
最大秤量(Max)						
最小载荷(标称 Max 的 20％)						
最大秤量(Max)						
最小载荷(标称 Max 的 20％)		30 min				
最大秤量(Max)						

□ 合格　　　　□ 不合格

其中：

"时间"是指从首次出现示值时算起。

"脉冲数"是指为模拟皮带运动,由位移传感器(或模拟器)发送的脉冲数。

"计算的累计值"见 B.8 模拟累计计算公式。

"误差 $E\%$"见"$E\%$计算公式"一节中的注释。

备注：

包括 A.6.1.1 中叙述的影响试验条件的内容。

报告页.../...

B.8.2 模拟速度的偏差(5.7.1 及 A.4.4.1)

样机编号：..

型　　号：..

试验人员：..

	开 始	终 止	
温　　度：			℃
相对湿度：			%
日　　期：			yy/mm/dd
时　　间：			hh:mm:ss

试验期间的细分示值(小于 d)：...

皮带速度＝v……m/s 或速度范围＝v…/…m/s

载荷 L （　）	速　度 (m/s)	流　量 （　/h）	转动圈数 或 脉冲数 （　）	计算的 累计值 T （　）	显示的 累计值 I （　）	差值 $I-T$ （　）	误差 $E\%$

[ ] 合格　　　[ ] 不合格

其中：

"转动圈数"是模拟皮带转动圈数的整数。

"脉冲数"是指为模拟皮带运动,由位移传感器(或模拟器)发送的脉冲数。

"计算的累计值"见 B.8 模拟累计计算公式。

"误差 $E\%$"见"$E\%$计算公式"一节中的注释。

备注：

包括 A.6.1.1 中叙述的影响试验条件的内容。

报告页.../...

B.8.3 偏载(5.7.2 和 A.4.4.2)

样机编号：...
型　　号：...
试验人员：...

	开 始	终 止	
温　　度：			℃
相对湿度：			%
日　　期：			yy/mm/dd
时　　间：			hh:mm:ss

试验期间的细分示值(小于 d).....................................

试验载荷的位置：

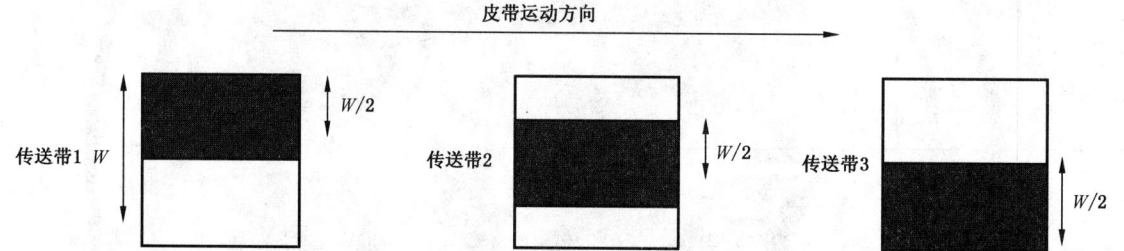

	载荷 L （　）	脉冲数	计算的累计值 T （　）	显示的累计值 I （　）	差值 $I-T$ （　）	E %
传送带 1						
传送带 2						
传送带 3						

☐ 合格　　☐ 不合格

其中：

"脉冲数"是指为模拟皮带运动,由位移传感器(或模拟器)发送的脉冲数。

"计算的累计值"见 B.8 模拟累计计算公式。

"误差 E%"见"E%计算公式"一节中的注释。

备注：

包括 A.6.1.1 中叙述的影响试验条件的内容。

报告页.../...

B.8.4　置零装置(6.5)

B.8.4.1　置零(范围)(6.5.1 和 **A**.4.4.3)

样机编号：..
型　　号：..
试验人员：..

	开　始	终　止	
温　　度：			℃
相对湿度：			%
日　　期：			yy/mm/dd
时　　间：			hh:mm:ss

试验期间的细分示值(小于 d)..................................

正向部分 L_1		负向部分 L_2		置零范围 $L_1 + L_2$ ( )
施加砝码 ( )	回　零 是/否	卸掉砝码 ( )	零　值 是/否	

☐ 合格　　　　☐ 不合格

其中：

L_1 是可以回零(正向部分)的最大载荷；

L_2 是能够卸掉、同时皮带秤仍能回零(负向部分)的最大载荷；

检查：$L_1 + L_2 \leqslant$ Max 的 4%。

备注：

包括 **A**.6.1.1 中叙述的影响试验条件的内容。

报告页…/…

B.8.4.2　置零(半自动和自动)(6.5.2 和 **A.**4.4.4)

样机编号：……………………………………………
型　　号：……………………………………………
试验人员：……………………………………………

	开　始	终　止	
温　　度：			℃
相对湿度：			%
日　　期：			yy/mm/dd
时　　间：			hh:mm:ss

试验期间的细分示值(小于 d)………………………………

	载荷 L (　)	脉冲数	计算的累计值 T (　)	显示的累计值 I (　)	差值 $I-T$ (　)	$E\%$
L_1						
L_2						
L_3						
L_4						

☐ 合格　　　☐ 不合格

其中：
　　"脉冲数"是指为模拟皮带运动,由位移传感器(或模拟器)发送的脉冲数。
　　"计算的累计值"见 B.8 模拟累计计算公式。
　　"误差 $E\%$"见"$E\%$ 计算公式"一节中的注释。

这里：
　　$L_1 =$ 正向置零范围的 50%；
　　$L_2 =$ 正向置零范围的 100%；
　　$L_3 =$ 负向置零范围的 50%；
　　$L_4 =$ 负向置零范围的 100%。

备注：
　　包括 A.6.1.1 中叙述的影响试验条件的内容。

报告页.../...

B.8.5 影响因子试验(5.7.4 和 A.6)

B.8.5.1 静态温度(5.7.4.1 和 A.6.2.1)

样机编号:..
型　　号:..
试验人员:..
试验期间的细分示值(小于 d).......................
自动置零装置:

☐ 不存在　　　☐ 不运行　　　☐ 超出工作范围

试验前信息

	流量(　/h)	$\sum_{min}$ 的等量脉冲数	$\sum_{min}$ 的静态载荷 L(　)
$Q_大$			
$Q_中$			
$Q_小$			

试验结果(记录重复试验的每个"Q")

表1　第一次试验——静态温度 20℃

	开始	终止	
温　度:			℃
相对湿度:			%
日　期:			yy/mm/dd
时　间:			hh:mm:ss
气　压:			hPa

Q(　/h)	载荷 L(　)	脉冲数	计算的累计值 T(　)	显示的累计值 I(　)	差值 $I-T$(　)	$E\%$
$Q_小$						
$Q_中$						
$Q_大$						
$Q_小$						

☐ 合格　　　☐ 不合格

其中:

"脉冲数"是指为模拟皮带运动,由位移传感器(或模拟器)发送的脉冲数。

"计算的累计值"见 B.8 模拟累计计算公式。

"误差 $E\%$"见"$E\%$计算公式"一节中的注释。

报告页.../...

静态温度(续)

样机编号：...
型　　号：...
试验人员：...
试验期间的细分示值(小于 d).........................

表 2　第二次试验——规定的静态高温(　　℃)

	开　始	终　止	
温　　度：			℃
相对湿度：			%
日　　期：			yy/mm/dd
时　　间：			hh:mm:ss
气　　压：			hPa

$Q($ /h$)$	载荷 $L($ $)$	脉冲数	计算的累计值 $T($ $)$	显示的累计值 $I($ $)$	差值 $I-T($ $)$	$E\%$
$Q_小$						
$Q_中$						
$Q_大$						
$Q_小$						

☐ 合格　　　☐ 不合格

其中：

　"脉冲数"是指为模拟皮带运动,由位移传感器(或模拟器)发送的脉冲数。

　"计算的累计值"见 B.8 模拟累计计算公式。

　"误差 $E\%$"见"$E\%$计算公式"一节中的注释。

报告页.../...

静态温度(续)

样机编号：...
型　　号：...
试验人员：...
试验期间的细分示值(小于 d).........................

表3　第三次试验——规定的静态低温(　　℃)

	开　始	终　止	
温　　度：			℃
相对湿度：			%
日　　期：			yy/mm/dd
时　　间：			hh:mm:ss
气　　压：			hPa

$Q($　/h$)$	载荷 $L($　$)$	脉冲数	计算的累计值 $T($　$)$	显示的累计值 $I($　$)$	差值 $I-T($　$)$	$E\%$
$Q_小$						
$Q_中$						
$Q_大$						
$Q_小$						

☐ 合格　　☐ 不合格

其中：

　　"脉冲数"是指为模拟皮带运动,由位移传感器(或模拟器)发送的脉冲数。

　　"计算的累计值"见 B.8 模拟累计计算公式。

　　"误差 $E\%$"见"$E\%$计算公式"一节中的注释。

报告页.../...

静态温度(续)

样机编号：..
型　　号：..
试验人员：..
试验期间的细分示值(小于 d).........................

表 4　第四次试验——规定的静态温度 5 ℃

	开 始	终 止	
温　　度：			℃
相对湿度：			%
日　　期：			yy/mm/dd
时　　间：			hh:mm:ss
气　　压：			hPa

Q (/h)	载荷 L ( )	脉冲数	计算的累计值 T ( )	显示的累计值 I ( )	差值 $I-T$ ( )	$E\%$
$Q_小$						
$Q_中$						
$Q_大$						
$Q_小$						

☐ 合格　　☐ 不合格

其中：

"脉冲数"是指为模拟皮带运动,由位移传感器(或模拟器)发送的脉冲数。

"计算的累计值"见 B.8 模拟累计计算公式。

"误差 $E\%$"见"$E\%$计算公式"一节中的注释。

报告页.../...

静态温度(续)

样机编号：..
型　　号：..
试验人员：..
试验期间的细分示值(小于 *d*)..........................

表 5　第五次试验——规定的静态温度 20℃

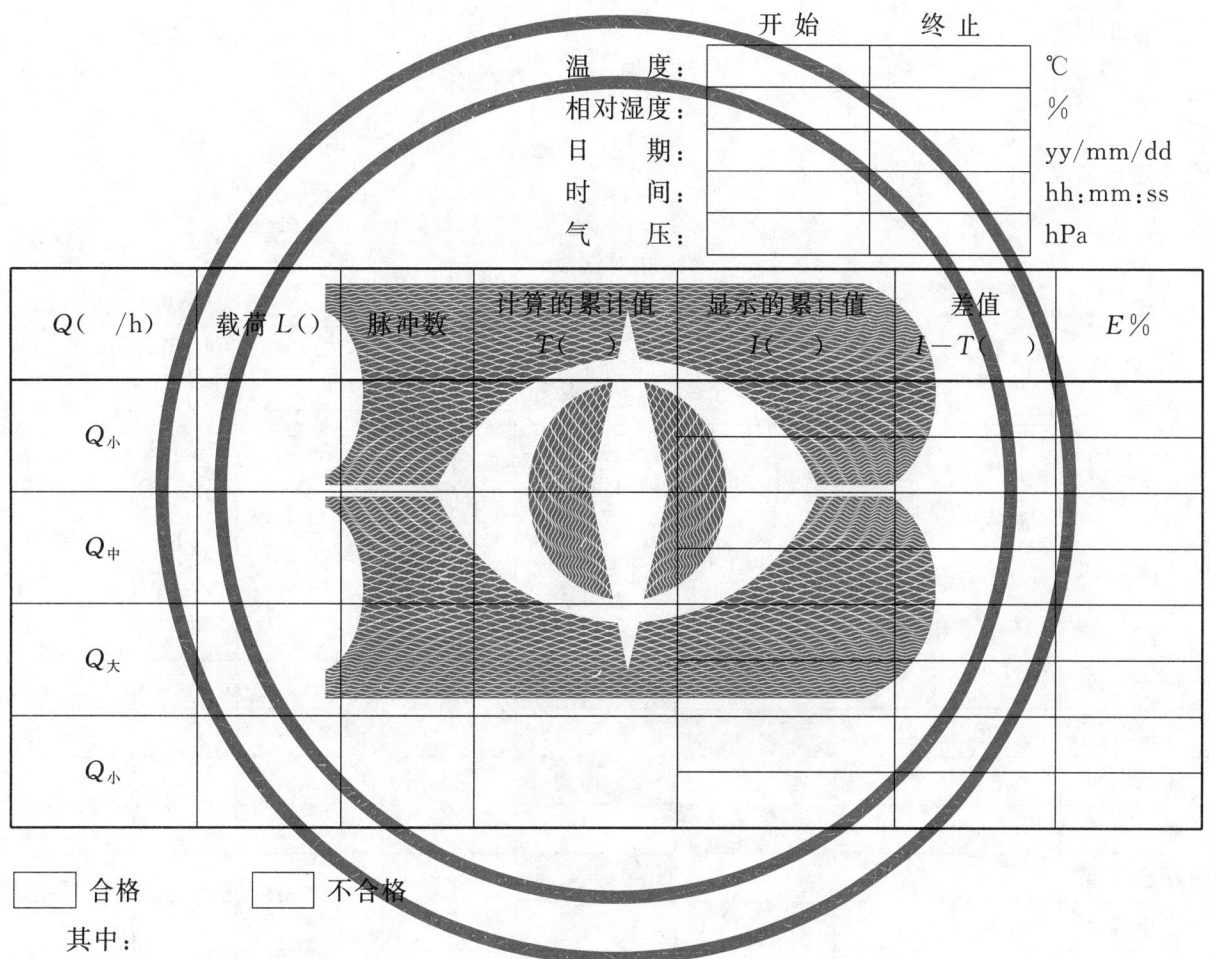

		开　始	终　止	
温　　度：				℃
相对湿度：				%
日　　期：				yy/mm/dd
时　　间：				hh:mm:ss
气　　压：				hPa

$Q(\ /h)$	载荷 $L(\ )$	脉冲数	计算的累计值 $T(\ )$	显示的累计值 $I(\ )$	差值 $I-T(\ )$	$E\%$
$Q_小$						
$Q_中$						
$Q_大$						
$Q_小$						

☐ 合格　　　☐ 不合格

其中：

"脉冲数"是指为模拟皮带运动,由位移传感器(或模拟器)发送的脉冲数。

"计算的累计值"见 B.8 模拟累计计算公式。

"误差 $E\%$"见"$E\%$计算公式"一节中的注释。

备注：

包括 A.6.1.1 中叙述的影响试验条件的内容。

报告页.../...

B.8.5.2 温度对空载示值的影响(5.7.4.2 和 A.6.2.3)

样机编号:..

型　　号:..

试验人员:..

试验期间的细分示值(小于 d)........................

自动置零装置:

☐ 不存在　　　☐ 不运行　　　☐ 超出工作范围

在规定的温度最低(　　)℃开始

	开 始	终 止	
相对湿度:			%
日　期:			yy/mm/dd
时　间:			hh:mm:ss
气　压:			hPa

	温度 ℃	脉冲数	开始的显示累计值 I ( )	终止的显示累计值 I ( )	示值的变化 ( )	报告页 (*)	日期	时间
开始温度								
终止温度								
开始温度								
终止温度								
开始温度								
终止温度								
开始温度								
终止温度								
开始温度								
终止温度								

☐ 合格　　　☐ 不合格

两次累计间的温度变化不超过 5 ℃。

备注:

　　包括 A.6.1.1 中叙述的影响试验条件的内容。

报告页…/…

B.8.5.3 湿热(7.5.1 和 R A.6.2.4)

样机编号:……………………………………………

型　　号:……………………………………………

试验人员:……………………………………………

试验期间的细分示值(小于 d)………………………

湿热试验根据 7.5.1 中的要求,可以选择 B.8.5.3.1 或 B.8.5.3.2 之一进行。

B.8.5.3.1 恒定湿热(无凝露)(7.5.1 和 A.6.2.4.1)

自动置零装置:

☐ 不存在　　　　☐ 不运行　　　　☐ 超出工作范围

试验前的信息

	流量(/h)	Σ_{min}的等量脉冲数	Σ_{min}的静态载荷 $L($ $)$
Q_{max}			
$Q_{intermediate}$			
Q_{min}			

试验结果(记录重复试验的每个"Q")

在 20 ℃的参考温度、相对湿度为 50%的情况下进行首次试验。

	开　始	终　止	
温　　度:			℃
相对湿度:			%
日　　期:			yy/mm/dd
时　　间:			hh:mm:ss

$Q($ /h)	载荷 $L($ $)$	脉冲数	计算的累计值 $T($ $)$	显示的累计值 $I($ $)$	差值 $I-T($ $)$	$E\%$
Q_{min}						
$Q_{intermediate}$						
Q_{max}						
Q_{min}						

☐ 合格　　　　☐ 不合格

其中:

　　"脉冲数"是指为模拟皮带运动,由位移传感器(或模拟器)发送的脉冲数。

　　"计算的累计值"见 B.8 模拟累计计算公式。

　　"误差 $E\%$"见"$E\%$计算公式"一节中的注释。

恒定湿热(无凝露)(续)

样机编号：..

型　　号：..

试验人员：..

试验期间的细分示值(小于 d)..........................

规定的最高温度(　　℃)相对湿度为85%的情况下进行第二次试验。

	开　始	终　止	
温　　度：			℃
相对湿度：			%
日　　期：			yy/mm/dd
时　　间：			hh:mm:ss
气　　压：			hPa

Q(　/h)	载荷 L(　)	脉冲数	计算的累计值 T(　)	显示的累计值 I(　)	差值 $I-T$(　)	$E\%$
Q_{min}						
$Q_{intermediate}$						
Q_{max}						
Q_{min}						

☐ 合格　　　☐ 不合格

报告页.../...

恒定湿热(无凝露)(续)

样机编号：...
型　　号：...
试验人员：...
试验期间的细分示值(小于 d)....................................

在 20 ℃的参考温度、相对湿度为50％的情况下进行末次试验。

	开始	终止	
温　　度：			℃
相对湿度：			％
日　　期：			yy/mm/dd
时　　间：			hh:mm:ss
气　　压：			hPa

$Q($ /h$)$	载荷 $L($ $)$	脉冲数	计算的累计值 $T($ $)$	显示的累计值 $I($ $)$	差值 $I-T($ $)$	$E\%$
Q_{min}						
$Q_{intermediate}$						
Q_{max}						
Q_{min}						

☐ 合格　　　☐ 不合格

其中：

　　"脉冲数"是指为模拟皮带运动,由位移传感器(或模拟器)发送的脉冲数。
　　"计算的累计值"见 B.8 模拟累计计算公式。
　　"误差 $E\%$"见"$E\%$计算公式"一节中的注释。

备注：
　　包括 A.6.1.1 中叙述的影响试验条件的内容。

B.8.5.3.2 **交变湿热(凝露)(7.5.1和A.6.2.4.2)**

样机编号:………………………………………………………
型　　号:………………………………………………………
试验人员:………………………………………………………
试验期间的细分示值(小于 d)………………………………

自动置零装置:

☐ 不存在　　　☐ 不运行　　　☐ 超出工作范围　　　☐ 运行

试验前的信息

	流 量(/h)	Σ_{min}的等量脉冲数	Σ_{min}的静态载荷 L( )
Q_{max}			
$Q_{intermediate}$			
Q_{min}			

试验结果(记录重复试验的每个"Q")

相对湿度为95%的情况下由参考温度升温。

	开 始	终 止	
温　度:			℃
相对湿度:			%
日　期:			yy/mm/dd
时　间:			hh:mm:ss

Q(/h)	载荷 L( )	脉冲数	计算的累计值 T( )	显示的累计值 I( )	差值 $I-T$( )	E%
Q_{min}						
$Q_{intermediate}$						
Q_{max}						
Q_{min}						

☐ 合格　　　☐ 不合格

其中:

　　"脉冲数"是指为模拟皮带运动,由位移传感器(或模拟器)发送的脉冲数。
　　"计算的累计值"见 B.8 模拟累计计算公式。
　　"误差 E%"见"E%计算公式"一节中的注释。

报告页.../...

交变湿热(凝露)(续)

样机编号:..

型　　号:..

试验人员:..

试验期间的细分示值(小于 d)............................

相对湿度为93%及指定高温的情况下。

	开　始	终　止	
温　　度:			℃
相对湿度:			%
日　　期:			yy/mm/dd
时　　间:			hh:mm:ss

$Q($　/h$)$	载荷 $L($　$)$	脉冲数	计算的累计值 $T($　$)$	显示的累计值 $I($　$)$	差值 $I-T($　$)$	$E\%$
Q_{min}						
$Q_{intermediate}$						
Q_{max}						
Q_{min}						

☐ 合格　　　☐ 不合格

其中:

"脉冲数"是指为模拟皮带运动,由位移传感器(或模拟器)发送的脉冲数。

"计算的累计值"见 B.8 模拟累计计算公式。

"误差 $E\%$"见"$E\%$计算公式"一节中的注释。

备注:

包括 A.6.1.1 中最后一段中叙述的影响试验条件的内容。

交变湿热(凝露)(续)

样机编号:..
型　　号:..
试验人员:..
试验期间的细分示值(小于 d)........................

相对湿度为95%的情况下将温度降到参考温度。

	开 始	终 止	
温　　度:			℃
相对湿度:			%
日　　期:			yy/mm/dd
时　　间:			hh:mm:ss

Q(/h)	载荷 L( )	脉冲数	计算的累计值 T ( )	显示的累计值 I ( )	差值 $I-T$ ( )	$E\%$
Q_{min}						
$Q_{intermediate}$						
Q_{max}						
Q_{min}						

☐ 合格　　☐ 不合格

其中:

　　"脉冲数"是指为模拟皮带运动,由位移传感器(或模拟器)发送的脉冲数。

　　"计算的累计值"见 B.8 模拟累计计算公式。

　　"误差 $E\%$"见"$E\%$计算公式"一节中的注释。

备注:

　　包括 A.6.1.1 中叙述的影响试验条件的内容。

报告页…/…

B.8.5.4 电源电压变化(5.7.4.3 和 7.5.4)

B.8.5.4.1 交流电源电压变化(A.6.2.5)

样机编号：………………………………………………

型　　号：………………………………………………

试验人员：………………………………………………

	开始	终止	
温　度：			℃
相对湿度：			%
日　期：			yy/mm/dd
时　间：			hh:mm:ss
气　压：			hPa

试验期间的细分示值(小于d)………………………………

自动置零装置：

☐ 不存在　　☐ 不运行　　☐ 超出工作范围　　☐ 运行

标称电压 U_{nom} = _____ V　或标注的电压范围(U_{min}/U^{a}_{max}) = _____ / _____ V

试验前信息

Q_{max}	流量(/h)	Σ_{min} 的等量脉冲数	Σ_{min} 的静态载荷 L( )

试验结果

Q(/h)	载荷 L( )	脉冲数	计算的累计值 T( )	显示的累计值 I( )	差值 $I-T$( )	$E\%$
在参考电压[b]进行第一次试验						
Q_{max}						
在参考电压 $0.85\times U_{nom}$ 或 $0.85\times U_{min}$ 进行第二次试验						
Q_{max}						
在参考电压 $1.10\times U_{nom}$ 或 $1.10\times U_{min}$ 进行第三次试验						
Q_{max}						
在参考电压进行第四次试验						
Q_{max}						

☐ 合格　　　☐ 不合格

　其中：

　"脉冲数"是指为模拟皮带运动,由位移传感器(或模拟器)发送的脉冲数。

　"计算的累计值"见 B.8 模拟累计计算公式。

　"误差 $E\%$"见"$E\%$计算公式"一节中的注释。

备注：

　包括 A.6.1.1 中叙述的影响试验条件的内容。

　[a] 如果标出电压范围,则用平均压值作为 U_{nom}。

　[b] 参考电压应按 GB/T 17626.11 的规定。

B.8.5.4.2 直流电源电压变化（A.6.2.6）

样机编号：..

型　　号：..

试验人员：..

	开　始	终　止	
温　　度：			℃
相对湿度：			%
日　　期：			yy/mm/dd
时　　间：			hh:mm:ss
气　　压：			hPa

试验期间的细分示值（小于 d）..

自动置零装置：

☐ 不存在　　☐ 不运行　　☐ 超出工作范围　　☐ 运行

标称电压 U_{nom} ＝ ＿＿＿＿＿＿ V　或标注的电压范围（U_{min}/U_{max}[a]）＝ ＿＿＿＿＿＿/＿＿＿＿＿＿ V

试验前信息

	流量（ /h）	Σ_{min} 的等量脉冲数	Σ_{min} 的静态载荷 L（ ）
Q_{max}			

试验结果

Q（ /h）	载荷 L（ ）	脉冲数	计算的累计值 T（ ）	显示的累计值 I（ ）	差值 $I-T$（ ）	$E\%$
在参考电压[b]进行第一次试验						
Q_{max}						
在最小工作电压进行第二次试验						
Q_{max}						
在参考电压 1.20×U_{nom} 或 1.20×U_{min} 进行第三次试验						
Q_{max}						
在参考电压进行第四次试验						
Q_{max}						

☐ 合格　　☐ 不合格

其中：

　　"脉冲数"是指为模拟皮带运动，由位移传感器（或模拟器）发送的脉冲数。

　　"计算的累计值"见 B.8 模拟累计计算公式。

　　"误差 $E\%$"见"$E\%$计算公式"一节中的注释。

备注：

　　包括 A.6.1.1 中叙述的影响试验条件的内容。

　　[a] 如果标出电压范围，则用平均压值作为 U_{nom}。

　　[b] 参考电压应按 GB/T 17626.11 的规定。

报告页.../...

B.8.5.5 电池供电(DC)(5.7.4.3，7.5.5 和 A.6.2.7)

样机编号：..

型　　号：..

试验人员：..

	开始	终止	
温　　度：			℃
相对湿度：			%
日　　期：			yy/mm/dd
时　　间：			hh:mm:ss
气　　压：			hPa

试验期间的细分示值(小于 d)...

自动置零装置：

☐ 不存在　　☐ 不运行　　☐ 超出工作范围　　☐ 运行

标称电压 U_{nom} = _____ V　或标注的电压范围($U_{min}/U_{max}{}^a$) = _____/_____ V

试验前信息

	流 量(/h)	Σ_{min} 的等量脉冲数	Σ_{min} 的静态载荷 L( )
Q_{max}			

试验结果

Q(/h)	载荷 L ( )	脉冲数	计算的累计值 T ( )	显示的累计值 I ( )	差值 $I-T$ ( )	$E\%$
在最小工作电压进行第一次试验						
Q_{max}						
在参考电压 $U_{nom}{}^b$ 或 U_{max} 进行第二次试验						
Q_{max}						
在下限:最低工作电压进行第三次试验						
Q_{max}						
在参考电压 U_{nom} 进行第四次试验						
Q_{max}						

☐ 合格　　☐ 不合格

其中：

"脉冲数"是指为模拟皮带运动,由位移传感器(或模拟器)发送的脉冲数。

"计算的累计值"见 B.8 模拟累计计算公式。

"误差 $E\%$"见"$E\%$计算公式"一节中的注释。

备注：

包括 A.6.1.1 中叙述的影响试验条件的内容。

a 如果标出电压范围,则用平均压值作为 U_{nom}。

b 最低电池电压由衡器制造厂家确定。

报告页…/…

B.8.6 干扰试验(7.5.2 和 A.6.3)

B.8.6.1 电压暂降和短时中断(短时电源电压降低)

样机编号：……………………………………………………

型　　号：……………………………………………………

试验人员：……………………………………………………

	开　始	终　止	
温　　度：			℃
相对湿度：			%
日　　期：			yy/mm/dd
时　　间：			hh:mm:ss
气　　压：			hPa

试验期间的细分示值(小于 d)……………………………………

自动置零装置：

☐ 不存在　　☐ 不运行　　☐ 超出工作范围　　☐ 运行

标称电压 U_{nom} = ＿＿＿＿＿＿ V　　或标注的电压范围(U_{min}/U_{max}^a) = ＿＿＿＿＿/＿＿＿＿＿ V

试验前信息

Q_{max}	流　量(/h)	Σ_{min}的等量脉冲数	Σ_{min}的静态载荷 L( )

试验结果

干　扰					结　果	
幅　值 U_{nom}的%([b])	周期数	干扰次数	重复间隔时间 s	脉冲数	示值 I ( )	显著增差
						否　　是(说明)
无　干　扰						
0	0.5	10				
0	1	10				
40	10	10				
70	25/30[c]	10				
80	250/300[c]	10				
0	250/300[c]	10				

☐ 合格　　☐ 不合格

备注：

包括 A.6.1.1 中叙述的影响试验条件的内容。

[a] 如果标出电压范围,则用平均压值作为 U_{nom}。

[b] 参考电压应按 GB/T 17626.11 的规定。

[c] 这些数值分别对应 50 Hz/60 Hz。

报告页.../...

B.8.6.2 电源线、信号、数据和控制线上的电快速瞬变脉冲群（快速瞬变试验）（7.5.2 和 A.6.3.3）

B.8.6.2.1 交流和直流电源线上的电快速瞬变脉冲群

样机编号：..

型　　号：..

试验人员：..

	开　始	终　止	
温　　度：			℃
相对湿度：			％
日　　期：			yy/mm/dd
时　　间：			hh:mm:ss
气　　压：			hPa

试验期间的细分示值（小于 d）..................................

试验前信息

		流　量（　/h）	$\sum_{\min}$的等量脉冲数	$\sum_{\min}$的静态载荷 L（　）
$Q_{\max}$				

工作电压类型 _____

直流 ☐　　　　　其他形式 ☐　　　　　电压 _____

电源线：试验电压 2.0 kV，在每个极性持续试验 1 min。

L＝相线，N＝中线，PE＝接地保护

连　　接			极　性	结　　果		显著增差	
L ↓ 地	N ↓ 地	PE ↓ 地		脉冲数	显示的累计值 I （　）	否	是（说明）
无　干　扰							
×			正				
			负				
无　干　扰							
	×		正				
			负				
无　干　扰							
		×	正				
			负				

☐ 合格　　　　☐ 不合格

备注：

包括 A.6.1.1 中叙述的影响试验条件的内容。

报告页.../...

B.8.6.2.2 信号、数据和控制线上的电快速瞬变脉冲群

样机编号：..
型　　号：..
试验人员：..

	开　始	终　止	
温　　度：			℃
相对湿度：			%
日　　期：			yy/mm/dd
时　　间：			hh:mm:ss
气　　压：			hPa

试验期间的细分示值(小于 d)..

试验前信息

	流 量(/h)	Σ_{min}的等量脉冲数	Σ_{min}的静态载荷 L( )
Q_{max}			

I/O 信号线,数据线与控制线:试验电压 1.0 kV,在每个极性持续试验 1 min。

电缆/接口	极　性	脉冲数	显示的累计值 I ( )	显著增差 否	显著增差 是(说明)
无　干　扰					
	正				
	负				
无　干　扰					
	正				
	负				
无　干　扰					
	正				
	负				
无　干　扰					
	正				
	负				
无　干　扰					
	正				
	负				
无　干　扰					
	正				
	负				

说明或绘制草图指出线卡在电缆上的位置,必要的话加上附页。

☐ 合格　　☐ 不合格

备注:包括 A.6.1.1 中叙述的影响试验条件的内容。

报告页.../...

B.8.6.3　交、直流电源线及信号、数据和控制线上的浪涌(7.5.2 和 **A**.6.3.4)

B.8.6.3.1　交流和直流电源线上的浪涌

样机编号：.......................................
型　　号：.......................................
试验人员：.......................................

	开始	终止	
温　度：			℃
相对湿度：			%
日　期：			yy/mm/dd
时　间：			hh:mm:ss
气　压：			hPa

试验期间的细分示值(小于 d).......................................
试验前信息

	流量(/h)	Σ_{min}的等量脉冲数	Σ_{min}的静态载荷 L( )
Q_{max}			

工作电压类型＿＿＿＿＿＿＿＿＿＿＿

直流 ☐　　　其他形式 ☐　　　电压＿＿＿＿＿

L＝相线，N＝中线，PE＝接地保护

载荷 L	干　扰		结　果		
	使用交流电源情况下，在 0°、90°、180°、270°各种角度下 3 正 3 负极性时的电涌		显示的累计值 I	显著增差	
	施加电压	极性		否	是(说明)
	无干扰				
	1.0 kV L↓N	正			
		负			
	2.0 kV L↓PE	正			
		负			
	2.0 kV N↓PE	正			
		负			

☐ 合格　　　☐ 不合格

注：应记录下探测或发现显著增差或使皮带秤出现故障时的测试点数据。

备注：

包括 A.6.1.1 中叙述的影响试验条件的内容。

报告页…/…

交流和直流电源线上的浪涌(续)

样机编号：……………………………………

型　　号：……………………………………

试验人员：……………………………………

试验期间的细分示值(小于 d)…………………………

用这一页记录其他试验设置数据。

交流和直流电源线上的浪涌(续)

报告页.../...

B.8.6.3.2 信号、数据和控制线上的浪涌

样机编号：...
型　　号：...
试验人员：...

	开　始	终　止	
温　　度：			℃
相对湿度：			%
日　　期：			yy/mm/dd
时　　间：			hh:mm:ss
气　　压：			hPa

试验期间的细分示值（小于 d）.........................
试验前信息

	流量（ /h）	Σ_{min} 的等量脉冲数	Σ_{min} 的静态载荷 L（ ）
Q_{max}			

信号和通信线：试验电压 1.0 kV,3 正 3 负浪涌

电缆/接口	极　性	载荷	显示的累计值 I	显著增差 否	显著增差 是（说明）
无　干　扰					
C/1.1	正				
	负				
无　干　扰					
C/1.2	正				
	负				
无　干　扰					
C/1.3	正				
	负				
无　干　扰					
C/1.4	正				
	负				
无　干　扰					
C/1.5	正				
	负				
无　干　扰					
C/1.6	正				
	负				

注 1：说明或绘制草图指出线卡在电缆上的位置,必要的话加上附页。

注 2：C/1.1 到 C/1.6 用于在表 A 和表 B 间对电缆或接口进行交互参照。

☐ 合格　　　☐ 不合格

备注：

包括 A.6.1.1 中叙述的影响试验条件的内容。

报告页…/…

信号、数据和控制线上的电涌(续)

样机编号：……………………………………
型　　号：……………………………………
试验人员：……………………………………
试验期间的细分示值(小于 d)………………………

用这一页记录其他试验设置数据。

报告页.../...

B.8.6.4 **静电放电**(7.5.2 和 **A**.6.3.5)

B.8.6.4.1 **直接施加**

样机编号：..
型　　号：..
试验人员：..

	开　始	终　止	
温　　度：			℃
相对湿度：			%
日　　期：			yy/mm/dd
时　　间：			hh:mm:ss
气　　压：			hPa

试验期间的细分示值(小于 d)...
试验前的信息

	流　量 （ /h）	Σ_{min} 的等量 脉冲数	Σ_{min} 的静态载荷 L （　）
Q_{max}			

☐　接触放电　　　　　☐　漆渗透

☐　空气放电　　　极性(＊)：☐ 正　　　　☐ 负

放　　　电			脉冲数	显示的累计值 I（）	显著增差	
试验电压 kV	放电次数 ≥10	重复间隔时间 s			否	是(备注)
无　　干　　扰						
2						
4						
6						
8(空气放电)						

☐　合格　　　　　☐　不合格

　　注：若被测皮带秤(EUT)未通过,应记录未通过的试验点。

备注：
　　包括 A.6.1.1 中叙述的影响试验条件的内容。

　　(＊)GB/T 17626.2 规定,试验要用最敏感的极性。

报告页.../...

B.8.6.4.2 间接施加(仅接触放电)

样机编号:..

型　　号:..

试验人员:..

	开　始	终　止	
温　　度:			℃
相对湿度:			%
日　　期:			yy/mm/dd
时　　间:			hh:mm:ss
气　　压:			hPa

试验期间的细分示值(小于d)..

试验前的信息

	流　量 (/h)	Σ_{min}的等量 脉冲数	Σ_{min}的静态载荷L ( )
Q_{max}			

极性(*):　□　正　　　□　负

水平耦合面

放　电				结　果		
载荷L ( )	试验电压 kV	放电次数 ≥10	重复间隔时间 s	显示的累计值 I	显著增差	
					否	是(说明)
	无　干　扰					
	2					
	4					
	6					

垂直耦合面

放　电				结　果		
载荷L ( )	试验电压 kV	放电次数 ≥10	重复间隔时间 s	显示的累计值 I	显著增差	
					否	是(说明)
	无　干　扰					
	2					
	4					
	6					

□ 合格　　　□ 不合格

注:若被测皮带秤(EUT)未通过,应记录未通过的试验点。

备注:包括 A.6.1.1 中叙述的影响试验条件的内容。

(*)GB/T 17626.2 规定,试验要用最敏感的极性。

报告页…/…

静电放电(续)

样机编号：...
型　　号：...
试验人员：...

	开　始	终　止	
温　　度：			℃
相对湿度：			%
日　　期：			yy/mm/dd
时　　间：			hh:mm:ss
气　　压：			hPa

试验期间的细分示值(小于 d)…..................................
详细说明被测皮带秤的试验点(直接施加)，例如用照片或草图。

a)　直接施加
接触放电：

空气放电：

b)　间接施加

报告页…/…

B.8.6.5 **抗电磁场干扰**(7.5.2 和 **A.**6.3.6)

B.8.6.5.1 **抗电磁场辐射**(7.5.2 和 **A.**6.3.6.2)

样机编号：………………………………………

型 号：………………………………………

试验人员：………………………………………

	开 始	终 止	
温 度：			℃
相对湿度：			%
日 期：			yy/mm/dd
时 间：			hh:mm:ss
气 压：			hPa

试验期间的细分示值(小于 d)………………………………

试验前信息

	流量 （ /h）	Σ_{min} 的等量 脉冲数	Σ_{min} 的静态载荷 L （ ）
Q_{max}			

频率范围 26 MHz～2 000 MHz,磁场强度 10 V/m,调制 80% AM，1 kHz,正弦波。

扫描速率：_____

实验设施	干 扰					结 果		
	频率范围 MHz	极 性	面向 EUT	脉冲数	显示的累计值 I	显著增差		
						否	是(说明)	
	无 干 扰							
		垂 直	前					
			右					
			左					
			后					
		水 平	前					
			右					
			左					
			后					
		垂 直	前					
			右					
			左					
			后					
		水 平	前					
			右					
			左					
			后					

注：若被测皮带秤未通过,应记录未通过的频率和场强。

☐ 合格 ☐ 不合格

对于没有电源或 I/O 端口的仪表,不能按 A.6.3.5.2 要求进行试验,辐射试验的下限值是 26 MHz。

备注:包括 A.6.1.1 中叙述的影响试验条件的内容。

报告页.../...

抗电磁场辐射（续）

样机编号：..

型　　号：..

试验人员：..

试验期间的细分示值（小于 d）.........................

用这一页以照片、草图等形式记录其他试验数据。

B.8.6.5.2 抗电磁场传导(7.5.2 和 A.6.3.6.3)

样机编号：.....................................
型　　号：.....................................
试验人员：.....................................

	开　始	终　止	
温　　度：			℃
相对湿度：			%
日　　期：			yy/mm/dd
时　　间：			hh:mm:ss
气　　压：			hPa

试验期间的细分示值(小于 d).....................................
试验前信息

	流量 （ /h）	Σ_{min}的等量 脉冲数	Σ_{min}的静态载荷 L （ ）
Q_{max}			

频率范围 0.15 MHz～80 MHz,射频幅度 10 V_{emf},调制 80 % AM,1 kHz,正弦波。

扫描速率：＿＿＿＿＿＿＿＿＿＿＿＿＿

干　　扰			结　　果		
频率范围 （MHz）	电缆/接口	幅度(V_{emf})	显示的累计值 I	显著增差	
				否	是（说明）
	无　干　扰				
	无　干　扰				
	无　干　扰				
	无　干　扰				
	无　干　扰				
	无　干　扰				

注：若被测皮带秤未通过 ,应记录未通过的频率和场强。

☐　合格　　　　　☐　不合格

备注：
包括 A.6.1.1 中叙述的影响试验条件的内容。

报告页…/…

抗电磁场传导（续）

样机编号：..

型　　号：..

试验人员：..

试验期间的细分示值（小于 d）..........................

用这一页以照片、草图等形式记录其他试验数据。

B.8.7　计量性能试验(5.7.5 和 **A**.7)

B.8.7.1　重复性(5.7.5.1 和 **A**.7.1)

样机编号：...

型　　号：...

试验人员：...

	开　始	终　止	
温　　度：			℃
相对湿度：			％
日　　期：			yy/mm/dd
时　　间：			hh:mm:ss
气　　压：			hPa

试验期间的细分示值(小于 d)...

试验前信息

L 对 $\sum_{\min}$ 的等量脉冲数	静态载荷 L ( )
	20％ Max=
	50％ Max=
	75％ Max=
	Max=

载荷 L ( )	脉冲数	T ( )	累计示值		差值 I_1-I_2 ( )
			运行 1 I_1 ( )	运行 2 I_2 ( )	

☐ 合格　　　☐ 不合格

其中："脉冲数"是为模拟皮带运动,由位移传感器(或模拟器)发送的脉冲数。

$$T=\frac{发送的脉冲数 \times L}{每称量长度脉冲数}$$

备注：

包括 A.6.1.1 中叙述的影响试验条件的内容。

报告页.../...

B.8.7.2 累计显示器的鉴别力(5.7.5.2 和 A.7.2)

样机编号：..

型　　号：..

试验人员：..

	开　始	终　止	
温　　度：			℃
相对湿度：			%
日　　期：			yy/mm/dd
时　　间：			hh:mm:ss
气　　压：			hPa

试验期间的细分示值(小于 d)..

试验前信息

L 对 $\sum_{min}$ 的 等量脉冲数	静态载荷 L （　　）
	20％ Max＝
	50％ Max＝
	75％ Max＝
	Max＝

开始承载器载荷 L_1 （　　）	脉冲数	增加的载荷 L_2 （　　）	脉冲数	计算的累计 载荷（　　）		显示的累计 载荷（　　）		差值 I_2-I_1 （　　）
				T_1	T_2	I_1	I_2	
20％ Max＝								
50％ Max＝								
75％ Max＝								
Max＝								

☐　合格　　　　☐　不合格

其中：

L_1＝ 开始承载器载荷

$$L_2=\begin{cases}已加载荷\times0.07\％ & （对 0.2 级皮带秤）\\已加载荷\times0.175\％ & （对 0.5 级皮带秤）\\已加载荷\times0.35\％ & （对 1 级皮带秤）\\已加载荷\times0.7\％ & （对 2 级皮带秤）\end{cases}$$

"脉冲数"是为模拟皮带运动,由位移传感器(或模拟器)发送的脉冲数。

$$T=\frac{发送的脉冲数\times S}{每称量长度脉冲数}$$

备注：

包括 A.6.1.1 中叙述的影响试验条件的内容。

B.8.7.3　累计显示器零点累计的鉴别力(5.7.5.3和**A**.7.3)

样机编号：..

型　　号：..

试验人员：..

	开 始	终 止	
温　度：			℃
相对湿度：			%
日　期：			yy/mm/dd
时　间：			hh:mm:ss
气　压：			hPa

试验期间的细分示值(小于 d).................................

试验持续时间＝3 min,等量脉冲数 ＝ ....

试 验	初始累计 T_1 （　）	脉 冲 数	最终累计 T_2 （　）	脉 冲 数	差值 T_1-T_2 （　）
加 放 砝 码					
1					
2+					
3					
4+					
5					
6+					
取 下 砝 码					
7+					
8					
9+					
10					
11+					
12					

☐ 合格　　☐ 不合格

其中：+表示承载器上已有试验砝码的情况下：

小砝码=$\begin{cases}最大秤量的0.02\% & （对0.2级皮带秤）\\ 最大秤量的0.05\% & （对0.5级皮带秤）\\ 最大秤量的0.1\% & （对1级皮带秤）\\ 最大秤量的0.2\% & （对2级皮带秤）\end{cases}$

备注：

包括 A.6.1.1 中叙述的影响试验条件的内容。

报告页.../...

B.8.7.4　零点的短期稳定度和长期稳定度(5.7.5.4 和 A.7.4)

样机编号：..

型　　　号：..

试验人员：..

	开　始	终　止	
温　　度：			℃
相对湿度：			%
日　　期：			yy/mm/dd
时　　间：			hh:mm:ss
气　　压：			hPa

试验期间的细分示值(小于 d)..

时间 (min)	零点累计显示器示值 (　　)	3 min 内显示器 显示的累计载荷 (　　)	时间 (min)	零点累计显示器 示值 (　　)	3 min 内显示器 显示的累计载荷 (　　)
0			195		
3			198		
6			201		
9			204		
12			207		
15			210		

要求(5.7.5.4.1)	对 0.2 级皮带秤： 0.000 5%Max	对 0.5 级皮带秤： 0.001 25%Max	对 1 级皮带秤： 0.002 5%Max	对 2 级皮带秤： 0.005%Max
0 min~15 min 间每组 6 个读值中最高值与 最低值间的差				
195 min~210 min 间每组 6 个读值中最高值与 最低值间的差				
要求(5.7.5.4.2)	对 0.2 级皮带秤： 0.000 7%Max	对 0.5 级皮带秤： 0.001 75%Max	对 1 级皮带秤： 0.003 5%Max	对 2 级皮带秤： 0.007%Max
0 min~210 min 间每组 12 个读值中最高值 与最低值间的差				

☐　合格　　　　　☐　不合格

备注：

　　包括 A.6.1.1 中叙述的影响试验条件的内容。

报告页.../...

B.9 现场试验(5.8,8.1和A.9)

B.9.1 概述

现场情况：……………………………………………………
试验地点：……………………………………………………
样机编号：……………………………………………………
型　　号：……………………………………………………
试验人员：……………………………………………………
日　　期：……………………………………………………

现场数据：

参数名称	偏　差	参数符号	数　值	单位
累计分度值		d		
置零分度值	用于零点示值的装置			
最大秤量	承载器的最大净载荷	Max		
皮带速度	最高速度	V_{max}		m/s
	最低速度	V_{min}		m/s
最大流量	$(Max/W_L) \times V_{max}$	Q_{max}		kg/h 或 t/h
最小流量	通常为 Q_{max} 的 20% 有时大于 Q_{max} 的 35%	Q_{min}		kg/h 或 t/h
称量长度		W_L		m
皮带长度		B		m
皮带每转一周的时间	最短时间$=B/V_{max}$			s
	最长时间$=B/V_{min}$			s
在 Q_{max} 下皮带转一圈的载荷	$\dfrac{Q_{max} \times B}{V_{max}}$	(1)		kg 或 t
在 Q_{max} 下 1 h 载荷的 2%	$0.02 \times Q_{max} \times 1\,h$ 的载荷	(2)		kg 或 t
表 3	对 0.2 级,为 $2\,000d$ 对 0.5 级,为 $800d$ 对 1 级,为 $400d$ 对 2 级,为 $200d$	(3)		kg 或 t
最小累计载荷	(1)、(2)、(3)中最大者	Σ_{min}		kg 或 t
最小试验载荷	$=\Sigma_{min}$(除非所有的累计值超过皮带的整数圈), 因此 $\Sigma_t=$(2)和(3)的最大者	Σ_t		kg 或 t
*				

* 填入其他必要的相关数据

报告页…/…

对现场条件(如皮带秤的环境保护、气候条件、所称物料等)的说明：

报告页.../...

B.9.2 零点检查的最大允许误差(5.8.2 和 A.8.1)

其中$\sum_{min}$等于或小于Q_{max}下皮带转 3 圈,应进行零载荷的最大偏差试验

样机编号:..
型　　号:..
试验人员:..

	开　始	终　止	
温　　度:			℃
相对湿度:			%
日　　期:			yy/mm/dd
时　　间:			hh:mm:ss
气　　压:			hPa

试验期间的细分示值(小于d)..

注:若$\sum_{min}$等于或小于Q_{max}下皮带转 3 圈,则用累计显示器的示值,并在方框中勾出。

在所有其他情况下,其示值应是置零显示器的示值,并在方框中勾出。

试验编号	皮带转动 圈数	持续时间 s	初始示值 I_1 (　　)	最终示值 I_2 (　　)	差值 I_2-I_1 (　　)
1					
2					

若具有分离的零点(试验)累计显示器(ZTID),且$\sum_{min}$等于或小于在Q_{max}下皮带转 3 圈,则下表中的试验也应完成

试验编号	初始示值 I_1 (　　)	最大示值 I_{max} (　　)	最小示值 I_{min} (　　)	$\|I_1-I_{max}\|$ (A) (　　)	$\|I_1-I_{min}\|$ (B) (　　)	(A)或(B)中 的较大者 (　　)
1						
2						

☐ 合格　　　☐ 不合格

备注:

包括 A.6.1.1 中叙述的影响试验条件的内容。

报告页.../...

B.9.3 置零显示器的鉴别力（5.8.3 和 **A**.8.2）

样机编号：...

型　　号：...

试验人员：...

	开 始	终 止	
温　　度：			℃
相对湿度：			％
日　　期：			yy/mm/dd
时　　间：			hh:mm:ss
气　　压：			hPa

试验期间的细分示值(小于 d)...

试验载荷	载荷 L_D （　）	皮带转动圈数 REVS	持续时间 （　）	示　值		差值 I_1-I_2 （　）
				I_1 （　）	I_2 （　）	
A						
B						
A						
B						
A						
B						
A						
B						

☐ 合格　　　　☐ 不合格

其中：

L_D 为鉴别力的载荷　　载荷 $L_D =$ $\begin{cases} \text{对 0.2 级，为 Max 的 0.02\%} \\ \text{对 0.5 级，为 Max 的 0.05\%} \\ \text{对 1 级，为 Max 的 0.1\%} \\ \text{对 2 级，为 Max 的 0.2\%} \end{cases}$

备注：

包括 A.6.1.1 中叙述的影响试验条件的内容。

报告页.../...

B.9.4 现场物料试验(5.8,8.1 和 A.9)

B.9.4.1 控制衡器的准确度

样机编号：..

型　　号：..

最大流量：..

最小流量：..

分度值 d：..

试验期间的细分示值(小于 d)..........................

试验人员：..

	开 始	终 止	
温　　度：			℃
相对湿度：			%
日　　期：			yy/mm/dd
时　　间：			hh:mm:ss
气　　压：			hPa

控制衡器详细说明：

型　　号：..............................

等　　级：..............................

最大秤量：..............................

最小秤量：..............................

分度值 d_c：..............................

衡器编号：..............................

上次检定日期：..............................

皮带秤详细说明：

$\sum_{min}$：..............................

$\sum_t$(如有不同)：..............................

其中$\sum_t$是 5.4 规定的最小试验载荷

传送车辆的相关信息：

自　　重：..............................

载 重 量：..............................

要求(8.2)：

物料试验的控制方法应能确定试验用物料的质量,且误差不超过 5.2.1 中自动称量相应最大允许误差的 1/3。

例如:控制衡器称量次数$=\dfrac{2\sum_t}{车辆载重量}=N$ （每一载荷各称一次毛重、一次皮重）

$$分度数 =\dfrac{车辆毛重载荷}{d_c}=m$$

$$每次称量控制衡器(Ⅲ级)可能的误差=\begin{cases}对\ 0{\leqslant}m{\leqslant}500\ d_c,为\pm0.5\ d_c \\ 对\ 500\ d_c{<}m{\leqslant}2\ 000\ d_c,为\pm1.0\ d_c \\ 对\ 2\ 000\ d_c{\leqslant}m,为\pm1.5\ d_c\end{cases}=E_c$$

要求$\dfrac{mpe}{100}\times\sum_t\times1/3{\geqslant}\sqrt{N}\times E_c$　　　　其中：$\sqrt{N}$ 为分 N 次称量误差概率的调节值

计量技术机构要对其他因素加以考虑,如路程、气候、路途物料丢失等因素。

报告页.../...

B.9.4.2 重复性(5.8.1 和 A.9.3.1)

样机编号:...
型　　号:...
试验人员:...

	开始	终止	
温　　度:			℃
相对湿度:			%
日　　期:			yy/mm/dd
时　　间:			hh:mm:ss
气　　压:			hPa

试验期间的细分示值(小于 d)...........................

注:对多速或变速皮带秤,应按 A.9.3.2 和 A.9.3.3 表明的重复试验。

试验续表见下页

试验组	控制的载荷 T ( )	示 值 I ( )	给料流量 (/h)	误 差 $I-T$ ( )	相对误差 %	相对误差之差 %
1						
2						
3						
4						
5						

☐ 合格　　　　☐ 不合格

注:用于确定型式检验的最大允许误差(mpe)。

备注:
　　包括 A.6.1.1 中叙述的影响试验条件的内容。

重复性(续)

速度 =　　　米/秒(m/s)

试验组	控制的载荷 T ( )	示值 I ( )	给料流量 (/h)	误差 I－T ( )	相对误差 %	相对误差之差 %
1						
2						
3						
4						
5						

速度 =　　　米/秒(m/s)

试验组	控制的载荷 T ( )	示值 I ( )	给料流量 (/h)	误差 I－T ( )	相对误差 %	相对误差之差 %
1						
2						
3						
4						
5						

☐ 合格　　　　　☐ 不合格

备注:

包括 A.6.1.1 中叙述的影响试验条件的内容。

524

报告页.../...

B.10 核查表

样机编号：...型 号：..

要求	试验程序	皮 带 秤 核 查 表	通过	未通过	备注
5		计量要求			
5.2		最大允许误差			
5.2.1	A.9.3	自动称量的最大允许误差：不超过表1中化整到最接近的 d 值			
5.2.2	A.6	影响因子试验的最大允许误差不超过表2中化整到最接近的 d 值			
5.3	观 测	多个指示装置间的一致性			
		显示结果相互间无差异			
5.4	观 测	最小累计载荷(Σ_{min})的最小值≥下列的最大值			
		最大流量下1 h累计载荷的2%			
		最大流量下皮带转动一圈获得的载荷			
		对应表3中相应累计分度数的载荷			
5.5	观 测	最小流量 Q_{min}			
		单速皮带秤：通常 $Q_{min}=20\%Q_{max}$			
		特殊安装 $Q_{min}\leqslant35\%Q_{max}$			
		变速和多速皮带秤：Q_{min} 可以小于 $20\%Q_{max}$，且最小瞬时净载荷>20%Max			
5.6	观 测	皮带秤上用的质量单位有 g，kg，t			
		流量单位有 g/h，kg/h，t/h			
		皮带速度的单位 m/s			
5.7		型式检验中的模拟试验			
5.7.1	A.4.4.1	模拟速度的波动：其误差不超过5.2.2影响因子试验的MPE(最大允许误差)			
5.7.2	A.4.4.2	偏载：其误差不超过5.2.2规定值			
5.7.3	A.4.4.4	置零：其累计误差不超过5.2.2规定值			
5.7.4	A.6.2	影响因子			
5.7.4.1	A.6.2.1	温度			
5.7.4.2	A.6.2.2	温度对零流量的影响：误差不超过5.7.4.2值			
5.7.4.3	A.6.2.4	交流电压(AC)			
5.7.4.3	A.6.2.5	直流电压(DC)			
5.7.4.3	A.6.2.6	电池直流电压(非电源连接)			

GBT 7721—2017

报告页.../...

要求	试验程序	皮带秤核查表	通过	未通过	备 注
5.7.5		计量性能			
5.7.5.1	A.7.1	重复性:对同一载荷,获得的两次结果的差值≤5.2.2影响因子试验的 MPE(最大允许误差)的绝对值			
5.7.5.2	A.7.2	累计显示器的鉴别力:误差不超过 5.7.5.2 的规定			
5.7.5.3	A.7.3	累计显示器零点累计的鉴别力:在无载荷示值和有载荷示值之间应有明显的差值,载荷值等于:			
		对 0.2 级,为 Max 的 0.02%			
		对 0.5 级,为 Max 的 0.05%			
		对 1 级,为 Max 的 0.1%			
		对 2 级,为 Max 的 0.2%			
5.7.5.4 5.7.5.4.1	A.7.4	零点稳定性			
		0 min~15 min 间每组 6 个读值中最高值与最低值间的差			
		对 0.2 级,为 Max 的 0.000 5%			
		对 0.5 级,为 Max 的 0.001 25%			
		对 1 级,为 Max 的 0.002 5%			
		对 2 级,为 Max 的 0.005%			
		195 min~210 min 间每组 6 个读值中最高值与最低值间的差			
		对 0.2 级,为 Max 的 0.000 5%			
		对 0.5 级,为 Max 的 0.001 25%			
		对 1 级,为 Max 的 0.002 5%			
		对 2 级,为 Max 的 0.005%			
5.7.5.4.2	A.7.4	0 min~210 min 间每组 12 个读值中最高值与最低值间的差			
		对 0.2 级,为 Max 的 0.000 7%			
		对 0.5 级,为 Max 的 0.001 75%			
		对 1 级,为 Max 的 0.003 5%			
		对 2 级,为 Max 的 0.007%			
5.8 5.8.1	A.9.3	型式检验中的现场试验			
		重复性:相对误差的差值应不超过 5.2.1 自动称量的相应最大允许误差的绝对值			

526

报告页.../...

要 求	试验程序	皮 带 秤 核 查 表	通 过	未通过	备 注
5.8.2	A.8.1	零点的最大允许误差:零点示值的误差应不超过最大流量下累计载荷的百分数:			
		对 0.2 级,为 0.02%			
		对 0.5 级,为 0.05%			
		对 1 级,为 0.1%			
		对 2 级,为 0.2%			
5.8.3	A.8.2	置零显示器的鉴别力:获得的无载荷示值和有载荷示值,示值之间应有一个明显的差值,载荷值等于如下:			
		对 0.2 级,为 0.02%			
		对 0.5 级,为 0.05%			
		对 1 级,为 0.1%			
		对 2 级,为 0.2%			
5.8.4	A.8.3	零载荷的最大偏差试验:Σ_{min} 小于 Q_{max} 下皮带转 3 圈时,累计显示器的显示值与其初始显示值的偏差应不超过下列在 Q_{max} 累计载荷的百分数:			
		对 0.2 级,为 0 07%			
		对 0.5 级,为 0.175%			
		对 1 级,为 0.35%			
		对 2 级,为 0.7%			
5.8.5	观 测	皮带运行一整圈的示值(最小试验载荷)			
		包括一种皮带运行整数圈后允许取得所有试验载荷读数的方法			
		有这项功能时,要满足 6.6b)中的要求,对于实物试验,要符合 5.4a)和 c)			
5.8.6	观 测	耐久性误差不超过 9.1.7 的规定			
6		通用技术要求			
6.1	观 测	使用适用性			
		适合于皮带秤的运行方法			
		适合于皮带秤称量的物料			
		适合于皮带秤的准确度等级			
6.2	观 测	额定运行条件:衡器不超过 MPE			

报告页…/…

要求	试验程序	皮带秤核查表	通过	未通过	备注
6.3	观测	操作安全性			
6.3.1	观测	偶然失调:影响明显			
	观测	可能干扰皮带秤计量性能的可调部件被准确控制,而且准确可靠地保持其位置			
6.3.2	观测	运行调整:总累计显示器回零应不可能的			
		在自动称量过程中,进行调整或重新设置与贸易有关指示装置应是不可能的			
6.3.3	观测	欺骗性使用:不得有欺骗性使用的特征			
6.3.4	观测	操作装置:避免出现在不该停机的位置上停机,除非所有的指示和打印都失效			
6.3.5	观测	输送机联锁:如果皮带秤关机或失去作用:			
		输送机应停止运行			
		应发出声或光信号			
6.3.6	观测	超出范围:警告或报警			
		产生一个连续的清楚的声或光警告或报警			
		警告或报警记录包含的信息有日期、时间、持续时间、适用部分或总累计打印输出的累计值,或辅助记录设备上的累计量			
		瞬时载荷超过了称重单元的最大秤量			
		流量高于最大值或低于最小值			
		探测到故障停机、失调或故障			
		如果适用,整套皮带累计装置提供少于整圈数皮带的累计量值			
		如果适用,超出零点(5.8.2)的最大允许误差(6.5.1)			
6.3.7.1	观测	部件和预置控制器的安全和密封			
		法律上要求用户不得调整或拆除的部件、接口和预置控制器都配有安全装置或封装。在封装时不能封住外壳,密封条应容易安置			

报告页…/…

要求	试验程序	皮带秤核查表	通过	未通过	备注
		不能以其他方式保护计量设备免于影响计量准确度的操作时,应采取足够的安全措施			
6.3.7.2	观测	安全和密封措施			
		限制使用可能对计量属性有影响的功能。如:被印封装置保护的开关,密码,钥匙或识别标签			
		软件功能应根据7.8中的要求进行保护以避免有意、无意或意外的更改			
		通过接口的计量数据传输应根据7.6.2中的要求进行保护以避免有意、无意或意外的更改			
		存储装置中的测量数据应根据7.7中的要求进行保护以避免有意,无意或意外的更改			
6.3.7.3	观测	对禁止使用或调整的组件和预设控制进行安全保护的方法			
		实物印封:只有将其破坏才能对组件或功能进行访问审查跟踪系统			
		实物印封应自动记录对组件和功能的使用信息,该信息应能被使用和显示。信息中应包含日期和经系统授权的使用者			
		数据检查跟踪系统应有足够可以识别使用组件和功能时所用的密码或识别标签的信息			
		应有禁止访问或调整的保护组件和预设控制			
		在国家法规规定的一段时间内,应确保对操作使用的可追溯性,操作使用的记录应被存储			
		记录不应被覆盖,除非记录的存储容量用尽,新的记录在数据所有者提供许可的情况下可以取代老的记录			
		密封措施应易于实施			

报告页.../...

要 求	试验程序	皮 带 秤 核 查 表	通 过	未通过	备 注
6.4 6.4.2	观 测	累计显示器和打印装置			
		指示的品质:主要指示应可靠易读和清晰			
		模拟指示装置的读数总不准确度应不超过 $0.2\,d$			
		构成主要指示的数字、单位、指示符在大小、形状和清晰度应满足易读的要求			
		构成称量结果的标尺,数码和打印应是简单并列易于读取			
6.4.3 6.4.3.1	观 测	示值的形式			
		称量结果包括表示其单位的名称或符号			
		对任何一种质量示值,只可以使用一种质量单位			
		质量单位应根据 5.6 中的规定以小写字母形式表示			
6.4.3.2	观 测	数字指示			
		数字示值应从最右端开始,至少显示一位数字			
		示值零可以由最右边一个零指示,无需小数点符号			
		质量单位选择使重量值在小数点右边不多于一个无效零。对于带小数点符号的值,无效零只可出现在小数点后面第三位			
		小数部分应用小数点(圆点)将其与整数分开,示值显示时小数点左边至少应有一位数字,右边显示全部小数位			
		小数点符号应与数字底部在同一行上(例如 0.305 kg)			
6.4.4	观 测	分度值			
6.4.4.1	观 测	分度值形式:1×10^{k}、2×10^{k} 或 5×10^{k} k 是一个正或负整数或零			
6.4.4.2	观 测	部分累计显示器的分度值(d):应与总累计显示器的分度值相同			
6.4.4.3	观 测	辅助累计显示器的分度值:至少等于累计分度值的 10 倍			

报告页.../...

要 求	试验程序	皮 带 秤 核 查 表	通 过	未通过	备 注
6.4.5	观 测	示值范围			
		皮带秤应至少有一个累计显示器能显示最大流量下运行 10 h 所称量物料的累计值			
		如预期较大的输送量,则须使用较大的示值范围			
6.4.6	A.5.4	累计显示装置			
		自动运行时总累计显示器或其他累计装置都不能被重新置零			
		除非最终累计示值已被打印或标明后储存,否则部分累计显示器不能被重新置零			
		当自动运行被中断或另一个信息提示之后的最近 20 s 内,显示器应具有自动生成累计示值的多种功能			
		当有全输送带累计装置时,皮带秤应提供对于皮带转动整数圈的有效累计值。此种情况下适用 6.4.7 中的要求			
6.4.7	观 测	累计显示和打印装置			
		累计显示器与打印装置应是固定连接的,断开时累计显示器与打印机都需有明确断开指示			
		当确认皮带停止或无法进行物料输送时,应可通过连接装置断开累计显示器			
6.4.8	观 测	打印装置			
		打印应清晰、耐久,满足预期的使用			
		打印的字符高度至少为 2 mm			
		如果需要打印,计量单位的名称或符号应同时打印在数值的右边或该数值栏上方			
6.5.1	A.4.4.3 观 测	置零装置			
		皮带的实际质量应由与皮带秤工作原理相符的置零功能来平衡			
		置零范围不超过最大秤量的 4%			

报告页.../...

要求	试验程序	皮带秤核查表	通过	未通过	备注
6.5.2	观测	半自动与自动置零装置			
		皮带转动一个整数圈后才进行置零			
		置零操作结束时有指示			
		在进行零载试验后自动置零是以零点检查时超出最大允许误差(5.8.2)为条件			
		试验期间应可以使自动置零装置失效			
		如果具有自动置零装置,则应有联锁以防止在给料时置零			
6.6	观测	带形修正装置			
		永久运行,或永久禁用的装置			
		含有能可靠地将所储存的(空载)带形数据与皮带位置同步的装置			
		可以与自动或半自动置零装置结合			
		独立于自动或半自动置零装置运行			
6.7	观测	位移传感器			
		不论皮带上有无载荷,都不能有滑动			
		位移传感装置由皮带的洁净面驱动			
		测量信号应等于小于称量长度的皮带位移			
		可调部件应能加封			
6.8.1	观测	与皮带秤相连的输送机			
		构造应有足够的刚性			
		结构应牢固			
6.8.2.1	观测	安装条件			
		输送机支架有足够的刚性,减少振动			
		在任一纵向直线段,辊轨应排成直线,并使皮带恒定地支撑在称重托辊上			
		若装有皮带清洁装置则应定位良好,运行中对称量结果没有过量的附加误差			
		辊轨不允许出现滑动			
		安装不会引起过量的附加误差			
6.8.2.2	观测	托辊轨迹			
		应防止锈蚀和物料阻塞			
		应尽量调成同一平面			

报告页…/…

要求	试验程序	皮带秤核查表	通过	未通过	备注
6.8.2.3	观测	输送机皮带			
		皮带单位长度的质量变化(包括皮带接头)不应对称量结果产生明显的影响(要确保符合5.8.4的要求)			
6.8.2.4	观测	速度控制			
		对于恒速皮带秤,称量期间的带速变化应不超过标称速度的5%			
		对于具有速度设定控制的变速皮带秤,称量期间的带速变化不应超过设定速度的5%			
6.8.2.5	观测	称量长度			
		皮带秤在安装后应使其称量长度在使用中保持不变			
		皮带秤上称量长度的调整装置应能印封,以防在使用中对称量长度进行调整			
6.8.2.6	观测	带称量台皮带秤的皮带张力:纵向张力不受以下影响:			
		温度			
		磨损			
		载荷			
		皮带与驱动滚筒之间无滑动			
10.1.1		说明性标志			
10.1.1.1	观测	完整的标志:			
		制造厂家的商标			
		皮带秤型号和出厂编号			
		零点试验至少应有转……圈的持续时间			
		电源电压……V			
		电源频率……Hz			
		预期称量物料的名称			
		称量长度(W_L) = ………m			
		物料描述			
		不与皮带秤主机直接相连的分离部件上应有的识别标记			

GB/T 7721—2017

要求	试验程序	皮带秤核查表	通过	未通过	备注
10.1.1.2	观测	符号表示的标志			
		型式批准号			
		最大秤量（Max） …g，kg 或 t			
		温度范围 …℃/…℃（5.7.4.1）			
		准确度等级：0.2 级、0.5 级、1 级或 2 级			
		累计分度值 $d=$……kg 或 t			
		皮带标称速度 $V=$……m/s 或			
		皮带速度范围 $V=$…/…m/s			
		最大流量 $Q_{max}=$…g/h、kg/h 或 t/h			
		最小流量 $Q_{min}=$…g/h、kg/h 或 t/h			
		最小累计载荷 $\sum_{min}=$…g、kg 或 t			
10.1.1.3	观测	辅助标志：按照计量技术机构的要求	记入备注		
10.1.1.4	观测	说明性标志的表示			
		说明性标志在典型的称重条件下应牢固可靠，具有统一的尺寸和形状且清晰、易读			
		可以使用中文说明，也可以用国际出版物通用的图形或符号形式表示			
		应集中在皮带秤明显易见的位置，可安放在固定于总累计显示器的铭牌上或直接安放在皮带秤秤体上			
		如果铭牌或胶贴在拆除时不被破坏，应提供安全措施			
		带标志的铭牌应加封			
		上述标记也可通过可编程控制的软件形式显示			
		当衡器开启时，则至少应显示 Max，Q_{max}，Q_{min}，$\sum_{min}$和 d			
		其他标志可通过手动方式显示			
		须在型式批准证书中有描述			
		这些标志应视作装置特定参数，并需要符合 6.3.7 和 7.8 中的安全要求			

报告页.../...

要求	试验程序	皮带秤核查表	通过	未通过	备注
10.1.1.4	观测	如果软件控制显示标志出现在称重结果的显示视窗中或其附近,则在铭牌上不须重复显示。但以下标志须出现在铭牌上			
		$Max,Q_{max},Q_{min},\sum_{min}$和$d$应显示在视窗附近			
		符合国家标准要求的型式许可证标志			
		制造厂家的名称或商标			
		电源电压			
		电压频率,(若可用)			
		气动/液压压力,(若可用)			
10.1.2		检定标记			
10.1.2.1	观测	标记位置			
		放置标记的部件在不损坏标记的情况下不能从皮带秤上拆除			
		标记应既便于安放又不改变皮带秤的计量性能			
		使用中不必移动皮带秤或拆卸其防护罩就可看见标记			
10.1.2.2		标记的安装,需配检定标记的皮带秤应该:			
	观测	有一个安放检定标记的支承物,以确保标记完好			
		如果标记是印记式的,则其支承物应由铅或其他类似材质的材料制成,嵌入固定在皮带秤上的标牌中			
		或嵌入皮带秤的凹槽中			
		如果标记是胶粘物制作的,则应留有粘贴标记的位置			
7		电子皮带秤的附加要求			
7.1		一般要求			
7.1.1	A.6.3	干扰			
	A.6.3.1	交流电源电压暂降和短时中断			
	A.6.3.2	电源线及信号、数据、控制线上的电快速瞬变脉冲群(快速瞬变试验)			
	A.6.3.3	交、直流电源线及信号、数据、控制线上的电涌			
	A.6.3.4	静电放电试验			

报告页.../...

要求	试验程序	皮带秤核查表	通过	未通过	备注
7.1.1	A.6.3.5.1	抗电磁场辐射			
	A.6.3.5.2	抗电磁场传导			
7.1.2	观测	耐久性			
		在皮带秤的使用中,第5章、第6章和7.1.1的要求应当长期得到满足			
7.1.3	观测	符合性评定			
		皮带秤通过附录A中的检验和试验			
5.7.4.1	A.6.2.1	静态温度			
5.7.4.2	A.6.2.2	零流量的温度影响			
7.5.1	A.6.2.3.1	恒定湿热(无凝露)			
7.5.1	A.6.2.3.2	交变湿热(凝露)			
5.7.4.3		电源变化			
5.7.4.3 和 7.5.4	A.6.2.4	交流电源电压变化			
5.7.4.3 和 7.5.4	A.6.2.5	直流电源电压变化			
5.7.4.3 和 7.5.5	A.6.2.6	电池电压变化(无外接电源)			
7.2	观测	应用:7.1.1和7.1.2中的要求可分别适用于			
		a) 显著增差的每个独立因素			
		b) 电子皮带秤的每一部件			
		由制造厂方选择上述a)或b)	记入备注		
7.3	观测	对显著增差的反应			
		可见光指示,或			
		声音指示,并持续到用户采取措施或增差消失			
		出现显著增差时,应保留累计载荷信息			
7.4	观测	指示器显示测试:累计显示器的所有相关符号正常			
7.5		功能要求			
7.5.1	A.6	影响因子:符合5.7.4且			
	A.6.2.3.1	在相对湿度为85%、温度范围的上限保持其特性			

536

报告页…/…

要求	试验程序	皮带秤核查表	通过	未通过	备注
7.5.2	A.6.3	干扰			
		示值的差值不超过 3.4.5.4 规定的值,或			
		皮带秤应检测出显著增差并对其作出反应			
7.5.3	A.4	预热时间			
		无显示/不传输结果且禁止自动操作			
7.5.4	观测 A.6.2.4 A.6.2.5	接口:皮带秤运行正常,且其计量性能应不受影响			
		电源故障			
		在电力中断的情况下皮带秤内含的计量信息至少应保留达 24 h 以上			
		并在这 24 h 期间通电后至少应能显示这些计量信息 5 min			
		切换到应急电源供电时应不引起显著增差			
7.5.5	A.6.2.6	电池供电			
		当电压下降到指定的最小值后,继续正确地起作用或自动停止工作			
		在断电的情况下皮带秤内含的计量信息至少应保留达 24 h 以上			
		并在这 24 h 期间通电后至少应能显示这些计量信息 5 min			
7.6.1	观测	接口			
		使用接口时皮带秤应继续正常运行,且其计量性能(包括计量相关参数和软件)应不受影响			
		包括 7.6 关于皮带秤接口的内容			
	观测	接口安全性			
		接口应不允许皮带秤上法制相关的软件和功能及其测量数据受与其相连接设备的不良影响或受接口上产生干扰的影响			
7.6.2	观测	对于不能实现或启动上述提到的功能的接口不需实施保护,而其他接口都应采取下列保护措施:			
		数据被保护,例如,用一个保护界面来防止有意无意的干扰			
		硬件和软件功能应符合 6.3.7 和 7.8 中规定的相应的安全保护要求			
		应有简单的方法来验证传入或传出皮带秤的数据的真实性和完整性			
		国家标准规定的与皮带秤接口相连接的其他设备应得到安全保护,在皮带秤所连接设备不存在或不正常工作时使皮带秤自动停止运行			

报告页.../...

要求	试验程序	皮带秤核查表	通过	未通过	备注
7.7.1	A.10.3	数据存储设备			
		计量数据可以存储在衡器的存储器中或保存在外部存储器中以便后续使用			
		应有充分的防护措施使所保存的数据避免数据传输或存储过程中所产生的有意无意的数据变化			
		并使所保存的数据包含复现其早期计量值所必需的全部相关信息			
7.7.2	观测	数据存储密封措施			
		满足6.3.7中规定的相应安全要求			
		外部存储设备的识别和安全属性应能自动验证以确保完整性和真实性			
		如果所存储数据通过一个特定的校验和或密钥来做安全保护,存储计量数据所用的可交换存储媒介就不需要印封保护			
		当存储容量用尽的时候,新的数据可以替代最旧的数据,条件是已归档或授权			
7.8.1	A.10	软件			
	A.10.1	皮带秤的法制相关软件由制造厂家确定			
	A.10.2.1	有充足的控制仪表软件的信息			
7.8.2	A.10.2.2	法律相关软件的安全性			
		法制相关软件应足以避免意外或无意的修改			
	A.10.2.4	应对软件分配相应的软件标识,该软件标识在每个可能影响衡器功能和准确度的软件修改时被修改			
	A.10.2.3	通过所连接的接口来实现的功能,即法制相关软件的传输,应符合7.6关于接口的安全要求			
9.1.7	观测	耐久性试验			
		采取一些措施来确保皮带秤的耐久性			

报告页.../...

要 求	试验程序	皮 带 秤 核 查 表	通 过	未通过	备 注
9.1.4	观 测	影响因子试验应用于完整的仪器或模拟器中，最差的称重结果参见 A.6.2，皮带秤的正常实施过程参见 5.7 和第 7 章			
9.1.5.1	观 测	衡器或模块系列的试验			
		征得法定计量机构和制造商			
		很难或不可能对整套衡器进行试验			
		模块作为组装为成套衡器所用的独立设备生产并/或投放市场			
		申请人想将各种模块纳入已批准的型式			
		需要将一种模块(尤其是载荷传感器、指示器、数据存储)用于各种皮带秤时			
9.1.5.2	观 测	被测衡器的选择			
		所选择的被测衡器数量应尽可能少但仍具有足够的代表性			
		有选择时,应选用计量性能最高的衡器进行试验			
9.1.5.3	观 测	准确度等级			
		如果一个系列中的一台被测衡器完全通过了一个准确度等级的试验,那么对于较低准确度等级的衡器,仅对其进行未做过部分的试验就足够了			
9.1.5.4	观 测	其他要考虑的计量特性			
		所有计量相关特性和功能应在一台被测衡器上至少试验一次,而且应在同一台被测衡器上以尽可能多的次数完成试验			
9.2.5.5	观 测	相关计量特性的概述			
		最小输入信号(当使用模拟应变式称重传感器时,见 9.1.5.5)			
		所有准确度等级			
		所有温度范围			
		单速、变速或多速皮带秤			
		承载器最大尺寸(如果重要)			
		位移传感器			
		计量相关特性			
		不同类型的载荷承载器(如果可以与指示器相连接)			
		所有可能的衡器功能			
		不同类型的皮带输送机			
		所有可能的示值			
		所有可能使用的数字装置			
		所有可能使用的接口			
		称重托辊			

报告页.../...

要求	试验程序	皮带秤核查表	通过	未通过	备注
9.1.5.6	观测	仪表最大秤量对应的最小输入电压			
		一台用于模拟传感器的模拟数据处理设备或仪表应在制造厂家确定的最大秤量对应的最小输入电压的情况下进行试验			
		一台完整的衡器在进行设置时,不应使相当于最大秤量的载荷的输入电压信号小于型式检验所用的值			
9.1.5.7	观测	误差分配比例			
		一个单独试验模块的误差极限应等于整台衡器的最大允许误差(表2)的一个系数 P_i 倍或整机示值允许偏差。在给定任一模块误差系数时,该模块应满足至少与组成的衡器具有相同准确度等级			
		系数 P_i 应由模块制造商选择,且应通过适当测试进行验证,测试时应考虑以下情形: a) 纯数字装置的 P_i 可以等于0; b) 称重模块的 P_i 可以等于1; c) 其他所有模块(包括数字式传感器),当考虑多于一个模块对误差共同产生影响时,误差分配系数 P_i 应不大于0.8和不小于0.3			
		对于明显按照良好施工规范设计和制造的机械结构,不需测试即可应用 $P_i=0.5$。例如,杠杆是用同样的材料制作的,而且杠杆有纵横两个方向的限位			
		考虑到对于不同性能标准模块受影响的方式不同,对于包含典型模块的衡器(见3.2.10),P_i 可用表4中的值			
8.3	A.4.4	模拟试验(在没有皮带输送机的情况下用静态载荷进行试验)			
		以揭示称量结果受到干扰的方式进行			
		被测皮带秤配有			
		一整套不带皮带输送机的皮带秤			
		典型的承载器,通常为完整的称量台			
		施加标准砝码的平台或秤盘			
		能够对由位移传感器测量的整个皮带整数圈和操作者预设的等量皮带长度与恒定载荷积分结果进行比较的运行检查装置即积算器(比如运行检测装置)			

报告页.../...

要 求	试验程序	皮 带 秤 核 查 表	通 过	未通过	备 注
8.3	A.4.4	位移模拟装置			
		评估试验结果的方法可以是			
		使用累计指示装置,或			
		使用闪变点的方法,或			
		双方同意的其他方法			

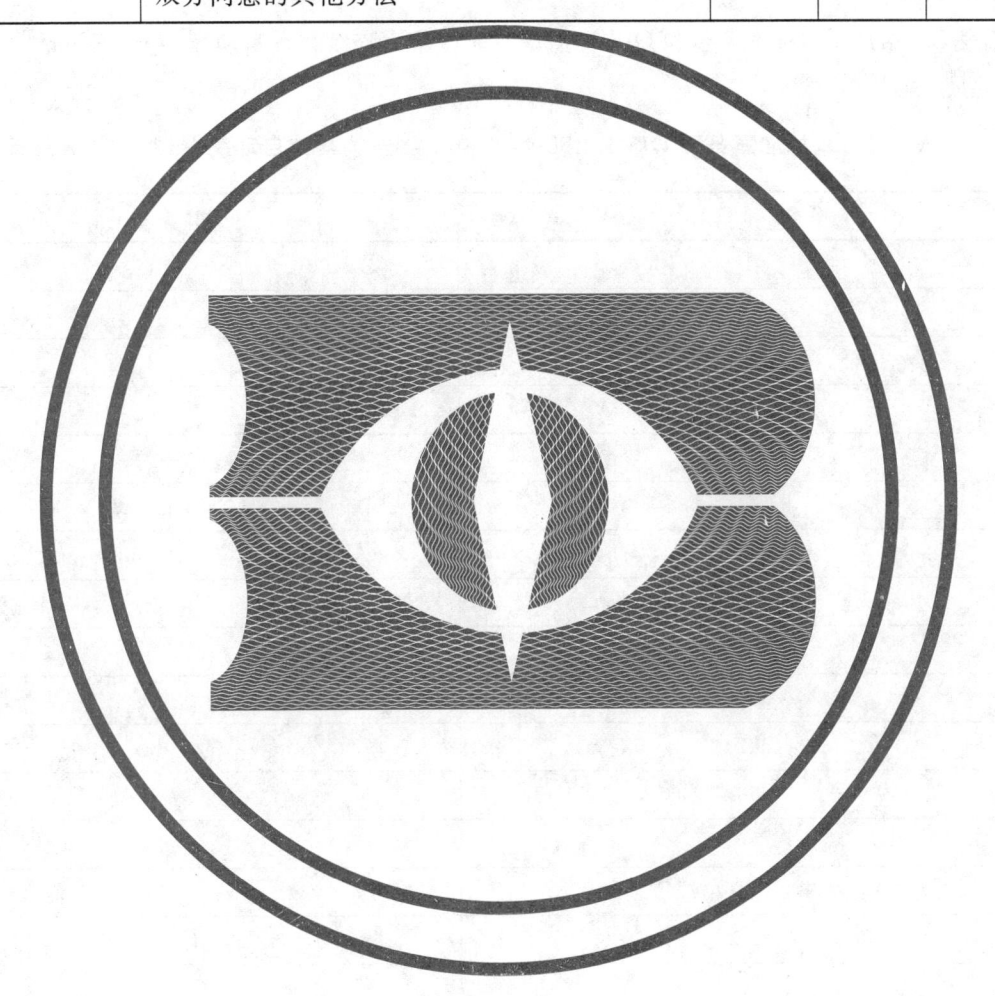

附 录 C

（资料性附录）

本标准章条和OIML R50：2014(E)《连续累计自动衡器》(2014E)章条对照

表C.1 给出了本标准条款和 OIML R50-1：2014(E)《连续累计自动衡器》第一部分"计量和技术要求"条款对照一览表。

表C.2 给出了本标准条款和 OIML R50-2：2014(E)《连续累计自动衡器》第二部分"试验规程"条款对照一览表。

表C.3 给出了本标准条款和 OIML R50-3：2014(E)《连续累计自动衡器》第三部分"测试报告格式"条款对照一览表。

表 C.1 本标准章条和 OIML R50-1：2014(E)《连续累计自动衡器》第一部分章条对照

本标准章条	OIML R50-1 章条
1	1
2	—
3	2
4	—
5	3
6.1～6.8	4.1～4.8
7.1～7.8	5.1～5.8
7.9～7.12	—
8	7
9.1	6.1
9.2	—
9.3	—
—	6.2
—	6.3
10.1	4.9～4.10
10.2～10.4	—

表 C.2 本标准章条和 OIML R50-2：2014(E)《连续累计自动衡器》第二部分章条对照

本标准章条	OIML R50-2 章条
A.1	1
—	2
A.2	3
A.3	4.1
—	4.2

表 C.2（续）

本标准章条	OIML R50-2 章条
A.4	5
A.5	6
A.6	7
A.7	8
A.8	9
A.9	10
A.10	A
A.11	—
9.1.6	B
9.1.7	C.1
—	C.2

表 C.3　本标准章条和 OIML R50-3:2014(E)《连续累计自动衡器》第三部分章条对照

本标准章条	OIML R50-3 章条
B.1～B.7	型式评价报告格式说明～型式评价摘要
B.8.1～B.8.8	1.1～1.8
B.9	2
B.10	核查表

附　录　D

（资料性附录）

本标准章条和OIML R50：2014(E)《连续累计自动衡器》技术差异及其原因

表D.1给出了本标准章条和OIML R50：2104(E)《连续累计自动衡器》技术差异及其原因的一览表。

表 D.1　本标准章条和OIML R50：2104(E)《连续累计自动衡器》技术差异及其原因

本标准章条	技术性差异	原　因
2	关于规范性引用文件,本标准做了具体技术差异的调整,以适应我国的技术条件,调整的情况集中反应在第2章"规范性引用文件"中,具体调整如下: ——增加引用了 GB/T 191; ——增加引用了 GB/T 2887; ——增加引用了 GB/T 2423.1—2008; ——增加引用了 GB/T 2423.2—2008; ——增加引用了 GB/T 2423.3—2016 等	适应我国技术条件
4	增加了产品型号	建议按 GB/T 26389 编制产品型号
5.8.4	修改了零载荷最大偏差试验条件	国际建议原文错误
7.9 和 A.11	增加了安全性能要求	安全性能是衡器产品的基本要求,因此在标准明确规定
7.10	增加了称重传感器的要求	称重传感器是衡器的重要部件,在本标准中对称重传感器做出明确要求,以确保衡器的计量性能
7.11～7.12	增加了安装和制造要求	为了更好地指导产品制造生产,在标准中规定了衡器的安装和制造要求
9.1.1	增加了衡器需要做型式检验的条件	在标准中明确规定了衡器需要做型式检验的条件
9.1.7	增加了皮带秤型式检验中耐久性试验的要求和方法	国际建议对皮带秤的耐久性试验并没有定量的要求,本标准提出了皮带秤耐久性试验的具体要求和方法
9.2	增加了出厂检验要求	为了更好地指导产品制造生产,确保产品质量,在标准中规定了衡器的出厂检验的要求
9.3	增加了使用中核查要求	对使用中的皮带秤耐久性提出了具体的要求和试验方法
10.1.3 10.2～10.4	增加了产品包装标志、包装、运输、存储等方面的要求	为了更好地指导产品包装、运输、存储,在标准中规定了衡器的上述方面的要求

表 D.1（续）

本标准章条	技术性差异	原 因
10.1.3 10.2～10.4	删除了 R50-1 中的 6.1.6.6 条款	国际建议中所采用称重传感器的最小分度值不适合皮带秤的应用
	删除了 R50-1 中的 6.2、6.3、R50-2 中的 2 条款	这部分条款指的是首次检定、后续检定和使用中检验等方面的内容,本标准中不包含产品检定方面的内容和要求
A.7.2	将"0.18％"修改为"0.175％"	国际建议原文错误
A.8.3	将"0.18％"修改为"0.175％"	国际建议原文错误
附录 B.10	将 A.7.4 条款中"0.000 05"修改为"0.000 05";"0.000 07"修改为"0.000 07"	国际建议原文书写错误

ICS 17.100
N 13

中华人民共和国国家标准

GB/T 7723—2017
代替 GB/T 7723—2008

固定式电子衡器

Fixed location electronic weighing instrument

(OIML R76-1:2006,Non-automatic weighing instruments
Part 1:Metrological and technical requirements—Tests,NEQ)

2017-11-01 发布
2018-05-01 实施

中华人民共和国国家质量监督检验检疫总局
中国国家标准化管理委员会 发布

前　言

本标准按照 GB/T 1.1—2009 给出的规则起草。

本标准代替 GB/T 7723—2008《固定式电子衡器》,与 GB/T 7723—2008 相比主要变化如下:

——范围中,增加了电子汽车衡产品及不适用于悬挂称量方式的电子衡器,删除了机电式结构衡器的电子装置(见第 1 章);

——产品的分类与命名标准修改为 GB/T 26389(见第 4 章);

——衡器的准确度等级及符号中,检定分度值删除了 $0.1 \leqslant e \leqslant 5$(见 5.1 表 1);

——增加了多分度衡器的附加要求(见 5.3),在后面的章节中增加相应测试内容;

——删除了使用中检验的最大允许误差是首次检定最大允许误差的两倍的要求;

——增加了对外围设备的要求(见 5.4.6);

——检验用标准器中,增加了衡器载荷测量仪(见 5.6.2);在试验方法中,增加了对于电子汽车衡,可以按照 JJG 1118 第 7 章的内容进行测试;

——对检验用标准砝码的替代进行了修改(见 5.6.3);

——蠕变测试增加了图表对测试过程进行说明。(见 5.8.3.1);

——表 5 中增加了最大秤量为:$150 < t \leqslant 200$ 的电子汽车衡承载器相对变形量的技术要求。并删除了使用中的随后检测要求;

——使用适用性中,针对各项技术要求,增加了引用的标准号(见 6.1.2);

——衡器基础中,增加了拟使用衡器载荷测量仪进行检验的电子汽车衡的要求(见 6.1.2.7);

——增加了对秤房的要求(见 6.1.2.8);

——在称重传感器和电子称重仪表中,删除了型式批准证书的要求(见 6.2 和 6.3);

——技术要求中,增加了衡器载荷测量仪的要求(见 6.10);

——对承载器变形量测试的图形 2 进行了修改(见 7.1.8.1),增加了衡器超载的要求(见 6.1.2.6)及测试方法(见 7.1.8.2);

——重复性测试中,删除了最大秤量小于 1 t 的衡器的要求(见 7.7);

——删除了车载电池的电压变化(见 7.11.3);

——对抗干扰性能测试的合格条件进行了修改(见 7.12);

——将型式评价修改为型式检验,修改检验项目一览表增加了型式检验的内容(见 8.5);

——增加了限速标志(见 9.1.4);

——增加了附录 A 和附录 B。

本标准使用重新起草法参考国际法制计量组织第 76 号国际建议 OIML R76-1:2006《非自动衡器第 1 部分:计量及技术要求　试验》编制,与 OIML R76-1 的一致性程度为非等效。

请注意本文件的某些内容可能涉及专利。本文件的发布机构不承担识别这些专利的责任。

本标准由中国轻工业联合会提出。

本标准由全国衡器标准化技术委员会(SAC/TC 97)归口。

本标准起草单位:山东金钟科技集团股份有限公司、国家衡器产品质量监督检验中心、中储恒科物联网系统有限公司、福建省计量科学研究院。

本标准主要起草人:范韶辰、李嘉、鲁新光、宋奎运、姚进辉、黄秀忠

本标准于 1987 年首次发布,2002 年 5 月第一次修订,2008 年 12 月第二次修订,本次为第三次修订。

固定式电子衡器

1 范围

本标准规定了固定式电子衡器(以下简称"衡器")产品的计量要求、技术要求、试验方法、检验规则和标志、包装、运输和贮存。

本标准适用于使用称重传感器和电子称重仪表的非自动衡器,包括电子汽车衡、电子地中衡、电子地上衡、电子料斗秤及各种特殊的固定式电子衡器等。

本标准不适用于悬挂称量方式的电子衡器。

2 规范性引用文件

下列文件对于本文件的应用是必不可少的。凡是注日期的引用文件,仅注日期的版本适用于本文件。凡是不注日期的引用文件,其最新版本(包括所有的修改单)适用于本文件。

GB/T 191　包装储运图示标志

GB/T 2423.1　电工电子产品环境试验　第2部分　试验方法　试验A:低温

GB/T 2423.2　电工电子产品环境试验　第2部分　试验方法　试验B:高温

GB/T 2423.3　电工电子产品基本环境试验　试验Ca:恒定湿热试验方法

GB/T 2887　计算机场地通用规范

GB/T 4167　砝码

GB/T 6388　运输包装收发货标志

GB/T 7551　称重传感器

GB/T 7724　电子称重仪表

GB/T 13384　机电产品包装通用技术条件

GB/T 14250　衡器术语

GB 19517　国家电气设备安全技术规范

GB/T 23111—2008　非自动衡器

GB/T 26389　衡器产品型号编制方法

JJG 1118—2015　电子汽车衡(衡器载荷测量仪法)

QB/T 1588.1　轻工机械焊接件通用技术条件

QB/T 1588.2　轻工机械切削加工件通用技术条件

QB/T 1588.3　轻工机械装配通用技术条件

QB/T 1588.4　轻工机械涂漆通用技术条件

3 术语和定义

GB/T 14250界定的以及下列术语和定义适用于本文件。为了便于使用,以下重复列出了GB/T 14250中的一些术语和定义。

3.1

多分度衡器 multi-interval instrument

衡器只具有一个称量范围,该称量范围是又被分成不同分度值的几个局部称量范围。这几个局部称量范围,均是根据所加载荷的递增或递减而自动确认的。最小一段称量范围从零载荷到其相应的最大载荷;第二段称量范围的最小秤量为第一段称量范围的最大秤量;以此类推。

[GB/T 14250—2008,定义 3.3.15]

3.2

多范围衡器 multiple range instrument

对于同一载荷承载器,衡器有两个或多个称量范围,它们具有不同的最大秤量和不同的分度值,每个称量范围从零扩展到其对应的最大秤量。又称"多量程衡器"。

[GB/T 14250—2008,定义 3.3.16]

3.3

模块 module

用来完成一种或多种特定功能的可识别部件。该部件可以根据相关国际建议中的计量和技术要求来单独评价。衡器的模块服从规定的衡器局部误差限的要求。

注:典型的衡器模块为:称重传感器、称重指示器(称重仪表)、模拟或数字数据处理装置、称重模块、终端和主要显示器等。

[GB/T 14250—2008,定义 4.4]

3.4

鉴别阈 discrimination threshold

引起相应示值不可检测到变化的被测量值的最大变化。

注:鉴别阈可能与诸如噪声(内部或外部的)或摩擦有关,也可能与被测量的值及其变化是如何施加的有关。

3.5

多指示装置 multi-indicating device

将秤同一称量结果显示在不同指示装置上,这个指示装置可以是数字指示装置、打印机、显示屏等。

3.6

外围设备 peripheral device

一种附加装置,它能复现或进一步处理称量结果和其他主要指示,或完成称量功能所必需的其他设备。例如:打印机、辅助显示器、键盘、终端、数据存储装置、计算机、输送机、空压机。

[GB/T 14250—2008,定义 4.5.5]

4 型号与命名

产品的分类与命名应符合 GB/T 26389 的规定。也可根据企业各自的标准规定型号代码。

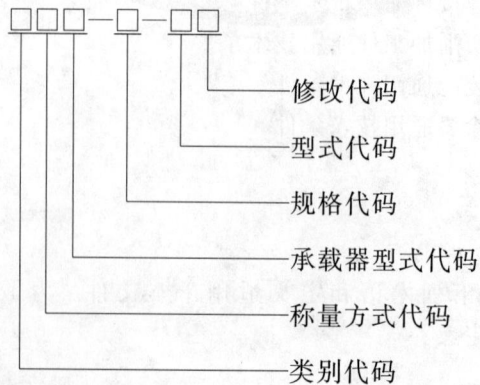

示例:固定式电子汽车衡,量程 100 t,则代号为:FSG-100 t,即:类别:非自动 F;称量方式:数字式 S;承载器型式:固定式 G;规格:100 t。

5 计量要求

5.1 衡器的准确度等级及符号

与衡器的准确度等级有关的检定分度值 e、检定分度数 n、最大秤量 Max 和最小秤量 Min、准确度等级符号见表1。

表 1 衡器的准确度等级及符号

准确度等级	检定分度值 e g	检定分度数 $n=$ Max$/e$		最小秤量（下限）Min
		最小	最大	
中准确度级 Ⓘ	$5{\leqslant}e$	500	10 000	$20e$
普通准确度级 Ⓘ	$5{\leqslant}e$	100	1 000	$10e$

5.2 检定分度值

衡器的检定分度值与实际分度值相等。即 $e=d$。并以含质量单位的下列数字之一表示：

$$1\times10^k、2\times10^k、5\times10^k（k 为正整数、负整数或零）。$$

5.3 多分度衡器的附加要求

5.3.1 局部称量范围

对多分度衡器的每个局部称量范围（$i=1,2\cdots$）规定为：
——检定分度值：e_i，$e_{i+1}>e_i$；
——最大秤量 Max$_i$；
——最小秤量 Min$_i=$ Max$_{i-1}$（当 $i=1$ 时，最小秤量 Min$_1=$ Min）；
——每个局部称量范围的检定分度数 n_i 按下述公式计算：$n_i=$ Max$_i/e_i$。

5.3.2 准确度等级

多分度衡器的每个局部称量范围的检定分度值 e_i 和检定分度数 n_i 以及最小秤量 Min$_1$ 根据衡器的准确度等级，应符合表1的规定。

5.3.3 局部称量范围的最大秤量

根据衡器的准确度等级，除最后的局部称量范围外，应符合表2的规定。

表 2 多分度衡器局部称量范围（用分度数表示）

准确度等级	Ⓘ	Ⓘ
Max$_i/e_{i+1}$	$\geqslant500$	$\geqslant50$

5.3.4 具有除皮装置的多分度衡器

对每个可能的皮重值，多分度衡器称量范围的要求适用于除皮后的净重载荷。

5.4 最大允许误差

5.4.1 出厂检验的最大允许误差

衡器加载或卸载时的最大允许误差见表3。

表 3 最大允许误差

最大允许误差 mpe	载荷 m 以检定分度值 e 表示	
	Ⅲ	Ⅲ
±0.5e	0≤m≤500	0≤m≤50
±1.0e	500<m≤2 000	50<m≤200
±1.5e	2 000<m≤10 000	200<m≤1 000

5.4.2 误差计算的基本原则

5.4.2.1 影响因子

各种误差应在标准测试条件下测定,当测定一个因子的影响效果时,其他所有的影响因子应保持稳定在接近正常值。

5.4.2.2 化整误差的消除

应消除任何包含于数字示值中的化整误差。

5.4.2.3 净重值的最大允许误差

最大允许误差均适用于除皮后的净重值,预置皮重值除外。

5.4.2.4 皮重称量装置的最大允许误差

对任一皮重值,皮重称量装置的最大允许误差,均与衡器在相同载荷下的最大允许误差相同。

5.4.3 误差分配

对衡器的各模块单独测试时,模块的最大允许误差等于衡器最大允许误差的 p_i 倍,或按照5.4.1规定的整机示值允许变化量的 p_i 倍。在给定任一模块误差系数时,该模块应满足至少与组成的衡器具有相同准确度等级和检定分度数。

系数 p_i 应满足下列等式:

$$(p_1^2 + p_2^2 + \cdots + p_i^2 + \cdots) \leq 1$$

系数 p_i 应由模块制造商选择,且应通过适当测试进行验证,测试时应考虑以下情形:
——纯数字装置的 p_i 可以等于 0;
——称重模块的 p_i 可以等于 1;
——其他所有模块(包括数字式传感器),当考虑多于一个模块对误差共同产生影响时,误差分配系数 p_i 应不大于 0.8 和不小于 0.3。

对于机械结构件,如根据成熟工程设计和制造的承载器、载荷传递装置和机械或电气连接件,其总误差系数 p_i 取 0.5,无需经过测试。电子连接器件的稳定特性适用于信号(如称重传感器输出及阻抗等)传输时。

对于由典型模块组成的衡器,其误差分配系数 p_i 值在表 4 中给出。各模块对应于不同的性能要求的影响程度不同。

表 4　典型模块的误差分配

性能要求	称重传感器	电子称重仪表	连接件等
综合影响[a]	0.7	0.5	0.5
温度对空载示值的影响	0.7	0.5	0.5
电源变化	—[b]	1	—
随时间变化的影响	1	—	—
湿热	0.7[c]	0.5	0.5
量程稳定性	—	1	—

[a]　综合影响:非线性、滞后、重复性及温度对称量的影响等。经过制造商规定的预热时间后,综合影响误差系数适用于模块。
[b]　符号"—"表示不受影响。
[c]　根据 GB/T 7551,对经 SH 测试的称重传感器($P_{LC}=0.7$)。

5.4.4　测试

任何情况下,提交检验的衡器都应进行整机测试。

纯数字模块不需要进行 7.11.2 静态温度测试、7.11.3 湿度测试和 7.13 量程稳定性测试。如果已经符合其他相关国家标准(或 IEC),且至少具有不低于本标准要求相同的试验严酷等级时,它们也不需要进行 7.12 干扰试验。

对于由软件控制的模块,6.14 的附加要求和 7.14 适用。

5.4.5　兼容性

制造商应制定并明示模块的兼容性。对于电子称重仪表和称重传感器应按 7.15 执行。

对于带数字输出的模块,兼容性包括经数字接口通讯和数据传送的正确性见 7.15.2。

5.4.6　外围设备

与衡器连接的外围设备,只需要进行一次性检验和测试,可以通过适当的声明与任何经检验具有适合的和受保护的接口的衡器连接。

当外围设备与衡器连接,组成计量控制系统时,如:无人值守汽车衡,则外围设备不能影响衡器的正常工作。外围设备的电器性能应符合 GB 19517 的要求。

5.5　称量结果间的允许差值

不管称量结果如何变化,任何一次称量结果的误差,应不大于该秤量的最大允许误差。

5.5.1　重复性

对同一载荷,多次称量所得的结果之差,应不大于该秤量的最大允许误差的绝对值。

5.5.2　偏载

按下列要求进行偏载测试,同一载荷在不同位置的示值,其误差应不大于该秤量的最大允许误差。

a) 对于支撑点个数 $N \leqslant 4$ 的衡器,在每个支撑点上施加的载荷约等于最大秤量与最大添加皮重之和的 1/3。

b) 对于支撑点个数 $N > 4$ 的衡器,在每个支撑点上施加的载荷约等于最大秤量与最大添加皮重之和的 $1/(N-1)$。

c) 对于承受偏载量较小的承载器(如料斗秤),在每个支撑点上施加的载荷约等于最大秤量和最大添加皮重之和的 1/10。

d) 对于称量滚动载荷的衡器(例如车辆衡、轨道悬挂秤)应在承载器的不同位置上施加测试载荷,其载荷约等于通常最重且最集中的滚动载荷,但应不大于最大秤量和最大添加皮重之和的 4/5。

5.5.3 多指示装置

包括皮重装置在内的多指示装置的示值之差,应不大于相应秤量的最大允许误差的绝对值。数字指示与数字指示或数字指示与打印装置之间的示值之差为零。

5.6 检验用标准器

检验用标准器包括砝码和辅助检定装置(衡器载荷测量仪),检验时可任选一种,按相应的检验方法实施检验。

5.6.1 砝码

对衡器进行检验用的标准砝码应符合 GB/T 4167 的计量要求。它们的误差应不大于衡器相应秤量最大允许误差的 1/3。

5.6.2 辅助检定装置(如:衡器载荷测量仪)

如果衡器检验拟采用辅助检定装置,该装置的最大允许误差应小于等于衡器相应秤量最大允许误差的 1/3。

5.6.3 检验用标准砝码的替代

当衡器在其使用地点进行测试时,可以用其他质量稳定的载荷替代部分标准砝码,替代原则如下:
若衡器的重复性大于 $0.3e$,使用的标准砝码部分至少为最大秤量的 1/2;
若衡器的重复性不大于 $0.3e$,标准砝码部分可以减少到最大秤量的 1/3。
若衡器的重复性不大于 $0.2e$,标准砝码部分可以减少到最大秤量的 1/5。
上述重复性是用约为最大秤量 1/2 的载荷(砝码或任意其他质量稳定的载荷)在承载器上重复施加 3 次来确定的。

5.7 鉴别阈

在处于平衡的衡器上,轻缓地放上或取下等于 $1.4d$ 的附加砝码,此时原来的示值应改变。

5.8 由影响量和时间引起的变化量

5.8.1 温度

5.8.1.1 规定的温度范围

如果在衡器的说明书中没有说明特定的工作温度,则衡器应在 $-10\ ℃ \sim 40\ ℃$ 范围内符合 5.4、5.5、5.7 的要求。

5.8.1.2 特定温度范围

在衡器的技术说明标志中,说明了特定的工作温度,则衡器在该范围内应符合5.4、5.5、5.7的要求。特定的温度范围应不小于30 ℃。

5.8.1.3 温度对空载示值的影响

当环境温度每差5 ℃时,衡器的零点或零点附近的示值变化应不大于1个检定分度值。对于多分度衡器,应不大于最小检定分度值。

5.8.2 供电电源

衡器供电电源的电压与额定电压U_{nom}或电压范围不同时,在下列情形下衡器应符合计量要求:

——交流电网供电(AC):

下限:$U_{nom}(1-15\%)$

上限:$U_{nom}(1+10\%)$

——外接电源或适配器供电电源装置(AC或DC),如果衡器在正常工作时可以对电池充电还包括可充电电池供电电源:

下限:最低工作电压

上限:$U_{nom}(1+20\%)$

——非可充电池供电电源(DC),包括在正常工作时不可能对电池充电的可充电电池供电电源:

下限:最低工作电压

上限:U_{nom}或U_{max}

注:最低工作电压定义为:在衡器自动关机前可能的最低工作电压。

电池供电的电子衡器和由外接电源或适配器电源(AC或DC)装置供电的衡器,如果供电电压低于制造商规定的值时,要么继续正常运行,要么不指示任何重量值。外接电源和适配器供电电源应大于或等于最低工作电压。

5.8.3 时间

在相对恒定的环境条件下,衡器应符合下列要求。

5.8.3.1 蠕变

在衡器上施加接近最大秤量的载荷,加载后立即读到的示值与其30 min内读到的示值之差应不大于0.5e,但是在15 min与30 min时读到的示值之差应不大于0.2e。见图1。

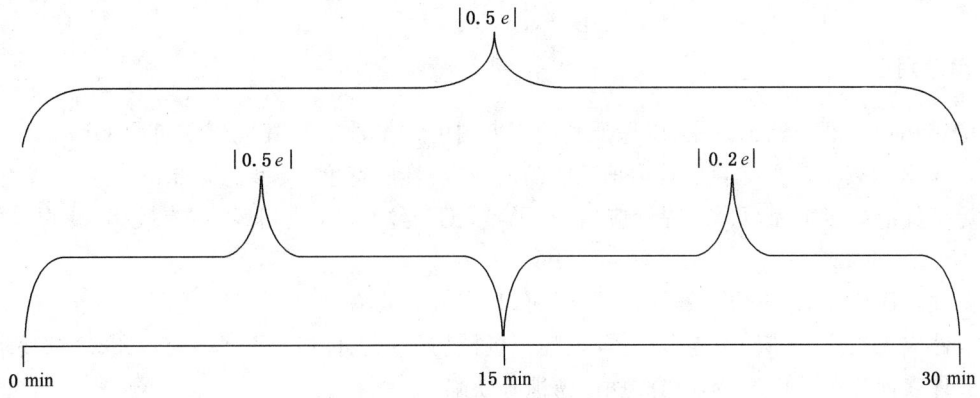

图1 蠕变示值之差示意图

若上述条件不能满足,则衡器加载后立即读到示值与其后 4 h 内读到的示值之差,应不大于相应秤量最大允许误差的绝对值。

5.8.3.2 回零

卸下在衡器上保持 30 min 的载荷后,示值刚一稳定得到的读数,与初始零点的偏差,应不大于 $\pm0.5e$。对于多分度衡器,回零偏差的绝对值应不大于 $0.5e_i$。

5.8.4 其他影响和限制

诸如振动、降雨和气流及机械的约束和限制等,被认为是衡器预期工作环境的正常特征,衡器应在这些影响和制约下符合计量要求。不管这些影响如何,应通过设计使衡器正常工作,或采取保护使衡器免受其影响。

对安装在室外而无环境保护措施的衡器,其检定分度数 n 不能太大(一般 n 应不大于 3 000,只有在非常特别的测量时 n 才可以大于 3 000。对公路上用的非自动衡器,其检定分度值应不小于 10 kg)。

6 技术要求

6.1 结构的一般要求

6.1.1 应用适用性

衡器的结构设计应符合预期的使用目的。对于目前国内正常使用的,最大秤量为 30 t~200 t 的大型电子汽车衡,加载区域为两承重点之间的中间位置,其承载器的相对变形量按表 5 要求。

表 5 电子汽车衡承载器相对变形量

最大秤量 t	检测载荷 t	加载区域 c m	衡器承载器的最大相对变形量
30≤t≤40	15	1	
40<t≤60	26	1.8	
60<t≤100	40	2.6	≤1/800
100<t≤150	50	3	
150<t≤200	60	3.6	

6.1.2 使用适用性

衡器的结构应合理、坚固、耐用,以保证其使用期内的计量性能。其装配应符合 QB/T 1588.3 的要求。电子汽车衡承载器的宽度满足被称车辆所需的、经济性的宽度,典型值为 3 m。

6.1.2.1 焊接件应焊接牢固、可靠,焊缝应均匀、平整,无裂纹,无焊渣,且不应有咬肉、漏焊等缺陷。符合 QB/T 1588.1 的要求。

6.1.2.2 铸件表面应光洁,不应有缩松、冷隔、气孔和夹渣等缺陷。

6.1.2.3 锻件应无裂纹、夹层、夹渣、烧伤等缺陷。机械切削加工件应符合 QB/T 1588.2 的要求。

6.1.2.4 镀件表面应色泽均匀,不应有斑痕、锈蚀等缺陷。

6.1.2.5 表面涂漆漆层应平整、色泽一致,漆膜附着强度高、光洁牢固。漆层不得有刷纹、流挂、起皱、气泡、起皮脱落等缺陷,涂漆后表面应完整无漏漆。符合 QB/T 1588.4 的要求。

6.1.2.6　当衡器承受最大秤量125%的载荷时,秤的各组成部件不应发生永久变形或损坏。

6.1.2.7　基础。

对于安装在基础上的衡器,其基础应达到如下要求:

a)　应满足该衡器的承载力要求;

b)　电子汽车衡基础的两端应有一条长度等于承载器一半(但不要求超过12 m)、宽度等于承载器的,并与承载器保持在同一平面的平直通道。靠近承载器两端至少有3 m以上的通道,应用混凝土或其他坚固材料制造,可承受与衡器承载器相等的所有载荷;地上衡通道剩余部分的斜坡应确保便于车辆驶入和驶出;

c)　应有良好的排水措施;

d)　基础附近应设置接地电阻小于4 Ω的接地装置(如果是防爆型电子衡器,其接地电阻应满足其有关规定)。

e)　对于拟使用辅助检定装置进行检验的电子汽车衡,其基础应该预先按照JJG 1118附录A和附录B的要求进行设计、制造,以便可以安装、使用该装置。

6.1.2.8　秤房(汽车衡)。

室内温度和湿度应符合GB/T 2887中B级的规定,室内设有电源、仪表地线,接地电阻值应小于4 Ω,(如果是防爆型电子衡器,其接地电阻应满足其有关规定)。室内称重仪表与室外设备的连线应采用全程护管或暗埋方式。无人值守智能化电子汽车衡,如果不使用秤房,其电子称重仪表及其相关的控制设备,应有相应的防护措施。

6.1.2.9　安装要求。

任何一台安装在固定位置上的衡器,其基础和相关构件应能提供一定的强度、刚度和稳定性,且各活动部件的四周应有间隙,以便在衡器空载及整个秤量范围内均无接触性影响。

6.1.3　检验结构

衡器的结构应符合安装后的检验测试要求,其承载器应能使砝码方便且绝对安全地放置其上,否则应附加支撑装置。

对于使用辅助检定装置进行检测的电子汽车衡,其承载器的结构应保证装置的载荷能够正确地施加其上。

6.1.4　安全性

6.1.4.1　欺骗性使用

衡器不应有容易做欺骗性使用的特征。

6.1.4.2　意外失效和偶然失调

衡器结构应满足在控制元件意外失效或偶然失调时,应有显著警示,除非不可能产生易于对确切功能的干扰。

6.1.4.3　控制

控制器的设计应保证控制的动作只能进入设计预定的状态,除非在操作期间,所有指示程序都不能执行。按键的标识应明确清晰。

6.1.4.4　器件和预置控制器的保护

对禁止接触或禁止调整的器件应提供保护措施。

对管理标志的应用,铅封区域的直径至少为 5 mm。

在能自动显示任何对受保护的控制器或功能的访问时,器件和预置控制器可以由软件方式提供保护。此外,以下要求适用软件保护方法:

a) 根据传统保护措施类推,在衡器自身上,用户或其他责任人能识别衡器的法定身份。保护应能维持直到下次衡器检定,或能提供检定机构进行比对时使衡器受到任何干预的证据。

可接受的技术方案:

事件计数器,即不可复位计数器。计数的每一次增量,代表了每次衡器受保护运行模式的进入和对装置特定参数进行一个或多个的更改。在检定(首次或后续)时计数器的计数值作为参照数被固定,并且通过适当的硬件或软件方法在修改后的衡器中加以保护。计数器的实际计数值可以按手册或型式批准证书和测试报告中描述的程序被显示,以便与参照数进行比较。

注:术语"不可复位"的含义是计数器达到最大计数时,如果没有授权人员干预,就不能通过复零继续计数。

b) 装置特定参数和参照数应被保护,以避免无意和意外修改,这些参数应尽可能符合软件要求。

装置特定参数只能由授权人员经特殊的个人识别(PIN)代码进行修改。假如带存储装置的电子器件或组件不能防止被替换,粘贴在衡器主板(或其他适当的部件)上的序列号(或其他识别号)应被另外保存。这些数据应通过加密后保存(例如至少采用隐含多项式 CRC-16 给出的校验码),该方法被认为是有效的保护方法。参照计数和序列号(独立的其他标识)在给出一个手动命令后应能显示并与粘贴在衡器主板(或其他适当的部件)上的序列号进行比较。

c) 使用软件保护方法的衡器应为授权人或机构能在主板上或靠近主板的地方粘贴参照计数提供方便。

注:按照 a)指示的实际计数(事件计数)与固定和被保护在衡器上的参照计数间的差异表示衡器受到了干预,按国家法规做出结论(如:衡器不应在有法定管理用途下继续使用)。

在衡器上牢固地安装可调整(硬件)的计数器,且使其在检定(首次或后续)调整后的实际计数能得到保护。

6.1.4.5 调整

衡器可以设置自动或半自动量程调整装置。该装置应安装在衡器内部与其组成一体。被保护后,外部不可能对它产生影响。

6.2 称重传感器

称重传感器应满足 GB/T 7551 及本标准 5.4.3 及 5.4.4 的要求。只有通过 SH 和 CH 测试的称重传感器允许作为典型模块使用(NH 称重传感器不适用于作为典型模块使用)。

6.2.1 准确度等级

准确度等级,包括称重传感器(LC)温度范围及湿度稳定评价和蠕变,应按照表 6 规定,满足衡器要求。

表6 相应的准确度等级

名称	准确度		参考标准
衡器	Ⅲ	Ⅲ	本标准
称重传感器 LC	B[a],C	C,D	GB/T 7551(或 OIML R60)
[a] 如果温度范围足够宽,并且湿度的稳定性评价和蠕变满足较低准确度等级的要求。			

6.2.2 最大允许误差系数

如果产品说明书中没有规定称重传感器的误差分配系数,那么 $p_{LC} = 0.7$。根据5.4.3,系数可以是 $0.3 \leqslant p_{LC} \leqslant 0.8$。

6.2.3 温度范围

如果产品说明书中没有规定称重传感器的温度范围,那么温度范围下限 $T_{min} = -10\ ℃$ 及温度范围上限 $T_{max} = 40\ ℃$。根据5.8.1.2,可以对温度范围做出限定。

6.2.4 传感器最大秤量(E_{max})

称重传感器的最大秤量应满足条件:

$$E_{max} \geqslant Q \cdot Max \cdot R/N$$

6.2.5 称重传感器最小静载荷(E_{min})

因承载器所产生的最小载荷(DL)应等于或大于称重传感器的最小静载荷

$$E_{min} \leqslant DL \cdot R/N$$

6.2.6 称重传感器最大分度数 n_{LC}

对于每只称重传感器,称重传感器的最大分度数 n_{LC} 应不小于衡器的检定分度数 n:

$$n_{LC} \geqslant n$$

对于多分度衡器,最小静载荷输出恢复 DR(参考 GB/T 7551)应满足下式的要求:

$$DR \times E/E_{max} \leqslant 0.5 \times e_1 \times R/N \quad 即 \ DR \cdot E_{max} \leqslant 0.5 \times e_1/Max$$

其中 $E = Max \times R/N$ 是衡器加载至 Max 时加在单个称重传感器上的部分载荷。

当 DR 未知时,应满足条件:

$$n_{LC} \geqslant Max/e_1$$

式中:

DR ——最小静载荷输出恢复;

E_{max} ——称重传感器最大秤量,单位为千克或吨(kg)或(t);

R ——载荷传递装置的缩比;

N ——称重传感器数量;

Max ——衡器的最大秤量,单位为千克或吨(kg)或(t);

e_1 ——多分度衡器第一称量段的检定分度值,单位为千克或克(kg)或(g)。

6.2.7 称重传感器最小检定分度值 v_{min}

称重传感器最小检定分度值 v_{min}(参考 GB/T 7551)不应大于秤检定分度值 e 乘以载荷传递装置的缩比 R,再除以称重传感器数量 N 的平方根:

$$v_{min} \leqslant e \cdot R/\sqrt{N}$$

注:V_{min} 以质量单位为计量单位。此公式适用于模拟及数字称重传感器。

对于多分度衡器,e 用 e_1 代替。

6.2.8 称重传感器输入阻抗

R_{LC}/N 应满足电子称重仪表的输入电阻范围 $R_{L\,min}$ 到 $R_{L\,max}$ 之内。即:

$$R_{L\,min} \leqslant R_{LC}/N \leqslant R_{L\,max}$$

6.2.9 称重传感器额定输出(灵敏度)

称重传感器在用 E_{max} 加载后,对应输入电压下的输出信号的变化一般用 mV/V 表示。

注:为了更便于计算,GB/T 7551 中引入了下面的相对值,即相对最小检定分度值 Y 和相对最小静负荷输出恢复 Z:

$$Y = E_{max}/V_{min}$$
$$Z = E_{max}/(2 \cdot DR)$$

DR 为最小静负荷输出恢复。

6.3 电子称重仪表

6.3.1 单独测试的电子称重仪表和模拟数据处理装置

电子称重仪表及模拟数据处理装置应满足 GB/T 7724 及本标准 5.4.3、5.4.4 的要求。

6.3.2 准确度等级

准确度等级,包括温度范围及湿度稳定性评价,应按照表 7 的规定,满足衡器的要求。

表 7 相应的准确度等级

名称	准确度		参考标准
衡器	Ⅲ	Ⅲ	本标准
电子称重仪表 IND	Ⅱ Ⅲ	Ⅲ Ⅲ	GB/T 7724
ª 如果温度范围足够宽并且湿度的稳定性评价满足较低准确度等级的要求。			

6.3.3 最大允许误差系数

如果产品说明书中没有规定电子称重仪表的最大允许误差系数值,那么 $p_{ind} = 0.5$。根据 5.5.4,该系数可以是 $0.3 \leqslant p_{ind} \leqslant 0.8$ 的值。

6.3.4 温度范围

如果产品说明书中没有规定电子称重仪表的温度范围,那么温度范围下限值 $T_{min} = -10 \, ℃$,温度范围上限值 $T_{max} = 40 \, ℃$。根据 5.8.1.2,可以对温度范围进行限定。

6.3.5 最大检定分度数

对于每台电子称重仪表,其最大分度数 n_{ind} 应不小于秤的检定分度数 n:

$$n_{ind} \geqslant n$$

对于多分度衡器,最大分度数 n_{ind} 应不小于衡器相应分度值对应的检定分度数 n_i:

$$n_{ind} \geqslant n_i$$

6.4 与衡器相关的电气参数

U_{exc}:称重传感器激励电压,单位为伏(V)

U_{min}:电子称重仪表最小输入电压,单位为毫伏(mV)

Δu_{min}:电子称重仪表每个检定分度值的最小输入电压,单位为微伏(μV)

每个检定分度值的信号 Δu 按如下方法计算:

$$\Delta u = \frac{C}{E_{\max}} \cdot U_{\mathrm{exc}} \cdot \frac{R}{N} \cdot e$$

C:称重传感器额定输出

R:载荷传递装置的缩比,采用称重传感器的装置为1;

$E_{\max}$:称重传感器最大秤量

N:称重传感器数量

Q:修正系数

U_{MRmin}:测量范围最小电压,单位为毫伏(mV)

U_{MRmax}:测量范围最大电压,单位为毫伏(mV)

R_{Lmin}:称重传感器最小阻抗,单位为欧(Ω)

R_{Lmax}:称重传感器最大阻抗,单位为欧(Ω)

注:R_{Lmin}、R_{Lmax}是电子称重仪表允许实际使用的称重传感器输入阻抗范围的极限。

电子称重仪表与称重传感器或称重传感器接线盒之间的附加电缆应在电子称重仪表的产品说明书中进行规定。

最简单的方法是在电子称重仪表的产品说明书中给出某种材料(铜,铝等)单芯电缆线的长度与单位横截面(m/mm²)电缆长度的比值。推荐电缆长度与单芯线横截面比值的最大值为$(L/A)_{\max} = 150\ \mathrm{m/mm^2}$。

对其他情形应根据电缆线长度(m)、截面积(mm²)、导电材料参数和每个芯线最大电阻(Ω)计算出该比值。

注:对于单芯横截面不同的电缆,应关注自动补偿线的影响。

当使用用于防爆或防雷的快速放电隔离栅时,应检查称重传感器端的激励电压,以验证是否满足称重指示器每个检定分度值对应的最小输入信号电压的条件。

6.5 数字指示装置和打印装置

6.5.1 示值的极限

超过 Max$+9e$ 应无示值。

对于多分度秤,在 Max$_i = n_i \times e_i$ 较低称量范围 i,不应有上述极限指示。

6.5.2 示值的变化

改变载荷后,原示值的保持时间应不大于1s。

6.5.3 稳定平衡

假如示值非常接近最终重量值,则认为该示值是平衡稳定的。如满足下述要求可认为平衡达到稳定:

——在数据的打印和(或)保存情形中,打印和保存的称重值与最终称重值的偏差不大于$1e$(即允许相邻的两个值)。

——在置零操作和除皮操作情形下,装置按 6.6.3、6.6.5、6.6.6 和 6.7.7 实际操作,如满足相应准确度要求,则认为达到平衡稳定。

在平衡受到连续或瞬时干扰情况下,对衡器的打印、数据存储、置零和除皮操作应无影响。

6.5.4 多用指示装置

在同一台指示装置上,除主要示值外,还可指示其他示值。

a) 需用计量单位、符号或特殊的信号来识别质量值以外的量;

b) 非称量结果的质量值,或在发出手动指令时才暂时显示的质量值,应能清楚地识别,且不予打印。

6.5.5 打印装置

打印应清晰、持久。打印的数字高度至少应为 2 mm。

所打印的计量单位的名称或符号应在数值之后或在一组纵列数值的上方。

示值未达到稳定平衡时,禁止打印。

6.5.6 存储装置

稳定平衡之前,对后续指示、数据传输、累计等主要示值不得进行存储。

6.6 置零装置和零点跟踪装置

衡器可以有一个或多个置零装置,但零点跟踪只能有一个。

6.6.1 最大效果

任何置零装置的效果,不应改变衡器的最大秤量。

置零装置和零点跟踪装置的范围,应不大于最大秤量的 4%;初始置零的范围应不大于最大秤量的 20%。

若衡器在指定的范围内对于经过初始置零装置补偿过的任一载荷,均满足 5.4、5.5、5.7、5.8 的要求,允许衡器有一个较宽的初始置零范围。

6.6.2 准确度

置零后,零点偏差对称量结果的影响应不大于 $\pm 0.25e$。对于多分度衡器 e 应为 e_i

6.6.3 置零装置的控制

衡器不论是否装配了初始置零装置,均可用同一键兼作半自动置零装置和半自动皮重平衡装置的操作。

若衡器既有置零装置,又有皮重称量装置,则置零键应单独设置。

半自动置零装置应在下列情况下才起作用:

a) 当衡器处于稳定平衡时;

b) 任何预置皮重运行均已清除时。

6.6.4 数字指示衡器的零点指示装置

衡器应具有一个表明其零点偏差不大于 $\pm 0.25e$ 特定的信号装置。此装置在除皮操作后也可运行。

对带辅助指示装置或零点跟踪速率不小于 $0.25e/s$ 的衡器,不强制设置该零点指示装置。

6.6.5 零点跟踪装置

自动零点跟踪在下列条件下才能运行。

a) 示值为零或相当于毛重为零时负的净重值;

b) 衡器处于稳定平衡状态;

c) 1 s 之内的修正量不大于 $0.5e$ 时。

6.7 除皮装置

6.7.1 除皮装置应符合 6.1、6.3、6.4 的要求。

6.7.2 除皮装置的分度值应等于衡器的分度值。

6.7.3 除皮装置的准确度为±0.25e。对于多分度衡器 e 应为 e_i；

6.7.4 除皮装置不得用于零点以下和最大除皮量之上。

6.7.5 运行的可见性：

    a) 除皮装置运行，应在秤上清楚地指示出来。并且净重值用"净重"（NET）标志；

    b) 如衡器上装有当除皮装置运行时可以显示毛重的装置，则在指示毛重的同时，"净重"（NET）标志应消失。

6.7.6 扣除皮重装置。皮重值与净重值之和大于 Max+9e 时，衡器应无指示或报警。

6.7.7 当衡器处于平衡稳定时，半自动或自动除皮装置才能运行。

6.7.8 同一键控制的半自动置零与半自动平衡装置，对任一载荷，其置零准确度与零点偏差的要求，均应符合 6.6.2 和 6.6.4 的要求。

6.7.9 称量结果打印。

毛重值可不带任何标志打印，如带标志，应使用"毛重"（G 或 B）标志；

只打印净重值，应使用"净重"（N）标志。

若净重值与相应的毛重值和皮重值一起打印，则净重值与皮重值应有相应的标志符号"N"与"T"识别。

6.8 预置皮重装置

6.8.1 无论怎样向装置输入皮重值，其分度值应等于或自动化整到衡器的分度值。

6.8.2 打印计算的净重值，也应打印预置皮重值。预置皮重值用"预置皮重"（PT）标志。

6.9 锁定状态

6.9.1 禁止在"非称重"状态下称量

如果衡器有一个或多个锁定装置，这些装置只能有两个稳定状态，即"锁定"和"称重"，并且只能在"称重"状态才可以称量。

6.9.2 状态指示

"锁定"和"称重"状态应予以清楚地表示。

6.10 衡器载荷测量仪

采用衡器载荷测量仪检验时，其对衡器施加载荷的位置，应满足 5.5.2 的要求。承载器各偏载检验区域在承受规定载荷下，承载器不应发生永久变形或损坏。

6.11 不同承载器和载荷传递装置与不同载荷测量装置间的选择（或切换）装置

6.11.1 空载的补偿

选择装置应保证对所选用的不同承载器-和载荷传递装置各自不同的空载值进行补偿。

6.11.2 置零

衡器应能对不同载荷测量装置和不同承载器的多种任意组合进行准确无误置零，并符合 6.5 的规定。

6.11.3 称量的不可能性

选择装置在运行中应不可能进行称量。

6.11.4 组合使用的可识别性

承载器和使用的载荷测量装置间的组合应易于识别。该识别应明显可见,指示与相应的承载器应一一对应。

6.12 功能要求

6.12.1 接通电源(接通指示器开关)后,应立即执行专门程序,用足够长的时间显示出指示器所有相关的指示符号,无论是处于工作状态或非工作状态的,以便操作者检查。该要求对故障很明显的显示器不适用,例如屏式显示器,点阵显示器等。

6.12.2 湿热要求。衡器在温度范围内的上限和85%的相对湿度下,应符合计量要求。

6.12.3 衡器的量程稳定性要求:

    a) 接近最大秤量的误差,应不超过最大允许误差;

    b) 同一载荷任意两次测试所得误差之差的绝对值,应不超过 $0.5e$ 或该秤量最大允许误差绝对值的一半。

两者取其大者。

6.12.4 衡器的抗干扰要求。

电子衡器应通过设计和制造,在经受干扰时:

    a) 不出现显著增差,或

    b) 显著增差被监测到并对其作出响应,显示器上显著增差的指示与在该显示器上其他信息不应产生混淆;

注:等于或小于 e 的增差是允许的,无论示值误差值如何。

6.12.5 衡器在预热期间,应无指示或不传送称量结果。

6.12.6 衡器可配备接口,以实现衡器与任何外围设备或其他仪器的连接。

衡器的计量功能和测量数据,不应因接口受外围设备(如计算机)、其他与衡器相互连接的设备,或作用在接口上的干扰产生不允许的影响。

经由接口执行或启动的功能应满足第5章的有关要求和条款。

注:一个"接口"包括其所有机械的、电子的以及衡器与外围设备或其他衡器之间数据交换节点用逻辑器件。

6.12.6.1 可能产生下列情形的指令或数据,不能通过接口输入到衡器

    ——显示没有清楚定义的数据,它可能对称量结果产生混淆;

    ——伪造显示、处理或存储的称量结果;

    ——调整衡器,或改变任何调整因子(但通过接口传入指令利用衡器内部的量程调节装置执行调整程序是允许的);或

    ——在直接向公众售货的衡器上伪造显示的主要指示。

6.12.6.2 如6.12.6.1所述的功能无法通过接口执行或启动,该接口不必进行保护。其他接口应按照6.1.4.4要求进行保护。

6.12.6.3 本标准也适用于连接到外围设备,与主要指示相关的数据在通过接口时应以符合这些要求的方式传输。

6.13 性能测试和量程稳定性测试

6.13.1 测试考虑

无论是否配备了校验装置,所有相同类别的电子衡器,均应经受相同的性能测试程序。

6.13.2 被试衡器的状态

性能测试应在所有设备均处于正常运行状态,或在类似可能的运行状态下进行。当以非正常连接配置时,测试程序需经授权机构和申请单位双方同意,并在测试文件中给予说明。

如果电子衡器配备的接口允许与外部设备连接,在测试期间,按测试程序规定,应将衡器连接到外围设备上。

6.13.3 性能测试

应按照表8的规定进行性能测试。

表 8　性能测试

测　　试	特　　性
静态温度	影响因子
湿热稳定	影响因子
电压波动	影响因子
电压暂降、短时中断抗扰度	干扰
电快速瞬变脉冲群抗扰度	干扰
静电放电抗扰度	干扰
浪涌抗扰度(如适用)	干扰
射频电磁场辐射抗扰度	干扰
射频场感应传导骚扰抗扰度	干扰

6.13.4 量程稳定性测试

量程稳定性测试应按照6.12.3的规定进行。

6.14 软件控制的电子装置的附加要求

6.14.1 带嵌入式软件的装置

对带嵌入式软件的衡器和模块,制造商应描述或声明衡器或模块的软件为嵌入式,即,在固定的硬件和软环境中运行,并且在保护以及/或检定后不可能经接口或通过其他方法被修改和上传。除规定的文件要求外,制造商还应提交以下附加文件:
——法定相关功能的描述;
——明确赋予法定相关功能软件的标识;
——对受到干预的证据提供预设的保护措施。
衡器应提供软件标识并在型式批准证书中列出。
可接受的方案:
在正常运行模式下,以下列方法之一提供软件标识:
——通过一个被清楚标识了的实际的或软的按键、按钮、开关的操作获得;或
——连续显示版本号或校验码等。
两种情形均要求清晰地说明如何检查现行软件标识与标注在衡器上或由衡器显示出来的参考号码(与型式批准证书中列出相同)的一致性。

6.14.2 个人计算机、配有 PC 单元的衡器及具有可编程或可加载法定相关软件的其他衡器、装置、模块和单元。

如果满足以下的附加要求,个人计算机和配有可编程或可写入软件的其他衡器/装置可以做为指示器,终端,数据存储装置、外设等使用。

注:尽管这些装置在安装了软件或 PC 的基础模块和部件等可以组成完整的衡器,但在之后的描述中仍简称它们为"PC"。一台"PC"总是假定为不满足 6.14.1 嵌入式软件环境条件。

6.14.2.1 硬件要求

PC 机作为模块与计量相关的模拟单元组成一体后,应视为 GB/T 23111 的附录 C 的称重指示器,见表 8 的类别 1 和 2。

PC 机仅作为纯数字模块使用,不与计量相关的模拟元件组成一体(如作为终端或价格计算的收银装置)应视为表 9 的类别 3 和 4。

PC 机仅作为纯数字外围设备使用应视为表 9 的类别 5。

表 9 还规定了应根据各自类别,对 PC 机的模拟和数字单元应具有怎样的详细文件(供电电源、接口型式,主板,机壳等的说明)。

字符缩写注释:

PC:个人计算机

ADC:与模拟单元有关,包括模-数转换

EMC:电磁兼容

表 9　PC 机作为模块和外围设备的测试和必要的文件

类别		必要的测试	提交的文件	备注
序号	描述		硬件单元	
1	PC 作为一个模块,主要指示在监视器上;PC 与计量相关的模拟单元(ADC)组合在一起,该单元安装在 PC 的插槽内,印刷电路板不加屏蔽保护(开放式装置);ADC 转换的电源由 PC 电源装置或 PC 总线系统提供	ADC 和 PC 的单元测试:作为指示器按 GB/T 23111 附录 C 的要求测试;试样应尽可能以最大可能配置(最大功率消耗)配备	ADC:与衡器和模块相同,应具有详细的电路图、印刷电路图和说明。PC 机:与衡器和模块相同,提供 PC 机的制造商和型号,外壳型号,所有模块型号,电子装置和元件包括电源装置,配置清单,手册等	PC 可能对 ADC 产生影响［温度、电磁干扰(EMC)］
2	PC 作为模块,主要指示在监视器上;PC 与计量相关的模拟单元(ADC 转换)组合在一起,该单元安装在独立屏蔽外壳内(封闭式装置),ADC 转换工作电源由 PC 电源装置提供但不经 PC 总线系统	ADC 和 PC 的单元测试:作为指示器按 GB/T 23111 附录 C 的要求测试;试样应尽可能以最大可能配置(最大功率消耗)配备	ADC:与衡器和模块相同,提供详细的电路图、印刷电路图和说明等。PC 机:供电电源装置:与衡器和模块相同,提供制造商,型号,配置清单;其他单元:仅需要一般必要说明和与诸如外壳型号、主板、处理器型号、RAM、软驱和硬驱、控制板、视频控制器、接口、监视器、键盘有关的必要信息	PC 的供电电源装置对 ADC 可能产生的影响(温度、EMC);PC 引起的其他影响并不严重;如更换供电电源装置,应重新进行 EMC 测试

表 9（续）

类别		必要的测试	提交的文件	备注
序号	描述		硬件单元	
3	PC 作为纯数字模块：主要指示在监视器上；ADC 在 PC 的外面，具有独立的外壳；ADC 由 PC 供电电源装置提供	ADC:按 GB/T 23111 附录 C 要求作为指示器测试，使用 PC 监视器显示主要指示；PC:按 GB/T 23111 的 3.10.2 要求进行。	ADC:按类别 2 要求；PC:供电电源装置按类别 2 要求，其他部分按类别 4 要求	PC 对 ADC 供电的电源装置可能产生影响（仅 EMC）；PC 产生的其他影响是不可能的或是不严重的；如果更换电源装置，PC 应重新进行 EMC 测试
4	PC 作为纯数字模块：主要指示在监视器上；ADC 在 PC 的外面，具有独立的外壳和自己的供电电源装置	ADC：按类别 3 要求；PC 机：按类别 3 要求	ADC:按类别 2 要求；PC 机:仅需要一般说明和诸如与主板型号、处理器型号、RAM、软驱和硬驱、控制板、视频控制器、接口、监视器、键盘等相关的必要信息	PC 不可能对 ADC 产生影响（温度、EMC）
5	PC 作为纯数字外围设备	PC 机:按 5.4.6 要求	PC 机:按类别 4 要求	

6.14.2.2 软件要求

PC 的法定相关软件，即关键的测量特性，测量数据和保存或传输的重要计量参数的软件，被认为是衡器的一个基本组成部分，且应按照要求对其进行检查。法定相关软件应符合下列要求：

a) 法定相关软件应能足以防止意外或恶意修改，应能够提供直至下次检查前对法定相关软件所进行的诸如更改、上传或绕开等干扰的证据。

该要求意味着：

用特殊软件工具防止恶意更改不属于本标准要求的范畴，因为恶意更改被认为是违法行为。通常假定对法定相关参数和数据，尤其是经处理过的变量值产生影响是不可能的，这些值只要经程序处理，就能满足这些要求。然而，如果法定相关参数和数据，特别是最终的变量值，为满足法制管理的应用或功能要求，它们从受保护软件的内部向外传输时，应对它们加以保护，以满足 6.12.6 的要求。如果不能通过使用通用软件工具对法定相关软件中所有数据，参数，变量值等进行修改，则认为得到了充分保护。例如，当前所有使用的文本编辑类软件认为是通用软件工具。

可接受的方案：

程序开始首先自动计算全部法定相关软件机器码的校验和（至少采用隐含的多项式 CRC-16 校验和），计算结果与保存的固定值比较，如果机器码校验失败，法定相关软件程序就不可能启动运行。

b) 若存在除计量功能外执行其他功能的关联软件时，法定相关软件应能被识别且不应受关联软件的影响。

该要求意味着：

从感官上而言，关联软件与法定相关软件是被分开的，它们通过软件接口进行通讯。如果软件接口满足下列要求则认为受到了保护：

——符合 6.12.6 规定，只有被定义和允许的参数、功能和数据才可以经该接口进行交换；

——没有任何部分能通过其他连接进行信息交换。

软件接口是法定相关软件的组成部分,使用者绕过保护性接口的操作认为是一种违法行为。

可接受的方案:

所有定义的功能、命令、数据等,从法定相关软件到所有其他连接的软件或硬件部分间的交换都经过受保护的接口。检查经接口交换的所有功能、命令和数据都是允许的。

  c) 法定相关软件应能被识别和受到保护,其标识应通过某个装置能方便获得,以便于计量管理和检查。

这一要求意味着:

软件识别不要包含操作系统或类似的辅助标准软件,如:视频驱动、打印驱动或硬盘驱动程序部分。

可接受的方案:

运行时,依据一个手动命令计算并显示全部法定相关软件机器代码的校验和。此校验和代表了法定相关软件,且可以与型式批准时确定的校验和进行比较。

  d) 除规定的文件外,还应包括下述专门的软件文件:

——若在操作说明书里没有按表9要求进行描述,则应提供硬件系统说明,如,框图,计算机型号,网络类型;

——法定相关软件的软件环境描述,如,操作系统,驱动要求等;

——所有达到关联软件功能说明,法定相关参数确定衡器功能的开关和按键,包括该说明的完整性声明;

——有关测量运算规则的说明(例如:稳定平衡,价格计算,化整规则);

——有关菜单和对话框的说明;

——保护措施(如,校验和,签名,审核跟踪);

——在法定相关软件和关联软件间通过受保护软件接口交换的整套命令集和参数(包括对每个命令和参数的简短说明),包括该清单的完整性声明;

——法定相关软件的软件标识;

——如衡器允许由调制解调器或互连网下载软件:软件下载过程和防止意外或恶意修改安全保护措施的详细说明;

——如衡器不允许由调制解调器或互连网下载软件:防止未经认可的法定相关软件上传所采取措施的描述;

——如经网络传输长期保存数据:对数据组和保护措施的描述(见6.14.3)。

6.14.3 数据存储装置

如果一个装置,无论是与衡器组成一体,还是作为衡器软件方案的一部分,或者是外部的与衡器相连接,旨在用于长期保存称重数据,则应符合下述附加要求。

6.14.3.1 按使用目的,数据存储装置应有足够的存储容量

  注:对于信息保存最小期限的规定不属于衡器的要求,可以由国家贸易法规确定。衡器拥有者有责任使衡器有足够的存储空间满足其使用要求。在型式检查中只需适当检查已存储的数据及发送和接收的正确性,如果在预期的使用期结束前存储容量被用完,应有合适的方法预防数据丢失。

6.14.3.2 存储的法定相关数据应包含全部必要的关联信息以便重现初始称量信息

  注:法定相关数据:毛重值、净重值和皮重值(如适用,皮重和预置皮重的区别);小数点符号;单位(可以是编码);存储数据的标识。如果有多台衡器或承载器与数据存储装置连接,应有衡器识别号或承载器识别号,存储数据的校验和或其他签名。

6.14.3.3 存储的法定相关数据应受到充分保护,防止意外或恶意更改

可接受的方案:

  a) 为防止在传输过程中数据意外改变,使用简单的奇偶校验被认为足够了。

b) 数据存储装置可以是一个使用外部软件控制的装置,例如,PC 的硬盘作为存储媒介。在这种情形下,各自对应的软件均应满足 6.14.2.2 软件要求,若存储的数据是加密的或是密码保护的(至少采用隐含多项式 CRC-16 给出的校验和)可以认为数据的防恶意修改措施是充分的。

6.14.3.4 存储的法定相关数据应能被识别和显示,其中,识别编码应被同时存储以便日后使用,和在正式交易媒介上记录。在打印输出时,标识编码应被同时打印出来

可接受的方案:

标识符可以是连续的数码或各自交易的日期和时间(月:日:时:分:秒)。

6.14.3.5 法定相关数据应自动存储

注:此要求的含义是,存储功能不取决于操作者。然而允许对不用于交易的中间称量结果不进行存储。

6.14.3.6 存储的法定相关数据组的识别和经验,应是在合法受控的装置上显示或打印

6.14.3.7 如果数据存储装置与衡器组成一体或作为软件方案的一部分,其特性、选项或参数应在型式批准证书中注明

7 试验方法

按照本章节规定的测试方法对固定式电子衡器进行测试。对于电子汽车衡,其常温计量性能的测试,除按本章节规定的测试方法测试外,也可以按照 JJG 1118—2015 第 7 章的内容进行测试。

7.1 测试前的准备

7.1.1 应有符合本标准要求的技术文件

7.1.2 外观检查

a) 制造许可证标志及编号、采用标准号;
b) 计量特征:准确度等级、最大秤量 Max、最小秤量 Min、检定分度值 e;
c) 规定的铭牌及检定标记和管理标志的位置;
d) 被测产品的结构与型式批准的产品结构应一致;
e) 用常规方法和目测进行外观质量检验。

7.1.3 正常测试的条件

应在正常测试条件下测定各种误差。评价一个影响因子的效果时,其他所有因子应保持相对恒定,并接近正常值。

7.1.3.1 温度(5.8.1)

测试应在稳定的环境条件下进行,除非另有规定,一般是正常室温。测试期间最大温差不大于 5 ℃(蠕变测试时不大于 2 ℃),且温度变化率不超过 5 ℃/h。

7.1.3.2 供电电源(5.8.2)

使用电源供电的衡器,按常规接通电源,在整个测试期间处于"通电"状态。

7.1.3.3 预热

试验前允许对衡器通电预热,预热时间不得超过 30 min。

7.1.4 零点跟踪

测试期间可以关闭零点跟踪功能,或在测试开始时用10e的载荷超出其工作范围。

对于某些测试,零点跟踪功能应处于工作状态时,应在测试报告中(特别提示)具体写明。

7.1.5 调整

所有的调整只允许在第一项测试前进行。

7.1.6 恢复

每一项测试后,接下一项测试前允许衡器充分的恢复。

7.1.7 预加载荷

每一项称量测试前,衡器均应预加一次载荷到最大秤量或确定的最大安全载荷(7.11.1.2温度对空载示值的影响测试除外)。

7.1.8 承载器变形量测试及超载测试

7.1.8.1 承载器变形量测试(适用时)(6.1.1)

出厂测试时,首先查阅产品随机文件,了解本产品在加载相应重量载荷后的变形量值。然后使用相应重量的载荷加载至单节承载器的中部(见图2),用置于单节承载器中部的高度游标尺或百分表测量出此时的单节承载器的变形量,按单节承载器的尺寸计算出相对变形,应符合6.1.1的要求。

变形量的计算公式如下:

$$f_{max} = \frac{qcl^3}{384EJ}(8 - 4\gamma^2 + \gamma^3)$$

式中

q ——局部单位长度上的平均载荷;

c ——局部单位长度;

l ——单节承载器两支撑点间距;图2中L1,L2;

γ —— $\frac{c}{l}$;

E ——弹性模量;

J ——截面轴惯性矩。

刚度的计算公式如下:

$$刚度 = \frac{f_{max}}{l} \leqslant \frac{1}{800}$$

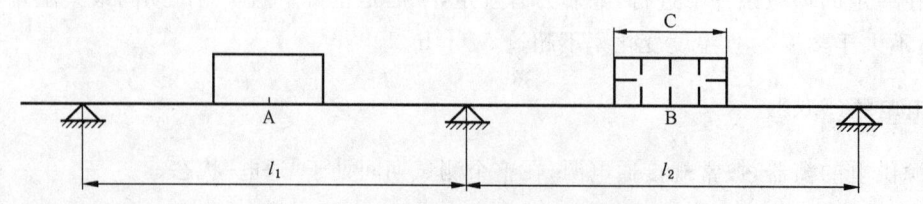

图2 承载器变形量测试示意图

7.1.8.2 超载测试(6.1.2.6)

往承载器上施加衡器 125% 最大秤量的载荷,保持 30 min,秤的各组成部件应符合 6.1.2.6 的要求。载荷应均布,若无法实现均布载荷,则以接近实际使用情况施加载荷,载荷的集中度不应超过 6.1.1 的要求。

7.2 零点检查

7.2.1 置零装置和零点跟踪装置(6.6)

7.2.1.1 初始置零

在空载状态下将秤置零,在承载器上放置测试砝码,并切断电源,然后接通,重复操作数次,直到使放置的砝码在切断电源再通电后不能回零为止,能重新被置零的最大载荷就是衡器初始置零范围的正向部分。

从承载器上取下载荷,将衡器置零,然后从衡器上取下承载器,若在此时关闭电源再接通电源后,衡器能被重新置零,则所使用的承载器质量就是衡器初始置零范围的负向部分。

若承载器取下后,衡器不能被重新置零,则应在正常接通电源后取下承载器,在衡器可承载的任意部位(如在承载器的座架上)施加砝码,直到衡器再次指示零为止。

然后依次取下砝码,每取下一砝码时,衡器通断电源一次。衡器在切断和接通电源时,仍然能被重新置零所取下的最大载荷,为衡器初始置零范围的负向部分。

初始置零范围是其正向部分与负向部分之和。如果承载器不能取下,只考虑初始置零范围的正向部分。

注:此项试验可以使用模拟器进行。

7.2.1.2 零点跟踪

按照 7.2.1.1 取下承载器,并在衡器上放置砝码直至指示为零。

取下少量砝码,在每次取下砝码后,给出置零装置运行时间,以便衡器重新置零。重复该程序,直至衡器不能重新置零。

从衡器上取下的、衡器仍能重新置零的最大载荷就是零点跟踪范围。

如果承载器不易被取下,一个实际有效的方法是:如果衡器配备了其他置零装置,可以向衡器添加砝码,并使用另一个置零装置将衡器置零。然后取下砝码,检查置零装置是否仍然将衡器置为零。从衡器上取下的、衡器仍能重新置零的最大载荷就是零点跟踪范围。

注:此项试验可以使用模拟器进行。

7.2.2 置零准确度(6.6.2)

7.2.2.1 置零装置准确度的测试是先将衡器置零,然后测定使示值由零点变为零以上一个分度值的附加砝码,按 7.3.3 误差计算方法计算零点误差,其结果应符合 6.6.2 的要求。

7.2.2.2 将示值超出零点跟踪的范围,然后按 7.3.3 误差计算方法计算零点附近的误差,其结果应符合 6.6.2 的要求。

7.2.3 加载前的置零

对半自动置零或零点跟踪的衡器,零点的偏差按照 7.2.2 所述方法测定。

7.3 称量性能(5.4)

采用砝码为检验标准器的测试方法按 7.3.1 进行,采用衡器载荷测量仪为检验标准器的测试方法

GBT 7723—2017

按 JJG 1118 进行。

7.3.1 称量测试

将测试载荷从零递增加载至最大秤量,并以同样方法递减卸荷至零。

定型检验中,测定初始固有误差时,至少选定 10 个不同的秤量。其他测试时至少要选定 5 个秤量,选定的秤量中应包括,接近最大秤量、最小秤量以及最大允许误差改变的那些秤量,测试结果应符合 5.4 的要求。

具有零点跟踪装置的衡器,在测试中可以运行。温度测试除外。零点误差按 7.2.2.2 测定。

7.3.2 附加称量测试

对初始置零范围大于 20% 最大秤量的衡器,以置零范围的上限为零点进行补充称量测试。

7.3.3 误差计算

采用闪变点法来确定化整前的示值。

在衡器上的载荷 m,示值为 I,逐一加放 $0.1e$ 小砝码,直到衡器的示值明显地增加一个 e,变成$(I+e)$,所有附加的小砝码为 ΔL,化整前的示值为 P,则 P 由式(1)给出:

$$P = I + 0.5e - \Delta L \qquad \cdots\cdots(1)$$

化整前的误差由式(2)给出:

$$E = P - L = I + 0.5e - \Delta L - L \qquad \cdots\cdots(2)$$

化整前的修正误差由式(3)给出:

$$E_c = E - E_0 \leqslant mpe \qquad \cdots\cdots(3)$$

E_0 为零点或零点附近(如,$10e$)的计算误差。

注:上述方法与公式同样适用于多分度衡器。这里的载荷 L 和示值 I 是对应于不同的局部称量范围内:
——附加载荷(砝码)ΔL 的单位取 $0.1e_i$;
——在上述公式中,$0.5e$ 项由 $0.5e_i$ 或者 $0.5e_{i+1}$ 取代,显示示值$(I+e)$由局部称量范围而定。

7.3.4 模块测试

当模块独立测试时,根据所选定的最大允许误差的分配系数,尽可能以足够小的不确定度来确定模块的误差,应考虑使用能显示小于 $0.2p_i \times e$ 的分度值的指示装置,或用优于 $0.2p_i \times e$ 的不确定度来评测跳变点示值。

7.3.5 使用替代物进行称量测试(5.6.3)

进行此项测试,要考虑到 7.3.1 的实施。按 5.6.3 的要求确定允许的替代数量。

检测重复性误差,是使用与替代物接近的载荷在承载器上重复加载 3 次,如果测试载荷与 7.7 中重复性测试规定的质量相当,其结果可以被认可。

从零点开始使用砝码进行称量测试,直至确定的砝码用完,测定该秤量的误差(误差计算见 7.3.3),然后卸去标准砝码,返回零点(具有零点跟踪装置的衡器,示值为 $10e$)。

用替代物取代前面的砝码,直到达到测定误差时相同的闪变点,重复上述过程,直到最大秤量。

以反向顺序卸载至零,即:卸下砝码并测定闪变点,卸下替代物,再施加砝码,直到返回到相同的闪变点,重复这一过程,直到卸载回零,测试结果应符合 5.4 的要求。

7.4 除皮(6.7)

7.4.1 除皮称量测试

应在不同皮重值下进行称量测试(按 7.3.1 加载和卸载)。至少选择 5 个载荷值,包括最小秤量,处于或接近最大允许误差发生改变的那些载荷值和接近可能的最大净重载荷。

应在下列情况下对衡器进行称量测试:

——扣除皮重:用 1/3 和 2/3 最大皮重之间的一个皮重值;

——添加皮重:用 1/3 和 3/3 最大皮重效果两个皮重值。

在进行首次和后续实际的检定测试中,除皮称量测试可选择其他适当的程序,如:用数值表示或图表表示。通过平移最大允许误差限值曲线坐标系原点至固有误差曲线(与称量测试结果曲线相等)上的任意点,模拟皮重平衡操作,检查固有误差曲线和滞后曲线上的任意点是否仍处于平移后的最大允许误差限值曲线内。

如果衡器具有零点跟踪装置,测试时可以运行,其零点误差按照 7.2.2.2 方法测定。

7.4.2 除皮准确度

先进行除皮装置操作,再用 7.2.2.2 的方法进行测试,其结果应符合 6.7.3 的要求。

7.4.3 皮重称量装置

如果衡器具有皮重称量装置,则该装置与指示装置对同一载荷(皮重)所得的指示结果,应符合 5.5.3 的要求。

7.5 偏载测试(5.5.2)

偏载测试的结果应符 5.5.2 的要求。

如果衡器具有零点跟踪功能,测试时应超出工作范围。

7.5.1 承载器不多于四个支撑点的衡器

将载荷依次施加于面积约等于承载器 1/4 的区域,见图3。

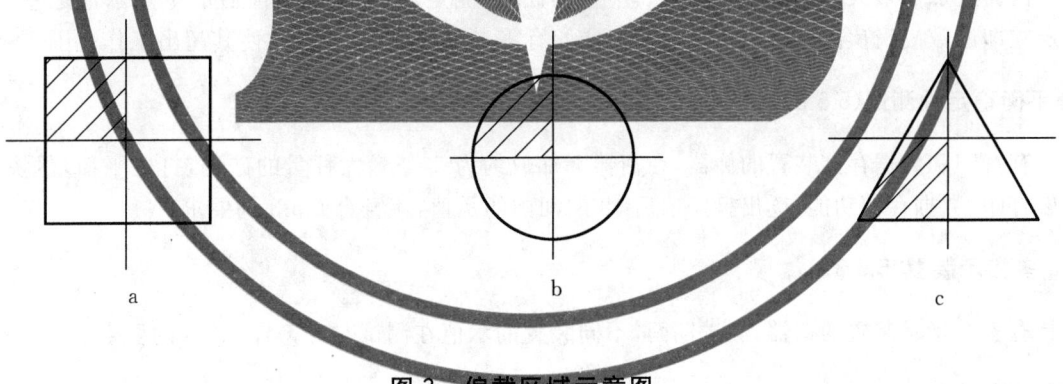

图 3　偏载区域示意图

7.5.2 承载器多于四个支撑点的衡器

将载荷依次施加于每一个支撑点上方,所占面积约等于承载器的 1/N(N 为支撑点的个数)。

如果两支撑点相距太近,可把两倍的砝码加放到两支撑连线两侧两倍的面积上。

7.5.3 特殊形状承载器(容器、料斗等)的衡器

将载荷施加于每个支撑点上。

7.5.4 称量滚动载荷的衡器

载荷应施加在承载器的不同位置。按正常的滚动方向这些位置应是承载器起始端、中间和末端,如

果可以双向使用,则在相反方向上对这些位置重复施加载荷。在反向加载前,应再次确定零点误差。如果承载器由几部分组成,测试适用于每个部分。

7.6 鉴别阈测试(5.7)

在三个不同的秤量点进行测试,如:最小秤量、1/2 最大秤量和最大秤量。在承载器上放置需测试该秤量点秤量的砝码和 10 个 $0.1e$ 的小砝码,依次取下 $0.1e$ 的小砝码,直到示值 I 确实减少了一个 e 而成为 $I-e$,再放上一个 $0.1e$ 的小砝码,然后再轻缓地放上 $1.4e$ 的砝码,示值应为 $I+e$。

7.7 重复性测试(5.5.1)

对于出厂检验,应在约为 1/2 最大秤量和接近最大秤量两点中选择一点进行测试;其结果应符合5.5.1 的要求。

至少要测试 3 次。每次测试不测定零点误差,可重新置零。如果衡器具有零点跟踪装置,测试时可以运行。

7.8 与时间相关的测试(5.8.3)

7.8.1 蠕变测试(5.8.3.1)

在衡器上加放最大秤量(或接近最大秤量)的砝码,示值刚一稳定立即读到的示值,与其砝码在衡器上保持 4h 的示值之差应符合 5.8.3.1 的要求。测试期间的温度变化应不大于 2 ℃。

如果测试期间,第一个 30 min 内,示值变化不大于 $0.5e$,而其中第 15 min～30 min 时的示值之差不大于 $0.2e$,则此项测试即可结束。

7.8.2 回零测试(5.8.3.2)

在衡器上加放最大秤量(或接近最大秤量)的砝码,测定加载 30 min 前后的零点示值之差(示值刚一稳定立即读数)应符合 5.8.3.2 的要求。衡器如有零点跟踪功能,测试时使其超出工作范围。

7.9 平衡稳定性测试(6.5.3)

具有打印和数据存储装置的衡器,在衡器上加放约为 50% 最大秤量的砝码,打破平衡,尽快地启动和开启打印、数据存储功能,读出打印值后 5s 期间内的示值,应符合 6.5.3 的要求。

7.10 多指示装置(5.5.3)

具有多个指示装置的衡器,测试期间,不同装置的示值在测试时应符合 5.5.3 的要求。

7.11 影响因子(5.8)

7.11.1 温度测试(5.8.1)

该项试验按 GB/T 2423.1 及 GB/T 2423.2 的要求进行。

7.11.1.1 静态温度测试(5.8.1.1)

在大气条件下,将衡器置于 5.8.1 规定的温度范围内,在衡器达到以下各温度稳定后保持 2 h,再按7.3.1 进行称量测试,其结果应符合 5.8.1 的要求。

　　a) 当温度为 20 ℃时;

　　b) 规定的最高温度;

　　c) 规定的最低温度;

d) 当温度为 5 ℃时；

e) 再恢复到 20 ℃。

该项试验按 GB/T 2423.1,GB/T 2423.2 的方法进行,在升降温期间温度变化应不超过 1 ℃/min。

7.11.1.2 温度对空载示值的影响(5.8.1.3)

将衡器置零,然后改变温度到规定的最高、最低以及 5 ℃处,稳定后测定零点误差。计算每差 5 ℃ 零点的变化,其结果应符合 5.8.1.3 的要求。该项试验按 GB/T 2423.1,GB/T 2423.2 的要求进行。

如果衡器具有零点跟踪装置,测试时应使衡器超出该装置的工作范围。

7.11.2 湿热,稳态试验(6.12.2)

衡器在温度范围上限和 85% 的相对湿度的环境条件下保持 48 h,然后按 7.3.1 进行测试,其结果应 符合 6.12.2 的要求。本项试验按 GB/T 2423.3 的要求进行。

7.11.3 电源变化(5.8.2)

将衡器置于稳定的环境条件中,测试的两个秤量为 $10e$ 和 $1/2\text{Max}$ 与 Max 之间的任一秤量,测试 结果应符合 5.8.2 的要求。

衡器如果具有零点跟踪功能,测试时可以运行。

在以下衡器上标注的正常工作电压 U_{nom} 下进行测试;对标注的是工作电压范围的情形则是在规定 的最低电压 U_{min} 和最高电压 U_{max} 下进行测试。

7.11.3.1 交流电源电压波动

试验严酷等级(电压波动):　　　下限　$U_{\text{nom}}(1-15\%)$

　　　　　　　　　　　　　　　　上限　$U_{\text{nom}}(1+10\%)$

最大允许变化:　　　　　　　　　所有功能应符合设计要求;

　　　　　　　　　　　　　　　　所有示值应在最大允许误差范围内。

7.11.3.2 外部电源或适配器电源装置供电,包括可充电电池供电电源(AC 或 DC)的变化,假如衡器运行中能对可充电电池进行充电

试验严酷等级(电压波动):　　　下限:最低工作电压

　　　　　　　　　　　　　　　　上限:$U_{\text{nom}}(1+20\%)$

最大允许变化:　　　　　　　　　所有功能应符合设计要求,或关断示值指示;

　　　　　　　　　　　　　　　　所有示值应在最大允许误差范围内。

7.11.3.3 不可充电电池供电电源,包括可充电电池供电电源,假如衡器运行中不能对可充电电池进行充电

试验严酷等级(电压波动)　　　　下限:最低工作电压

　　　　　　　　　　　　　　　　上限:U_{nom} 或 U_{max}

最大允许变化:　　　　　　　　　所有功能应符合设计要求,或关断示值指示;

　　　　　　　　　　　　　　　　所有示值应在最大允许误差范围内。

7.12 抗干扰性能测试(6.12.4)

各项试验中出现下述 a)、b)、c)情况判为合格,d)及其他情况判为不合格。

a) 衡器在经受干扰时,示值变化不大于 e,$|I_{\text{d}}-I|\leqslant e$;

b) 衡器在经受干扰时,功能暂时丧失或性能暂时降低(如:衡器的示值显示闪变而无法读准;衡 器的显示器黑屏或无显示;衡器的示值出现跳变,即使示值变化超过了 $1e$),但在干扰停止后 衡器能自行恢复,无需操作者干预;

c) 衡器在经受干扰时,功能暂时丧失或性能暂时降低,并报警。在干扰停止后,通过操作者干预(如:按复位键或重新开机)才能使衡器恢复到原来示值的正常状态;

d) 因硬件或软件损坏,或数据丢失而造成不能恢复至正常状态的功能降低或丧失。被测衡器的通电时间应等于或大于制造厂商规定的预热时间,并保持被测衡器在整个试验期间处于通电状态。

在每项试验前,尽可能地使被测衡器调整至接近于实际零点。若衡器配备了接口,试验中应将适当的外围设备、外部设备连接至各个不同的接口上。所有试验记录应包含试验时的环境条件。并在试验期间的任何时候不再重新调整零点,出现上述抗干扰要求中的b)和c)情况除外。记录在各种试验条件下的零点示值误差,对所有载荷的示值进行修正,获得修正后的称量结果。

7.12.1 静电放电抗扰度试验

按 GB/T 23111—2008 中 B.3.4 要求进行。

7.12.2 射频电磁场辐射抗扰度试验

按 GB/T 23111—2008 中 B.3.5 要求进行。

7.12.3 电快速瞬变脉冲群抗扰度试验

对电网电源供电电源线的测试按 GB/T 23111—2008 中 B.3.2 要求进行。

7.12.4 浪涌抗扰度试验

按 GB/T 23111—2008 中 B.3.3 要求进行。

7.12.5 射频场感应传导骚扰抗扰度试验

按 GB/T 23111—2008 中 B.3.6 要求进行。

7.12.6 电压暂降、短时中断抗扰度试验

对电网电源供电部分的测试按 GB/T 23111—2008 中 B.3.1 要求进行。

7.13 量程稳定性测试(6.12.3)

测试应按照 GB/T 23111—2008 中 B.4 进行。

7.14 软件的审查和试验(6.14)

对软件控制的电子装置按 GB/T 23111—2008 附录 G,进行软件及数据存储装置的审查和试验。

7.15 兼容性核查(5.5.6)

7.15.1 模拟输出模块

确定兼容性时采用的相关量和特性已列入表 10。如果所有条件满足,就满足本标准的兼容性要求。将数据输入核查表可以很容易地确定它们是否满足要求。

衡器的制造商可以通过填写表 10,核查及验证其兼容性。

7.15.2 数字输出模块

对于称重模块及其他数字模块或装置,不需要特殊的兼容性核查,仅对一个整台衡器功能的正确性

检验就足够了。如果各模块之间或其他部件/装置之间数据存在传送不正确,衡器将无法正常运行或者某些功能将无效,例如置零或除皮。

对于数字式称重传感器,7.15.1 规定的兼容性核查适用,但不包括表 10 中(8)、(9)及(10)的要求。

表 10 兼容性核查表

(1)称重传感器(LC)、电子称重仪表(IND)与衡器(WI)的准确度等级

称重传感器	&	电子称重仪表	等于或高于	衡器	通过	未通过
	&		等于或高于		□	□

(2)衡器(WI)的温度范围与称重传感器(LC)及电子称重仪表(IND)的温度范围比较,单位为摄氏度

	称重传感器		电子称重仪表		衡器	通过	未通过
T_{min}		&		$\leqslant$		□	□
T_{max}		&		$\geqslant$		□	□

(3)连接部件、电子称重仪表及称重传感器的最大允差的系数 p_i 的平方和

p_{con}^2	+	p_{ind}^2	+	p_{LC}^2	$\leqslant 1$	通过	未通过
	+				$\leqslant 1$	□	□

(4)电子称重仪表最大检定分度数 n_{ind} 与衡器的检定分度数 n

		n_{ind}	$\geqslant$	$n=Max/e$	通过	未通过
单称量范围衡器			$\geqslant$		□	□

(5)称重传感器的最大秤量 E_{max} 应与衡器的 Max 相兼容;
系数 Q:$Q=(Max_r+DL+IZSR+NUD+T^+)/Max_r=\cdots\cdots$

		$Q\times Max\times R/N$	$\leqslant$	E_{max}	通过	未通过
			$\leqslant$		□	□

(6a)称重传感器的最大检定分度数 n_{LC} 与衡器的检定分度数 n

		n_{LC}	$\geqslant$	$n=Max/e$	通过	未通过
单称量范围衡器			$\geqslant$		□	□

(6b)加到称重传感器上实际的承载器静载荷与称重传感器的最小静载荷,单位为千克

		$DL\times R/N$	$\geqslant$	E_{min}	通过	未通过
			$\geqslant$		□	□

(7)衡器的检定分度值与称重传感器的最小检定分度值(单位为千克)应兼容

		$E\times R/\sqrt{N}$	$\geqslant$	$V_{min}=E_{max}/Y$	通过	未通过
			$\geqslant$		□	□

(8)电子称重仪表的正常最小输入信号电压、每个检定分度值对应的最小输入信号电压与称重传感器的实际输出

电子称重仪表的正常最小输入信号电压(衡器空载)	$U=C\times U_{exc}\times R\times DL/(E_{max}\times N)$	$\geqslant$	U_{min}	通过	未通过
		$\geqslant$		□	□
每个检定分度值对应的最小输入信号电压	$u=C\times U_{exc}\times R\times e/(E_{max}\times N)$	$\geqslant$	Δu_{min}	通过	未通过
		$\geqslant$		□	□

(9)电子称重仪表的允许阻抗范围与称重传感器的实际阻抗,单位为欧

R_{Lmin}	$\leqslant$	R_{LC}/N	$\leqslant$	R_{Lmax}	通过	未通过
		$\leqslant$		$\leqslant$	☐	☐

(10)称重传感器与电子称重仪表之间的附加电缆单位横截面(单位为米每平方毫米)的长度

(L/A)	$\leqslant$	$(L/A)_{max}$	通过	未通过
	$\leqslant$		☐	☐

其中:

Max(g,kg,t)　衡器的最大秤量;

e(g,kg)　检定分度值;

n　检定分度数　$n=$Max/e;

R　缩比,它是一个比率(加在称重传感器上的力比加在承载器上的力);

N　称重传感器的数量;

IZSR(g,kg)　设置的初始置零范围,指衡器开机后在进行任何称重前,将显示自动设置为零;

NUD(g,kg)　不均匀分布载荷的修正;

DL(g,kg)　承载器的静载荷,安装在称重传感器上的承载器及承载器上安装的附加结构的质量;

T^{+}　添加皮重;

T_{min}　温度范围的下限;

T_{max}　温度范围的上限;

CH,NH,SH　称重传感器所通过的湿度试验的符号;

系统连接,6线制

L(m)　连接电缆的长度;

A(mm^2)　电缆的横截面;

Q　修正系数;

修正系数 $Q>1$ 是对偏载(载荷的不均匀分布)、承载器的静载荷、初始置零范围及添加皮重可能产生的影响的考虑,采用如下公式计算:

$$Q=(Max+DL+ISZR+NUD+T^{+})/Max$$

注:如果没有对衡器的加载进行不均匀分布的评估,不均匀分布值(NUD)一般可以按典型结构的衡器进行假设。

——带杠杆及单只称重传感器的衡器,或者

衡器的承载器只允许施加最小偏载,或者

单称重传感器衡器　　　　　　　　　　　　　　　　　　　0%Max

例如,称重传感器对称排列的料斗或漏料斗,且承载器上没有安装用于物料流动的振动器。

——其他典型衡器　　　　　　　　　　　　　　　　　　　20%Max

——对于单轨吊挂秤及汽车衡　　　　　　　　　　　　　　50%Max

——多秤台称量机构

　　对组合是固定的　　　　　　　　　　　　　　　　　50%Max$_{累计}$

　　对选择或组合是可以变化的　　　　　　　　　　　　50%Max$_{单桥}$

7.16　表面涂漆漆膜附着强度的测试

可在与固定式电子衡器承载器相同工艺"平行施工"的样板上进行。使用漆膜划格器在样板的三个不同位置进行切割,切割出三个间隔 1 mm 的 100 个正方格阵,切割时要求用力均匀,速度要平稳无颤动,使刃口正好能穿透涂层而触及底材。然后用软毛刷沿格阵两对角线方向,轻轻地往复各刷 5 次,计算方格中漆膜脱落的百分比,应不大于 5%。

也可采用涂层附着力测试仪进行检测。

8 检验规则

8.1 型式检验

在下列情况下衡器需进行型式检验：
a) 新产品；
b) 设计、工艺或所用材料有重大改进，可能使计量性能变化时。

8.2 型式检验要求

8.2.1 试验样机的要求

系列产品应选择一台典型安装的产品进行检验。至少有一台样机应是完整安装的。

8.2.2 样机检查和试验

衡器样机应符合下述要求：
衡器的计量性能应符合第5章和第6章的技术要求。

8.2.3 检测地点

样机可以在下述地点进行检测：
a) 适合的用户使用场所；
b) 工厂的出厂检验场地。

8.2.4 型式试验结果的判定

型式试验结果的判定分为单项判定和综合判定。

8.2.4.1 单项判定

单项判定是按照衡器是否符合每一项试验项目的要求而对衡器进行的单项判定。

8.2.4.2 综合判定

综合判定是根据多项单项判定的结果而对衡器进行的综合判定。

8.3 样机试验要求

样机试验应执行8.2型式检验的规定。

8.4 出厂检验

8.4.1 衡器在出厂前应做出厂检验。

8.4.2 出厂检验应逐台进行，只能在使用现场安装的特殊专用衡器，只对衡器的各模块进行单独检验。称量性能可根据实际使用情况和衡器的最大量程情况，如果不测试至最大秤量，至少测试至2/3最大秤量；除皮称量只进行一个皮重量的测试；重复性只进行约50%最大秤量的测试。合格后才能出厂，并附有相应的产品合格证书。

8.5 检验项目要求

型式检验、出厂检验应按照表11的要求进行。

表 11　检验项目一览表

章条	项目	型式检验	出厂检验
7.1.2	外观检查	+	+
a)	制造许可证标志、编号	+	+
b)	计量特征	+	+
c)	检验标记等	+	+
d)	衡器结构与文件比较	+	+
e)	外观质量检验	+	+
7.1.3	测试条件检查	+	+
7.1.11	承载器变形量测试	+	—
7.2.2	置零准确度	+	—
7.3	称量性能	+	+
7.4	除皮	+	+
7.5	偏载	+	+
7.6	鉴别阈	+	+
7.7	重复性	+	+
7.8	与时间相关的测试	+	—
7.9	平衡稳定性试验	+	—
7.11	影响因子试验	+	—
7.12	抗干扰性能试验	+	—
7.13	量程稳定性试验	+	—
7.15	兼容性核查	+	—
注："+"表示必检项目,"—"表示可选项目			

9　标志、包装、运输和贮存

9.1　标志

9.1.1　说明标志

9.1.1.1　说明标志的内容

a) 制造厂的名称和商标;

b) 准确度等级;

c) 最大秤量 Max、最小秤量 Min、检定分度值 e;

d) 产品名称、规格、型号;

e) 计量器具制造许可证标志及编号;

f) 产品编号及制造日期;

g) 采用标准号。

9.1.1.2 对说明标志的要求

说明标志应牢固可靠,字迹大小和形状应清楚、易读(大写字母的高度至少应为 2 mm)。

说明标志应集中在一块标牌上,采用胶粘或铆钉紧固等方式,固定于衡器的明显易见的地方,不破坏标牌无法将其拆下。

9.1.2 包装标志

包装箱外除按 GB/T 191 和 GB/T 6388 的规定外还应有下列标志:

a) 产品名称、型号、规格;

b) 制造厂名称;

c) 毛重;

d) 体积。

9.1.3 检定标志

衡器上应留出检定标志的位置,其直径至少为 25 mm,且使用中不移动衡器就可以看见标志。

9.1.4 限速标志

对于固定式车辆衡,在车辆驶入衡器的前方,应有限速标志,一般应为 5 km/h。

9.2 包装

9.2.1 衡器的包装应符合 GB/T 13384 的要求。

9.2.2 随同产品应提供下列技术资料:

a) 使用说明书;

b) 合格证;

c) 装箱清单;

d) 检验证书(对通过首次检验的衡器的要求)。

9.3 运输

运输、装卸衡器时应小心轻放,禁止抛、扔、碰、撞和倒置,防止剧烈振动和雨淋。

9.4 贮存

9.4.1 衡器的主要部件,如称重传感器的贮存应符合 GB/T 7551 中的有关规定。电子称重仪表应符合 GB/T 7724 中的有关规定。

9.4.2 其他部件应存放在环境温度为 -25 ℃~50 ℃,相对湿度不大于 90% 的通风室内。且室内不得有腐蚀性气体。

9.4.3 各种大型散件室外存放时,应注意防雨淋或受潮,并垫好,以防变形和雨水浸泡,不准与具有腐蚀性的物质存放在一起。

附　录　A

（资料性附录）

本标准与 OIML R76-1:2006 相比结构变化情况

表 A.1 给出了本标准与 OIML R76-1:2006 的章条对照情况。

表 A.1　本标准与 OIML R76-1:2006 的章条编号对照情况

本标准章条编号	对应的 OIML R76-1 的章条编号
1	1
2	—
3	T.1～T.9
4	—
5	3
5.1	3.1.1
5.2	3.1.2
5.3	3.3
5.3.1	3.3.1
5.3.2	3.3.2
5.3.3	3.3.3
5.3.4	3.3.4
5.4	3.5
5.4.1	3.5.1
5.4.2	3.5.3
5.4.3	3.10.2.1
5.4.4	3.10.2.2
5.4.5	3.10.2.3
5.4.6	3.10.3
5.5	3.6
5.5.1	3.6.1
5.5.2	3.6.2
5.5.3	3.6.3
5.6	3.7
5.6.1	3.7.1
5.6.2	3.7.2
5.6.3	3.7.3
5.7	3.8
5.8	3.9

表 A.1（续）

本标准章条编号	对应的 OIML R76-1 的章条编号
5.8.1	3.9.2
5.8.2	3.9.3
5.8.3	3.9.4
5.8.4	3.9.5
6	
6.1	4.1
6.1.1	4.1.1.1
6.1.2	4.1.1.2
6.1.3	4.1.1.3
6.1.4	4.1.2
6.2	F.2
6.2.1	F.2.1
6.2.2	F.2.2
6.2.3	F.2.3
6.2.4	F.2.4
6.2.5	F.2.5
6.2.6	F.2.6
6.2.7	F.2.7
6.2.8	F.2.8
6.2.9	F.2,F.4
6.3	
6.3.1	F.3
6.3.2	F.3.1
6.3.3	F.3.2
6.3.4	F.3.3
6.3.5	F.3.4
6.4	F.3.5
6.4.1	F.3.5.1
6.5	4.4
6.5.1	4.2.3
6.5.2	4.4.1
6.5.3	4.4.2
6.5.4	4.4.4
6.5.5	4.4.5

表 A.1（续）

本标准章条编号	对应的 OIML R76-1 的章条编号
6.5.6	4.4.6
6.6	4.5
6.6.1	4.5.1
6.6.2	4.5.2
6.6.3	4.5.4
6.6.4	4.5.5
6.6.5	4.5.7
6.7	4.6
6.7.1	4.6.1
6.7.2	4.6.2
6.7.3	4.6.3
6.7.4	4.6.4
6.7.5	4.6.5
6.7.6	4.6.6
6.7.7	4.6.8
6.7.8	4.6.9
6.7.9	4.6.11
6.8	4.7
6.8.1	4.7.1
6.8.2	4.7.3
6.9	4.8
6.9.1	4.8.1
6.9.2	4.8.2
6.10	4.9
6.11	4.11
6.11.1	4.11.1
6.11.2	4.11.2
6.11.3	4.11.3
6.11.4	4.11.4
6.12	5.3
6.12.1	5.3.1
6.12.2	5.3.2
6.12.3	5.3.3
6.12.4	5.3.4

表 A.1（续）

本标准章条编号	对应的 OIML R76-1 的章条编号
6.12.5	5.3.5
6.12.6	5.3.6
6.13	5.4
6.13.1	5.4.1
6.13.2	5.4.2
6.13.3	5.4.3
6.13.4	5.4.4
6.14	5.5
6.14.1	5.5.1
6.14.2	5.5.2
6.14.3	5.5.3
7	附录 A
7.1	A.1
7.1.1	A.2
7.1.2	A.3.2，A.3.3
7.1.3	A.4.1.1
7.1.4	A.4.1.5
7.1.5	A.4.1.8
7.1.6	A.4.1.9
7.1.7	A.4.1.10
7.1.8	—
7.2	A.4.2
7.2.1	A.4.2.1
7.2.2	A.4.2.3
7.2.3	A.4.3
7.3	A.4.4
7.3.1	A.4.4.1
7.3.2	A.4.4.2
7.3.3	A.4.4.3
7.3.4	A.4.4.4
7.3.5	A.4.4.5
7.4	A.4.6
7.4.1	A.4.6.1
7.4.2	A.4.6.2

表 A.1（续）

本标准章条编号	对应的 OIML R76-1 的章条编号
7.4.3	A.4.6.3
7.5	A.4.7
7.5.1	A.4.7.1
7.5.2	A.4.7.2
7.5.3	A.4.7.3
7.5.4	A.4.7.4
7.6	A.4.8
7.7	A.4.10
7.8	A.4.11
7.8.1	A.4.11.1
7.8.2	A.4.11.2
7.9	A.4.12
7.10	A.4.5
7.11	B.2
7.11.1	5.4.3,A.5.3.1,A.5.3.2
7.11.2	5.4.3,A.4.1.2
7.11.3	5.4.3,A.5.4,A.5.4.1,A.5.4.2,A.5.4.3
7.12	B.3
7.12.1	B.3.4
7.12.2	B.3.5
7.12.3	B.3.2
7.12.4	B.3.3
7.12.5	B.3.6
7.12.6	B.3.1
7.13	B.4
7.14	G
7.15	F
7.15.1	F.4
7.15.2	F.5
7.16	—
8	
8.1	3.10
8.2	3.10
8.2.1	3.10.4

表 A.1（续）

本标准章条编号	对应的 OIML R76-1 的章条编号
8.2.2	3.10.1,3.10.2
8.2.3	8.3.2
8.2.4	—
8.3	—
8.4	—
8.4.1	—
8.4.2	—
8.5	—
9	
9.1	7
9.1.1	7.1
9.1.2	—
9.1.3	7.2
9.1.4	
9.2	
9.2.1	—
9.2.2	—
9.3	—
9.4	—
9.4.1	—
9.4.2	—
9.4.3	—

表 A.1（续）

附　录　B

（资料性附录）

本标准和 OIML R76-1:2006 的技术性差异及其原因

表 B.1 给出了本标准与 OIML R76-1:2006 的技术性差异及其原因。

表 B.1　本标准与 OIML R76-1:2006 的技术性差异及其原因一览表

本标准章条编号	技术性差异	原　因
1	增加:本标准适用于使用称重传感器和电子称重仪表的非自动衡器,包括电子汽车衡	本标准引用了 JJG 1118—2015《电子汽车衡（载荷测量仪法）》,规定了使用该方法测试汽车衡的衡器条件和使用条件
2	增加了规范性引用文件	以适应我国标准的规定
4	增加了产品型号	建议按 GB/T 26389 编制或企业根据各自的标准规定
5.1	中准确度等级的检定分度值,删除了 0.1 g≤e≤2 g	对固定式电子衡器不适用
5.3.6	增加了外围设备要求	以适应国内逐渐增多的智能化衡器
6.1.1	增加了电子汽车衡承载器在承受载荷时的变形量要求	通过保证承载器的刚性来达到衡器的计量要求
6.1.2	增加了衡器制造、基础和秤房的技术要求及安装要求	为了更好地指导产品生产,保证衡器计量性能和使用方便
6.1.2.6	增加了 125% 超载的要求	保证衡器的计量性能
6.2	增加了称重传感器的要求	称重传感器是衡器的重要部件,对其做出明确要求,以确保衡器的计量性能
6.3	增加了电子称重仪表的要求	电子称重仪表是衡器的重要部件,对其做出明确要求,以确保衡器的计量性能
6.10	增加了对拟使用衡器载荷测量仪对衡器的计量性能进行测试的衡器承载器的要求	适应国内计量检测的新技术、新装备
7	对于电子汽车衡的常温性能测试,增加了可以按 JJG 1118《电子汽车衡（衡器载荷测量仪法）》第 7 章"计量器具控制"的内容进行测试	提高检测效率,降低成本
7.1.8.1	增加了承载器变形量测试	通过保证承载器的刚性来达到衡器的计量要求
7.1.8.2	增加了超载要求和测试	检测承载器的刚性、强度,保证计量性能
7.16	增加了表面涂漆漆膜附着强度的测试	保证产品外观质量
8.1	增加了型式检验的条件	对产品的型式进行确认,以利于产品的发展
8.4	增加了出厂检验	为了更好地对产品质量把关,保证产品质量
9	增加了产品的标志、包装、运输和贮存	为了更好地指导产品包装、运输、贮存,在标准中规定了衡器的上述方面的要求
9.1.4	增加了限速标志	更有利于衡器使用的长期稳定性
	删除了 OIML R76 中的 8.4.1、8.4.2	这两个条款是后续检定和使用中检查的内容,本标准不包括产品在使用中管理的内容和要求